Heinz Schäfer (Hrsg.)
und 96 Mitautoren

Elektrische Antriebstechnologie für Hybrid- und Elektrofahrzeuge

Bibliografische Information Der Deutschen Bibliothek

Die Deutsche Bibliothek verzeichnet diese Publikation
in der Deutschen Nationalbibliografie;
detaillierte bibliografische Daten sind im Internet über
http://www.dnb.de abrufbar.

Bibliographic Information published by Die Deutsche Bibliothek

Die Deutsche Bibliothek lists this publication
in the Deutsche Nationalbibliografie;
detailed bibliographic data are available on the internet at
http://www.dnb.de

ISBN 978-3-8169-3239-0

Dr.-Ing. Heinz Schäfer (Hrsg.)
und 96 Mitautoren

Elektrische Antriebstechnologie für Hybrid- und Elektrofahrzeuge

Das kostenoptimale elektrische Antriebssystem, mitentscheidend für den Markterfolg

Mit 407 Bildern und 37 Tabellen

Haus der Technik Fachbuch Band 131

Herausgeber:
Prof. Dr.-Ing. Ulrich Brill · Essen

HAUS DER TECHNIK
Außeninstitut der RWTH Aachen
Kooperationspartner der Universitäten Duisburg-Essen
Münster - Bonn - Braunschweig

expert verlag®

„Exportieren können wir nur die Technik von heute.

Wir müssen aber für die Technik von morgen kämpfen,

da wir nur diese auch morgen exportieren können.“

Victor Dulger, *dt. Ingenieur und Erfinder*

Haus der Technik Fachbuch

Herausgeber der Reihe
Prof. Dr.-Ing. Ulrich Brill
Geschäftsführendes Vorstandsmitglied des Hauses der Technik e.V.

Innovationen sind Antrieb für Wachstum und Konkurrenzfähigkeit. Voraussetzungen hierzu sind Wissen und Erfahrung, Motivation und Kreativität. Wissen und Bildung – somit auch Weiterbildung – werden längst als vierter Produktionsfaktor neben Arbeit, Boden und Kapital gewertet.

So steuern die in zahlreichen Tagungen, Seminaren und Workshops oder auch aus Fachzeitschriften oder Fachbüchern gewonnenen Erkenntnisse die Entscheidungen und die ständig erforderlichen Verbesserungen in kleinen Schritten. Auch im Zeitalter des Internet und dessen neuer Möglichkeiten sind die traditionellen Informations- und Lernformen nach wie vor aktuell und erfreuen sich sogar zunehmender Nachfrage.

Mit seiner interdisziplinären und praxisorientierten Zielrichtung war das Haus der Technik vor mehr als 75 Jahren die erste Einrichtung seiner Art; von Beginn an hatte Deutschlands führendes Institut qualitativ hoch stehende Weiterbildung in Wort und Schrift auf seine Fahnen geschrieben.

Die bewährten *Haus der Technik Fachbücher* befassen sich mit den wichtigen Themen der Technik, der Wirtschaft und angrenzender Gebiete, wie Medizintechnik, Biotechnik und neue Medien. Das Beste, das oft mühsam und mit viel Aufwand von den Veranstaltungsreferenten zusammengetragen wurde, wird damit einem größeren Fachpublikum zugänglich gemacht. Die *Haus der Technik Fachbücher* dienen den Teilnehmern als nützliches Nachschlagewerk und anderen Interessenten beim Selbststudium zu beruflichem Nutzen und Erfolg.

Vorwort

Heinz Schäfer

Rückblickend auf die letzte Tagung vor zwei Jahren kann Folgendes festgestellt werden:

Wie von den Fachleuten vorher gesagt, hat sich der breitflächige Einsatz von reinen Elektrofahrzeugen, aufgrund der Energiespeicher-Problematik, nicht so wie von der Regierung prophezeit, durchsetzen können. Auf der anderen Seite hat jedoch der Plug-In-Hybrid, wenn auch zunächst hauptsächlich in der Oberklasse, erheblich an Fahrt aufgenommen. Wird der Plug-In-Hybrid, z.B. gepaart mit einer elektrischen Vorder- oder Hinterachse, ist auch eine Allradfunktion darstellbar. Ebenso kann natürlich auch der Verbrennungsmotor kleiner gewählt werden, da ja z.B. beim Beschleunigen beide Antriebe genutzt werden können. Begrenzt man ferner die Reichweite für das rein elektrische Fahren auf ca. 30 km, bleiben auch die Kosten für den Energiespeicher bezahlbar. Selbst wenn die angegebenen Verbrauchswerte für den stadtnahen Verkehr im realen Betrieb um den Faktor 2- bis 3-mal größer sein können, bleiben sie jedoch unschlagbar im Vergleich mit herkömmlichen Fahrzeugen gleicher Performance.

Da, wie bereits erwähnt, derzeit hauptsächlich Fahrzeuge der Oberklasse als Plug-In-Hybrid angeboten werden, wird sicherlich das Hautpanliegen der nächsten Jahre sein, diese Technologie auch in Fahrzeugen der Mittelklasse zu etablieren. Dies gelingt sicherlich nur, wenn die Lösung auch für die Mittelklasse trotz des Mehrwerts an Funktionalität auch bezahlbar bleibt. Neben der Batterie als Hauptkostentreiber, spielt aber auch der elektrische Antrieb, inklusive Getriebe, eine nicht unerhebliche Rolle bezüglich der Gesamtkosten. Bei kleinen Stückzahlen mag beispielweise eine Ersparnis von 50 Euro pro Fahrzeug wenig erscheinen, aber sobald Stückzahlen von mehr als 100.000 Fahrzeuge pro Jahr erzielt werden, kommen doch über eine Fahrzeuglebenszeit von ca. 5 Jahren nicht unerhebliche Einsparungen zustande.

Im vorliegenden Beitrag sollen deshalb potentielle Antriebslösungen vorgestellt werden, um eine wettbewerbsfähige Lösung auf dem Weltmarkt anzubieten.

Bei den Kostentreibern für einen elektrischen Antrieb stehen hier zukünftig sicherlich die Materialkosten im Vordergrund und damit die Kosten für die elektrische Maschine. Hierbei muss versucht werden, den Einsatz kostenintensiver Materialien wie z.B. Kupfer und Seltene-Erden-Magneten so gering wie möglich zu halten. Ferner kann für eine gewisse Fahrzeugklasse auch wieder an eine minimale Elektrifizierung in Form eines Mildhybrids mit 48V nachgedacht werden.

Aus dem Blickwinkel des Fahrzeugherstellers kann aber auch der Verbrennungsmotor, in Verbindung mit einem hochdynamischen elektrischen Antrieb, z.B. mit einer vergleichsweise niedrigen Zylinderzahl, für einen Range Extender ausgerüstet werden, um die Gesamtkosten zu reduzieren. Eine solche Lösung wurde beispielsweise auf dem letzten Wiener Motorensymposium am Beispiel eines dreizylindrigen Verbrennungsmotors in Verbindung mit einem hochdynamischen elektrischen Antrieb vorgestellt, welcher in den Drehmomentlücken des Verbrenners, Drehmomentimpulse einspeist, um die Drehmoment-Ungleichförmigkeit zu reduzieren und den Drehmomentmittelwert zu erhöhen.

Auch kann mit mehrmotorigen elektrischen Antrieben in einem Fahrzeug die Fahrdynamik gezielt beeinflusst werden. Neben der Beeinflussung in der Längs- und Hochachse (Torque Vectoring) kann auch der Schlupf z.B. bei einem blockierenden Rad in der Weise beeinflusst werden, dass das Rad leicht angetrieben wird, um die Blockade des Rades aufzuheben und damit die Spurtreue zu gewährleisten.

Der elektrische Antrieb kann also auch bei entsprechender Integration in die Fahrzeugarchitektur, als eine multifunktionale hochdynamische Drehmomentquelle/ -senke eingesetzt werden und dies ohne zusätzliche Kosten zur Basisversion.

Das vorliegende Buch soll dazu beitragen, dem Leser die neuesten Erkenntnisse über elektrische Antriebe im Automobilbereich näher zu bringen und ihn in die Lage versetzen, diese Erkenntnisse in zukünftige Fahrzeugkonzepte einfließen zu lassen, um damit auch am Weltmarkt mit wettbewerbsfähigen Hybrid- und Elektrofahrzeugen präsent zu sein.

Besonderer Dank gilt Herrn Bernd Hömberg vom Haus der Technik e. V. für die Vorbereitung der Veranstaltung „Elektrische Antriebstechnologie für Hybrid- und Elektrofahrzeuge" sowie Herrn Wippler und Herrn Dr. Mann vom expert verlag für die verlegerische Betreuung des Buches.

Herzlichen Dank auch allen Mitautoren für ihre Bereitschaft, einen Beitrag zu diesem Themenband zu liefern, sowie allen, die zum Gelingen des Buches beigetragen haben.

Würzburg, im Herbst 2013 Dr. Heinz Schäfer

Inhaltsverzeichnis

1 Systemoptimierung für Fahrzeuge mit Range Extender

Stefan Spannhake

Abstract

In order to comply with current and future regulatory requirements concerning CO_2 emissions, the electrification of the vehicle powertrain in automotive applications will continue to gain in importance. Additional degrees of freedom in the design of the powertrain, which result from the combination of an internal combustion engine and one or more electric motors in the vehicle, can be used effectively only by extensive and detailed vehicle simulations. Using the example of a vehicle with a range extender this paper outlines a procedure for the identification of the optimal layout taking into account the legal standards.

Kurzfassung

Zur Erfüllung der aktuellen und zukünftigen gesetzlichen CO_2-Grenzwerte wird die Elektrifizierung des Antriebsstranges in Personenkraftwagen immer mehr an Bedeutung gewinnen. Die zusätzlichen Freiheitsgrade in der Auslegung des Antriebsstranges, die sich durch Kombination eines Verbrennungsmotors mit einer oder mehreren elektrischen Maschinen im Fahrzeug ergeben, können nur durch umfangreiche und detaillierte Fahrzeugsimulationen sinnvoll genutzt werden. Am Beispiel eines Fahrzeugs mit Range Extender zeigt dieser Beitrag die Vorgehensweise zur Identifikation des optimalen Layouts unter Berücksichtigung der gesetzlichen Bestimmungen.

1. Motivation für Fahrzeuge mit Range Extender

Die strategischen Klimaziele der Europäischen Union, die u.a. auch eine Begrenzung der globalen Erwärmung auf 2°C gegenüber dem vorindustriellem Niveau enthalten, lassen sich nur erreichen, wenn die CO_2-Emissionen signifikant reduziert werden.

Der Gesamtverkehr in der Europäischen Union hat einen Anteil von 26% an den CO_2-Gesamtemissionen, wovon der Pkw-Verkehr mit etwa 12% einen nennenswerten Anteil dazu beiträgt. Aus diesem Grund gibt es anspruchsvolle Ziele, die CO_2-Emissionen auf Flottenebene deutlich zu reduzieren. Aktuell besteht die Forderung nach 130 gCO_2/km für das Jahr 2015. Eine weitere Reduzierung auf 95 gCO_2/km bis 2020 ist in Diskussion. Für den Fall, dass die herstellerspezifischen Grenzwerte überschritten werden, sind je nach Höhe der Überschreitung, Strafzahlungen zu leisten.

Batteriebetriebene Elektrofahrzeuge können zur Erreichung dieser Vorgaben einen maßgeblichen Beitrag liefern, wenn es gelingt, die Stückzahlen deutlich zu erhöhen. Dem entgegen stehen jedoch der eingeschränkte Alltagsnutzen und der hohe Fahrzeugpreis. Allerdings bietet die Verordnung Nr. 443/2009 [1] Begünstigungen, die sogenannten Super-Credits, nicht nur für batteriebetriebene Elektrofahrzeuge sondern auch für besonders emissionsarme Fahrzeuge. Fahrzeuge mit einem maximalen CO_2-Ausstoss von 50 gCO_2/km werden nicht nur einfach sondern mehrfach gezählt. Diese Mehrfachzählung endet zwar 2016 aber eine Fortführung des Konzeptes ab 2020 ist in Vorbereitung, wobei die genaue Ausgestaltung noch nicht abgeschlossen ist. In Planung ist u.a. ein reduzierter Grenzwert von 35 gCO_2/km.

Berücksichtigt man die Gesetzgebung und versucht gleichzeitig die Kundenakzeptanz zu erhöhen, bieten Hybridfahrzeugkonzepte, d.h. die Kombination eines Verbrennungsmotors mit einer oder mehreren E-Maschinen, viel Potenzial die vorgegebenen Grenzwerte zu erreichen. Voraussetzung ist eine deutlich höhere Marktdurchdringung was wiederum voraussetzt, dass der Fahrzeugpreis sinkt. Die Alltagstauglichkeit von Hybridfahrzeugen in Form von höherer Reichweite im Vergleich zu Elektrofahrzeugen ist durch die Kombination mit einem Verbrennungsmotor gegeben.

Die hohen Fahrzeugkosten sind maßgeblich durch die hohen Batteriekosten verursacht. Zwar ist zukünftig mit einer Preisreduktion zu rechnen, aber auch langfristig werden die Batteriekosten die Fahrzeugkosten stark beeinflussen. Folglich muss die Batteriekapazität minimiert werden, um den Endkunden attraktive Fahrzeugpreise bieten zu können.
Je nach Fahrzeugklasse sind hierfür unterschiedliche Topologien zielführend. Eine Option ist die Integration eines Batterieladegerätes in Fahrzeuge mit Parallelhybridantriebsstrang bei gleichzeitiger Erhöhung der Batteriekapazität, sodass ein Plug-In Hybrid (PHEV) entsteht. Speziell für Fahrzeuge der Mittel- und Oberklasse sowie Geländewagen und SUVs ist diese Konfiguration zielführend.

Aus Bauraumgründen ist dieses Konzept für Kleinfahrzeuge keine Option. Hier bietet der serielle Hybridantrieb durch die räumliche Entkopplung von Generator und Antrieb erhebliche Vorteile. Statt alle Maschinen – Verbrennungsmotor, Generator und elektrische Antriebsmaschine – wie beim klassischen seriellen Hybrid für die gleiche Leistung auszulegen, sieht das Range Extender Konzept eine deutlich kleinere Generatoreinheit vor. Hier dient der Verbrennungsmotor nur als Reichweitenverlängerer, der für die durchschnittliche Antriebsleistung dimensioniert ist. Die Leistungsspitzen werden dagegen durch die Batterie abgedeckt und nur der elektrische Traktionsantrieb ist für die notwendige Fahrzeugperformance auszulegen. Die Nachteile des seriellen Hybrids, wie der relativ geringe Wirkungsgrad durch die mehrmalige Energieumwandlung und die hohen Kosten aufgrund der dreifachen Installation der Fahrleistung in den Maschinen, werden durch den Range Extender (REX) vermieden. Die Vorteile des seriellen Hybrids, wie ein flexibles Bauraumkonzept, die Betriebspunktoptimierung des Verbrennungsmotors hinsichtlich niedriger CO_2-Emissionen und die Möglichkeit eines emissionsoptimierten Starts des Verbrennungsmotors bleiben erhalten.
Aufgrund der deutlich ansteigenden Komplexität durch zwei Leistungsquellen im Antriebsstrang ist die Auslegung sowie die Entwicklung der Betriebsstrategie nur mit Hilfe von Fahrzeugsimulationen zu bewerkstelligen. Dieser Beitrag zeigt beispielhaft, welche Einflussgrößen bei der Auslegung zu berücksichtigen sind.

1.1 Fahrzeugbeispiele

In den letzten Jahren haben mehrere Hersteller Fahrzeugstudien mit einem seriellen Hybridantrieb und verschiedenen Wärmekraftmaschinen gezeigt, wie z.B. Wankel-, Freikolben- und Hubkolbenmotoren sowie Gasturbinen.

Eine aktuelle Studie hat Opel auf der Internationalen Automobil-Ausstellung (IAA) 2013 mit dem Modell Monza präsentiert, der den Elektroantrieb mit einem Compressed Natural Gas (CNG)-Verbrennungsmotor als REX kombiniert.

Bis zur Serienfertigung haben es aktuell bisher der GM Volt bzw. der nahezu baugleiche Opel Ampera geschafft. Da dieses Fahrzeug auch über die Möglichkeit verfügt die Vorderachse direkt über den Verbrennungsmotor anzutreiben, handelt es sich bei diesem Konzept im eigentlichen Sinne nicht um einen Range Extender, sondern um eine Kombination aus parallelem und seriellem Hybridantriebsstrang.
Ein weiteres Fahrzeug mit seriellem Hybridantrieb ist der Fisker Karma dessen Hinterräder von zwei E-Maschinen angetrieben werden und der mit einem 2-l Verbrennungsmotor mit Generator ausgestattet ist. Aufgrund wirtschaftlicher Schwierigkeiten der Firma Fisker wird das Fahrzeug allerdings nicht mehr produziert.
Ab November 2013 wird der batteriebetriebene BMW i3 in den Markt eingeführt der optional auch mit einem REX bestellt werden kann. Da beide Varianten über die gleiche Batteriekapazität verfügen, ist der Preis für das Fahrzeug mit Range Extender zwangsläufig höher.

Zukünftig ist mit einer deutlich steigenden Anzahl von Fahrzeugen mit Range Extender zu rechnen: Laut einer Studie von Frost&Sullivan steigt die Anzahl verfügbarer Fahrzeuge mit Range Extender bis zum Jahr 2018 auf 14 Modelle und die weltweite Stückzahl auf etwa 330.000 Fahrzeuge [2].

2. CO_2-Emissionsgesetzgebung

Grundlage zur Bestimmung des Kraftstoffverbrauches bzw. der CO_2-Emissionen ist die UN/ECE Regelung Nr. 101 [3]. Sie gilt nicht nur in Europa sondern auch für Länder anderer Kontinente. Nicht in den Geltungsbereich der R101 fallen beispielsweise die Vereinigten Staaten. Unterschiede zu den Vorschriften der R101 betreffen u.a. die Fahrzyklen sowie die Gewichtungen zur Bestimmung der Emissionen während des elektrischen, hybridischen und verbrennungsmotorischen Betriebs.

Die R 101 beschreibt für Hybridfahrzeuge mit extern aufladbarer Batterie und einem Betriebsartschalter ein dreistufiges Vorgehen zur Ermittlung der CO_2-Emissionen:

1. Messung der elektrischen Reichweite D_e: Dazu wird der NEFZ wiederholt durchfahren bis das Fahrzeug der Sollgeschwindigkeit nicht mehr folgen kann (für Sollgeschwindigkeiten bis 50 km/h), dem Fahrer angezeigt wird das Fahrzeug anzuhalten oder bei Erreichen der Mindestladung der Batterie. Kann das Fahrzeug bei Geschwindigkeiten oberhalb von 50 km/h die Sollgeschwindigkeit nicht mehr erreichen, wird der Zyklus bei durchgetretenem Fahrpedal fortgesetzt bis die Sollgeschwindigkeit wieder erreicht wird.
2. Im Zustand A wird der NEFZ mit voll aufgeladenem elektrischem Energiespeicher ein oder mehrmals durchfahren. Ist die elektrische Reichweite D_e des

Fahrzeugs größer als die Streckenlänge des NEFZ kann die emittierte CO_2-Masse M_1 zu Null gesetzt werden.
3. Im Zustand B wird der NEFZ mit entladenem elektrischem Energiespeicher einmal durchfahren. Die dabei ermittelten CO_2-Emissionen ergeben den Wert M_2.

Die CO_2-Gesamtemissionen M werden nach folgender Vorschrift aus den drei Messungen gewichtet,

$$M = \frac{D_e \cdot M_1 + D_{av} \cdot M_2}{D_e + D_{av}} \quad (1)$$

wobei die Entfernung D_{av} der angenommenen durchschnittlichen Strecke zwischen zwei Batterieaufladungen von 25 km entspricht.
Die Formel zeigt, dass sich mit steigender elektrischer Reichweite D_e und damit auch steigender Batteriekapazität die Gesamtemissionen asymptotisch verringern, d.h. die Batteriekapazität hat einen signifikanten Einfluss auf die CO_2-Emissionen.

3. Simulation

3.1 Beschreibung der Simulationsumgebung

Die Simulationen wurden mit dem Tool „Enhanced Vehicle Analysis" (EVA) erstellt, das auf Basis von Matlab/Simulink® bei der Robert Bosch GmbH in Kooperation mehrerer Geschäftsbereiche für die Berechnung der Fahrzeuglängsdynamik entwickelt wurde.
Das Tool ist so konzipiert, dass unterschiedliche Antriebsstrangtopologien auf einfache Weise umgesetzt und parametriert werden können. Der Detaillierungsgrad einzelner Komponentenmodelle wie Frequenzumrichter und E-Maschine ist skalierbar, sodass für die jeweilige Simulationsaufgabe ein optimaler Kompromiss aus Genauigkeit und Rechenzeit gefunden werden kann.
Generische Schnittstellen erlauben darüber hinaus die Anbindung kommerzieller Tools wie z.B. IPG CarMaker® zur Simulation der Querdynamik sowie die direkte Integration von Steuergerätesoftware, sodass eine zeitaufwändige und fehlerbehaftete Umsetzung von Seriencode nach Matlab/Simulink® entfallen kann.

Der Einsatz der Simulationsumgebung hat das Ziel, die Abhängigkeit der Betriebsstrategie und der Batteriekapazität auf die CO_2-Emissionen bei einem gegebenen Fahrzeug zu bestimmen, um dadurch eine kostenoptimale Lösung zu identifizieren. Darüber hinaus können die notwendigen Leistungsanforderungen für den REX-Generator und den Traktionsantrieb berechnet werden.

3.2 Fahrzeugbeschreibung

Bei dem simulierten Fahrzeug handelt es sich um ein typisches Beispiel aus dem „Mini-Fahrzeugsegment" nach der Klassifizierung des Kraftfahrt-Bundesamtes mit Vertretern wie Smart Fortwo und VW Up. Das Fahrzeugleergewicht beträgt mit einer 7 kWh Batterie 1120 kg.

Für die Dimensionierung des REX-Generators und des Traktionsantriebs wurde der Leistungsbedarf in unterschiedlichen Fahrzyklen simuliert (s. Kapitel 4.1). Auf Basis dieser Ergebnisse wurde die Leistung des Generatorsets, bestehend aus Benzin-Verbrennungsmotor und direkt angekoppelten elektrischen Generator mit 35 kW und die des Traktionsantriebs mit 80 kW, festgelegt.
Das Getriebe hat eine feste Übersetzung von 8.6, was zusammen mit der maximalen Drehzahl der elektrischen Traktions-Maschine eine Höchstgeschwindigkeit von etwa 160 km/h bedeutet.

4. Antriebsauslegung

4.1 Leistungsbedarf

Da der Generator des Range Extenders nur den mittleren Leistungsbedarf des Fahrzeugs decken muss, kann er wesentlich kleiner als der Traktionsantrieb dimensioniert werden. Eine Analyse des Leistungsbedarfs für das simulierte Fahrzeug zeigt für unterschiedliche Zyklen einen maximalen Bedarf von fast 60 kW. Der mittlere Leistungsbedarf beträgt dagegen nur bis zu 18 kW (s. Tabelle 1).

	NEFZ	CADC Urban	CADC Road	CADC MotorWay	WLTP Class 3
Durchschnittliche Leistung	2.4 kW	2.8 kW	6.7 kW	17.4 kW	6.4 kW
Max. Leistung	34.3 kW	37.8 kW	58.1 kW	58.6 kW	51.5 kW

Tabelle 1: Fahrleistungen in unterschiedlichen Fahrzyklen

Erwartungsgemäß sind für Zyklen, die auf realen Geschwindigkeitsverläufen basieren, wie z.B. die CADC (Common Artemis Driving Cycle)-Zyklen sowie der WLTP-Zyklus (Worldwide harmonized Light vehicles Test Procedure), im Vergleich zum synthetischen NEFZ deutlich höhere Leistungen erforderlich. Auf Basis dieser Werte sowie weiterer Performance-Anforderungen, wie Beschleunigungsanforderungen und Steigfähigkeit, können die Leistungen für den Range Extender und den Traktionsantrieb festgelegt werden.

4.2 Betriebsstrategie

Der serielle Hybrid bietet durch die zeitliche Unabhängigkeit der Leistungsabgabe des Verbrennungsmotors von der aktuell benötigten Fahrleistung vielfältige Möglichkeiten für die Entwicklung optimaler Betriebsstrategien. Wichtige Parameter die einen deutlichen Einfluss auf die CO_2-Emissionen haben, sind die Zeitpunkte für das Zu- und Abschalten und die Arbeitspunkte des Verbrennungsmotors.

Der Kundennutzen und die Kundenakzeptanz können erhöht werden, wenn der Fahrer über einen Betriebsartschalter die jeweils günstigste Betriebsstrategie auswählen kann. Betriebsmodi wie ein reiner Elektrobetrieb, z.B. für Innenstädte, die Vorwahl eines Zeitpunktes zur Bereitstellung ausreichend hoher Batteriekapazität, um z.B.

nach einer längeren Autobahnfahrt rein elektrisch in einem Innenstadtbereich zu fahren oder ein ökonomischer Betrieb für minimalen Kraftstoffverbrauch sind möglich. Auch ein manuelles Zu- und Abschalten des Verbrennungsmotors durch den Fahrer ist vorstellbar.
Beispielhaft sollen hier drei Strategien auf ihren Einfluss hinsichtlich der CO_2-Emissionen untersucht werden. Gemeinsamkeit aller drei Strategien ist das Zuschalten des Verbrennungsmotors, wenn der Batterieladezustand (SOC) 30% unterschreitet und das Abschalten sobald der SOC 80% übersteigt. Darüber hinaus enthält die Betriebsstrategie einen Zustand zum Aufheizen des Katalysators.
Bei der „Strategie A" ist die Leistungsabgabe des REX-Aggregats proportional der Fahrzeuggeschwindigkeit, sodass der Fahrer einen gewohnten Zusammenhang aus Verbrennungsmotorgeräusch und Fahrzeuggeschwindigkeit wahrnimmt. Ein weiterer Vorteil ist hierbei, dass hohe Leistungen nur zusammen mit hohen Fahrzeuggeschwindigkeiten auftreten, sodass die Fahrgeräusche das REX-Aggregat teilweise übertönen. Bild 1 zeigt den Zusammenhang zwischen der Geschwindigkeit und der Leistung des Generators.

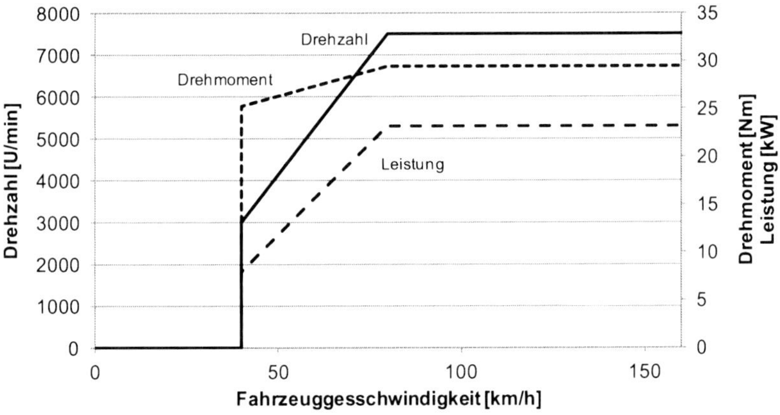

Bild 1: Betriebsstrategie A

Im Gegensatz zur „Strategie A", bei der die Leistung des REX-Generators proportional der Fahrzeuggeschwindigkeit ist, steuert bei der „Strategie B" der Ladezustand der Batterie (SOC) die Leistung des Generators: Bei niedrigem SOC ist die Ladeleistung hoch, bei hohem SOC entsprechend niedrig. Bild 2 zeigt die entsprechenden Zusammenhänge.

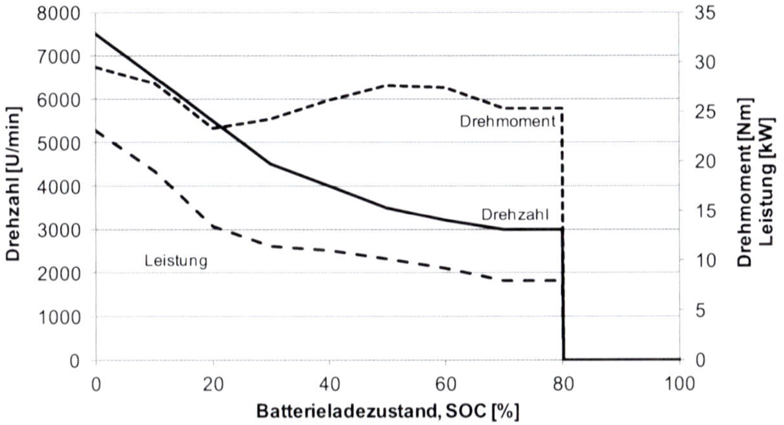

Bild 2: Betriebsstrategie B

Die dritte untersuchte Strategie („Strategie C") verfolgt dagegen einen verbrauchsoptimalen Ansatz, indem der Verbrennungsmotor nur in dem Arbeitspunkt mit maximalem Wirkungsgrad betrieben wird. Allerdings beträgt die generierte Leistung nur etwa 10 kW, sodass dieser Betriebsmodus als alleinige Strategie nicht ausreicht.

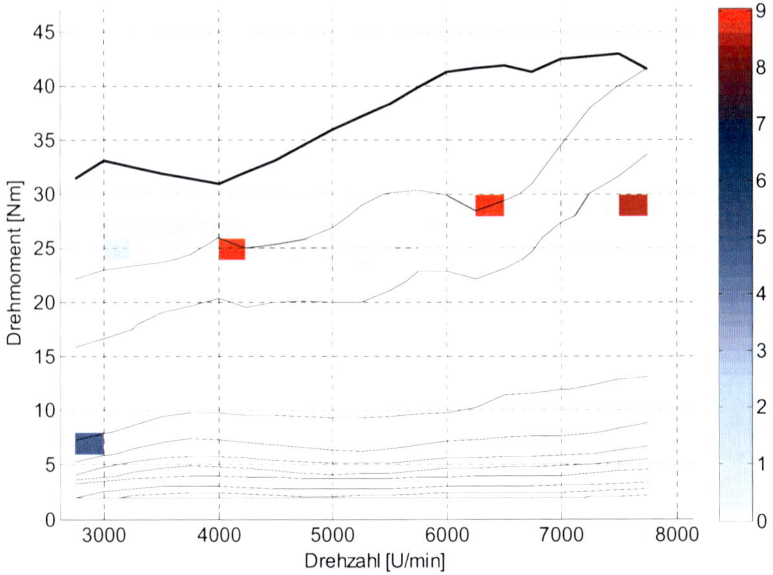

Bild 3: Häufigkeitsverteilung der Arbeitspunkte für „Strategie A"

Die Bilder 3, 4 und 5 zeigen die Verteilungen der Häufigkeiten der verschiedenen Arbeitspunkte des Verbrennungsmotors für die drei Strategien. Zu erkennen ist ein zusätzlicher Arbeitspunkt unterhalb von 3000 U/min bei etwa 7 Nm, der für das Heizen des Katalysators eingestellt wird.

Die drei Häufigkeitsschwerpunkte der „Strategie A" im Bild 3, bei der die Leistung des REX-Generators durch die Fahrzeuggeschwindigkeit gesteuert wird, treten bei den entsprechenden Niveaus des NEFZ-Zyklus auf, also bei 50, 70 und 120 km/h.

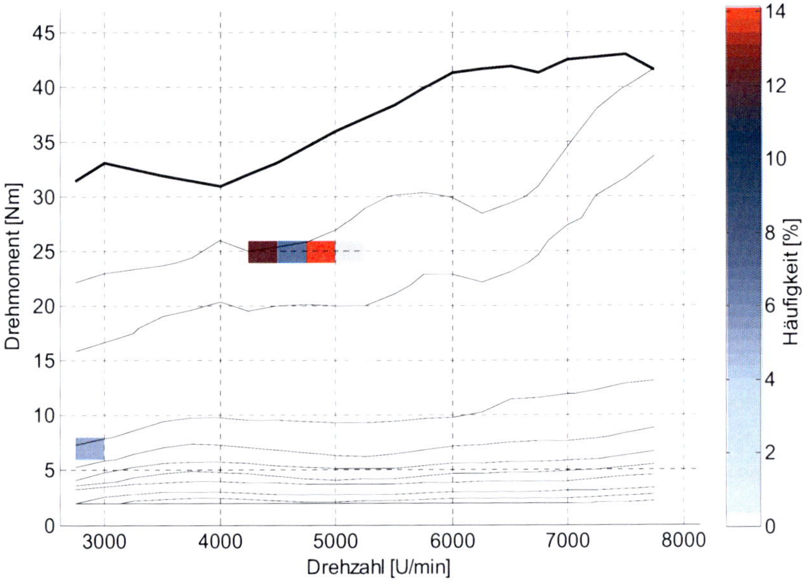

Bild 4: Häufigkeitsverteilung der Arbeitspunkte für Strategie B

Die Arbeitspunkte der „Strategie B" konzentrieren sich auf den Bereich zwischen 4000 und 5000 U/min bei etwa 25 Nm. In Summe verteilen sich die Arbeitspunkte auf Bereiche mit geringerem spezifischem Kraftstoffverbrauch, sodass im Zyklus verglichen zur „Strategie A" geringere CO_2-Emissionen entstehen (Bild 4).

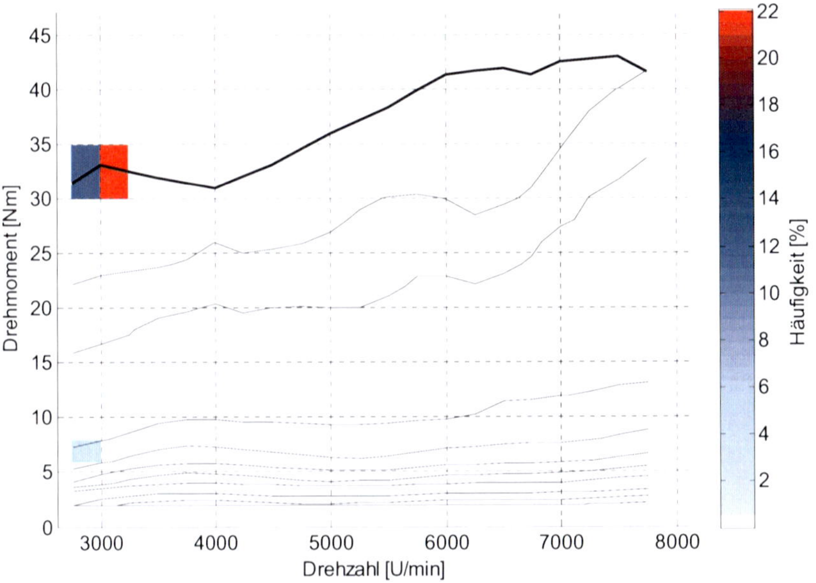

Bild 5: Häufigkeitsverteilung der Arbeitspunkte für „Strategie C“

Bild 5 zeigt die Verteilung für die „Strategie C“. Da der Verbrennungsmotor nur im Verbrauchsoptimum betrieben wird, reduziert sich die Häufigkeitsverteilung auf diesen Arbeitspunkt bei 3000 U/min und 32 Nm. Zusätzlich gibt es nur einen weiteren Arbeitspunkt durch das Heizen des Katalysators.

Bei der Ermittlung der CO_2-Emissionen nach den Vorgaben der R 101 ist zu beachten, dass der Betriebsmodus zu wählen ist, der den höchsten Kraftstoffverbrauch im Zustand B zur Folge hat. Dieser Betriebsmodus ist auch für die Messung der elektrischen Reichweite einzustellen.

4.3 Batteriekapazität

Der Range Extender bietet den Vorteil, dass die Batteriekapazität unabhängig von der geforderten Gesamtreichweite des Fahrzeugs festgelegt werden kann, die maßgeblich durch den Tankinhalt für den Verbrennungsmotor definiert wird. Da die hohen Batteriekosten einen signifikanten Einfluss auf die Fahrzeugkosten haben, ist ein Kompromiss zwischen geringen Kosten durch Minimierung der Batteriekapazität und der Reduzierung der CO_2-Emissionen durch eine hohe Batteriekapazität zu finden.

Das Bild 6 zeigt den Zusammenhang zwischen den, nach den Vorgaben der R 101 berechneten, CO_2-Emissionen, der elektrischen Reichweite und der Batteriekapazität für das in Kapitel 3.2 beschriebene Fahrzeug. Deutlich ist die asymptotische Abnahme der CO_2-Emissionen bei steigender Batteriekapazität zu erkennen. Auch der Einfluss der unterschiedlichen Betriebsstrategien ist dargestellt.

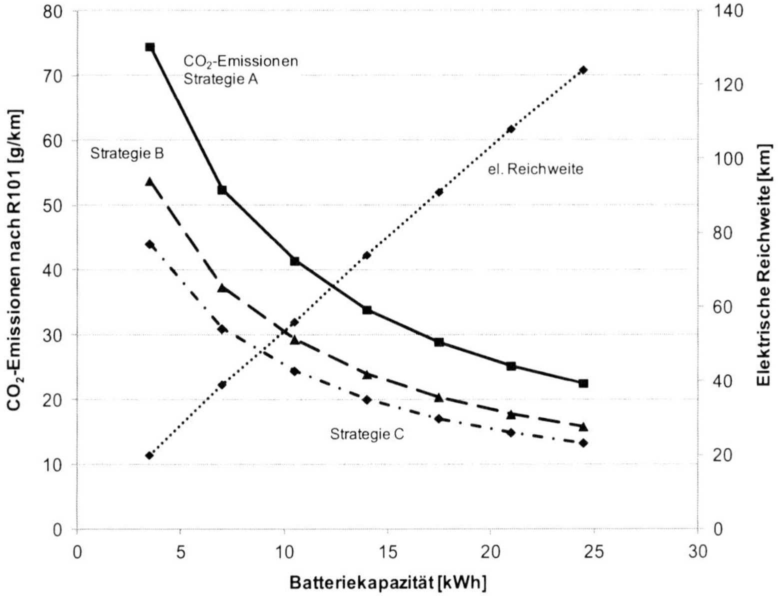

Bild 6: CO_2-Emissionen vs. Batteriekapazität

Verfügt das Fahrzeug über einen Betriebsartschalter mit dem der Fahrer verschiedene Betriebsstrategien auswählen kann, so sind die CO_2-Emissionen für die Zulassung relevant, die bei der Schalterstellung mit dem höchsten Kraftstoffverbrauch gemessen werden. Das bedeutet für die Bestimmung des Flottenverbrauches, dass verbrauchsoptimierte Betriebsmodi keinen Vorteil für den Fahrzeughersteller bieten, solange es auch Performance-Modi mit höherem Kraftstoffverbrauch gibt. Der Endkunde profitiert aber von der Verfügbarkeit mehrerer Betriebsstrategien, um dadurch in verschiedenen Anwendungssituationen die jeweils optimale Strategie mit dem geringsten Kraftstoffverbrauch auswählen zu können.

Auf Basis der Grafik in Bild 6 kann die optimale Batteriekapazität definiert werden. Dazu sind grundsätzlich zwei verschiedene Vorgehensweisen möglich:

a) Ein hoher Kundennutzen in Form geringer Betriebskosten ergibt sich, wenn die durchschnittliche tägliche Fahrstrecke rein elektrisch zurückgelegt und die Batterie über Nacht geladen werden kann. Nur bei längeren Fahrten ist die Unterstützung durch den Verbrennungsmotor notwendig. Als Entscheidungskriterium kann die durchschnittliche tägliche im Fahrzeug zurückgelegte Strecke dienen. Nach der Studie „Mobilität in Deutschland" [4] beträgt diese Strecke in Deutschland etwa

39 km. Andere Studien kommen zu einem ähnlichen Ergebnis. Wird diese Strecke zugrunde gelegt, ergibt sich eine Batteriekapazität von 7 kWh.

b) Ein anderer Ansatz kann über die jeweils aktuelle Gesetzgebung erfolgen. Um die Super-Credits in Anspruch nehmen zu können, ist derzeit in Europa ein CO_2-Ausstoss von maximal 50 gCO_2/km zulässig. Das bedingt eine Batteriekapazität von etwa 8 kWh bzw. 4.5 kWh („Strategie A" / „Strategie B"). Wird von einem zukünftigen Grenzwert von maximal 35 gCO_2/km ausgegangen, muss die Batteriekapazität auf etwa 14 kWh bzw. 8 kWh („Strategie A" / „Strategie B") angehoben werden.

Im Vergleich zu einem rein batteriebetriebenen Elektrofahrzeug, wie z.B. Smart Fortwo electric drive, das bei einer angegebenen Reichweite von 145 km (NEFZ-Zyklus) über eine Batteriekapazität von 17.6 kWh verfügt, reduziert sich die notwendige Kapazität für das Beispielfahrzeug mit REX um fast 75%.

Ausgehend von aktuellen Batteriepreisen von 530 Euro/kWh [5] ergibt sich ein Kostenpotenzial von bis zu 7.000 Euro. Auch unter Berücksichtigung der Kosten für das REX-Aggregat bleibt ein signifikanter Preisvorteil bei gleichzeitig höherem Alltagsnutzen bestehen.

Selbst bei einer Preisdegression auf 220 Euro/kWh, wie z.B. in [5] für das Jahr 2020 prognostiziert, bleibt ein Preisvorteil von 2.900 Euro. Dabei ist auch zu berücksichtigen, dass eine Reichweite von 150 km heute von vielen Endkunden nicht als ausreichend akzeptiert wird. Berücksichtigt man darüber hinaus, dass sich die Reichweite batteriebetriebener Elektrofahrzeuge durch die Fahrzeuginnenraumklimatisierung signifikant verringert, müsste die Batteriekapazität zukünftiger Elektrofahrzeuge erhöht werden, was den preislichen Abstand zum REX-Fahrzeug ansteigen lässt.

5. Zusammenfassung

Die beispielhafte Auslegung eines Fahrzeugs der Mini-Klasse zeigt, dass der Range Extender das Potenzial hat, Akzeptanzprobleme der aktuell verfügbaren Elektrofahrzeuge hinsichtlich Preis und Reichweitenbeschränkung zu lösen. Gleichzeitig kann durch eine ganzheitliche Auslegung des Antriebsstranges auf Systemebene mit Anwendung moderner Simulationstools eine signifikante CO_2-Reduzierung auf Flottenebene für den Fahrzeughersteller erreicht werden.

Obwohl aktuell nur eine sehr geringe Anzahl von Fahrzeugmodellen mit Range Extender für den Endkunden verfügbar ist, kann aufgrund der dargestellten Vorteile zukünftig mit einer größer werdenden Modellvielfalt und auch mit höheren Stückzahlen gerechnet werden.

Literatur

[1] Verordnung (Eg) Nr. 443/2009 des Europäischen Parlaments und des Rates vom 23. April 2009 zur Festsetzung von Emissionsnormen für neue Personenkraftwagen im Rahmen des Gesamtkonzepts der Gemeinschaft zur Verringerung der CO2-Emissionen von Personenkraftwagen und leichten Nutzfahrzeugen. In: Amtsblatt der Europäischen Union L140, 52, 1-15 (zitiert als VO-EG 443/2009)

[2] Strategic Analysis on Global Market for Range Extenders, Frost & Sullivan, 2013

[3] UN Vehicle Regulation No. 101 – Rev. 3 (CO_2 emission/fuel consumption)

[4] Studie Mobilität in Deutschland (MiD), Ergebnisbericht, 2008

[5] Schlick, T.; Hagemann, B.; Kramer, M.; Garrelfs, J.; Rassmann, A.: Zukunftsfeld Energiespeicher, Marktpotenziale standardisierter Lithium-Ionen-Batteriesysteme, VDMA & Roland Berger Strategy Consultants, 2012

2 Hybridgetriebe mit Leistungsverzweigung

Klaus Kalmbach

Abstract

In this article a new power split gearbox scheme is presented, beneficial when used in hybrid vehicles. Besides the typical potential of reduced CO_2 emissions and reduced fuel consumption, this gearbox scheme leads to a relatively simple structure. The shiftable gearbox part for instance is setup without any synchronizers. In addition no launch clutch is needed. Despite this a shifting process without drag torque interruption, as e.g. known from dual clutch transmissions, is possible. Launch and the shifting are both executed in power split mode. Based on this the gearbox can also be temporarily operated as continuously variable transmission. In the past hybrid drivelines have often been generated by adding the electrical components and the corresponding coupling elements. Such an approach typically leads to complex drivelines. In many cases some of the functionalities turn out to be twice available. In contrast to that the concept presented here demonstrates how the electrification of the driveline helps to eliminate some of the components required in a classical gearbox leading to a cost-efficient hybrid gearbox. Besides the pure concept, a possible realization for a passenger car is shown. Based on the main driving situations the control strategy is explained in detail. Results for the according vehicle dynamics are shown and efficiency potentials are discussed.

Kurzfassung

In diesem Artikel wird ein neuartiges leistungsverzweigtes Getriebekonzept vorgestellt, welches insbesondere für Hybridfahrzeuge eine Vielzahl von Vorteilen aufweist. Neben den typischen Potentialen hinsichtlich der Reduktion der CO_2-Emissionen und des Kraftstoffverbrauchs besitzt dieses Getriebe auch den Vorteil eines relativ einfachen Aufbaus. So kommt der Schaltgetriebeteil beispielsweise ohne jegliche Synchronisierungen aus. Zudem wird keine Anfahrkupplung benötigt. Trotzdem ist ein zugkraftunterbrechungsfreies Schalten, vergleichbar mit dem Schaltvorgang eines Doppelkupplungsgetriebes, möglich. Dies wird dadurch erreicht, dass in diesen Phasen das Getriebe in einem elektrisch leistungsverzweigten Modus betrieben wird. Dieser Modus ermöglicht beispielsweise auch den Betrieb als kontinuierlich-variables Getriebe. In der Vergangenheit wurden oftmals Hybridtriebstränge durch einfache Hinzunahme der elektrischen Komponenten und der notwendigen Koppelelemente generiert. Bei diesem Vorgehen entstanden typischerweise sehr komplexe Triebstränge, in denen oftmals sogar manche Funktionalitäten doppelt vorhanden waren. In dem hier vorgestellten Konzept wird dagegen aufgezeigt, wie mit Hilfe der Elektrifizierung des Antriebsstranges einige im klassischen Getriebe benötigten Bauteile entfallen können, wodurch ein kostengünstiges Hybridgetriebe entsteht. Neben dem reinen Konzept wird auch eine mögliche Umsetzung in Form eines PKW-Getriebes gezeigt. Anhand der maßgeblichen Fahrsituationen wird die Ansteuerungsstrategie für das Hybridgetriebe detailliert erläutert. Die Verbrauchspotentiale des Hybridgetriebes werden diskutiert und Ergebnisse der Fahrdynamiksimulationen des umgesetzten Ausführungsbeispiels gezeigt.

1. Getriebekonzept

1.1 Radsatz

Das Räderschema des hier vorgestellten Getriebes baut auf einer eingangsseitigen Leistungsverzweigung mittels Planetengetriebe auf, nach dem in [2] vorgestellten Prinzip. Die Eingangswelle dieses Planetengetriebes (hier: Planetenträger) ist mittels Torsionsschwingungsdämpfer direkt mit dem Verbrennungsmotor gekoppelt. Die beiden Ausgänge des Planetengetriebes (Hohlrad und Sonnenrad) sind je mit einer E-Maschine und dem Schaltradsatz, bestehend aus je zwei schaltbaren Übersetzungspaaren gekoppelt. Zusätzlich besitzt das Planetengetriebe eine Schalteinrichtung, die eine Verblockung des Planetenradsatzes ermöglicht. Abbildung 1 zeigt ein solches Radsatzschema in Zweiwellen-Bauform, in dem auch die im Folgenden verwendeten Bezeichnungen zugeordnet sind.

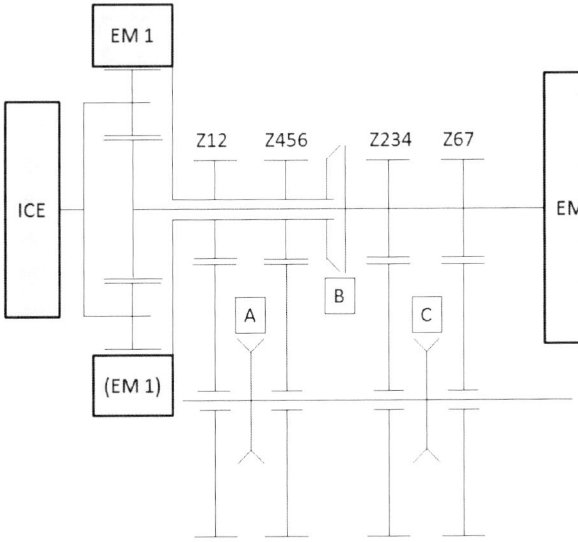

Bild 1: Radsatzschema des leistungsverzweigten Hybridgetriebes

In diesem Radsatz sind vier Gänge mit verblocktem Planetengetriebe und vier leistungsverzweigte Gänge darstellbar, in denen sowohl über das dem Hohlrad nachgeschaltete Teilgetriebe als auch über das dem Sonnenrad nachgeschaltete Teilgetriebe jeweils ein Teil der Leistung übertragen wird.

1.2 Aktuierung

Von den leistungsverzweigten Gängen sind drei Gänge bezüglich der Übersetzungen zwischen jeweils zwei benachbarten Gängen mit verblocktem Planetengetriebe einzuordnen. Es lassen sich somit sieben Gänge darstellen, sodass für jeden sequentiellen Schaltvorgang immer nur ein Schaltelement ausgelegt wird, eines eingelegt wird und eines eingelegt bleibt. Die Schaltzustände sind in Abbildung 2 gezeigt. Hierbei liegt in allen ungeradzahligen Gängen (1, 3, 5, 7) ein verblocktes Planetengetriebe vor, wogegen in den geradzahligen Gängen (2, 4, 6) der Leistungsfluss verzweigt stattfindet.

	A			B		C		
Gang	links	neutral	rechts	links	neutral	links	neutral	rechts
1	x			x			x	
2	x				x	x		
3		x		x		x		
4			x		x	x		
5			x	x			x	
6			x		x			x
7		x		x				x

Bild 2: Stellungen der Schaltelemente des leistungsverzweigten Hybridgetriebes

Die fehlende Kombination in der Schaltelement A auf Position "links" und Schaltelement C auf Position "rechts" steht, erzeugt einen weiteren leistungsverzweigten Gang. Dessen Übersetzung ergibt sich üblicherweise im Bereich der Gänge 2 und 3. Würde man diesen Gang in die Schaltstrategie miteinbeziehen, ergäben sich Einschränkungen in der Lastschaltbarkeit. Deshalb wird dieser potentielle Gang in den folgenden Betrachtungen ausgeklammert.

1.3 Übersetzungen

Aufgrund der Mehrfachnutzung der Zahnradstufen sind nicht alle Übersetzungen frei wählbar. So ergeben sich die Übersetzungen der leistungsverzweigten Gänge 2,4 und 6 aus den Übersetzungen der benachbarten ungeradzahligen Gänge und des Planetengetriebes. In Abbildung 3 ist dieser Einfluss der Mehrfachnutzung beispielhaft skizziert.

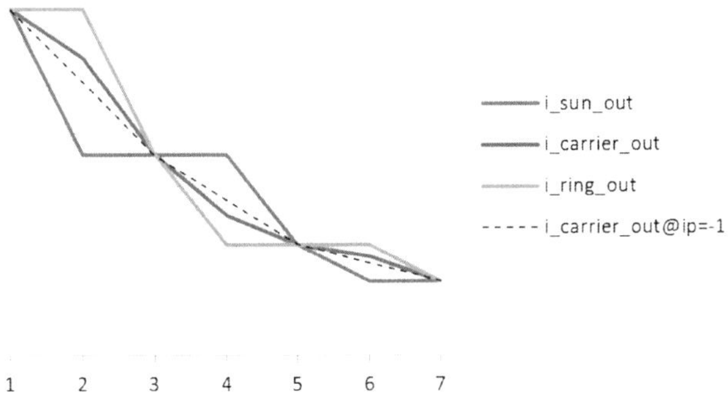

Bild 3: Übersetzung vs. Gangnummer, Beispielhafte Darstellung

2. Ausführungsbeispiel

Auf Basis der oben beschriebenen Grundsatzüberlegungen wurde ein erstes Beispielgetriebe konstruktiv als Konzept umgesetzt. Als Zielfahrzeug wurde ein Kleinwagen gewählt. Hierbei wird davon ausgegangen, dass der auf Grund der Elektrifizierung des Antriebsstranges erzielte Dynamikzuwachs ein Downsizing des Verbrennungsmotors zulässt.

2.1 CAD - Modell

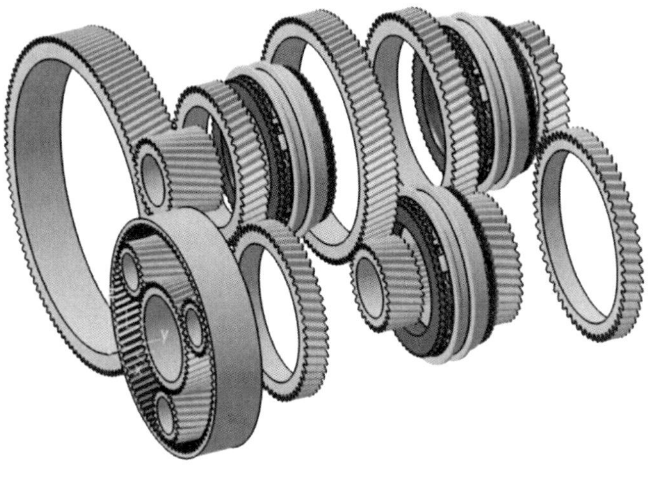

Bild 4: CAD - Modell des Ausführungsbeispiels

In Bild 4 ist ein CAD-Modell eines möglichen Radsatzes für ein Kleinwagen-Hybridgetriebe gezeigt. Auf Grund der geringen Zahl der Radpaare bietet es sich an, das Getriebe in der hier gezeigten Zweiwellen-Bauform darzustellen.

2.2 Fahrleistungssimulation

Zur Ermittlung der Fahrleistungen des Ausführungsbeispiels wurde ein dynamisches Simulationsmodell aufgebaut. Die Modellstruktur - in Abbildung 5 zu sehen - enthält einen vereinfachten Triebstrang indem unter anderem die Schaltelemente, Planetengetriebe und Stirnradstufen modelliert sind. Die Elektromotoren und der Verbrennungsmotor sind vereinfacht als Momentenquellen repräsentiert und werden durch die jeweiligen Motorkennlinien begrenzt. Des Weiteren ist der Kontakt von Rad und Straße beinhaltet, der maßgeblich von Achslast, Schlupf und Reibeigenschaften abhängt. Der Beschleunigung der Fahrzeugmasse wirken zudem die Fahrwiderstände entgegen.

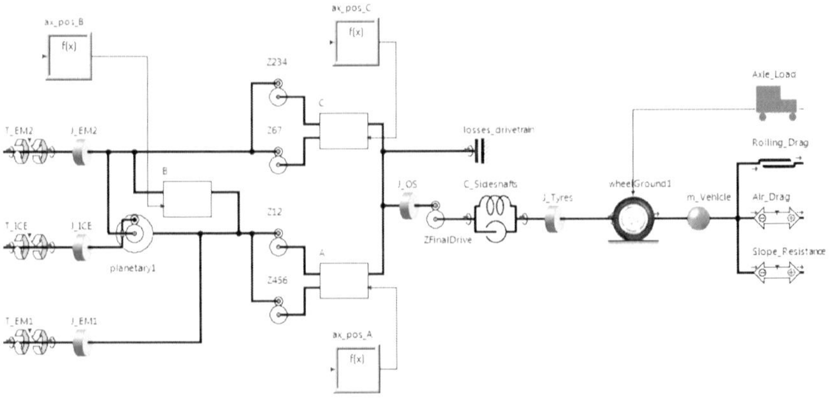

Bild 5: Simulationsmodell zur Fahrleistungsermittlung

Die Simulationen gehen von einem Kleinwagen mit einem Fahrzeuggewicht von 1500 kg, einer Stirnfläche von 2 m² und einem cw-Wert von 0.30 aus. Das heckgetriebene Fahrzeug hat eine Schwerpunkthöhe von 0.5 m und eine statische Achslastverteilung von 45 % auf der Vorderachse und 55 % auf der Hinterachse bei einem Achsabstand von 2.5 Metern. Die Antriebsleistung wird von zwei E-Motoren mit jeweils 30 kW und einem Verbrennungsmotor mit 40 kW gestellt. Alle Aggregate sind vereinfacht modelliert. Zur Ermittlung der Fahrwiderstände wurden die üblichen Umgebungsparameter verwendet ($g = 9.81$ m/s, $\rho_{Luft} = 1.205$ kgm³ und Rollwiderstandsbeiwert $f_R = 0.01$).

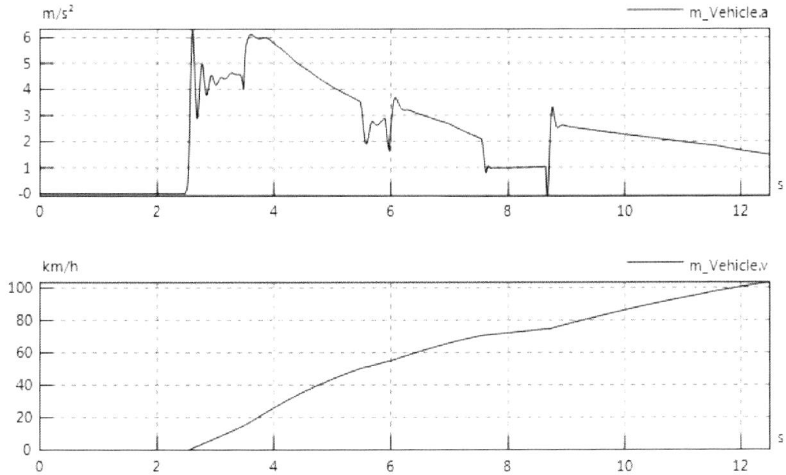

Bild 6: Ergebnisausschnitt einer Volllastbeschleunigung im Zeitbereich

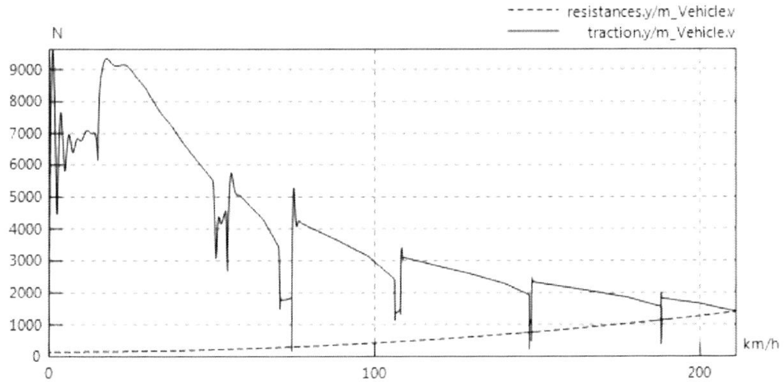

Bild 7: Maximalgeschwindigkeit aus einer Volllastbeschleunigung

Als Ergebnisse eines Fahrleistungsmodells mit oben beschriebenem Detailierungsgrad sind sowohl realistische Beschleunigungszeiten und Endgeschwindigkeiten zu erwarten als auch Einsichten in die darstellbaren Fahrsituationen. So ist beispielsweise in Abbildung 6 eine Volllastbeschleunigung von 10 Sekunden Dauer dargestellt (t = 2.5 - 12.5 s). Das Fahrzeug beschleunigt während des gesamten Zeitraums. Es ist also auch während der Schaltungen Zugkraft vorhanden. Die Beschleunigung in der Ebene aus dem Stand auf 100 km/h wird in weniger als 10 s erreicht. In Abbildung 7 ist gezeigt, dass - ebenfalls in der Ebene - eine Endgeschwindigkeit von ca. 210 km/h erreicht wird. Auf die transienten Grafiken wird hier aus

Platz- und Darstellungsgründen verzichtet, es sei aber gesagt, dass die Endgeschwindigkeit nach ca. 75 s erreicht wird.

2.3 Verbrauchspotentiale

Eine detaillierte Diskussion der Verbrauchswerte erscheint uns auf Basis der konzeptuellen Betrachtungen noch nicht sinnvoll, da beispielsweise die Wirkungsgrade abhängig von Zielfahrzeug und Umsetzung unterschiedlich sein werden. Man kann natürlich alle Vorteile des Hybridantriebs für die Verbrauchsreduzierung mit dem hier vorgestellten Getriebe nutzen:

1) Lastpunktverschiebung, Boosten

2) Rekuperieren der Bremsenergie

3) Start-/Stop – Betrieb

4) Fahren in verschiedenen Modi
   - Elektrisches Fahren
   - Seriell Hybrides Fahren
   - Parallel Hybrides Fahren
   - Verbrennungsmotorisches Fahren

5) Laden der Batterie im Stillstand

Zusätzlich dazu sind noch die Einsparungen zu nennen, welche konzeptbedingt aus dem Fehlen der reibenden Elemente, namentlich Kupplung und Synchronisierungen, erwachsen.

6) Wegfall der Reibverluste beim Anfahren

7) Wegfall der Reibverluste beim Synchronisieren während der Schaltungen

Die Reibverluste während eines Anfahrvorgangs mit einer Anfahrkupplung (unter konstanter Drehzahl des Verbrennungsmotors und Vernachlässigung der Fahrwiderstände) entsprechen der kinetischen Energie des Fahrzeugs bei Drehzahlgleichheit an der Kupplung. Das sind für ein zu unserem Ausführungsbeispiel vergleichbaren Fahrzeug mit Anfahrkupplung, bei einer Leerlaufdrehzahl des Verbrennungsmotors von 1000 U/min während des Anfahrvorgangs etwa 5300 J, das entspricht 1.47 Wh bei einer Fahrzeugendgeschwindigkeit von ca. 9.57 km/h. Der reale Energieverlust ist aufgrund der Fahrwiderstände und der Verluste noch etwas höher. Um diesen Energieverlust während des Anfahrvorgangs mit Anfahrkupplung quantitativ einzuordnen sei noch folgender Vergleich angeführt.
Der Mindestenergiebedarf für das Fahrzeug aus unserem Ausführungsbeispiel im Fahrzyklus NEDC - das heißt bei einem optimalen Wirkungsgrad von 1 und vollständiger Rückgewinnung aller kinetischen Energie - liegt bei etwa 891 Wh. Im NEDC, vgl. beispielsweise [3], kommen 13 Anfahrvorgänge vor.

3. Betriebsmodi

3.1 Starten des Verbrennungsmotors

Um den Verbrennungsmotor bei ruhendem Fahrzeug zu starten, können beide elektrischen Motoren eingesetzt werden. Hierfür stehen die Schaltelemente A und C auf Position neutral. Verschiedene Szenarien sind denkbar, beispielsweise:

- Schaltelement B geschlossen. Sowohl EM1 als auch EM2 treiben.
- Schaltelement B offen, EM1 fährt Drehzahl (z. B. Eckdrehzahl) an EM2 die entsprechend passende Drehzahl in entgegengesetzter Drehrichtung. Dann treibt EM1, und EM2 bremst.

Der Start des Verbrennungsmotors während der Fahrt - also beispielsweise nach einem elektrischen Anfahrvorgang - kann durch Abbremsen derjenigen E-Maschine, welche aktuell nicht abtriebsseitig gekoppelt ist, erreicht werden.

3.2 Anfahren & Fahren

Für alle hier betrachteten Anfahrvorgänge gelten folgende Anfangsbedingungen:

- Fahrzeug ruhend.
- Schaltelement A auf Position "links", d. h. Zahnradpaar Z12 ist geschaltet.
- Schaltelement B offen.
- Schaltelement C auf Position "neutral".

3.2.1 Verbrennungsmotorisches Anfahren

Ausgangssituation für das hier betrachtete verbrennungsmotorische Anfahren ist - zusätzlich zu den oben genannten Bedingungen - folgender Anfangszustand:

- Verbrennungsmotor in Betrieb, Leerlaufdrehzahl.
- Resultierende Drehzahlen an den E-Maschinen EM1 und EM2 werden geregelt.

Für das Anfahren wird von dieser Situation ausgehend ein Bremsmoment an der E-Maschine EM2 gestellt, um ein entsprechendes Moment des Verbrennungsmotors über das Planetengetriebe abzustützen. Dies führt zu einem positiven Moment am Getriebeausgang und damit zu einer entsprechenden Beschleunigung des Fahrzeuges. Die auf Grund des abgestützten Drehmomentes an der E-Maschine EM2 anfallende elektrische Leistung kann wahlweise der Batterie oder aber der E-Maschine EM1 (Boosten) zugeführt werden. Je nach Stützmoment EM2 bzw. Boostmoment EM1 kann eine entsprechende Fahrzeugbeschleunigung unter Beibehaltung der Drehzahl des Verbrennungsmotors eingestellt werden. In diesem Betriebsmodus arbeitet das Antriebssystem damit als elektrisch leistungsverzweigtes Getriebe mit kontinuierlich variabler Übersetzung (EVT = Electrically Variable Transmission). Im Gegensatz zum herkömmlichen Anfahrvorgang mit Anfahrkupplung wird der anfallende Leistungsüberschuss nicht durch Reibung in Wärmeleistung umgesetzt, sondern als elektrische Leistung verfügbar gemacht.
Der hier beschriebene Anfahrvorgang verläuft damit analog zum Anfahrvorgang des Toyota Prius („Hybrid Synergy Drive“) [1].

3.2.2 Einlegen des 1. Ganges, Fahren im 1. Gang

Die Fortführung des oben beschriebenen Anfahrvorganges führt bei einer gewissen Geschwindigkeit dazu, dass die Relativgeschwindigkeit am Planetengetriebe zu 0 wird. Zu diesem Zeitpunkt wird das am Planetengetriebe befindliche Verblockungs-Schaltelement B geschlossen. Bei entsprechender Regelung ist das Schließen dieses Schaltelements bei Relativdrehzahl nahe 0 U/min durchführbar und somit in der Praxis durch ein kostengünstiges Klauenschaltelement realisierbar. Der so gewählte Drehmomentpfad entspricht dem 1. Gang. In dieser Fahrsituation ist neben dem mechanischen Durchtrieb (Verbrennungsmotor zu Getriebeausgang) sowohl Boosten als auch Rekuperieren über beide E-Maschinen möglich. Das gilt im Übrigen für alle Fahrsituationen, in denen ein Gang vollständig eingelegt ist. Der Ablauf des Anfahrens, des Einlegen des 1. Ganges und des Fahren im 1. Gang ist hier zum besseren Verständnis auf Basis einer vereinfachten Verbrennungsmotordrehzahlregelung beschrieben. In der Praxis wird die Verbrennungsmotordrehzahl entsprechend variabel gewählt.

3.2.3 Elektrisches Anfahren und Fahren

Ein rein-elektrisches Anfahren ist ebenfalls möglich. Dafür sei der Verbrennungsmotor ausgeschalten, d.h. der Planetenträger ruht. Die E-Maschine EM1 ist über das Zahnradpaar Z12 abtriebsseitig gekoppelt. Die Drehzahl an EM2 ergibt sich aus der Übersetzung am Planetengetriebe und wird geregelt. Die Drehrichtung ist entsprechend umgekehrt, da der Verbrennungsmotor steht. Zum Beschleunigen des Fahrzeugs steht nun das Drehmoment von EM1 zur Verfügung.

Um zum elektrischen Fahren beide E-Motoren verwenden zu können, sind Varianten des Radsatzkonzeptes denkbar, wie die im Folgenden genannten Beispiele, welche hier aber nicht weiter erläutert werden sollen:

1) Einbringen einer schaltbaren Momentenabstützung zwischen Planetenträger und Gehäuse.
2) Einbringen eines Freilauf-Elements zwischen Verbrennungsmotor und Planetenträger.

3.3 Schalten

3.3.1 Sequentielle Schaltungen

Erfordert die Fahrsituation eine längere Übersetzung als die des 1. Ganges wird die Schaltung in den 2. Gang eingeleitet. Hierfür wird mittels EM2 wiederum ein Bremsmoment (Stützmoment) aufgebracht und die anfallende Leistung wird wiederum über EM1 eingeleitet. Die Momente der beiden E-Maschinen werden dabei entsprechend der vorliegenden Fahrsituation so gewählt, dass das Verblockungsschaltelement B momentenfrei ist und es somit ausgelegt werden kann. Durch eine weitere Anhebung der Drehmomente an EM2 und EM1 können nun die Relativdrehzahlen im EVT-Betrieb so verstellt werden, dass am Losrad der Zahnradstufe Z234 die Relativdrehzahl 0 anliegt. Das Einlegen des entsprechenden Schaltelementes, welches wiederum auf Grund der beschriebenen "äußeren Synchronisierung" als Klauenschaltelement ausgebildet sein kann, beendet wiederum den EVT - Betrieb. Der so geschaltete 2. Gang ist als mechanisch leistungsverzweigter Gang anzusehen, da entsprechend der beiden Leistungspfade ein Teil der Leistung des Verbrennungsmotors über das Hohlrad und die Verzahnungsstufe Z12, die restliche Leistung über das Sonnenrad und die Verzahnungsstufe Z234 zum Getriebeausgang fließt. Auch in dieser Fahrsituation stehen die beiden E-Maschinen sowohl zum Boosten als auch zur Rekuperation zur Verfügung.

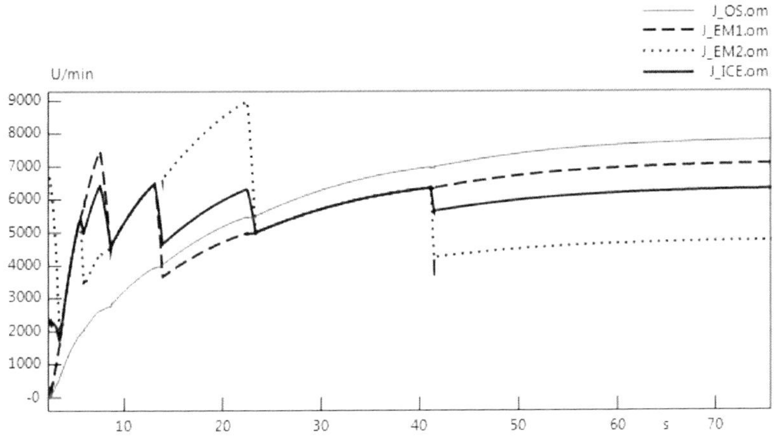

Bild 8: Entwicklung der Drehzahlen bei sequentiellem Hochschalten

Wie in Abbildung 8 für die Hochschaltungen im Zugbetrieb gezeigt, kann dieses Prinzip auf alle sequentiellen Schaltungen angewendet werden.

3.3.2 Mehrfachschaltungen

Bei Mehrfachschaltungen muss im Allgemeinen eine Zugkraftunterbrechung bzw. Schubkraftunterbrechung in Kauf genommen werden. Eine Ausnahme bilden die Zweifachschaltungen von und in die leistungsverzweigten Gänge, also die Schaltungen 2 ←→ 4 und 4 ←→ 6.

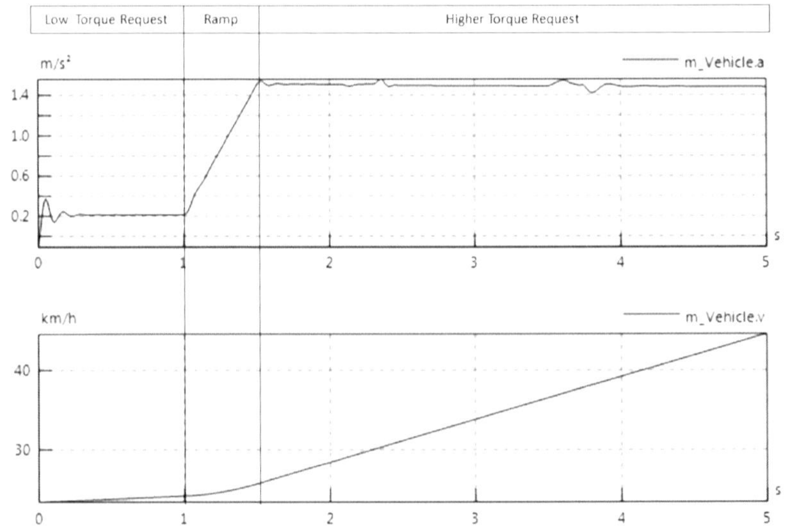

Bild 9: Zugrückschaltung 4 →2: Fahrzeug

Dies wollen wir am Beispiel einer Schaltung 4 → 2 aufzeigen. Mit dem Simulationsmodell aus Abbildung 5 wurde dazu eine Fahrsituation nachgestellt, bei der eine Doppelrückschaltung im Zugbetrieb vorgenommen wird, zu sehen in Abbildung 9. Zu Beginn fahren wir im vierten Gang bei niedriger Geschwindigkeit. Dann wird vom Fahrer in einer Rampe mehr Zugkraft angefordert. Anschließend wird aufgrund der geringen Zugkraftreserve im aktuellen Gang eine Zweifachrückschaltung in den zweiten Gang durchgeführt. Die Schaltung ist in Abbildung 9 - auf Fahrerebene - nicht zu erkennen, während im Hintergrund die Drehmomente umverteilt werden, sowie Schaltelemente aus- und eingelegt. In Abbildung 10 sind die Drehzahlen im Getriebe, sowie die Drehmomente der Aggregate und die Positionen der Schaltelemente dargestellt.

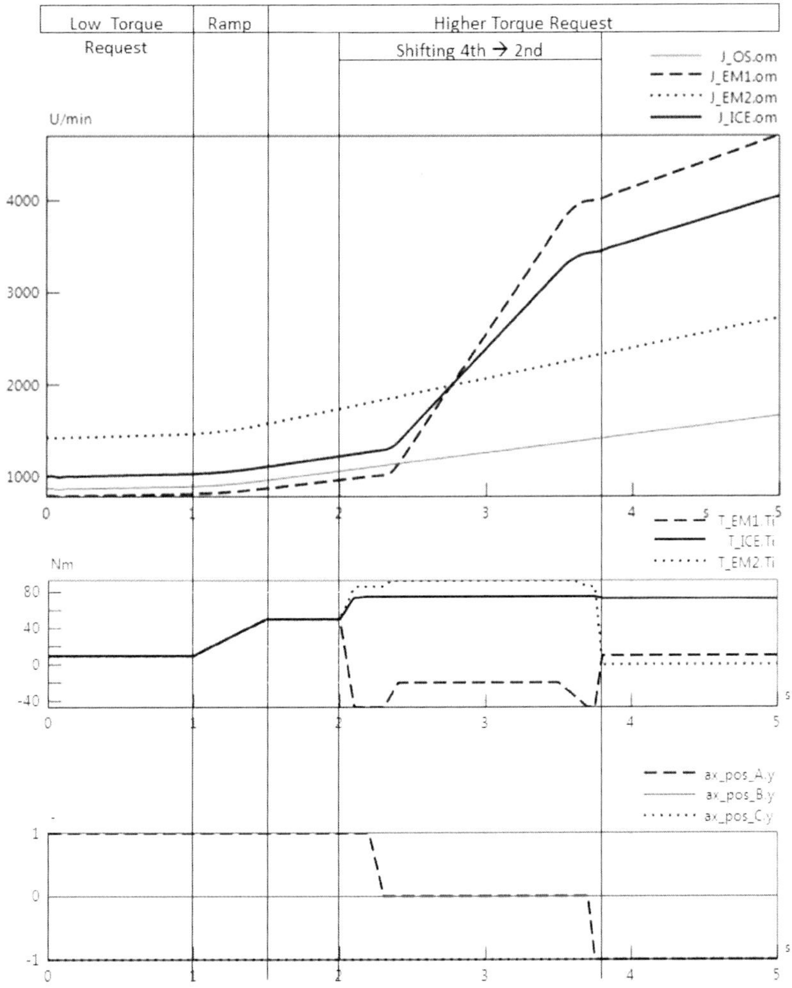

Bild 10: Zugrückschaltung 4 → 2, Drehzahlen, Drehmomente & Positionen der Schaltelemente

4. Zusammenfassung und Ausblick

Wir haben ein leistungsverzweigtes Hybridgetriebe vorgestellt, dass die elektrischen Maschinen auf geschickte Weise integriert und damit Funktionalitäten elektromotorisch abdecken kann, die im klassischen Getriebe durch mechanische Elemente (z.B. Synchronisierung, Anfahrkupplung) dargestellt werden müssen. Dies eröffnet die Möglichkeit eines relativ einfach, kompakt und kostengünstig aufgebauten Hybridgetriebes. Trotz der Vereinfachungen entstehen keinerlei Einschränkungen hinsichtlich Fahrkomfort (z.B. zugkraftunterbrechungsfreies Schalten) oder Hybridfunktionalität (Effizienz, rein-elektrisches Fahren, Boosten,...).
Die für dieses Getriebe typischen Betriebsmodi wurden diskutiert und anhand entsprechender Simulationsergebnisse gezeigt. Es konnte dadurch nachgewiesen werden, dass ein Komfortniveau ähnlich dem eines Doppelkupplungsgetriebes erreicht werden kann. Weiter wurde gezeigt, dass auch mit kleinerer verbrennungsmotorischer Leistung - Stichwort Downsizing - aufgrund der verfügbaren Boost-Unterstützung eine adäquate Fahrdynamik zur Verfügung steht. Das vorgestellte Getriebe eröffnet damit das Potential, hybride Antriebssysteme in einem sinnvollen Kostenrahmen darzustellen und damit deren Erfolg am Markt zu ermöglichen.

Literatur / References

[1] US Environmental Protection Agency, *Evaluation of a Toyota Prius Hybrid System*, EPA420-R-98-006

[2] R. Huttary, E. Krayss, *Lastschaltgetriebe und Hybridanordnung mit Leistungsverzweigung*, DE102010052262A1.

[3] T. J. Barlow, S. Latham, I. S. McCrae and P. G. Boulder, *A reference book of driving cycles for use in the measurement of road vehicle emissions.*
Published Project Report PPR354 Version 3, TRL Limited, June 2009

3 Entwicklung eines elektrischen Allradantriebes für PKW mit integriertem Range Extender

Andreas Lohner, Magnus Böh

Abstract

In order to improve our society´s mobility, as environmental compliant as possible, the Netherlands and the German federal state of North Rhine-Westphalia support the development, demonstration and evaluation of an innovative, efficient, cost-optimized and compact hybrid drive train structure. In this context a research consortium, consisting of two industrial partners from the Netherlands and Germany as well as the Cologne University of Applied Sciences, develops the drive system based on a biaxial electric drivetrain structure with a downsized combustion engine as a range extender. This paper presents structure and simulations of the drive train topology.

Kurzfassung

Um die Mobilität unserer Gesellschaft möglichst umweltverträglich weiterzuentwickeln, fördert das Land Nordrhein-Westfalen gemeinsam mit den Niederlanden die Entwicklung eines innovativen, effizienten, kostengünstigen und kompakten Hybridantriebs mit elektrischem Zweiachsantriebsstrang durch ein Forschungskonsortium, aus den Firmen Meta Motoren- und Energie-Technik GmbH und Centre for Concepts in Mechatronics sowie der Fachhochschule Köln bestehend.

Der Beitrag nimmt Bezug auf ein seit Mitte 2012 laufendes F&E-Projekt mit direktem Bezug zur heutigen und zur zukünftigen Mobilität. Der Fokus liegt dabei auf der Simulation und der Auslegung einer elektrischen Allradantriebstopologie, die einen Ottomotor als Range Extender über eine doppelt rotierende Elektrische Maschine durch eine Leistungsverzweigung effizient in den Antriebsstrang integriert. Ziel des Projektes ist nicht nur die Entwicklung dieser Antriebstopologie sondern auch deren Integration in ein Demonstrationsfahrzeug.

1. Einleitung und Motivation

Wie der jüngste IPCC-Klimabericht erneut dokumentiert, ist eine der großen und ungelösten, gesellschaftlichen Aufgaben die Abwendung des drohenden Klimawandels und die dazu notwendige Minimierung des Ausstoßes an klimaschädlichen Gasen. In Deutschland ist der Straßenverkehr durch die Verbrennung fossiler Brennstoffe in einem erheblichen Maße für die Erzeugung des klimawirksamen Gases Kohlendioxid (CO_2) verantwortlich. Zur Verringerung der CO_2-Emmissionen des Individualverkehrs ist das erklärte Ziel des hier beschriebenen, dreijährigen Forschungs- und Entwicklungsprojektes, eine energetisch hocheffiziente und zugleich kostengünstige elektrische Antriebstopologie für einen PKW zu entwerfen und aufzubauen, die allradangetrieben, innerstädtisch rein elektrisch (Plug-in) und außerstädtisch mit einem effektiven Range Extender betrieben werden kann. Hierbei werden die beiden deutschen Projektpartner aus dem NRW/EU Ziel2-Programm gefördert. Zudem hat das Projekt den EUREKA-Status erhalten.

Bild 1: Fördermittelgeber

2. Antriebstopologie

Wie auf Bild 2 dargestellt werden die Hinterräder des Fahrzeugs durch zwei permanentmagnetisch erregte Synchronmaschinen (PSM) elektrisch angetrieben, die über einen DC/DC-Wandler an die Traktionsbatterie angebunden sind. Über ein Bordladegerät ist diese aus dem Netz nachladbar. Der Verbrennungsmotor wird als sogenannter Range Extender (REx) über eine doppelt rotierende Elektrische Maschine (DrEM) an das Vorderachsdifferential angebunden.

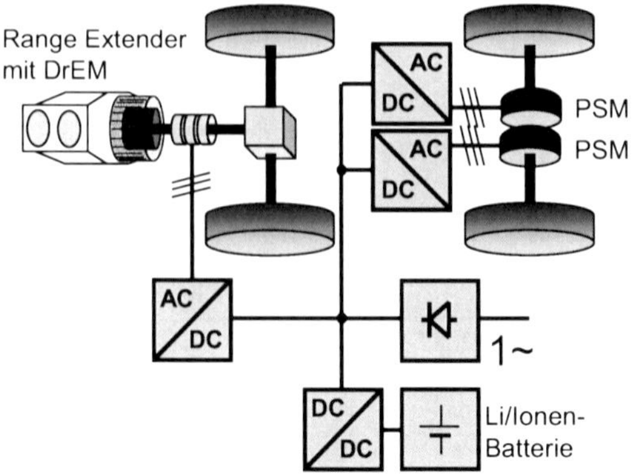

Bild 2: Schematische Darstellung der elektrischen Allradantriebstopologie

Die vom niederländischen Projektpartner zu entwickelnde, doppelt rotierende Elektrische Maschine ermöglicht eine Abkopplung des Betriebspunktes des Range Extenders von der aktuellen Fahrsituation, wodurch eine Punktoptimierung des Ottomotors erfolgen kann. Bei der DrEM handelt es sich um eine permanentmagnetisch erregte Synchronmaschine, deren Rotor mit der Kurbelwelle des REx verbunden ist. Der *Stator* dieser Maschine, der als Außenrotor auch rotationsfähig konstruiert sein muss, mündet in die zum Differential der Fahrzeugvorderachse führende Welle. Während der Außenrotor die Magnete trägt, werden die Wicklungen des Innenrotors über drei Schleifringe von einem Umrichter bestromt. Bei abgestelltem Verbrennungsmotor wird durch das Feststellen der Kurbelwelle ein lokal emissionsfreier, elektrischer Allradantrieb realisiert.

Die durch diese Antriebstopologie realisierte Leistungsverzweigung ermöglicht es, den REx immer in seinem effizientesten Arbeitspunkt zu betreiben, während über das Differential die Vorderachse des Fahrzeugs angetrieben und gleichzeitig die Traktionsbatterie geladen wird. Auch der Start des REx kann aus dem Energiespeicher durch motorischen Betrieb der DrEM erfolgen. Die Regelung des vom Fahrer gewünschten Traktionsdrehmomentes erfolgt über den elektrischen Hinterradantrieb, der ebenfalls für eine tatsächliche Abkopplung des Verbrennungsmotorarbeitspunktes von der Fahrzeugdynamik und durch „Torque Vectoring" aktiv für Fahrstabilität sorgt.

Die Fachhochschule Köln ist als Koordinator des Forschungskonsortiums für die Entwicklung des Fahrzeugenergiemanagementsystems, den Aufbau der Leistungselektronik und der Systemtechnik sowie die demonstrative Antriebsintegration in ein Serienfahrzeug zuständig. Übergeordnetes Ziel des Gesamtprojektes ist der Aufbau eines Technologieerprobungsträgers, der über einen hoch effizienten und gegenüber einem konventionellen Allradfahrzeug nahezu kostenneutralen Antrieb verfügt.

3. Antriebsauslegung

Um die Traktionskomponenten des anvisierten Antriebskonzepts auslegen zu können, ist von der Fachhochschule Köln ein Matlab/Simulink-Modell des gesamten Antriebsstrangs aufgebaut worden.

3.1 Antriebsmodellbildung

Bild 3 zeigt die Antriebsmodellübersicht, die durch die Anordnung der Submodule die leistungsverzweigte Antriebstopologie erkennen lässt. Das Modell des elektrischen Hinterradantriebes, aus den beiden Synchronmaschinen, ihren feldorientiert geregelten Umrichtern etc. bestehend, ist in dem Submodul ***EM*** verborgen. Es ist mechanisch über das Modul ***Transmission*** mit dem Fahrzeugmodellmodul ***Veh_mass*** verbunden, das nach der ausgewählten Erprobungsträgerplattform - Ford Focus - parametriert worden ist.

Die elektrische Energie bezieht der Hinterradantrieb genauso wie die DrEM über das Zwischenkreismodul ***Link*** aus der Traktionsbatterie, die über einen Zweiquadrantsteller (***Li/Io_Inverter***) an den Zwischenkreis angebunden ist.

Das Modell des REx ***Engine*** ist so entwickelt worden, dass die Kurbelwelle von der doppelt rotierenden Maschine ***DrEM*** belastet wird. Die Parametrierungen des REx wie drehzahlabhängiges, maximales Drehmoment oder Berechnung des spezifischen Verbrauchs basieren auf dem aktuellen Entwicklungstand des Projektpartners Meta Motoren- und Energie-Technik GmbH. Sie werden im Laufe des Projektes weiter verfeinert und immer wieder dem aktuellen Stand angepasst werden.

Die Funktionseinheit der DrEM ist auf Basis einer ständerfesten Drehfeldmaschine erstellt worden. Die zur Ansteuerung dieser benötigte Leistungslektronik mit feldorientierter Regelung verbirgt sich ebenfalls im Modul ***DrEM*** [1].

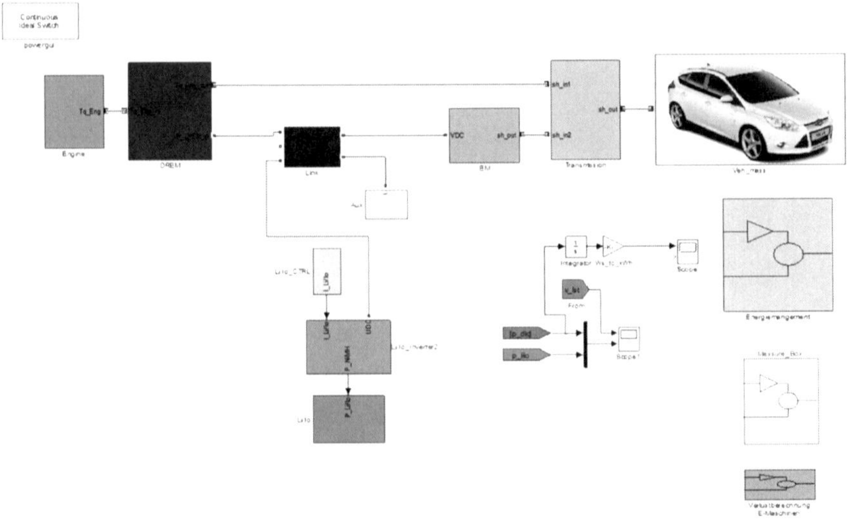

Bild 3: Schematische Darstellung der elektrischen Allradantriebstopologie

Parallel zum Antriebsmodell ist ein Konzept der Fahrzustände und Regelungsstrategien für die elektrischen Maschinen, den Energiespeicher und den REx entwickelt worden, um diese über den Zustandsautomaten des Energiemanagementsystems (EMS), im Modul ***Energiemanagementsystem*** modelliert, anzusteuern. Über eine Maske kann das EMS parametriert werden. Bild 4 zeigt den Zustandsautomaten des EMS als vereinfachten Funktionsüberblick.

Bei niedrigen Geschwindigkeiten, moderaten Beschleunigungen und hohem Ladezustand des Energiespeichers soll das Fahrzeug rein elektrisch angetrieben werden. Dazu bleibt der Verbrennungsmotor ausgeschaltet und wird über eine Bremse festgebremst, um mit der DrEM im Betriebsmodus 1 das Fahrzeug zusätzlich auch an der Vorderachse anzutreiben. Der Fahrerdrehmomentwunsch wird dann von allen drei Elektromaschinen anteilig, d.h. unter Berücksichtigung der Fahrstabilität, umgesetzt.

Erreicht der Ladezustand des Energiespeichers einen Minimalwert ***SOC_low*** oder überschreitet die Fahrzeuggeschwindigkeit einen über ***v_high*** parametrierten Wert, wird der REx hochgefahren. Unterhalb niedriger Fahrzeuggeschwindigkeiten ***v_min*** sollte der REx generell ausgeschaltet bleiben, um die Leistung der DrEM kleiner bemessen zu können. Auch bei starken Beschleunigungsvorgängen wird der REx hinzugeschaltet werden, um die Belastung der Traktionsbatterie zu begrenzen.

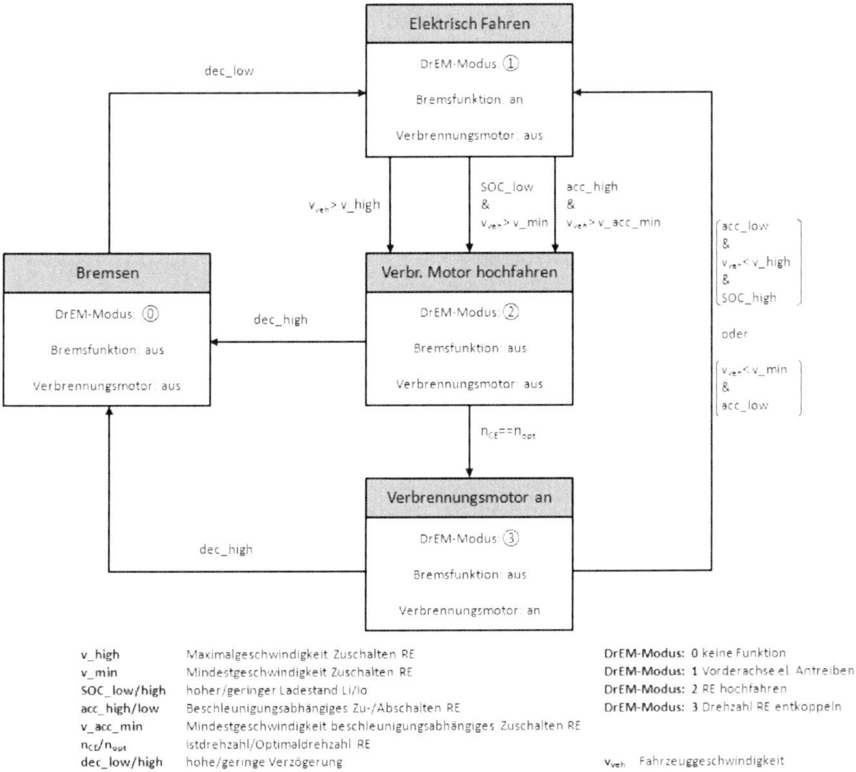

Bild 4: Zustandsautomat des EMS

Wenn der Betriebsmodus 2 aktiv ist, wird die Bremse der Kurbelwelle gelöst und der Verbrennungsmotor hochgefahren. Sobald der REx von der DrEM auf die optimale, vom EMS vorgegebene Drehzahl beschleunigt worden ist, wird dieser durch Benzineinspritzung zugeschaltet und überträgt sein Drehmoment über die DrEM an das Vorderachsdifferential. Auch im Betriebsmodus 3 sind Drehmoment und Drehzahl des REx von der Fahrzeugdynamik entkoppelt, da die gewünschte Gesamtzugkraft vom elektrischen Hinterradantrieb geregelt wird.

Wird mit zugeschaltetem REx gebremst, treibt dieser das Fahrzeug weiterhin an und der Hinterradantrieb muss eine dementsprechend höhere Leistung zum Rekuperieren bereitstellen. Ab einer bestimmten Verzögerung ***dec_high*** reicht die Leistung des Hinterradantriebes nicht mehr aus, die gewünschte Fahrzeuggeschwindigkeit zu halten und der REx wird ausgeschaltet. Ist der Verzögerungsvorgang beendet, wird im Betriebsmodus 1 erneut ermittelt, ob der REx wieder zugeschaltet werden kann bzw. muss.

Da der Wirkungsgrad des Verbrennungsmotors in einem Drehzahlbereich von ca. 2000 bis 3400 U/min und gleichzeitig möglichst maximalem Drehmoment vertretbare Abweichungen vom Wirkungsgrad des Optimalpunktes aufweist, wird er unter Minimierung der relativen DrEM-Drehzahl in diesem Bereich betrieben.

3.2 Erste Simulationsergebnisse

Da die meisten Komponenten des hybriden Antriebsstrangs im Projekt entwickelt und aufgebaut werden, wird das Antriegsstrangmodell parallel zur Komponentenentwicklung und zum Fahrzeugaufbau weiterentwickelt und immer wieder an den realen Komponenten parametriert.

Um z.B. zu überprüfen, ob das Modell der Li/Ionen-Zelle die ausgewählte, reale Zelle SLPB100216216H (40Ah) der Firma Kokam genügend genau nachbilden kann, ist ein an der Fachhochschule vorhandener Prüfstand für elektrische Speicherzellen zur Verifizierung genutzt worden [2]. Zu diesem Zweck ist für einen typischen PKW-Stadtzyklus der Lade-/Entladestrom des Batteriemodells in *MATLAB/Simulink* ermittelt und auf dem Prüfstand automatisiert in eine Li/Ionen-Zelle eingeprägt worden (vgl. Bild 5).

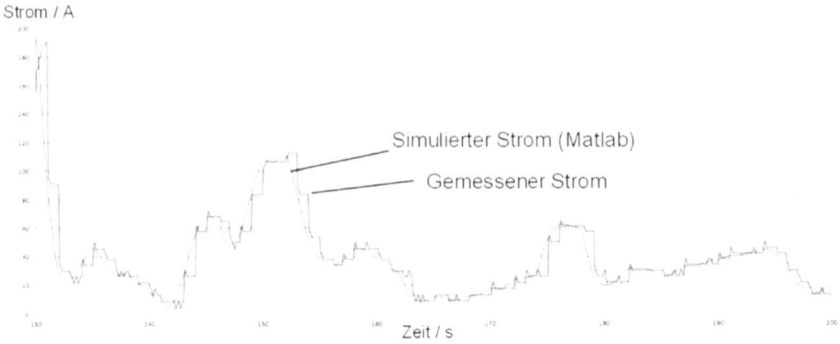

Bild 5: Vergleich des simulierten und des vom Prüfstand eingeprägten Stromes

Die Abbildung 6 dokumentiert den Vergleich der simulierten und der am Prüfstand gemessenen Zellspannung typischerweise für diesen PKW-Stadtzyklus. Hierbei stellt der durchgezeichnete Verlauf die berechneten Werte aus *MATLAB/Simulink* und der andere Verlauf die auf dem Prüfstand gemessenen Werte dar.

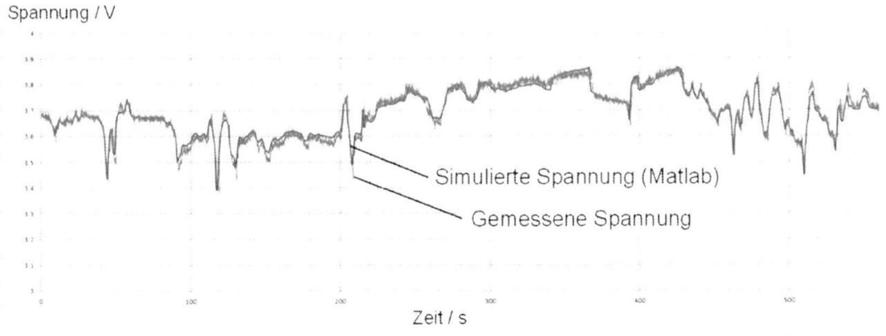

Bild 6: Vergleich zwischen simulierter und gemessener Zellspannung

Es ist zu erkennen, dass das Simulationsmodell den realen Li/Ionen-Speicher nach jetzigen Einschätzungen hinreichend gut nachbilden kann.

Die Parameter der elektrischen Maschinen werden zunächst durch theoretische angenähert und später im Projekt durch Messungen an den realen Maschinen verifiziert.

Im Laufe des Projektes wird auch das Modell des Verbrennungsmotors durch Messungen kalibriert werden, damit das Gesamtmodell als Abbild des hybriden Antriebsstrangs auch die Basis für die Energiemanagementsystementwicklung darstellen kann.

Um den Verbrauch des hybriden Antriebsstrangs vergleichend mit einem konventionellen Antriebsstrang abschätzen zu können, sind beide Topologien beispielhaft mit dem NEFZ simuliert worden. Um einen „ehrlichen“ Vergleich zwischen der hybriden Antriebstopologie und einem konventionellen Antriebsstrang zu erhalten, ist bei dem der Simulation auf den PlugIn-Betrieb des DrEM-Hybridantriebs verzichtet worden.

Tabelle 1 zeigt das Simulationsergebnis für beide Topologien im Vergleich.

	DrEM-Hybrid	**Konventioneller Antrieb**
Simulierter Verbrauch	**3,7 l/100km**	**5,4 l/100km**
Herstellerangaben	**-**	**4,8 .. 5,1 l/100km**

Tab. 1: Vergleich des simulierten Kraftstoffverbrauchs im NEFZ [3]

Es ist erkennbar, dass der elektrische Antriebsstrang mit REx deutliche Verbrauchsvorteile gegenüber dem konventionellen zeigt. Weitere modellbasierte Optimierungen des Energiemanagementsystems können zu einer weiteren Reduzierung des Kraftstoffverbrauchs führen.

3.3 Systemauslegung

Zur Ermittlung der Belastung des Energiespeichers, zur Betrachtung der Ein- und Ausschaltzeiten des REx und zur Ermittlung des Leistungsbedarfs der elektrischen Maschinen sind dem erstellten Simulationsmodell der Projekttopologie verschiedene Fahrzyklen vorgegeben worden, um mit den daraus resultierenden Daten Auslegungen der Fahrzeugkomponenten durchführen zu können.

Als Fahrzyklen sind der eNEFZ sowie realistische Innenstadtfahrprofile und typische Überlandfahrten der Firma Meta Motoren- und Energie-Technik GmbH genutzt worden.

Das Konsortium hat für den aufzubauenden Erprobungsträger auf Basis eines Ford Focus die folgenden, sinnvollen Fahranforderungen definiert, die sich an heutigen Maßstäben orientieren:

- Höchstgeschwindigkeit: 160 km/h
- Beschleunigung 0 - 50 km/h: 5 s
- Beschleunigung 0 - 100 km/h: 12,5 s
- dauerhafte Reisegeschwindigkeit: 130 km/h
- dauerhafte Steigfähigkeit (100 km/h): 4 %

Da das Fahrzeug seine Maximalgeschwindigkeit von 160 km/h nur kurzzeitig darstellen muss, kann dieser Fahrzustand mit Unterstützung des aus der Traktionsbatterie gespeisten Hinterradantriebes erfolgen. Die installierte Leistung des Verbrennungsmotors wird hingegen durch die „Konstantfahrt 130 km/h“ bzw. die „Konstantfahrt 100 km/h mit 4% Steigung“ definiert. Sie liegt damit bei ca. 35 kW (30 kW am Rad). Um die Leistung des Verbrennungsmotors leicht variieren zu können, werden dessen Drehzahl und Drehmoment in einem Bereich von 2000 U/min mit 90 Nm (19 kW) bis 3400 U/min mit 100 Nm (34 kW) freigegeben. Im Gegensatz zu „klassischen“ Verbrennungsmotoren, die einen deutlich breiten Drehmoment- und Drehzahlbereich effizient abdecken müssen, wird in diesem Projekt der Verbrennungsmotor fast als sogenannter „Punktmotor“ ausgeführt. Damit können nicht nur Verbrauchsvorteile erreicht, sondern auch Kosten gesenkt werden. Die von der Firma Meta Motoren- und Energie-Technik GmbH anvisierten Zieldaten der auf maximale Effizienz hin zu optimierenden Verbrennungskraftmaschine sind:

- Dreizylinder-Ottomotor mit 1 l Hubraum
- ca. 35 kW; 100 Nm / 3400 rpm
- Verbrauchsoptimum: 205–215 g/kWh
- 40 % Gewichtsreduktion gegenüber einer Vierzylindermaschine
- Effektiver Wirkungsgrad von ca. 40 % (Opt.)

Die von der Firma Centre for Concepts in Mechatronics angestrebten Daten für die doppeltrotierende Maschine lauten:

- ca. 20 kW; 120 Nm (η > 93 %)
- Gewicht: < 60 kg; Volumen: < 25 l
- Preis: < 800 € (100.000 Stk./a)

Wenn der REx in seinem optimalen Arbeitsbereich betrieben wird, muss dessen von der DrEM übertragenes, am Vorderachsdifferential anliegendes Drehmoment, insbesondere bei Kurvenfahrten, kompensiert werden. Damit auch bei Kurven die Fahrstabilität gewährleistet werden kann, muss mit dem Hinterradantrieb zudem das sogenannte „Torque Vectoring" möglich gemacht werden. Die auslegenden Simulationen haben die folgenden Daten für den Hinterradantrieb ergeben.

Die Werte beziehen sich auf ein Rad:

- Nenndrehmoment: 300 Nm
- Nennleistung: 17 kW
- Maximalmoment: 600 Nm (für 30 s)
- Spitzenleistung: 34 kW
- max. Drehzahl: 1360 1/min

Die Energiespeicher sind wie folgt dimensioniert worden:

- Tank: ca. 20 l Otto-Kraftstoff
- Li/Ionen-Batterie: 4–5 kWh

Mit dem aufzubauenden Fahrzeug der Kompakt-Klasse wird die folgende Reichweite angestrebt:

- Rein elektrisch: 22–28 km (80 % DOD, 0,14 kWh/km)
- Mit Range-Extender: 500–600 km

4. Antriebssystemaufbau

Nach den auslegenden Simulationen ist mit der Entwicklung und der Konstruktion der Traktionskomponenten begonnen worden.

4.1 Range Extender mit doppelt rotierender Elektrischen Maschine

Eine der wesentlichen Komponenten des hybriden Antriebsstranges ist die vom Projektpartner CCM entwickelte, doppelt rotierende Maschine, deren CAD-Konstruktionsskizze Bild 7 zeigt. Im Fahrzeug beansprucht sie den ehemaligen Einbauraum des Schaltgetriebes, der Kupplung und verbindet die Kurbelwelle des REx mit dem Vorderachsdifferential.

Eine weitere wichtige Funktionseinheit des Antriebskonzepts stellt der arbeitspunktoptimierte Range Extender dar. Entgegen herkömmlichen Auslegungen wird dieser Ottomotor speziell für seine Anwendung als Teil der Antriebstopologie des Vorhabens entwickelt. Der Projektpartner Meta als Entwickler dieses REx wird vorhandenes Know-how der konventionellen Motorenentwicklung zur Basiskonfigurierung dieser Antriebseinheit anwenden. Der enge Betriebsbereich des zu entwickelnden REx wird gezielt genutzt, um eine Motorkonfiguration zu generieren, die im Auslegungs-

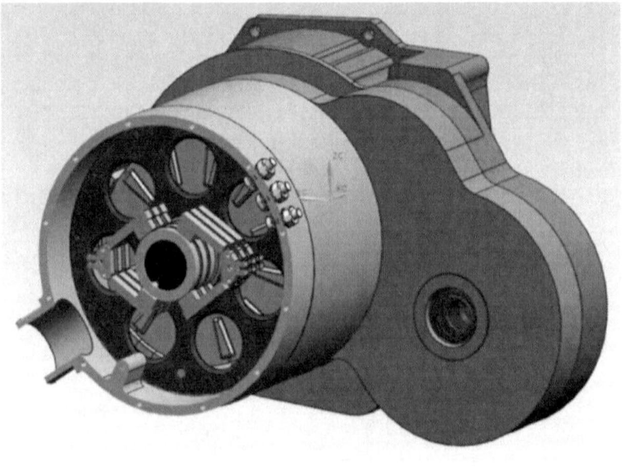

Bild 7: CAD-Bild der DrEM mit integriertem Differential

punkt (enger Auslegungsbereich) über eine höhere Effektivität verfügt als konventionelle Motoren. Um dieses Ziel in der Entwicklung des REx zu erreichen, werden in der thermodynamischen und mechanischen Auslegung des REx neue Wege beschritten. Der enge Betriebsbereich des zu entwickelnden Aggregates ermöglicht den thermodynamischen Wirkungsgrad durch Minimierung der Wärmeverluste zu maximieren. Zur Minimierung der mechanischen Verluste werden bei der Entwicklung des REx die reibungsbehafteten Komponenten wie Kurbeltrieb und Kolbenbaugruppe gezielt auf niedrigste Reibung optimiert. Bild 8 zeigt den REx in Kombination mit der DrEM.

Bild 8: CAD-Bild des Rex mit der DrEM kombiniert

4.2 Hinterradantrieb

Um die Fahrdynamik des Fahrzeugs zu verbessern, wird jedes Hinterrad mit einer eigenen elektrischen Maschine getriebelos und damit direkt angetrieben. Ohne Effizienzverluste ermöglicht das damit verbundene Torque Vectoring eine deutlich bessere Fahrdynamik insbesondere bei Kurvenfahrt mit REx. Bild 9 zeigt die von der Firma EMB und der Fachhochschule Köln zusammen entwickelte, hochpolpaarige Doppelmaschine in geschlossener Darstellung und als Explosionsbild.

Bild 9: Elektrische Doppelantriebsmaschine der Hinterachse

Bild 10 zeigt ein Foto der rechten PSM des Doppelantriebs.

Bild 10: Hinterradantriebsmaschine

Abbildung 11 präsentiert die finale Konstruktion der elektrisch radselektiv angetriebenen Hinterachse auf der Basis einer Ford-Hinterachse.

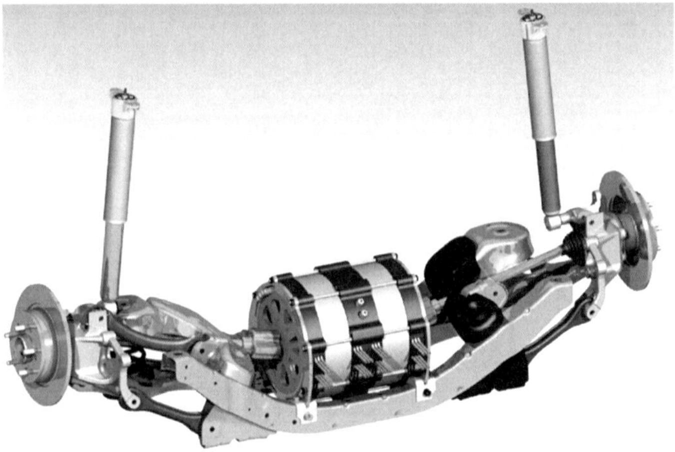

Bild 11: Konstruktionsbild des elektrischen Hinterradantriebes

Zusammen mit der Firma Ford sind zur optimalen Abstimmung des Fahrwerks konkrete Feder- und Dämpferelemente, aus dem aktuellen Ford S-Max, bestimmt und beschafft worden. Zur Fertigstellung der Achskonstruktion sind abschließend noch Silence-Elemente auszuwählen, um die Geräuschentwicklung der Antriebseinheit zu minimieren. Zudem ist die Querträgerkonstruktion, die im Moment noch „Überschneidungen“ mit den Antriebswellen aufweist, zu verändern.

4.3 Traktionsbatteriekontainer

Nach der Achskonstruktion sind die Traktionsbatteriekonstruktion und die Batteriemanagementsystementwicklung begonnen worden. Abbildung 12 zeigt den fertig konstruierten Batteriekontainer, der 40 Zellen des Typs SLPB100216216H (40Ah) beinhaltet [2].

Die Verbindung der einzelnen Zellen wird auf einer Zwischenplatte aus Glasfaser realisiert. Dazu werden die Zellfahnen durch diese geführt und auf der Zwischenplatte verbunden. Der Vorteil dieser Konstruktion ist, dass die Zellfahnen vollständig gegen externen Kontakt isoliert sind und damit keine Kurzschlussgefahr durch externe, leitende Objekt besteht.

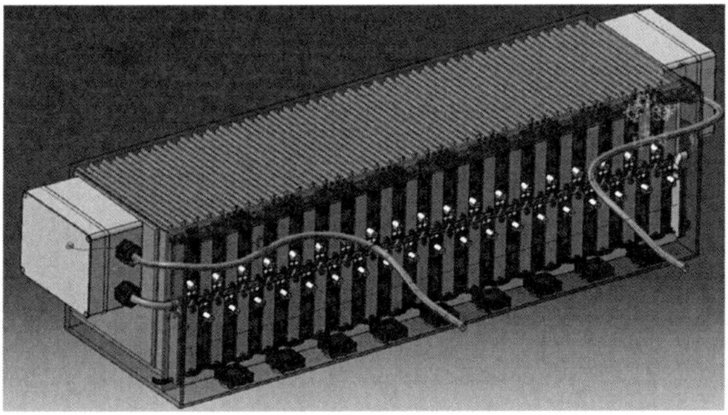

Bild 12: Konstruktionsbild des Traktionsbatteriekontainers

Um jede einzelne Zelle gegen Überladung oder Tiefentladung bzw. Über- oder Unterspannung sowie Übertemperatur zu schützen, müssen mithilfe eines Batteriemanagementsystems alle Zellen individuell überwacht werden. Hierfür wird ein Batteriemanagementsystemmodul entwickelt, dass die Zellspannung und -temperatur erfasst und seriell zu einem übergeordneten System übermittelt. Zudem wird ein aktiver Spannungsausgleich zwischen benachbarten Zellen realisiert.

4.4 Hinterachsantriebseinheit

Bild 13 präsentiert abschließend die finale Konstruktion der elektrisch radselektiv angetriebenen Hinterachse auf der Basis der Ford Kuga-Hinterachse inklusive der Traktionsbatterie sowie der notwendigen Leistungselektronik.

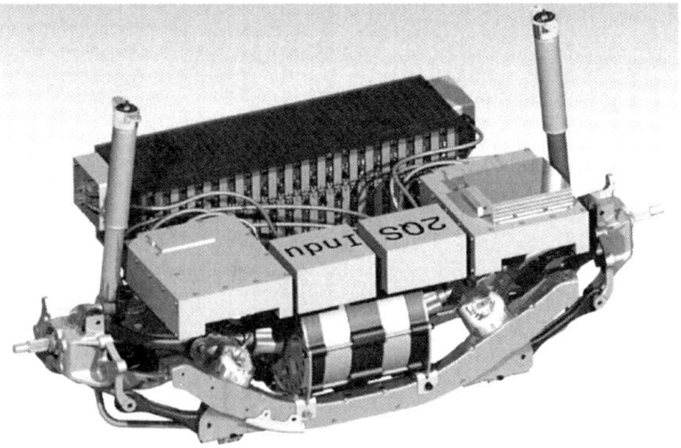

Bild 13: Konstruktionsbild des gesamten elektrischen Hinterradantriebes

Im Kofferraum des Fahrzeugs sind alle Komponenten unterhalb des Kofferraumbodens, der ca. 60 mm angehoben wird, untergebracht.

Bei diesem „Packaging"-Konzept ist nur die Positionierung der Traktionsbatterie in der Knautschzone des Fahrzeugs problematisch. Der Batteriekontainer mit seiner Halterung wird aber so konstruiert, dass er bei einem Heckfrontalaufprall deformationsfrei in den „sicheren" Bereich oberhalb der Achse geschoben wird.

4. Zusammenfassung

Der in diesem Beitrag vorgestellte, hybride Antriebsstrang mit der durch die doppelt rotierende Elektrische Maschine ermöglichten Verknüpfung von Elektroantrieb und punktoptimiertem Range Extender erlaubt durch seinen Aufbau eine verglichen zu konventionellen Antriebsformen erhebliche Steigerung der Energieeffektivität des Gesamtantriebes.

Zusammenfassend ergeben sich die folgenden Vorteile:

- Innerstädtisch ist ein reiner Allrad-Elektrofahrbetrieb möglich.
- Auch bei Betrieb des Range-Extenders ist dieser nicht nur effizienter Energielieferant, sondern vergrößert zusätzlich das Traktionsdrehmoment.
- Wegen der Leistungsverzweigung kann die doppeltrotierende Maschine (inkl. ihrem Umrichter) leistungsmäßig deutlich kleiner bzw. kompakter als der Generator beim „klassischen" Range Extender dimensioniert werden.
- Der Wirkungsgrad der Antriebstopologie ist durch die Art der Ankopplung des Range Extenders, durch dessen Wirkungsgradoptimierung und durch dessen Betriebsart deutlich höher als bei alternativen Konzepten.
- Die Verkleinerung des Tanks und die Substitution des konventionellen Verbrennungsmotors, der Kupplung und des Schaltgetriebes durch den batterieelektrischen Allradantrieb mit Range Extender können nach einer Serienreifmachung gegenüber einem konventionellen Allradantrieb kosten- und gewichtsneutral erfolgen.

Literatur

[1] Böh, M.; Vosswinkel, M.; Lohner, A.: *Entwicklung, Darstellung und Erprobung einer kostenbewussten und optimierten Antriebskombination für den individuellen Fahrbetrieb*, ETG-Kongress Energieversorgung auf dem Weg nach 2050, Berlin, 2013

[2] Kokam Co., Ltd.: *Datenblatt der Zelle SLPB100216216H (40Ah)*, Siheung, Südkorea, 2011

[3] Ford Werke GmbH: *Datenblatt des Ford Focus mit 1l-EcoBoost-Motor*, Köln, Deutschland, 2012

4 Effizienter Systemantrieb für Elektrofahrzeuge mit Klimaanlage als lastschaltbares 2-Gang Getriebe

Christoph Danzer, Thomas von Unwerth, Rico Baumgart

Abstract

High expectations are set in electromobility, especially in Germany, linked with the political aim of bringing more than one million licensed electric vehicles on the roads by 2020. According to ZSW statistics, however, only 7110 pure electric passenger cars, 1100 Plug-in-hybrid cars, 4600 motorcycles and about 3000 commercial vehicles were registered in Germany by January 2013. A major reason for the low market shares of electric vehicles are the currently huge costs for customers, nearly a third of which are caused by the traction battery. Local emission-free driving furthermore often involves mobility restrictions due to limited energy capacities of the storage systems. Additionally the environmental and climatic conditions reducing the cruising range linked with long battery recharging terms.
Another major problem with today´s electric vehicles is the high energy consumption, which is, among other things, caused by the necessary temperature regulation for the traction battery or the electric heating of the vehicle interior. Separately driven auxiliary components like the air conditioning compressor, coolant pumps or the electrically powered steering further increase the energy consumption of the battery electric vehicle. The reduction of energy consumption and losses is not necessarily restricted to the powertrain and vehicle features, it should also include the auxiliary components that ensure driving comfort and a pleasant cabin temperature. A key-approach to increase efficiency is the principle of integrated design and optimization of powertrain systems in order to investigate, for example, mutual influences of individual components and sub-systems.

Kurzfassung

In die Elektromobilität werden insbesondere in Deutschland hohe Erwartungen gesetzt, verknüpft mit dem politischen Ziel, 2020 über 1 Mio. zugelassene Elektrofahrzeuge auf die Straße zu bringen. Zum Januar 2013 sind nach ZSW-Statistik in Deutschland allerdings nur 7110 reine Pkw-Elektrofahrzeuge zugelassen. Hinzu sind ca. 1100 Plug-In-Hybride, 4600 Krafträder und 3000 Nutzfahrzeuge zu zählen. Ein Hauptgrund für die geringen Marktanteile von Elektrofahrzeugen sind die derzeit noch sehr hohen Kosten für den Endkunden, wobei fast ein Drittel der Fahrzeuggesamtkosten durch die Traktionsbatterie verursacht wird. Weiterhin ist das lokal emissionsfreie Fahren oft mit Mobilitätseinschränkungen, etwa durch begrenzte Energiekapazitäten, reichweitenreduzierende Umwelteinflüsse oder eventuelle Widrigkeiten bei Nachladen der Batterie verbunden. Eine Reduzierung des Energieverbrauchs kann sich dabei nicht nur auf die Optimierung des Antriebsstrangs und der Fahrzeugeigenschaften beschränken, vielmehr sind auch die Nebenverbraucher zur Sicherstellung des Fahr- und Klimatisierungskomforts mit einzubeziehen. Ein zentraler Ansatz zur Verbrauchsreduzierung besteht dabei im Prinzip der gesamtheitlichen Auslegung und Optimierung dieser Systeme, um beispielsweise die gegenseitige Beeinflussung einzelner Komponenten oder Teilsysteme untersuchen zu können.

1. Einleitung

Ein Hauptproblem heutiger Elektrofahrzeuge ist der hohe Energieverbrauch, der unter anderen auch durch die notwendige Klimatisierung der Traktionsbatterie und die elektrische Beheizung des Fahrzeuginnenraums verursacht wird. Während der Wintermonate sinkt dabei die erzielbare Reichweite je nach Fahrzeug und Umgebungsbedingungen um ca. 30% bis 50%. Die heute meist separat angetriebenen Nebenaggregate wie Kältemittelverdichter und Kühlmittelpumpen, oder eine elektrisch angetriebene Lenkunterstützung erhöhen weiterhin den Energieverbrauch dieser Fahrzeuge. Die relativ geringe Energiedichte heutiger Lithium-Ionen- und Lithium-Polymer-Batterien im Vergleich zu fossilen Kraftstoffen bei gleichzeitig deutlich höheren Kosten für das Speichersystem, erhöhen weiterhin die Notwendigkeit von umfangreichen Verbrauchseinsparungen.

An der TU Chemnitz wurden daher zahlreiche Simulationsmodelle entwickelt, um unter anderen die Energieverbräuche von Elektrofahrzeugen detailliert nachzubilden. Diese mathematischen Modelle ermöglichen die modulare Simulation der mechanischen und elektrischen Teilsysteme des Antriebsstranges und der gesamten Fahrzeugklimatisierung. Dabei basieren alle Komponenten stets auf physikalischen Modellen, um die volle Flexibilität und Transparenz für Optimierungen und Analysen sicherstellen zu können.

2. Freiheitsgrade zur Verbrauchsreduzierung

Das Ziel der nachfolgenden Betrachtungen ist die Erhöhung der Systemeffizienz batteriebetriebener Elektrofahrzeuge, um die Gesamtkosten insbesondere der Traktionsbatterie zu reduzieren und damit ferner auch die Emissionsbilanz zu verbessern. Dabei werden sowohl der Fahrzeugantriebsstrang, als auch die Fahrzeugklimatisierung in die Gesamtsimulation einbezogen. Zunächst sollten allerdings die technischen Freiheitsgrade definiert werden, welche für eine Verbrauchsreduktion bei Elektrofahrzeugen überhaupt existieren.

Die verschiedenen Freiheitsgrade können vorerst in eine Auslegungs- und eine Betriebsebene aufgeteilt werden. Die Auslegungsebene beschreibt dabei die Möglichkeiten einer gezielten Optimierung von Einzelkomponenten hinsichtlich maximaler Effizienz. Zu dieser Vorgehensweise zählen beispielsweise alle Maßnahmen zur Reduktion der Fahrwiderstände des Fahrzeuges, Masseeinsparungen durch Leichtbau oder die Minimierung von Ummagnetisierungsverlusten durch dünnere Elektrobleche in elektrischen Maschinen. Diese Maßnahmen sind allerdings nicht spezifisch auf die Elektromobilität beschränkt und tragen auch zur Verbrauchsminderung von konventionellen Fahrzeugen bei. Innerhalb der Auslegungsebene existiert ein weiterer Freiheitsgrad zur Optimierung, welcher die gezielte Variation einzelnen Komponentenparameter vorsieht. Diese Variation wird beispielsweise in der

Auslegungscharakteristik von Elektromotoren oder der Anpassung von Getriebeübersetzungen vollzogen, welche auf verschiedene Lastzyklen und Betriebsszenarien hin optimiert werden.

Innerhalb des Antriebsstranges von Elektrofahrzeugen nimmt das Getriebe eine Schlüsselposition ein, da mit einer gezielten Aufteilung der erforderlichen Fahrleistung in Drehmomente und Drehzahlen eine Variation der gesamten elektrischen Betriebspunkte erfolgen kann. Der Einsatz von schaltbaren oder stufenlosen Getrieben in Kombination mit einer entsprechenden Schaltstrategie führt damit zur verbrauchsgünstigen Nutzung aller Triebstrangkomponenten. Ein weiterer Freiheitsgrad zur Senkung des Energieverbrauchs ist die Anwendung mehrerer Elektromotoren zum Antrieb des Fahrzeugs. Die Fahrleistung kann dabei so auf die einzelnen Antriebszweige verteilt werden, dass über den gesamten Betriebsbereich ein Minimum an Verlustenergie erzeugt wird. Diese Art der effizienzgetriebenen Leistungsverteilung kann auch durch eine gezielte Integration der Nebenaggregate in das Antriebssystem vollzogen werden. Neben dem Fahrzeug selbst können dann auch zusätzliche Verbraucher von mindestens einem Elektromotor angetrieben werden, um dessen Auslastung und damit den Wirkungsgrad in vielen Betriebspunkten zu erhöhen.

Die heute marktetablierten Elektrofahrzeug-Antriebsstränge bestehen neben der Leistungselektronik und der Traktionsbatterie meist aus einer permanenterregten Synchronmaschine und einem 1-Gang-Zentralgetriebe mit Differential. Die Elektromotoren sind dabei für relativ hohe Leistungskapazitäten ausgelegt, um die batteriebedingt relativ schweren Fahrzeugen auch bei höheren Geschwindigkeiten gut beschleunigen zu können. Der Betriebspunkt des maximalen Wirkungsgrades dieser Elektromotoren befindet sich meist im mittleren Leistungsbereich. Die Analyse realer Fahrzyklen zeigt allerdings, dass ein Fahrzeug der Kompaktklasse mit einem Fahrleistungsangebot von 10 kW mehr als 65% seiner Betriebszeit bewältigen kann. Der häufige Teillastbetrieb in Kombination mit einem Elektromotor, welcher auf das gesamte Leistungsspektrum ausgelegt ist, bewirkt, dass sich die Wirkungsgrade der verbrauchsrelevanten Betriebspunkte teilweise deutlich unterhalb der Maximalwerte befinden.

Dabei können mit Mehr-Gang-Getrieben einerseits die Betriebspunkte durch verschiedene Drehzahl-Drehmoment Kombinationen variiert werden, wodurch fahrsituationsabhängig der jeweils effizienteste Fahrgang ausgewählt wird. Andererseits können Mehr-Gang-Getriebe den Auslegungskompromiss zwischen der Anforderung nach maximaler Zugkraft und der Notwendigkeit des Betriebes in verbrauchsgünstigen Arbeitspunkten aufheben.
Der Entwicklungstrend bei konventionellen Antriebssträngen zeigt, dass automatisierte Getriebe in Fahrzeugen, auch durch die erfolgreiche Etablierung von Doppelkupplungsgetrieben, derzeit weitere Marktanteile gewinnen. So ist absehbar, dass bei zukünftigen Elektrofahrzeugen mit Mehr-Gang-Getrieben keine Zugkraftunterbrechung während des Schaltvorganges akzeptiert werden wird. Um dennoch denselben Schaltkomfort von konventionellen Fahrzeugen zu erreichen, müssten auch Elektrofahrzeug mit Mehr-Gang-Getriebe dieselben Zusatzkomponenten (Hochdruckhydraulik, Reibsynchronisierungen und/oder Lamellenschalteinheiten) aus heute bekannten Doppelkupplungs- oder Automatikgetrieben beinhalten. Diese Komponenten erzeugen zusätzliche Verluste, tragen erheblich zum Mehrgewicht bei

und Erhöhen die Herstellungs- und Entwicklungskosten eines solchen Getriebes. Gleichzeitig ist die Ausnutzung dieser Zusatzkomponenten mit vergleichsweise wenigen Schaltvorgängen im Vergleich zu heutigen Getrieben sehr gering.

Elektrofahrzeuge besitzen heute fast ausschließlich separat elektrisch angetriebene Kältemittelverdichter (KMV), um die Klimatisierung des Fahrzeuginnenraumes sicherzustellen. Diese Elektromotoren bringen für den Antrieb des Kältemittelverdichters je nach Fahrzeug- und Umweltbedingungen durchschnittlich zwischen 1kW und 3kW mechanische Antriebsleistung auf. Bedingt durch die geringe Baugröße und die kostenseitigen Beschränkungen ist das Wirkungsgradniveau dieser Maschinen allerdings eher gering. Der separate Antrieb ist unter anderen deshalb notwendig, weil eine feste Kopplung des Kältemittelverdichters an den Fahrmotor, ohne eine Möglichkeit der Entkopplung vom Fahrzeug, keine Klimatisierung bei Fahrzeugstillstand oder sehr geringen Geschwindigkeiten zuließe.

3. ESD-Antriebskonzept

Das ESD-Antriebskonzept (Efficient-Synergy-Drive) ermöglicht die Nutzung aller Freiheitsgrade zur Senkung der Verlustenergien im Antriebsstrang. Ein Hauptmerkmal des ganzheitlichen Antriebskonzeptes ist die Doppelnutzung eines Elektromotors mit geringer Leistungskapazität für das Klimatisieren und das Fahren im Teillastbereich. Gleichzeitig ist eine elektrische Maschine als eigentlicher Fahrantrieb mit hoher Leistungskapazität vorgesehen, welche bei Bedarf die höheren Beschleunigungs- und Rekuperationsleistungen umsetzen kann. Die von Fahrzeug und Kältemittelverdichter aufgenommene Leistung kann mit einer Betriebsstrategie in jeder Fahrsituation effizient auf die beiden Elektromotoren verteilt werden. Eine gezielte Auslegung ermöglicht damit die optimale Ausnutzung der Kennfeldbereiche mit hohem Wirkungsgradniveau. Zum anderen kann auch die mechanische Antriebsleistung des Kältemittelverdichters durch die effizienteren Fahrmotoren bereitgestellt werden, was bei aktiver Klimatisierung zusätzlich die Systemverluste verringert. Die Abbildung 1 zeigt eine beispielhafte Umsetzung des Antriebskonzeptes für einen Zentralantrieb. Die beiden Elektromotoren ermöglichen weiterhin die stufenlose Drehmomentenübergabe, wodurch mit dieser Getriebestruktur das zugkraftunterbrechungsfreie Schalten von zwei Fahrgängen in vielen Fahrsituationen realisiert werden kann. Ähnlich der Funktion eines Doppelkupplungsgetriebes treibt ein Elektromotor das Fahrzeug an, während sich der andere Antrieb auf die Drehzahl des jeweils gewünschten Fahrganges synchronisieren kann. Zudem wird im ESD-Konzept jeder Getriebezweig gangunabhängig genutzt, da das Abtriebsdrehmoment oft über beide Pfade von den Elektromotoren aufgebracht wird. Ein weiterer Vorteil des Konzeptes sind die geringen kinetischen Anforderungen an die Schaltaktuatorik, da durch die Drehmomentübergabe und die aktive Synchronisierung mit den Elektromotoren keine Reibarbeit von den Schaltelementen aufgebracht werden muss.

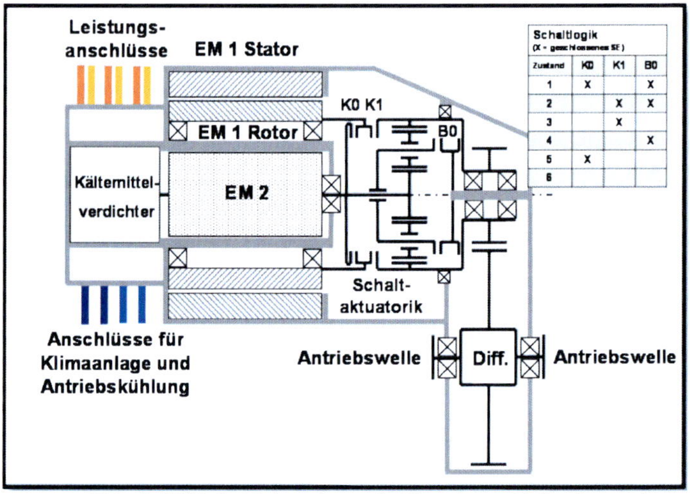

Zustand	K0	K1	B0
1	X		X
2		X	X
3		X	
4			X
5	X		
6			

Abb. 1: ESD-Antriebsschema in Planetengetriebe-Bauweise

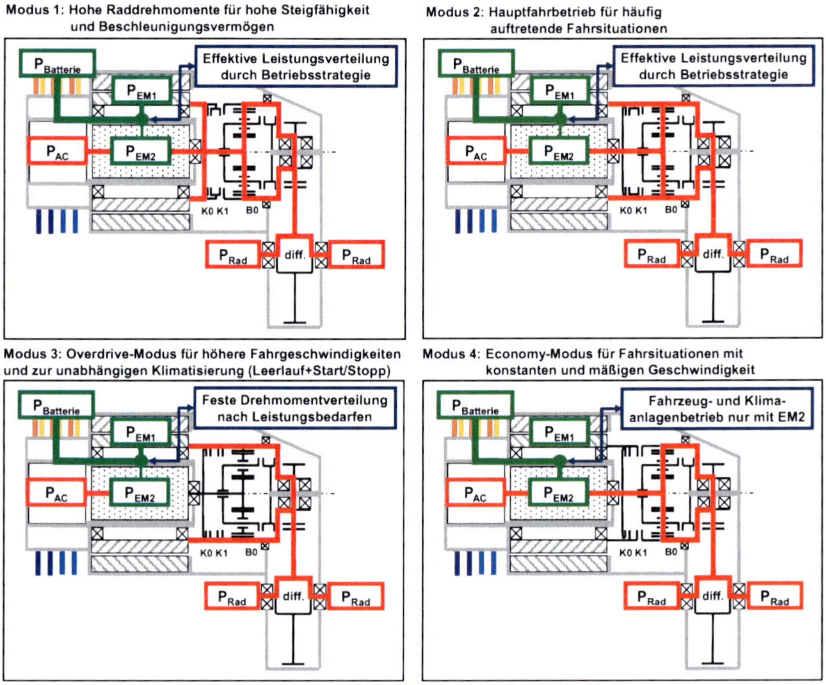

Abb. 2: Schaltzustände für verschiedene Fahrsituationen

Neben dem Einsatz einer hocheffizienten, elektromotorischen Aktuatorik resultiert daraus auch die Eliminierung von reibbasierten Schaltelementen, was die Schlepp-verluste reduziert und damit zusätzlich den mechanischen Wirkungsgrad des Getriebes erhöht. Die verbleibenden Getriebeelemente wie Stirnradstufen, Zahn-kupplungen und Wälzlager benötigen zudem nur eine einfache und effiziente Ölnebelschmierung, wodurch der hydraulische Funktionsaufwand auf ein Minimum reduziert werden kann.

Abbildung 2 zeigt die verschiedenen Schaltzustände des ESD-Antriebskonzeptes. Modus 1 und 2 stellen die eigentlichen Fahrgänge dar, wobei in Modus 1 beide Elektromotoren an die Sonnenradwelle angekoppelt werden und dadurch die höchste Getriebeübersetzung zur Verfügung steht. Mit diesem Fahrgang können die maximalen Raddrehmomente für hohe Beschleunigungen und große Steigungen dauerhaft aufgebracht werden. Zudem ist dieser Gang auch für normale Anfahrvor-gänge geeignet, da durch die bessere Kennfeldausnutzung in den elektrischen Zweigen ein höherer Systemwirkungsgrad erreicht werden kann. Modus 2 wird als Hauptfahrgang bezeichnet und ermöglicht analog zu Modus 1 die jeweils ver-brauchsoptimale Leistungsaufteilung zwischen den beiden Elektromotoren. Charakteristisch für den Hauptfahrmodus ist die geringe Drehzahl des Hauptantriebs (EM1), was eine signifikante Verlustreduktion gegenüber Modus 1 bewirkt. Darüber hinaus bleibt die volle Flexibilität mit der Abkopplung beider Maschinen vom Antriebsstrang und damit die Möglichkeiten des separaten Antriebs der Klimaanlage erhalten (Modus 3 und 4). Dies erfüllt auch der Forderung nach einer effizienten Klimatisierung bei Fahrzeugstillstand oder sehr geringen Geschwindigkeiten (Start/Stopp-Betrieb).

4. Simulationsumgebung und Systemauslegung

Mit der Gesamtsimulation des ESD-Antriebskonzeptes soll die Effizienzsteigerung nachgewiesen und etwaige Einflüsse des Klimaanlagenbetriebes auf den Verbrauch eines beispielhaften Fahrzeugs im Kleinwagen-Segment untersucht werden. Dafür wurden die Softwaremodule für folgende Teilsysteme miteinander verknüpft und in die Simulationsumgebung eingebunden:

- Batterie
- Wechselrichter, DC/DC Wandlung
- Elektromotor (IPSM)
- Getriebe
- Fahrzeug mit Reifen
- Axialkolben-Kältemittelverdichter
- Kondensator, Verdampfer, Expansionsventil
- Fahrgastzelle

Tabelle 1 kennzeichnet die wichtigsten Eckparameter der Simulation. Das Fahrzeug repräsentiert mit den Kennwerten einen typischen Kleinwagen mit batteriebedingt erhöhter Fahrzeugmasse. Die Spitzenleistungen der Elektromotoren können je nach Kühlwirkung und Temperaturbedingungen bis zu 2 min. aufgebracht werden. Die

Wirkungsgradkennfelder beider Maschinen und Leistungselektroniken sind in Abbildung 3 dargestellt. Die Auslegung der Elektromotoren bezüglich der Wirkungsgradcharakteristik erfolgte nach den Randbedingungen des Antriebskonzeptes und den voraussichtlichen Betriebspunkten und -häufigkeiten repräsentativer Fahrzyklen. Die Batterie ermöglicht mit 30 kWh nutzbarer Energiekapazität eine fahrzyklenabhängige Reichweite zwischen 150 km und 250 km. Die Gangspreizung der beiden Fahrgänge wurde auf 2.0 festgelegt, auch um die Relativdrehzahlen bei aktiver Synchronisierung möglichst gering zu halten. Bei der Achsübersetzung des Getriebes wurde in der Simulation von einer zweistufigen Konstruktion ausgegangen. Der hubvolumengeregelte Kältemittelverdichter weist im Kältemittelkreislauf der Klimaanlage betriebsbedingte Drehzahlgrenzen auf, welche in der Schaltstrategie berücksichtigt wurden.

Tabelle 1: Systemparameter für die Gesamtsimulation

Teilsystem	Parameter	Wert
Fahrzeug	Fahrzeugsegment	Kleinwagen BEV
	Fahrzeugleermasse	1400 kg
	Luftwiderstandskonstante	0.396 kg/m
	Dyn. Reifenradius	0.3 m
Elektromotoren	Max. Kennwerte EM1	300 Nm / 8000 1/min / 90 kW (Spitze)
	Max. Kennwerte EM2	60 Nm / 8000 1/min / 20 kW (Spitze)
Batterie	Nutzbare Kapazität	30 kWh
	Nennspannung	300 V
	Typ	Lithium-Polymer
Getriebe	Anzahl der Fahrgänge	2
	Achsübersetzung	5.0
	Standübersetzung PG	-2.0
	Schaltelemente	elektromotorisch betätigte Zahnkupplungen
Klimaanlage	Kompressortyp	Axialkolbenverdichter 7 Zyl. / 160 cm³
	Massenstrom	hubvolumengeregelt
	n_{min} / n_{max}	600 / 6000 1/min
Bordnetz	Konstantbelastung	400 W

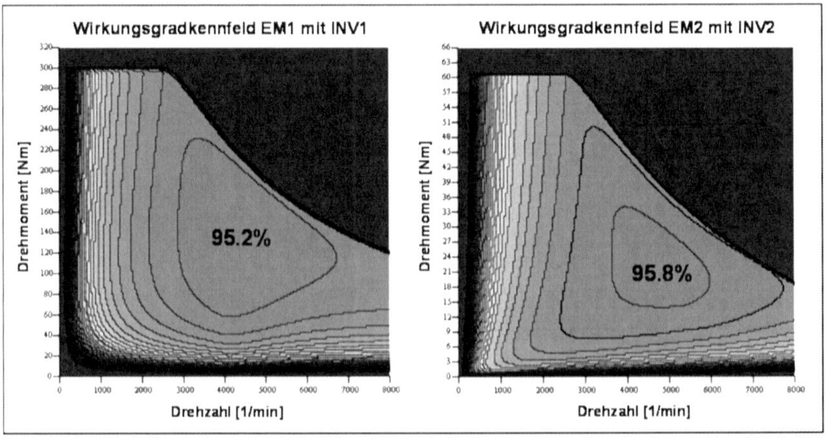

Abb. 3: Wirkungsgradkennfelder der Elektromotoren und Wechselrichter

5. Leistungsmanagement

Wie bereits dargestellt, ist mit dem ESD-Konzept nach der obigen Ausführung die stufenlose Aufteilung der Antriebs- und Klimatisierungsleistung zwischen den beiden Elektromotoren möglich. Diese Leistungsaufteilung wird in jedem Fahr- und Klimatisierungszustand von der Betriebsstrategie festgelegt, welche bei Bedarf auch den Wechsel von Fahrgängen steuert und den Ablauf der aktiven Synchronisation überwacht. Neben den allgemeinen Betriebsrandbedingungen erfolgt die Lastpunktverteilung hauptsächlich anhand der prognostizierten Gesamtverluste im System. In einem Leistungsvektor-Diagramm werden dabei die je nach Fahr- und Klimatisierungszustand möglichen Antriebsleistungen der beiden Elektromotoren orthogonal zueinander aufgetragen. Als weitere Ordinate ist die Gesamtverlustleistung zugeordnet, welche dann auch zur Bewertung des jeweils effizientesten Fahrzustandes herangezogen wird. Die Abbildung 4 (oben links) zeigt ein Leistungsvektor-Diagramm der Gesamtsimulation für einen stationären Fahrzustand bei einer Geschwindigkeit von 50 km/h und ausgeschalteter Klimaanlage. Die minimale Verlustleistung läge dabei in Modus 4 vor, welcher durch den alleinigen Betrieb des Elektromotors EM2 charakterisiert ist. Abbildung 4 (oben rechts) zeigt weiterhin eine Fahrsituation mit höherer Leistungsanforderung, welche etwa durch eine Steigung verursacht seien könnte. Der Kältemittelverdichter nimmt wie zuvor keine mechanische Leistung auf. Die Betriebsstrategie ermittelt den Arbeitspunkt geringster Verlustleistung, welcher in Modus 2 mit einer nominellen Leistungsverteilung von 14.5 kW zu 10.5 kW zwischen EM1 und EM2 eingestellt wird. Weiterhin ist zu erkennen, dass EM1 einen Mindestleistungsanteil von 7 kW aufbringen muss, da EM2 die gesamte Fahrleistung bei diesen Betriebsbedingungen nicht eigenständig umsetzen könnte.

Erhöhen sich die Fahrleistungsanforderungen bei geringen Geschwindigkeiten weiter, wie dies häufig durch Beschleunigungsvorgänge ausgelöst wird, so kann aufgrund der hohen Drehmomentbelastung der Elektromotoren ein effizienzbedingter

Wechsel des Fahrganges erforderlich sein. Abbildung 4 (unten links) zeigt einen derartigen Fahrzustand, wobei von den Elektromotoren zusätzlich eine mechanische Leistung von 2 kW an den Kältemittelverdichter abgeführt werden muss. Die Verlustleistungskennlinie des 1.Ganges besitzt hierbei ein ausgeprägtes Minimum, welches 3.1 kW beträgt und bei einer nominellen Leistungsaufteilung von 26.8 kW zu 3.2 kW auf die Elektromotoren EM1 und EM2 erzielt werden kann.

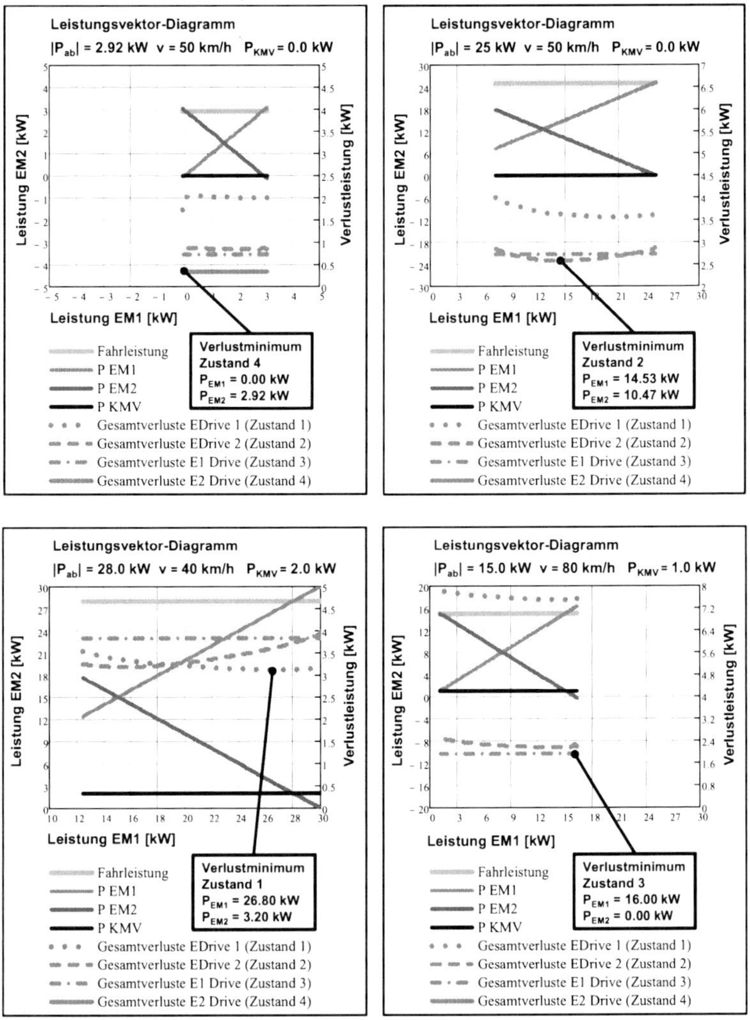

Abb. 4: Leistungsvektor-Diagramme beispielhafter Fahrzustände

Die Gesamtsimulation zeigt auch, dass die stufenlose Leistungsaufteilung in beiden mechanischen Fahrgängen zur Verbrauchseinsparung beitragen kann. Der Einfluss der Klimatisierungsleistung auf die Betriebspunktwahl ist dabei unabhängig von den abgeforderten Fahrleistungen, da diese an verschiedenen Knotenpunkten im Getriebe angreifen und damit die mechanischen Verluste je nach Leistungsfluss variieren.
Bei höheren Geschwindigkeiten und steigenden Fahrleistungen befindet sich EM2 bereits außerhalb des Dauerleistungsbereichs, womit auch die Wirkungsgrade in diesen Betriebspunkten deutlich abfallen. Gleichsam steigen aber in diesem Leistungsbereich die Wirkungsgrade von EM1 an, wodurch der reine Betrieb mit EM1 hinsichtlich geringerer Verlustleistungen angestrebt wird. In diesen Betriebspunkten müssen auch die Grenzdrehzahlen des Kältemittelverdichters berücksichtigt werden, was dann unter Umständen eine Abkoppelung des Fahrzeugabtriebs von EM2 erfordern kann, auch wenn dies aus Effizienzgründen nicht notwendig wäre. Mit dem Drehzahlniveau steigen im Allgemeinen auch die Gesamtverluste in den einzelnen Fahrzuständen, wodurch speziell die Verlustleistungskennlinie des 1.Ganges (unten rechts) deutlich erhöhte Werte aufweist.

6. Simulationsergebnisse

Das ESD-Antriebskonzept wurde mit der oben beschriebenen Betriebsstrategie und den unter Tabelle 1 aufgeführten Parametern für drei verschiedene Fahrzyklen mit und ohne Einfluss der Fahrzeuginnenraumklimatisierung untersucht. Für die thermischen Randbedingungen wurden die Wetterdaten eines beispielhaften Sommertages verwendet, welche aus dem Testreferenzjahr des Deutschen Wetterdienstes [1] entnommen sind.

Zyklus / Antrieb		Streckenverbrauch und Gesamtverlustenergie					
		1-Gang konventionell		1-Gang ESD		2-Gang ESD	
Klimatisierung aktiv / inaktiv		aktiv	inaktiv	aktiv	inaktiv	aktiv	inaktiv
NEFZ	be [kWh/100km]	14.43	11.97	13.35	11.48	13.37	11.46
	$W_{Verlust}$ [kWh]	0.382	0.286	0.257	0.225	0.256	0.224
Artemis Gesamt 150 km/h	be [kWh/100km]	17.51	16.37	16.97	16.10	17.02	16.15
	$W_{Verlust}$ [kWh]	1.835	1.591	1.540	1.494	1.559	1.499
US-FTP75 mit Highway	be [kWh/100km]	13.31	11.77	12.68	11.23	12.69	11.20
	$W_{Verlust}$ [kWh]	0.874	0.704	0.683	0.658	0.686	0.641

Abb. 5: Simulationsergebnisse zu Streckenverbrauch und Gesamtverlustenergie

Dabei wird das Fahrzeug in der Simulation zunächst eine längere Zeit der Sonneneinstrahlung ausgesetzt, bis sich die Innenraumtemperatur der Fahrzeugkabine auf einen stationären Wert eingestellt hat. Danach beginnt die eigentliche Gesamtsimulation von Antriebsstrang, Fahrzeug und Klimaanlage. Da für die standardisierten Fahrzyklen keine Berücksichtigung der Klimatisierung vorgesehen ist, wurden die notwendigen Kenngrößen wie Sonneneinstrahlwinkel und Fahrzeugposition aus einem bekannten Fahrzyklus herangezogen.
Als Ergebnisse sind die Streckenverbräuche und die absoluten Verlustenergien aus Antriebsstrang und Bordnetz in Abbildung 5 aufgeführt. Innerhalb der Betriebsstrategie wurde dabei unterschieden, ob eine effizienzbedingte Schaltung in den ersten Fahrgang zugelassen (2-Gang ESD) oder unterbunden (1-Gang ESD) wird.

Die Ergebnisse zeigen das hohe Einsparpotential des ESD-Konzeptes zur Senkung des gesamten Energieverbrauchs. Wie in Abbildung 6 ersichtlich wird, können im NEFZ und im US-Zyklus die höchsten Verbrauchsreduktionen von ca. 4.0% bis 4.8% im Vergleich zu einem konventionellen Ein-Gang-Antrieb nachgewiesen werden. Eine weitere Steigerung des Einsparpotentials zeigt sich durch die Integration der Klimaanlage als eines der leistungsintensivsten Nebenverbraucher. So kann eine Absenkung des Streckenverbrauchs um über 7.0% bereits mit dem Ein-Gang ESD-Konzept erreicht werden. Aufgrund des eher geringen Fahrleistungsniveaus im NEFZ und des zusätzlichen Leistungsbedarfs durch die Klimaanlage ist eine gute Ausnutzung der Maschine EM2 festzustellen, was einem Betriebszeitanteil von ca. 40% mit EM2 entspricht. Bei aktivierter Klimaanlage verringert sich somit die benötigte Verlustenergie im Antriebsstrang um über 33% (Abb. 7).

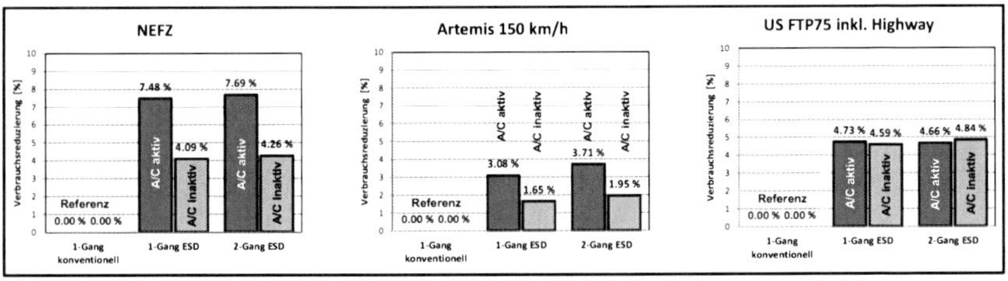

Abb. 6: Verbrauchseinsparung

Die Einsparungen im Artemis-Zyklus zeigen mit dieser Auslegung einen geringeren Wert von ca. 3.7% mit aktivierter Klimaanlage. Dies ist unter anderen auf das weite Drehzahl- und Leistungsspektrum des zyklusspezifischen Fahrleistungsbedarfs zurückzuführen, welches auch bei höheren Leistungen relativ hohe Betriebspunkthäufigkeiten aufweist. Dennoch beträgt die Gesamteinsparung an Verlustenergie insgesamt zwischen 0.1 und 0.3 kWh (7.5% - 18.1%). Der US-Zyklus weist eine Verbrauchseinsparung von mehr als 4.5 % auf, wobei hier der Auslastungseinfluss der Klimaanlage auf den Streckenverbrauch vernachlässigt werden kann.

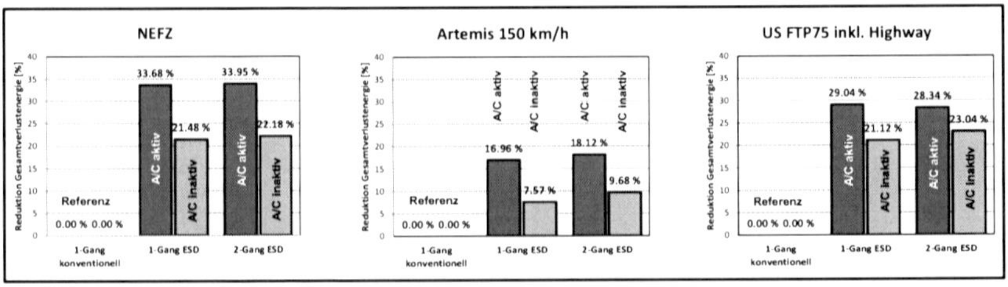

Abb. 7: Einsparpotential an Gesamtenergieverlusten

Die Ergebnisse zeigen allesamt, dass der weithin bekannte Verbrauchsvorteil eines 2-Gang-Getriebes auch durch den Einsatz von zwei Antriebselementen mit unterschiedlichen Leistungskapazitäten und Betriebsdrehzahlen erzielt werden kann. Dabei ist das mechanische Umschalten zwischen den Fahrstufen aus Gründen der Effizienz nur eher selten notwendig, wodurch auch die häufigen Drehzahl-Synchronisationsvorgänge, bekannt aus konventionellen Mehr-Gang-Getrieben, deutlich reduziert werden.
Eine beachtliche Steigerung der Effizienz ergibt sich auch durch die betriebsstrategische Integration des Nebenverbrauchers Klimaanlage, was insbesondere im NEFZ aufgrund des geringen Fahrleistungsniveaus zur besseren Auslastung der elektrischen Komponenten führt. Die Untersuchungen zeigen weiterhin, dass das Prinzip der Leistungsaufteilung zwischen zwei Antriebselementen in Kombination mit einem elektrisch lastschaltbaren Getriebe und der betriebsstrategischen Integration der Klimaanlage in allen Fahrzyklen Verlusteinsparungen im zweistelligen Prozentbereich ermöglicht. Die Absenkung der absoluten Verlustenergien bewirkt zudem weitere Einsparungen in den peripheren Systemen, da unter anderen die Leistungsfähigkeit des Fahrzeugkühlsystem deutlich reduziert werden kann. Das Verhältnis der eingesparten Verlustenergie zur tatsächlich aufgebrachten Fahr- und Nebenaggregatenergie bestimmt daraus den Streckenverbrauchsvorteil für relevante Fahrzyklen. Weiterhin besteht im Vergleich zu anderen lastschaltbaren Mehr-Gang-Getrieben beim ESD-Konzept mit den sehr geringen Anforderungen an die Schaltaktuatorik nur ein geringer Hilfsenergiebedarf, was den tatsächlichen Verbrauch des Fahrzeuges im Betrieb ebenfalls gering hält.

Zusammenfassung

Das ESD-Antriebskonzept (Efficient-Synergy-Drive) ermöglicht die Nutzung aller Freiheitsgrade zur Senkung der Verlustenergien im Antriebsstrang eines Elektrofahrzeuges. Das Hauptmerkmal des ganzheitlichen Antriebskonzeptes ist die Doppelnutzung eines Elektromotors mit geringer Leistungskapazität für die Klimatisierung und das Fahren im Teillastbereich. Gleichzeitig ist eine elektrische Maschine als eigentlicher Fahrantrieb mit hoher Leistungskapazität vorgesehen, welche bei Bedarf die höheren Beschleunigungs- und Rekuperationsleistungen umsetzen kann. Die von Fahrzeug und Klimaanlage aufgenommene Leistung kann so mit einer Betriebsstrategie in jeder Fahrsituation effizient auf die beiden Elektromotoren verteilt werden. Eine gezielte Auslegung ermöglicht daraus die optimale Ausnutzung der Kennfeldbereiche auf hohem Wirkungsgradniveau.

Die beiden Elektromotoren ermöglichen weiterhin eine stufenlose Drehmomentenübergabe, wodurch mit der ESD-Getriebestruktur das zugkraftunterbrechungsfreie Schalten von zwei Fahrgängen in vielen Fahrsituationen realisiert werden kann. Ähnlich der Funktion eines Doppelkupplungsgetriebes treibt ein Elektromotor das Fahrzeug an, während sich der andere Antrieb auf die Drehzahl des jeweils gewünschten Fahrganges synchronisieren kann. Das Antriebskonzept benötigt dabei keine zusätzlichen elektrischen Maschinen, sondern nutzt lediglich den bereits vorhanden Elektromotor des Kältemittelverdichters der Klimaanlage und integriert diesen funktionell in den Antriebsstrang. Durch die Nutzung von Elektromotoren für Getriebefunktionalitäten reduziert sich weiterhin der Aufwand für Getriebekomponenten und Peripherie auf ein Minimum, was die Kosten des Gesamtsystems weiter verringert.

Die Simulationsergebnisse zeigen allesamt, dass der weithin bekannte Verbrauchsvorteil eines 2-Gang-Getriebes auch durch den Einsatz von zwei Antriebsmotoren mit unterschiedlichen Leistungskapazitäten und Betriebsdrehzahlen erzielt werden kann. Dabei ist das mechanische Umschalten zwischen den Fahrstufen aus Gründen der Effizienz nur eher selten notwendig, wodurch auch die häufigen Drehzahl-Synchronisationen entfallen können.

Das Einsparpotential des ESD-Konzeptes zur Senkung des Streckenverbrauches konnte im NEFZ mit einer Reduktion von ca. 4.0% im Vergleich zu einem konventionellen 1-Gang-Antrieb nachgewiesen werden. Eine weitere Verringerung des Verbrauchs zeigte sich durch die betriebsstrategische Integration der Klimaanlage als eines der leistungsintensivsten Nebenverbraucher. So kann eine Absenkung des Streckenverbrauchs um über 7.0% im NEFZ mit dem ESD-Konzept erreicht werden. Die zusätzliche Auslastung des elektrischen Zweiges durch die Klimatisierungsleistung verringert die Verlustenergie im Antriebsstrang dabei um über 33%.
Eine weitere Anwendungsmöglichkeit des ESD-Antriebskonzeptes sieht die Anbindung eines Luftverdichters zur Brennstoffzellenaufladung an EM2 vor, was für dieses leistungsintensive Nebenaggregat ebenfalls Energieeinsparungen und weitere Synergieeffekte erwarten lässt.

Literatur

[1] Christoffer, J.; Deutschländer, T.; Webs, M.; Deutscher Wetterdienst: *Testreferenzjahre von Deutschland für mittlere und extreme Witterungsverhältnisse.* Offenbach: Selbstverlag des Deutschen Wetterdienstes, 2004

5 Optimierungspotenziale elektrischer Antriebe am Beispiel des Volkswagen Integrated Electric Drive

Peter Lück, Marcus Meyer

Kurzfassung

Die Herausforderungen hinsichtlich einer Reduzierung von CO_2-Emissionen bedürfen einer konsequenten Ausrichtung der Entwicklungsaktivitäten auf verbrauchsoptimierte und nachhaltige Fahrzeugantriebe. Mit Nachdruck treibt Volkswagen daher auch die Elektrifizierung des Antriebsstrangs voran. Für eine steigende Marktdurchdringung muss sowohl die Alltagstauglichkeit als auch das Kosten/Nutzen-Verhältnis stetig verbessert werden.

Neben Batterien mit größeren Energieinhalten und optimierten Ladestrategie existieren auch beim elektrischen Antrieb Optimierungspotentiale, die zu einer gesteigerten Kundenakzeptanz beitragen können. Hier eröffnet sich mit einer Zusammenführung von bislang getrennten Funktionen und Komponenten in gemeinsame Bauteile sowie in Verbindung mit einer Modulstrategie ein Weg zur Kostensenkung. Dabei muss die optimale Lösung unter Berücksichtigung verschiedener Anforderungen gefunden werden.

In dem durch Volkswagen verfolgten Ansatz werden die Komponenten der Leistungselektronik in das Gehäuse der E-Maschine integriert, um Synergien zwischen den Bauteilen zu nutzen und die Anzahl externer Haltebleche, Kabel und Kühlungsschnittstellen zu minimieren. Grundvoraussetzung hierfür sind lieferantenübergreifend abgestimmte Schnittstellen und eine robuste Hochvolt-Technik. In Verbindung mit einem neuen, koaxialen Getriebekonzept wird ein sehr kompakter Antriebsstrang realisiert, welcher auch eine Elektrifizierung der Hinterachse ermöglicht. Das entwickelte Konzept zeichnet sich zudem durch seine modulare Erweiterbarkeit aus, wobei bereits zu Anfang der Entwicklung die Bedürfnisse der Serienfertigung und eine maximale Kosteneffizienz im Vordergrund standen.

1. Elektrische Antriebe als Schlüssel zu CO_2-neutraler Mobilität

Die Steigerung der Effizienz und die Reduzierung der CO_2-Emissionen sind ein Schwerpunkt in der Entwicklung neuer Fahrzeugantriebe bei Volkswagen. Über die kontinuierliche Weiterentwicklung von konventionellen Verbrennungsmotoren und Getrieben hinaus, besteht ein weitergehendes CO_2-Reduktionspotential durch den Einsatz elektrischer Antriebe in Hybrid-, Elektro- und Brennstoffzellenfahrzeugen. Der Entwicklung elektrischer Antriebstechnologien kommt daher bei Volkswagen eine besondere Bedeutung zu und sie ist ein wesentlicher Bestandteil der Antriebsstrategie.

Das langfristige Ziel der Volkswagen Kraftstoff- und Antriebsstrategie ist die CO_2-neutrale Mobilität (Bild 1). Kraftstoffe und Elektrizität mit einem hohen Anteil regenerativer Energien bilden dabei die Grundlage für diese zukünftigen Antriebstechnologien

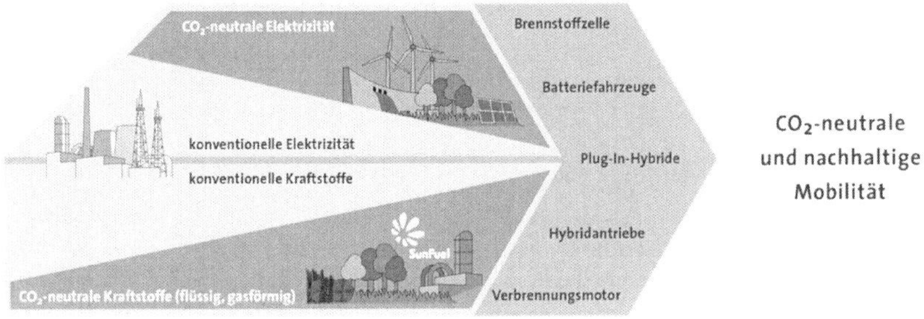

Bild 1: Kraftstoff- und Antriebsportfolio für eine CO_2-neutrale Mobilität

Das Antriebsportfolio reicht von konventionellen Verbrennungsmotoren (flüssige & gasförmige Kraftstoffe), über Hybridantriebe bis hin zu rein elektrischen Antrieben (Batterie & Brennstoffzelle). Durch den kontinuierlichen Ausbau erneuerbarer Energien steigt mittel- und langfristig auch der Anteil von „regenerativer Energie" im Stromnetz. Aufgrund der bereits bestehenden Infrastruktur ist die Nutzung von elektrischer Energie in Fahrzeugen eine naheliegende Möglichkeit, CO_2-Emissionen im PKW-Bereich zu senken.

Die erste Stufe der Elektrifizierung sind dabei die sogenannten Micro- oder Mild-Hybride. Bei ihnen wird die Elektrifizierung vorrangig dazu genutzt, den Verbrennungsmotor in Stand- bzw. Verzögerungsphasen abzuschalten um dadurch Leerlaufphasen zu minimieren. Die elektrischen Verbraucher im Fahrzeug-Bordnetz werden in diesen Phasen aus zyklenfesten Energiespeichern mit Strom versorgt.

Erst beim Full-Hybrid kann der Verbrennungsmotor zusätzlich auch in Vortriebsphasen, die zu wirkungsgradmäßig ungünstigen Betriebspunkten führen, ausgeschaltet und der Antrieb über mehrere Kilometer durch einen elektrischen Speicher abgedeckt werden. Der Plug-in Hybrid kann durch eine größer dimensionierte Hochvolt-Batterie (HV-Batterie) in Verbindung mit einer externen Lademöglichkeit bereits größere Strecken rein elektrisch unter Nutzung der aus dem Stromnetz 'getankten' elektrischen Energie zurückzulegen. Je nach Modell werden Reichweiten um 50 Kilometern erreicht, bevor die HV-Batterie erneut geladen werden muss oder der Verbrennungsmotor anläuft.

Die höchste Stufe der Elektrifizierung stellt das Batteriefahrzeug dar, mit reinem Elektroantrieb und einer entsprechend dimensionierten HV-Batterie. Hier sind Reichweiten von weit über 100 Kilometern aktueller Stand der Technik. Damit decken Batteriefahrzeuge schon jetzt die tägliche Pendelstrecke von bis zu 50 km für 80% aller Berufspendler ab. Als Alternative zur Steigerung der Reichweite über eine Erhöhung der Batteriekapazität kann dies auch durch einen Range-Extender, zum Beispiel in Form eines Verbrennungsmotors mit Generator oder durch ein Brennstoffzellenaggregat erfolgen. Die Brennstoffzelle kann dabei sowohl als Range-Extender in Kombination mit einer Plug-in-Batterie oder als Haupt-Energiequelle im Verbund mit einer kleinen Hybrid-Batterie betrieben werden. Insbesondere der Brennstoffzelle wird langfristig hohes Potential in der CO_2-neutralen Langstreckenmobilität zugeschrieben. Daher intensiviert auch Volkswagen sein Engagement in diesem Bereich und kann hier auf Erfahrungen aus dem Betrieb der mit Brennstoffzellen betriebenen HyMotion-Flotten sowie der aktuellen Serienentwicklung für E-Fahrzeuge aufbauen.

2. Die Idee des modularen Baukastens

Die große Diversifizierung und Komplexität elektrischer Antriebskonzepte und die nur langsam zunehmende Marktdurchdringung sind wesentliche Herausforderungen in der Entwicklung elektrifizierter Antriebssysteme. Im Rahmen von Flottenversuchen, wie z. B. dem Golf VI als reines E-Fahrzeug in Form des Golf Blue-e-Motion oder dem Golf twinDRIVE als Plug-in Hybridfahrzeug, hat Volkswagen diese Technologien ausgiebig und unter realen Bedingungen erprobt. In der ersten Jahreshälfte 2013 startete darüber hinaus eine Erfahrungsflotte des Volkswagen XL1 mit einem 2-Zylinder 0,8 l TDI-Motor und Plug-in Hybridantrieb. Im Herbst 2013 folgt ihm der Volkswagen e-up! als rein elektrisch betriebenes Serienfahrzeug. Im Frühjahr 2014 folgt der e-Golf und im Laufe des Jahres wird der Golf Plug-in Hybrid in Serie gehen.

Mit Einführung des Golf VII setzt VW auf eine neue, modulare Fahrzeugplattform, dem sogenannten *Modularen Querbaukasten* (MQB). Die damit verbundene Fahrzeug-, Plattform- und markenübergreifende Nutzung von Gleichteilen und Modulen bietet ein großes Potential hinsichtlich der Verfügbarkeit von Technologien sowie einer weitergehenden Kostenreduzierung.

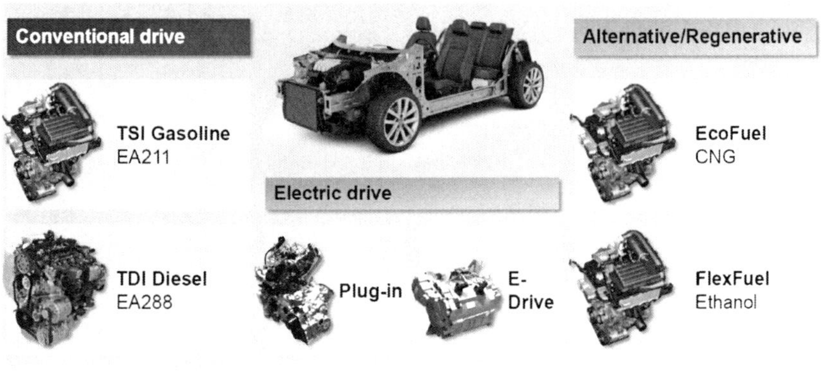

Bild 2: Antriebe im modularen Querbaukasten (MQB)

Bild 2 zeigt einen Ausschnitt aus dem Aggregateprogramm des modularen Querbaukastens. Er beinhaltet Verbrennungsmotoren für den Betrieb mit konventionellen (Benzin und Diesel) und alternativen Kraftstoffen (CNG, LPG und Ethanol) sowie elektrische Antriebe. Zu den elektrischen Antrieben zählen das elektrifizierte Doppelkupplungsgetriebe für den Einsatz in Plug-in Hybridfahrzeugen sowie rein elektrische Achsantriebe zum Einsatz in Elektrofahrzeugen.

Durch diese Modularisierung auf Antriebs- und Fahrzeugebene können Entwicklungszeiten und -aufwände und damit auch Entwicklungskosten in den einzelnen Fahrzeugprojekten gesenkt werden. Zudem wird eine flexible Anpassung auf geänderte Nachfragesituationen ermöglicht und die Auslastung der Produktionskapazitäten verbessert. Hierzu trägt auch die gemeinsame Fertigung von konventionellen und elektrifizierten Fahrzeugen auf einer Fertigungslinie bei.

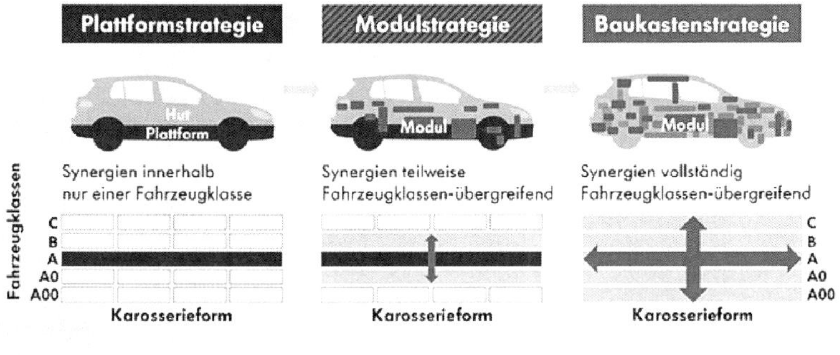

Bild 3: Baukastenstrategie bei Volkswagen

Anknüpfend an die Baukastenstrategie der Fahrzeugplattformen werden auch die Aggregate bzw. deren Komponenten modular ausgelegt, wodurch sie flexibel einsetzbar sind. Somit sind zum Beispiel unterschiedliche Antriebsleistungen mit nur geringen Änderungs- bzw. Entwicklungsumfängen darstellbar. Ein Beispiel hierfür sind die elektrischen Achsantriebe: Für e-up! und e-Golf kommen permanent erregte Synchronmaschinen zum Einsatz, welche sich durch ihre hohen Wirkungsgrade und Drehmomentdichte auszeichnen. Die E-Maschine ist über ein zweistufiges Stirnradgetriebe sowie ein Kegelraddifferenzial mit einer festen Übersetzung an die Antriebsachse gekoppelt. Aktuell existieren zwei Leistungsstufen dieses elektrischen Antriebs mit 60 und 85 kW. Eine Skalierung von Drehmoment und Leistung erfolgt hierbei durch eine Längenvariation der Aktivteile der E-Maschine, wobei die Windungszahl und die Phasenströme entsprechend angepasst werden. Der Blechschnitt, die Lagerschilde, die HV-Anschlussbox und der Rotorlagesensor der E-Maschine können unverändert übernommen werden. Auch wichtige mechanische Baugruppen des Getriebes wie das Gehäuse-, Lagerungs- und Beölungskonzept sowie die Parksperre bleiben gleich.

Parallel zur aktuellen Serienentwicklung elektrischer Achsantriebe erfolgt eine Weiterentwicklung dieser Technologie für zukünftige Hybrid- und E-Fahrzeuge. Bei der Konzeption gilt es, aufbauend auf dem bestehenden Modulbaukasten, eine Antwort auf die zukünftigen Anforderungen neuer Fahrzeug- und Antriebskonzepte zu finden. Ein zentrales Thema ist auch hier eine weitergehende Reduzierung der Kosten bei einer gleichzeitig hohen Flexibilität hinsichtlich ihrer Einsatzgebiete.

3. Kostenreduzierung durch Integration und Modularität

Im Vergleich zu konventionellen Verbrennungsmotoren befindet sich die Entwicklung elektrischer Antriebskomponenten in einem frühen Stadium. Ein Entwicklungsschwerpunkt ist daher die Steigerung der Kosteneffizienz zur Verbesserung der Wettbewerbsfähigkeit von elektrifizierten Fahrzeugkonzepten. Eine zentrale Herausforderung ist die Technik elektrischer Antriebsstränge, welche in der Entwicklung und Herstellung aufwändig und kostenintensiv ist. Im Allgemeinen ergibt sich eine Senkung der Stückkosten analog zu wachsenden Stückzahlen. Ein Grund hierfür liegt in den damit verbundenen Synergien einer Massenherstellung. Zusätzliche Stückzahlen lassen sich zudem durch den Einsatz von vereinheitlichten Komponenten erzeugen. Durch diesen Skaleneffekt sind besonders bei niedrigen Stückzahlen bereits vergleichsweise hohe Kostenreduzierungen möglich. Mit steigenden Stückzahlen nimmt aber der Einfluss dieses Effektes ab und der Kostenverlauf nähert sich asymptotisch einer Grenzkurve an (Bild 4 - Kurve 1). Um weitergehende Kostenpotentiale zu erschließen, gilt es also potentielle Kostentreiber zu identifizieren bzw. noch ungenutzte Optimierungspotentiale zu erschließen.

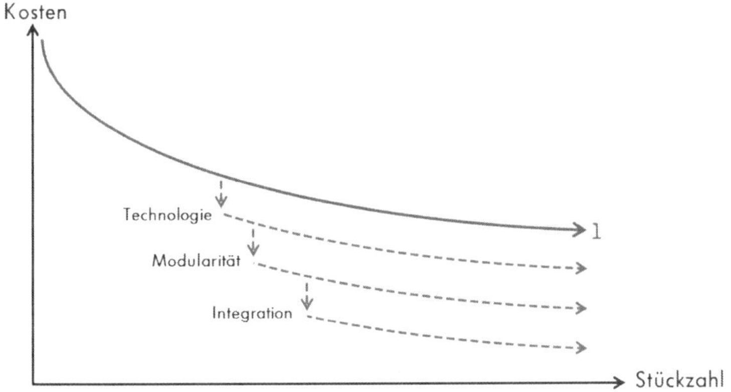

Bild 4: Herausforderung Kosteneffizienz

Ein Weg zur weitergehenden Senkung der Kosten im elektrischen Antriebsstrang ist neben der konsequenten Weiterentwicklung der Technologie, eine fortschreitende modulare Auslegung der (Sub-) Komponenten. Dadurch können sie flexibel, d.h. konzept- und plattformübergreifend, eingesetzt und hierdurch die Stückzahlen nochmals deutlich gesteigert werden. Eine solche Modularisierung ist insbesondere bei technologisch anspruchsvollen Komponenten, wie Leistungselektronik und E-Maschine, sinnvoll. Bei einer Modularisierung stellt sich die Frage, nach dem optimalen „Modularisierungsgrad", innerhalb der Komponenten. In Bild 5 ist hierzu exemplarisch die HV-Antriebstopologie des Golf VI Blue-e-Motion dargestellt. Sie besteht aus Leistungselektronik, Hochvoltnetz und E-Maschine.

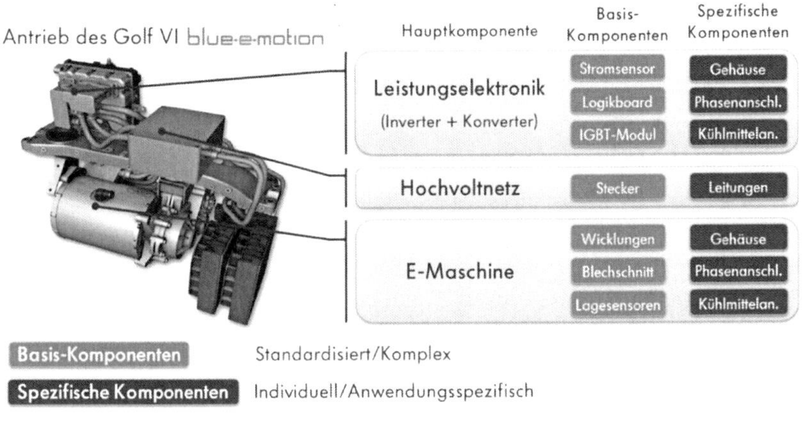

Bild 5: Komponenten des elektrischen Antriebs

Eine Leistungselektronik für Elektrofahrzeuge besteht in der Regel aus zwei Hauptmodulen, dem Inverter (Pulswechselrichter oder PWR) und dem Konverter (DC/DC-Wandler). Der DC/DC-Wandler transformiert die Spannung der Traktionsbatterie auf das 12V-Bordnetz und ersetzt in reinen E-Fahrzeugen die Funktion einer Lichtmaschine in Verbrennungsmotor-Fahrzeugen. Der Pulswechselrichter erzeugt aus der Gleichspannung der Traktionsbatterie eine sinusförmige Wechselspannung mit variabler Frequenz und Amplitude zum Betrieb der E-Maschine und sorgt im Fall der Rekuperation (Generatorbetrieb beim Bremsen) für eine Gleichrichtung der E-Maschinenströme zum Speichern der Bremsenergie in die Traktionsbatterie. Der Pulswechselrichter ist also die „Schnittstelle" zwischen Traktionsbatterie und E-Maschine während der DC/DC-Wandler die Schnittstelle zum 12V-Bordnetz darstellt. Aufgrund der hohen Ströme zwischen E-Maschine und Pulswechselrichter muss insbesondere diese elektrische Verbindung so kurz wie möglich gehalten werden, damit die elektrischen Verluste sowie die elektromagnetischen Abstrahlungen (EMV) minimiert werden. Die Regelung der Ströme zwischen E-Maschine und Traktionsbatterie erfolgt durch eine hochfrequente Taktung von Halbleiterbauelementen, den sogenannten IGBTs (Insulated-Gate Bipolar Transistor). Die Taktung der IGBTs erzeugt wiederum Spannungsspitzen in Richtung des Traktionsnetzes, welche die Funktion des Hochvoltsystems negativ beeinflussen könnten. Um diese Spannungsspitzen zu minimieren, wird ein sogenannter Zwischenkreiskondensator als „Puffer" zwischen Traktionsnetz und IGBTs geschaltet. Um die Ströme zwischen E-Maschine und IGBTs zu erfassen und die Regelung zu ermöglichen, werden an den entsprechenden Leitungen Stromsensoren verbaut. Die Ansteuerung der IGBTs sowie die Auswertung der internen und externen Sensoren erfolgt durch ein Logikboard, welches gleichzeitig die Kommunikation zum Fahrzeug sicherstellt.

Grundlegend können diese Komponenten in sogenannte Basis- sowie spezifische Komponenten unterteilt werden. Basiskomponenten zeichnen sich durch ihre vergleichsweise aufwändige Herstellung aus bzw. werden seitens der Hersteller projektübergreifend eingesetzt oder sind standardisiert. Hierzu können etwa die IGBT-Module der Leistungselektronik, der Blechschnitt von Rotor und Stator der E-Maschine sowie die Hochvoltstecker zählen. Daneben existieren projektspezifische Komponenten, die der jeweiligen Bauraumsituation und dem Anwendungsfall angepasst sind. Dies sind im dargestellten Beispiel das Gehäuse von Leistungselektronik und E-Maschine mit ihren jeweiligen Hoch- und Niedervolt- sowie Kühlwasser-Schnittstellen. Einen nicht zu unterschätzenden Anteil an den spezifischen Umfängen hat auch das Hochvoltnetz, vorwiegend in Form der Hochvoltkabel, welche aufwändig isoliert, geschirmt und vor mechanischen Beschädigungen geschützt werden müssen.

Hinsichtlich einer gesteigerten Kosteneffizienz können die Basiskomponenten nur indirekt durch die OEMs beeinflusst werden. Zudem sind sie – getrieben durch den Kostendruck am Markt – bereits weitestgehend projektübergreifend im Einsatz bzw. standardisiert. Einen weitaus größeren Hebel bieten die spezifischen Komponenten, die direkt durch den OEM bzw. das jeweilige Antriebs- oder Fahrzeugkonzept beeinflusst werden können. Ein Weg zur Senkung der Kosten ist also eine Reduzierung der Variantenvielfalt an spezifischen Komponenten. Zusätzlich kann durch einen Entfall spezifischer Komponenten eine weitergehende Kostenreduzierung ermöglicht werden, indem separate Hauptkomponenten zusammengeführt werden.

Mit einer Zusammenführung von bisher verteilten Komponenten und Funktionen bietet sich nicht nur die Möglichkeit Kosten einzusparen, sondern zugleich die Chance Synergien zu nutzen. Insbesondere zwischen E-Maschine und Inverter ergeben sich durch die benötigten Phasenleitungen, Kühlunganschlüsse sowie interne Sensorik, naheliegende Synergien und konzeptionelle Vorteile. Hierbei gibt es zwei unterschiedliche Ansätze bzw. Integrationsstufen den Inverter mit der E-Maschine zusammenzuführen, dies sind die aggregatefeste Anbindung einer externen Leistungselektronik mit internen Hoch- und Niedervolt-Schnittstellen zur E-Maschine oder eine vollständige Integration des Inverters in das Gehäuse der E-Maschine. Der wesentliche Unterschied zu Ansätzen mit einer aggregatefesten, aber externen Leistungselektronik besteht in der gemeinsamen Kühlung der Komponenten sowie dem kombinierten Gehäuse für E-Maschine und Leistungselektronik. Beispiele für sogenannte „Add-on"-Lösungen sowie eine „Voll-Integration" des Inverters existieren sowohl bei Industriemotoren, Nebenaggregaten als auch bei Achsantrieben (Bild 6).

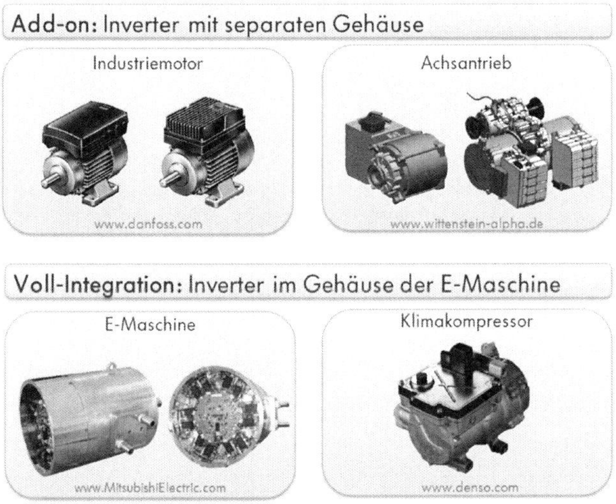

Bild 6: Beispiel: Kostensenkung durch Integration des Inverters

Die angeführten Beispiele zeigen, dass es bei der Umsetzung verschiedene Möglichkeiten gibt. Sowohl in der Ausführung als „Add-on" aber auch als „Voll-Integration" Variante kann der Inverter axial oder radial in Bezug zur E-Maschine verbaut werden. Eine Bewertung der verschiedenen Packagemöglichkeiten in Bezug auf Entwicklungsaufwand, Stückkosten, Bauraumbedarf, gemeinsamer Nutzung des Kühlkreislaufes, flexibler Integration von Inverter und Konverter und Getriebevariante ergibt deutliche Vorteile für eine Voll-Integration aufgrund des geringen Bauraumbedarfs und der realisierbaren niedrigen Stückkosten (Bild 7). Insbesondere die Ausführung einer radialen Integration des Inverters bietet zudem die Flexibilität für unterschiedliche Getriebevarianten, da hier sowohl die Verwendung eines achsversetzten Stufengetriebes als auch die eines Koaxialgetriebes möglich ist.

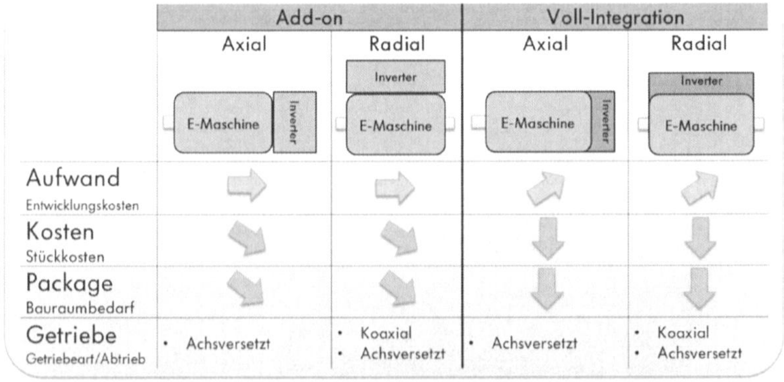

Bild 7: Qualitativer Vergleich der Integrationsansätze bei E-Antrieben

4. Anforderungen an zukünftige Antriebskonzepte

Neben der Kosteneffizienz und den daraus abgeleiteten Ansprüchen existieren weitere technologische und konzeptionelle Herausforderungen, die es bei der Entwicklung zukunftsfähiger elektrischer Antriebe zu berücksichtigen gilt (Bild 8). Hierzu zählt die Definition zulässiger Packageabmaße um den geforderten, flexiblen Einsatz in verschiedenen Bauraumsituationen sicherzustellen. Dabei gilt es, eine optimale Schnittmenge aus den verschiedenen Bauraumvolumina zu definieren, ohne das Antriebskonzept zu stark einzuschränken. In Rahmen der Konzeptauslegung müssen zudem konzeptionelle Vorgaben, bezüglich Hochvolt-Sicherheit oder EMV, eingehalten werden. Hier können durch eine frühzeitige Einbeziehung dieser Vorgaben bereits im Rahmen der Konzeptphase zusätzliche Maßnahmen auf Fahrzeugebene vermieden werden.

Ein weiterer, wichtiger Faktor ist zudem die Performance des Antriebssystems. Hierzu gehören sowohl der Gesamtwirkungsgerad als auch die Fahrleistungen, wobei insbesondere letztere direkt durch den Kunden erfahrbar sind. Aus diesem Grund legt Volkswagen hohen Wert auf eine dynamische und reproduzierbare Fahrperformance, was unter anderem durch eine entsprechende Robustheit des Systems gegenüber thermischen Belastungen erreicht wird. Eine optimale Ausnutzung der begrenzten Energieinhalte von Batterien und/oder Wasserstoffspeichern ist eine wesentliche Voraussetzung für die Erreichung größtmöglicher elektrischer Reichweiten und damit für eine Konkurrenzfähigkeit von E-Fahrzeugen. Hierbei müssen sowohl der Wirkungsgrad der E-Maschine und des Getriebes, als auch u.a. die Beugewinkel an den Gelenkwellen betrachtet werden. Letztere sind mitentscheidend für die übertragbaren Momente sowie das akustische Verhalten.

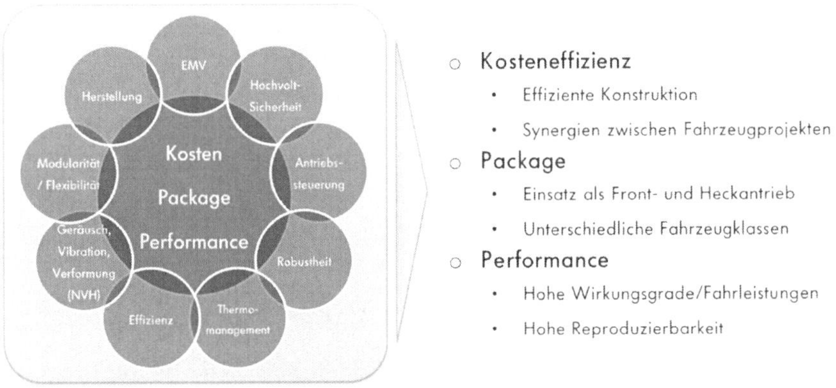

Bild 8: Spezifische Herausforderungen an E-Antriebe

Im Rahmen der Konzeptentwicklung neuer Antriebssysteme gilt es die eingangs beschriebenen Herausforderungen zu konkretisieren und Lösungsansätze zu untersuchen. Um beispielsweise die Forderung nach einem flexiblen Einsatz zu erfüllen, ist es notwendig sich einen Überblick über die potentiellen Fahrzeugkonzepte und deren spezifische Einbausituationen zu verschaffen. Im vorliegenden Fall sollte sowohl der Einsatz als Hauptantrieb in reinen E-Fahrzeugen sowie als Sekundärantrieb in Hybridfahrzeugen vorgehalten werden. Der Einsatz als Sekundärantrieb erfolgt dabei als Heckantrieb und in Kombination mit einem Verbrennungsmotor, nebst Automatikgetriebe im Vorderwagen. Für diese Einbausituation ergeben sich hohe Anforderungen an die äußeren Abmaße, denn die übliche Konzeption einer angetriebenen Hinterachse sieht lediglich die Unterbringung eines Differentials vor. Je nach Anpassungsumfang am Hilfsrahmen sowie Achskinematik und Spurweite ist insbesondere der Bauraum in Fahrzeug-Querrichtung sehr beschränkt.

Auch beim Einsatz als Frontantrieb ergeben sich Limitierungen für das Antriebspackage, etwa durch die zulässigen Beugewinkel an den Abtriebs-/Gelenkwellen, Form und Konzept des Fahrwerkhilfsrahmens sowie der Längsträgerspur. Ebenfalls berücksichtigt werden muss der Bauraumbedarf zusätzlicher Komponenten im Vorderwagen, wie zum Beispiel für ein Brennstoffzellenaggregat. Bild 9 zeigt exemplarisch das Vorgehen bei der Bauraumanalyse für das neue Antriebskonzept. Hierbei wurden sowohl reine Elektrofahrzeuge, Plug-in Hybridfahrzeuge mit elektrischer angetriebener Hinterachse, als auch Brennstoffzellenfahrzeuge, jeweils in den verschiedenen Fahrzeugkategorien vom Kleinwagensegment über die Kompakt- und Mittelklasse bis hin zu den leichten Nutzfahrzeugen, berücksichtigt.

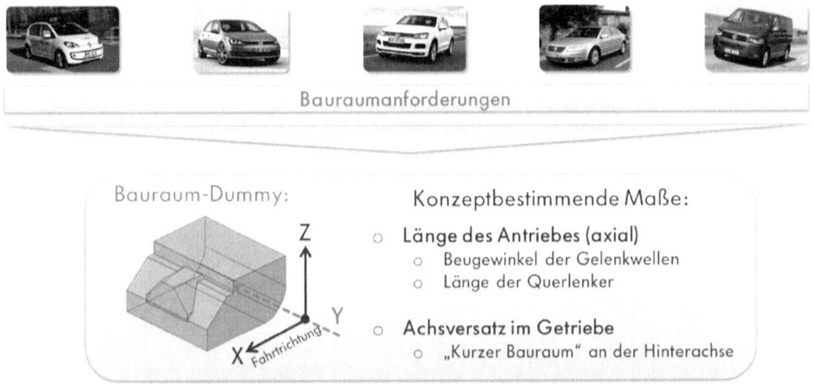

Bild 9: Package Anforderungen an einen E-Antrieb

Nachdem die zulässigen Abmaße des Antriebes definiert wurden, gilt es Konzepte und Bauarten von Getrieben und E-Maschinen zu untersuchen. Bei frontgetriebenen E-Fahrzeugen werden mehrheitlich Getriebe mit zwei Stirnradstufen sowie Kegelraddifferential und dadurch vorgegebenen Achsversatz verbaut.

Diese Bauart findet in der Regel immer dann Anwendung, wenn konventionelle Fahrzeugplattformen für Antriebe in Querbauweise elektrifiziert und der frühere Bauraum sowie die Anbindungspunkte eines Verbrennungsmotors genutzt werden sollen. Die Verwendung von Stirnradstufen und Kegelraddifferential stellt dabei eine vergleichsweise günstige und einfache Getriebebauform dar, da sie sich stark an die bestehende Technik aus dem Bereich der Handschaltgetriebe anlehnt.

Geht es darum möglichst viele Fahrzeugkonzepte und Einbaulagen mit ihren spezifischen Bauräumen abzudecken, so ist jedoch ein sehr kompakter Antrieb erforderlich. Die kompakteste Bauform einer E-Maschine bzw. eines Getriebes ist ein Zylinder mit minimalem Durchmesser und Höhe. Um eine solche Bauform zu realisieren, werden vorwiegend Planetengetriebe – und in seltenen Fällen Stirnradgetriebe mit Vorgelegewelle – eingesetzt. Bild 10 zeigt exemplarisch verschiedene Achskonzepte mit und ohne Achsversatz. Ein koaxiales Getriebe hat keinen Versatz zwischen Rotor- und Abtriebswelle, da eine Achswelle in der als Hohlwelle ausgebildeten Rotorwelle der E-Maschine auf die gegenüberliegende Stirnseite des Antriebs zurückgeführt wird. Dieser Aufbau führt wiederum zu einer hohen Bauraumanspannung hinsichtlich der axialen Abmaße für Getriebe und E-Maschine. Dennoch überwiegen die konzeptionellen Vorteile dieser Bauform, wenn ein möglichst kompaktes Package benötigt wird. Aufgrund der höheren Drehmoment-Belastbarkeit, bei gleichzeitig hohen und variablen Übersetzungen sowie der einfachen Darstellung von zusätzlichen Getriebefunktionen durch geänderte Verschaltungen im Getriebe, ist die Umsetzung als Planetengetriebe am zielführendsten. Somit stellt ein koaxiales Planetengetriebe die optimale Grundlage für ein hinsichtlich Package flexibles und gleichzeitig modulares, weil anpassbares, Konzept dar.

Bild 10: Getriebebauformen - Koaxial und Achsparallel

Bei Fahrzeugen, in denen der E-Antrieb als einzige Antriebsquelle eingesetzt wird, wird in der Regel eine feste Getriebeübersetzung gewählt, mit der die geforderten Betriebspunkte optimal abgedeckt werden. Dies ist insbesondere bei batteriebetriebenen Fahrzeugen der Fall um die Kosten für die Technik gering zu halten. Der fahrbare Geschwindigkeitsbereich wird auf einen sinnvollen Bereich eingeschränkt und somit werden die durch den Luftwiderstand am Fahrzeug verursachten überproportionalen Verluste, z. B. oberhalb von 135 km/h, vermieden. Die genaue Wahl der Getriebeübersetzung hängt dabei sowohl von dem Fahrzeugkonzept als auch von der zur Verfügung stehenden E-Maschine sowie der Batterie ab.

Zur Realisierung höherer Anforderungen hinsichtlich Geschwindigkeit und / oder Beschleunigungsvermögen kann wiederum eine zusätzliche Gangstufe im Getriebe oder eine Möglichkeit zur Abkopplung der E-Maschine zielführend sein. Dies ist insbesondere beim Einsatz als Heckantrieb in einem Hybridfahrzeug der Fall und muss im Rahmen der Konzeptauslegung für E-Maschine und Getriebe berücksichtigt werden.

Zur Ermittlung der erforderlichen E-Maschinenleistungen werden die zuvor untersuchten Fahrzeuge und deren spezifische Performance-Anforderungen herangezogen und ausgewertet (Bild 11). Als Basis hierfür dienen definierte Fahrmanöver wie Beschleunigungen und Elastizitätswerte sowie Fahrten an Steigungen und vorgegebene Höchstgeschwindigkeiten. In einem iterativen Prozess werden im Anschluss für die gewählte Kombination aus Getriebeübersetzung und Systemwirkungsgrad die Effizienz anhand vorliegender Fahrprofile ermittelt und Anpassungen vorgenommen. Ähnlich wie die funktionalen und Package-Anforderungen unterscheiden sich dabei auch die Performance-Anforderungen zwischen den Fahrzeugkonzepten und lassen sich in drei Kategorien einteilen.

Für den Einsatz als Frontantrieb in kleineren E-Fahrzeugen der A-Klasse sowie als Heckantrieb in B-Klasse Hybridfahrzeugen sind Leistungen um 60 kW ausreichend um angemessene Fahrleistungen zu erzielen. Beim Einsatz in Batterie-Fahrzeugen der B-Klasse oder als Heckantrieb in Fahrzeugen der Premium-Klasse sowie in leichten Nutzfahrzeugen werden Leistungen um 80 kW benötigt.

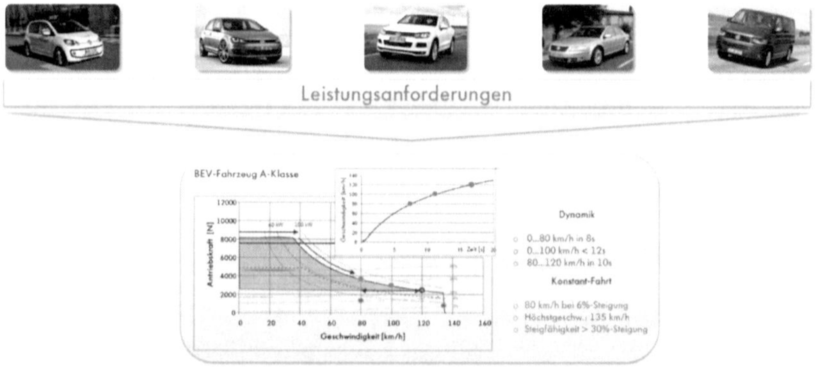

Bild 11: Performance Anforderungen an den E-Antrieb, Beispiel e-Golf

Darüber liegen die Anforderungen von Brennstoffzellenfahrzeugen, die je nach Dimensionierung des Brennstoffzellenaggregates sowie Fahrzeugklasse auch Antriebsleistungen von deutlich über 80 kW erfordern. Aufgrund der hohen Anforderungen hinsichtlich Peak- und Dauerleistung, bei gleichzeitig geringem Bauraum sowie dem Wunsch nach einem möglichst hohen Wirkungsgrad, bietet sich der Einsatz permanenterregter E-Maschinen an. Im Hinblick auf die hohe Bandbreite der erforderlichen Leistungen erweist sich die eingangs erwähnte, modulare Auslegung der Serien-Antriebe von e-up! und e-Golf von Vorteil, da hierdurch der Zugriff auf bereits entwickelte E-Maschinen-Module möglich wird. Durch die zusätzliche Möglichkeit, die Leistungen durch eine Längenvariation von Rotor und Stator zu skalieren, kann der Leistungsbereich bei Bedarf zudem noch erweitert werden. Trotz des Risikos hinsichtlich steigender Preise für seltene Erden, überwiegen die technischen Vorteile dieses Maschinentyps bei dennoch vergleichbaren Kosten.

Um das Risiko hinsichtlich steigernder Magnetpreise zu minimieren und gleichzeitig eine technologische Alternative anbieten zu können, wurden auch alternative Maschinentypen betrachtet und berücksichtigt. Basierend auf Messungen und Bewertung zukünftiger Optimierungspotentiale wurde verschiedene, industrialisierte Maschinentypen vergleichen. Betrachtet wurden permanent- und fremderregte E-Maschinen (PSM und FSM) sowie Asynchronmaschinen (ASM). Aus technischer Perspektive zeigen sich in vielen Bereichen Vorteile für die PSM, insbesondere bei der Leistungsdichte sowie dem Wirkungsgrad. Obwohl die FSM auch in diesen Punkten vergleichsweise gut abschneidet, fällt hier der Vergleich zugunsten einer ASM aus. Sie zeichnet sich durch ihre günstige und robuste Bauart aus. Als nachteilig für den Einsatz einer FSM wurden die geringere Drehzahlfestigkeit sowie die erforderliche Leistungselektronik zur Erregung des Rotor-Magnetfeldes gewertet. Hierbei erweist sich insbesondere letzteres von Nachteil, da hierfür eine gesonderte Leistungselektronik oder aber Anpassung der aktuellen Module erforderlich wird. Beide Ansätze stehen im Widerspruch zur Baukastenstrategie bzw. der Steigerung der Kosteneffizienz.

5. Integrated Electric Drive - Koaxialer Achsantrieb in modularer Bauweise

Frühe, richtungsweisende Konzepte bei Volkswagen zur Integration basierten auf der ersten Generation von E-Antrieben und Leistungselektroniken der Golf VI Blue-e-Motion Flotte. Hierbei handelte es sich um achsparallele Antriebe mit Getrieben in Stirnradbauweise. Im Rahmen der Untersuchungen wurden die einzelnen Komponenten der Leistungselektronik radial in das Gehäuse der E-Maschine integriert (Bild 12). Diese ersten Konzepte dienten insbesondere der konzeptionellen Betrachtung spezifischer Fragestellungen sowie im späteren Verlauf als Versuchsträger für Tests auf Prüfständen und in Fahrzeugen.

Basierend auf den Versuchsergebnissen wurden die Konstruktionen und Berechnungen abgesichert sowie der Nachweis von Leistungsfähigkeit und Funktionalität im System erbracht.

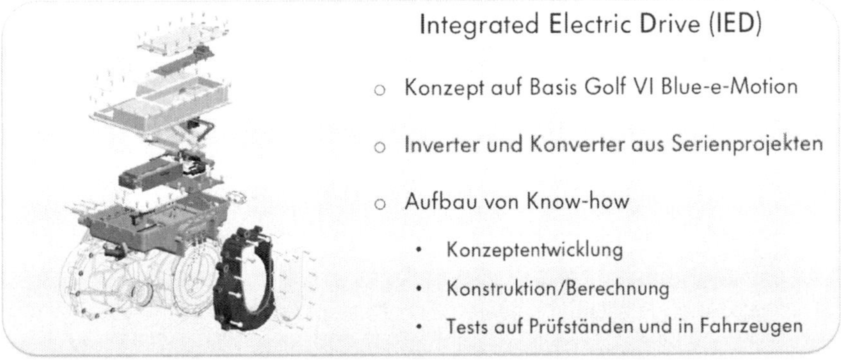

Bild 12: Integrated Electric Drive - Erste Konzeptansätze

Durch die Voll-Integration des Inverters in das Gehäuse der E-Maschine konnten die Phasenleitungen zum Stator der E-Maschine über kurze und innenliegende Stromschienen erfolgen und das Gehäuse der Leistungselektronik sowie entsprechende Haltevorrichtungen entfallen. Dadurch konnte ein sehr kompaktes Gesamtpackage realisiert werden. Im Rahmen der Entwicklungsarbeiten und Erprobung ergaben sich bei der Zusammenführung von Elektronik- und Mechatronik-Komponenten eine Reihe von technischen und konzeptionellen Herausforderungen (Bild 13), für die Lösungen gefunden werden mussten.

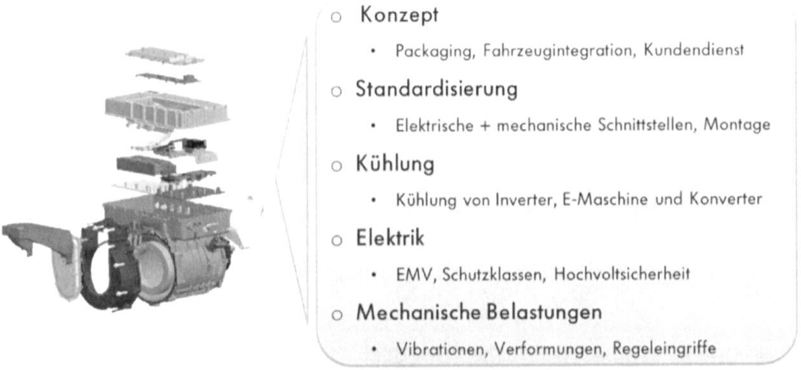

Bild 13: Integrated Electric Drive - Herausforderungen der Integration

Zentrale Vorgaben für das Konzept waren eine montagefreundliche Ausführung der elektrischen und mechanischen Schnittstellen in Kombination mit einer effizienten Kühlung von E-Antrieb, Inverter und Konverter.

Ein weiterer Entwicklungsschwerpunkt ist die thermische und mechanische Absicherung der elektrischen Komponenten, die durch den aggregatefesten Verbau deutlich gesteigerten Belastungen unterliegen. Im Mittelpunkt der thermischen Auslegung steht hier der Pulswechselrichter mit den für die Stromstellung verantwortlichen IGBTs. Aufgrund der hohen Stromdichten und Taktfrequenzen entstehen hier innerhalb eines vergleichsweise kleinen Bereiches hohe Verluste in Form von Abwärme. Diese kann eine Wärmeflussdichte von bis zu 100 W/cm² erreichen und muss über eine effiziente Kühlung abgeführt werden. Da sich Leistungselektronik und E-Maschine einen gemeinsamen Kühlkreislauf teilen, musste dieser Aspekt schon in Rahmen der Konzeptentwicklung genau betrachtet werden. Das thermische Verhalten konnte hierzu anhand von CFD-Simulationen abgeschätzt und durch spätere Messungen an Prüfständen und in Fahrzeugen verifiziert werden. Daneben galt es die Vorgaben hinsichtlich EMV- und Hochvolt-Sicherheit einzuhalten und die mechanischen Einwirkungen durch Impuls- und Vibrationsbelastungen auf die elektronischen Bauteile zu berücksichtigen.

Mit den Erfahrungen aus der Serienentwicklung von Hybrid- und Elektrofahrzeugen wurde die Systemintegration und die Optimierung von Komponenten, Schnittstellen, und Funktionen beim E-Antrieb kontinuierlich weitergeführt. Der aktuelle Ansatz des Achsantriebs mit integrierter Leistungselektronik basiert auf der dritten Generation von Leistungselektroniken, bei der bereits im Rahmen der Entwicklungsphase eine enge Zusammenarbeit zwischen Volkswagen und den Tier-1 Lieferanten stattgefunden hat. Ein Ziel hierbei war es, möglichst große Synergien in Form von Carry-Over-Parts (COP) zwischen der separat verbauten Leistungselektronik sowie der integrierten Variante zu erzeugen, um Stück- und Entwicklungskosten zu reduzieren. Dabei ist es durch ein generisches Design gelungen, neben den Komponenten Inverter und Konverter auch die EMV-Maßnahmen aus der Serienentwicklung zu übernehmen und konzeptionell vorzuhalten.

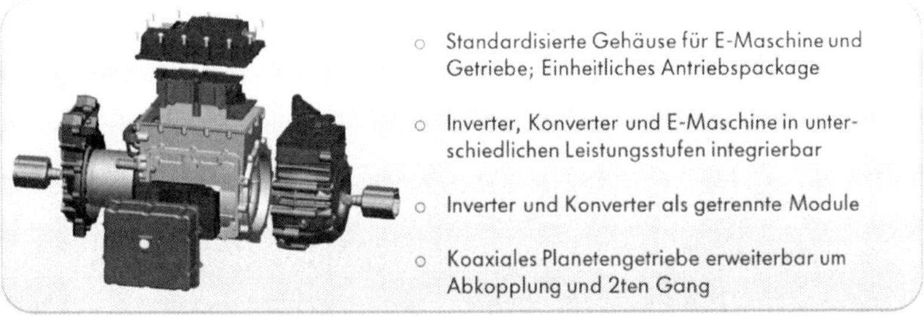

Bild 14: Achsantrieb mit integrierter Leistungselektronik

Um das Handling im Rahmen der Montage der elektrischen Bauteile zu vereinfachen, wurden die Komponenten der Leistungselektronik in die funktionalen Module „PWR" und „DC/DC" zusammengefasst. Diese wurden um 90° versetzt radial am Umfang der E-Maschine angeordnet, wodurch ein besserer Zugang zum umlaufenden Kühlmantel der E-Maschine ermöglicht wurde und die Abmaße des gesamten Antriebes verringert werden konnten (Bild 14). Darüber hinaus kann die Integration des Pulswechselrichters nun unabhängig vom DC/DC-Wandler erfolgen, so dass bei begrenztem Bauraum der DC/DC-Wandler extern verbaut, der Pulswechselrichter aber weiterhin integriert werden kann.

Analog zum Baukasten-Gedanken wurde auch bei der folgenden Entwicklung des gesamten Antriebes großer Wert auf eine hohe Modularität gelegt: Ausgehend von den zu erwartenden Kombinationen von Funktionen und Leistungsanforderungen potentieller Fahrzeuge wurde ein Gehäusekonzept entwickelt, welches unterschiedliche Funktionen bzw. Leistungsklassen bauraumneutral darstellen kann und dadurch die jeweiligen Packageanforderungen erfüllt (Bild 15). Hierdurch wurde der plattformspezifische Entwicklungsaufwand auf Antriebsseite reduziert und die Fahrzeugintegration bzw. das Packaging vereinfacht.

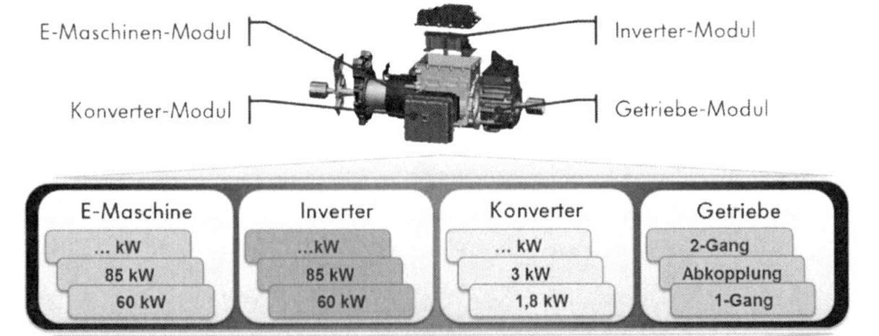

Bild 15: Flexibilität durch modularen Antriebsbaukasten

Bild 16 zeigt das Konzept des koaxialen Antriebes mit den beiden Einsatzmöglichkeiten als Front- bzw. Heckantrieb. Beim Einsatz als Frontantrieb bieten sich durch die kurze Einbaulänge des Aggregates in Fahrzeuglängsrichtung zusätzliche Freiheiten bei der Auslegung des Vorderwagens. So kann der zur Verfügung stehende Bauraum genutzt werden um Range-Extender oder Brennstoffzellenaggregate unterzubringen. Alternativ können aber auch neue Fahrzeugkonzepte mit kürzeren Überhängen des Vorderwagens dargestellt werden. Durch die koaxiale Bauweise und die hohe Integrationsdichte bietet sich zudem die Möglichkeit den Antrieb auch unter sehr begrenzten Bauraumverhältnissen – wie etwa an der Hinterachse – einzusetzen. Obwohl innerhalb des Hilfsrahmens der Hinterachse nur wenig Bauraum zur Verfügung steht, ist es durch ein angepasstes Package gelungen auch für diesen Einsatz den Pulswechselrichter zu integrieren.

Um ausreichend Bauraum für den Pulswechselrichter zu erhalten und das Kofferraumvolumen nicht einzuschränken wird der Antrieb an der Hinterachse um 90° nach vorne gedreht, so dass der Pulswechselrichter in Fahrtrichtung zeigt. Der DC/DC-Wandler wird in dieser Konfiguration nicht integriert, da er den Bereich der Bodengrenzlinie durchdringen würde bzw. in einer exponierten Lage positioniert wäre.

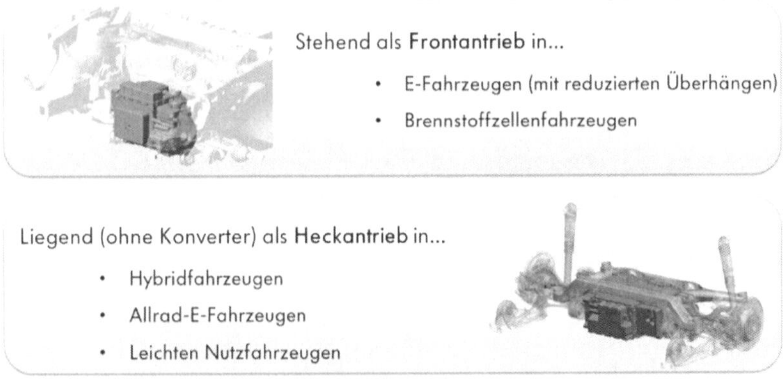

Bild 16: Flexibilität durch kompaktes Package

6. Ausblick

Die Integration von Bauteilen und Funktionen in Verbindung mit einer kompakten und modularen Auslegung sind der Schlüssel zu kosteneffizienten und damit zukunftsfähigen elektrischen Antriebskonzepten. Volkswagen verfolgt aus diesen Gründen auch für zukünftige Anwendungen das Konzept des Integrated Electric Drive in Elektro-, Hybrid- und Brennstoffzellenfahrzeugen. Im Rahmen der kontinuierlichen Weiterentwicklung von elektrischen Antriebssystemen stehen weiterhin eine flexible Einsatzmöglichkeit und die Verringerung der Kosten sowie die Option einer Funktionserweiterung im Fokus. Dabei stellt der Integrated Electric Drive eine optimale Grundlage für eine kontinuierliche Weiterentwicklung dar, insbesondere hinsichtlich einer vertieften Integration auf Komponentenebene und einer weitergehenden, technologischen Moduloptimierung.

Beispiele für die hohe Flexibilität eines solchen Antriebskonzeptes in Verbindung mit der beschriebenen Baukastenstrategie auf Plattformebene sind die von Volkswagen vorgestellten Studien CrossCoupé, CrossBlue sowie CrossBlue Coupé. Die Midsize-SUV Studie CrossBlue wurde von Volkswagen im Januar 2013 auf der North American International Auto Show als Weltpremiere vorgestellt (Bild 17). Der Antrieb des Fahrzeugs besteht aus einem 85 kW starken Koaxialantrieb an der Hinterachse sowie einem TDI Clean Diesel mit einem elektrifizierten 6-Gang DSG-Getriebe und 40 kW E-Maschine im Vorderwagen.

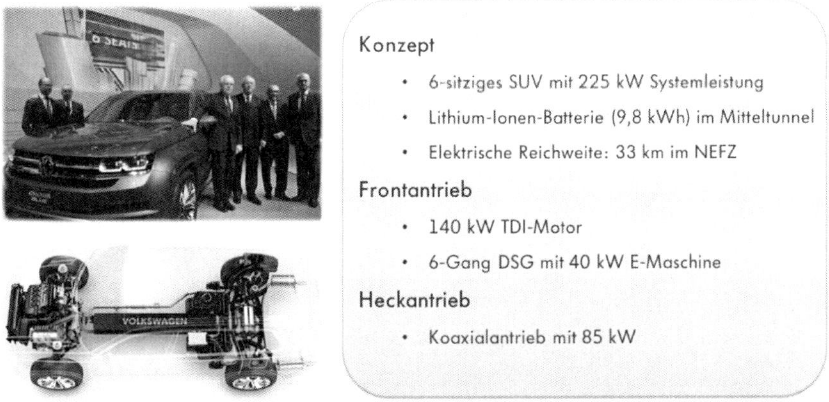

Bild 17: Volkswagen SUV Studie CrossBlue auf der Detroit Motorshow 2013

Über den Koaxial-Antrieb an der Hinterachse kann das SUV-Fahrzeug im Hybrid- als auch im Elektro-Mode mit Allradantrieb und überzeugenden Fahrleistungen betrieben werden. Mit 225 kW Systemleistung und 700 Nm Gesamtdrehmoment im Hybrid-Mode beschleunigt der CrossBlue in lediglich 7,5 Sekunden von 0 auf 100 km/h. Im reinen Elektro-Mode stehen 125 kW Antriebsleistung für einen dynamischen Vortrieb zur Verfügung.

Die Lithium-Ionen Batterie mit einem Energieinhalt von 9,8 kWh ermöglicht eine elektrische Reichweite von 33 km im europäischen Normzyklus NEFZ. Der kombinierte

Verbrauch liegt bei 2,1 l/100km (ECE) bzw. 4,9 l/100km im hybridischen Betrieb. Die SUV-Studie CrossBlue zeigt damit, dass das Konzept eines SUVs, mit seinen vielfach geschätzten Vorteilen in bzw. außerhalb der Stadt sowie eine umweltfreundliche Fortbewegung nicht im Widerspruch stehen müssen.

Wie am Beispiel des CrossBlue zu erkennen ist, wird die Entwicklung zukünftiger Antriebstechnologien von dem Ziel der CO_2-neutralen Mobilität geprägt sein, weshalb verschiedenste Fahrzeugklassen mit elektrifizierten Antriebskonzepten ausgestattet werden. Dabei wird es vielfach eine Koexistenz bzw. eine Kombination verschiedenster Antriebs- und Kraftstoffformen geben. Ein wichtiges Ziel bei der Entwicklung elektrifizierter Antriebskonzepte ist zudem die Realisierung eines dynamischen Fahrgefühls bei gleichzeitig hoher Alltagstauglichkeit. Der hier vorgestellte Integrated Electric Drive folgt daher dem Prinzip der Modularität und ermöglicht dabei durch seine kompakten Abmaße einen sehr flexiblen Einsatz in verschiedensten Antriebskonfigurationen und Fahrzeugklassen. Durch die skalierbaren Leistungen sowie funktionalen Erweiterungen lässt er sich an die jeweiligen Bedürfnisse anpassen und bildet somit einen weiteren Baustein im zukünftigen Antriebsbaukasten für nachhaltige Antriebe.

Literatur

[1] M.Sc. Meyer, M, Dipl.-Ing. Lück, P.: Future concepts for electrically driven axles. In: 10. Symposium Hybrid- und Elektrofahrzeuge, Braunschweig 2013

[2] Dr. Zillmer, M., Dr.-Ing. Neußer, H.-J., Dipl.-Ing. Jelden, H., Dipl.-Ing. Lück, P., Dipl.-Ing. Kruse, G.: Der Elektroantrieb des Volkswagen e-up! - ein Schritt zur modularen Elektrifizierung des Antriebstrangs. In: Internationales Wiener Motoren Symposium, Wien, 2013

[3] Prof. Dr.-Ing. Hadler, J., Dr.-Ing. Neußer, H.-J., Dipl.-Ing. Jelden, H., Dipl.-Ing. Lück, P., Dipl.-Ing. Tousen, J.: Golf Blue-e-Motion - Der elektrische Volkswagen. In: Internationales Wiener Motoren Symposium, Wien, 2012

[4] Dr.-Ing. Zillmer, M.: The drivetrain for the new Volkswagen „1-litre" car. In: Aachener Kolloquium, Aachen, 2011

[5] Dipl.-Ing. Lück, P., Dipl.-Ing. Jelden, H., Dipl.-Ing. Tousen, J.: Volkswagen Golf Blue-e-Motion. In: Braunschweig Symposium Hybrid and Electric Vehicles, Braunschweig, 2011

6 Radnabenantriebe als Antriebskonzept für Elektrofahrzeuge

Kersten Reis, Andreas Binder

Abstract

Wheel hub motors for electric vehicles provide an interesting, while also demanding, highly integrated drive concept. Direct drive concepts as well as high-speed drives with a gearbox give a lot of advantages in terms of new vehicle designs and are offering additional design freedoms. The reduction of the components in the drive train ensures a low maintenance system and reduces the losses, incurred in the transmission.

A comparison of different motor types points to the advantages and disadvantages of each variant, which need to be considered for the implementation. Thermal studies of the cooling concept are another significant point in the development of a wheel hub drive. An efficient cooling allows a highly utilized electromagnetic design and therefore a compact machine. In this paper an overview of the possible wheel hub drive concepts is given. On the basis of electromagnetic simulation results are evaluated. First measurement results of a prototype motor are presented.

Kurzfassung

Radnabenantriebe stellen bei Elektrofahrzeugen ein interessantes, gleichzeitig aber auch anspruchsvolles Antriebskonzept dar. Sowohl hochintegrierte Direktantriebskonzepte als auch Hochdrehzahlantriebe mit einer Getriebestufe bieten hinsichtlich neuer Fahrzeugdesigns einen zusätzlichen Gestaltungsfreiraum. Die Reduzierung der Bauelemente im Antriebsstrang gewährleistet ein wartungsarmes System und vermindert die Verluste, die bei der Kraftübertragung entstehen.

Ein Vergleich der unterschiedlichen Motortypen zeigt die Vor- und Nachteile der jeweiligen Variante, die bei der Realisierung berücksichtigt werden müssen, auf. Thermische Untersuchungen des Kühlkonzeptes stellen einen weiteren wesentlichen Punkt bei der Entwicklung eines Radnabenantriebes dar. Eine effiziente Kühlung erlaubt eine hochausgenutzte elektromagnetische Auslegung und daher eine kompakte Bauform.

In dem Beitrag wird ein Überblick über mögliche Radnabenantriebskonzepte gegeben und diese anhand von elektromagnetischen Simulationsergebnissen bewertet. Weiterhin werden erste Messergebnisse bei einem Prototypen vorgestellt.

1. Einleitung

Die Idee des Radnabenmotors wurde schon von Ferdinand Porsche auf der Weltausstellung 1900 in Paris vorgestellt. Damals war die Batterietechnologie allerdings bei weitem noch nicht so weit entwickelt wie heute. Im Zuge des immer größer werdenden Verlangens nach Reduktion des Ausstoßes von schädlichen Treibhausgasen kommt es auch in der Automobilindustrie zu einem Umdenken, und so bringen immer mehr Hersteller Hybridfahrzeuge (z.B. Toyota Prius) und reine Elektrokraftfahrzeuge (z.B. Tesla Roadster, Renault Twizy) auf den Markt. Nur diese, mit zentralem Antrieb ausgestatteten Fahrzeuge werden weiterhin zusätzliche Baugruppen wie beispielsweise eine Antriebswelle oder ein Differential benötigen. Dies führt zu der Überlegung der Verwendung eines dezentralen Mehrmotorenkonzeptes, wozu auch die Radnabenmotoren zählen. Diese Motoren können das Drehmoment direkt im Rad erzeugen. Dem gegenüber stehen viele Probleme, die bei der Entwicklung solcher Antriebe gelöst werden müssen. So ist der Bauraum in einer Felge äußerst beschränkt, der Motor ist widrigen Umgebungsbedingungen ausgesetzt, etwaiger Steinschlag, Stoßbeanspruchungen, oder aber Wasser dürfen den Motor nicht beschädigen. Zudem existiert erhöhter Kostendruck, denn es müssen mindestens zwei Motoren je Kraftfahrzeug eingesetzt werden.
Im Folgenden werden die unterschiedlichen Konzepte für Radnabenmotoren vorgestellt, sowie einige Aspekte – Wahl der Lochzahl, elektromagnetische Kraftanregung und Rotorverlustberechnung – die bei der Entwicklung eines solchen Antriebes eine zentrale Rolle spielen, erläutert. Erste Messergebnisse eines Prototyps werden vorgestellt.

2. Antriebskonzepte für Radnabenantriebe

Bei Radnabenantrieben kann man zwei prinzipielle Bauformen unterscheiden. Zum einen den Direktantrieb, bei dem der Motor so in die Felge integriert ist, dass das Drehmoment direkt am Rad erzeugt wird und dort „getriebelos" zur Verfügung steht (Bild 1). Dieses Konzept wird beispielsweise von den Firmen *Protean Electric Limited*, *Siemens* oder *Schaeffler* verfolgt. Das bedeutet für den Motor, dass er ein hohes Bemessungsdrehmoment besitzen muss, was allerdings im Widerspruch zu dem beschränkten Bauraum in der Felge steht. Eine Außenläuferkonstruktion scheint daher aufgrund des größeren Luftspaltdurchmessers sinnvoll, um einerseits den drehmomentbildenden Hebelarm zu maximieren und andererseits den Rotor der Maschine direkt mit der Felge zu verbinden. Weiterhin ist es naheliegend, aufgrund des geforderten hohen Drehmoments eine hochpolige Maschine zu entwickeln, wodurch die Jochhöhe von Stator und Rotor verringert wird. Dies führt zu einer Reduktion der Blechpaketmasse, was sich positiv auf die Verringerung der reifengefederten Massen auswirkt [1]. Die hochpolige Ausführung lässt sich bei PM-Synchronmaschinen mit einem deutlich höheren Wirkungsgrad verwirklichen als bei Asynchronmaschinen. Die axiale Länge der Maschine ist aufgrund der Abmessungen üblicher Felgen auf ca. 200 mm beschränkt. Man versucht daher, kurze Wickelköpfe zu gestalten, also Kreuzungen der Wicklungsstränge im Wickelkopf zu vermeiden und setzt bei PM-Synchronmaschinen Zahnspulen ein. Besonders hervorzuheben ist aber bei Zahnspulenwicklungen die höhere Anzahl an Feldober- und -unterwellen, welche zusätzliche Wirbelstromverluste im Blechpacket und in den Magneten erzeugen. Andererseits zeichnen sich Zahnspulenwicklungen auch bei ungeschrägten Maschinen durch geringe Drehmomentwelligkeiten aus. Auswahlkriterien der Lochzahl q sind dazu in Abschnitt 3.2 zu finden. Weiter wird versucht, diesen Direktantrieb mit Luftkühlung zu gestalten um ein robustes und kostengünstiges Kühlsystem zu erhalten. Eine indirekte Luftkühlung scheint aufgrund der großen Oberfläche des Motors möglich zu sein.

Bild 1: Synchron-Direktantrieb mit PM-Außenläufer als Radnabenantrieb

Bild 2: Hochdrehzahlantrieb mit Getriebeuntersetzung als Radnabenantrieb

Alternativ zu Bild 1 kann der Radnabenantrieb als Hochdrehzahlantrieb mit einem Getriebe zur Drehzahluntersetzung ausgeführt werden (Bild 2). Dieses Konzept wird beispielsweise von der Firma *Michelin* mit dem *ActiveWheel* umgesetzt. Durch die Getriebeübersetzung i muss der Motor im Vergleich zum Direktantrieb um $1/i$ weniger Drehmoment erzeugen, was den Bauraum der Maschine verkleinert, da das Volumen des Motors proportional zum benötigen Drehmoment ist. Wegen des kleineren Bauraums verringern sich die Material- und Produktionskosten des Motors deutlich. Die Motordrehzahl ist gegenüber der Raddrehzahl um den Faktor i größer, so dass diese schnelldrehenden Motoren niedrigpolig ausgeführt werden. Dadurch kann wieder auf eine konventionelle verteilte Wicklung zurückgegriffen werden, wodurch die Zusatzverluste reduziert werden, die sich speziell bei den hohen Drehzahlen einstellen. Allerdings erzeugt das Getriebe zusätzliche Verluste. Weiterhin ist ein größerer Integrationsaufwand von Motor und einem zusätzlichen Getriebe in die Felge des Kraftfahrzeuges notwendig. Die kleine Motoroberfläche erlaubt in der Regel keine indirekte Luftkühlung. Tabelle 1 fasst die Bewertung der beiden beschriebenen Konzepte zusammen. Wegen der Vorteile des Direktantriebs wird in den nächsten Abschnitten die Entwicklung des Direktantriebes näher beschrieben.

Tabelle 1: Gegenüberstellung der Bewertung von Direktantrieb und Hochdrehzahlantrieb. Positive Bewertung „+“, negative Bewertung „–“.

Kriterium	**Direktantrieb**	**Hochdrehzahlantrieb mit Getriebe**
Materialkosten	-	+
Kleine reifengefederte Massen	-	+
Getriebeverluste	+	-
Integrationsaufwand	+	-
Luftkühlung realisierbar	+	-

3. Elektromagnetische Auslegung einer permanentmagneterregten Synchronmaschine als Direktantrieb

Im Folgenden wird ein Direktantrieb als Außenläufer behandelt, wodurch der Rotor über ein Gehäuse direkt mit der Felge eines Rades verbunden wird. Wegen der axialen Länge der Maschine empfiehlt sich eine Einzelzahnwicklung mit einer Lochzahl q<1. Es werden Oberflächenmagnete verwendet, die auf das Rotorblechpaket geklebt werden. Eine Bandagierung der Magnete ist aufgrund der Außenläuferausführung und der nach außen wirkenden Fliehkräfte nicht erforderlich.

3.1 Anforderungen an den Radnabenantrieb

Eine permanentmagneterregte Synchron-Außen- läufermaschine wurde mit dem in Bild 3 dargestellten Geschwindigkeit-Drehmoment-Kennfeld ausgelegt. Das Kennfeld wird durch drei Betriebspunkte (BP) beschrieben, deren Werte Tabelle 2 zu entnehmen sind. Um die Bemessungsleistung und damit die Größe des Frequenzumrichters zu beschränken wird, ein ausreichend großer Feldschwächbereich von 1:3 gewählt. Für PM- Synchronmaschinen mit Oberflächenmagneten wäre die Ständer – Synchron – Induktivität L_d bei verteilter Ständerwicklung zu klein und der erforderliche Feldschwächstrom I_d < 0 zu groß. Bei der Zahnspulenwicklung ist aufgrund der größeren Anzahl von Ober- und Unterwellen der Wert von L_d ausreichend groß, um I_d zu begrenzen. Betriebspunkt BP1 beschreibt eine kurzzeitige Überlast von 30 Sekunden, um beispielsweise ein Überholmanöver durchzuführen, Punkt BP2 beschreibt eine dauerhafte Steigfahrt mit einer Steigung von ca. 15 %, sowie BP3 das Fahren mit Maximalgeschwindigkeit auf der Autobahn.

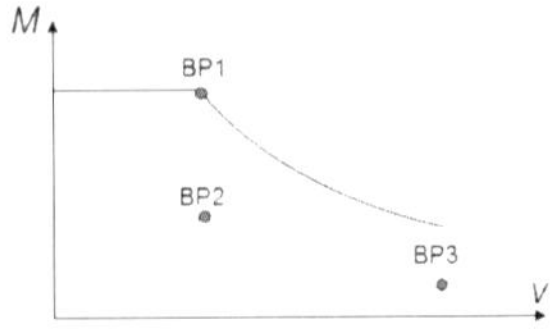

Bild 3: Drehmoment-Drehzahl-Kennfeld des Radnabenantriebes

Tabelle 2: Ausgewählte Betriebspunkte für einen Radnabenantrieb (Zwei Antriebe pro Fahrzeug)

	BP1	**BP2**	**BP3**
	Überlast (S2-30s)	Steigfahrt 15% (S2-30min)	Maximalgeschwindigkeit (S2-30min)
Leistung *P*	40 kW	20 kW	13,5 kW
Geschwindigkeit *v*	50 km/h	50 km/h	150 km/h
Drehmoment *M*	$2M_N$	M_N	$0{,}45M_N$

3.2 Wahl der Bruchlochzahl

Bei Zahnspulenwicklungen sollte die Polzahl $2p$ ungefähr genau so groß gewählt werden wie die Nutzahl Q, um einen möglichst hohen Wicklungsfaktor der drehmomentbildenden Feldwelle des magnetischen Ständer-Luftspaltfeldes zu erzielen [2]. Weiter sollte das Amplitudenverhältnis der Ober- und Unterwellen zu dieser Arbeitswelle klein sein. Dies erregt geringe Zusatzverluste. Die zugehörige Oberfelder-Streuziffer σ_o ist klein [3]. Tabelle 3 gibt für einige Lochzahlen q die Nutzahl Q und die

Polpaarzahl p je Urschema, den Wicklungsfaktor der Arbeitswelle $k_{w,p}$, sowie die Oberfelder-Streuziffer σ_o an. Außerdem werden die Ordnungszahl ν der Arbeitswelle und der auftretenden Unterwellen des Luftspaltfeldes angegeben.
Im Gegensatz zu konventionellen, verteilen Wicklungen, bei denen die Oberfelder-Streuziffer im Bereich von 0,05...0,08 liegt [4], weisen Bruchlochwicklungen eine deutlich größere von q abhängige Streuziffer auf.

Tabelle 3: Nutzahl Q, Polpaarzahl p je Urschema, Ordnungszahl der Arbeitswelle und der Unterwellen, Wicklungsfaktor $k_{w,p}$ der Arbeitswelle und Oberfelder-Streuziffer σ_o für unterschiedliche Lochzahlen q

q	Q	p	Arbeitswelle $\nu = p$	Unterwellen $\lvert\nu\rvert < p$	$k_{w,p}$	σ_o
1/2	3	1	1	-	0,866	0,46
1/4	3	2	2	1	0,866	4,84
2/5	12	5	5	1	0,933	0,986
2/7	12	7	7	1,5	0,933	2,85
3/8	9	4	4	1,2	0,9452	1,12
3/10	9	5	5	1,2,4	0,9452	2,40

Die Gesamtinduktivität des Ständer-Luftspaltfeldes je Strang als Summe aus Hauptinduktivität der Arbeitswelle $L_{h,p}$ und Induktivität der Ober-/Unterwellen ist

$$L_h = L_{h,p} \cdot (1 + \sigma_o) \tag{1}$$

Die Synchroninduktivität je Strang $L_d = L_h + L_\sigma$ ist die Summe aus L_h und der Ständernut- und -stirnstreuinduktivität L_σ.

3.3 Feldschwächstrom

Durch Wahl einer großen Oberfelder-Streuziffer wird durch die Induktivitätssteigerung der Feldschwächstrom reduziert, wie dies Tabelle 4 beispielhaft anhand von zwei Lochzahlen q=1/2 und q=3/8 vereinfacht verdeutlicht. Es werden dazu der Ständerstrangwiderstand R_s und die Nut- und Stirnstreuinduktivität L_σ vernachlässigt. Das Zeigerdiagramm in Bild 4 verdeutlicht, wie bei $R_s \cong 0$ durch den Feldschwächstrom $I_{s,d}$ und die Reaktanz $X_d = \omega_s \cdot L_d$ die Selbstinduktionsspannung $\omega_s L_d I_{s,d}$ der Polrad-spannung U_p entgegen wirkt und somit die Klemmenspannung U_s infolge der Feldschwächung konstant gehalten wird, obwohl bei hoher Drehzahl (ω_s groß) $U_p > U_s$. Bei Annahme einer identischen Windungszahl und Polzahl für die beiden Lochzah-

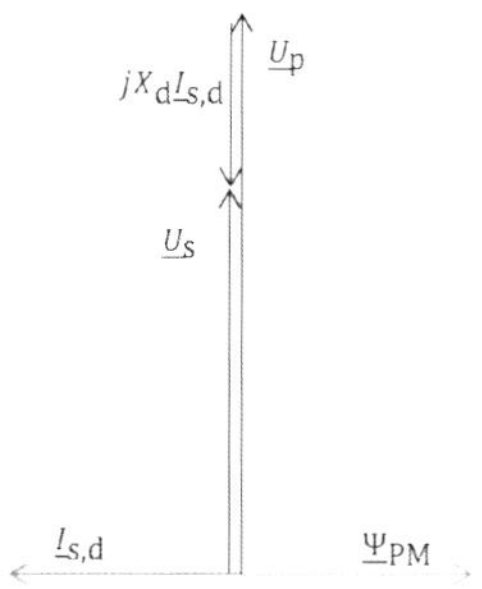

Bild 4: Zeigerdiagramm im Feldschwächbereich, bei negativem d-Strombetrieb $\underline{I}_s = -\underline{I}_{s,d}$

len q = 1/2 und q = 3/8 ist die Hauptinduktivität $L_{h,p} \sim k_{w,p}^2$ und die Gesamtinduktivität $L_h \sim k_{w,p}^2 \cdot (1+\sigma_o)$. Der zur Feldschwächung benötigte Strom erhöht sich im Fall einer q=1/2-Wicklung im Vergleich zur q=3/8- Wicklung um den Faktor 1,78, die Stromwärmeverluste erhöhen sich um den Faktor 3,2 (Tabelle 4). Bei Verwendung der Lochzahl q = 3/8 erkauft man sich den Vorteil der geringeren Stromwärmeverluste und Erwärmung bei Maximalgeschwindigkeit (BP3) durch einen niedrigeren Leistungsfaktor im Grunddrehzahlbereich (BP1 & BP2) aufgrund der größeren Anzahl von Ober-/Unterwellen und der damit größeren Hauptinduktivität. Weiter treten zusätzliche Ummagnetisierungsverluste speziell im Rotor der Maschine auf, da sich die langwelligen Unterwellen im Vergleich zu den Oberwellen über den gesamten Rotor schließen und nicht nur teilweise über den Luftspalt. Eine Beschreibung der Verluste ist in Kapitel 3.5 zu finden.

Tabelle 4: Berechnung von Oberfelder-Streuziffer, Wicklungsfaktor, Abschätzung des Ständerstroms je Strang und resultierender Stromwärmeverluste für BP3 zweier Radnabenantriebe A und B (Strangwiderstand, Nut- und Stirnstreuinduktivität vernachlässigt).

Motor	A	B
q	1/2	3/8
σ_o	0,46	1,18
$k_{w,p}$	0,866	0,945
$L_{h,B} / L_{h,A}$	$0{,}945^2 \cdot (1+1{,}18)/(0{,}866^2 \cdot (1+0{,}46)) = 1{,}78$	
$I_{s,A} / I_{s,B}$	1,78 / 1,0 = 1,78	
$P_{cu,A} / P_{cu,B}$	$1{,}78^2 / 1{,}0^2 = 3{,}2$	

3.4. Radialkraftanregung des Luftspaltfeldes

Die radial wirkenden elektromagnetischen Kräfte des Luftspaltfeldes können zu einer Verformung des Stator- und Rotorblechpakets führen, vor allem bei hochpoliger Ausführung mit kleinen Jochhöhen und daher mechanisch leichter verformbaren Jochen. Speziell die Radialkräfte durch Feldunterwellen können aufgrund ihrer Langwelligkeit und der beschränkten Steifigkeit des Blechpakets zu dessen Verformung als Ovalisierung führen. Die einzelnen Feldwellen der *FOURIER*-Reihenentwicklung der Radialkomponente des Luftspaltfelds der Statorwicklung werden durch die Wellengleichung beschrieben. Dabei ist $2p_U \cdot z_U = 2p$ die Polzahl, z_U die Anzahl der Urschemen und $2p_U$ die Polzahl je Urschema der Wicklung.

$$B_{\delta,s,\nu}(x_s,t) = \hat{B}_{\delta,s,\nu} \cdot \cos\left(\frac{\nu\pi x_s}{p_U \tau_p} - 2\pi f_s \cdot t\right) \tag{2}$$

Die nach [7] berechneten Amplituden $\hat{B}_{\delta,s,\nu}$ für die Radialkomponente des Luftspaltfeldes, bei Vernachlässigung der Nutschlitze und der Eisensättigung ergeben sich für eine dreisträngige Zahnspulenwicklung mit der Lochzahl q = 3/8 gemäß Bild 5. Bei der Verwendung eines Urschemas (z_U = 1, Q = 9, p_U = p = 4, q = 3/8) berechnet sich die Normalkraft pro Fläche bei einem radialen Feld B_n mithilfe des *Maxwell*'schen Spannungstensors zu

$$f_n(x) = \frac{B_n^2(x)}{2\mu_0} = \frac{B_{\delta,s,\nu}^2(x)}{2\mu_0} \tag{3}$$

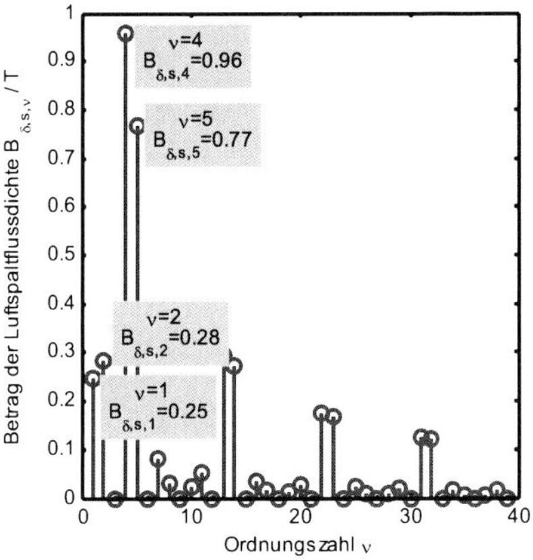

Bild 5: Betrag der radialen Luftspaltflussdichte des Statorfeldes im Fourierreihenspektrum einer Wicklung mit q = 3/8

Die Kraftdichte der Grundwelle, also der tiefsten Unterwelle $\nu = 1$ beträgt somit:

$$f_{n,1} = \frac{\hat{B}_{\delta,s,1}^2}{2\mu_0} \cdot \frac{1}{2} \cdot \left(1 - \cos\left(2\frac{x\pi}{p_U \tau_p}\right)\right) \tag{4}$$

Die maximal auftretende Kraftdichte ergibt sich mit $B_{\delta,s,1} = 0{,}25\,\mathrm{T}$ zu

$$\hat{f}_{n,1} = \frac{B_{\delta,s,1}^2}{2\mu_0} \approx 24 \cdot 10^3 \frac{\mathrm{N}}{\mathrm{m}^2}\ . \tag{5}$$

Aus dem zweipoligen *B*-Feld resultiert eine Kraft mit zwei Maxima (Bild 6 unten), welche eine Anziehung des Rotorblechpaketes in zwei Bereichen bewirkt und so das Blechpaket als elliptische Verformung ovalisiert (Bild 7). Die mittlere radiale Kraft über einer Maschinenhälfte $p_U \tau_p$ ist mit $p_U \tau_p = d_{si} \cdot \pi / 2$ wegen $z_U = 1$

$$F = \frac{\hat{f}_{n,1}}{2} \cdot A = \frac{\hat{f}_{n,1}}{2} \cdot l_{Fe} \cdot \frac{d_{si} \cdot \pi}{2} \tag{6}$$

Bei einer Maschine mit einem Luftspaltdurchmesser d_{si} = 370 mm und l_{Fe} = 100 mm ergibt sich mit Gleichung 6 eine Radialkraft von 700 N. Das relativ dünne Rotorjoch kann durch eine Kraft dieser Größe bereits soweit verformt werden, dass der Luftspalt unerwünscht variiert. Durch eine Erhöhung der Anzahl der Urschemen auf beispielsweise zwei pro Umfang (*p* = 8 *Q* = 18) besitzt die Kraftwelle mit der niedrigsten Ordnung acht statt vier Knoten (Bild 8). Das Blechpaket ist für eine höhere Knotenzahl unempfindlicher gegen Biegeverformung, und eine Verformung ist nur noch in geringerem Maße möglich.

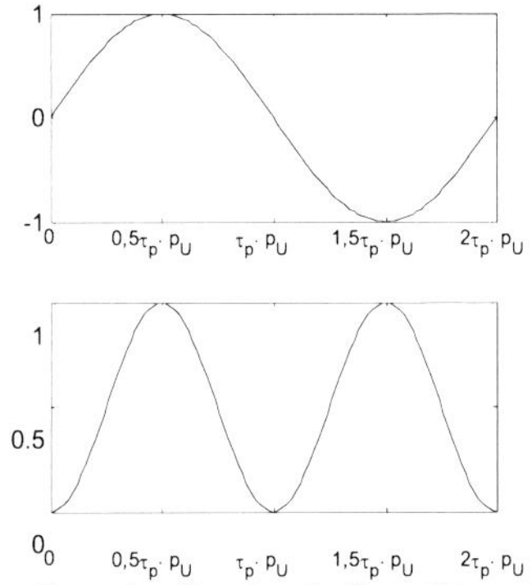

Bild 6: Grundwelle der Luftspaltflussdichte (oben) und resultierende Kraftdichte (unten) über der Luftspaltumfangskoordinate

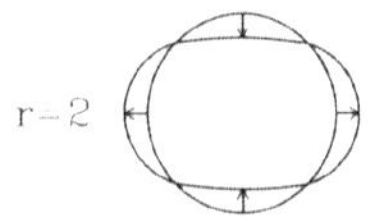

Bild 7: *Schematische Darstellung der Ovalisierung mit vier Knoten 2r=4 des Rotors [4]*

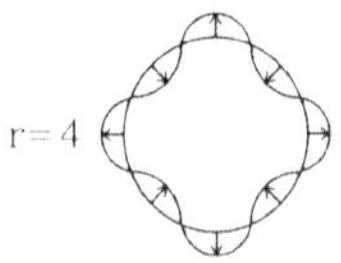

Bild 8: *Schematische Darstellung der Verformung des Rotors mit acht Knoten, 2r=8 [4]*

3.5. Berechnung der Verluste im Rotor

Im Spektrum der Ständer-Luftspaltflussdichte einer Wicklung mit q = 3/8 (Bild 5) erkennt man neben der Arbeitswelle $\nu = 4$ sowohl Oberwellen $|\nu| > 4$ als auch Unterwellen $1 \leq |\nu| < 4$. Diese rotieren mit unterschiedlichen Umfangsgeschwindigkeiten relativ zum Stator.

$$v_{\mathrm{s},\nu} = \frac{1}{\nu} \cdot \frac{\tau_{\mathrm{p}}}{\pi} \cdot \omega \tag{7}$$

Die langwelligen Unterwellen rotieren daher mit einer deutlich höheren Geschwindigkeit als die Oberwellen und induzieren in den Rotor mit der Rotorfrequenz f_{r}.

$$f_{\mathrm{r},\nu} = f_{\mathrm{S}} \cdot \left| 1 - \frac{\nu}{p_{\mathrm{U}}} \right| \tag{8}$$

Betrachtet man das Beispiel in Tabelle 5 mit $f_{\mathrm{s}} = 115\,\mathrm{Hz}$, $\tau_{\mathrm{p}} = 30\,\mathrm{mm}$, $q = 3/8$, so ist zu erkennen, dass die Grundewelle $\nu = 1$ die höchste Wellengeschwindigkeit bezüglich Stator und Rotor aufweist. Daher muss bei der Berechnung der Rotorverluste darauf geachtet werden, dass die Simulationszeit bei einer FEM-Untersuchung mit zeitschrittverfahren mindestens eine Grundperiode des aufzulösenden Signals $T = \frac{1}{f_{\mathrm{r,min}}}$ beträgt. Die Berechnung der Ummagnetisierungsverluste, bestehend aus Wirbelstrom- und Hystereseverlusten, wurden im Zeitschrittverfahren mit der Software JMAG bestimmt. Dabei analysiert die Software das Zeitsignal der Flussdichte *B* in jedem Element, erstellt mittels *FOURIER*-Reihenentwicklung das Amplitudenspektrum der Flussdichte auf und bestimmt mit einer hinterlegten Verlustkennlinie in Abhängigkeit der Frequenz *f* und der Amplitude des *B*-Feldes die Ummagnetisierungsverluste. Im Anschluss werden Verschlechterungsfaktoren k_{V} (1,6 im Joch, 1,8 im Zahn) zur Berücksichtigung der Erhöhung der Ummagnetisierungsverluste durch das Bearbeiten des Blechpakets (z.B. Stanzen) multipliziert. Bei einer Wicklung mit $q = 3/8$ dominieren rechnerisch die Rotoreisen-Ummagnetisierungsverluste der fünften Oberwelle $\nu = 5$ unabhängig von dem Betriebspunkt. Die Verluste der Unter- und Oberwellen mit den Ordnungszahlen $\nu = 1$ und $\nu = 7$ sowie $\nu = -2$ und $\nu = 10$ können aufgrund identischer Rotorfrequenzen bei der Berechnung nicht getrennt werden. Die Ummagnetisierungsverluste im Rotor durch die Unterwellen betragen abhängig vom Betriebspunkt 20...30% der gesamten Ummagnetisierungsverluste im Rotor.

Tabelle 5: Darstellung der Wellengeschwindigkeiten im statorfesten Koordinatensystem, sowie der Rotorfrequenz f_r in Abhängigkeit der Ordnungszahl ν der Statorfeldwellen im Luftspalt für $f_s = 115\ \mathrm{Hz}, \tau_p = 30\ \mathrm{mm}, p_U = 4, q = 3/8$.

ν	$v_s/(\mathrm{m/s})$	f_r/Hz
1	6,90	86,3
-2	-3,45	172,5
4	1,72	0
-5	-1,38	258,8
7	0,98	86,3
-8	-0,86	345,0
10	0,69	172,5

Tabelle 6: Durch FEM berechnete Ummagnetisierungsverluste im Rotor in drei Betriebspunkten in Abhängigkeit der Ordnungszahl der Oberwelle ν für q = 3/8.

ν	f_r/Hz	$P_{Fe,r,BP1}/\mathrm{W}$	$P_{Fe,r,BP2}/\mathrm{W}$	f_r/Hz	$P_{Fe,r,BP3}/\mathrm{W}$
1, 7	86,25	4,1	1,1	258,7	6,4
-2, 10	172,50	5,0	1,3	517,5	7,4
4	0,00	0,0	0,0	0,0	0,0
-5	258,75	16,7	4,4	776,6	17,6
-8, 11	345,00	6,7	1,1	1035,0	12,5
$\sum$		45	9		47

Zusätzlich zu den Ummagnetisierungsverlusten im Rotoreisen treten Wirbelstromverluste in den Magneten auf, die verringert werden, indem man die Magnete in Axial- und Umfangsrichtung segmentiert [6]. Tabelle 7 stellt die mit der Finite-Elemente-Software JMAG zweidimensional simulierten Wirbelstromverluste in den NdFeB-Magneten für unterschiedliche Segmentbreiten in Umfangsrichtung, im Betriebspunkt der Maximalgeschwindigkeit dar. Der Einfluss der axialen Segmentierung wurde in der 2D-Simulation durch Skalierung der Magnetleitfähigkeit κ_M mit dem Verhältnis von Magnetbreite b_M zu Magnetlänge l_M berücksichtigt (*O'Kelly*-Faktor). Aus Fertigungsgründen wurde die 3-fache axiale Segmentierung und 5-fachen Segmentierung in Umfangsrichtung für den Prototypenbau gewählt.

Tabelle 7: Berechnete Wirbelstromverluste in den NdFeB-Magneten bei unterschiedlicher Segmentierung im Betriebspunkt BP3, q = 3/8-Wicklung, Magnethöhe $h_M = 3\ \mathrm{mm}$, elektrische Leitfähigkeit der Magnete $\kappa_M = 537350\ \mathrm{S/m}$.

Axiale Segmentierung je Pol	Segmentierung in Umfangsrichtung je Pol	Wirbelstromverluste in allen Magneten in BP3
1 (l_M = 80 mm)	1 (b_M = 6 mm)	3120 W
3 (l_M = 26,7 mm)	5 (b_M = 3 mm)	140W
3 (l_M = 26,7 mm)	10 (b_M = 1,5 mm)	71 W

4. Beschreibung des Prototypen

Im Zuge der Untersuchung von Radnabenantieben wurde ein permanentmagneterregter Synchronmotor als Außenläufer-Direktantrieb am Institut für Elektrische Energiewandlung der TU Darmstadt konstruiert und gebaut. Der Radialschnitt des Motors ist in Bild 9 zu sehen. Die Eisenlänge beträgt 80 mm, der Außendurchmesser beträgt 395 mm, der Innendurchmesser 280 mm bei einem Luftspalt von 0,5 mm. Es wurden segmentierte Oberflächenmagnete verwendet, die auf das Blechpaket geklebt wurden. Die Polzahl der Maschine beträgt $2p=32$, die Nutzahl $Q=36$, wodurch sich eine Lochzahl von $q=3/8$ ergibt. Die Konstruktion des Radnabenmotors ist so ausgeführt, dass der außenliegende Rotor einseitig gelagert auf dem innenliegenden Stator sitzt. Dadurch rotiert eine Seitenfläche entsprechend Bild 10), die zweite Seiten- fläche ist feststehend und direkt mit dem Stator thermisch verbunden. Dadurch wird die Wärme vom Statorblechpaket weggeleitet und durch den Luftstrom auf der Seitenfläche gekühlt. Die Dichtung auf dem großen Durchmesser von rotierendem um feststehendem Teil ist bislang nicht ausgeführt. Eine zusätzliche Verbesserung der Kühlung kann durch Oberflächenvergrößerung des Statordeckels erfolgen.

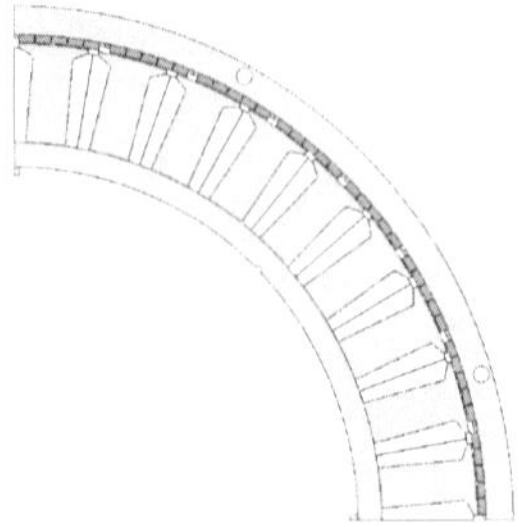

Bild 9: PMSM-Prototypen im Radialschnitt

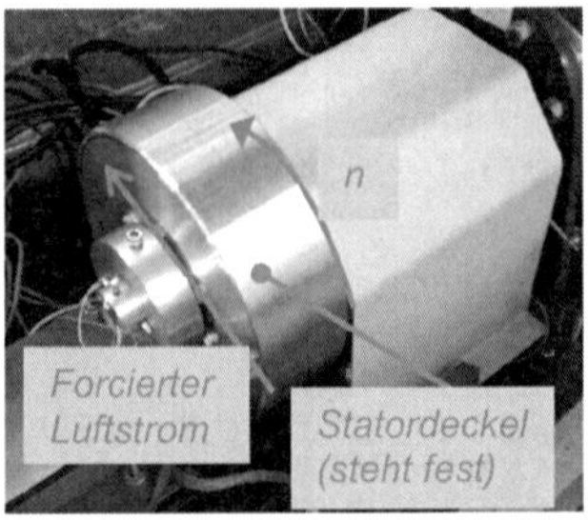

Bild 10: PM-Außenläufer Prototyp am Prüfstand mit Darstellung der Wirkung der Luftkühlung

5. Erste Messergebnisse

Es wurden generatorische Leerlauf- und Kurzschlussmessungen aufgenommen, sowie eine Erwärmungsmessung ohne forcierte Luftkühlung im Dauerkurzschlussversuch durchgeführt.

5.1 Generatorische Leerlaufmessung

Bei einer Raumtemperatur von etwa 30°C wurde im Generatorbetrieb bei offenen Klemmen die Strangspannung als Polradspannung U_{p} bei unterschiedlichen Drehzahlen im Bereich bis 450 /min aufgenommen. Dabei wurde das Drehmoment über eine Drehmomentmesswelle aufgezeichnet.
Bei n=450 /min ergibt sich ein Wert von $U_{\mathrm{p,mess}}$=115,7 V. Vergleicht man diese mit dem temperaturkorrigiertem Wert aus einer FEM-Simulation $U_{\mathrm{p,FEM}}$=126 V, so stellt man eine Abweichung von 8,2 % fest. Diese Abweichung kommt vermutlich von einer etwas schwächeren Magnetisierung der Magnete. Aus dem gemessenen Bremsdrehmoment von 7,88 Nm bei einer Drehzahl von 430 /min werden die drehzahlabhängigen Ummagnetisierungsverluste im Leerlauf, sowie die Reibungsverluste bestimmt.

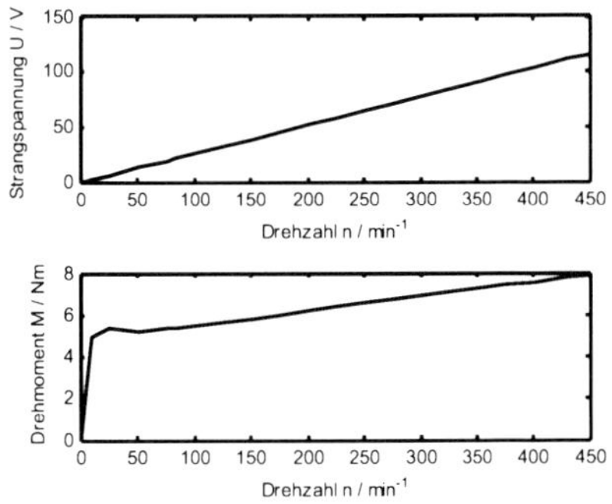

Bild 11: Generatorische Leerlaufmessung bis 450 /min a) Strangspannung (Effektivwert), b) Bremsmoment aus Reib- und Ummagnetisierungsverluste

$$P_{\mathrm{Fe0+R}} = M \cdot 2\pi \cdot n \approx 350\mathrm{W} \tag{9}$$

5.2 Generatorische Kurzschlussmessung

Im Kurzschlussversuch wurden die drei Klemmen des Radnabenmotors kurzgeschlossen und der Kurzschlussstrom bei unterschiedlichen Drehzahlen über eine Strommesszangen gemessen und das Drehmoment aufgezeichnet (Bild 12). Im Kurzschlussversuch fließt in den drei Strängen ein sinusförmiger Strom, welcher Stromwärmeverluste gemäß $P_{\mathrm{cu}} = 3 \cdot R_{\mathrm{s}} \cdot I_{\mathrm{s}}^{2}$ verursacht. Bei einem gemessenen Widerstand von 0,064 Ω bei 41°C ergeben sich bei einer Drehzahl von 15 /min Stromwärmeverluste von 442 W. Mit dem gemessenen Drehmoment von 293 Nm ist die Leistung an der Welle 460 W, die Zusatzverluste (Stromwärmeverluste durch Stromverdrängung, Ummagnetisierungsverluste, Reibungsverluste) ergeben sich nach Abzug der Leerlaufverluste von 8 W zu 460 W - 442 W - 8 W = 10 W. Weiterhin ist in Bild 12 der Vergleich zwischen dem berechnetem und dem gemessenem Kurzschlussstrom und dem Dauer-Kurzschlussmoment gezeigt.

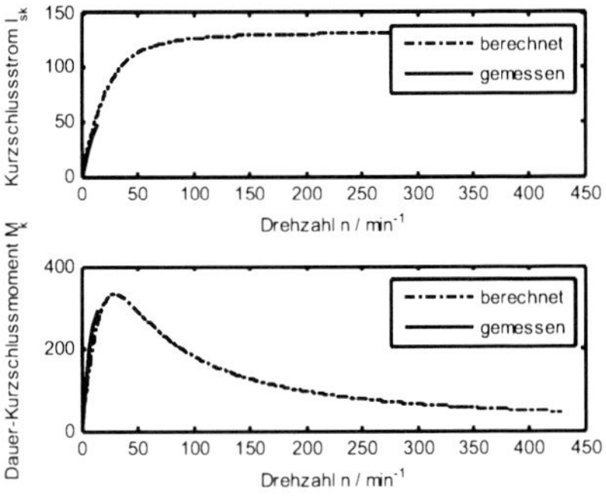

Bild 12: Generatorische Kurzschlussmessung bis 15 /min a) Strangstrom b) Bremsmoment

5.3 Erwärmungsmessung

Eine erste Erwärmungsmessung wurde im generatorischen Kurzschluss bei einer Drehzahl von n=15 /min und folgendem Strom durchgeführt.

$$I_S = \frac{48\text{A}}{58\text{A}} \cdot I_{BP2} = 0{,}83 \cdot I_{BP2} \qquad (10)$$

Aufgrund der niedrigen Drehzahl und der Tatsache, dass aktiv keine Luft über die Maschine geblasen wurde, wird die Wärme zu ungefähr gleichen Teilen durch freie Konvektion ($\alpha = 7\ \text{W/(m}^2\text{K)}$) und Wärmestrahlung ($\alpha = 7\ \text{W/(m}^2\text{K)}$) abgeführt. Die beschriebene aktiven Luftkühlung ist nicht wirksam. Die maximale Erwärmung beträgt am Wickelkopf etwa 71 K. Aufgrund der Leerlaufmessung und der um 8,2 % zu niedrigen Polradspannung ist für den Nennpunkt BP2 ein Strom zu erwarten, der ebenso um 8,2% größer ist. Unter Annahme, dass die Erwärmung für BP2 nur durch die Stromwärmeverluste hervorgerufen wird, so steigen die Verluste und somit die Erwärmung auf

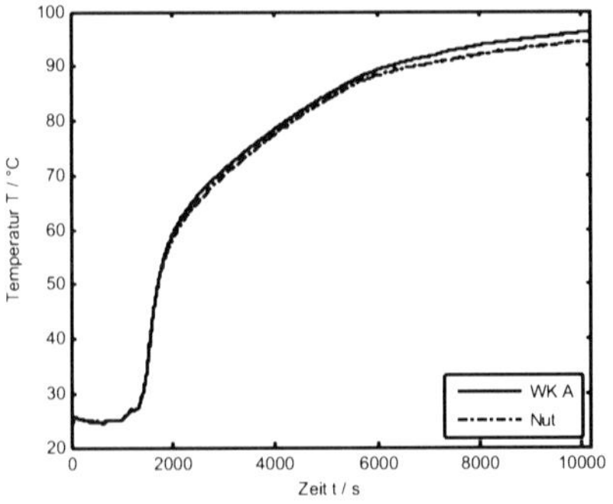

Bild 13: Erwärmungsmessung des Prototypen im Kurzschlussversuch bei n=15 /min. Temperatur Wickelkopf A-Seite (durchgezogen), Temperatur Nutmitte (strichpunktiert)

$$\Delta\vartheta = 71\ \text{K} \cdot \left(1{,}082 \cdot \frac{58\ \text{A}}{48\ \text{A}}\right)^2 = 71\ \text{K} \cdot 1{,}71 = 121\ \text{K} \qquad (11)$$

Bei Erhöhung des Wärmeübergangskoeffizienten α mit einer forcierten Luftkühlung auf $\alpha = 80\ \text{W/(m}^2\text{K)}$ verringert sich die Erwärmung auf 50 K.

6. Zusammenfassung

In vorliegendem Beitrag wird als ein Überblick über Konzepte für Radnabenantriebe zum einen der Hochdrehzahlantrieb mit Getriebe und zum anderen der Direktantrieb vorgestellt und anhand ausgewählter Kriterien bewertet. Die elektromagnetische Wicklungsauslegung des Direktantriebes wird genauer betrachtet. Es werden die Vor- und Nachteile unterschiedlicher Lochzahlen q abhängig vom Anforderungsprofil erörtert und die damit verbundene Möglichkeit der Realisierung eines ausreichend weiten Feldschwächbereiches aufgezeigt. Der Einfluss der elektromagnetischen Radial-Kraftanregung und die damit verbundene mögliche Verformung des Rotorblechpaketes wird diskutiert und die Ummagnetisierungsverluste im Rotor durch die Ober- und Unterwellen werden besprochen. Die Verlustreduktion durch Magnetsegmentierung wird dargestellt. Der beschriebene Direktantrieb wurde als Prototyp aufgebaut, und wird derzeit im Laboren des Instituts für Elektrische Energiewandlung der TU Darmstadt untersucht. Einige Messungen und Abschätzungen sind in Kapitel 5 beschrieben.

Literatur / References

[1] B. Heißing und M. Ersoy, *Fahrwerkhandbuch*: Vieweg+Teubner Verlag / GWV Fachverlage, Wiesbaden, 2008.

[2] G. Huth, "Permanent-magnet-excited AC servo motors in tooth-coil technology", *IEEE Transactions on, Energy Conversion,* vol. 20, pp. 300-307, 2005.

[3] P. Ponomarev, P. Lindh, und J. Pyrhönen, "Effect of Slot-and-Pole Combination on the Leakage Inductance and the Performance of Tooth-Coil Permanent-Magnet Synchronous Machines," *IEEE Transactions on, Industrial Electronics,* vol. 60, pp. 4310-4317, 2013.

[4] A. Binder: *Elektrische Maschinen und Antriebe: Grundlagen, Betriebsverhalten*, Springer, Heidelberg, 2012.

[6] M. Mirzaei, A. Binder, C. Deak, "3D Analysis of Circumferential and Axial Segmentation Effect on Magnet Eddy Current Losses in Permanent Magnet Synchronous Machines with Concentrated Windings", Proceeding of the XIX International Conference, Electrical Machines (ICEM), Rome, 2010, 6 pages

[7] J. Stepina, "Matrix analysis of space harmonics of asymmetrical stator windings", *IEE Proceedings B, Electric Power Applications*, vol. 134, pp. 207-210, 1987.

7 Effizienzsteigerung durch optimale Abstimmung von Getriebe und E-Maschinen am Beispiel der Two-Drive-Transmission

Ruben König, Jeongki An, Stephan Rinderknecht, Andreas Binder

Gefördert durch:

Bundesministerium für Wirtschaft und Technologie

aufgrund eines Beschlusses des Deutschen Bundestages

Abstract

The Two-Drive-Transmission (TDT) is a novel high efficient powertrain concept for electric or hybrid-electric vehicles. Two small electric motors are each connected to two-speed transmissions which are attached to one output shaft. The vehicle can be driven either by one or by both of the electric motors. This results in higher torque demands for the motors and thus a more efficient operation, especially at partial loads. The two-speed transmissions can be realized as automated manual transmissions. By using the second part transmission during a gear shift the interruption of traction force can be avoided. While one part transmission is shifted, the other one provides the demanded driving torque.

A challenging aspect in the development of the Two-Drive-Transmission lies in finding an optimal configuration of the drivetrain components. Therefore an optimization algorithm is used to vary the maximum power of the e-machines as well as the gear ratios. One configuration which is a good trade-off between efficiency and driving performance is presented in this paper.

Kurzfassung

Das Two-Drive-Transmission (TDT) ist ein neuartiges, hocheffizientes Antriebskonzept für rein elektrische oder hybrid-elektrische Fahrzeuge. Zwei vergleichsweise kleine Elektromotoren werden jeweils über ein Zwei-Gang-Getriebe mit der Antriebsachse verbunden. So kann das Fahrzeug je nach Bedarf von nur einem oder von beiden E-Motoren gleichzeitig angetrieben werden. Dadurch wird eine hohe Auslastung der Motoren und somit insbesondere in Teillast ein Betrieb bei guten Wirkungsgraden erreicht. Die Zwei-Gang-Getriebe sind als automatisierte Schaltgetriebe ausgeführt. Eine Zugkraftunterbrechung während des Schaltvorgangs kann durch kurzzeitige Übergabe des Antriebsdrehmoments zwischen den E-Maschinen verhindert werden. Während in einem Teilgetriebe der Gang gewechselt wird, wird das Antriebsdrehmoment von der zweiten E-Maschine bereitgestellt.

Die Herausforderung bei der Entwicklung des Two-Drive-Transmission besteht in dem Auffinden einer optimalen Konfiguration der Antriebskomponenten. Im Rahmen einer Optimierung werden dazu sowohl die E-Maschinen als auch die Getriebeübersetzungen variiert. Unterschiedliche Maschinentypen und Maximalleistungen werden berücksichtigt und in Kombination mit variablen Übersetzungen auf Effizienz und Fahrleistungen untersucht. In dieser Veröffentlichung wird eine Konfiguration als Kompromiss zwischen Effizienz und Fahrleistungen präsentiert.

1. Einleitung

1.1 Motivation

In Deutschland sollen bis zum Jahr 2020 eine Million Elektrofahrzeuge zugelassen werden. Dieses ambitionierte Ziel haben die Bundesregierung und die Nationale Plattform Elektromobilität 2010 ausgerufen. Laut Kraftfahrt-Bundesamt gab es in Deutschland zu Anfang des Jahres 2013 aber nur ca. 7000 zugelassene Elektrofahrzeuge [1]. Gründe für die geringen Verkaufszahlen liegen in den hohen Kosten der Batterie und der dennoch vergleichsweise geringen Reichweite von Elektrofahrzeugen.

Für den Erfolg der Elektromobilität spielt es daher eine entscheidende Rolle, die Energie der Batterien möglichst effizient auszunutzen. Dies erfordert einen Antriebsstrang, in dem zum einen die einzelnen Komponenten effizient arbeiten und zum anderen optimal aufeinander abgestimmt werden. Neben der Effizienz des Antriebsstrangs müssen Anforderungen an die Fahrleistungen, den Komfort und die Kosten beachtet werden. Ein Kompromiss zwischen den Anforderungen kann durch mathematische Optimierung gefunden werden.

1.2 Stand der Technik

Aktuelle auf dem Markt erhältliche Elektrofahrzeuge sind fast ausnahmslos mit einem zentralen Elektromotor und einem Ein-Gang-Reduziergetriebe ausgestattet. Beispiele hierfür sind der BMW i3, der Smart For-Two ED, der Renault Zoe oder der Nissan Leaf. Da Elektromotoren bereits im Stand ihr volles Drehmoment abgeben können, sind eine Anfahrkupplung und eine hohe Anfahrübersetzung nicht zwingend notwendig. Die nahezu konstante Leistungsabgabe bis zu hohen Drehzahlen ermöglicht gute Fahrleistungen mit nur einer konstanten Getriebeübersetzung.

Dennoch gibt es Gründe, die für eine Mehrgängigkeit bei Elektrofahrzeugen sprechen. Zum einen wird dadurch insbesondere bei größeren Fahrzeugen der Zielkonflikt zwischen hohem Anfahrmoment und hoher Endgeschwindigkeit gelöst. Des Weiteren bringt die Mehrgängigkeit eine signifikante Effizienzsteigerung und damit Erhöhung der Reichweite mit sich.

Aus diesen Gründen ist auch ein Trend zur Mehrgängigkeit in Elektrofahrzeugen erkennbar. Sowohl Zulieferer als auch Fahrzeughersteller zeigen Konzepte für mehrgängige Getriebe in E-Fahrzeugen. Bereits 2010 hat der Getriebehersteller Getrag einen Elektro-Smart als Prototyp mit einer hochdrehenden E-Maschine und Zwei-Gang-Getriebe aufgebaut [2]. Das Engineering-Unternehmen IAV hat mit dem Drive-Pac 80 eine hochintegrierte Einheit aus E-Maschine, Zwei-Gang-Getriebe und Differenzial im Portfolio [3]. Auch GKN Driveline bietet mit dem GKN Integrated eDrive eine Motor-Getriebe-Einheit mit zwei Gängen an [4]. Einen Schritt weiter geht der britische Getriebehersteller Antonov mit dem 2012 präsentierten 3-Gang-Getriebe für elektrisch angetriebene Leichttransporter [5]. Zusammen mit Vocis hat der Getriebehersteller Oerlikon Graziano ein 2-Gang-Getriebe (2SED) mit Elektromotor in einem Mercedes-Benz Vito verbaut. Weiterhin entwickeln die beiden Unternehmen gemeinsam ein Antriebskonzept mit zwei Elektromotoren und zwei schaltbaren Teilgetrieben (eDCT) [6], ähnlich dem Two-Drive-Tranmission.

Ende des Jahres 2013 wird die Auslieferung des Furtive eGT von dem französischen Fahrzeughersteller Exagon beginnen. Dieser ist ebenfalls mit zwei Elektromotoren

und einem automatisierten Drei-Gang-Getriebe ausgestattet [7]. Der Beschreibung nach handelt es sich bei diesem Getriebe ebenfalls um ein dem Two-Drive-Transmission sehr ähnliches Konzept.
Auch BMW wird in Zukunft mehrgängige Getriebe in Verbindung mit Elektromotoren nutzen. Bei der 2013 vorgestellten Serienversion des BMW i8 handelt es sich um ein Axle-Split-Hybridfahrzeug. Die Hinterachse wird von einem Verbrennungsmotor angetrieben, auf der Vorderachse befindet sich ein Elektromotor, verbunden mit einem automatisierten Zwei-Gang-Getriebe [8].

1.3 Aufbau und Funktionsweise des Two-Drive-Transmission

Das Konzept des Two-Drive-Transmission basiert auf der Idee, ein lastschaltbares Mehrganggetriebe für Elektro- oder Hybrid-Elektro-Fahrzeuge zu entwickeln. Dabei wird auf die effiziente und kostengünstige Technologie von automatisierten Schaltgetrieben (AMT) zurückgegriffen.
Bild 1 zeigt schematisch das Konzept des Two-Drive-Transmission. Es besteht aus zwei Teilgetrieben (TG1 und TG2), die jeweils von einem Elektromotor (EM1 und EM2) angetrieben werden. Beide Teilgetriebe wirken auf eine gemeinsame Ausgangswelle, die mit einem Differenzial verbunden ist. Aufgrund der hohen geforderten Übersetzungen sind die Teilgetriebe zweistufig ausgeführt, eine konstante Stirnradstufe mit der Übersetzung $i_{1,fest}$ bzw. $i_{2,fest}$ und eine schaltbare Stufe mit den Übersetzungen $i_{1,1}$ und $i_{1,2}$ bzw. $i_{2,1}$ und $i_{2,2}$. Als Schaltelemente sind Klauenkupplungen vorgesehen. Der Verzicht auf reibschlüssige Schaltelemente bringt eine Erhöhung der Effizienz mit sich.

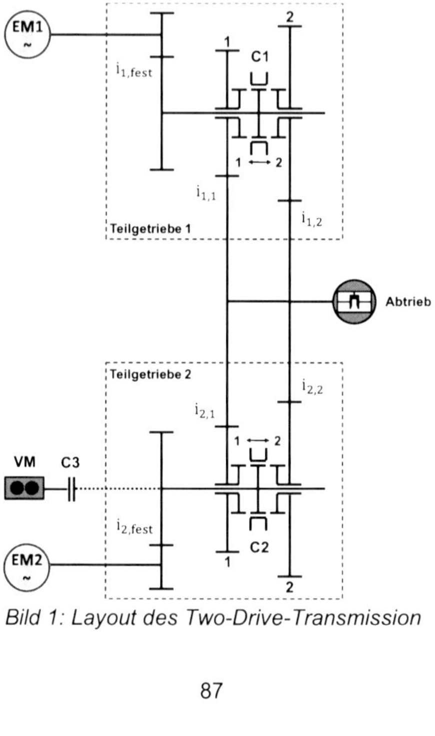

Bild 1: Layout des Two-Drive-Transmission

Durch Ankoppeln eines Verbrennungsmotors (VM), beispielswese an der Zwischenwelle des Teilgetriebes 2, entsteht eine Hybrid-Topologie, die sowohl serielle als auch parallele Hybrid-Betriebsmodi erlaubt.

1.4 Potentiale

Im Vergleich zu gängigen elektrischen Antrieben zeichnet sich das TDT durch die Mehrgängigkeit und die geringe benötigte Leistung der Elektromotoren aus. Daraus ergeben sich Vorteile für die Effizienz und die Fahrleistungen eines Elektrofahrzeugs. Bei der Auslegung der Getriebeübersetzung eines Elektrofahrzeugs mit einem Zentralmotor und einem Reduziergetriebe mit nur einer Übersetzung muss ein Kompromiss zwischen Anfahrmoment und Maximalgeschwindigkeit gefunden werden. Insbesondere bei größeren Fahrzeugklassen, die ein hohes Anfahrdrehmoment erfordern, gestaltet sich die Auswahl der Übersetzung schwierig. Bild 2 zeigt beispielhaft die Vorteile, die sich durch Mehrgängigkeit ergeben. Dabei handelt es sich um einen Vergleich zwischen Elektrofahrzeugen mit Ein-Gang- und mit Zwei-Gang-Getriebe, jeweils angetrieben von einem Elektromotor mit einer maximalen Leistung von 100 kW und einer maximalen Drehzahl von 12.000 1/min. Die beiden oberen Diagramme zeigen das maximale Drehmoment an der Antriebsachse über der Fahrgeschwindigkeit, die Betriebspunkte im Neuen Europäischen Fahrzyklus (NEFZ) und die Fahrwiderstände für ein Fahrzeug aus der Kompaktklasse. Mit einer festen Übersetzung werden ein relativ niedriges Anfahrdrehmoment von ca. 1800 Nm und eine maximale Fahrgeschwindigkeit von 140 km/h erreicht. Es ist gut zu erkennen, dass die maximale Geschwindigkeit nicht durch das Leistungsangebot, sondern durch das Erreichen der maximalen Drehzahl der E-Maschine, bedingt durch die relativ hohe Übersetzung begrenzt wird. Das Zwei-Gang-Getriebe dagegen kann so ausgelegt werden, dass im Stand ein Drehmoment von ca. 2700 Nm auf die Antriebsachse übertragen werden kann und eine maximale Geschwindigkeit von 200 km/h erzielt wird. Neben den verbesserten Fahrleistungen erhöht sich auch die Effizienz des Antriebsstrangs, da die Betriebspunkte entlang der Leistungshyperbel hin zu höheren Wirkungsgraden des Elektromotors verschoben werden können (Bild 2 unten).

Des Weiteren bringt die Verwendung von zwei kleinen Elektromotoren anstelle von einem leistungsstarken E-Motor weitere Effizienzvorteile. Ähnlich einem Verbrennungsmotor arbeiten insbesondere die weit verbreiteten permanent erregten Synchronmaschinen bei hoher Last effizienter als in Teillast. Der Grund dafür sind die Leerverluste, die bei niedrigen Lasten prozentual größeren Einfluss haben. Bei gleicher Drehmomentenanforderung arbeitet eine kleinere E-Maschine mit entsprechend geringeren Leerverlusten effizienter als eine große E-Maschine. Die Betriebsstrategie des TDT sieht daher vor mit einer E-Maschine zu fahren, solange die Leistungsanforderung des Fahrers erfüllt werden kann. Die zweite E-Maschine wird erst dann zugeschaltet, wenn mehr Leistung benötigt wird.

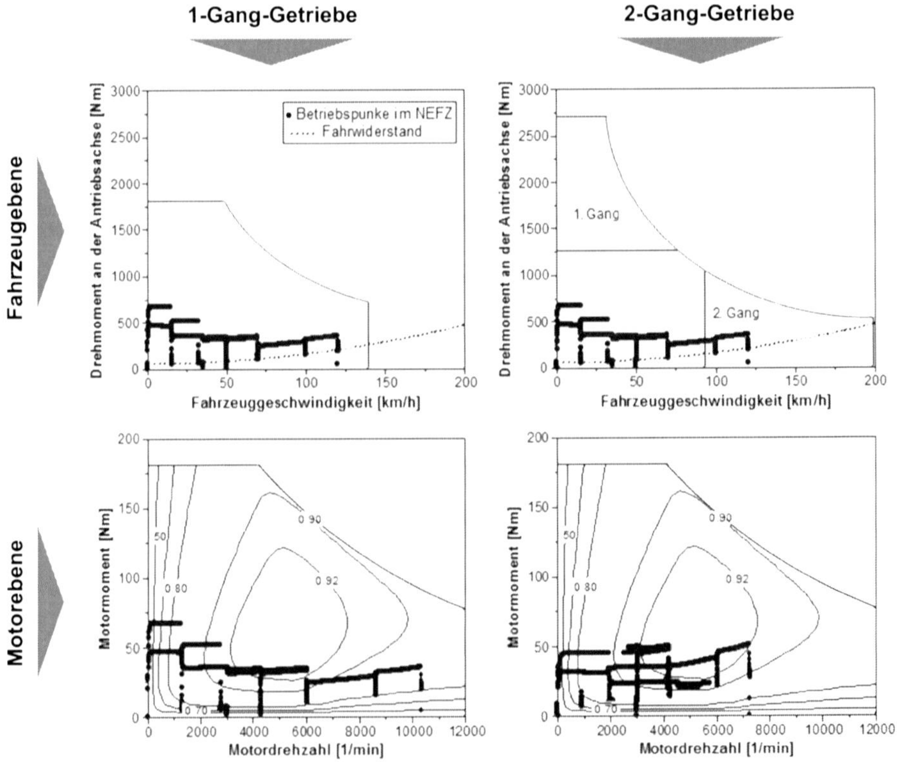

Bild 2: Vorteile der Mehrgängigkeit in Bezug auf Fahrleistungen und Effizienz

2. Optimierung

Im folgenden Kapitel wird die Vorgehensweise bei der Optimierung beschrieben. Ziel der Optimierung ist das Auffinden von optimalen Konfigurationen des TDT. Zielgrößen sind dabei die Effizienz und Fahrleistungen des Fahrzeugs. Während der Optimierung werden die Übersetzungen und die maximalen Leistungen der E-Motoren variiert. Die Optimierung wird jeweils einmal für Konfigurationen mit permanenterregten Synchronmaschinen (PSM) und mit Asynchronmaschinen (ASM) durchgeführt.

2.1. Methodik

Die Methodik der Optimierung ist in Bild 3 dargestellt und basiert auf der im Projekt EVID vorgestellten Methodik [9]. Die Optimierung selbst wird mithilfe des genetischen Algorithmus der Global Optimization Toolbox von MATLAB durchgeführt. Dieser ermöglicht das Auffinden globaler Optima bei multikriteriellen Optimierungsproblemen.

Zunächst wählt der Algorithmus Variationsparameter innerhalb der im nächsten Abschnitt beschriebenen Grenzen. Für diese Konfiguration wird das Fahrzeug und der Antriebsstrang bedatet, die Kennfelder der einzelnen Komponenten werden entsprechend skaliert und es wird eine Schaltkennlinie für einen effizienten Betrieb des TDT erstellt. Im nächsten Schritt wird der elektrische Verbrauch durch Simulation des Fahrzeugmodells im NEFZ ermittelt. Die Fahrleistungen werden ebenfalls simulativ ermittelt. Im Einzelnen werden die Beschleunigung von 0 auf 60 km/h, die Beschleunigung von 80-120 km/h und die maximale, dauerhaft fahrbare Geschwindigkeit simuliert und im anschließenden Schritt bewertet. Daraus resultiert für jede Konfiguration eine Note für die Fahrleistungen. Der elektrische Verbrauch im NEFZ wird ebenfalls auf eine Note für die Effizienz normiert.
Die Noten für eine Konfiguration werden an den Optimieralgorithmus zurückgeführt. Dieser generiert neue Konfiguration und sucht nach optimalen Lösungen. Dabei bedient sich der Algorithmus der evolutionären Strategien Auslese, Vererbung und Mutation. Durch Auswahl der besten Lösungen und zufälliger Veränderung einzelner Parameter werden eine schnelle Konvergenz und gleichzeitig eine hohe Wahrscheinlichkeit, das globale Optimum zu finden, sichergestellt.

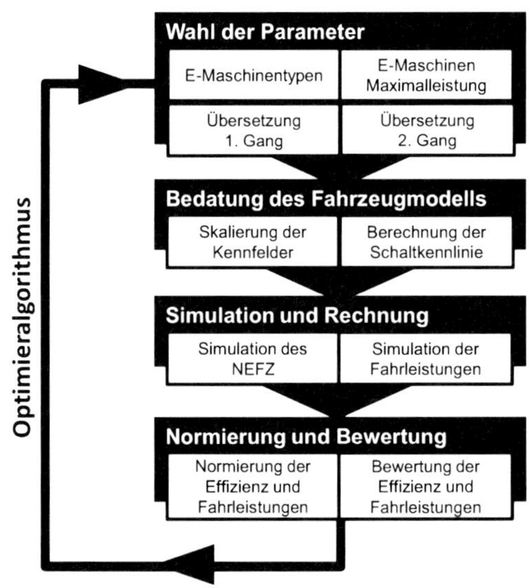

Bild 3: Ablauf der Optimierung

2.2. Simulationsmodell

Für die Optimierung des TDT wurde ein vorwärtsgerichtetes Fahrzeugmodell in MATLAB/Simulink entwickelt. Die Struktur des Modells ist in Bild 4 dargestellt. Aus dem Block Fahrzyklus wird dem Fahrer eine Sollgeschwindigkeit gemäß eines Fahrzyklus übermittelt. Das Fahrermodell, bestehend aus einer Vorsteuerung für eine hohe Dynamik und einer PI-Regelung für stationäre Genauigkeit errechnet aus der Differenz zwischen der Soll- und der Istgeschwindigkeit eine Fahrpedal- bzw. eine

Bremspedalstellung. Dieses Signal wird im Block Steuergeräte weiterverarbeitet. Dort erfolgt die Gangwahl und die Steuerung der Schaltvorgänge in einer Transmission Control Unit (TCU). Außerdem wird in der Electric Motor Control Unit (EMCU) das Drehmoment der beiden Elektromotoren berechnet, ebenso wird die Rekuperation von hier aus gesteuert. Die Sollmomente der Motoren und die zu schaltenden Gänge werden an das Antriebsstrang-Modell übergeben. Dabei handelt es sich um ein quasi-statisches Modell, die Verluste der einzelnen Komponenten werden darin in Form von Verlust- bzw. Wirkungsgradkennfeldern hinterlegt. Im Einzelnen werden die Verluste der E-Maschinen und Inverter, der Teilgetriebe, der Batterie und des Differenzials abgebildet. Die verwendeten E-Maschinen-Kennfelder werden im nächsten Abschnitt beschrieben.
Aus dem Antriebsstrang-Modell wird das resultierende Achsmoment an das Fahrzeugmodell übergeben. Mithilfe von Fahrwiderstandsgleichungen wird dort die Fahrzeuggeschwindigkeit berechnet und an das Fahrermodell zurückgeführt.

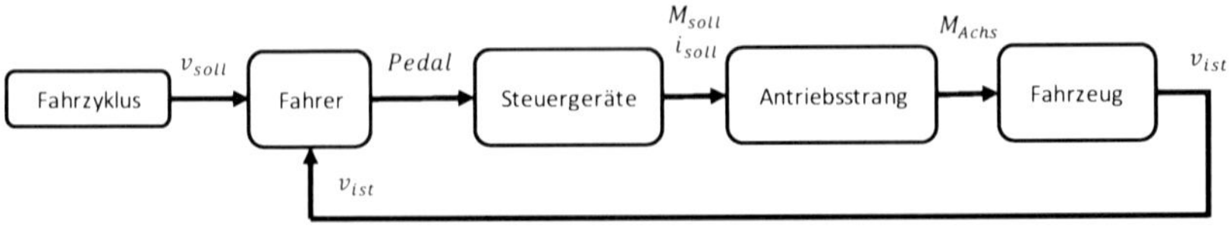

Bild 4: Aufbau des Simulationsmodells

Im Rahmen der beschriebenen Untersuchungen sollen auch verschiedene E-Maschinentypen untersucht und bewertet werden. Die heute am häufigsten verwendeten Typen sind die permanenterregte Synchronmaschine (PSM) und die Asynchronmaschine (ASM). Zum Vergleich dieser Maschinentypen wurden deren Verluste auf Basis von Daten zweier realer, am Institut für elektrische Wandlung der TU Darmstadt vermessenen E-Maschinen berechnet. Die Wirkungsgradkennfelder der beiden E-Maschinen und der dazugehörigen Umrichter sind in Bild 5 dargestellt. Zu sehen sind die Wirkungsgrade bis zur Maximalkennlinie. Für die Simulationen wird angenommen, dass die Maximalleistung bis zu 30 s abgerufen werden kann. Die Dauerleistung liegt bei 50 % der Maximalleistung.

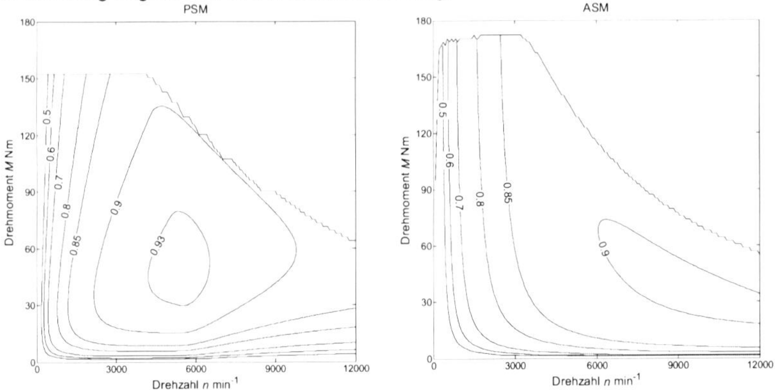

Bild 5: Wirkungsgradkennfelder einer PSM (links) und einer ASM (rechts) basierend auf den Daten ausgeführter Maschinen

Gut zu erkennen sind die charakteristischen Unterschiede der beiden Maschinentypen. Die PSM hat ihr Wirkungsgradmaximum bei mittleren Drehzahlen und mittleren Drehmomenten, die ASM dagegen arbeitet besonders bei hohen Drehzahlen effizient. Im Bereich niedriger und mittlerer Drehzahlen zeigt die PSM klare Vorteile gegenüber der ASM. Auch liegt der maximale Wirkungsgrad der PSM mit 93% etwa 3% über dem maximalen Wirkungsgrad der ASM. Die Vorteile der ASM liegen in dem höheren Anfahrdrehmoment und den niedrigeren Kosten, da keine seltenen Erden benötigt werden. Bei gleicher Nennleistung ist eine ASM aber deutlich größer und schwerer als eine PSM.

Die Bedatung des Fahrzeugmodells wird anhand von Literaturwerten einer B-Klasse von Mercedes-Benz vorgenommen. Die wichtigsten Werte sind in Tabelle 1 zusammengefasst.

Tabelle 1: Bedatung des Fahrzeugmodells

Parameter	**Wert**
Fahrzeugmasse	1710 kg
Dynamischer Rollradius	0,308 m
Rollwiderstandsbeiwert	0,011
Stirnfläche	2,423 m²
cW-Wert	0,26

2.3. Grenzen der Variationsgrößen

Innerhalb der Optimierung sollen die Getriebeübersetzungen und die maximale Leistung der E-Maschinen variiert werden. Es wird zunächst davon ausgegangen, dass die E-Maschinen und Übersetzungen in beiden Teilgetrieben identisch sind. In späteren Untersuchungen soll außerdem das Potential von unterschiedlich ausgeführten Teilgetrieben und E-Maschinen untersucht werden.

Für die zu variierenden Parameter werden die in Tabelle 2 dargestellten Grenzen festgelegt. Die maximale Leistung der E-Maschinen wurde durch Untersuchungen an verschiedenen Fahrzyklen und Fahrmanövern, wie z. B. eine Beschleunigung von 0 auf 100 km/h eingegrenzt. Folgende Anforderungen an das Fahrzeug begrenzen die Wahl der Übersetzungen. Es wird festgelegt, dass der Antriebsstrang ein Anfahrdrehmoment von mindestens 2500 Nm an der angetriebenen Achse erreichen soll. Daraus ergibt sich die Bedingung

$$2 * M_{EM,max}(i_{x,1,ges}) \geq 2500\ N.$$

Die kleinste betrachtete E-Maschine hat ein maximales Moment von 90 Nm. Um das geforderte Anfahrmoment zu erreichen erfordert dies eine Übersetzung von $i_{x,1,ges} \geq 13{,}9$. Für die leistungsstärksten E-Motoren mit einem maximalen Drehmoment von 170 Nm ist eine Übersetzung von $ix,fix\ * i_{x,1} \geq 7{,}4$ ausreichend. Die Grenzen für die

Gesamtübersetzung des ersten Gangs werden daher mit $7 \leq ix, 1, ges \leq 15$ definiert.
Entscheidend für die Wahl der Übersetzung des zweiten Gangs ist das Erreichen einer geforderten Höchstgeschwindigkeit. Das Fahrzeug mit TDT soll mindestens eine Geschwindigkeit von 140 km/h erreichen können. Dabei darf die Maximaldrehzahl der E-Maschinen nicht überschritten werden, die Bedingung für den zweiten Gang lautet daher

$$i_{x,2,ges} \leq \frac{3{,}6 * \pi * r_{dyn} * n_{EM,max}}{v_{max} * 30}$$

r_{dyn}	Dynamischer Rollradius [m]
$n_{EM1,max}$	Maximale Drehzahl der Elektromotoren [1/min]
v_{max}	Erreichbare Höchstgeschwindigkeit [km/h]

Die maximale Drehzahl der betrachteten E-Maschinen liegt bei 12.000 1/min, die Übersetzung des zweiten Gangs muss daher $i_{x,2,ges} \leq 9{,}7$ sein. Als Untergrenze wird eine Übersetzung von 4 angenommen.

Tabelle 2: Grenzen der Variationsparameter

Variationsparameter	**Grenzen**
Maximalleistung der E-Maschinen P_{EM}	40...70 kW
Gesamtübersetzung des ersten Gangs $i_{1,1,ges}$, $i_{2,1,ges}$	7...15
Gesamtübersetzung des zweiten Gangs $i_{1,2,ges}$, $i_{2,2,ges}$	4...9,7

3. Ergebnisse

Die Ergebnisse der multikriteriellen Optimierung lassen sich in Pareto-Fronten darstellen. Diese zeigen die Menge aller gefundenen, Pareto-optimalen Lösungen. Eine Lösung ist genau dann pareto-optimal, wenn ein einzelnes Kriterium, z. B. die Effizienz nicht verbessert werden kann, ohne dabei ein anderes, z. B. die Fahrleistungen, zu verschlechtern. Je nach Gewichtung der Kriterien kann ein Entwickler eine Variante auf der Pareto-Front auswählen.

Die Pareto-Fronten der Optimierungen im NEFZ sind in Bild 6 in schwarz dargestellt. Die Kreise stellen die Varianten mit PSM dar, die Kreuze Varianten mit ASM. In grau dargestellt sind alle simulierten Varianten. Je größer der Betrag eines Kriteriums, desto besser hat eine Variante in diesem Kriterium abgeschnitten. Es ist deutlich zu sehen, dass die Varianten mit PSM eine bessere Effizienz erreichen als Varianten mit ASM. Die Fahrleistungen liegen für beide Maschinentypen auf einem vergleichbaren Niveau. Zu Vergleichszwecken werden zwei Varianten herausgegriffen, TDT-PSM und TDT-ASM, beide mit einer Note von Zwei für die Fahrleistungen.

Die verwendeten Parameter, der Energieverbrauch und die Fahrleistungen der beiden Varianten sind in Tabelle 3 gegenübergestellt. Der Vergleich zeigt, dass die Leistung der ASM etwas höher gewählt wurde, dafür eine etwas niedrigere Übersetzung des ersten Gangs. Die Übersetzungen des zweiten Gangs liegen sehr dicht beieinander. Der schon in der Pareto-Front sichtbare Unterschied in der Effizienz ist hier am elektrischen Verbrauch im NEFZ erkennbar. Die Variante mit PSM ist mit 12,7 kWh um 10,5 % sparsamer als die optimierte Variante mit ASM. Da beide Varianten eine gleiche Note für die Fahrleistungen haben, unterscheiden sich die einzelnen Werte kaum voneinander.

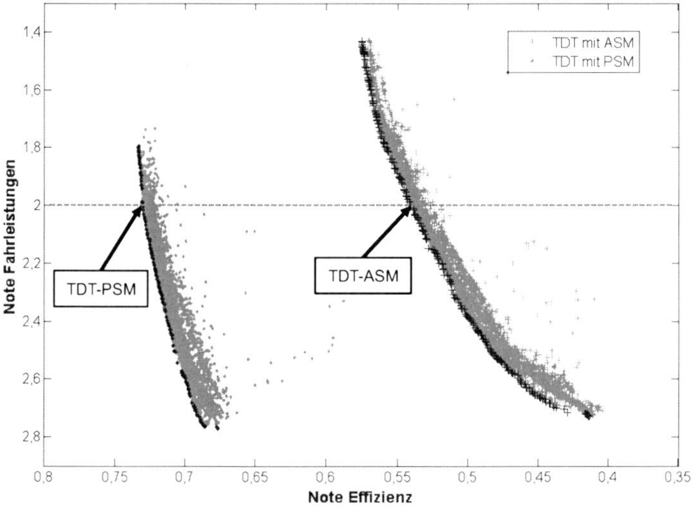

Bild 6: Ergebnisse der Optimierung im NEFZ, schwarz dargestellte Varianten sind pareto-optimal

Tabelle 3: Vergleich zweier optimierter Varianten des TDT mit PSM und ASM und einem Referenz-E-Fahrzeug mit PSM und Ein-Gang-Getriebe

Konfiguration	**TDT-PSM**	**TDT-ASM**	**Referenz PSM**
Max. Leistung EM [kW]	2 * 46,9	2 * 49,7	100
Übersetzung erster Gang $i_{1,ges}$	14,2	12,8	9,00
Übersetzung zweiter Gang $i_{2,ges}$	6,1	6,3	-
Elektrischer Verbrauch [kWh/100km]	12,7	14,6	15,3
Beschleunigung 0-60 km/h [s]	4,8	4,7	7,3
Beschleunigung 80-120 km/h [s]	7,9	7,9	7,7
Dauerhafte Höchstgeschwindigkeit [km/h]	166,5	162,1	157,5

Der Grund für die großen Unterschiede im elektrischen Verbrauch liegt in der Verteilung der Betriebspunkte während der Fahrt im Zyklus. Bild 7 und Bild 8 zeigen die Betriebspunkte der Varianten TDT-ASM und TDT-PSM in den Kennfeldern der jeweiligen Antriebsmaschinen. Für die Variante TDT-PSM gelingt es dem Optimierungsalgorithmus durch die Wahl der Übersetzungen, einen Großteil der Betriebspunkte in die Bereiche von Wirkungsgraden > 0,9 zu verschieben. Bild 8 zeigt die Verteilung der Betriebspunkte für die Variante TDT-ASM, dort liegen nur sehr wenige Betriebspunkte im effizienten Bereich der ASM.

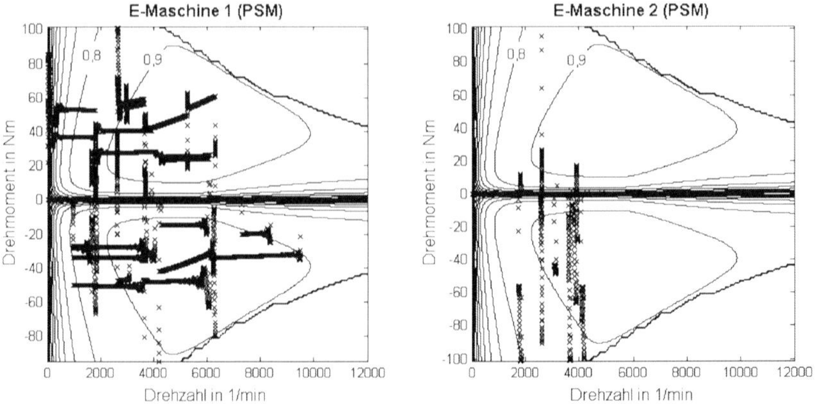

Bild 7: Betriebspunkte im E-Maschinenkennfeld während der Fahrt im NEFZ für die Variante TDT-PSM

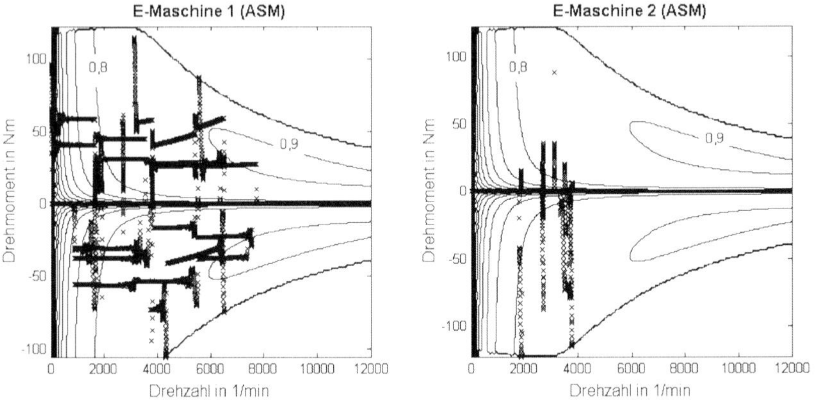

Bild 8: Betriebspunkte im E-Maschinenkennfeld während der Fahrt im NEFZ für die Variante TDT-ASM

Als Vergleich für die optimierten Konfigurationen wird ein Referenz-Elektrofahrzeug mit einer 100 kW E-Maschine, ebenfalls mit einer maximalen Drehzahl von 12.000 1/min, und einer relativ langen, konstanten Übersetzung von 9 simuliert. Der elektrische Verbrauch und die erreichten Fahrleistungen dieser Variante sind in Tabelle 3 angegeben. Bis auf die Beschleunigung von 80 bis 120 km/h liegt das Referenzfahrzeug in allen Werten deutlich hinter den optimierten Varianten des TDT zurück. Im Geschwindigkeitsbereich von 80-120km/h schaltet das TDT in den zweiten Gang, dabei fällt die Motordrehzahl kurzzeitig unterhalb die Eckdrehzahl, wodurch die Leistung abnimmt. Zusätzlich beträgt die Gesamtleistung der beiden Varianten mit TDT etwas weniger als 100 kW, daher dauert die Beschleunigung von 80 bis 120 km/h 0,2 s länger als beim Referenzfahrzeug mit 100 kW E-Maschine. Der Vorteil der Mehrgängigkeit zeigt sich aber in der Beschleunigung von 0 bis 60 km/h und in der Effizienz. Die Vorteile beim Sprint von 0 bis 60 km/h resultieren aus der hohen Übersetzung des ersten Gangs beim TDT. Durch die Verschiebung der Betriebspunkte verbraucht das Fahrzeug mit TDT-PSM im NEFZ 17 % weniger elektrische Energie als das Referenzfahrzeug. Auch bei der Höchstgeschwindigkeit ergeben sich leichte Vorteile durch den zweiten Gang. Das Referenzfahrzeug stößt bei 157,5 km/h an die Maximaldrehzahl der E-Maschine, während der zweite Gang des TDT-PSM Geschwindigkeiten bis zu 166,5 km/h zulässt. In diesem Fall wird die Höchstgeschwindigkeit nicht durch die maximale Drehzahl der E-Maschinen, sondern durch die verfügbare Dauerleistung begrenzt.

4. Fazit und Ausblick

Das TDT ist ein vielversprechendes Antriebsstrangkonzept für elektrische oder hybridelektrische Fahrzeuge. Mithilfe der vorgestellten Methodik können die Komponenten des TDT optimal aufeinander abgestimmt werden. Durch Anwendung multikriterieller Optimierung kann der Entwickler je nach Anforderungen an das Fahrzeug einen geeigneten Kompromiss aus den Zielgrößen, wie hier Fahrleistungen und Effizienz, auswählen.

Die hier vorgestellte, optimierte Konfiguration des TDT mit permanent-erregten Synchronmaschinen erreicht im NEFZ eine Effizienzsteigerung von 17% verglichen mit einem E-Fahrzeug mit Zentralmotor und Ein-Gang-Getriebe. Überdies hinaus ergeben sich insgesamt deutlich verbesserte Fahrleistungen. Die geringfügig längere Dauer bei der Beschleunigung von 80-120 km/h könnte durch Anpassung der Übersetzung des zweiten Gangs und der Fahrstrategie vermieden werden.

In Zukunft wird das Potential des TDT als Hybridantriebsstrang genauer untersucht. Eine wichtige Rolle spielt dabei die Betriebsstrategie, die gewährleisten muss, dass das Fahrzeug möglichst energieoptimal durch einen Zyklus fährt. Dies muss für alle möglichen Konfigurationen des TDT sichergestellt werden.

Auf Basis einer optimierten Hybrid-Konfiguration sollen das Getriebe und die E-Maschinen im Rahmen des Projekts „Doppel-E-Antrieb“ detailliert ausgelegt werden. Am Ende des Projekts soll ein ganzheitlich optimiertes Gesamtsystem entstehen. Sowohl die Einzelkomponenten Motor und Getriebe als auch das Zusammenspiel der Komponenten müssen dazu optimal ausgelegt werden.

Literatur

[1] Der Fahrzeugbestand am 1. Januar 2013, http://www.kba.de/cln_030/nn_125398/DE/Statistik/Fahrzeuge/Bestand/Kurzbericht/2013__b__pdf,templateId=raw,property=publicationFile.pdf/2013_b_pdf.pdf

[2] Knödel, U. - Auslegung und Implementierung bedarfsgerechter elektrischer Antriebe, 2010

[3] IAV DrivePac EV80 – Highly Integrative and Flexible Electric Drive Unit for Electric Vehicles. http://www.iav.com/sites/default/files/handouts/2011/en/iav-drivepac-ev80.pdf

[4] Integrated eDrive System. http://www.gkn.com/driveline/our-solutions/edrive-systems/Documents/Datasheets/G-VO-130-S2-Tech-Sheet-V14b.pdf

[5] Roberts, S.: Multispeed-Getriebe für Elektrofahrzeuge. In: ATZ 04/2012. pp. 298-303, 2012

[6] Fracchia, M.: Multi-speed Seamless-Shift Transmissions for Electric Vehicles and Hybrid 4WD. In: 11th International CTI Symposium, 2012

[7] Marchetti, L.: Exagon Furtive-eGT – Sportstourer mit E-Antrieb. In: ATZ 09/2013 pp. 640-647, 2013

[8] Duell der Super-Hybride. In: auto motor sport 17/2013. pp. 22-26, 2013

[9] Eghtessad, M.; Meier T.; Küçukay F.; Rinderknecht, S. - Identification of Optimum Drivetrain Configurations of Electric Vehicles. In: 10th International CTI-Symposium, 2011

8 Development Trends of eAxle Systems for "Axle-split" Hybrids

Theodor Gassmann

Abstract

The recently launched PSA 3008 hybrid AWD vehicle combines in a perfect way parallel hybrid and AWD function and therefore provides customers the maximum benefit from the hybridization of the automotive drivetrain.
The Hybrid AWD concept is a combination of a standard FWD vehicle with an electric driven rear axle (eAxle). The eAxle does operate in drive and brake mode, which makes the vehicle a full parallel-hybrid with boost and recuperation, an Electric Vehicle with limited speed and range and an AWD with impressive traction performance.
For perfect driveline matching and to maximize the utilization of the hybrid components, disconnect features or multi-speed technology has been applied to eAxle
GKN Driveline is developing and producing eAxle application with suitable for input power from 5kW to 120kW with disconnect differential or 2-speed synchro- or torque-shift option as offset and co-axial design.
There is a clear trend towards higher power and output torque for enhanced AWD performance and electric drive capability and improved vehicle dynamic and agility at the same time. On the other hand standardization, integration and/or low volt (48V) technology is applied to lower system cost.

Kurzfassung

Der PSA 3008 HY4, als weltweit erster Dieselhybrid, verwendet ein s.g. Axle-Split-Hybrid Konzept mit konventionell angetriebener Vorderachse und elektrisch angetriebener Hinterachse (eAxle). Dieses Konzept vereint Allrad-, Parallel-Hybrid und EV Funktion in vorteilhafter Weise und maximiert damit den Kundennutzen.
Um bei der installierten elektrischen Leistung sowohl Allrad-, Hybrid- als auch EV-Anforderungen optimal abdecken zu können, ist bei einem solchen eAxle-Getriebe eine Abschaltsystem oder Mehrgängigkeit sinnvoll.
Aufgrund des hohen Kundennutzens gewinnen Axle-Split Hybrid-Konzepte ein immer größeres Interesse, was sich auch in einer steigenden Zahl von Applikationen niederschlägt.
GKN entwickelt und liefert eAxle-Getriebe mit Achsversatz oder in koaxialer Anordnung in einem Leistungsbereich von 5 kW bis 120 kW. Diese können als eingängiges Getriebe mit formschlüssiger oder reibschlüssiger Abschaltung, aber auch als Mehrganggetriebe ausgeführt sein.
Neben dem Trend zu mehr Leistung und Drehmoment für PHEV- Anwendungen mit verbesserter Traktion und elektrischer Fahrleistung, ist bei den eAxle-Anwendungen auch ein Trend zu verbesserter Fahrdynamik und Agilität zu beobachten. Gleichzeitig wird intensive daran gearbeitet, die Systemkosten durch Systemoptimierung, integrative Ansätze aber auch durch 48V Technologie deutlich zu senken.

1. Introduction

The share of AWD vehicles has risen continuously and is expected to increase even further in the future. Conventional AWD systems can lead to up to 10% higher fuel consumption and CO2 emission compared to standard 2WD vehicles. Future light weight or disconnect AWD systems will significantly reduce the AWD related CO2 penalty but will not be able to completely eliminate it.
At the same time future CO2 requirements, combined with tough penalties are putting increased pressure on to the automotive industry to reduce significantly the fleet fuel consumption. In this respect electrification and hybridization has gained impressive momentum and will become a leading technology for future road vehicles.
The recently launched PSA 3008 hybrid AWD vehicle is one example how to combine in a perfect way hybrid and AWD function and therefore provide customers the maximum benefit from power-train hybridization.
The technology for eAxles is based on conventional manual or automatic transmissions and geared components for AWD-systems, but it had to be extended and adapted to meet the needs of electric and hybrid drive systems.

2. eAxle Applications

2.1 Electric-Motor assist AWD system (M-AWD)

The very first eAxle application on the market is the the M-AWD, which is in the real sense an electric Hang-On AWD system, working like an electric propshaft. The concept has been introduced in 2002 mainly to Japanese vehicles. Figure 1 shows the vehicle layout and the main components.

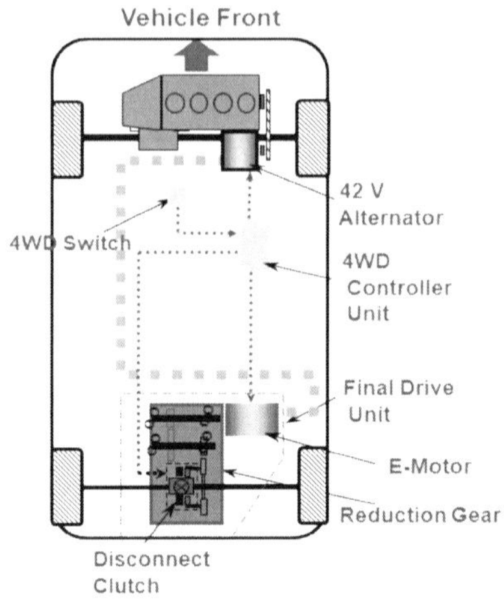

Figure 1: M- AWD Vehicle layout

The system basically consist of a belt driven 42V alternator as additional auxiliary drive on the combustion engine in the front and a 42V brush DC motor driving the rear wheels via a reduction gear box to support front wheel traction when required. The system has limited power (5kW) and is operating as launch assist at low speed up to 26kph. Then the E-motor is disconnected from the rear wheels by a friction clutch disconnect device. Figure 2 shows a cross section of the M-AWD eAxle with the two stage gear reduction and the friction clutch disconnect feature.

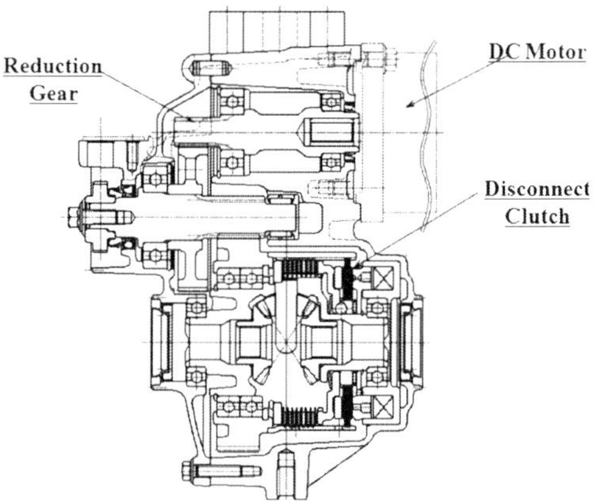

Figure 2: M-AWD eAxle layout

The M-AWD is an electric On Demand system with limited AWD performance, but it shows already key elements of a high performance Hybrid AWD like:

- Electric Motor
- Reduction gear box with disconnect
- Generator in the front

GKN has produced more than 250 thousand "eAxles" for M-AWD systems so fare and has gained a lot of experience with e-motor drives and disconnect devises in this area, which have been applied successfully to the eAxel technology for high performance Hybrid AWD systems.

2.2 eAxles for Hybrid AWD Vehicles

2.2.1 Hybrid AWD Vehicle Requirement

The Hybrid AWD concept provides parallel hybrid function with boost and recuperation, zero emission electric drive and AWD at the same time (Fig. 3). In addition to that the electric axle drive can enhance the shift comfort of the AMT and improve vehicle launch response with Start/Stop-system. It has to work with the ICE in a harmonized way, fully transparent to the driver. AWD performance had to be competitive to conventional compact SUV or Crossover AWD vehicles. Furthermore the system had to allow easy vehicle integration and minimum changes to the conventional ICE powertrain.

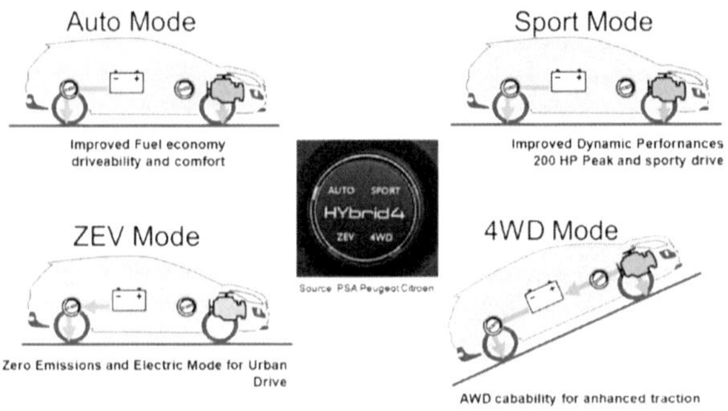

Figure 3: Vehicle Requirements for Hybrid AWD

2.2.2 Concept Selection and Definition

The Hybrid AWD concept is a combination of a standard 2WD-vehicle with conventional ICE powertrain on the primary and an electric driven secondary axle (eAxle). The eAxle does operate in drive and recuperation mode, which makes the vehicle a full parallel hybrid with the following features (Fig. 4):

- parallel hybrid with boost and recuperation
- full electric drive (limited speed and range) and
- All-Wheel-Drive

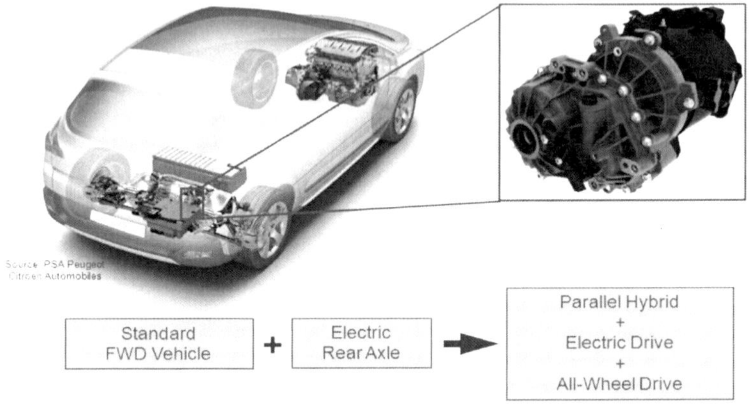

Figure 4: Axle-Split Hybrid vehicle layout with rear eAxle

For adequate AWD performance 1500Nm to 2500Nm are requested as the maximum rear axle torque.

Disconnecting the eAxle with minimum drag helps to provide the required output torque with the installed electric motor performance and maximise system efficiency at high speed driving.

2.2.3 Typical eAxle Design Features

For the eAxle design the following requirements have to be considered (Fig. 5):

- **Vehicle**
    - Required rear axle torque for AWD traction and EV-performance
    - Max vehicle speed
- **Electric Motor**
    - Maximum torque
    - Maximum power
    - Maximum speed

The gearbox ratio and the maximum operating speed is a result of the applied electric motor output torque and the vehicle traction requirement. For a reasonable electric motor characteristic it is not possible to provide the required axle output torque of 1500Nm to 2500Nm and match the maximum vehicle speed at the same time. Therefore the electric motor usually will be disconnected from the wheels when reaching its maximum speed.

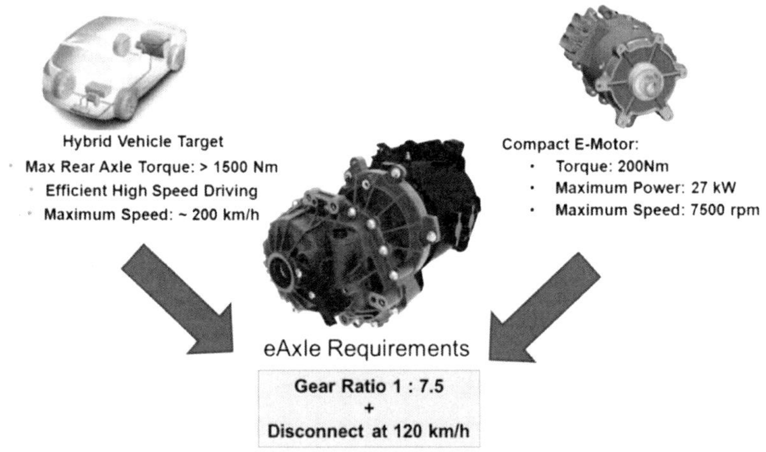

Figure 5: eAxle Concept Selection (PSA 3008 HY4)

2.2.4 Electronic Disconnect Differential (EDD)

Disconnect systems with friction plates and dog clutches have been applied to disconnect the eAxle from the wheels when desired. A unique patented dog-clutch disconnect device integrated in the differential (Fig. 6) has been selected for the following reasons:

- Very low disconnect drag torque

- Low weight and compact packaging
- Low current consumption when engaged
- Fast engagement and disengagement time

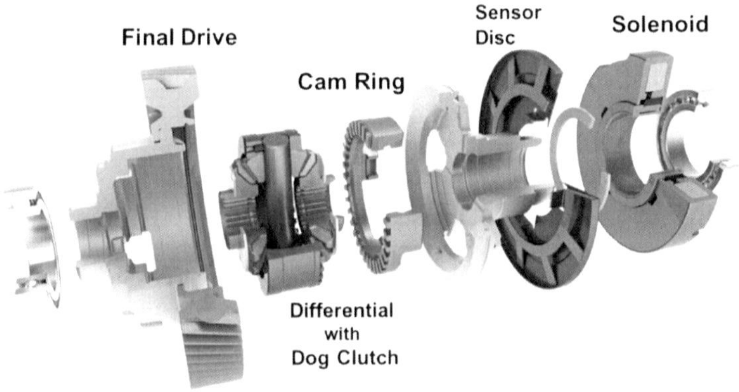

Figure 6: Disconnect Differential

Figure 7 shows the rotating parts (shaded) of the eAxle in connected (AWD) and disconnected (FWD) mode.
Using the differential disconnect feature has reduced the eAxle system drag torque (eAxle + electric motor) in disconnect mode to less than 1 Nm. Disconnecting the eAxle at higher vehicle speed improves significantly the overall vehicle efficiency.

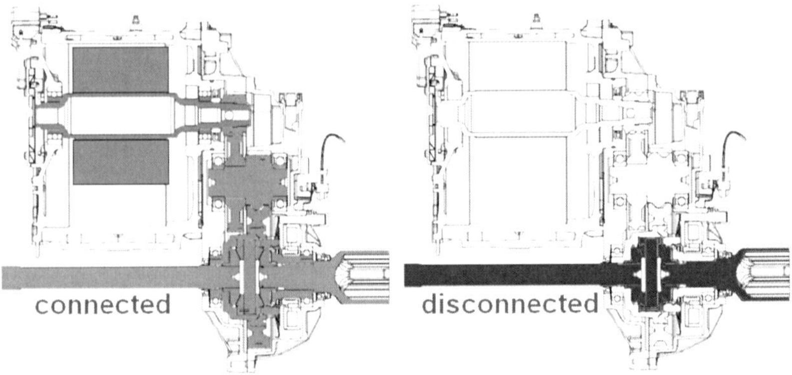

Figure 7: eAxle operation modes

The performance of the disconnect device has been optimised by simulation. Rig and vehicle tests have confirmed the superior system dynamic. The fast operation of the disconnect system allows an enhanced control strategy of the hybrid system to maximise hybrid and AWD usage and performance with best overall system efficiency and maximum fuel saving.

2.2.5 2-speed eAxle

For some high performance PHEV AWD vehicles disconnecting the electric motor at higher vehicle speed and hence loosing hybrid and AWD performance might not be acceptable. In this case multispeed technology can be applied.

For an eAxle as the secondary driven axle a 2-speed synchro-shift technology seems to be the best compromise between performance, complexity and cost.

Figure 8 shows the layout of such 2-speed eAxle with the synchro-shift on the input shaft and an electric motor shift actuator.

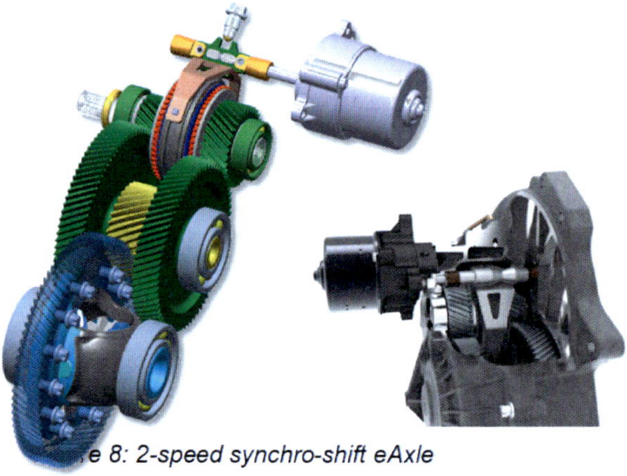

e 8: 2-speed synchro-shift eAxle

Advanced shift and electric motor control allows shift times of less than 500ms, minimizing the toque interruption during shift. Shifting in neutral still provides disconnect mode for reduced drag torque while cruising a higher speed.

2.3 Basic eAxle layouts

The offset layout (Fig. 9) with a disdance between electric motor input and sideshaft output has prooven to be the most suitable design regarding electric motor interface, high flexibility to match the eAxles with different electric motors and the easy system assembly. Coaxial layouts with either layshaft, shown in Figure 9, or epicyclic gear arrangements require a more complex eMotor/ transmission interfac and assemply process. Therefore the coaxial design is mainly used to adress specific packaging constrains.

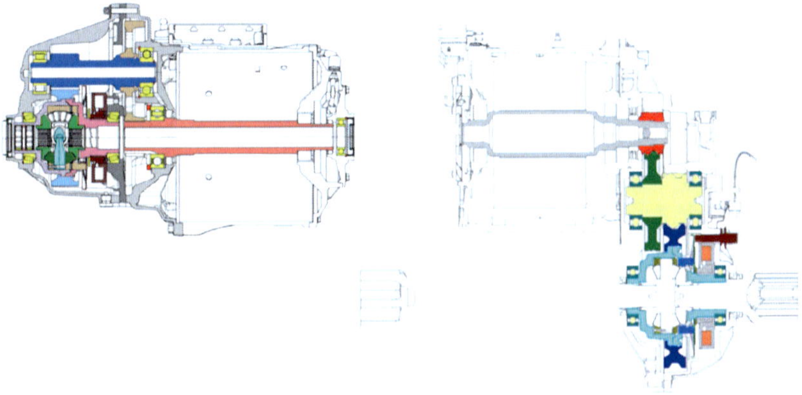

Figure 9: eAxle with coaxial (left) and offset (right) layout

2.4 eAxle Design Requirements

Major development tasks have been the electric motor/gearbox interface, superior NVH performance for quiet electric drive, low weight and highest efficiency.
Besides the unique differential disconnect device several other features have been introduced in order to optimise the performance of the eAxle and minimise development time:

- Input shaft integrated in motor shaft to reduce the number of bearings for increased efficiency, lower cost and lower weight
- Press fit between intermediate gear and intermediate shaft to reduce cost
- Unique laser welding of ring gear on to the disconnect differential by welding of three parts in one operation
- Use of ball bearings where possible for highest efficiency
- Helical gears optimised for durability, NVH and efficiency

Advanced simulation and analysis tools have been applied to find the right balance between torque capacity, durability, NVH performance and efficiency.

3. eAxle Technology Trends

Performance enhancement and cost reduction are the major contrasting development trends (Fig.10). Next generation eAxles will be designed for increased power, torque and speed to meet future PHEV requirements with more boost and recuperation performance and extended electric drive capabilities. Single and multi-speed applications with up to 120 kW and more than 2500 Nm output torque will be on the market soon.

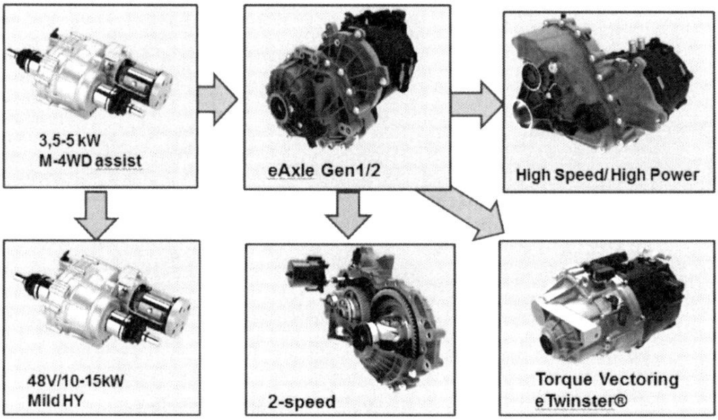

Figure 10: eAxle Technology Developement Trends

Furthermore there is an increasing desire to add more features like Limited Slip Differentials or even Torque Vectoring to enhance vehicle dynamic and agility and make the Hybrid AWD systems even more attractive for the customer. An opposite trend is to reduce system and integration cost with the focus on the best ratio between cost and CO2 reduction. Such systems will come with low voltage and lower power and hence limited hybrid and AWD performance. The application of 48V start/stop technology will help to reduce significantly the system cost and still achieve a reasonable fuel saving effect. The desire to increase performance, or reduce cost is paralleled by the trend to integrate the electric motor or even the power electronic into the eAxle module to minimise interface complexity, weight and packaging.

4. eAxle Product Range

To be able to support a maximum on application programmes the different requirements in terms of power, torque and features have been aligned with a few families of eAxle designs. This "family-approach" allows quick response to prototype requests and limits the required development effort. GKN Driveline has developed a whole family of eAxle applications (Fig.11) ranging from the 5kW M-AWD assist (Fam 0) to 48V/10kW solutions for Mild Hybrid (Fam 1) and 27 to 120kW Full-Hybrid AWDs (Fam 2).

eAxles with offset and coaxial design as well as single speed with disconnect or 2 speed designs are available to meet specific customer packaging and performance requirements.

Existing driveline technology, like limited slip differentials (LSD) or AWD Twinster® technology, combining differential, disconnect and Torque Vectoring function, can be applied to enhance vehicle dynamic and traction for maximum customer benefit.

A new compact eAxle design for future 48V/10kW mild hybrid applications is under development to address the need for affordable hybrid solutions.

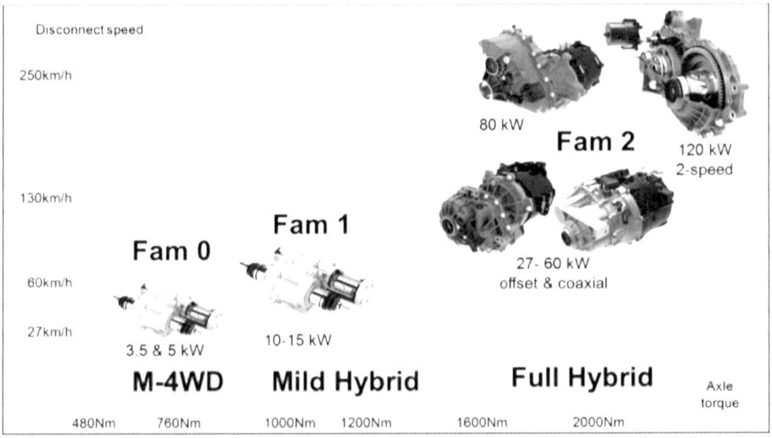

Figure 11: GKN Driveline eAxle Product Range

GKN Driveline is working closely with various electric motor and electronic suppliers on compact integrated solutions with significantly reduced interface complexity, weight and packaging.

5. Summary

GKN Driveline has produced electric axle drives for motor assist AWD systems in large volumes since 2002. This technology has been applied together with the extensive experience with AWD systems and components to develop and produce the Electric Axle Drive (eAxle) for the PSA HY4 system.
Based on this eAxle concept GKN Driveline has developed a comprehensive product portfolio to meet todays and future AWD Hybrid Vehicle requirements.
The different requirements in terms of power, torque and features have been aligned with a small number of families of eAxle designs. This "family-approach" allows quick response to prototype requests and limits the required development effort.
Existing driveline technology, like limited slip differentials (LSD) or AWD Twinster® technology, combining differential, disconnect and Torque Vectoring function, can be applied to enhance vehicle dynamic and traction for maximum customer benefit.
There is a clear trend towards higher power and output torque for enhanced AWD performance and electric drive capability and improved vehicle dynamic and agility at the same time. On the other hand standardization, integration and/or low volt (48V) technology is applied to lower system cost.

9A Elektrifizierung des Antriebsstranges bei der MAN Truck & Bus AG

Roland Ehniß

Abstract

Electrification of the driveline at MAN Truck & Bus AG

Kurzfassung

Das Thema „Elektromobilität" genießt aktuell große Aufmerksamkeit. Im Fokus stehen insbesondere Personenkraftwagen, doch gerade Nutzfahrzeuge bieten aufgrund Ihrer Laufleistung und ihrer typischen Einsatzprofile ideale Voraussetzungen für die Hybridisierung.

1. Trends & Treiber in der Nutzfahrzeugindustrie

Vor dem Hintergrund der Globalisierung sowie den allgegenwärtigen Optimierungsbestrebungen wird die Zukunft des Güterverkehrs von verschiedenen Trends beeinflusst. Hierzu gehören insbesondere die fortwährende Zunahme des Straßengüterverkehrs, der stetige Anstieg des Kraftstoffpreises, der demographische Wandel sowie das zunehmende Bedürfnis nach Verkehrssicherheit. Zudem stehen Nutzfahrzeuge im Fokus verschiedenster verkehrs- und klimapolitischer Maßnahmen. Dies zeigt sich insbesondere in den strenger werdenden Emissionsgrenzwerten. Mit Einführung der Euro-Abgasnormen 1990 wurden die NOx-Emissionen bis heute um 86%, die Partikelemissionen um 97% reduziert. Mit der ab 2014 geltenden Emissionsregelung Euro 6 wird eine weitere Reduktion um 80% bei NOx und 50% bei Partikeln erreicht. Damit sind im europäischen Straßengüterverkehr nahezu schadstofffreie Nutzfahrzeuge Realität. Anstatt einer weiteren Reduzierung der NOx und Partikelemission sollte man sich künftig darauf fokussieren, den CO_2-Ausstoß zu minimieren.

Neben der generellen Reduktion von Emissionen im Straßengüterverkehr zeichnet sich ein weiterer Trend ab: die gezielte Entlastung von sensitiven Verkehrsräumen wie etwa Innenstädte. Durch die zunehmende, weltweite Urbanisierung hat der Verkehr in den Städten rasant zugenommen. Um gerade in diesen Räumen hoher Bevölkerungsdichte die Emissionen möglichst gering zu halten, ist davon auszugehen, dass neben den teilweise schon existierenden Umweltzonen in Städten noch weitere Verschärfungen getroffen werden. Ein Beispiel für eine künftig stärker fokussierte Fahrzeuganforderung ist somit das CO2- und geräuscharme Fahren in bevölkerungsreichen oder besonders sensiblen Umgebungen.

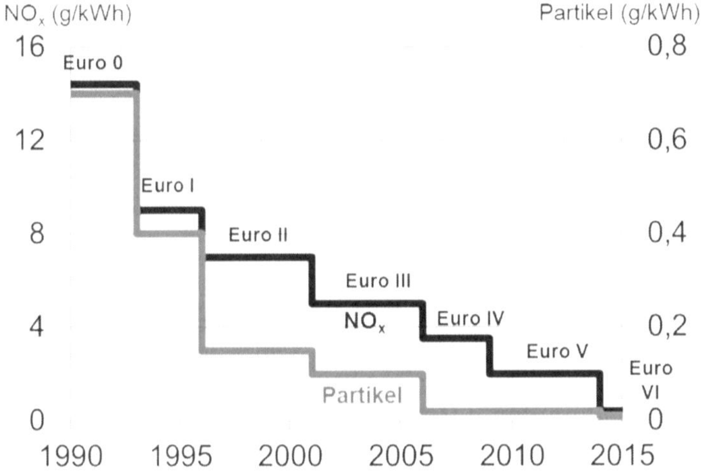

Bild 1: Emissionsgesetzgebung

2. Elektromobilität im Nutzfahrzeug

Bei der öffentlichen Diskussion der Elektromobilität steht in der Regel der Pkw im Fokus. Doch auch bei Lkw und Busse bietet die Elektrifizierung des Antriebsstrangs erheblichen Mehrwert.

2.1 Pkw und Lkw im Vergleich

Eine simple Übertragung der Elektromobilitätskonzepte von Pkw auf den Lkw ist nicht möglich – die Charakteristika und Nutzungsanforderungen der Fahrzeuge unterscheiden sich stark: Fahrzeuggewicht, -größe, Nutzlast und durchschnittliche Jahreslaufleistungen sind Beispiele dafür. So erreicht der Lkw im Fernverkehr eine monatliche Kilometerlaufleistung, für die viele Pkw ein ganzes Jahr benötigen. Hier liegt allerdings auch eine große Chance: Auf Grund der hohen Laufleistungen schlagen sich Kraftstoffeinsparungen bei Lkw in der Gesamtbilanz entsprechend stark nieder.

2.2 Potenziale der Elektromobilität bei Nutzfahrzeugen

Unter Berücksichtigung der Einsatzbedingungen wie der jährlichen Laufleistung, typischer Fahrprofile sowie der Einsparmöglichkeiten (CO_2 / Kraftstoff) wird deutlich, dass die Hybridisierung insbesondere im Stadtbus sowie im Fern- und urbanen Lkw-Verkehr erhebliche Effizienzpotentiale bietet.

Mit dem seit 2010 in Serie angebotenen Stadtbus MAN Lion's City Hybrid werden im realen Linienbetrieb Kraftstoff- und CO_2-Einsparungen von bis zu 30% erreicht. Feldversuche mit MAN Hybrid-Lkw im Verteilerverkehr haben immerhin Einsparungen von 5 bis 15% ergeben. Auch im Fernverkehrs-Lkw macht der Hybridantrieb Sinn: Hier liegt die Kraftstoff-Einsparung wegen des vergleichsweise gleichmäßigen Fahrprofils zwar „nur" bei 5 bis 8%, doch auf Grund der hohen Jahresfahrleistungen von bis zu 150.000 Kilometer dieser Lkw ist das CO_2-Minderungspotenzial deutlich höher als bei Verteiler-Lkw.

Klimafreundlichere Mobilität kann durch verschiedene Antriebsstrangstrukturen erreicht werden. Die Kombination aus Verbrennungsmotor, Elektromaschinen, Energiespeicher und diverse Getriebearten erlaubt eine Vielzahl an Kombinationsmöglichkeiten. Die verschiedenen Hybridvarianten werden in drei Hauptgruppen aufgeteilt: Serieller, paralleler und leistungsverzweigter Hybrid.
Mit Hilfe der unterschiedlichen Topologien kann der Hybridisierungsgrad zudem optimal an die segmentspezifischen Anforderungen des Nutzfahrzeugs angepasst werden. Mit Hilfe des modularen Hybridbaukasten können dabei verschiede Topologien ebenso realisiert werden wie unterschiedliche Leistungs- und Einsatzanforderungen. Somit lassen sich maßgeschneiderte Hybridsysteme kosteneffizient in verschiede Fahrzeuge integrieren – vom Stadtbus bis zum Fernverkehrs-Lkw.

2.3 Erfahrungen aus der Praxis

Für die MAN Truck & Bus AG ist die Hybridtechnologie ein wesentlicher Baustein auf dem Weg in eine emissionsärmere und gleichzeig kraftstoffeffizientere Zukunft. Zwar wird der Verbrennungsmotor auch in den kommenden Jahren nicht aus dem Nutzfahrzeug wegzudenken sein, technologisch betrachtet bietet die Elektrifizierung des Antriebsstrangs jedoch große Potentiale. Im Fokus steht dabei die weitere, nachhaltige Reduzierung der Emissionen und des Kraftstoffverbrauches wie nachfolgende Fahrzeuge zeigen.

2.3.1 MAN Lion's City Hybrid – Effizienz in Serie

Der im Jahr 2010 in Serie eingeführte MAN Lion's City Hybrid verbraucht bis zu 30% weniger Kraftstoff als ein konventioneller Stadtbus. Das entspricht einer CO_2-Reduktion von bis zu 30%. Bei dem Stadtbus mit seriellem Hybridantrieb kommen Superkondensatoren (so genannte Ultracaps) zum Einsatz. Der dieselelektrische Hybridantrieb im Bus stellt aktuell den besten Kompromiss zwischen Investitionskosten und Umweltfreundlichkeit dar.

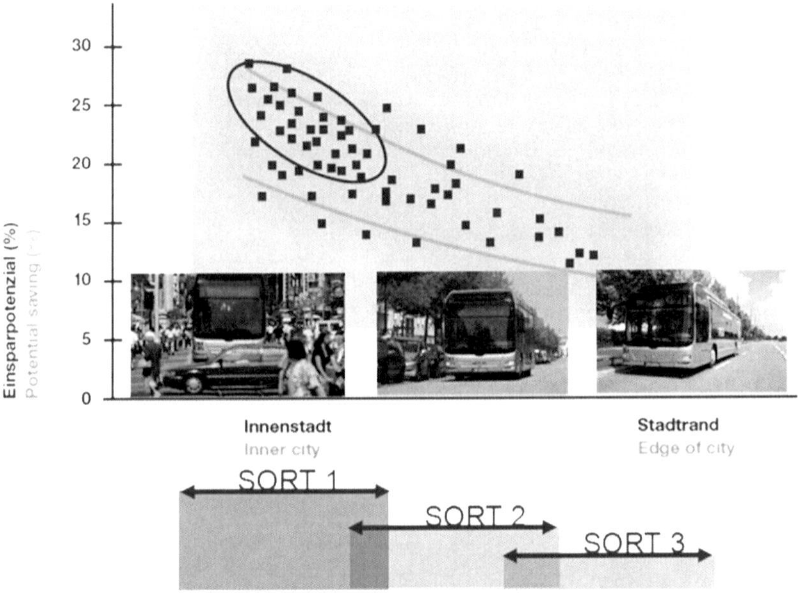

Bild 2: Einsparpotential MAN Lion's City Hybrid

2.3.2 MAN TGL Hybrid – Erfahrungen aus Feldversuchen

Im Unterschied zum starken Stop-&-Go-Verkehr und kurzen Strecken zwischen den Haltestellen eines Stadtbusses sind die typischen Streckenprofile in der Güterdistribution gemischte Einsätze mit längeren Fahrten. Deshalb setzt MAN beim Verteiler-Lkw auf die parallele Hybridtechnik, die gerade im Zubringerverkehr mit längeren Konstant-Fahrt-Streckenanteilen höhere Wirkungsgrade verspricht. Mit einem MAN TGL 12.220 Hybrid konnte bei einem Kundeneinsatz im städtischen Verteilerverkehr eine Kraftstoffeinsparung von rund 15% nachgewiesen werden. In 87% aller verkehrsbedingten Stopps, wie etwa beim Halten an einer roten Ampel, wurde der Verbrennungsmotor durch die Stopp-Start-Funktion abgestellt. Rund 26% der gesamten Einsatzzeit fuhr der MAN TGL Hybrid rein elektrisch und nahezu emissionsfrei. Selbst im Zubringerverkehr mit längeren Konstant-Fahrt-Streckenanteilen konnte durch die Hybridtechnologie rund 10% Kraftstoff im Vergleich zu einem Verteiler-Lkw mit herkömmlichem Dieselmotor eingespart werden. Obwohl diese Ergebnisse sehr viel versprechend sind, müssen zunächst die Preise für Energiespeicher weiter sinken, bevor sich Hybrid-Lkw im Verteilerverkehr mit ihren vergleichsweise geringen Fahrleistungen für den Betreiber rechnen.

2.3.3 MAN Metropolis – Hybridantrieb bei schwere Entsorgungsaufgaben

Mit dem Metropolis zeigte MAN auf der IAA 2012 einen außergewöhnlichen Lkw, der schwere Entsorgungsaufgaben in der Stadt ohne Emissionen und besonders geräuscharm erledigen kann. Mit regenerativ erzeugtem Strom aus der Steckdose kann der MAN Metropolis Fahren und Arbeiten – ganz ohne den Ausstoß von CO_2. Der Energiespeicher, eine modular aufgebaute Lithium-Ionen Batterie, ist unterhalb des Fahrerhauses angebracht – das garantiert maximalen Bauraum für den Aufbau, eine optimale Gewichtsverteilung und maximale Sicherheit. Ein effizienter und geräuscharmer Pkw-Dieselmotor aus dem Volkswagen-Konzern sorgt bei Bedarf für die Stromerzeugung an Bord und sichert die Reichweite des schweren Lkw.

3. Ausblick

Der Schlüssel für die Elektromobilität ist die Batterie – auch im Lkw. Entscheidend für die breite Marktakzeptanz ist letztlich ein Energiespeicherkonzept, dass den hohen Leistungs- und Qualitätsansprüchen von Hersteller und Kunden gerecht wird. Nach derzeitigem technologischem Entwicklungsstand bietet sich für die Anwendung im Lkw insbesondere die Lithium-Ionen-Batterie an. Auch hier sind noch Hausaufgaben zu machen: Für den Einsatz im Lkw müssen die Energie- und Leistungsdichte erhöht, das Gewicht und die Kosten weiter reduziert werden. Dabei dürfen diese Optimierungen nicht zu Lasten der Sicherheit gehen.
Auch die Leistungselektronik sowie die E-Maschine bieten noch Optimierungspotenzial. Beim Elektromotor beispielsweise spielen ebenfalls Kosten bzw. der Zugang zu Rohstoffen (z.B. seltene Erden) sowie das Gewicht und die Leistung eine wichtige Rolle.

10A PEM-Serienhybridantriebe – die wirtschaftliche und zukunftsorientierte Lösung für Stadtbusse

Martin Helsper

Abstract

Series hybrid drives have been established in the last years in city busses. On the one hand they have big advantages regarding reduction of emissions. On the other hand series hybrid drives are forward-looking because they are adaptable for the development of complete electrical drives. The next step is the usage of series hybrid drives based on Permanent Synchronous Machines (PEM). An adapted power electronic will be used for these drives. This step leads to further significant improvements regarding reduction of emissions, system complexity and operating efficiency. Further developments will be shown which use components of series hybrid drive for innovative concepts like plug in hybrid drives and pure electric drives.

Kurzfassung

Serielle Hybridantriebe haben sich in den letzten Jahren in Stadtbussen etabliert. Zum einen weisen sie große Vorteile bzgl. der Reduktion von Emissionen auf. Zum anderen sind serielle Hybridantriebe zukunftsweisend, da sie sich hin zu rein elektrischen Antriebskonzepten weiter entwickeln lassen. Als nächster Entwicklungsschritt werden derzeit serielle Hybridantriebe mit permanenterregten Synchronmaschinen (PEM) und dazu passend ausgelegter Leistungselektronik in den Markt eingeführt. Daraus ergeben sich verglichen mit bisherigen seriellen Antrieben mit Asynchronmaschinen nochmals deutliche Verbesserungen in Bezug auf die Reduktion von Emissionen, die Systemkomplexität und die Wirtschaftlichkeit. Es werden weitere innovative Entwicklungen dargestellt, bei denen die für serielle Hybridantriebe entwickelten Komponenten zum Einsatz kommen.

1. Einleitung

In Bezug auf die Reduktion von Emissionen und die Wirtschaftlichkeit steigen die Anforderungen an Stadtbusse stetig. Um diese zu erfüllen, eignen sich Stadtbusse mit Hybridantrieben besonders. Sie haben sich auf Grund ihrer anerkannten Vorteile in Bezug auf die Reduktion von Kraftstoffverbrauch, CO^2-Emissionen und Geräuschen in den letzten Jahren etabliert. Es werden weiter steigende Marktanteile für Stadtbusse mit Hybridantrieb erwartet.
Bild 1 zeigt ein realistisches Szenario für die Weiterentwicklung von Stadtbussen. Ausgehend von konventionellen Stadtbussen mit Verbrennungskraftmaschine (VKM) gibt es das Konzept, mit parallelen Hybridantrieben (Prinzip siehe Bild 2) die Anforderungen an die aktuellen Abgasnormen zu erfüllen [1].

Mit diesem Konzept können deutliche Einsparungen bei den Emissionen und Kraftstoffverbräuchen erzielt werden. Eine Start/Stopp Automatik und rein elektrisches Anfahren sind bei entsprechender Auslegung möglich.

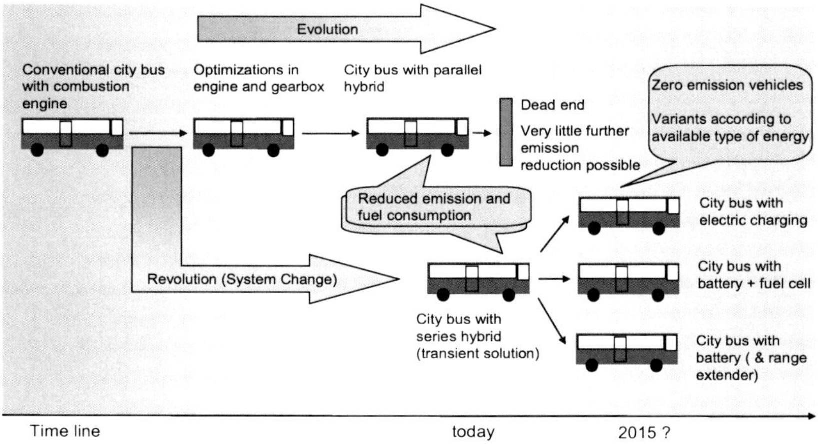

Bild 1: Erwartete Entwicklungstrends bei Stadtbussen

Als Weiterentwicklung sind hier auch Plug-in-Hybride geplant [2]. Dazu werden die Batteriekapazität erweitert, sowie eine Batterieladevorrichtung installiert. Man kann mit diesen Konzepten die VKM entlasten und ein Downsizing realisieren. Ein mechanisches Getriebe ist bei diesem Konzept weiterhin notwendig. Für einen rein elektrischen Antrieb kommt dieses Konzept so nicht in Frage. Die Entwicklungslinie endet hier also.

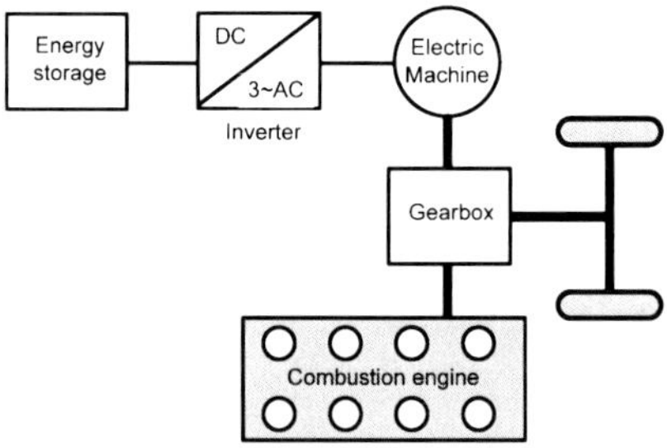

Bild 2: Prinzipieller Aufbau eines parallelen Hybridantriebs

Die zweite Entwicklungslinie beginnt mit seriellen Hybridantrieben, die eine Vorstufe hin zu rein elektrischen Konzepten darstellen. Bild 3 stellt den prinzipiellen Aufbau eines solchen Systems dar. Besonders im innerstädtischen Verkehr mit:

- geringer Durchschnittsgeschwindigkeit,
- langen Haltezeiten,
- hohen Start/Stopp-Frequenzen

liegt ein sehr hohes Potenzial für das serielle Hybridkonzept.

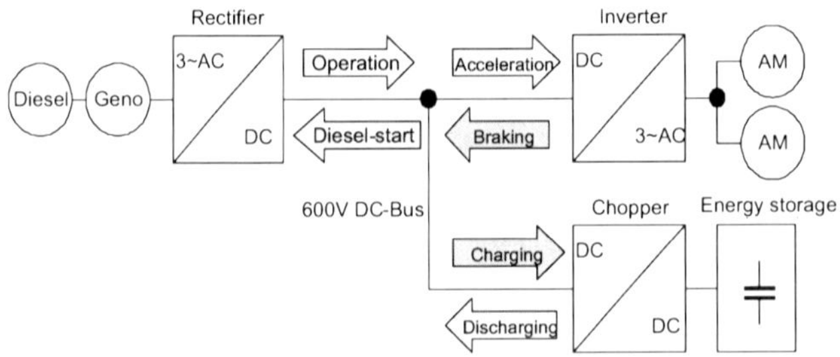

Bild 3: Blockschaltbild eines seriellen Hybridantriebes

In Bezug auf herkömmliche Antriebe mit VKM kann das Einsparpotential dieses Konzeptes, wie in Bild 4 dargestellt, abgeschätzt werden. [3].

Bremsenergierückgewinnung	>25 %
Betrieb der VKM im optimalen Wirkungsgradbereich	5 %
Start/Stopp-Funktion der VKM	10 %
Optimal elektrifizierte Hilfsbetriebe	4 %
„Best Case"-Potenzial	>40 %

Bild 4: Mögliche Kraftstoff- und CO_2-Einsparungen durch einen seriellen Hybridantrieb im Vergleich zu einem herkömmlichen Antrieb mit VKM

Wesentliche Vorteile serieller Hybridantriebe sind:

- Stufenlos variabel – getriebeloser Antrieb möglich
- Lokal emissionsfreier Betrieb möglich
- Standardisierung – gleiches Antriebssystem für VKM- und E-Car-Konzepte
- VKM komplett entkoppelt vom mechanischen Antriebsteil – Geräuschreduzierung und weniger Vibrationen
- Mehr Freiheitsgrade im Design
- Elektrische Motoren unabhängig von Energiequelle optimierbar
- Unabhängige Auswahl des Energiespeichers
- VKM unabhängig optimierbar vom elektrischen Antrieb

Der wesentliche topologische Unterschied zum Parallelhybrid besteht darin, dass hier eine komplette mechanische Entkopplung des Antriebs von der VKM realisiert wird. Das System bietet damit den Vorteil, auch für alle zukünftigen Konzepte ohne VKM geeignet zu sein. Die Speichertechnologie kann dabei frei gewählt werden. Wie in Bild 1 dargestellt, kann also der Trend hin zu vollständig elektrifizierten Bussen mit diesem Konzept verwirklicht werden.
Die für serielle Hybridantriebe entwickelten Antriebskomponenten können ohne Änderungen in Plug-In-Serienhybridbussen, reinen Batteriebussen und Bussen mit zusätzlichen Brennstoffzellen oder Range Extender zum Einsatz kommen.

2. Antriebssysteme für Serienhybridantriebe

2.1 Antriebssysteme mit Asynchronmotoren

Das System aus Generator/Motor/ Umrichter/ Steuerung/ Schutz muss wettbewerbsfähige Lösungen anbieten. Ein modularer Aufbau für flexibles Design und Anpassbarkeit an Kundenanforderungen hat sich dabei bewährt.
Stand der Technik für viele laufende Applikationen ist ein serielles Hybridsystem mit Asynchronmotoren (ASM) als Antriebsmaschinen und einem Synchrongenerator, der mechanisch mit der VKM verbunden ist. Als Energiespeicher können, wie in Bild 5 dargestellt, z.B. Doppelschichtkondensatoren der ersten Generation zum Einsatz kommen [4]. Die zur Steuerung und Umformung der Energie notwendige Leistungselektronik besteht aus Gleichrichtern, Wechselrichtern und DC/DC-Stellern (Chopper). Alternativ sind als Speicher auch Batterien üblich, die direkt an den 600V Gleichspannungszwischenkreis angeschlossen werden.
Typischerweise werden bei diesem System zwei ASM mechanisch über ein Summiergetriebe gekoppelt und treiben so über ein Achsdifferenzialgetriebe eine Achse an. Bild 5 steht also beispielhaft für ein System mit einer Antriebsachse, typisch für einen 12-m-City-Bus.

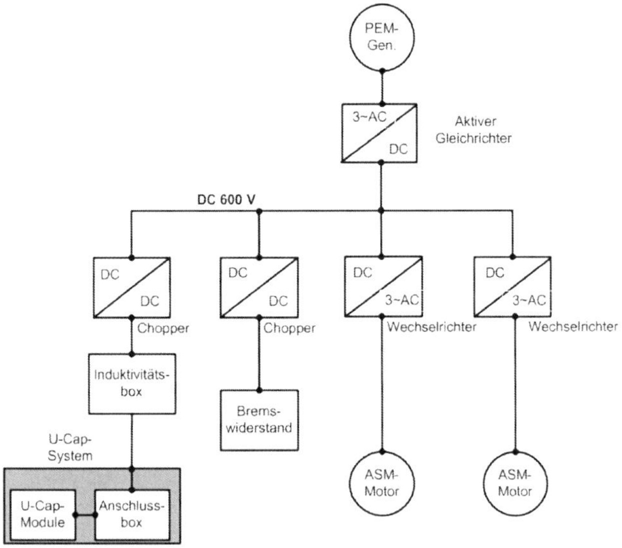

Bild 5: Serielles Hybridantriebssystem mit ASM, typisch für einen 12-m-City-Bus

Mit diesem Antriebssystem gibt es schon langjährige Felderfahrungen in vielen Projekten. Kraftstoffeinsparungen im Bereich von 30% sind hier je nach Systemauslegung und Betriebsweise möglich.
Als Motoren kommen hier wassergekühlte Asynchronmaschinen (siehe Bild 6) zum Einsatz. Gleichrichter-, Wechselrichter- und Chopperfunktionen werden durch wassergekühlte, 4-phasige Umrichter (siehe Bild 7) [3] realisiert.

Bild 6: ELFA-ASM-Fahrmotor

Bild 7: ELFA-Umrichter

2.2 Antriebssysteme mit permanenterregten Synchronmaschinen

Eine besonders wirtschaftliche und zukunftsorientierte Lösung stellen serielle Antriebssysteme mit permanenterregten Synchronmaschinen (PEM) in Kombination mit einem Energiespeicher dar. Die Kombination von PEM als Antriebsmotoren mit Energiespeichern erschließt weitere Einsparpotentiale und ist der nächste Entwicklungsschritt. Vorteilhafterweise kommen dabei Doppelschichtkondensatoren der zweiten Generation [5] zum Einsatz. Der erwartete Leistungsbereich dieser Antriebssysteme liegt bei ca. 100kW bis 300kW.

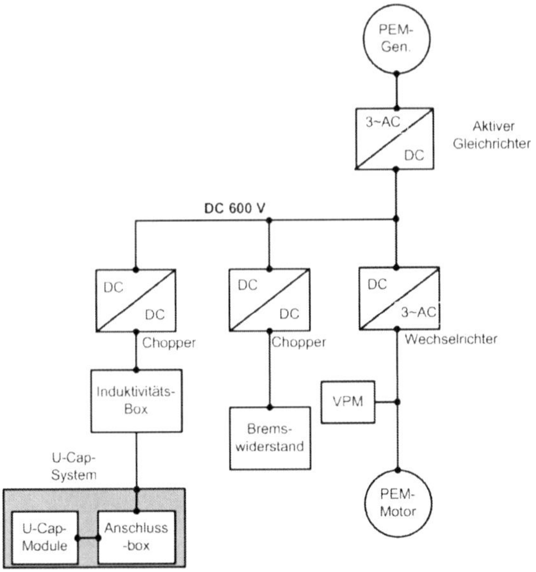

Bild 8: Serielles Hybridantriebssystem mit PEM, typisch für einen 12-m-City-Bus

Generelle Anforderungen an den nächsten Entwicklungsschritt sind hierbei:

- Weitere Optimierung Kosten/ Volumen/ Gewicht
- Erhöhung Lebensdauer, Leistungsfähigkeit und Zuverlässigkeit
- Erfüllung Automotive- und kundenspezifischer Anforderungen
    - Insbesondere bzgl. mechanischer Robustheit, Schutzgrad, Korrosion
- Modulares/ flexibles Design, leichte Anpassbarkeit
- Genaues Monitoring zur verbesserten Ausnutzbarkeit des Antriebssystems

Bei dieser Generation wird ein PEM-Zentralmotorkonzept verfolgt. Es wird also nur noch eine Antriebsmaschine eingesetzt. Den prinzipiellen Aufbau eines solchen seriellen Antriebssystems, wie er passend für einen 12-m-City-Bus ist, zeigt Bild 8.
Bild 9 zeigt das Konzept für einen 18-m-City-Bus. Auch hier ist nur eine Antriebsmaschine vorgesehen. Sie weist aber ein Doppelwicklungssystem auf, ist also deutlich leistungsstärker und wird von zwei Antriebsumrichtern gespeist.

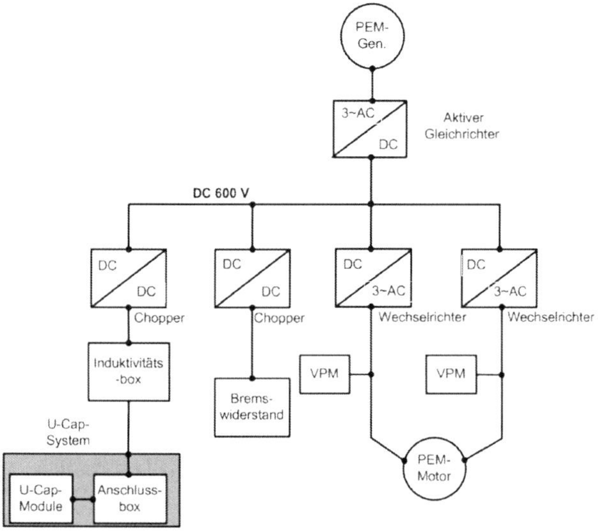

Bild 9: Serielles Hybridantriebssystem mit PEM, typisch für einen 18-m-City-Bus

PEM-Generatoren haben sich in Serienhybridanrieben schon seit einigen Jahren etabliert. Ihr robustes Design ist auf eine optimale Einheit mit dem Verbrennungsmotor ausgerichtet. Ein kompakter Aufbau z.B. durch Wasserkühlung und Alu-Gehäuse ist Standard. Der Einsatz von Energiespeichern erlaubt das Downsizing des Verbrennungsmotors. Dem passt sich die Auslegung des Generators an.
Synergien von PEM-Motoren und -Generatoren und ein hoher Standardisierungsgrad werden in Hinblick auf wettbewerbsfähige Lösungen immer wichtiger und deshalb im neuen Maschinenkonzept auch umgesetzt. Die gegenwärtig entwickelten PEM-Motoren weisen darum im Design hohe Übereinstimmungen mit neu entwickelten Generatoren auf. Charakteristisch am neuen Design (siehe Bild 10) sind das Blechgehäuse und der Einsatz von Runddrahtwicklungen. Durch Anpassung der Länge lassen sich dabei sehr einfach Varianten ableiten. Eine deutlich leistungsstärkere Maschine lässt sich zudem durch eine Variante mit zwei Wicklungssystemen realisieren.

Bild 10: Design eines PEM-Motors

PEM-Motoren verdrängen in diesem Entwicklungsschritt Asynchronmotoren. Neben den Maßnahmen wie bei den PEM-Generatoren werden durch kurze Wickelköpfe und eine optimierte interne Kühlung eine weitere Reduzierung des Volumens/ Gewichts realisiert. Die hohe Motivation für den Einsatz der PEM-Technologie ergibt sich vor allem daraus, dass PEM-Maschinen im Nennpunkt einen höheren Wirkungsgrad als Asynchronmaschinen aufweisen. Besonders aber im Teillastbereich ist der Vorteil der PEM-Maschinen deutlich, siehe Bilder 11 und 12 [6]. Typische Stadtbusprofile mit ihrem hohen Anteil an geringen und mittleren Geschwindigkeiten profitieren von dieser Eigenschaft besonders.

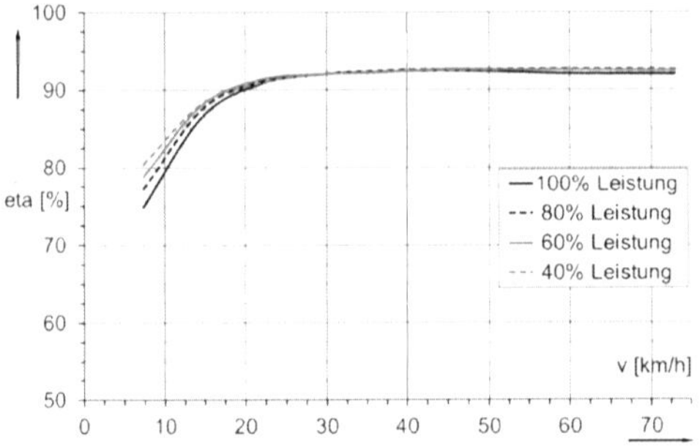

Bild 11: Typische Wirkungsgrade von ELFA-ASM-Fahrmotoren

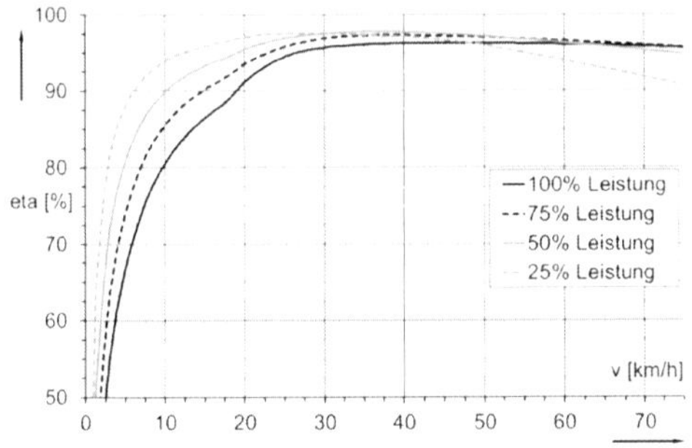

Bild 12: Typische Wirkungsgrade von ELFA- PEM-Fahrmotoren

Gegenüber dem Konzept mit ASM kommt bei der Leistungselektronik für PEM-Antriebe als Schutzeinrichtung eine neue Funktionalität, das Voltage Protection Module (VPM), dazu. Wenn es z.B. in Folge eines Fehlers im fahrenden Betrieb mit hoher Geschwindigkeit zu einem Abschalten des Umrichters kommt (sicherer Zustand), dann wird von der permanent erregten Synchronmaschine, welche jetzt generatorisch arbeitet, ein Strom über die Freilaufdioden des Antriebswechselrichters in den DC-Zwischenkreis gespeist. Dieser wird in einem System, wie z.B. in Bild 8 gezeigt, extrem schnell aufgeladen. Wird die maximal zulässige Zwischenkreisspannung überschritten, so wird als Überspannungsschutz das VPM eingeschaltet und so ein 3-phasiger Kurzschluss an den Lastanschlüssen der PEM realisiert. Den Kurzschlussstrom der PEM kann das VPM so lange führen, bis das Fahrzeug zum Stillstand gekommen ist.
Für die Felderprobung und die Markteinführung wurde die VPM-Funktion zunächst als eigenständige Komponente im vorhandenen Umrichtergehäuse realisiert. Um aber den Zielen dieses Entwicklungsschrittes voll zu entsprechen, wird derzeit ein Umrichter mit integrierter VPM-Funktion entwickelt. Dies bedeutet eine deutliche Steigerung der Integrationstiefe. Der Umrichter behält bei dieser Entwicklung seine volle 4-phasige Funktionalität und Leistungsfähigkeit bei. Bild 13 zeigt das Prinzip dieses neuen Familienmitglieds. Das Gerät nutzt das bestehende Gehäuse und besitzt die gleichen Schnittstellen.

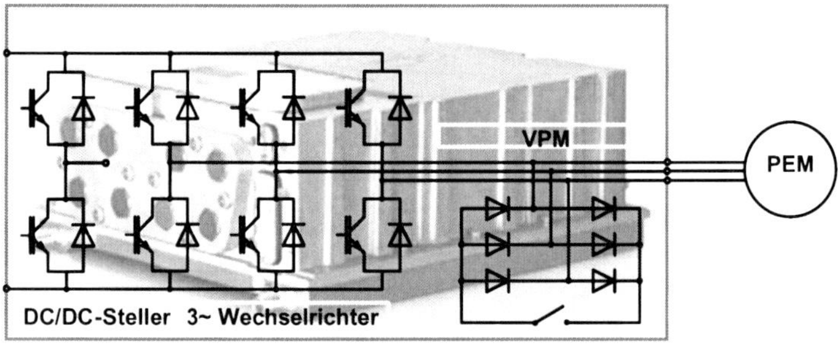

Bild 13: Prinzip eines Umrichters mit integrierter VPM-Funktion zur Speisung eines PEM-Fahrmotors

Des Weiteren werden zur Erhöhung der Lebensdauer in besonders anspruchsvollen Projekten IGBT mit einer um 33% erhöhten Chipfläche im gleichen Gehäuse integriert. Alternativ kann man so auch die Leistungsfähigkeit des Umrichters steigern.

Die Eigenschaften des neuen PEM-Antriebskonzeptes führen in Bezug auf das Fahrzeug zu deutlichen Vorteilen gegenüber bisherigen seriellen Antriebskonzepten mit ASM-Fahrmotoren:

- Wegfall des bei ASM-Antrieben notwendigen Summiergetriebes
- Höherer Antriebswirkungsgrad und geringerer Energieverbrauch
    - Einsparpotential 10% ... 15% höher als mit ASM Lösung
- Höhere Drehmoment- und Leistungsdichte der PEM-Maschinen
- Reduzierte Anzahl der Komponenten bei Motoren und Leistungselektronik
- Deutlich verbesserte Wirtschaftlichkeit

3. Weiterentwicklung und Trends

Das generelle Szenario für die Weiterentwicklung von Stadtbussen ist in der Einleitung diskutiert worden. In Bezug auf die Antriebssysteme bestehen auch in Zukunft die in 2.2 benannten Anforderungen. Dazu kommen vor allem folgende Themen:

- Kunden
  - Design to Cost und Standardisierung
  - Sicherheitskonzepte für geforderten „Safety Integrated Level“ umsetzen
  - Optimierte Konzepte in Hinblick auf Life Cycle Cost
- Technische Merkmale
  - Weitere Erhöhung der Integrationsdichte
  - Applikation bei höherer Kühlwasser- und/oder Umgebungstemperatur
  - Hilfsbetriebefunktionen (DC/DC, DC/AC) erweitern bzw. optimieren
  - Ladetechnik für Plug in Hybride entwickeln
- System
  - Optimierung auf Zielsysteme
  - Unterstützung verschiedener Systemtopologien – Hybrid, Plug in Hybrid, E-Car, ...
  - Einfache Ableitung kundenspezifischer Varianten

Im Folgenden wird auf einige besonders interessante Themen eingegangen.

3.1 Antriebssysteme

Da Verbrennungskraftmaschinen noch einige Jahre die Hauptenergiequelle von Stadtbussen bilden werden, sind auch für serielle Hybridantriebe weitere Entwicklungen geplant. Ein wichtiges Ziel ist es dabei durch weitere Integration die Anzahl der Systemkomponenten zu verringern. Durch eine höhere Integrationsdichte kann man z.B. leistungsstärkere Umrichter realisieren, um so eine Parallelschaltung zu eliminieren. Auch die Integration mehrerer Umrichter in ein Gehäuse kann für serielle Hybridantriebe ein sinnvoller Entwicklungsschritt sein.

Daneben ist bei seriellen Hybridsystemen ein weiterer Ausbau der Funktionalitäten zu erwarten. Auch in Bezug auf Hilfsbetriebe wird es eine zunehmende Elektrifizierung geben. 24-V-Batterieladegeräte, Hilfswechselrichter zur Versorgung von Lenkhilfpumpen und Luftkompressoren für Klimageräte können hier als Beispiel genannt werden.

Hochvoltladegeräte für AC- und DC-Netzanbindung werden in Verbindung mit entsprechend stärker ausgelegten Speichern die Möglichkeiten des rein elektrischen Fahrens deutlich erweitern. Erste Projekte hierzu sind gestartet und in Umsetzung. Ein Beispiel ist in [7] beschrieben. Bild 14 stellt das rein elektrische Antriebssystem dar. Es kommen dabei im Antrieb ELFA-Komponenten zum Einsatz. Zusätzlich wurde ein potenzialtrennender DC/DC-Steller entwickelt, der eine Ladung des Fahrzeugs an den Endhaltestellen über die vorhandene Straßenbahnoberleitung ermöglicht. Weiterhin gibt es die Möglichkeit, mittels einer AC-Anbindung im Depot die Batterie über einen dafür entwickelten Gleichrichter zu laden.

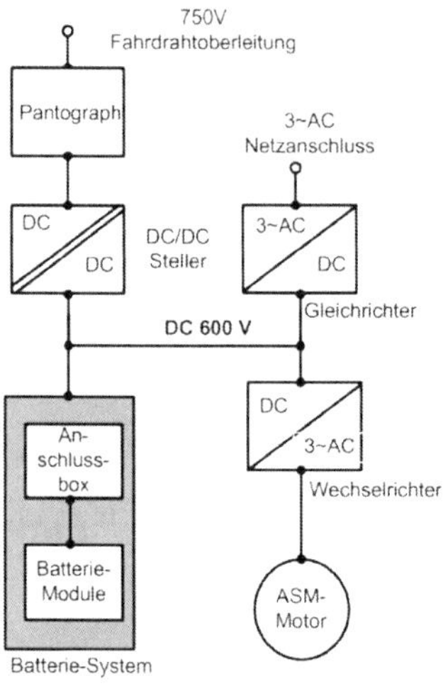

Bild 14: Elektrisches Antriebssystem mit DC-Ladung aus 750V Fahrdrahtoberleitung

Bild 15: Elektrischer Stadtbus beim Laden (rechts im Bild) [7]

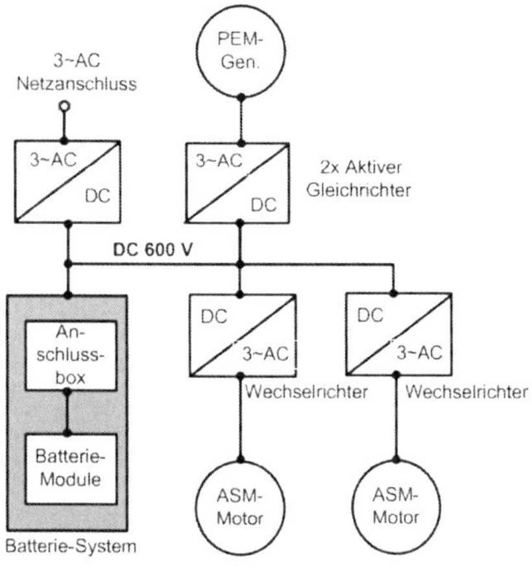

Bild 16: Elektrisches Antriebssystem eines seriellen Plug-In-Hybridbusses mit AC-Batterieladung

Bild 17: Serieller Plug-In-Hybridbus

Ein Beispiel für einen seriellen Plug-in-Hybridbus, also mit zusätzlicher AC-Anbindung, ist in Bild 17 zu sehen. Das Antriebskonzept ist in Bild 16 dargestellt. Dieser Bus nutzt ELFA-Komponenten für den Antrieb und für die AC-Ladung. Als VKM kommen Dieselmotoren oder Motoren für Erdgas bzw. Autogas zum Einsatz [8].

3.2 Permanenterregte Maschinen

Eine weitere Optimierung der Wicklungssysteme von PEM-Maschinen kann durch den Einsatz von Runddrahtwicklungen in Zahnspulentechnik erzielt werden. Wesentliche Vorteile dabei sind:

- Weitere Bauraumreduzierung durch sehr kurzes scheibenförmiges Design
- Kostenreduzierung durch hohen Automatisierungsgrad
- Weitere Verbesserung der Wärmeableitung in das Blechpaket
- Reduzierte Ständerwiderstände und somit weiter erhöhter Wirkungsgrad
- Technologie für hohe Stückzahlen

Das Konzept ist besonders für PEM-Maschinen mit hohen Polpaarzahlen und geringen Baulängen geeignet. Es wird also besonders bei eher niedrig drehenden PEM-Generatoren mit hohen Momentenanforderungen zum Einsatz kommen. Bild 18 zeigt ein Design für einen Generator nach diesem Konzept.

Bild 18: Design eines PEM Generators

Eine weitere sehr interessante Applikation für diese Maschinentechnologie ist die Anwendung als radnaher Motor bzw. als Radnabenmotor. In beiden Fällen ist eine eher niedrige Drehzahl gegeben. Der scheibenförmige Aufbau passt sehr gut zu den Einbaubedingungen dieser Anwendungen. Eine erste mögliche Applikation hierzu sind z.B. Taxi Bot, Schlepper die Flugzeuge von der Parkposition bis zur Startbahn ziehen. Dabei sollen serielle Hybridantriebe zum Einsatz kommen [9].

3.3 Leistungselektronik

Das Thema Lebensdauer stellt eine besondere Herausforderung an die Leistungselektronik in Stadtbussen dar. In dieser Applikation bestehen sehr hohe Anforderungen: Nutzungsdauer 15 Jahre/ 1.000.000 km, bei ca. 60.000 h Betriebsdauer. Das Belastungsprofil in Innenstädten ist typischerweise durch eine sehr hohe Lastzyklenanzahl geprägt. Daneben ergeben sich durch topographische Verhältnisse und natürlich auch durch die Systemauslegung sehr kundenspezifische Lastprofile. Die leistungselektronischen Komponenten müssen also eine hohe Bandbreite an anspruchsvollen Lastprofilen abdecken. Bild 19 stellt beispielhaft ein Lastprofil dar.

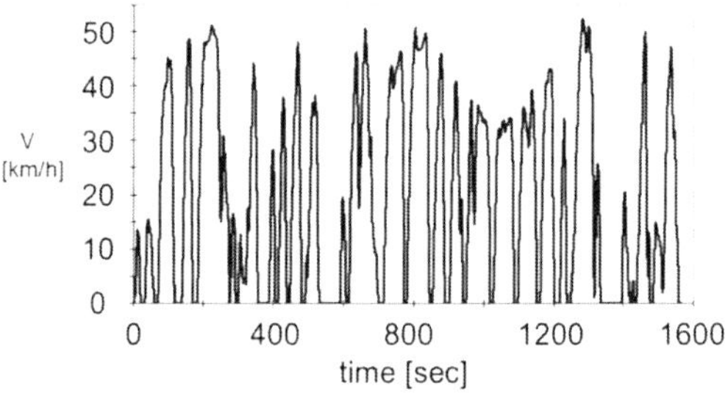

Bild 19: Typisches Lastprofil eines Stadtbusses

In heutigen Applikationen wird die Ausnutzbarkeit der Leistungselektronik durch ihre begrenzte Zyklenfestigkeit limitiert. Die aktuelle Aufbautechnik von Leistungshalbleitern ist deshalb im Design als wesentliche Begrenzung zu berücksichtigen. Bild 20 stellt den Aufbau eines typischen Leistungshalbleiters (IGBT = Insulated Gate Bipolar Transistor) dar.

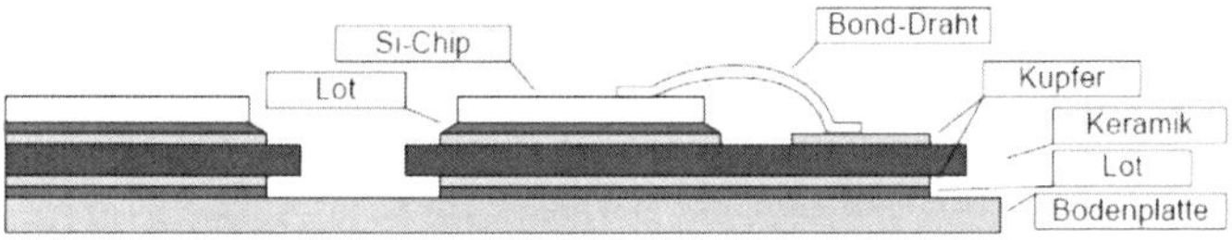

Bild 20: Typischer Aufbau eines aktuellen IGBT

Lebensdauerbegrenzende Schnittstellen sind dabei die Bonddrähte und die Lötungen (Lot) zwischen Si-Chip und Keramik, sowie zwischen Keramik und Bodenplatte. Aktuelle Entwicklungsthemen adressieren darum insbesondere eine robustere Auslegung dieser Verbindungen.

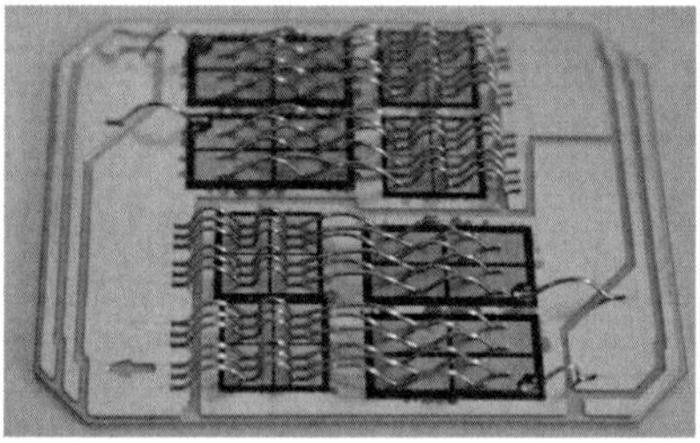

Bild 21: Aufbautechnologie mit Kupfer- statt Aluminiumbonddrähten [10]

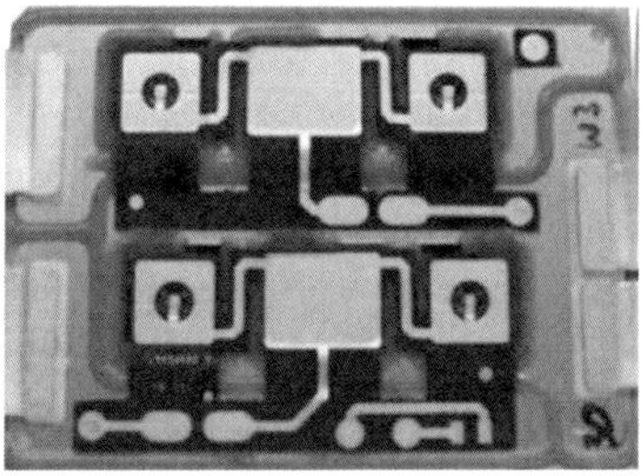

Bild 22: Aufbautechnologie mit Folien [11]

Durch neue Bondtechniken [10] oder den Ersatz der Bonddrahttechnik durch Folien [11] wird die Widerstandsfähigkeit insbesondere gegenüber kurzen Lastzyklen (Power cycling) deutlich erhöht. Die Bilder 21 und 22 stellen zwei neue Technologien beispielhaft dar.

Neue Lötverfahren erhöhen die Lebensdauer der Chip-Keramik-Lötung und auch der Keramik-Bodenplattenlötung um Faktoren >2 [12]. Alternativ dazu werden auch zunehmend Sinterverbindungen entwickelt, um herkömmliche Lötverbindungen zu ersetzen. Hier ergeben sich vergleichbare Vorteile [11].
Der Wärmeübergang zwischen Leistungshalbleiter und Kühlmedium ist ein weiterer Entwicklungsschwerpunkt. Durch neuartige Pin-Fin-Bodenplatten, die einen direkten Wärmeabfluss vom IGBT in das Kühlmedium Wasser ermöglichen, ergeben sich deutlich reduzierte thermische Widerstände im Aufbau. Bild 23 zeigt die Pin-Fin-Bodenplatte eines IGBT. Messungen an Mustern zeigen einen um etwa 20% reduzierten thermischen Widerstand. Dieses führt bei gleicher Belastung zu reduziertem Stress und so zu längerer Lebensdauer. Alternativ können die Umrichter stärker beansprucht werden.

Bild 23: IGBT mit Pin-Fin-Bodenplatte

Bei den Halbleitermaterialien können durch den Einsatz von SiC vor allem geringere Schaltverluste realisiert werden [13]. Höhere Wirkungsgrade, höhere Lebensdauern bzw. eine höhere Ausnutzung und auch reduzierte Kühlaufwendungen sind je nach Auslegung erzielbar. Beim Einsatz von schnell schaltenden SiC-Halbleitern in hochfrequent betriebenen DC-DC Stellern ist die Baugröße von induktiven Bauelementen stark reduzierbar. Erhöhte Ausgangsfrequenzen in Umrichtern erlauben eine Reduzierung von Volumen und Gewicht bei Filterbauelementen.

4. Zusammenfassung

Stadtbusse mit seriellen Hybridantrieben weisen große Vorteile bzgl. der Reduktion von CO_2, Kraftstoff und Lärm auf. Ihr Antriebskonzept ist zukunftsweisend, da sich dieses auch für Konzepte mit höherer bzw. vollständiger Elektrifizierung eignet. Somit können die Komponenten serieller Hybridantriebe auch bei Plug-in-Hybridbussen, Bussen mit Brennstoffzellen und reinen Batteriebussen zum Einsatz kommen. Als nächster Entwicklungsschritt werden derzeit serielle Hybridantriebe mit einer zentral angeordneten permanenterregten Synchronmaschine und dazu passend ausgelegter Leistungselektronik in den Markt eingeführt. Gegenüber bisherigen seriellen Antrieben mit mehreren Asynchronmaschinen werden nochmals deutliche Verbesserungen in Bezug auf Emissionen, Systemkomplexität und Wirkungsgrad erreicht. Eine deutliche Verbesserung der Wirtschaftlichkeit sowie von Volumen und Gewicht sind so möglich. Den Trend hin zu einer weitgehenden bzw. vollständigen

Elektrifizierung der Antriebe von Stadtbussen belegen Beispiele für derzeitig laufende Entwicklungen. Dabei werden die für serielle Hybridantriebe entwickelten Komponenten auch bei Plug in Hybridantrieben und reinen Batteriebussen zum Einsatz kommen.

Literatur

[1] Hondius, H.: Volvo setzt auf Hybridbusse. In: Stadtverkehr 7-8. pp. 24–28, 2013

[2] Volvo plug-in hybrid bus with Busbaar rapid charging to begin field testing in Gothenburg; 75-80% reduction in fuel consumption and CO2. Verfügbarkeit: http://www.greencarcongress.com/2013/05/volvo-20130514.html

[3] Helsper, M.: Leistungselektronik für Serienhybridantriebe. In: Haus der Technik. Tagung Hybridnahverkehrsbusse. 2011

[4] Frenzke, T; Quast, F.; John, D.; Kigin, E.: Modular energy storage system for Diesel-electric hybrid city buses. In: VDE Kongress E-Mobility, 2010

[5] Laska, B.; Bakran, M.: ELFA-Energiespeichersystem mit Doppelschichtkondensatoren – die ideale Lösung für effiziente Hybridantriebe in Stadtbussen. In: Innovationszentrum Bahntechnik Europa e. V. (IZBE) und der VDE Technisch-Wissenschaftlicher Verband der Elektrotechnik Elektronik Informationstechnik e. V. (ETG), 2012

[6] Brauer, M.; Holl, E.: ELFA Innovative Serienhybridantriebe für Citybusse in Solo- und Gelenkbusausführung. In: EMA Elektromobilausstellung, 2008

[7] Umweltfreundliche Elektrobusse in Wien. Verfügbarkeit: http://www.siemens.com/innovation/de/news/2013/inno_1308_2.htm

[8] Repsol and Castrosua develop and manufacture the first Hybrid Urban Bus entirely in Spain. Verfügbarkeit: http://www.worldlpgas.com/mediaroom/215/85/Repsol-and-Castrosua-develop-and-manufacture-the-first-Hybrid-Urban-Bus-entirely-in-Spain

[9] Smooth operator. In: Ground Handling International February. pp. 38-39, 2013

[10] Guth, K.; Siepe, D.; Görlich, J.; Torwesten, H.; Roth, R.; Hille, F.; Umbach, F.: New assembly and interconnects beyond sintering methods. In: PCIM Power Conversion Intelligent Motion, 2010

[11] Beckedahl, P.: Advanced Power Module Packaging for increased Operation Temperature and Power Density. In: International Power Electronics and Motion Control Conference, EPE-PEMC, 2012 ECCE Europe

[12] Rusche, W.; Helsper, M.; Rüger, N.; Krasel, S.; Oeschler, N.: Required by the application - Optimized joining technologies in IGBT modules increases the lifetime of hybrid bus inverters. In: Internationaler ETG-Kongress, 2013

[13] Bontemps, S.; Calmels, A.; Round, S.; Kolar, J.: Low profile power module combined with state of the art MOSFET switches and SiC diodes allows high frequency and very compact three-phase sinusoidal input rectifiers. In: Conference for Power Electronics, Intelligent Motion, Power Quality (PCIM), 2007

11A Antriebskonzepte für elektrifizierte Stadtbusse

Bernd Peter Elgas

Abstract

The trend towards growing metropole areas is unbroken, this will cause increasing demand for environmental friendly and highly efficient public transportation systems. Flexible and infrastructure unbound systems are BRT Systems with electrified busses.
One of the most important systems of electrified vehicles is the drive train. Different motor concepts are in contest. The decision from OEM side is influenced by different requirements. Efficiency, safety, performance and finally cost are the impacts. The best compromise needs to be found and for sure cost will be the main driver.

Zusammenfassung

Der Trend zu immer größer werdenden Metropolen ist ungebrochen. Damit steigt auch die Anforderung an einen umweltfreundlichen und effizienten ÖPNV. Ein von der Infrastruktur unabhängiger Ansatz ist ein elektrifizerter Busverkehr (BRT – Bus Rapid Transportation)
Das prägende System elektrifizierter Fahrzeuge ist der Antriebstrang. Es werden verschiedene Motorkonzepte angeboten, die in ihren Ausprägungen unterschiedlich sind und die Entscheidung der Fahrzeughersteller beeinflussen. Effizienz, Sicherheitsaspekte, Leistungsdaten und Kosten sind die Haupttreiber der Entscheidung. Jede Entscheidung stellt ein Kompromiss dar, das Hauptargument für die Entscheidung zugunsten eines Antriebskonzeptes sind aber die Kosten.

1. Trends und Auswirkung urbaner Mobilität

Die Bevölkerungsentwicklung und Urbanisierung lassen Megacities mit großen Verkehrsherausforderungen entstehen.

- Durch die Bevölkerungsentwicklung in den Metropolen wird der Mobilitätsbedarf ständig zunehmen. Das Verkehrswesen gilt mit Abstand als wichtigste Infrastrukturaufgabe, da es alle gesellschaftlichen Ebenen betrifft

- Mobilität muss nachhaltig sein und sich an Umweltqualitätszielen orientieren. Luftverschmutzung und Staus sind die beiden größten ökologischen Herausforderungen, welche nur mit einem verstärkten Einsatz öffentlicher Nahverkehrslösungen beherrscht werden können

- Die Verkehrliche Funktionsfähigkeit wird ein zentraler Standortfaktor im Städtewettbewerb und ist Schlüsselfaktor für die Wettbewerbsfähigkeit. Sie basiert auf einem attraktiven, umweltfreundlichen und effizienten ÖPNV. →Megacities sind die Motoren der Weltwirtschaft und das Verkehrsnetz lässt sie effizient laufen.

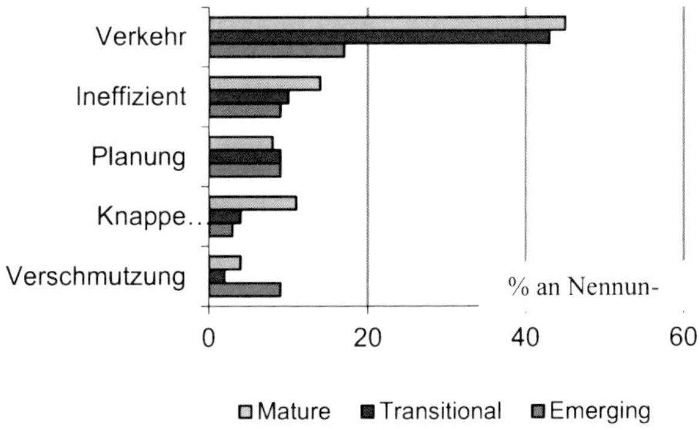

Bild 1: Städtische Strukturherausforderung

2. Motivation für Hybridisierung von Fahrzeugen im Bereich des ÖPNV

2.1 Herausforderung Abgasnorm

Neben den genannten strukturellen Entwicklungen hin zu Metropolen, muss ein Fahrzeughersteller auch die gesetzlichen Anforderungen und die eigenen Ziele im Bereich des Kraftstoffverbrauches und der Schadstoffemissionen einhalten.
Am Beispiel des Zusammenwirkens von Reduktion von Partikeln und Stickoxide wird klar, dass nur durch die Einführung von Hybridantrieben diese Ziele erreichbar werden.

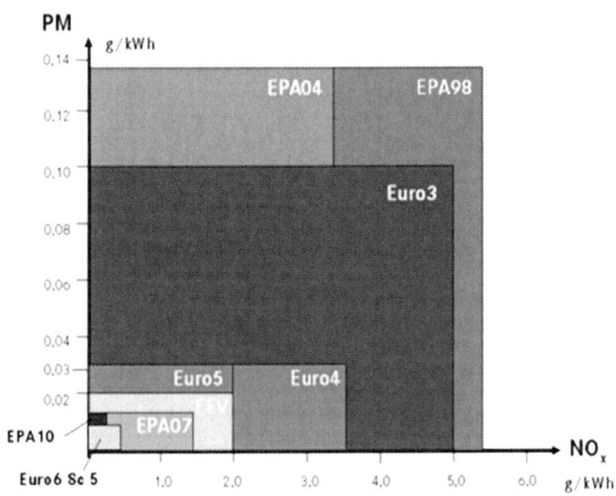

Bild 2: Vorgaben der verschiedenen Abgasnormen

Das Diagramm zeigt die Entwicklung der Vorgaben an die Partikelmenge und der Stickoxide in Bezug auf die Abgasnormen Euro und EPA. Im Schritt von Euro5 auf Euro6 müssen die Hersteller die Partikelmenge um ca. 66% und den Stickoxidausstoß um 80% reduzieren. Da sich beide Maßnahmen gegenseitig beeinflussen rechneten die Hersteller mit einem Anstieg des Kraftstoffverbrauches um ca. 3%. Die Einführung von Rekuperationssystemen und neuer Motorentechnologien führten im Stadtbus zu einem Minderverbrauch von ca. 8%.
Eine weitere Absenkung des Kraftstoffverbrauches lässt sich nur mit dem Hybridisieren von Stadtbussen bis hin zur Elektrifizierung des Antriebstranges erreichen.

2.2. Innovationstreiber ÖPNV

Wenn man auf die Entwicklung der Mobilität in den Stadtbereichen schaut, stellt man fest, dass sich die Kommunen sehr intensiv mit dem Thema Emissionen auseinander setzen. Städte und Gemeinden erstellen z.B. Lärmkartierungen um analytisch die Problematik greifbar zu machen. Betroffen sind dabei nicht nur die Ballungszentren, sondern alle Städte und Kommunen, die sich mit der Lebensqualität in den Wohnquartiere auseinander setzen müssen. Eine maßgebliche Lärmreduktion des ÖPNV geht in diesen Diskussionen von dem Einsatz elektrifizierter Fahrzeuge aus, die eine bestimmte Strecke auch rein elektrische zurücklegen können oder durch die Art der Energiebereitstellung besonders leise sind.

3. Hybridisierungskonzepte

Die Entscheidung welches Antriebskonzept zum Einsatz kommt, hat auch mit der Frage zu tun welches Hybridkonzept verfolgt wird. Im Folgenden sind die verschiedenen Hybridkonzepte dargestellt.

3.1 Parallelhybridkonzept

Der Parallelhybrid besteht aus dem konventionellen Antriebstrang mit einer zusätzlichen E-Maschine auf der Motorabgangswelle. Durch ein geschicktes Energiemangement wird die Bremsleistung des Fahrzeuges in der Hochvoltbatterie gespeichert und bei der Beschleunigung wieder abgegeben. Durch Vergrößern der Batteriekapazität und der Einführung von elektrifizierten Nebenverbrauchern kann ein begrenzter ZEV Radius erreicht werden. Durch den Einsatz der E-Maschine kann je nach Anforderung und innerhalb von sinnvollen Betriebsgrenzen der Lastpunkt des Verbrennungsmotors verändert werden, ohne dass sich die Fahrperformance ändert.

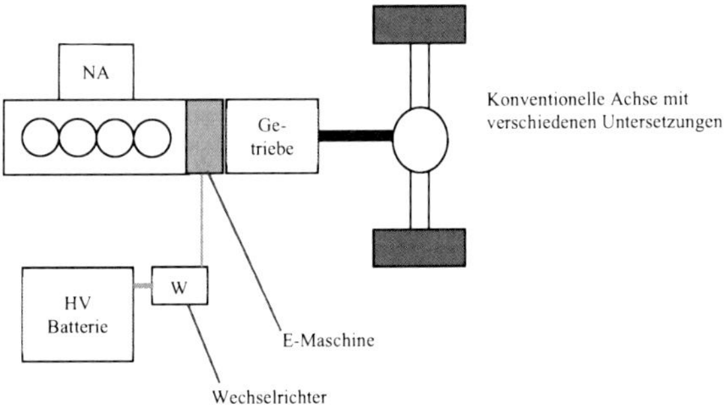

Bild 3: Parallelhybrid

3.2 Fahrzeuge mit elektrischem Vortrieb

Bei Fahrzeugen die ausschließlich einen elektrischen Vortrieb haben, ändert sich je nach Gewichtung und Größe von Hochvoltbatterie und Energieerzeugung/ Nachladung der Gesamtcharakter des Fahrzeuges.

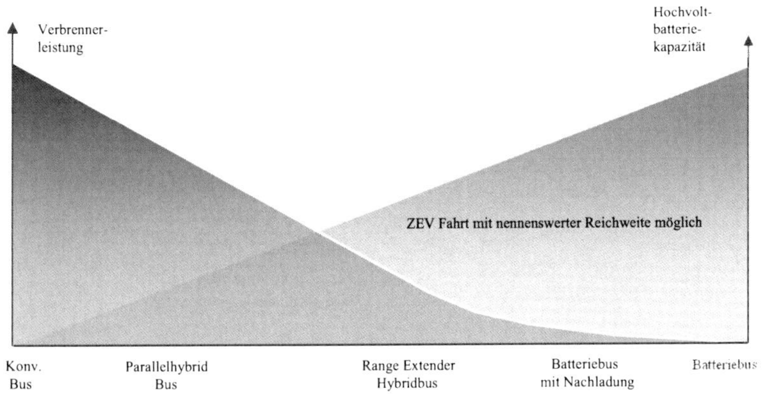

Bild 4: Darstellung Verbrennerleistung vs. Batteriekapazität

Für Fahrzeuge innerhalb einer Gewichtsklasse und Betriebsstrecke ändert sich der Gesamtenergiebedarf. Man kann über die Festlegung der Energieerzeugung/ Nachladung und der Batteriegröße aus einem Baukasten heraus von Range Extender Fahrzeug bis zum reinen Batteriebus alle Varianten darstellen, dabei sind explizit auch Fahrzeuge mit Brennstoffzellentechnik inbegriffen.
Die grundsätzliche Auswahl des Vortriebsmotorkonzeptes und der Nebenaggregate kann dabei unbeachtet bleiben.
Folgende Konzepte lassen sich dabei im Einzelnen aufzeigen.

3.2.1 Range Extender Fahrzeug

Die Batterie dient zum Speichern der Rekuperationsenergie und gibt diese im Beschleunigungsfall wieder ab. Der Verbrennungsmotor hat eine Leistungsklasse, die einen dauerhaften Vortrieb des Fahrzeuges ermöglicht. Im harten Stadtbuseinsatz wird der Motor durch das Energiemanagement im Start / Stop Modus betrieben. Der ZEV Betrieb ist für eine bestimmte Strecke möglich.
Der SOC der Batterie wird dabei in einem optimierten Bereich gehalten, es ist keine externe Nachladung vorgesehen.

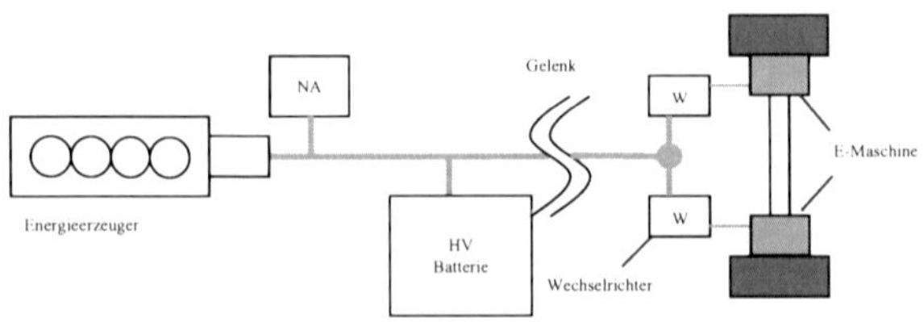

Bild 5: Range Extender System

3.2.2 Batterie Bus

Gegenüber dem Range Extender Bus hat der Batteriebus eine energiemäßig größere Hochvoltbatterie, mit der längere Strecken elektrisch gefahren werden können. Je nach Batteriegröße wird neben einer Übernachtladung gegebenenfalls auch eine Nachladung auf der Strecke notwendig. Diese Nachladung kann über externe Ladesysteme erfolgen. Die Nachladesysteme und die entsprechende Hochvoltbatterie müssen dann in der Lage sein, den benötigten Energieinhalt in sehr kurzer Zeit in das Fahrzeug zu transferieren und zu speichern. Dadurch ergibt sich ein für die Elektronikbaugruppen entscheidender Auslegungspunkt mit sehr hohen Strömen. Um einen Batteriebus ohne Nachladeeinrichtung während des Linienbetriebes darzustellen sind sehr große Batterien notwendig, die ein entsprechendes Gewicht aufweisen.

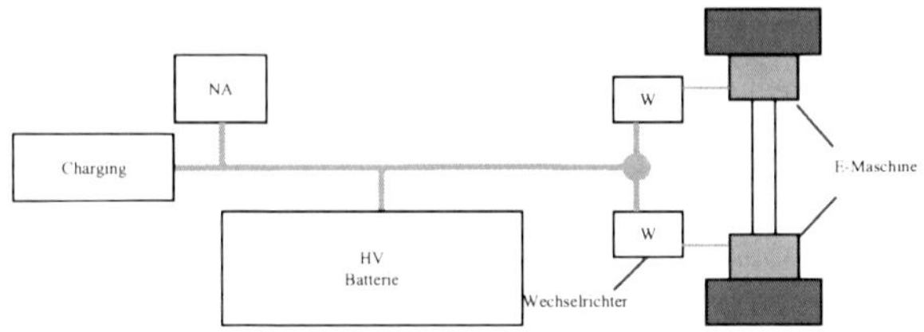

Bild 6: Batteriebus

4. Anforderungen an elektrifizierte Fahrzeuge

Eine der entscheidenden Fragen bei der Einführung des elektrifizierten Antriebstranges ist die Kundenakzeptanz. Erfüllt das Fahrzeug die Anforderungen in den Punkten Steigfähigkeit, Einhaltung des Betriebstaktes und maximale Geschwindigkeit für die Einsatzfahrten?
Darüber hinaus ist zu beachten, dass der Fahrantrieb etwa 50% des Energiebedarfes eines elektrifizierten Stadtbusses darstellt. Nebenverbraucher wie Luftdruckspeicher, Lenkhelfunterstützung aber vor allen Dingen Klimatisierung und Heizung sind im Gegensatz zu PKWs und LKWs sehr große Verbraucher, die in der Gesamtbetrachtung nicht vernachlässigt werden dürfen.
Die folgende Darstellung zeigt reale Daten eines elektrifizierten Gelenkzuges. Die Aufzeichnungen zeigen den typischen Verlauf eines Fahrantriebes.

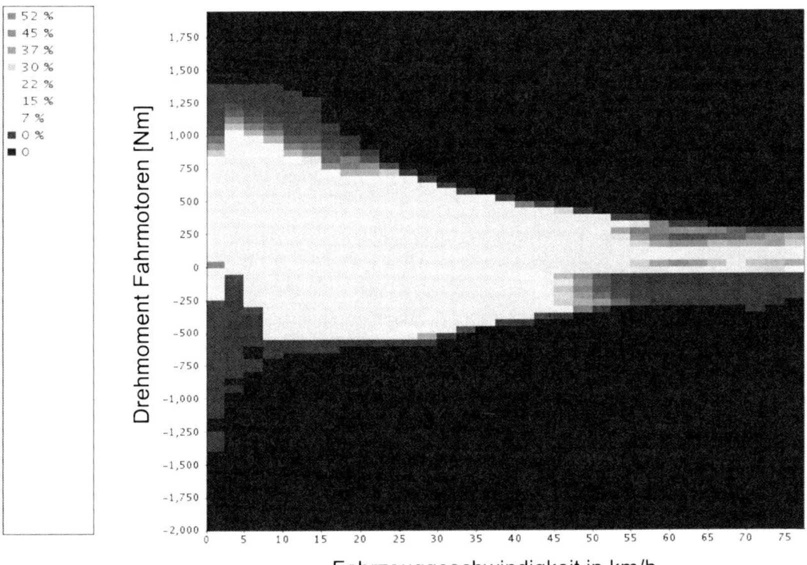

Bild 7: Prozentualer Anteil des Antriebsmomentes bezogen auf die Geschwindigkeit

4.1 Anforderungen an die Elektromotoren als Fahrantrieb

Der Einsatz eines Stadtbusses im täglichen Einsatz hat viele Aspekte, die sich direkt auf die Anforderungen eines Antriebssystems niederschlagen. Lebensdauer, Kostendruck, Verbindungstakt der Buslinien, aber auch die Sicherheit beim Transport von bis zu 200 Menschen beeinflussen die Konzepte. Im Folgenden sind die wichtigsten Bewertungskriterien aufgelistet.

4.1.1 Effizienz

Bei der Effizienz betrachtet man als OEM die eingebrachte Energie (in Form von DC-Strom bei DC Spannung) als Eingangsgröße und der Zugkraft über Geschwindigkeit als Ergebnis. Damit wird die Wirkungsgradkette der Komponenten untersucht, die bei der Erzeugung des Vortriebes notwendig sind. Bei dieser Herangehensweise muss man das Zusammenspiel der Funktionsmodule Wechselrichter, Motor, Getriebe und Differenzial betrachten. Nur das optimale Zusammenspiel wird die beste und effizienteste Lösung darstellen.
Bei der Ermittlung der benötigten Energie werden, neben den bekannten Referenzstrecken (z.B. Linie 42 in Stuttgart), die SORT (**S**tandardised **O**n **R**oad **T**est) Messzyklen herangezogen. Die SORT Messzyklen wurden von der UITP (International Association of Public Transport) definiert. Die festgelegten Zyklen repräsentieren dabei die unterschiedlichen Nutzungsprofile.

- Schwere Innenstadtbetrieb = SORT-1 Zyklus
- Leichter Innenstadtbetrieb = SORT-2 Zyklus
- Vorortsbetrieb = SORT-3 Zyklus

Die Zyklen unterscheiden sich dabei in den Durchschnittsgeschwindigkeiten, der Anzahl der Stopzyklen und der Verweildauer bei 0 km/h.

	SORT 1	**SORT 2**	**SORT 3**
Durchschnitts-geschwindigkeit [km/h]	12,6	18,6	26,3
Stops pro km (Haltestellen)	6	3	2
Stopzeit an Haltestellen [%]	40	35	20

Bild 8: Vergleich der SORT Anforderungen

4.1.2 Sicherheit

Die Elektrifizierung von Personenkraftwagen und Nutzfahrzeugen ist im Gegensatz zur Industrie und den Bahnapplikationen eine vergleichsweise junge Disziplin. Um gleiche Sicherheitslevel zu erreichen, etablieren sich Arbeitsstrukturen wie die VEFK Organisation, ebenso wird den Anforderungen an Systeme und Komponenten Beachtung geschenkt. Beim Einsatz elektrifizierter Antriebe werden Spannungen > 60V

verwendet. Um Sicherheitsstandards zu gewährleisten, werden nationale und internationalen Gesetze und Anforderungen angewendet.
Wichtige Anforderungen ergeben sich dabei z.B. aus der ECE R 100 und der LV123. Aus der ECE R 100 leiten sich u.a. Anforderungen in den Punkten Spannungsfestigkeit, Kennzeichnung und Isolationswiderstand ab, die für die Homologation notwendig sind.
Die LV123 ist eine Anforderung zur Hochvoltsicherheit von Komponenten, die durch die Automobilhersteller Audi AG, BMW AG, Daimler AG, Dr. Ing. h. c. F. Porsche AG und VW AG erstellt und gepflegt wird. Darin wird zum Beispiel festgelegt, dass in einer kritischen Situation keine DC-Spannung über 60V durch die elektrischen Aggregate generiert werden darf.

4.1.3 Performance

Ein wichtiges Kriterium für den Einsatz von Antrieben ist die Performance. Der ÖPNV hat die Aufgabe zu jeder Tages- und Nachtzeit die Träger bereitzustellen, die Menschen effizient, schnell und günstig von A nach B transportieren. Dabei ändert sich je nach Tageszeit die Anzahl der Personen. Um den Transport sicherzustellen kommt es deswegen auf die Einhaltung des Taktes und die Verfügbarkeit der Fahrzeuge an. Dabei ist im ersten Schritt egal auf welchem Konzept der Bus basiert. Ein Stadtbus der eine Steigung nicht schafft oder den Takt der ÖPNV nicht bedienen kann, wird nicht zum Einsatz kommen können. Die Busse werden in verschiedenen Baugrößen (Solo, Gelenkzug..) bereitgestellt, dadurch ergeben sich auch verschiedene Leistungsklassen. Die erforderlichen Antriebsleistungen liegen im Bereich von 150kW bis 250kW.
Eine besondere Herausforderung stellt hierbei der Einsatz in der Innenstadt dar. Die Durchschnittsgeschwindigkeit ist sehr gering und die Anzahl von Haltestellen ist sehr hoch. Die Abbildung zeigt einen typischen Stadtbuseinsatz.

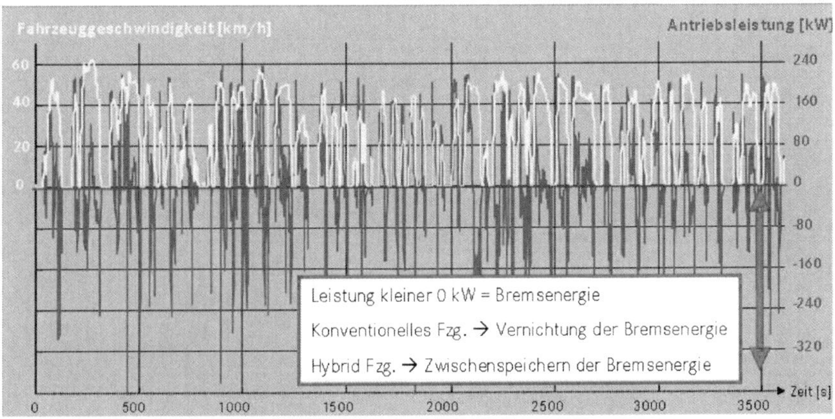

Bild 9: Profil einer Stadtbuslinie

4.1.4 Kosten

Elektrifizierte Fahrzeuge stehen im Wettbewerb mit konventionellen Fahrzeugen. Gerade in diesem Bereich hat sich durch die Einführung der Euro6 Abgasnorm eine Weiterentwicklung der Verbrennungsmaschinen ergeben.
Der Einsatz großer Li-Ionen Batterien stellt eine kostenseitige Herausforderung dar, aber auch bei Elektromotoren haben die Kosten eine tragende Rolle. Die Verwendung und die Verfügbarkeit von Neodym-Bohr-Eisen oder Samarium-Kobalt sind in Diskussion und werden beobachtet. Ebenso spielt der Grad der Automatisierung der Produktion und der damit verbundenen Kostenvorteile eine Rolle.

4.1.5 Lebensdauer

Nutzfahrzeuge haben höhere Anforderungen an die Auslegung der Komponenten bezüglich der Lebensdauer als Personenkraftwagen. Bei der Entwicklung von Bussen geht man von einer Nutzungsdauer von 15 Jahren aus, dabei wird der Bus ca. 600000 km zurücklegen.
Legt man das gezeigte Stadtbusprofil zugrunde, kann man während der Lebensdauer eines Stadtbusses von 1Mio - 3Mio Lastwechseln ausgehen, die die Komponenten aushalten müssen. Darin sind alle Verschleißarten, vom mechanischen durch Motor Start/Stopp Zyklen bis hin zur Alterung von Bondverbindung durch thermischen Lastwechsel in den IGBT's der Wechselrichter, inbegriffen.

5. Motor-Konzepte für den elektrifizierten Antriebsstrang

5.1 Historie des elektrischen Antriebsstrangs

Die Elektrifizierung des Vortriebes ist in der Bahn, der Straßenbahn und in Trolleybussen eingeführt und in erprobtem Einsatz. Dabei hat es in der Entwicklung Schritte zu einer robusten Technik gegeben, die sich über Gleichstrommaschinen hin zu den Asynchonmaschinen bewegt hat.
Da sich, neben den genannten Bereichen auch in der stationären Technik und in der PKW Branche die Entwicklung rasant weiterentwickelt hat, lohnt ein Blick auf die Motorarten, die heute in diesen Bereichen und in Stadtbusapplikationen eingesetzt werden.

	Step 1	Step 2	Step 3	aktuell
Bahn 	Dampf (zentral, 2-5 Achsen gekoppelt)	E-Maschine (**Wechselstrom**, zentral, 2-4 Achsen gekoppelt)	E-Maschine (Drehstrom, **Asynchron-Motor**, dezentral mit speziellen Antriebsachsen)	E-Maschine (Drehstrom, **Asynchron-Motor**, dezentral an jeder Achse)
Straßenbahn 	Dampf (zentral, 2-5 Achsen gekoppelt)	E-Maschine (**Gleichstrom-Motor**, dezentral mit speziellen Antriebsachsen)	E-Maschine (Drehstrom, **Asynchron-Motor**, dezentral mit speziellen Antriebsachsen)	E-Maschine (Drehstrom, **Asynchron-Motor**, dezentral an jeder Achse)
O-Bus 		E-Maschine (**Gleichstrom-Motor**, zentral)	E-Maschine (Drehstrom, **Asynchron-Motor**, zentral wegen Isolationsherausforderung)	
Lkw/Bus 		Diesel-Motor (zentral, 1 Achse)		E-Maschine (Drehstrom, **Asynchron-Motor**, dezentral mit speziellen Antriebsachsen)

Bild 10: Einsatz verschiedener Motorentypen über die Entwicklungsschritte

5.2 Synchronmotor

Diese Motorenart zeichnet sich durch sehr hohe Drehmomente im kleinen Drehzahlbereich aus. Die verwendeten Magnete sind auf der Oberfläche, oder nah an der Oberfläche verbaut. Der klassische Synchronmotor wird als Generator ohne Feldschwächbereich eingesetzt.

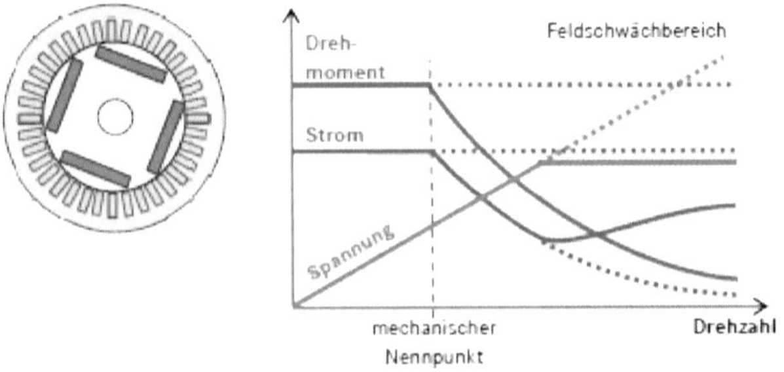

Bild 11: Schematischer Querschnitt und Drehmoment/ Drehzahl- Kennlinienfeld eines Synchronmotors

Die Synchronmaschine zeichnet sich durch folgende Merkmale aus:

- Läufer mit Permanentmagneten
- Einsatz seltener Erden (z. B. Neodym)
- Läufer-Maximaltemperatur: ca. 170°C
- Frequenzsteuerung ohne Schlupf
- hohe Leistung bei kurzer Baugröße durch starke Magnete möglich
- Wirkungsgradvorteil bei niedrigen Drehzahlen
- Feldschwächung nur durch Blindstrom gegen das Magnetfeld, die Sychronmaschine ist gut geeignet (ohne Feldschwächung) als Generator/Antrieb mit Pmax bei hoher Drehzahl

Effizienz

- Der Synchronmotor wartet mit einer sehr hohen Effizienz im unteren Drehzahlbereich auf. Durch den Einsatz von Magnetmaterial ist kein zusätzliches Erregerfeld notwendig. Im höheren Drehzahlbereich muss allerdings das Erregerfeld kompensiert werden. Dieser Effekt verstärkt sich bei kleinen Momenten bei Spitzendrehzahlen. Durch den Einsatz von Oberflächenmagneten muss die max. Oberflächengeschwindigkeit beachtet werden.

Sicherheit

- Durch den Einsatz von Magneten wird bei einer Drehbewegung ohne äußeres Feld eine Spannung erzeugt, die proportional zu der Drehzahl ist. Bei einem feldorientierten Antrieb wird diese Spannung kompensiert. Verliert der Wechselrichter wegen einem Fehlerfall die Regelung, wird der drehende Synchronmotor mit einer Spannungsspitze reagieren, die die Systemspannung bei weitem übersteigen kann. Dieser Effekt muss durch äußere Maßnahmen soweit unterdrückt werden, dass bei einem HV System das Entladen ist, auf Dauer keine Spannung > 60V auftreten können. Dies wird z.B. mit einem aktiven Kurzschluss durch den Wechselrichter erzeugt, der seinerseits diese Betriebssituation auf Dauer aushalten können muss.

Performance

- Die Performance eines Synchronmotors ist in der Regel sowohl für das Anfahrmoment als auch für die max. Leistung völlig ausreichend für einen Fahrantrieb. Die max. Oberflächengeschwindigkeit des Läufers muss bezüglich der Magnetmontage beachtet werden.

Kosten

- Bei Synchronmotoren beeinflussen sowohl die Kosten der eingesetzten Magnetmaterialien als auch deren Einbau und Montage, den Preis.

5.3 Hybridsynchronmotor

Eine Weiterentwicklung des Synchronmotor stellt der sogenannte Hybridsynchronmotor dar. Hier werden die Magnete in den Läufer eingebettet. Die Anordnung erfolgt in einer Art und Weise, dass neben dem Synchronfeld ein Reluktanzfeld entsteht. Dadurch wird das max. erreichbare Moment in unteren Drehzahlbereich etwas geschwächt, aber der Motor prägt ein Feldschwächbereich aus, was dem natürlichen Momentenbedarf eines Fahrantriebes entspricht. Im Gegensatz zum Synchronmotor ist zur Feldschwächung kein Blindstrom gegen das Magnetfeld notwendig.

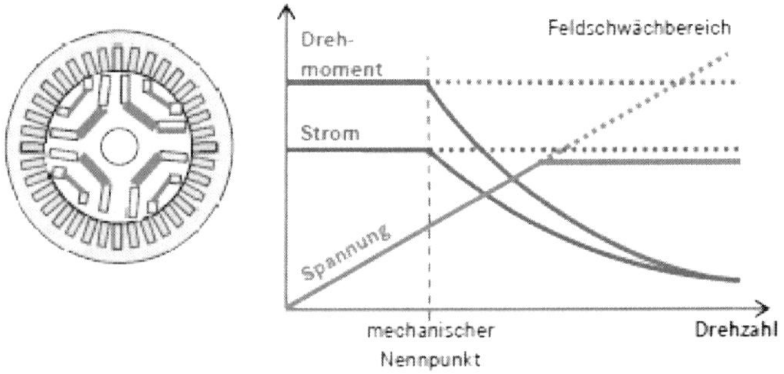

Bild 12: Schematischer Querschnitt und Drehmoment/ Drehzahl- Kennlinienfeld eines Hybridsynchronmotors

Die Hybridsynchronmaschine zeichnet sich durch folgende Merkmale aus:

- Läufer mit Permanentmagneten
- Einsatz seltener Erden (z. B. Neodym)

- Läufer-Maximaltemperatur: ca. 170°C
- Frequenzsteuerung ohne Schlupf
- hohe Leistung bei kurzer Baugröße durch starke Magnete möglich
- Wirkungsgradvorteil bei niedrigen Drehzahlen
- ausgeprägte Feldschwächung durch den Reduktanzanteil
- Einsatz als Antriebsmotor für PKW Antriebe

Effizienz

- Der Hybridsynchronmotor weist eine hohe Effizienz im unteren Drehzahlbereich auf. Durch den Einsatz von Magnetmaterial ist kein zusätzliches Erregerfeld notwendig. Im höheren Drehzahlbereich wirkt sich, durch die Lage der Magneten hervorgerufener Reluktanzanteil, ein Feldschwächbereich aus. Der Motor kombiniert die Vorteile eines Synchronmotors mit einem Feldschwächbereich wie er bei Fahrantrieben benötigt wird.

Sicherheit

- Durch den Einsatz von Magneten wird bei einer Drehbewegung ohne äußeres Feld eine Spannung erzeugt, die proportional zu der Drehzahl ist. Bei einem feldorientierten Antrieb wird diese Spannung kompensiert. Verliert der Wechselrichter wegen einem Fehlerfall die Regelung, wird der drehende Synchronmotor mit einer Spannungsspitze reagieren, die die Systemspannung bei weitem übersteigen kann. Dieser Effekt muss durch äußere Maßnahmen soweit unterdrückt werden, dass bei einem HV System das Entladen ist, auf Dauer keine Spannung > 60V auftreten können. Dies wird z.B. mit einem aktiven Kurzschluss durch den Wechselrichter erzeugt, der seinerseits diese Betriebssituation auf Dauer aushalten können muss.

Performance

- Die Performance eines Hybridsynchronmotors ist in der Regel sowohl für das Anfahrmoment als auch für die max. Leistung völlig ausreichend für einen Fahrantrieb. Die max. Oberflächengeschwindigkeit des Läufers muss bezüglich der Magnetmontage beachtet werden.

Kosten

- Bei Synchronmotoren beeinflussen sowohl die Kosten für die eingesetzten Magnetmaterialien als auch die Tatsache, dass die Magneten in den Motor gebracht werden müssen den Preis. Der Aufwand zum Einbringen der Magnete ist komplexer als bei den Synchronmaschinen. Die Industrialisierung der Fertigung eines Hybridsynchronmotors wird dadurch erschwert.

5.4 Asynchronmotor

Der Asynchronmotor ist das klassische Motorkonzept, das im industriellen Bereich bereits seit langer Zeit eingeführt ist. Die Erregung der Maschine muss durch das Fehlen der Magnete über die Wechselrichterspeisung vorgenommen werden. Dadurch ist die Effizienz der Motoren gegenüber den beiden anderen Motorkonzepten am geringsten. Die Asynchronmaschine hat einen natürlichen Feldschwächbereich, der dem Momentenbedarf eines Fahrantriebes entspricht. Durch den Einsatz im industriellen Bereich ist die Fertigung weitestgehend automatisiert und kann aus einem bestehenden Baukasten heraus appliziert werden. Durch das Fehlen der Magnete ergeben sich zu dem Kostenvorteile und geringere Abhängigkeit von der Zulieferindustrie.

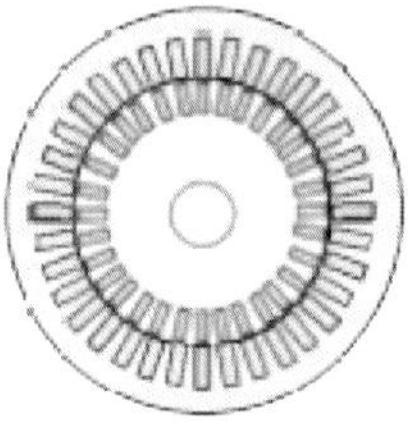
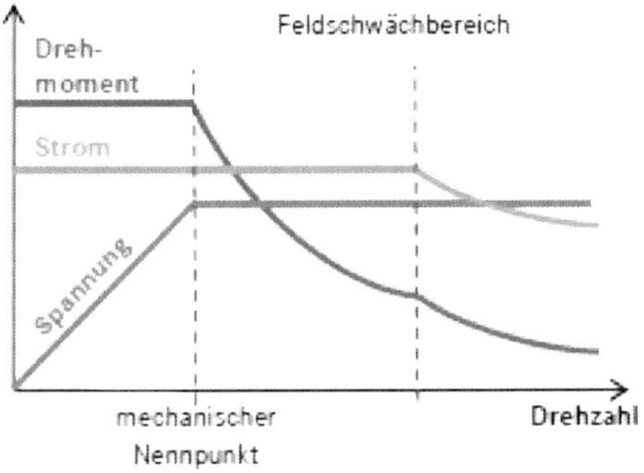

Bild 13: Schematischer Querschnitt und Drehmoment / Drehzahl- Kennlinienfeld eines Asynchronmotors

Die Hybridsynchronmaschine zeichnet sich durch folgende Merkmale aus:

- Kurzschlussläufer
- Materialien: Kupfer, Aluminium, Eisen
- Läufer temperaturbeständig, z. B. Isolationsklasse F bis 210°C
- Frequenzsteuerung mit Schlupf
- hohe Leistung nur durch Baugröße oder hohe Drehzahl (> 10.000 1/min)
- benötigt Blindstrom zur Felderzeugung
- der Asynchronmotor hat einen natürlichen Feldschwächbereich ab seinem Nennpunkt und eignet sich sehr gut als Fahrzeugantrieb (kleiner Drehmomentbedarf bei großer Drehzahl)

Effizienz

- Der große Nachteil der Asynchronmaschine liegt in der Notwendigkeit einer externen Erregung, wodurch die Effizienz gegenüber den magnetbehafteten Motoren schlechter ist. Je nach Wicklungsauslegung geht der Motor ab relativ niederen Drehzahlen in die Feldschwächung.

Sicherheit

- Durch die fehlenden Magnete gibt es keine sicherheitskritischen Effekte. Der Asynchronmotor ist gut feldorientiert zu regeln. Bei einem Ausfall der Regelung entstehen keine Spannungsimpulse, die einen aktiven Kurzschluss durch den Wechselrichter erfordern.

Performance

- Die Auslegung eines Asynchronmotors für die Applikation Fahrantrieb erfordert Erfahrung und eine gute Kenntnis der geforderten Drehzahl - Momentenkennlinie, da das Anfahrmoment und die Zugkraft bei max. Geschwindigkeit erreicht werden müssen.

Kosten

- Der Asynchronmotor ist im Industriebereich der Standardmotor. Daraus ergeben sich ein hoher Industrialisierungsgrad als auch ein tiefes Know-How über Fertigungsmethoden. Der Läufer und die Statoren können vollautomatisiert hergestellt werden. Da keine Magnete zum Einsatz kommen ist die Abhängigkeit von preisempfindlichen Materialien reduziert.

6. Zusammenfassung

Nimmt man die aufgezählten Vor- und Nachteile der vorgestellten Antriebsarten zusammen ergibt sich als OEM ein interessantes Bild. Obwohl der Asynchronmotor Nachteile im Bereich der Momentbereitstellung hat, hat er trotz oder wegen seiner über 100 jährigen Geschichte seinen Charme nicht verloren.
Vor allem der einfache Aufbau, der zudem für die Massenproduktion tauglich gemacht wurde und der sichere Betrieb überzeugen.

	Synchronmotor	Hybridsynchron-motor	Asynchronmotor
Effizienz	+	+	0
Sicherheit	-	0	++
Performance	++	++	0
Kosten	-	-	+
Summe	+	++	+++

Bild 14: Bewertung der vorgestellten Antriebskonzepte

7. Ausblick

Die Entwicklung der Motorkonzepte wird voranschreiten und Verbesserungen bringen.
Im Bereich der Synchronmaschinen wird man neue Magnetmaterialien bereitstellen, die auch in Punkten wie Verfügbarkeit und Kosten Entspannung bringen. Fremderregte Synchronmaschinen ohne Schleifringe werden verfügbar.
Im Bereich der Asynchronmaschinen wird man mit der Einführung von Kupferläufern, die industriell hergestellt werden können, bessere Performance und weniger Verluste darstellen.
Neue Konstruktionsmerkmale, die die Abwärme besser aus den Wickelköpfen abführt, werden die Ausnutzung der Elektromaschinen weiter erhöhen. Mit jeder neuen Fahrzeuggeneration wird die Frage nach dem richtigen Motorkonzept neu bewertet werden müssen. Das Gezeigte stellt nur eine Momentaufnahme dar. Die Entwicklung geht weiter, Konzepte werden in Serienfahrzeuge überführt und die Elektromobilität wird Teil des Straßenverkehrs, wie es heute schon die Pedelecs sind.

12A Traktionsmotoren im Antriebsstrang des Serien-Hybridbus AUTOTRAM

Wilfried Hofmann

Abstract

The drive train of an extra-long serial hybrid bus AUTOTRAM will be presented, which is equiped with a capacity of 240 passengers. The both traction motors are characterized by a high power density as well as working energy-efficiently. A special dimensioning as air-cooled motor is proposed, which has a novel circumferential cooling through changes of laminations and is combined with an optimal control of both permanent magnet synchronous motors. After approaching of the referred power-loss models, a suggestion for operating-dependent use can be given.

Kurzfassung

Vorgestellt wird der Antriebsstrang des seriellen Hybridbusses AUTOTRAM, der als extralanger Bus mit einer Personenkapazität von 240 Passagieren ausgestattet ist. Die beiden Traktionsmotoren sollten sowohl eine hohe Leistungsdichte aufweisen als auch energieeffizient arbeiten. Behandelt wird eine spezielle Auslegung als luftgekühlter Antriebsmotor, der eine neuartige Querkühlung durch Änderung der Paketkonstruktion aufweist und mit der Optimalsteuerung der beiden permanentmagneterregten Synchronmotoren kombiniert ist. Nach den Verlustmodellansätzen kann eine Empfehlung für ihren arbeitspunktabhängigen Einsatz gegeben werden.

1. Einleitung

Hybridbusse erfreuen sich aufgrund ihrer Nachhaltigkeit zunehmender Akzeptanz im innerstädtischen Nahverkehr. Grundlegende Zusammenhänge bzgl. Struktur und Betriebsweise von derartigen Fahrzeugen sind in [1] und [2] dargelegt. Das im Folgenden beschriebene Fahrzeug ist ein fünfachsiger Bus mit zwei Gelenken und spurtreuer Mehrachslenkung, der mit einer Länge von 30 m und einer Personenkapazität von 240 Passagieren das Transportvermögen von Straßenbahnen erreicht (Bild 1). Weitere Daten des Fahrzeugs sind Tabelle 1 zu entnehmen. Die damit erreichbar geringen lokalen Emissionen erfordern keine zusätzlichen Infrastrukturmaßnahmen. Die verwendete Hybridtechnologie ist seriell aufgebaut, sodass keine mechanische Kopplung zwischen Verbrennungsmotor und Antriebsachse besteht.

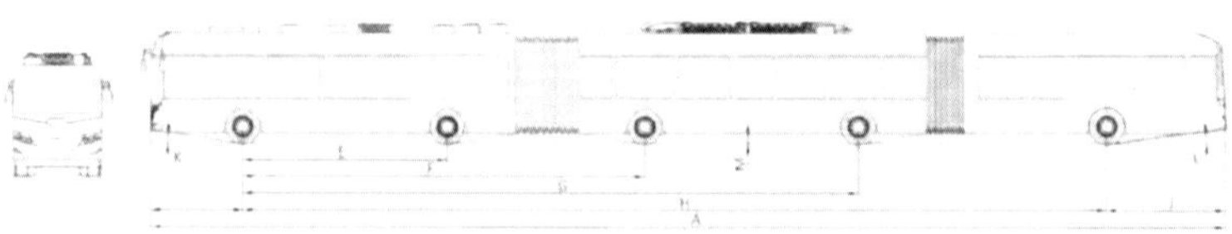

Bild 1: Hybridbus Autotram

Tabelle 1: Daten der AUTOTRAM

Fahrzeug	Gesamtlänge	30,73 m
	Breite (ohne Außenspiegel)	2,55 m
	Höhe	3,4 m
	Leermasse	32 t
	Zulässiges Gesamtgewicht	44,66 t
	Minimaler Wendekreis	24,7 m
Ausstattung	Sitzplätze	96
	Stehplätze	max. 160
Serieller Hybridantrieb	Leistung Dieselgeneratorsätze	220 kW, 235 kW
	Luftgekühlte PM-Antriebsmaschinen	2 x 160 kW (Nennleistung)
	HV-Bordnetzspannung	650 ... 800 V DC
Li-Ionen-Batterie	Leistung, Energieinhalt	120 kW, 35 kWh
Doppelschicht-kondensatoren	Leistung, Energieinhalt	420 kW, 0,94 kWh

Kraftstoff lässt sich dann einsparen zum einen durch eine verbrauchsoptimale Betriebsweise des Verbrennungsmotors und zum anderen durch häufige Rekuperation und Wiederverwendung der gespeicherten Energie beim Anfahren. Der Energieeinspareffekt liegt zwischen 15 -20% und hängt in starkem Maße von der Linienführung ab. Von besonderer Bedeutung für den Energiehaushalt und -verbrauch des Hybridbusses ist der Antriebsstrang. Dieser beginnt mit dem Verbrennungsmotor, an den ein Generator mechanisch angekuppelt ist (Bild 2). Über einen Gleichrichter speist dieser den Hochvolt-Energiebus, der die weitere Energieverteilung übernimmt. Mittels eines Wechselrichters wird die Energie dann weiter an einen Traktionsmotor geleitet, der seinerseits über ein Achsgetriebe eine Antriebsachse des Hybridbusses treibt. Zur ausreichenden Leistungsübertragung arbeitet ein zweites System parallel dazu. Vom Hochvolt-Energiebus können zum einen weitere Verbraucher versorgt werden wie die Bordelektronik, aber es kann auch die anfallende Bremsenergie in eine Batterie oder ein Supercap zwischengespeichert werden.

2. Anforderungen an Traktionsmotoren

Die elektromechanischen Anforderungen an die Traktionsmotoren werden zum einen bestimmt durch die zu erwartenden Drehmomente und Drehzahlen im Dauerbetrieb und die Maximalmomente, die noch bei einer bestimmten Grenzdrehzahl erreicht werden müssen. Aus der Antriebskraft auf die Räder lässt sich unter Annahme eines idealen Abrollvorganges und eines festen Radhalbmessers (unter Vernachlässigung des Radschlupf) und mit Kenntnis der festen Achsübersetzung i das an der Motorwelle aufzubringende Drehmoment Me berechnen.

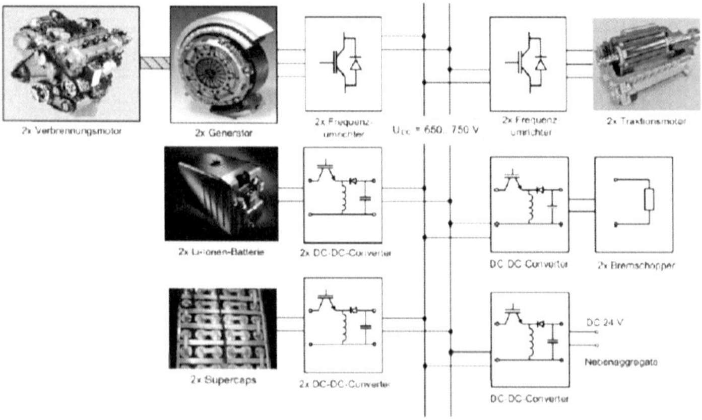

Bild 2: Antriebsstrang des Hybridbusses [ZB Autotram]

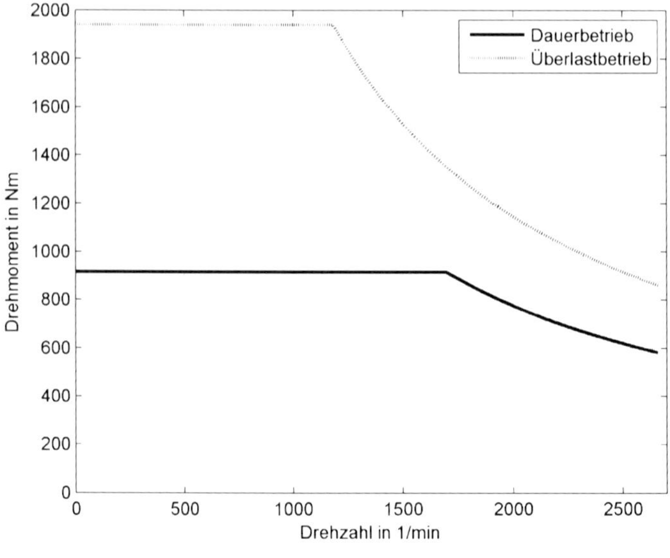

Bild 3: Drehmoment-Drehzahl-Grenzkennlinien

Dies geschieht sowohl für den Dauerbetrieb als auch für die maximale Last, so dass sich zwei Grenzkennlinien für einen Traktionsmotor angeben lassen, vgl. Bild 3.

3. Entwurf und Ausführung der Traktionsmotoren

3.1 Elektromagnetische Auslegung

3.1.1 Permanentmagnet-Rotor

Zunächst stand zu klären, welche Form der Rotorgestaltung inklusive Permanentmagnete die optimale Wahl darstellt. Da bei Hybridfahrzeugantrieben meist mittelhohe Drehzahlen gefordert sind, kann der erforderliche Feldschwächbereich beschränkt werden. Somit könnte von den in Bild 4 gegenübergestellten üblichen Rotorkonfigurationen, die mit Oberflächenmagneten infrage kommen. Es wird zudem eine hohe Kurzzeitüberlastbarkeit gefordert, für die ein Rotor mit vergrabenen Magneten spricht. Mit diesem kann ein zusätzliches Reluktanzmoment entwickelt werden, was eine größere Drehmomentausbeute pro Strom ergibt [3]. Neben dem von Hause aus vergrößerten Maximalmoment kann eine energieeffiziente Steuerung von d- und q-Stromkomponente weitere Verbesserungen bringen [7]. Die Magnetkreisberechnung zielt zum einen auf eine sparsame Verwendung von Permanentmagneten und zum anderen eine hohe Drehmomentausbeute.
Die Einflussfaktoren wurden für eine V-förmige Anordnung der Magnete ermittelt, und es wurde berechnet, welches Gesamtdrehmoment jeweils entsteht. Je tiefer die Magnete liegen, d.h. je kleiner der eingeschlossene Winkel zwischen den V-Magneten ist, desto größer ist die Luftspaltflussdichte wegen zunehmender Flusskonzentration. Allerdings ist eine Luftspaltflussdichte über 1Tesla eher nachteilig, weil dann die Zähne breiter und folglich die Nuten extrem schmal ausgelegt werden müssten.
Zur Erzeugung eines bestimmten Drehmoments wird bei höherer Luftspaltflussdichte weniger Strom benötigt, und die Nut könnte tatsächlich kleiner gewählt werden. Da jedoch die Nutbegrenzungsflächen im Verhältnis zur Nutfläche zunehmen, nimmt auch der Anteil an inaktivem Material in Form der Nutisolierung an dem gesamten Nutraum zu. Es verringert sich der Nutfüllfaktor, der Ankerstrombelag sinkt und damit auch die Ausnutzung der Maschine. Diese Zusammenhänge haben dazu geführt die in Bild 4c gezeigte Variante zu wählen

Bild 4. Rotorkonfigurationen mit Permanentmagneten: a) Oberflächenmagnete, b) tief vergrabene Magnete, c) flach vergrabene Magnete

Die wichtigsten Auslegungsgrößen wurden sowohl theoretisch als auch simulativ ermittelt [9]. Die Luftspaltfelddichte wird zur Abschätzung des Drehmoments und zur Festlegung der Zahn-Nutgeometrie (Zahnsättigung) benötigt. Zur Modellierung werden zwei Ersatzschaltbilder herangezogen, eines für die Streustege und Luftgebiete an den Magnetenden und ein weiteres bezieht diese als Parallelpfad zum Luftspalt zwischen Rotor und Stator ein. Damit kann eine allgemeine Formel für die Luftspaltfelddichte angegeben werden mit:

$$B_\delta = \frac{B_r - J_{sat} k_{Fe} \frac{b_{Fe}}{l_M}\left(\frac{h_l}{h_{Fe}}\mu_r + 1\right)}{\left(1 + \mu_r \frac{h_l}{h_M}\right)\left(\frac{(\delta k_C + \delta_{ers})\, b'}{l_M\, l'} + \frac{l_\delta}{l_M}\right) + \frac{\delta k_C + \delta_{ers}}{h_M}\mu_r} \tag{1}$$

(B_r – Remanenzfelddichte, J_{sat} – Sättigungspolarisation, k_{Fe} - Eisenfüllfaktor, b_{Fe} – Eisenstegbreite, h_{Fe} - Eisensteghöhe , h_M – Magnethöhe, h_l – zusätzliche Luftspalthöhen, l_M – Magnetlänge, δ – Luftspaltbreite, δ_{ers} – Ersatzluftspalt, l_δ – Luftspaltlänge über V-Magnet, k_C – Carterscher Faktor, l' – Ersatzlänge der Streuwege, b' – Ersatzbreite der Streuwege)

Mit Einführung eines Ersatzluftspalts δ_{ers} konnte der Sättigungseinfluss modelliert werden.
Als weitere wichtige Größe wird die Längs- und die Querinduktivität benötigt. Neben einer rein analytischen Berechnung führt die numerische Berechnung mit FEM vielfach schneller zum Ziel. Mit Hilfe der ermittelten Luftspaltflüsse im Leerlauf und bei Nennbetrieb, sowie der dazugehörigen Ströme, ergeben sich

$$L_{dN} = \frac{w_{str}\xi}{p}\frac{\Phi_{\delta d0} - \Phi_{\delta dN}}{\sqrt{2}I_{dN}} \tag{2}$$

und

$$L_{qN} = \frac{w_{str}\xi}{p}\frac{\Phi_{\delta qN}}{\sqrt{2}I_{qN}} \tag{3}$$

Als Rechnungswerte ergaben sich für L_d = 0,43 … 0,3 mH und L_q = 0,7 mH.

3.1.2 Ankerwicklungen

Der Stator des Traktionsmotors trägt die Ankerwicklungen. Hier stehen grundsätzlich zur Auswahl verteilte Drehstromwicklungen oder Zahnspulenwicklungen. Während sich Zahnspulenwicklungen mit einem größeren Kupferfüllfaktor fertigen lassen als verteilte Wicklungen und damit der Nutraum bei ersteren besser ausgenutzt wird, lässt sich die Wärme schlechter aus der Nut abführen. Dafür können die Wicklungsköpfe wesentlich weniger ausladend ausfallen und damit nicht nur Leitermaterial gespart, sondern auch die Stromwärmeverluste reduziert werden. Die Wahl fiel dennoch hier zugunsten der verteilten Wicklung weil die Maschinen:

- luftgekühlt ausgeführt werden sollen und dann höhere Nutzahlen günstiger sind
- bei höheren Nutzahlen und geringer Polzahl eine Lochzahl >1 ergeben;
- länger bauen und deshalb geringfügig größere Wicklungskopflängen entstehen;
- geringere Zusatzverluste durch Oberwellenfelder aufweisen.

Der Eigenschaftsvergleich beider Wicklungsarten ist aus Tabelle 2 ersichtlich.

Tabelle 2: Vergleich Zahnspulenwicklung versus verteilte Wicklung

Eigenschaft	*Zahnspulenwicklung*	*Verteilte Wicklung*
Wicklungsfaktor		*größer*
Stirnverbinder	*kürzer*	
Wicklungskopfausladung		*kleiner*
Nutfüllfaktor	*größer*	
Leistungsdichte	*größer* *(nur bei kurzer Baulänge)*	
Stromwärmeverluste		*kleiner* *(bei langem Blechpaket)*
Wärmeabgabe		*besser*
Zusatzverluste		*geringer*
Herstellung	*einfacher*	

Unterschiede in der Temperaturverteilung lassen sich anhand von Simulationen nachweisen und sind in Bild 5 gezeigt. Bei vergleichbarer magnetischer Auslegung treten bei der Zahnspulenwicklung (Lochzahl q = 1/2) im Bemessungspunkt Temperaturen von bis zu 114 °C auf. Bei verteilter Wicklung (Lochzahl q = 2) liegt im Heißpunkt die Temperatur um 30 K niedriger. Das ist darauf zurückzuführen, dass die gesamte Nutwandfläche bei höherer Nutzahl größer ist, während die Kupferverluste etwa gleich bleiben. Die Wärmeabgabe an das Blechpaket ist dann deutlich besser.

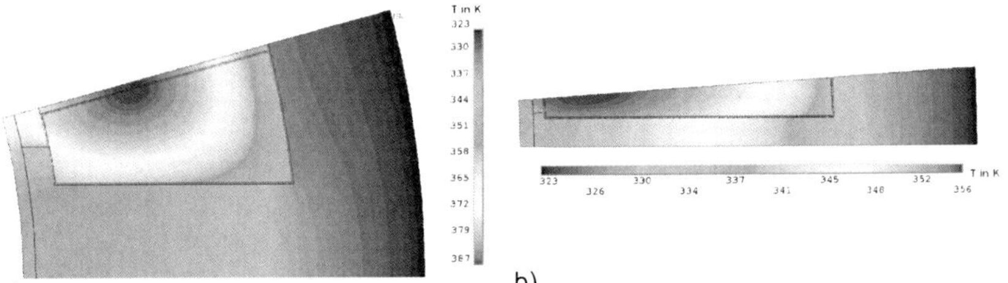

a) b)

Bild 5: Temperatur in der Nut: a) Zahnspulenwicklung, b) Verteilte Wicklung

3.2 Kühltechnische Auslegung

Aus den räumlichen Gegebenheiten des Hybridbus, die eine Anbringung der Traktionsmotoren in Achsnähe und eine Unterbringung von Leistungselektronik und Speicher auf dem Dach des Fahrzeuges vorsehen, ergab sich die Forderung die Kühlung des Traktionsmotors von der Wasserkühlung der Leistungselektronik zu trennen und stattdessen eine intensive Luftkühlung vorzusehen. Für diese Aufgabe kam die sogenannte Querkühlung infrage, mit hohem Entwärmungspotential [4].
Bei der Querkühlung handelt es sich um eine innovative Methode die wirksame Kühlfläche zu vergrößern, indem durch eine spezielle Schichtung von Teilblechpaketen Kühlkanäle in Umfangsrichtung gebildet werden, vgl. Bild 6. Die Teilblechpakete sind durch Schweißnähte verbunden. Kühlluft wird dann über einfache Leiteinrichtungen den Querkühlkanälen seitlich zugeführt. Dabei sind die Kanäle abgedeckt. Da in den Wicklungsköpfen große Verlustleistungsdichten zu verzeichnen sind, werden diese

mit einem gesonderten Kühlkörper vergossen, der ebenso Querkühlkanäle führt. Der Kühlmitteltransport wird von einem regelbaren Fremdlüfter übernommen. Die Rippen der Querkühlkanäle haben eine Doppelfunktion. Sie dienen der Kühlung und wirken gleichzeitig als aktives Material im magnetischen Kreis. Durch die realisierbare große intensiv belüftete Kühlfläche ist eine hocheffektive Wärmeübertragung wie bei wassergekühlten Motoren möglich [5]. Die Kühlung erfolgt über die gesamte axiale Länge des Blechpaketes einschließlich der Wicklungsköpfe gleichmäßig intensiv, so dass in axialer Richtung nur geringe Temperaturunterschiede auftreten.
Die direkte Wärmeabführung vom Blechpaket an das Kühlmittel ist bei der Querkühlung günstiger als bei Kühlung über ein zusätzliches Gehäuse, wie es z.B. bei der Wasserkühlung der Fall ist.

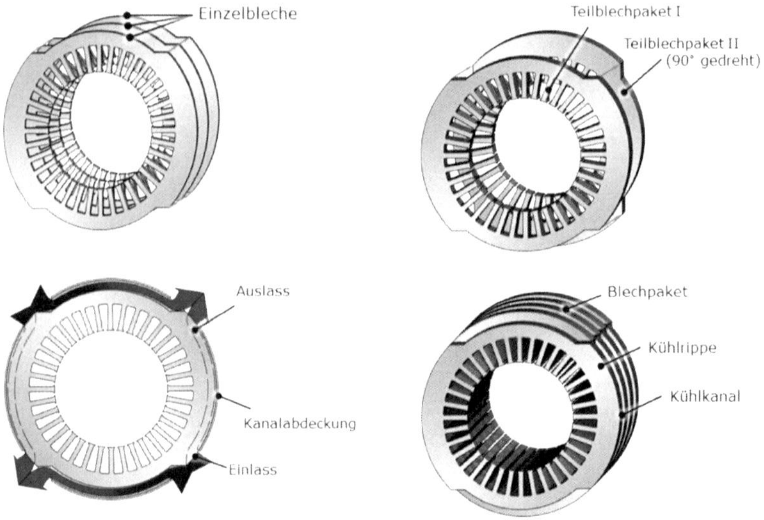

Bild 6: Blechpaketierung mit Querkühlkanälen

Technische Strömungen sind verlustbehaftet. Um eine bestimmte Strömungsgeschwindigkeit zu garantieren und den Ventilators auslegen zu können, ist es wichtig die Druckverluste im Querkühlabschnitt zu berechnen. Für die Abmessungen des Kühlkanals ist der Druckverlust über die Rohrreibungszahl (Strömungswiderstandskoeffizient) als Funktion von Re bestimmbar. Zu beachten sind dabei verschiedene Diskontinuitäten beim Übergang von laminarer zu turbulenter Strömung. Bei Krümmung des Kanals erfolgt der Übergang laminar zu turbulent bei höheren Reynolds-Zahlen. Für den Druckverlust im Ein- und Auslass

$$\Delta p = \zeta \frac{\rho}{2} v_{\mathrm{m}}^2 \tag{4}$$

(ζ – Widerstandsbeiwert, ρ - Luftdichte, v_{m} – mittlere Strömungsgeschwindigkeit) muss der Widerstandsbeiwert über FEM ermittelt werden.
Für die Auslegung der Kühlkanäle waren genauere strömungstechnische Simulationen erforderlich. Der Druckverlust über einem Gesamtkanal errechnet sich aus

$$\Delta p = \lambda_{\mathrm{bogen}} \frac{\Delta l}{d} \frac{\rho}{2} v_{\mathrm{m}}^2 \qquad (5)$$

(λ – Reibbeiwert, Δl- Kanalströmungslänge, d – Kanaldurchmesser) und beträgt ca.1000 Pa. In gebogenen Kanälen verhält sich die Widerstandsziffer im Unterschied zu geraden Kanälen nahezu kontinuierlich über der Reynolds-Zahl. Besondere Beachtung sollte das Verhalten an den Ein- und Ausströmabschnitten erfahren. Hier können, wie die Simulationsergebnisse aus Bild 7 zeigen, sehr hohe Strömungsgeschwindigkeiten bis zu 40 m/s auftreten. Das führt zu hohen Druckverlusten. Abrundungen auf der besonders kritischen Außenseite sorgen für Verbesserung. Die Wärmeübergangsziffern variieren zwischen $\alpha = 132\,\mathrm{W/m^2\,K}$ an der Kanalwand und $\alpha = 40\,\mathrm{W/m^2K}$ am Kanalgrund. Für den Autotram-Motor nimmt der Fremdlüfter mit EC-Motor im Maximalpunkt eine Leistung von 315 W auf.

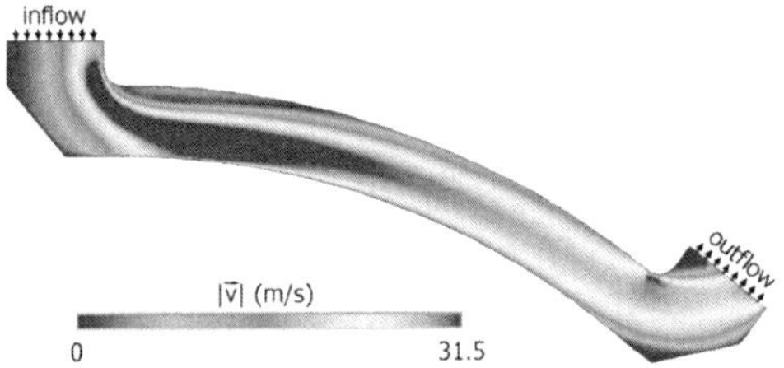

Bild 7: Strömungsverhalten im Querkühlkanal [5]

Zum Abschluss soll der luftgekühlte Motor noch mit einem baugleichen wassergekühlten rechnerisch verglichen werden. Tabelle 3 zeigt die Gegenüberstellung, sowie Bild 7 die Temperaturverteilung in einer Nut der verteilten Wicklung.

Tabelle 3: Vergleich Wasserkühlung / Luftkühlung [5]

	Wasserkühlung	**Luftkühlung**	**Einheit**
Stromwärmeverluste	5100	4358	W
Ummagnetisierungsverluste	1526	1686	W
Wirkungsgrad	**95.6**	**95.9**	%
Temperaturanstieg des Kühlmittels zwischen Ein- und Austritt	9.5	20.0	K
Volumenstrom	8	20 000	l/min
Wärmeübertragungs-koeffizient an Oberfläche	**10 500**	**784**	W/m²K
Kühlfläche	**0.28**	**2.61**	m²

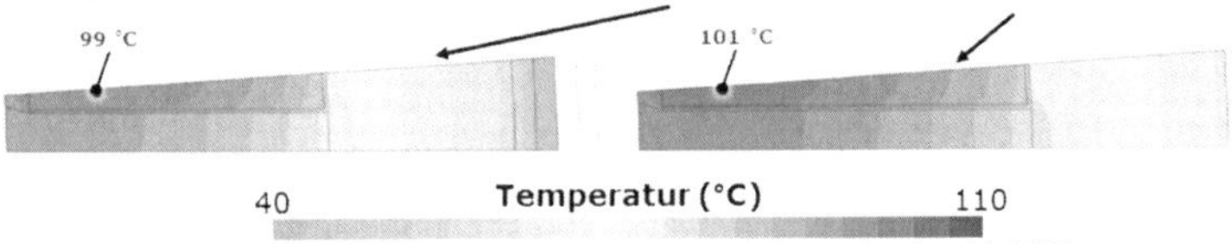

Bild 8: Temperaturverteilung in der Nut [6]

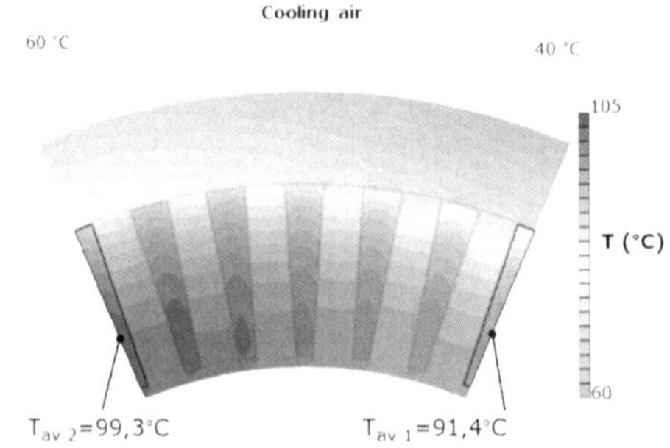

Bild 9. Temperaturgradient im Blechabschnitt [10]

Die etwa gleichgroße Nuterwärmung lässt sich erreichen, wenn im Ausgleich zum besseren Wärmekoeffizienten der Wasserkühlung eine wesentlich größere Kühlfläche für die Luftkühlung bereitgestellt wird. Unterstützend für die Luftkühlung wirkt sich aus, dass der Anteil des Aktivmaterials, sowohl im Rücken (Eisen) als auch in der Nut (Kupfer) gesteigert werden kann, sodass die Verluste leicht sinken. Auf eine Besonderheit der quergekühlten Maschine soll noch hingewiesen werden. Während bei Rohrwendelkühlung mit Wasser die Temperatur in axialer Richtung größere Unterschiede aufweisen kann, tritt bei Querkühlung ein tangentialer Gradient auf, siehe Bild 9. Der Temperaturdifferenz der Kühlluft zwischen Ein- und Austritt des Kühlkanals von 20 K steht ein Temperaturunterschied von ca. 10 K in den darunterliegenden Nuten gegenüber.

4. Verlustoptimierte Betriebsweise

Da die beiden Antriebsstränge für die 2. und 5. Achse die Hauptenergieverbraucher im Hybridfahrzeug sind, ist eine optimierte Fahrweise von besonderer Bedeutung. Dazu ist es sinnvoll, den Fahrer mittels Assistenzsystem anhand des zukünftigen Streckenabschnittes über eine energiesparende Fahrweise zu informieren. Vorher muss der energieoptimale Geschwindigkeits- und damit Drehmomentverlauf bestimmt werden. Das Energieoptimum liegt vor, wenn minimale elektrische Energie aus dem Zwischenkreis entnommen wird, d.h. Energiemanagement und Betriebsstrategie im Fahrzeug werden hier nicht betrachtet. Die Optimierung wird immer zwischen zwei Haltestellen durchgeführt. Allerdings kann der Fahrer jederzeit fahrsituationsabhängig eigene Entscheidungen treffen.

4.1 Verluste

Zur Optimierung des Energiebedarfs sollten klare Vorstellungen über die auftretenden Verluste bestehen [8]. Nachfolgend werden diese getrennt für Elektromaschine, Stromrichter und Antriebsmechanik aufgeführt.

Die Maschinenverluste werden dominiert von den lastabhängigen Stromwärmeverlusten

$$P_{\mathrm{VCu}} = \frac{3}{2} R_{\mathrm{s}} \left(I'^2_{\mathrm{d}} + I'^2_{\mathrm{q}} \right) \tag{5}$$

wobei sich der Statorstrom aus den Längs- und Querströmen und dem Eisenverluststrom zusammensetzt

$$\underline{I}_{\mathrm{s}} = \underline{I}'_{\mathrm{d}} + \underline{I}'_{\mathrm{q}} = \underline{I}_{\mathrm{VFe}} + I_{\mathrm{d}} + \mathrm{j} I_{\mathrm{q}} \tag{6}$$

Weiterhin treten drehzahlabhängigen Ummagnetisierungsverluste auf

$$P_{\mathrm{VFe}} = \frac{3}{2} \omega_{\mathrm{s}}^2 \left(\Psi_{\mathrm{d}}^2 + \Psi_{\mathrm{q}}^2 \right) \left(\frac{1}{R_{\mathrm{C0}}} + \frac{1}{R_{\mathrm{C1}} \dfrac{\omega_{\mathrm{s}}}{\omega_{\mathrm{sN}}}} \right) \tag{7}$$

deren Aufteilung in Hysterese- und Wirbelstromverluste durch die beiden Ersatzwiderstände R_{C0} bzw. R_{C1} beschrieben wird. Ferner existieren noch drehzahlabhängige Reibungsverluste (Lager, Lüfter) und Zusatzverluste, die aber meist unberücksichtigt bleiben.
Die Stromrichterverluste setzen sich aus Schalt- und Durchlassverlusten zusammen. Die lastabhängigen Schaltverluste der IGBT's bzw. Freilaufdioden erhält man zu

$$P_{\mathrm{VS,T}} = \frac{f_{\mathrm{p}}}{\pi} \left(E_{\mathrm{on}} + E_{\mathrm{off}} \right) \frac{\sqrt{I'^2_{\mathrm{d}} + I'^2_{\mathrm{q}}}}{I_{\mathrm{ref}}} \left(\frac{U_{\mathrm{d}}}{2 U_{\mathrm{ref}}} \right)^{1.3} \tag{8}$$

bzw.

$$P_{\mathrm{VS,D}} = f_{\mathrm{p}} \, E_{\mathrm{rec}} \left(\frac{\sqrt{I'^2_{\mathrm{d}} + I'^2_{\mathrm{q}}}}{\pi \, I_{\mathrm{ref}}} \right)^{0.6} \left(\frac{U_{\mathrm{d}}}{2 U_{\mathrm{ref}}} \right)^{0.6} \tag{9}$$

(I_{ref}, U_{ref} – Datenblatt-Nennwerte, U_{d} – Zwischenkreisspannung, f_{p} - Schaltfrequenz, E_{on}, E_{off} – IGBT-Einschalt-, Ausschaltverlustenergie, E_{rec} – Verlustenergie durch Ausschaltrecovery).
Die last- und drehzahlabhängigen Durchlassverluste für IGBTs und Dioden berechnen sich zu

$$\begin{aligned} P_{\mathrm{VF(T,D)}} = {} & \frac{U_{\mathrm{F0}}}{2} \sqrt{I'^2_{\mathrm{d}} + I'^2_{\mathrm{q}}} \left(\frac{1}{\pi} \pm \frac{1}{2} \frac{\hat{U}_1}{U_{\mathrm{d}}} \cos\varphi \right) + \\ & + r_{\mathrm{F(T,D)}} \left(I'^2_{\mathrm{d}} + I'^2_{\mathrm{q}} \right) \left(\frac{1}{8} \pm \frac{2}{3\pi} \frac{\hat{U}_1}{U_{\mathrm{d}}} \cos\varphi \mp \frac{1}{45\pi} \frac{\hat{U}_1}{U_{\mathrm{d}}} \cos 3\varphi \right) \end{aligned} \tag{10}$$

(U_{F0} - Schleusenspannung, r_{F} – differentieller Bahnwiderstand). Die Verluste sind hier für den allgemein üblichen Fall der Raumzeigermodulation angeben, wobei anstelle der Modulationsgrade die tatsächlichen Spannungsverhältnisse eingeführt wurden.

Die Lastabhängigkeit äußert sich im Strombetrag und dem Leistungsfaktor, während die Drehzahlabhängigkeit über die Spannung U_1 hergestellt wird.

Für die Fahrzeugmechanik wurden lediglich die Kräfte und Fahrwiderstände der Längsdynamik aufsummiert

$$\sum F_{\mathrm{W}}(x) = F_{\mathrm{R}}(x) + F_{\mathrm{L}}(x) + \widetilde{M}_{\mathrm{F}} g \sin\alpha(x) \qquad (11)$$

(F_{L} – Luftwiderstandskraft, F_{R} - Rollwiderstandskraft , $\widetilde{M}_{\mathrm{F}}$ – Fahrzeugmasse, α – Steigungswinkel), sodass sich daraus die mechanischen Verluste im Antriebsstrang P_{VAS} ermitteln lassen gemäß

$$P_{\mathrm{VAS}} = \frac{\mathrm{d}W_{\mathrm{Vmech}}}{\mathrm{d}t} = \frac{\mathrm{d}}{\mathrm{d}t}\left(\int \sum F_{\mathrm{W}}(x)\mathrm{d}x\right) \qquad (12)$$

Details zur Leistungsaufteilung zwischen Antrieb (Motor, Stromrichter) und Antriebsstrang sind in [8] angegeben.

4.2 Optimierung

Nachfolgend werden die wichtigsten Schritte erläutert:

1) Es wird nur die aus dem Zwischenkreis entnommene Energie minimiert.

$$\mathrm{MIN}(W_{\mathrm{dc}}) = \mathrm{MIN}\left(\int_0^{t_1}\left(M\,2\pi\,n_{\mathrm{M}} + \sum P_{\mathrm{V}}\right)\mathrm{d}t\right) \qquad (13)$$

2) Die Nebenbedingungen werden durch die Systemgleichungen erfüllt.
3) Die Randbedingungen sind durch die Anfangs- und Endwerte des Bewegungsvorgangs gekennzeichnet.
4) Begrenzungen sind sowohl in Bewegungsgrößen (Geschwindigkeit) als auch in elektrischen Größen wie Strom und Spannung festgelegt.
5) Die Zielzeit kann im Rahmen des Fahrplans zwischen Grenzen gewählt werden.
6) Die Optimierung erfolgt immer innerhalb einer Strecke zwischen zwei Haltestellen.

Nicht einbezogen in die Optimierung wurden bisher das Speichersystem bestehend aus Batterie und Supercap, die Querdynamik bei Kurvenfahrten und das Verlustverhalten des Getriebes. Letzteres erfordert eine gesonderte Betrachtung, die zukünftig noch erfolgen soll.

Aus den gezeigten Ergebnissen in Bild 10 für ein optimales Drehmomentprofil bei bekannten Streckenbedingungen lassen sich folgende verallgemeinerbaren Schlussfolgerungen ableiten:

- Starkes Beschleunigen und Abbremsen wird vermieden;
- Hohe Geschwindigkeiten werden gemieden;
- Geschwindigkeitsverläufe werden geglättet;
- Zeitreserven innerhalb des Fahrplans werden genutzt;

- Kurvenfahrten werden durch verlangsamte Geschwindigkeit berücksichtigt.

Mit einem minimalen Energieverbrauch von W_{DC} = 118 kWh/100 km wird eine 10%-ige Einsparung gegenüber dem bisherigen Referenzwert erzielt, die sich auf den gesamten Streckenverlauf bestehend aus Hin- und Rückfahrt bezieht.

Unterlagert zur optimalen Drehmomentvorgabe sind in [13] publizierte energieoptimale Stromaufteilungen in d- und q-Achse, um das geforderte Drehmoment mit

$$m = \frac{3}{2} p\left(\psi_{d} i_{q} - \psi_{q} i_{d}\right) = \frac{3}{2} p\left(\psi_{PM} i_{q} + \left(L_{d} - L_{q}\right) i_{d} i_{q}\right) \tag{14}$$

zu erhalten, die in der optimalen, sättigungsabhängigen Wahl der d- und q-Stromkomponenten bestehen.

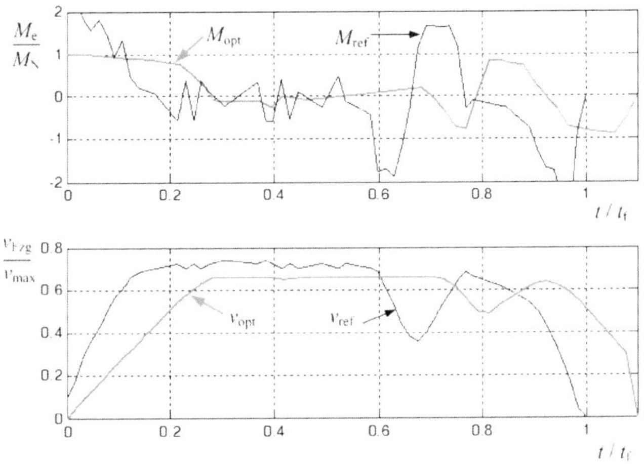

Bild 10: Optimierter Bewegungsvorgang: aus optimaler Fahrzeuggeschwindigkeit abgeleiteter Drehmomentverlauf [8]

5. Zusammenfassung

Die beiden Fahrmotoren des hybridelektrischen Fahrzeugs wurden elektrisch wie magnetisch in mehrfacher Hinsicht gegenüber dem Stand der Technik verbessert. Bei der elektrischen Auslegung fiel die Entscheidung zugunsten einer verteilten Wicklung, da eine Zahnspulenwicklung in mehreren Vergleichsfeldern für diese Anwendung unvorteilhaft ist.

Der Magnetkreis und dort insbesondere der Rotor mit den Permanentmagneten wurden mit leicht vergrabenen Magneten in V-Form konfiguriert, sodass eine gewisse Flusskonzentration mit verwertbaren Reluktanzunterschieden in Längs- und Querrichtung erreicht werden konnte. Letztere vergrößert die Drehmomentausnutzung wegen des zusätzlichen Reluktanzmoments.

Anstelle einer Wasserkühlung konnte eine ebenso effiziente Luftkühlung in Form einer Querkühlung eingesetzt und erprobt werden, die aufgrund ihrer vergrößerten Kühlfläche und des Querschnittgewinns für Nut und Joch, die entstehende Verlustwärme abführen kann.
Für die Antriebssteuerung konnte ein energieoptimaler Geschwindigkeitsverlauf aus Sicht des Antriebssystems unter Berücksichtigung der Streckenrandbedingungen bestimmt werden. Daraus sich ergebende Geschwindigkeitsempfehlungen können dem Fahrer in einem Assistenzsystem angezeigt werden und führen bei Umsetzung zu einer Energieeinsparung von etwa 10%.

6. Danksagung

Der Autor bedankt sich bei den Mitarbeitern Prof. H.-D. Eberhardt, Dipl.-Ing. Festa und Dipl.-Ing. Windisch für die durchgeführten Arbeiten und die Mitwirkung am Entstehen dieses Beitrags. Besonderer Dank gilt dem BMBF für die Förderung des Wachstumskerns Autotram und den Projektpartnern Göppel Bus GmbH, Fraunhofer IVI, Wittur Electric Drives GmbH, M&P GmbH, Dresdner Verkehrsbetriebe (DVB) und DEKRA Automobil GmbH.

Literatur / References

[1] Bady, R., Biermann, J.-W. Hybrid-Elektrofahrzeuge, Strukturen und zukünftige Entwicklungen 6. Symposium „Elektrische Straßenfahrzeuge" Technische Akademie Esslingen, 2000

[2] Göhring, M. Betriebsstrategien für serielle Hybridantriebe Dissertation, TH Aachen, 1997

[3] T. M. Jahns, G. B. Kliman, and T. W. Neumann, "Interior permanent magnet synchronous motors for adjustable-speed drives," IEEE Transactions on Industry Applications, Vol. IA-22, No. 4, pp. 738-747, August 1986

[4] Eberhardt, H.-D.: „Kühlsystem für rotierende elektrische Maschinen", Patentschrift DE 199 43 444 A1, 1999

[5] Festa, M.; Eberhardt, H.-D.; Hofmann, W.: Advances in Power Density and Efficiency — Circumferentially vs. Conventionally Cooled Electric Motors, International Conference on Electrical Machines and Systems - ICEMS, 2010.

[6] Festa, M.; Eberhardt, H.-D.; Hofmann W.: Inter-laminar Flux and Eddy Current Losses in a Circum-ferentially Cooled Stator Core, International Conference on Electrical Machines – ICEM 2010, Rom, Italy.

[7] Morimoto, S.; Tong, Y.; Takeda, Y.; Hirasa, T.: Loss minimization control of permanent magnet synchronous motor drives, IEEE Transactions on Industrial Electronics, Vol. 41, No. 5, pp. 511–517, October 1994

[8] T. Windisch, Z. Cai, W. Hofmann: Energieoptimale Fahrzeugsteuerung für einen elektrisch angetriebenen Doppelgelenk-Hybridbus im Linienbetrieb, VDE-VDI-Konferenz, Antriebssysteme, Nürtingen 2013, ETG-Fachbericht 138, S. 81-86, 2013.

[9] Krug, B.: Vergleich von Ausführungsvarianten permanenterregter Synchronmaschinen für den Einsatz als Fahrantrieb einer Hybrid-Busbahn. Diplomarbeit 2009, TU Dresden

[10] Festa, M.; Hofmann, W.: Improved Performance through Multifunctional Material Utilization - Circumferential Cooling for Electric Motors, 1st International Electric Drives Production Conference - EDPC, Nürnberg, 2011

[13] Windisch, T.; Hofmann, W.: Loss Minimization Control and Efficiency Determination of Electric Drives in Traction Applications, 2nd Energy Efficient Vehicle Conference, Dresden, 2012.

13A Hochtemperatur-Leistungselektronik im Aktivgetriebe

Wolfgang Schön, Josef Lutz, Markus Thoben

Kurzfassung

Die bauraumneutrale Integration der elektrischen Maschine in den Antriebsstrang ist bei Parallel-Hybridgetrieben bereits teilweise verwirklicht. Das Aktivgetriebe mit Vollhybridfunktionen wie etwa elektrischem Fahren und Rückgewinnung (Rekuperieren) der Bremsenergie ersetzt den konventionellen Drehmomentwandler. Das so entstehende Hybridgetriebe lässt sich ohne baulichen Mehraufwand in den Antriebsstrang aktueller Pkw-Modellplattformen integrieren.

Die Leistungselektronik als zentrale Verbindungs- und Steuerungseinheit zwischen elektrischer Maschine und Energiespeicher ist bislang je nach Hersteller an unterschiedlichen Orten im Fahrzeug untergebracht. Um eine integrierte Lösung zu entwickeln, die bauraumneutral im Antriebsstrang untergebracht werden kann, muss das System in kleinerem Volumen verwirklicht werden. In bisherigen Lösungen stellt der gesonderte Kühlkreislauf für die Leistungselektronik einen großen Teil von Gewicht und Volumen.

Die Einstiegshürden in die Hybridtechnik sind heute vor allem hohe Kosten für Komponenten kleiner Stückzahl sowie die hohen Einmalkosten für spezifische Designs. Systemlösungen, die die Portierbarkeit und Wiederverwendbarkeit von Modulen und Baugruppen über eine möglichst große Bandbreite von Anwendungen erlauben, liefern Skaleneffekte und die Basis für effiziente Anpassungsentwicklungen. Gesucht sind Baukasten-Konzepte, die sich über mehrere Leistungsstufen skalieren lassen.

Neben Bauraum, Kühlung, Vibrations- und Temperaturbelastung müssen auch die Themen Montage, Service und Flexibilität von Beginn an mit betrachtet werden. Bauraum und Konstruktion hängen maßgeblich davon ab.

Der Betrieb von Leistungselektronik und Elektromaschine, integriert in den Antriebsstrang, erhöht die Lebensdaueranforderungen deutlich. Bei Verwendung des Kühlkreislaufs der Verbrennungsmaschine mit Temperaturen von 110°C, im Extremfall 125°C sind die Leistungshalbleiter auf zulässige Sperrschicht-Temperaturen von 200°C auszulegen. Zum Erreichen der Lastwechselfestigkeit mussten neue Aufbau- und Verbindungstechniken entwickelt und deren ausreichende Lebensdauer nachgewiesen werden müssen. Dabei können durchaus heute gebräuchliche Schnittstellen in Frage gestellt werden.

1. Motivation

Die bauraumneutrale Integration der elektrischen Maschine in den Antriebsstrang ist bei Parallel-Hybridgetrieben bereits Realität: Das Hybridmodul mit Vollhybridfunktionen wie etwa elektrischem Fahren und Rückgewinnung der Bremsenergie ersetzt den konventionellen Drehmomentwandler. Die Leistungselektronik, zentrale Verbindungs- und Steuerungseinheit zwischen elektrischer Maschine und Energiespeicher, ist bislang allerdings je nach Hersteller an unterschiedlichen Orten im Fahrzeug untergebracht. Um eine integrierte Lösung zu entwickeln wurde das Forschungsprojekt „Elektrokomponenten für Aktivgetriebe“ (EfA) ins Leben gerufen. Auf Basis eines 8-Gang-Vollhybridgetriebes von ZF entstand eine Leistungselektronik-Einheit, die bauraumneutral am Getriebe untergebracht werden kann. Voraussetzung dafür ist geringeres Volumen der Komponenten und ein modifiziertes Kühlkonzept.

2. Spezifikationen

Bei der Festlegung der Integrationstiefe für die Komponenten Elektromaschine und Leistungselektronik eines Hybridantriebes im Antriebsstrang, spielen eine ganze Reihe von Randbedingungen eine wichtige Rolle. Neben Bauraum, Kühlung, Vibrations- und Temperaturbelastung müssen auch die Themen Montage, Service, Flexibilität, Verantwortlichkeiten und vor allem Kosten von Beginn an mit betrachtet werden. Niedrige Kosten werden hauptsächlich dadurch erreicht, dass auf Speziallösungen verzichtet wird und darüber hinaus die Variantenvielfalt vermieden wird.

Der Betrieb von Leistungselektronik und Elektromaschine, integriert in ein Getriebe ohne zusätzlichen Kühlkreis, erhöht die Lebensdaueranforderungen deutlich, weil die Kühlung über einen Bypass des Verbrennungsmotorkühlkreises erfolgt. Dabei werden in den Leistungshalbleitern Chip-Temperaturen bis zu 200°C erreicht. Besonderer Fokus wurde auf den Nachweis der Automotive typischen Lebensdaueranforderungen gelegt.

3. Bauraum

Mit dem Ansatz, die Komponenten Elektromaschine und Leistungselektronik in ein Automatikgetriebe zu integrieren und auf zusätzliche Kühlkreisläufe zu verzichten erreicht man Bauraumneutralität zu heutigen Antriebssträngen und räumliche Nähe der Leistungselektronik zur Elektromaschine. Voraussetzung dafür ist ein Wechselrichter mit einer sehr hohen Leistungsdichte sowie Leistungsmodule, die Chip-Temperaturen bis zu 200°C erlauben. Die Aufbau- und Verbindungstechnik und der Kondensator müssen auf Lebensdauer für Kühlmitteltemperaturen bis 105°C ausgelegt werden.

4. Aufbau

Als Entwicklungsbasis wurde ein Hybridgetriebe von ZF ausgewählt. Dieses Getriebe basiert auf einem 8-Gang Automatikgetriebe, bei dem der Drehmomentwandler durch ein Hybridmodul (E-Maschine + Kupplung) bauraumneutral ersetzt wurde. Unterhalb der Elektromaschine wird der Wechselrichter angeordnet. Dies ermöglicht die Vormontage, sowie einen Service der Leistungselektronik ohne Getriebeausbau.

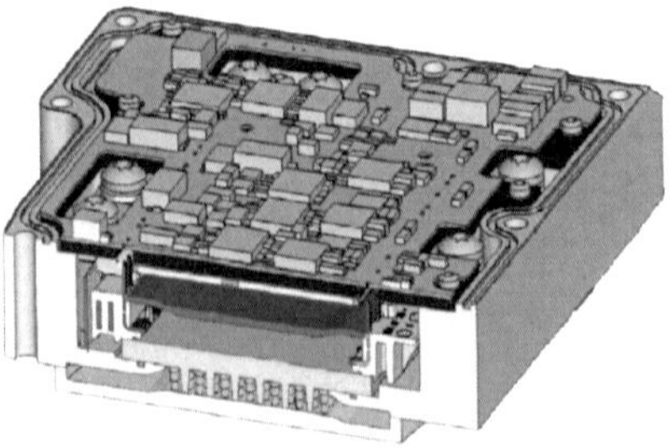

Für die Kühlung mit Verbrennungsmotorkühlwasser (105°C) musste ein neues Entwärmungskonzept der ansonsten weitgehend mit Standardkomponenten aufgebauten Leistungselektronik identifiziert werden. Die Herausforderung bestand darin, bei einer Kühlmitteltemperatur von 105°C die Temperatur der Bauteile der Elektronik auf 125°C zu begrenzen. Hier muss mit Wärmeleitung an Stelle von Konvektion gearbeitet werden.

Das Bild zeigt einen Schnitt durch die Leistungselektronik. Oben ist die Steuerplatine zusehen, die alle Komponenten außer dem Leistungsmodul enthält, also auch die leistungsführenden Komponenten AC und DC Schienen und eine Aluminium Wärmesenke (blau dargestellt). Darunter angeordnet ist das Leistungsmodul mit einer Kupfer-Bodenplatte mit Pin-Fin Struktur zur Kühlung durch direkten Kühlmittelkontakt. Der Ansatz, die Verlustleistungen über eine gemeinsame Wärmesenke an die Gehäuseschale abzuführen ermöglicht eine effiziente Entwärmung sowohl der Bauteile auf der Leiterplatte, als auch der Stromschienen. Die Stromschienen verteilen die Leistung zwischen Kondensator, Modul und den Leistungsschnittstellen. Zusammen mit den Kontaktelementen stellen diese ein zentrales Element des thermischen Designs dar.Diese Struktur bietet zusätzlich zur Entwärmung auch Vorteile hinsichtlich der Vibrationsfestigkeit des Aufbaus und der elektromagnetischen Abschirmung der Steuerelektronik gegenüber den leistungsführenden Komponenten. Insgesamt ermöglicht dies einen kompakten modularen Aufbau der Elektronik-Einheit.

5. Leistungsmodul

Üblicherweise wird Leistungselektronik mit Kühlmitteltemperaturen von 65 – 85 °C betrieben. Durch die erhöhte Kühlmitteltemperatur von 105°C in dieser Anwendung wird das Leistungsmodul thermisch höher belastet. Zu den aktiven Stromzyklen kommen passive Temperaturhübe zwischen -25°C und 105°C hinzu. Dies führt zu Chip-Temperaturen bis zu 200°C und hohen thermo-mechanischen Belastungen über Lebensdauer die beherrscht werden müssen. Während der Halbleiter-Chip selbst diese Anforderungen erfüllen kann, ist dies mit herkömmlicher Verbindungstechnik (Löten, Bonden) nicht möglich. Im Projekt wurde deshalb eine verbesserte Aufbau- und Verbindungstechnik erarbeitet und validiert. Gleichzeitig wurde die Anbindung an das Kühlmedium Verbrennungsmotorkühlwasser verbessert.

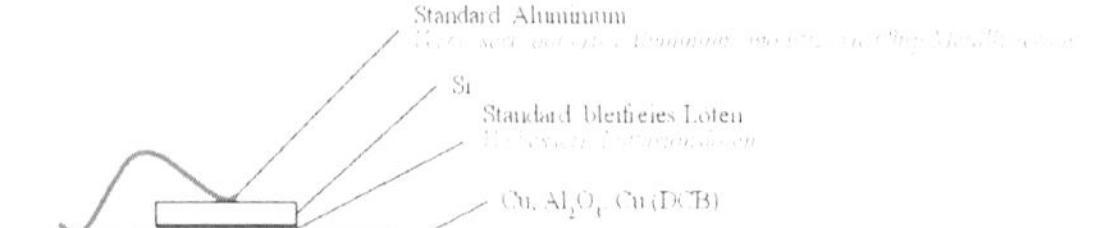

Während der Fahrzeuglebensdauer entstehen einige Millionen Temperaturwechsel. Da Materialien mit unterschiedlichen thermischen Ausdehnungskoeffizienten verbunden werden entsteht mechanischer Stress der irgendwann zum Ausfall von Verbindungen und somit zum Ausfall des Leistungsmoduls führt. Stand der Technik ist der Einsatz von Materialien mit kleineren Unterschieden in der thermisch bedingten mechanischen Ausdehnung. Diese sind aber mit deutlich höheren Kosten verbunden, weshalb der Einsatz für das EfA-Konzept nicht gewählt wurde. Um aber die hohen thermischen Anforderungen mit den Standard Materialien Aluminiumoxid und Kupfer zu erfüllen werden die Draht-Bonds, die Chip-Metallisierung, die Lötungen zwischen Chip und Substrat und die Lötung zwischen Substrat und Kupfer-Basisplatte modifiziert. Die Haltbarkeit dieser Modifikationen wurde in Lastwechseltests nachgewiesen.

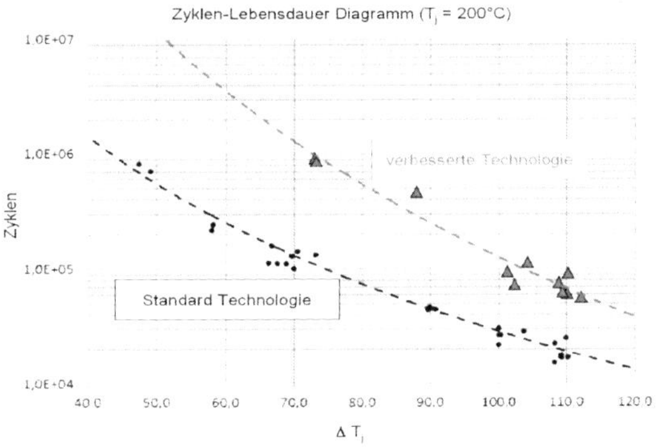

Durch eine Kombination der verbesserten Chiplötung und der Verwendung dotierter Aluminiumdrähte kann die Lastwechselfestigkeit deutlich gesteigert werden. Die erreichte Verbesserung zeigt ausreichendes Potential die maximal zulässige Temperatur deutlich zu erhöhen und damit die Integration der Elektronik an den Antriebstrang zu erlauben.

CFD Simulationen und Messungen wurden eingesetzt um die Direktkühlung der Bodenplatte zu optimieren. So konnte erreicht werden, dass die Elektronik einen Druckabfall von nur 20 mbar mit hoher Kühleffizienz verbindet. Schließlich wurde in einem weiteren Schritt in Richtung Systemoptimierung die Stromsensorik in das Leistungsmodul integriert.

6. Kondensator

Der Kondensator wurde in flacher Ausführung für gute Wärmeableitung und gute Anbindung am Kühlkreislauf ausgelegt. Die Stromtragfähigkeit beträgt 150 A. Besonderes Augenmerk wurde auf die niederinduktive Anbindung an das Leistungsmodul gelegt. Die Auslegung des Kondensators genügt den hohen Vibrationsanforderungen des Einbauraumes. Als Dielektrikum wurde das weit verbreitete Material PET (Polyethylenterephtalat) gewählt.

7. Aktivgetriebe / Schnittstellen

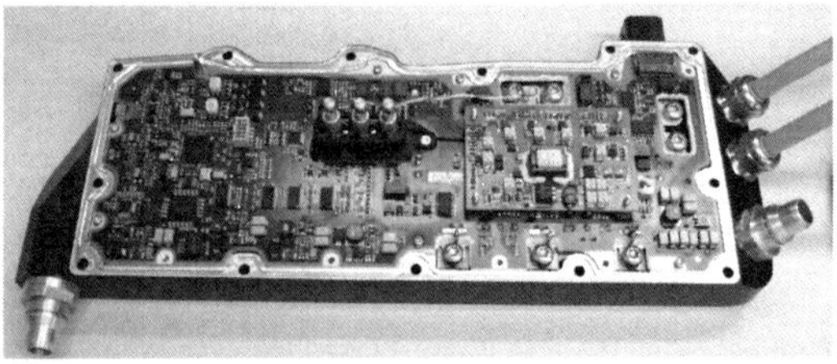

Das Getriebe weist gegenüber einem nicht Hybrid-Getriebe die zusätzlichen Schnittstellen Kühlwasser, DC-Leistung, 12V und Can-Signal auf. Im Bild zu sehen ist die Leistungselektronik mit den beschriebenen Schnittstellen. Da der Drehzahlsensor für die elektrische Maschine innerhalb des Getriebes mit der Leistungselektronik verbunden wird und nicht herausgeführt wird, kann der Fahrzeugstecker als Schnittstelle aus dem Getriebe heraus deutlich kleiner ausfallen. Das Getriebe hat die gleichen Einbaumaße und die gleichen herkömmlichen Schnittstellen wie auch ein nicht hybridisiertes Getriebe. Es kann also als Getriebevariante in jedes Fahrzeug eingebaut werden, welches mit einem herkömmlichen Automatikgetriebe ausgestattet ist.

8. Zusammenfassung

Mit dem EfA Projekt ist es gelungen, die Leistungselektronik bei gleichzeitiger deutlicher Erhöhung der thermischen Anforderungen auf 14 kW/l zu verdichten. Leistungsmodule mit Standard Verbindungstechnik wurden durch Leistungsmodule mit verbesserter Verbindungstechnik und integrierter Stromsensorik ersetzt. Es wurde ein kompaktes Kondensatorpaket und ein optimierter Elektronikaufbau entwickelt. Deren Eignung für einen Fahrzeug-Wechselrichter mit Kühlmitteltemperaturen von 105°C wurde experimentell nachgewiesen. Mit der Reduzierung von Schnittstellen innerhalb des Hybridsystems besteht das Potential, die Kosten zu senken, um so den Zugang der Hybridtechnik für den Massenmarkt zu ermöglichen. Das Projekt wurde unterstützt vom Bundesministerium für Wirtschaft und Technologie (BMWi), Projektträger war die TÜV Rheinland Consulting GmbH.

Literatur / References

[1] Vogel, F.; Hensler, A.; Lutz J.; Lutz S.; Munding A.; Schön W.; Thoben M.; Zeidler D.: "Leistungselektronik im Antriebsstrang – der optimale Integrationsgrad" in Proceedings of Hybrid Vehicles and Energy Management - 6th Symposium, Braunschweig, 2009, Seite 146-158.

[2] Munding, A.; Thoben, M.; Hong, T.; Nold, M.; Kerkhoff, M.; Mongui, E. & Lutz, S.: "Compact PCB-packaging and water cooling of a 25-kW inverter" in Proceedings of PCIM, Nuermberg, 2010

[3] Thoben, M.; Hong, T.; Weidner, P.; Reiners, J.; Osvald, G.: "Modulintegration von Si-Strommesswiderstands für die Stromregelung in Antrieben" in 39. Kolloquium Halbleiter-Leistungsbauelemente und ihre systemtechnische Anwendung, Freiburg, 2010.

[4] Hensler, A.; Lutz, J.; Thoben, M.; Guth, K.: "First Power Cycling Results of Improved Packaging Technologies for Hybrid Electrical Vehicle Applications," in Proceedings of CIPS, Nuremberg, 2010, pp. 85-89.

[5] Hensler, A.; Lutz J.; Lutz S.; Munding A.; Schön W.; Thoben M.; Zeidler D.: "Reliability Investigations of Improved Power Modules" in Proceedings of Hybrid and Electric Vehicles 8th Symposium, Braunschweig, 2011, pp. 118-132.

[6] Alexander Hensler: Lastwechselfestigkeit von Halbleiter-Leistungsmodulen für den Einsatz in Hybridfahrzeugen, Dissertation, Chemnitz 2012

14A Hochleistungskonzepte unter Berücksichtigung von standardisierten Komponenten, wie Leistungselektronik und Batterie, aus vorhandenen Baukästen für Hybrid- und Elektrofahrzeuge

Marco Falco, Thomas Götze, Volker Hartmann

Abstract

High Performance Concepts are more and more requested for sport cars and commercial vehicle (CV) markets. These concepts are characterized by a high power and torque demand. For this sort of requirements developers often are forced to choose components with DC Voltages higher than 450 V. Up to now this typically leads to the development of new specific components such as power electronic and battery. This article shows alternative solutions to fulfill the CV and sport cars requirement by using standard 450 V components.

Kurzfassung

Hochleistungskonzepte sind vor allem für Nutzfahrzeuge oder Sportwagen immer mehr gefragt. Diese sind durch eine sehr hohe Leistungsanforderung und Drehmomentanforderung gekennzeichnet. Um diesen Anforderungen gerecht zu werden, wird häufig auf Konzepte mit DC Spannungen > 450 V zurückgegriffen. Diese Entscheidung führt jedoch zur Entwicklung neuer kundespezifischer Komponenten wie Leistungselektronik und Batterie. Damit werden die Entwicklungskosten drastisch erhöht und deren Amortisierung gestaltet sich aufgrund geringer Stückzahlen schwierig. In diesem Beitrag werden alternative Wege gezeigt, um mit derzeit verfügbaren 450 V Standard-Komponenten die Anforderung zu erfüllen.

1 Spezifische Anforderungen und Randbedingungen für Hochleistungskonzepte bei Nutzfahrzeugen und Sportwagen

Die Hybridisierung von Lastkraftwagen und Bussen ist in den letzten Jahren immer mehr in den Fokus gerückt. Bei Nutzfahrzeugen sind für den Kunden die Betriebskosten (Treibstoff und Instandhaltung) für den Return of Invest (ROI) entscheidend. Darüber hinaus werden auch im Nutzfahrzeugsektor die gesetzlichen Anforderungen im Bezug auf die CO_2 Emissionen, stetig verschärft. In diesem Umfeld steigt auch das Interesse der OEMs an eine spritsparende und emissionsarme Hybrid-Lösung für Nutzfahrzeuge. Im Vergleich zur PKW Hybridisierung sind für diese Anwendungen aber andere Leistungsklassen im Antriebssystem erforderlich. Typischerweise setzen sich diese Anforderungen aus sehr hohen Drehmomenten > 1000 Nm und vergleichsweise moderaten Drehzahlen - bis maximal 4000 rpm zusammen. Damit sind Leistungsanforderungen deutlich über 150 kW keine Seltenheit. Da die Leistung das Produkt von Spannung und Strom darstellt und Ströme über 500 A schwierig zu beherrschen sind, werden für diese Leistungsklassen Zwischenkreisspannungen > 450V erforderlich. Grund dafür sind unter anderem die Verluste in den Zuleitungen und den Verbindungen, welche quadratisch proportional zum Strom sind. Deswegen werden zur Übertragung von höheren Leistungen auch im öffentlichen Netz höhere Spannungen eingesetzt.
Auch Sportwagenhersteller versuchen immer mehr Antriebsleistung in ihren Fahrzeugen zu installieren. Bei rein elektrischen Fahrzeugen spiegelt sich diese Leistung 1:1 an der Leistung des elektrischen Antriebes. Unsere Erfahrungen zeigen, dass oft mehr als 2000 Nm pro Rad erforderlich sind, um eine Beschleunigung unter 5 s auf 100 km/h sicherzustellen. Darüber hinaus liegt die maximale Geschwindigkeit dieser Fahrzeuge weit über 200 km/h. Diese Anforderungen zusammen mit der sportlichen Beschleunigung bis zur maximalen Geschwindigkeit, führen zu immer höheren installierten Leistungen. Damit ergeben sich im Hinblick auf die Leistungsdichte ähnliche Randbedingungen wie bei Nutzfahrzeug-Anwendungen und die Antriebskonzepte werden oft mit Spannungen über 450 V realisiert.

1.1 Technische Anforderungen an die Antriebssysteme zur Hybridisierung von Nutzfahrzeugen und Bussen

Die technischen Anforderungen an Nutzfahrzeuge und Busse sind gekennzeichnet von höchsten Drehmomenten bei moderaten Drehzahlen und führen somit zu hohen Leistungsanforderungen.

- Drehmomente > 1000 Nm
- Niedrige Drehzahlen
- Leistungen >> 150 kW

1.2 Technische Anforderungen an die Antriebssysteme im Sportwagenbereich

Die technischen Anforderungen für Oberklasse PKW und Sportwagen sind dagegen gekennzeichnet von hohen Drehmomenten bis hin zu höheren Drehzahlen und resultieren somit ebenfalls in hohen Leistungsanforderungen.

- Drehmomente > 400 Nm
- Höhere Drehzahlen
- Leistungen > 120 kW

1.3 Verfügbarkeit von elektrischen Antriebskomponenten mit Qualitäts- und Funktionalitätsansprüchen der Fahrzeugindustrie

Antriebssysteme mit einem DC Spannungsniveau ≤ 450V befinden sich derzeit bereits in der Serieneinführung oder stehen kurz davor. Im Gegensatz dazu sind Antriebssysteme mit Zwischenkreisspannungen > 450 V derzeit ausschließlich in Kleinststückzahlen und oftmals nur mit Standard-Industriekomponenten am Markt verfügbar. Gründe hierfür sind:

1. Zwischenkreisspannungen bis 850 V erfordern zum Beispiel bereits den Einsatz von Leistungshalbleitern mit höheren Spannungsfestigkeitsklassen (z.B 1200V IGBT) und führen so bereits zu einer anderen Klasse von Leistungselektroniken. Diese 1200V-IGBTs sind zwar Industriestandard aber es gibt zur Zeit keine qualifizierten Module für den Automotive Einsatz am Markt.

2. Die Isolation sämtlicher HV-Komponenten und somit auch des Energiespeichers, z.B. der Batterie, ist auf die höhere Zwischenkreisspannung anzupassen.

3. Bei Zwischenkreisspannungen > 450 V ist eine Ausbalancierung von mehr als 100 Lithium-Zellen notwendig und damit zunehmend aufwändiger.

4. Umrichter- und Batteriesysteme < 450V sind bereits in Serie oder werden gerade mit hohem Aufwand an F&E, Validierung, Zertifizierung und Qualifizierung in die Serienproduktion überführt.

5. Selbst bei Umrichter- und Batteriesystemen < 450V haben sich noch keine commodities ausgebildet und die Produktkosten bleiben somit aufgrund derzeit noch geringer Markdurchdringung durchweg deutlich hinter den Markterwartungen zurück.

2 Standardkomponente: Leistungselektronik

Auch hofer hat in den letzten Jahren eine Leistungselektronik mit 450 V maximaler DC-Spannung für den PKW Markt entwickelt. Diese Lösung deckt den Leistungsbereich bis maximal 225 kVA Spitze und einen AC Strombereich bis 500 Arms ab.

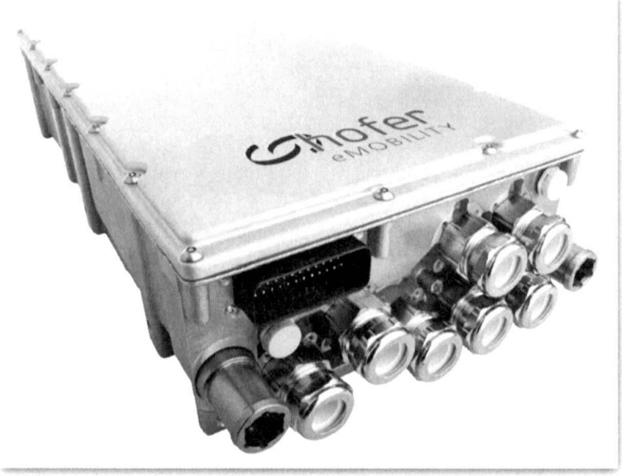

Bild 1: hofer hLE300TF06 mit 450 V, 225 kVA und 500 Arms

Parameter	hLE300TF06
Dauerleistung	**$300A_{AC\text{-}rms}$ @ $36V_{DC}..450V_{DC}$**
Peak Leistung (30 sec)	**$500A_{AC\text{-}rms}$ @ $36V_{DC}..450V_{DC}$**
Zwischenkreisspannung	Max: 450 V Nom: 360 V
Wasserkühlung Wasser/Glycol (50/50)	**-40°C .. 75°C** (-10°C .. 55°C @ 8 l/min without current derating)
Switching frequency	**4 kHz ... 10 kHz**
Maximum el. Peak Power ($500A_{AC\text{-}rms}$; 390VDC, cos (φ)=0,85)	**200 kW (30 sec)**
Continuous el. Power ($300A_{AC\text{-}rms}$; 390VDC, cos (φ)=0,85)	**120 kW**
Abmessungen	**448 x 244 x 109 mm**
Schutzart	**IP65 /9k**
Volume	**11,9 l**
Gewicht	**app. 15 kg**

Die Leistungselektronik wurde für Automotive Anwendungen entwickelt. Die Basis entspricht der Semikron Plattform SKAI II und die Anpassungsentwicklung durch hofer eds wurde auf im Automotive Bereich gängige Entwicklungsprozesse, Powertrain Mikroprozessoren und vor allem funktionale Sicherheit gemäß ISO 26262 ausgerichtet. Die Erweiterung des Steuerungskonzeptes auf einen Dual-Core-Prozessor und einen unabhängigen Sicherheitsrechner (FPGA) ermöglicht die Erreichung von hohen Sicherheitsanforderungen (ASIL C bis D).
Diese Lösung ist bereits qualifiziert und eine Kleinserie (300 Stück/Jahr) startet im Laufe des nächsten Jahres.

Trotz der überdurchschnittlichen Leistungen dieser Lösung im Vergleich zu Produkten anderer Hersteller, ist sie für Nutzfahrzeug- und Sportwagenanwendungen singulär betrachtet oft nicht ausreichend.
Obwohl eine Basis-Variante dieser Leistungselektronik-Plattform mit 1200 V IGBT vorhanden und die Entwicklungsanpassung für Automotive Anwendungen bereits geplant ist, könnte es vorteilhaft sein, die bereits entwickelte 600V IGBT Variante für Hochleistungsanwendungen mittels neuartiger Antriebskonzepte anwendbar zu machen.
Damit könnte man die Amoritisation der Entwicklungskosten und Werkzeuge durch Stückzahleffekte über mehrere Projekte hinweg nutzen und somit die Produktkosten nachhaltig reduzieren.

3 Standardkomponente: Batterie

Für elektrische und hybridisierte Fahrzeuge werden bereits Lithium-Ionen Batterien mit bis zu 100 Zellen verwendet. Dies ermöglicht, abhängig vom Zellentyp, eine Zwischenkreisspannung von maximal 430 – 450V im Volllast-Rekuperationsfall. Für Hochleistungskonzepte scheint diese Spannungslage nicht ausreichend, deswegen werden derzeit Konzepte und Studien mit Zwischenkreisspannungen von 650V bis 700V veröffentlicht. Um diese höheren Spannungen darzustellen, muss die Anzahl der Zellen deutlich, auf über 150 erhöht werden. Die Ausbalancierung und die Überwachung des Ladezustandes der Zellen werden damit aufwändiger. Mit der Anzahl der Zellen steigt auch der Verbindungsaufwand und die Zuverlässigkeit sinkt.
Die Neu-Entwicklung von Batterien mit höherer Zellenanzahl ist darüber hinaus sehr aufwändig und kostenintensiv, selbst wenn die Zellenchemie identisch bleibt.

Die Nutzung von Standardkomponenten, auch für die Batterie, erscheint damit sehr vorteilhaft. Die in den letzten Jahren auf dem Markt gekommenen Hybrid- und Elektrofahrzeuge sind fast ausschließlich mit Batterien, mit einer Ladeschlussspannungunter 450 V, realisiert.

Mit der Parallelisierung von zwei herkömmlichen Batterien, in Verbindung mit zwei verfügbaren Leistungselektroniken kann das Problem von neuen Entwicklungen für Batterie- und Leistungselektronik-Komponenten durch geschickte Kombination von elektromagnetischen Energiewandlern (E-Maschinen) und Getriebekomponenten umgangen werden.

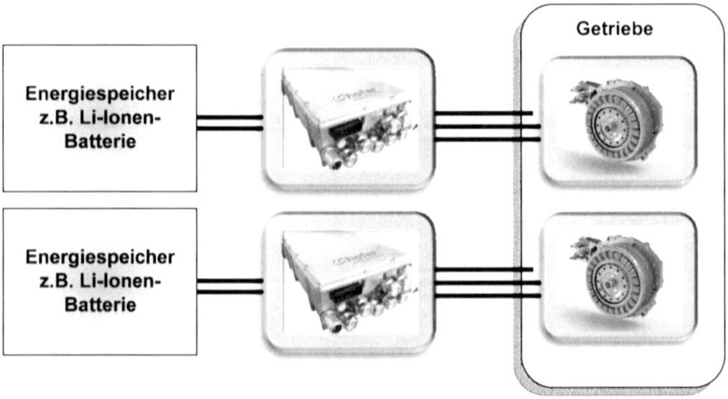

Bild 2: Prinzipschaubild der Parallelisierung von zwei verfügbaren Batterien und Leistungselektroniken zu einem neuen Antriebskonzept

4 Alternative Hochleistungskonzepte mit Standard PKW Komponenten

Die Lösungsmöglichkeiten für die Verwendung von Standard Komponenten aus PKW Anwendungen mit Zwischenkreisspannungen < 450 V und bei Leistungsanforderungen > 150 kW sind hauptsächlich:

a) Summiergetriebe mit zwei unabhängigen E-Antrieben

b) Mehrsträngige E-Maschine mit Doppel- oder Mehrfachspeisung

Bei diesen beiden alternativen Konzepten für Hochleistungsanwendungen werden Standardkomponenten für Batterie und Leistungselektronik verwendet. Dagegen sind die E-Maschine und die Getriebe/Getriebeanbindung kundenspezifisch.
Dies stellt normalerweise kein Problem dar, da E-Maschinen und Getriebe bereits durch Bauraum-, Drehmoment- und Leistungsanforderungen kundenspezifische Entwicklungen sind.

Im Rahmen dieses Beitrags werden nun diese beiden Alternativen beschrieben und nachfolgend beispielhaft an einigen von hofer bereits realisierten Antrieben dargestellt.

Die Anforderungen dieser Konzepte an die Regelung und die Wechselrichter-Hardware werden ebenso beschrieben wie die spezifischen Erfahrungen beim Einsatz von permanenterregten Synchron-, sowie Asynchronmaschinen.

Abschließend werden die Möglichkeiten dieser Hochleistungskonzepte zur Modularisierung und Standardisierung von elektrischen Antriebskomponenten auf Basis von Baukastenlösungen nochmals zusammengefasst.

5 Lösungsansatz a) Summiergetriebe mit zwei unabhängigen E-Antrieben

Bei dieser Lösung werden zwei voneinander unabhängige E-Maschinen mit einem Summiergetriebe verbunden. Das Summiergetriebe koppelt die zwei E-Maschinen mechanisch und stellt bereits eine erste Getriebestufe dar (1:3). Dieses Konzept wurde für eine LKW-E-Achse entwickelt. Die Traktionseinheit beinhaltet auch einen seriellen Generator.

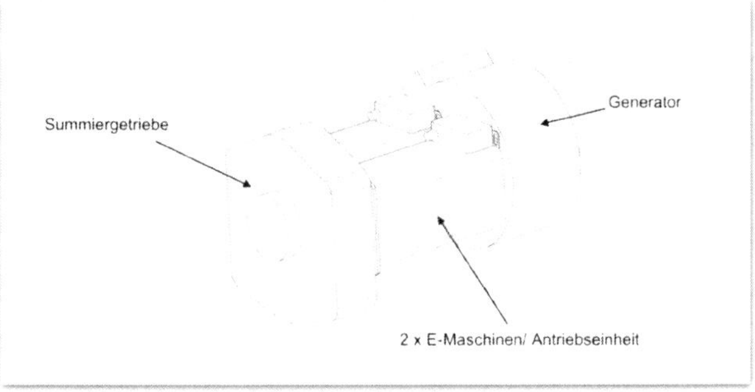

Bild 5: 2 Traktionsmaschinen mit Summiergetriebe

Mit dieser Lösung wurde eine Leistung von 300 kW bei 400 V dargestellt. Die beiden E-Maschinen entfalten zusammen ein Drehmoment von 3700 Nm am Summiergetriebe-Ausgang und eine Dauerleistung von 180 kW. Weitere Daten sind in der folgenden Tabelle zusammengefasst:

Parameter	2 E –Maschinen
Dauerleistung	180 kW @ 400V DC
Peak Leistung	300 kW
Zwischenkreisspannung	400 V
Peak Drehmoment	1200 Nm (6 min)
Dauerdrehmoment	500 Nm (cont.)
Maximale Drehzahl	9000 rpm
Abmessungen (L x B x H) (mit Kühlmantel)	510 mm x 500 mm x 245 mm
Kühlmedium	Wasser/Glykol 50/50 max90°C
Durchflussmenge	Ca. 12l/min
Schutzart	IP65 / 9k
Gewicht	Ca. 240 kg
Übersetzung Summiergetriebe	Ca. 1:3
Peak Drehmoment gesamte Einheit (2 EM + Summiergetriebe)	3700 Nm (1 km @ ca. 10 km/h)

Ein weiterer Vorteil dieses Konzeptes ist eine volle Redundanz des Traktionsantriebes aufgrund der elektrisch voneinander unabhängigen Antriebssysteme. Wenn ein Defekt in einer Batterie oder/und in einer der Leistungselektronik/E-Maschinen Einheiten vorliegt, kann das zweite Subsystem trotzdem weiterarbeiten. Damit ist mit diesem Konzept ein limp-home-mode mit der Hälfte der Leistung leicht darstellbar.

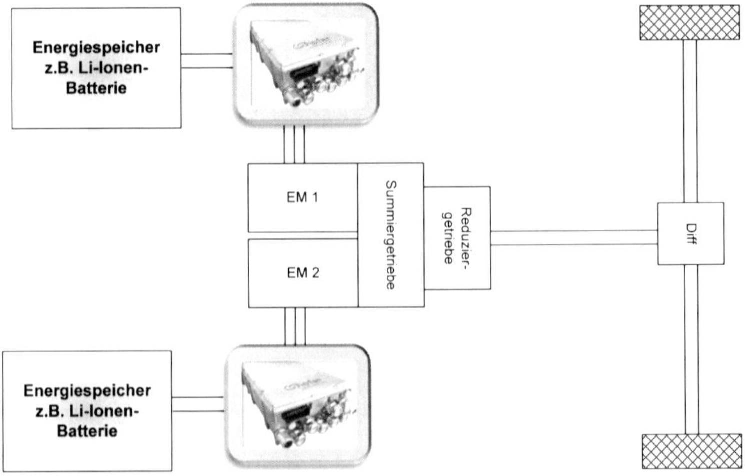

Bild 6: Lösungsansatz mit Summiergetriebe

6 Lösungsansatz b) Mehrsträngige E-Maschine mit Doppel- oder Mehrfachspeisung

In diesem Fall wird der Stator der E-Maschine mit zwei oder mehr voneinander unabhängigen Wickelsystemen bestückt, welche auf einen Rotor wirken. Damit führt die elektrische Maschine 6 Anschlüsse oder mehr zum Klemmblock, an dem die dreiphasigen Wechselrichter angeschlossen werden können.

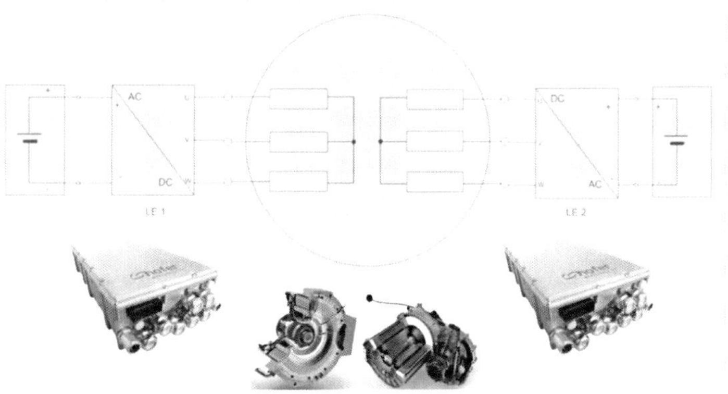

Bild 7: Konzeptdarstellung der *Doppelspeisung*

Damit kann auf ein Summiergetriebe verzichtet werden und die kundenspezifische E-Maschine fungiert als Drehmoment- und Leistungssummierer zweier unabhängiger Leistungsstränge halber Leistung.

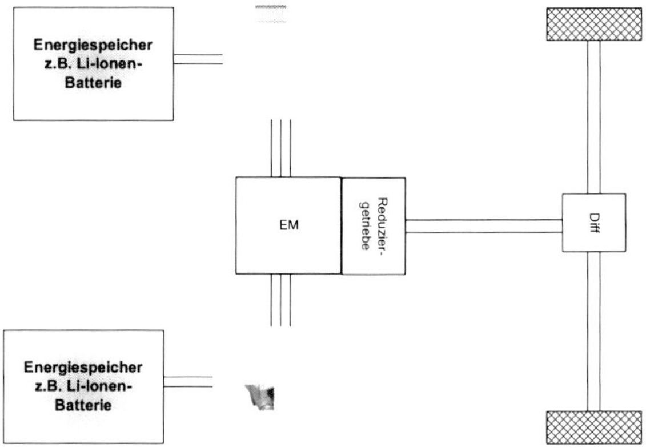

Bild 8: *Mehrsträngige E-Maschine mit Doppelspeisung*

Diese Ausführung der E-Maschine kann besonders gut an einer permanenterregten Synchronmaschine mit Einzelzahnwicklung dargestellt werden. In diesem Anwendungsfall reicht eine geänderte Verschaltung der Einzelzahnspulen aus.

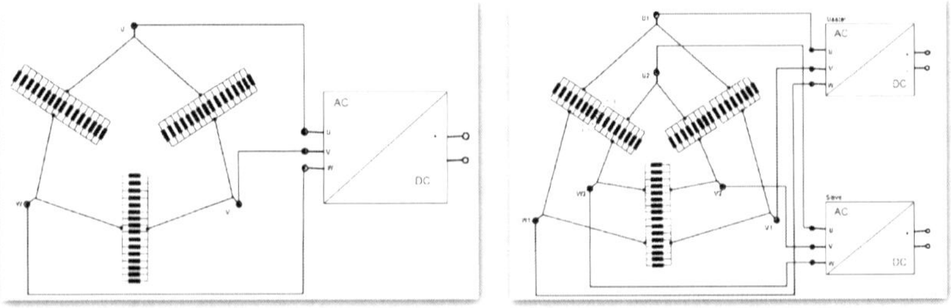

Bild 9: Verschaltung der E-Maschine für Doppelspeisung bei Einzelzahnwicklung

Besondere Sorgfalt sollte bei dieser Verschaltung der E-Maschine an die niedrige magnetische Kopplung zwischen den zwei Wickelsystemen angewendet werden. Eine starke Kopplung würde die Regelung der zwei unabhängigen Wechselrichter erschweren.

6.1 Anforderungen an die Regelung bei Doppelspeisung

Im Falle einer Doppelspeisung ist bei der Regelung der E-Maschine Folgendes zu beachten:

Da beide Wicklungssysteme in der Maschine ein gemeinsames Feld erzeugen, muss die Orientierung auf die elektromagnetischen Feldverhältnisse in der E-Maschine in beiden Regelungen gleich erfolgen. Das wird durch die gemeinsame Nutzung des Rotorpositionssensors in beiden Wechselrichtern sichergestellt. Die Stromregelungen arbeiten somit unabhängig in jedem Wechselrichter (separate Stromsensoren) [2].

Bei Bedarf kann man auch noch eine Synchronisation der PWM zwischen beiden Wechselrichtern realisieren, um zu vermeiden dass die beiden Umrichter mit leicht unterschiedlichen Pulsfrequenzen arbeiten, welches zu unerwünschten Schwebungen mit der Differenzfrequenz führen und z.B. Geräusche anregen kann.

Dies ist aber in der Praxis aufwändig (HW-Voraussetzungen sind notwendig) und nach unserer Erfahrung nicht zwingend notwendig.

Die Synchronisierung mit der die beiden Wechselrichter auch mit einer Verschiebung der Pulsmuster um eine halbe PWM Periode betrieben werden können, kann unter anderem sinnvoll sein um den DC-Stromripple im Zwischenkreis und dem Energiespeicher aktiv beeinflussen und reduzieren zu können.
Erfahrungsgemäß ist jedoch gerade der DC-Stromripple mit anderen, einfachen HW-Massnahmen ebenfalls effektiv zu reduzieren, was unter anderem im nächsten Kapitel kurz beschrieben wird.

6.2 Anforderungen an die Wechselrichter-Hardware bei Doppelspeisung

Werden beide Wechselrichter am gleichen Zwischenkreis (Batterie) betrieben, entsteht ein potenzieller Schwingkreis. Dieser wird im Wesentlichen durch die Leitungsinduktivitäten und die zwei Zwischenkreiskapazitäten der Wechselrichter bestimmt.

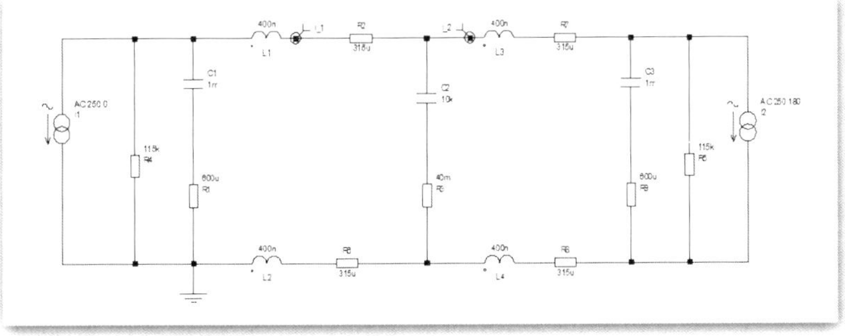

Bild 10: Schwingkreis bei 2 Umrichtern an einem gemeinsamen Zwischenkreis

Dieser Schwingkreis kann von der doppelten PWM-Frequenz angeregt werden und zur Strompendelung zwischen den zwei Wechselrichtern führen. Das könnte z.B. die Lebensdauer der Zwischenkreiskondensatoren beeinträchtigen. Darüber hinaus ist die Amplitude der potenziellen Anregung abhängig vom Modulationsgrad und dem Modulationsverfahren [1].
Um diese DC-Stromschwingungen zu vermeiden, sollte im Vorfeld der Realisierung die Leitungsführung und Leitungslänge mittels Simulationen so auf die Zwischenkreiskapazitäten abgestimmt werden, dass die Resonanzfrequenz im unkritischen Bereich liegt und der Schwingkreis durch die Wechselrichter nicht angeregt wird.

Setzen wir allerdings unsere Zielkonfiguration mit zwei voneinander unabhängigen Leitungssträngen mit separaten Batterien (Bild 7) voraus, welche die Möglichkeit der Verwendung von Standardkomponenten auch für den Energiespeicher ermöglicht, so treten die Effekte eines schwingungsfähigen Zwischenkreises aufgrund gegenseitiger elektrischer Kopplung, im Fahrzeugbetrieb prinzipbedingt nicht auf.

6.3 Erfahrungen mit PSM

Für eine Hybridisierung eines Nutzfahrzeug-Antriebes wurde bei hofer die Lösung mit Doppelspeisung und zwei völlig voneinander unabhängigen Leitungssträngen halber Stromtragfähigkeit eingesetzt. Damit wurde ein SAE1 Parallel-Hybrid-Modul entwickelt, welches mit Standard Batterie- und Leistungselektronikkomponenten aus der PKW Großserie die geforderten Leistungsdaten im HeavyDuty Nutzfahrzeugbereich abdeckt. Das Hybrid-Modul wurde mit einer permanenterregten Synchronmaschine mit zwei unabhängigen Wickelsystemen dargestellt. Die magnetische Kopplung wurde durch besondere Designmerkmale innerhalb des elektromagnetischen Kreises als auch durch die Verschaltung der Spulengruppen im Design der elektrischen Maschine aktiv minimiert.

Parameter	SAE1 P2 Konzept
Peak Leistung	120 kW
Dauerleistung	80 kW
Zwischenkreisspannung	320 V nominal
Peak Drehmoment	>1000 Nm
Maximale Drehzahl	3250 rpm
Phasenstrom	430A (2 x 215A)

Diese E-Maschine wurde mit zwei unabhängigen und identischen Leistungselektroniken am Prüfstand erfolgreich getestet. Die beiden Umrichter benötigen keine zusätzliche PWM Synchronisierung und laufen auch völlig unabhängig voneinander mit zwei klassischen Stromregelkreisen. Darüber hinaus wird für diese Lösung nur ein Positionssensor benötigt.
Ferner wurde auch dieselbe E-Maschine mit herkömmlichem Dreiphasenanschluss (über eine geänderte Verschaltung) und dadurch nahezu verdoppeltem DC-Spannungsbedarf betrieben und die Ergebnisse wurden miteinander verglichen.

Bild 11: IPM mit Doppelspeisung am hofer Prüfstand

Die Messungen am Prüfstand haben gezeigt, dass die Doppelspeisung einer elektrischen Maschine selbst ohne Umrichtersynchronisierung problemlos und stabil an der Volllast- und Spannungsgrenze betrieben werden kann. Ferner haben die Messungen gezeigt dass Leistungsvorteile im Vergleich zur 3-strängigen Standardlösung in der Feldschwächung aufgrund des geringeren Spannungsabfalls am Umrichter (Uce und ohmscher Spannungsabfall) auftreten. Damit können an den Spannungsgrenzen höhere Ströme in die E-Maschine eingeprägt werden. Im Ankerstellbereich sind dagegen die Grenzen der Applikation durch das Sättigungsverhalten der E-Maschine bestimmt. Die niedrigeren Phasenspannungen und höheren Phasenströme bei Doppelspeisung treiben die beiden Teil-E-Maschinen stärker in die Sättigung. Damit sind die Ströme bei voll gesättigter Maschine nicht mehr sinusförmig und können Instabilitäten in der Regelung hervorrufen. Dies muss in der Struktur der Stromregelkreise u.a. durch schnelle Adaption der Reglerparameter auf die gesättigten Induktivitäten berücksichtigt werden.

6.4 Erfahrungen mit ASM

Für eine Leistungserhöhung in einem sportlichen Elektrofahrzeug kann dieses Konzept der Doppelspeisung auch für eine Asynchronmaschine verwendet werden.

Parameter	Elektrische Achse im Sportwagen
Peak Leistung	140 kW
Zwischenkreisspannung	280 V
Peak Drehmoment	260 Nm
Maximale Drehzahl	12000 rpm
Phasenstrom	530A (2 x 265A)

Auch bei einer Asynchronmaschine ist eine Entkopplung der zwei Wickelsysteme mit einem geschickten Wickelsystem möglich (z.B. Aufteilung der Wicklung in zwei räumliche getrennte Bereiche). Auch in der Asynchronmaschine erzeugen die beiden Wicklungsteilsysteme ein gemeinsames Drehfeld. Im Gegensatz zur Synchronmaschine, wo zur Synchronisation der beiden feldorientierten Regelungen das gemeinsame Positionssensorsignal ausreicht, ist hier allerdings eine genauere Kopplung der beiden Regelungen erforderlich.
Da der Feldwinkel bei der ASM nicht nur durch Positionssensorsignale sondern auch durch die berechnete Schlupffrequenz bestimmt wird, können die beiden Wechselrichter nicht völlig unabhängig voneinander Statorströme in die Teilwicklungssysteme einprägen.
Demzufolge muss einer der Wechselrichter als Master betrieben werden und den Feldwinkel sowie die Iq-Id-Stromsollwerte berechnen. Der als Slave konfigurierte zweite Wechselrichter empfängt diese Sollwerte und prägt sie über einen eigenen Stromregelkreis in die zweite Teilwicklung ein.
Dazu ist eine schnelle Datenkopplung zwischen beiden Wechselrichtern notwendig, die im Takt der feldorientierten Regelung (synchron zur Abtastzeit von 1ms - 2ms) die Stromsollwerte, Feldwinkel und Kreisfrequenz vom Master zum Slave überträgt.

Dies kann sowohl HW seitig (Eingriff in die Umrichterstruktur) erfolgen als auch mit einer schnellen Datenübertragung mittels Standard-CAN-Bus implementiert werden.
Will man in Zukunft auch eine Doppelspeisung von ASM realisieren, sollte in Standardwechselrichtern eine solche Kopplungsmöglichkeit vorgesehen werden.

Eine schnelle Datenkopplung zwischen zwei Wechselrichtern hat darüber hinaus noch weitere Vorteile. In Applikationen mit zwei unabhängigen Radantrieben ohne Differentialgetriebe (Torque-Vectoring) erleichtert dies die Regelung der Antriebe auch unter Gesichtspunkten der funktionalen Sicherheit massiv.

7. Weitere Potentiale durch konsequente Nutzung der zwei Möglichkeiten

a. Steigerung des Gesamttriebstrang Wirkungsgrades durch lastpunktoptimale Nutzung:

Bei einer gegebenen Leistungsanforderung kann man eine Steigerung der Gesamtenergieeffizienz erreichen indem man die Lastpunkte der einzelnen Teilsysteme wirkungsgradoptimal verteilt.
Dies kann kontinuierlich bis zur kompletten Deaktivierung eines Teilstranges geschehen und ermöglicht somit dem Energiemanagement als auch dem thermischen Management weitere Freiheitsgrade.

b. Höhere Komponentenausnutzung bei identischer Lebensdauer durch Redundanz im Antriebssystem:

Aufgrund der gesteigerten Verfügbarkeit, hervorgerufen durch die Redundanz im Antriebssystem, kann es in Verbindung mit der gezielten Nutzung der Einzelkomponenten zu einer Erhöhung der Lebensdauer der einzelnen Komponenten kommen. Dies könnte gerade im Nutzfahrzeugbereich dazu führen, dass die Komponenten des Antriebssystems bei identischer Leistungs- und Lebensdaueranforderung kleiner und leichter ausfallen können.

8 Zusammenfassung

Im vorliegenden Artikel stellt hofer neben der eigenen Leistungselektronikentwicklung auch vielversprechende Möglichkeiten vor, die Anforderungen an einen elektrischen Antrieb im Hochleistungsbereich auch mit <450Vdc Standard Antriebskomponenten aus der PKW Großserie bedienbar zu machen.
Somit werden die hohen Anforderungen für Nutzfahrzeug- oder Sportwagenlösungen über einen geschickten Antriebssystemansatz erfüllt und die Kosten-, Zeit- und Ressourcen - intensive Neuentwicklung von Energiespeichern und Leistungselektroniken für diese Nischenmärkte weitgehend vermieden.
Dadurch steigt die Verfügbarkeit von Komponenten und die für Anwendungen mit hoher Lebensdauererwartung so wichtige Größe „time to market" kann maßgeblich verringert werden.
Da bei der Übernahme von Komponenten aus den Baukästen der OEM der Grad an Standardisierung und Modularisierung auch Markt- und Applikations- übergreifend gesteigert werden kann, wirken sich diese Konzeptideen auch im Hinblick auf die Amortisierung der Entwicklungs- und Industrialisierungsaufwände positiv auf die Gesamtkosten aus.

Es konnte gezeigt werden, dass die Potentiale dieser Antriebskonzepte in enger Wechselwirkung mit den Komponenten Leistungselektronik, deren HW Struktur, Regelungssoftware, E-Maschinendesign und Getriebekonzeption stehen. hofer powertrain ist davon überzeugt, dass die volle Ausschöpfung der Vorteile einen gesamtsystemischen Antriebsoptimierungsansatz zwingend erforderlich macht und richtet die eigenen Entwicklungskompetenzen konsequent in diese Richtung aus.

Wie die Firma Tesla in Ihrem aktuellen ModelS eindrucksvoll zeigt, lässt sich auch mit schnelllaufenden Asynchronmaschinen in besonders niederohmiger und niederinduktiver Ausführung ein eindrucksvolles Leistungspotential erzielen. Wie bereits erwähnt geht dies bei niedriger Zwischenkreisspannung mit einem sehr hohen AC Strombedarf einher, der im erwähnten Modell kurzzeitig im Bereich von 1000A und mehr liegt.
Wie ein bereits von hofer ausgeführtes Beispiel mit Doppelspeisung zeigt, lässt sich dieser AC Strombedarf durchaus auf zwei Umrichter halber Stromtragfähigkeit verteilen. Nutzt man nun beispielsweise die Leistungsfähigkeit der hofer Umrichter mit je 500Arms (Bild 1) voll aus, so lässt sich damit ebenfalls ein Summenstrom von 1000A realisieren.

Sollten zukünftig auch Komponenten mit DC Spannungsbereichen von 800Vdc und mehr als commodities verfügbar sein, so lässt sich dieser Ansatz durchaus weiter anwenden und zu elektrischen Antriebssystemen mit noch deutlich gesteigerter Leistung ausbauen.
Dies eröffnet dann wiederum Möglichkeiten, um im Bereich von Marine, Off Highway, Mining und Militär weitere Märkte mit automotive qualifizierten und verfügbaren elektrischen Antriebskomponenten zu bedienen.

Literatur / References

[1] Johann W.Kolar,Thomas M.Wolbank and Manfred Schrödel. Analytic Calculation of RMS Current stress on the DC Link Capacitor of Voltage DC link PWM converter systems

[2] Prof.Dr.-Ing Ralph M. Kennel. Höhere Antriebsleistung durch separate gespeiste parallele Stränge

9B Das 48V Bord-Netz aus Halbleitersicht

Marco Pürschel, Benno Köppl, Michael Scheffer

Kurzfassung

Die Elektrifizierung des Antriebstranges für moderne Autos steht nach wie vor zusammen mit dem Trend autonomes Fahren im Zentrum des Interesses von Automobilherstellern.
Einsparungen beim Benzin- oder Dieselverbrauch motivieren dazu immer neue Lösungswege Richtung Elektrifizierung zu gehen. Hierbei muss insbesondere auf den Kosten / Nutzen Quotienten geschaut werden, da nicht jede Lösung gleichzeitig auch wirtschaftlich tragbar ist, bzw. nur für einige Nischen zum Einsatz kommen kann. Mit der Einführung des Toyota Prius im Jahr 1997 wurde der erste kommerziell erhältliche Vollhybrid für die breite Masse angeboten. Nischen oder Highend Fahrzeuge wie der Tesla als 100% Elektroauto folgten. Dieses Jahr mit der Einführung des BMW i3, wird das Elektroauto erreichbar, ist allerdings immer noch im oberen Preissegment platziert.
Als Einstieg in die Hybridklasse, wird zurzeit das 48V System bei vielen großen OEMs diskutiert und entwickelt. Mit einer Spriteinsparung in zweistelligen Prozent Bereich und einem Kostenziel im Bereich von 1500€, bietet es einen hervorragenden Kosten/Nutzen Quotienten und ist somit geeignet, auch in kleineren Fahrzeugklassen flächendeckend zum Einsatz zu kommen.
Diese Veröffentlichung betrachtet das 48V System aus Halbleitersicht. Da neue Steuergeräte für diese Funktion eingesetzt werden müssen (Hauptinverter für den Antrieb, den DC/DC Wandler von 48V auf 12V und das Batteriemanagement System), kommen neue Anforderungen auf die Halbleiter Bauelemente zu. Im Einzelnen werden diese für den Micro-Controller, den MOSFET-Brück-Treiber und final die MOSFETs beschrieben.

1. Einleitung

Hybridsysteme werden seit einigen Jahren im Automobilbereich eingesetzt, um den Spritverbrauch zu reduzieren und damit einhergehend den CO_2 Ausstoß zu minimieren. Um die 25% Kraftstoffeinsparungen sind mit sogenannten Voll-Hybrid Systemen möglich, die im Bereich oberhalb von 20kW platziert sind und über Funktionen wie regeneratives Bremsen oder auch rein elektrisches Fahren verfügen. Diese Systeme werden in der Regel mit hohen Spannungen über 400V betrieben und sind durch die verwendeten Li-Ionen Batterien, den Umrichter, den Elektromotor und den Schutzmaßnahmen für Hochspannungssysteme (>60V) recht teuer.

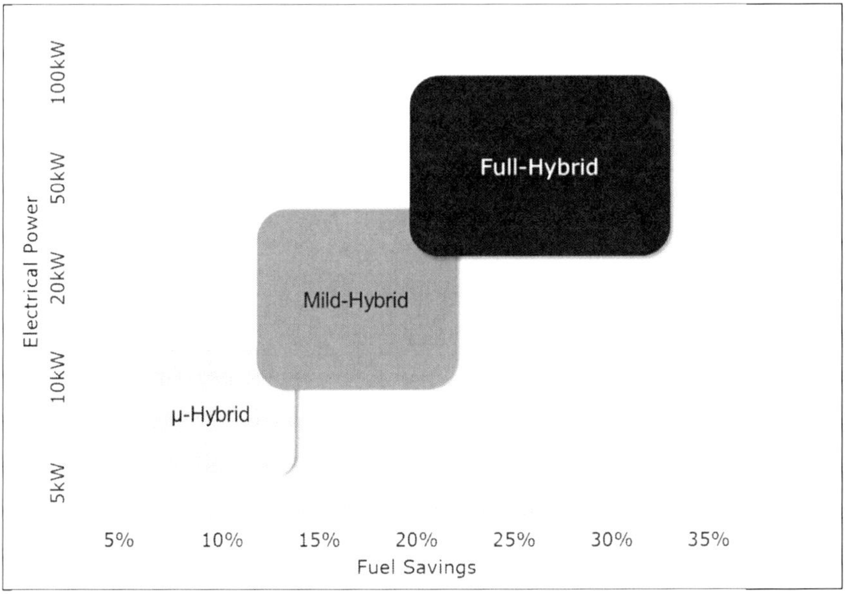

Bild 1: Übersicht über Hybrid Lösungen

Elektrische Funktionen:

< 5kW – Start-Stopp Funktion
< 20kW – Regeneratives Bremsen, elektrische Beschleunigungsunterstützung
> 20 kW – Rein elektrisches Fahren

Im Bereich von 10kW elektrischer Leistung, kann bereits das Meiste der anfallenden Bremsenergie per Rekuperation zurück gewonnen werden. Elektrische Fahrunterstützung, wie Beschleunigungshilfe beim Anfahren oder auch das sogenannte Segeln, können mit dieser Leistungsklasse ebenfalls unterstützt werden. Um das System kostenmäßig zu optimieren, wurde als Spannungsklasse 48V vorgesehen. Damit entfallen Schutzmaßnahmen gegen Berührung; die Architektur kann in der Art gewählt werden, dass ein Minimum an teuren Li-Ionen Batterien verbaut werden müssen. Die Standard-Steuergeräte werden nach wie vor mit 12V versorgt, einige Hochstromanwendungen könnten auf die 48V Versorgung gelegt werden.
Die 12V und die 48V Spannungsebene sind über einen bidirektionalen DC/DC Wandler miteinander verbunden, der typischerweise eine Leistung von 3kW aufweist.

2. Übersicht über das 48V System

Die Systemarchitektur für das 48V Bord Netz ist im Bild 2 dargestellt. Der Motor-Generator, die Hauptkomponente des Systems wird mit einem Inverter aus den 48V heraus mit Leistung versorgt. Typische Größe dieses Motors liegt bei 8kW – 15kW.

Als Zwischenspeicher dient eine relativ kleine 48V Li-Ionen Batterie im Bereich von 0.2kWh, die über einen Batterie-Hauptschalter abgeschaltet werden kann. Die Hauptbatterie ist der 12V Blei-Akku, der über einen DC/DC Wandler mit den 48V verbunden ist. Der Wandler hat typischerweise eine Leistung von 2 – 3kW, was heutigen Lichtmaschinen entspricht und womit das 12V Netz mit Leistung versorgt werden kann.

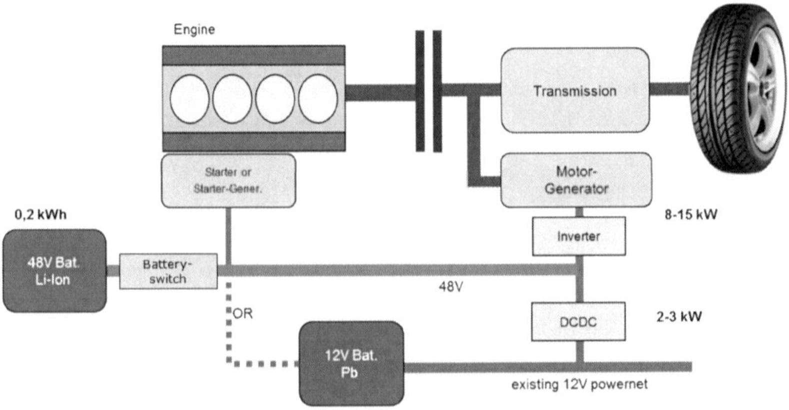

Bild 2: 48V System

Die Funktionen, die mit solch einem System verwirklicht werden können sind:

- Ausrollen (ohne Verluste)
  Gaspedal 0%, Bremspedal 0%, Geschwindigkeit <20 ... 160km/h
  Generator im Leerlauf, Verbrennungsmotor aus und entkoppelt
- Verzögerung (plus elektrische Energie Rückgewinnung)
  Gaspedal 0%, Bremspedal >0%, keine Friktionsbremsung
  Generator <10kW, Verbrennungsmotor aus und entkoppelt
- Vollbremsung (plus elektrische Energie Rückgewinnung)
  Gaspedal 0%, Bremspedal >>0%, Friktionsbremsung
  Generator max. 10kW, Verbrennungsmotor aus und entkoppelt
- Konstante Geschwindigkeit
  Gaspedal >0%, Bremspedal 0%
  E-Motor <10kW, Verbrennungsmotor aus und entkoppelt

2.1 Der Hauptinverter

Ein zentrales Steuergerät im 48V Bord-Netz ist der Haupt-Inverter, der den Motor-Generator ansteuert. Im Wesentlichen handelt es sich um eine drei- oder sechs-Phasen Topologie, wie sie typischerweise auch bei anderen Steuergeräten (z.B. Electric Power Steering) im Auto eingesetzt wird.
Der Aufbau des Inverters umfasst aus Halbleitersicht den zentralen Micro-Controller, Treiber Bausteine zum Ansteuern und Überwachen der Leistungs-MOSFETs, Versorgung für den Micro-Controller, Kommunikations-Bausteine und Sensorik.

Im Bild 3 ist ein typisches Blockschaltbild solch eines Inverters dargestellt.

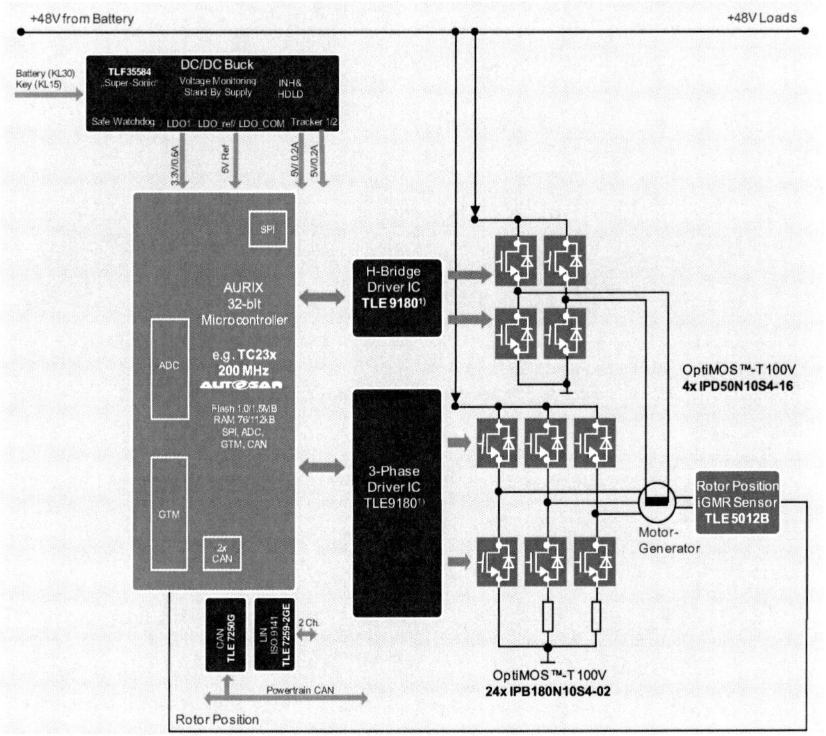

Bild 3: Blockschaltbild Inverter

2.1.1 Anforderungen an die MOSFETs

Die MOSFETs werden, wie im Bild 3 zu erkennen ist, in zwei unterschiedlichen Funktionen eingesetzt. Zum Einen als drei-Phasenbrücke für die Ansteuerung der Hauptinduktivitäten des Motors und als H-Brückentopologie für die Erregerwicklung.
Typische Designparameter der MOSFET sind im Einzelnen:
V_{BRDSS} – die Durchbruchspannung
R_{DSon} – Durchlasswiderstand
I_D – Strom DC
Bauform (Gehäuse, ...)
Die Spannungsfestigkeit der Bauteile bestimmt die 48V-Norm (LV148) mit Spitzenspannungen bis zu 70V. Zusätzlich werden während des Schaltens der Bauteile durch parasitäre Induktivitäten Spannungsspitzen erzeugt. Klassischerweise selektiert man für die Leistungshalbleiter (MOSFETs) 80V ... 100V Bauteile (im Bild 3 sind 100V MOSFETs vom Typ IPB180N10S4-02 dargestellt).

Da die Leistung des Inverters mit ca. 10kW im Vergleich zu den anderen Invertern im Auto recht hoch ist, Ströme in der Größenordnung von 200-300A fließen, ist die Auswahl der MOSFETs auf dem Markt begrenzt. Niedrigste Durchlasswiderstände und höchste Stromtragfähigkeit sind die Schlüsselparameter bei der Auswahl. Als gehauste Version muss eine Parallelschaltung von mehreren IPB180N10S4-02 (alternativ kann auch ein 80V Bauteil wie der IPB180N08S4-02 verwendet werden) in Betracht gezogen werden.
Eigenschaften des IPB180N10S4-02 auf einem Blick:
Durchbruchspannung: V_{BRDSS} = 100V
Durchlasswiderstand: R_{DSon} = 2.5mOhm
Drain Strom: I_D = 180A, I_{D_pulse} = 720A
Gehäuse = D²PAK-7 Bein

Um eine Parallelschaltung zu minimieren, könnte auch ein Modul-Ansatz verfolgt werden, wo Bare Dies auf ein Keramik Substrat montiert sind. Bei dieser Lösung muss mit all den Nachteilen eines Bare-Die-Aufbaus gerechnet werden. Schwierigkeiten umfassen:
Lieferform (getesteter Chip im Blister Tape, ungesägter Wafer, ...)
Modultest (wer testet was und wie)
Wire bonding (wie bondet der Tier 1?)
Chip bonding (wie montiert der Kunde den Chip auf dem DCB?)
Flexibilität bei Redesigns (Bare Dies sind in der Regel kundenspezifische Designs, so dass ein Änderung des MOSFETs immer eine Neuentwicklung darstellt)

Entgegen dieser Schwierigkeiten, hat ein Modul-Ansatz aber auch Vorteile.
Keine Parallelschaltung (der Chip kann so groß gestaltet sein, dass er die volle Leistung übernehmen kann)
Sehr gute thermische Anbindung (das Keramik-Substrat ist ein recht guter Wärmeleiter und gleichzeitig elektrisch isolierend)

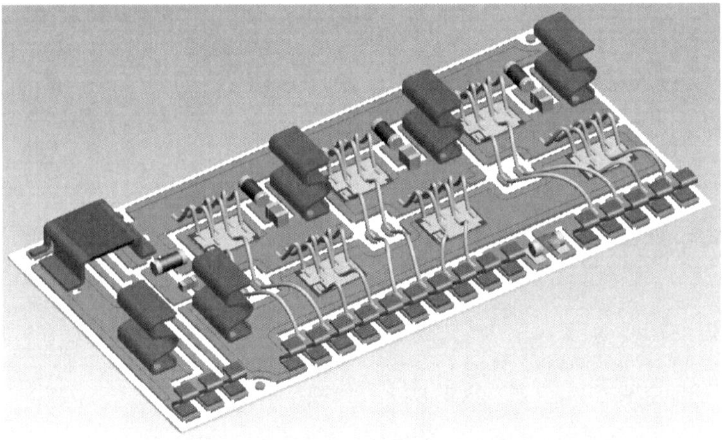

Bild 4: Schematisches Bild eines Bare-Die-Keramik-Aufbaus

Typische Schaltfrequenzen liegen bei solch einem Inverter in der 8-20kHz Region, so dass Schaltverluste in den Transistoren nicht den dominierenden Anteil an der Gesamtverlustbilanz ausmachen.

2.1.2 Anforderungen an den MOSFET-Treiber

Die Anforderungen an den Brückentreiber, der die Aufgabe hat die uC Kommandos in die Ansteuerung der MOSFETs umzusetzen, ergeben sich aus den Applikationsanforderungen und den verwendeten MOSFETs. Eine Übersicht ist in Bild 5 dargestellt.

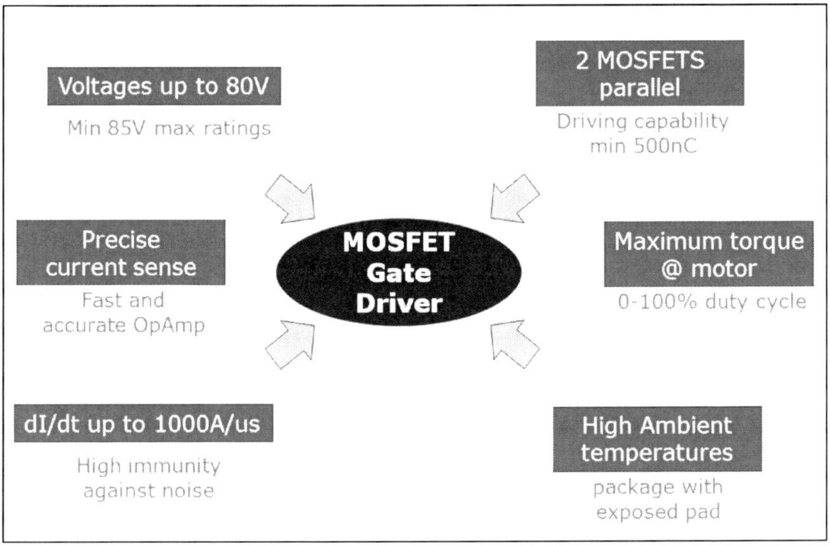

Bild 5: Anforderungen Treiber IC

Auf Grund der Spannungsanforderungen aus der LV148 muss der Inverter für mehre 100ms bei 70V Versorgungsspannung betrieben werden. Unter der Berücksichtigung von einer Bootstrap-Spannung von max. 15V ergibt sich eine Mindest-DC-Spannungsfestigkeit des Treibers von 85V. Im Betrieb auftretende Spannungsspitzen können mit externen Komponenten geklemmt werden.
Hohe Stromgradienten im Umrichter führen zwangsläufig zu Spannungsspikes. Treiber die hohe negative Spikes tolerieren, sind hier von Vorteil.
Da der Inverter je nach Motor design bzw. Anzahl der Phasen auch mehr als 300A peak pro Phase haben kann, müssen oft 2 MOSFETs parallel geschaltet werden. Beide MOSFETs zusammen, haben damit bis zu 500nC total Gatecharge Q_{Gtot}. Der Treiber sollte also zum Einen genügend Ausgangsstrom liefern können um diese 2 MOSFETs schnell genug zu schalten und sollte Andererseits eine Versorgungsstruktur aufweisen die auf die nötige Gesamtstrommenge ausgelegt ist. Diese wird bestimmt sich durch die Anzahl der MOSFETs pro Schalter n, die PWM Frequenz des

Umrichters f_{PWM} ,die total Gatecharge Q_{Gtot} des einzelnen MOSFETs und die Anzahl der Schalter s die von dem Treiber angesteuert werden soll:

Gleichung 1: $$I_{ges} = n * f_{PWM} * Q_{gtot} * s$$

Der Wunsch nach maximalem Drehmoment bedeutet, dass die gesamte vorhandene Spannung an den Motor angelegt werden kann. Dies wiederum bedeutet dass der Treiber alle duty cycles ohne Lücken unterstützen soll. Hier haben Treiber ICs mit starker Ladungspumpe einen Vorteil.
Der Inverter wird häufig an den Starter-Generator angebaut. In diesen mechatronischen Designs sind die Umgebungstemperarturen für die Elektronik sehr hoch. Um die Chiptemperatur dennoch im zulässigen Bereich zu halten, sollte der Treiber ein Package mit exposed pad haben.
Ein weiteres Feature das gerne im Treiber platziert wird, sind OpAmps, die die Laststrommessung über Shunts unterstützen und zum Beispiel zur Regelung des Motors oder dessen Diagnose verwendet werden können.
Derzeit findet in solchen Designs häufig der TLE9180 Verwendung. Er deckt die hier genannten Anforderungen ab und kann mit etwas Schutzbeschaltung gut verwendet werden. Seine hohe Konfigurierbarkeit erlaubt eine gute Anpassung des Baustein-Verhaltens an Kunden bzw. applikationsspezifische Bedürfnisse.
Außerdem bietet er eine ausführliche Diagnose, die das Design der Applikation im Hinblick auf Funktionale Sicherheit unterstützt.

2.1.3 Anforderungen an den Micro-Controller

Abhängig von der Verbauart der Maschine, gibt es für die Inverter Elektronik bestimmte ASIL (automotive safety integrity level) [1] Einstufung. Es geht bis zu ASIL-C. Der Controller ist ein wichtiges Teil der Elektronik und muss nicht nur sicher rechnen können, was durch das Lock-Step Prinzip realisiert werden kann, sondern es müssen auch die Systeme um den Core des Controllers, wie Speicher, Bussysteme und Peripherie sicher sein. Der Micro-Controller sollte redundante bzw. diverse Pfade der Signalerfassung und der Generierung der Steuersignale besitzen. Bei der Regelung eines Motors kann diese Anforderung auf Module des Controllers runter gebrochen werden. Für die Erzeugung der Steuersignale ist es das PWM Modul und für die Sensorsignale der Analog-Digital Wandler plus Timer-Eingänge.
Steuersignale für die B6-Brücke werden in einer PWM Einheit erzeugt. Diese muss folgende Anforderungen erfüllen.

- Synchrone Aktualisierung der 6 Ansteuersignale für eine B6 Brücke, damit der Drehmomentripple der Maschine möglichst klein gehalten wird.
- Totzeitgenerierung für die Ansteuerung einer Halbbrücke, um Brückenkurzschlüsse zu vermeiden.
- Hohe Auflösung, um eine gute Regelgüte zu erreichen.

Für die Regelung ist des Weiteren die Verarbeitung von Sensorsignale notwendig. Die Stromsingale der einzelnen Phasen werden in der Regel mit einem Analog-Digital Wandler in den Controller eingelesen. Die Anforderungen können zusammen gefasst werden durch:

- Zeitsynchrone Wandlung mehrerer Stromsingale mit hoher Regelgüte und damit eine hohe Effizienz.

- Synchrone Wandlung zur PWM Erzeugung, um Störungen bei Messungen beim Schalten der B6–Brücke zu vermeiden. Bei Shunt-Messung im Massepfad muss das kurze Messfenster ausgenutzt werden. Die Shunt-Messung im Massepfad ermöglicht eine Systemkostenreduzierung.

Es gibt verschiedene Positionssensoren, die für diese Applikation verwendet werden können wie Resolver, Encoder, GMR- und HALL-Sensoren. Das heißt, dass der Controller verschieden Sensoren ansteuern und auswerten können muss.

Der Resolver hat folgende Anforderungen:

- Erzeugung der Erregersignale (Sinus- und Cosinus- Signal).
- Auswertung der Resolverausgänge. (Differenzielles Sinus- und Cosinus- Signale)

Wenn der Controller die Signale erzeugen und auswerten kann, können teure Resolverchips ersetzt werden, um die Systemkosten zu reduzieren.

Die Positionssensoren Encoder, GMR und Hall-Sensoren erfordern digitale Timer-Eingänge. Die Anforderungen für diese Sensoren an den Controller sind alle vergleichbar:

- Genaue Erfassung der Flanken und eine hohe Auflösung der Perioden der Signale.
- Übersetzung der Frequenzinformationen der Signale in eine Position, um den Micro-Controller zu entlasten.

Die AURIX™ Familie ist für die Ansteuerung von Invertern entwickelt worden. Die Familie kann die Funktionen nach dem Lock-Step Prinzip berechnen und besitzt Module wie GTM (Generic Timer Modul) für die PWM Generierung, mehrere AD- Converter für das redundante und synchrone Einlesen von Stromsignalen, DS- Wandler für die Ansteuerung und Auswertung von Resolvern und Timer Module für die Auswertung von Positionssensoren. Diese Module entlasten die CPU, wodurch die Komponenten und die Stromaufnahme reduziert werden können.

2.1.4 Inverter Demoboard

Vor ca. zwei Jahren begann Infineon eine 90V Variante der SPT-Technologie für Brückentreiber zu entwickeln. Um die Applikationstauglichkeit der Technologie und ein erstes Brückentreiber-Design in dieser Technologie zu testen, wurde zusammen mit einem OEM ein 48V 10kW Umrichter gebaut.

Der Umrichter wurde auf einen 48V, 6-Phasen Startergenerator ausgelegt. Als MOSFETs wurden zwei parallel geschaltete Industrie-MOSFETs mit 100V und 2,5mOhm verwendet. Der Gesamt-Aufbau erreichte bis zu 10kW mechanische Ausgangsleistung. In diesem Betrieb konnte der Treiber-Testchip seine Alltagstauglichkeit unter Beweis stellen.

Die daraus gewonnenen Erkenntnisse sind in ein Seriendesign eingeflossen und der daraus entstandene Treiber TLE9180 ist mittlerweile in verschieden 48V Anwendungen im Einsatz.

Auch die verwendeten MOSFETs sind mittlerweile in einer automotive Variante verfügbar.

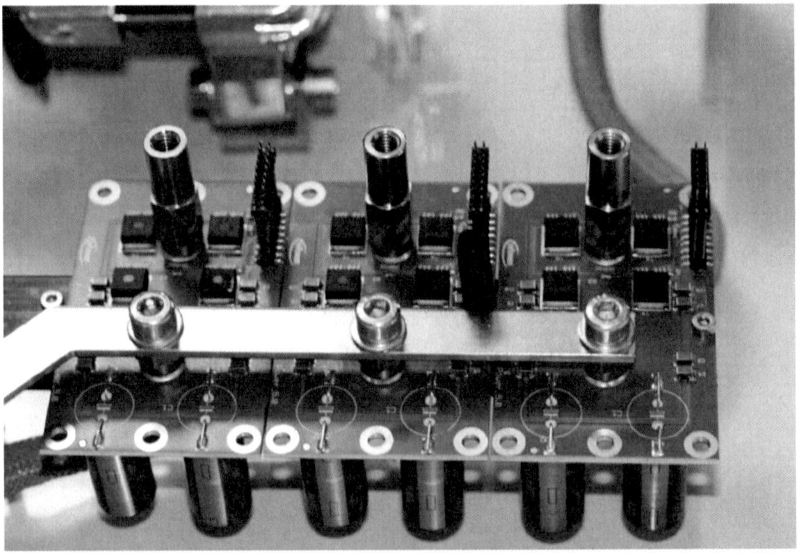

Bild 6: Leistungsstufe des Inverters mit 12 x IPB180N10S4-02

Bild 7: Ansteuerplatine des Inverters mit SPT9HV Testchip

2.2 Der DC/DC Wandler

Die Funktion des DC/DC Wandler umfasst die Verbindung der 12V Spannungsebene mit der 48V Spannungsebene. Der Konverter arbeitet hierbei in beide Richtungen, entsprechend muss die Topologie gewählt werden.

Bei einer typischen Leistungsstufe von 3kW kann nur ein mehrphasiger Ansatz gewählt werden wie in Bild 8 gezeigt. Hier handelt es sich um einen 9-phasigen DC/DC Wandler, der mit drei Drei-Phasen Brücken Treibern betrieben wird. Als Besonderheit dieses Wandlers müssen die hohen Sicherheitsanforderungen im Auto betrachtet werden. Ein Kurzschluss zwischen der 12V und der 48V Ebene muss immer unterbunden werden. Hier in dem Beispiel wird diese Anforderungen durch zusätzlich Sicherheitsschalter auf der 12V Seite gelöst. Antiserielle MOSFETs können im Fehlerfall in beiden Richtungen jede Phase trennen.

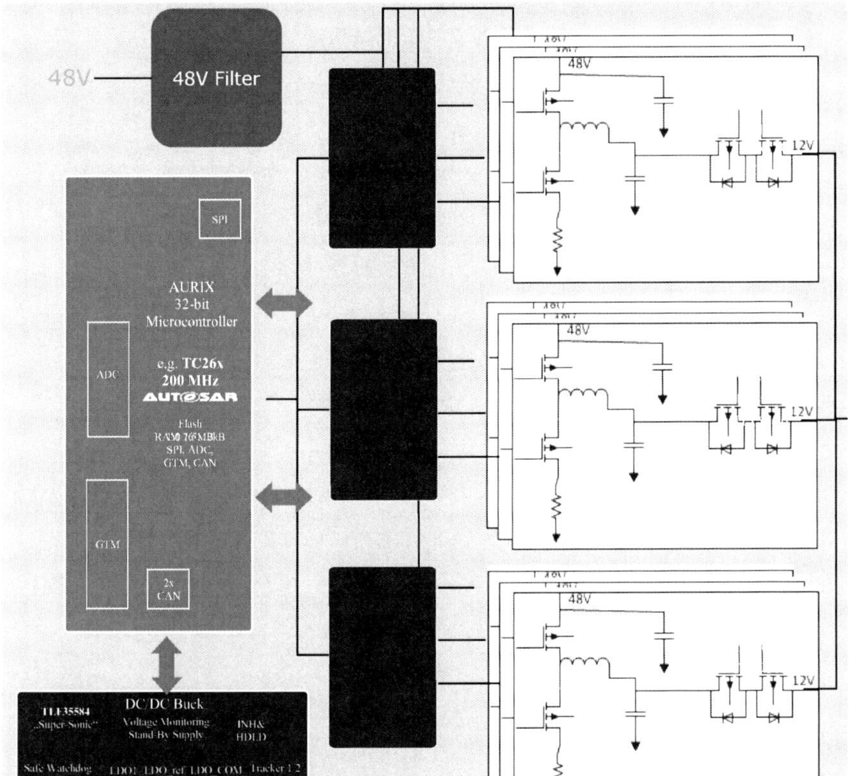

Bild 8: Blockschaltbild DC/DC Wandler

2.2.1 Anforderungen an die MOSFETs

Die MOSFETs erfüllen in dieser Applikation zwei unterschiedliche Funktionen. Zum Einen werden sie in der eigentlich DC/DC Topologie eingesetzt, zum Anderen als Sicherheitsschalter. Für beide Funktionen haben die MOSFETs grundlegend unterschiedliche Anforderungen.
Die MOSFETs für den DC/DC Wandler werden mit hohen Schaltfrequenzen betrieben, im 100kHz Bereich, um die Baugröße der verwendeten passiven Bauelemente zu minimeren. Bei hohen Schaltfrequenzen spielen jedoch die Schaltverluste der Transistoren eine deutliche Rolle. Schnelle Schaltflanken sind damit essentiell, die wiederum einen sehr niederinduktiven Aufbau erfordern. Durch diesen bedingt, entstehen bei den Schalttransienten geringere Spannungsspitzen, so dass 80V MOSFETs eingesetzt werden können.
Durch den mehrphasigen Ansatz, teilt sich der Laststrom (3000W / 48V) auf. Bei 3kW und 9 Phasen, ist die Strombelastung für den einzelnen MOSFET eher klein, so dass kleine Bauformen zum Beispiel im DPAK das Ziel sind.
Die Sicherheitsschalter (hier auf der 12V Seite des DC/DC Wandlers angeordnet), sind in der Regel immer eingeschaltet und trennen die 12V von den 48V im Falle eines Fehlers im Wandler. Damit spielen Schaltverluste keine Rolle und der Hauptdesign Parameter ist der Durchlasswiderstand (R_{DSon}) des Bauteils. Für die Spannungsfestigkeit gelten ebenfalls andere Anforderungen. Das Bauelement, welches direkt an der 12V Seite verbaut ist, kann als 30V MOSFET ausgeführt werden, das, welches die 48V Seite sperren soll, als 60V oder 80V.

2.2.2 Anforderungen an den MOSFET-Treiber

Die Anforderungen an den Brückentreiber sind in vielen Bereichen vergleichbar mit den Anforderungen im Haupt-Umrichter, wie sie in Kap 2.1.2 beschrieben wurden.
So sind hier die gleichen Spannungsfestigkeiten, das gut kühlbare Gehäuse und hohe Treiberleistung, sowie die hohe Diagnosefähigkeit gefragt. Der Haupt-unterschied ergibt sich durch die hohen Schaltfrequenzen.
Bei zu hohen Frequenzen wird der Strombedarf nach Gleichung 1 schnell so hoch, dass der Treiber zu heiß und dessen Lebensdauer reduziert wird.
Da aber, wie im vorhergehenden Abschnitt beschrieben, kleinere MOSFETs mit geringer Gate-Ladung zum Einsatz kommen und eine Parallel-Schaltung von MOSFETs unnötig ist, ist die Strombelastung bei ca. 100kHz für den Treiber noch akzeptabel.
Auch im DC/DC Wandler wird der TLE9180 eingesetzt.

2.2.3 Anforderungen an den Micro-Controller

Der DC/DC-Wandler hat in der Regel ein ASIL-C Einstufung. Der Micro-Controller muss dadurch, wie bei der Elektronik des Hauptinverters, die entsprechenden Features mitbringen.
Im Gegensatz zum Hauptinverter, bei dem mit ca. 20kHz geschalten wird, sind hier höhere Taktfrequenzen (>100kHz) nötig. Bei Multiphasen DC/DC-Wandlern muss der Micro-Controller eine ausreichende Anzahl an hochauflösenden Steuersignalen für die Ansteuerung der einzelnen synchron aufgebauten Halbbrücken erzeugen

können. Auch hier muss für die Ansteuerung einer Halbbrücke eine Totzeit der Steuersingale erzeugt werden. Die Auflösung der PMW liegt im Nanosekunden Bereich. Stromsignale und Spannungssignale müssen synchron zu den Steuersignalen abgetastet werden, damit eine Überwachung der Phase gewährleistet werden kann. Die Regelung der Ausgangsspannung muss eine hohe Güte aufweisen.
Wenn der Micro-Controller Fehler einer Phase des DC/DC-Wandlers erkennt, muss er sehr schnell reagieren und die Phase in den sicheren Zustand schalten, damit ein Kurzschluss vom 48V System zum 12V System vermieden werden kann.
Im System können Derivate der AURIX™ Familie eingesetzt werden. Durch die Verknüpfung der PWM Module mit den AD-Wandler und auch eine hohe Anzahl an PWM Ausgängen plus ADC-Eingängen, kann der DC/DC-Wandler gut geregelt werden und bietet eine hohe Sicherheit.

2.3 Batterieschalter

Neben dem klassischen Batteriemanagement (wird nicht in dieser Veröffentlichung betrachtet), gibt es immer einen Hauptbatterieschalter, der im Falle einer Überlast die 48V Batterie vom Bord-Netz trennt und schützt.
Das Bild 9 zeigt das komplette Batteriemanagementsystem.

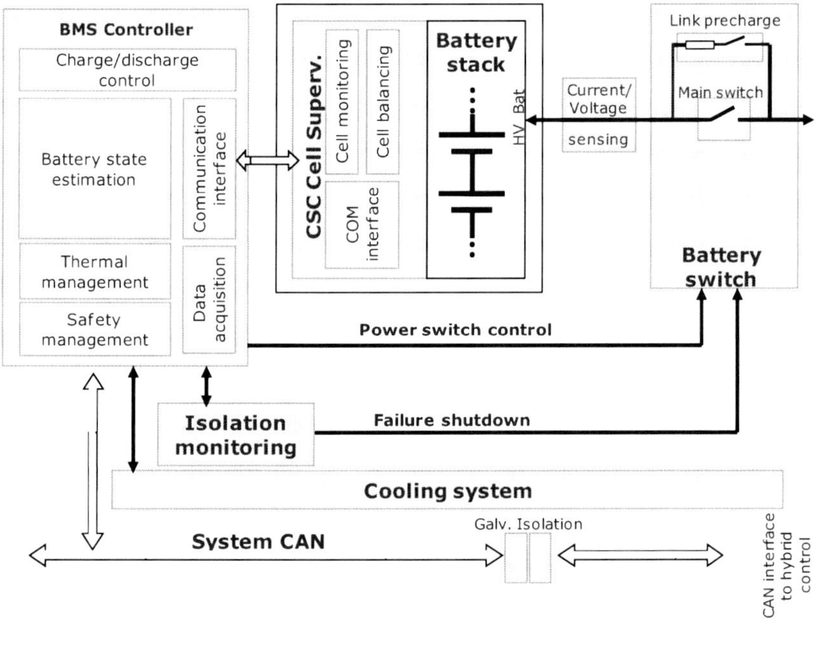

Bild 9: Blockschaltbild Batterieschalter

Beim Aufbau des Hauptschalters ist die wesentliche Herausforderung, einen kompakten Aufbau mit extrem hoher Stromtragfähigkeit zu verwirklichen. Im Bild 10 ist eine mögliche Umsetzung gezeigt. Hier wurde in Zusammenarbeit mit der Firma Schweizer, ein Batterieschalter für die 12V Batterie entwickelt, die als MOSFET den IPLU300N04S4-R7 (ein 40V Produkt mit 0.76mOhm Durchlasswiderstand im TOLL Gehäuse) und als Leiterplatte ein Inlay-Board mit 2mm Kupferleiterbahnen nutzen.

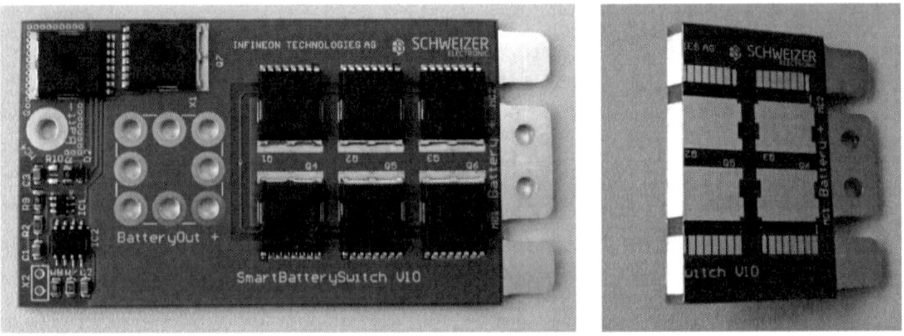

Bild 10: Demoboard Batterieschalter

2.3.1 Anforderungen an die MOSFETs

Da der Transistor fast immer eingeschaltet ist, ist die Hauptanforderung an das Bauelement ein möglichst kleiner Durchlasswiderstand in kompakter Bauform. Abhängig von der Stromanforderung, wird eine Parallelschaltung mehrerer MOSFET nötig sein. Als Spannungsklasse kann ein 80V MOSFET gewählt werden, da Spannungstransienten durch Schaltvorgänge ausgeschlossen werden können. Besonders wichtig ist die Berücksichtigung eines Freilaufpfades für die Streuinduktivitäten der angeschlossenen Kabel! Ist kein Freilauf berücksichtigt, würden die MOSFETs beim Ausschalten in den Avalanche [2] Betrieb gehen und in diesem zerstört werden.

2.3.2 Anforderungen an den MOSFET-Treiber

Die Anforderungen für den Brückentreiber weichen in dieser Applikation deutlich von den anderen beiden Anwendungsfällen ab. In den bisher gezeigten Applikationen Haupt-Umrichter und DC/DC Wandler stellt der Dauer-Strombedarf für den Brückentreiber eine Herausforderung dar. Da der Batterie-Hauptschalter aber nur jeweils einmal betätigt wird, ist die DC-Strombelastung für den Brückentreiber sehr klein.
Die massive Parallel-Schaltung der großen MOSFETs stellt allerdings eine hohe Peak-Strombelastung dar. Damit die Schaltzeiten und damit die Schaltverluste noch im gewünschten Bereich liegen, sollte der Treiber einen hohen Peak-Strom von wenigstens 1A liefern können und die Versorgungsstruktur des Treibers sollte bei diesem hohem Strombedarf eine stabile Spannungsversorgung garantieren können. Die Spannungsfestigkeit ist hier natürlich auch gefragt.
Ebenso wie in den anderen beiden Applikationen wird eine hohe Diagnosefähigkeit gewünscht.

2.3.3 Anforderungen an den Micro-Controller

Die Anforderungen an den Micro-Controller fokussieren sich beim Batterietrennschalter im Wesentlichen auf die ASIL Funktionen. Deshalb wird die Ansteuerung und Überwachung des Schalters vom Batteriemanagement übernommen. Das Batteriemanagement hat die Aufgabe, die Zellen der Lithium Ion Batterie zu balancieren und eine State of Charge und State of Health Berechnung der Batterie zu machen. Die Überwachung und Steuerung des Batterie Balancings und das Abschalten der Batterie über den Batterietrennschalter ist mit ASIL-C eingestuft. Ziel ist die Vermeidung einer Überladung und Tiefentladung der Batterie, da diese verbotene Zustände der Batterie das System zum Brennen bringen kann.
Daraus folgt, dass der Micro-Controller, wie auch beim Hauptinverter und DC/DC-Wandler, eine sichere Umgebung zur Verfügung stellen muss, wie es bei der AURIX™ Familie der Fall ist.

Zusammenfassung

Der Haupt-Umrichter des µ-Hybrid-Antriebs, der DC/DC-Wandler und der Batteriehauptschalter stellen Schlüsselkomponenten im neuen 48V Bordnetz dar.
In diesem Artikel wurden diese 3 Hauptanwendungen auf Ihre speziellen Anforderungen an die verwendeten Halbleiter untersucht und dazu passende Komponenten vorgestellt.
Für erste Aufbauten bei Kunden, stehen alle benötigten Halbleiter aus heutiger zur Verfügung. Sowohl rein funktionale als auch Sicherheitsbedingte Anforderungen können somit dargestellt werden. Jedoch muss sich für weitere Optimierung der Markt stabilisieren und final die System Architekturen vereinheitlicht werden.

Literatur

[1] ISO 26262 („Road vehicles – Functional safety“)

[2] PCIM Konferenz 2013 in Nürnberg - Repetitive Avalanche of Automotive MOSFETs von Dr. Dirk Ahlers, Mario Eicher, Marco Pürschel

10B Innovative approach of a modular isolating DC/DC-converter for electric vehicles and trucks

Bernd Eckardt, Bernd Seliger, Jordan Popov, Martin März

Abstract

This paper presents an isolated 5 kW DC/DC converter with 2-phases and input voltages up to 800 V for electric vehicles and trucks. Serial connected phases on primary side allow the use of MOSFETs with only 600 V blocking voltage instead of the normally necessary 1200 V devices. The considerably better static and dynamic properties of 600 V devices reduce losses and a power density of 5 kW/dm³ could be achieved. On the other hand the control requirements increase. The implementation of a fully digital control is explained in detail.

Kurzfassung

Es wird die Realisierung eines isolierten, zweiphasigen 5 kW Gleichspannungswandlers mit einem Eingangsspannungsbereich bis 800 V für Kraft- und Nutzfahrzeuge beschrieben. Durch die serielle Verschaltung der zwei Phasen auf der Hochvoltseite können 600 V MOSFETs anstelle der sonst notwendigen 1200 V Bauelemente eingesetzt werden. Auf Grund der geringeren Durchlass- und Schaltverluste von 600 V Bauelementen, können die Verluste reduziert und die Leistungsdichte auf 5kW/dm³ gesteigert werden. Dafür wird die regelung deutlich anspruchsvoller, was anhand eines digitalen Reglerkonzeptes ausführlich erklärt wird.

1 Introduction

To improve the efficiency of future commercial vehicles hybrid drive concepts are developed. These are especially suitable, e.g., for local distribution or municipal waste disposal. The DC-link voltages in such vehicles are in the range of 650 V to 750 V. This leads to special challenges in the development of the associated DC/DC converters. Normally the application of semiconductors with blocking voltages of 1000 V or 1200 V is necessary.
This paper presents an isolated 5 kW DC/DC converter with two phases and an input voltage range up to 800 V. The serial connected phases on primary side, as shown in Figure 1.1, allow the use of semiconductors with only 600 V blocking voltage [1]. The considerably better static and dynamic properties of these semiconductors reduce losses and a power density of 5 kW/dm³ could be achieved. Special care must be applied to the control however, since the control requirements increase considerably.

Another possible configuration of the presented converter is the parallel connection at the primary side, as shown in Figure 1.2. Thus, the converter can also be used in light trucks with DC-link voltages in the range of 250 V to 400 V without further hardware modifications. This commonly used configuration is also investigated for performance comparison.

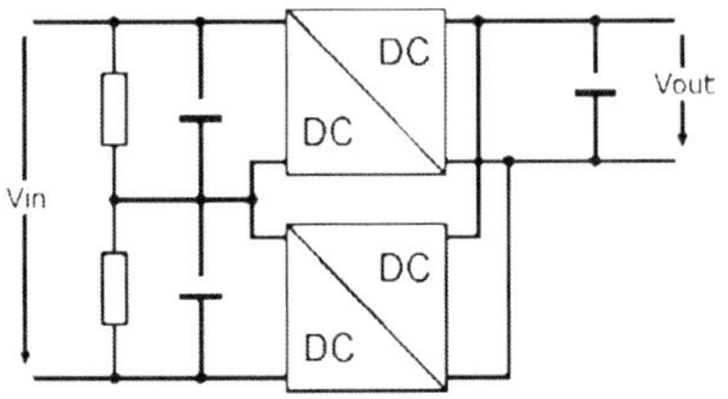

Figure 1.1: DC/DC converter phases in serial input and parallel output configuration

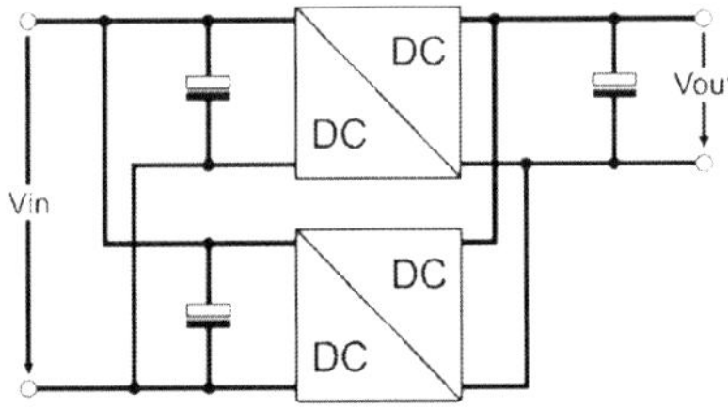

Figure 1.2: DC/DC converter phases in parallel input and parallel output configuration

The requirements and the implementation of the digital control strategy to balance the converter in serial input and parallel output configuration are explained in detail. The balancing strategy was implemented and extensively verified in the developed DC/DC converter. Efficiency measurements of both configurations are presented.

2 Model Development and Simulation

To perform the simulations two SPICE models were developed. Based on these models a comparison and characterisation of multiple control strategies is presented. An appropriate one is chosen and the controller is described.

2.1 Switched Model

The switched model is used to simulate voltage and current profiles of the electrical devices.

It is suitable for the dimensioning of the converter components and for the realistic characterisation of control strategies. A disadvantage is the long simulation time due to the primary and secondary side connected phases which influence each other. This especially applies when a controller is implemented. In Figure 2.1 the power stage of the converter, comprising two interleaved phases [1], is shown.

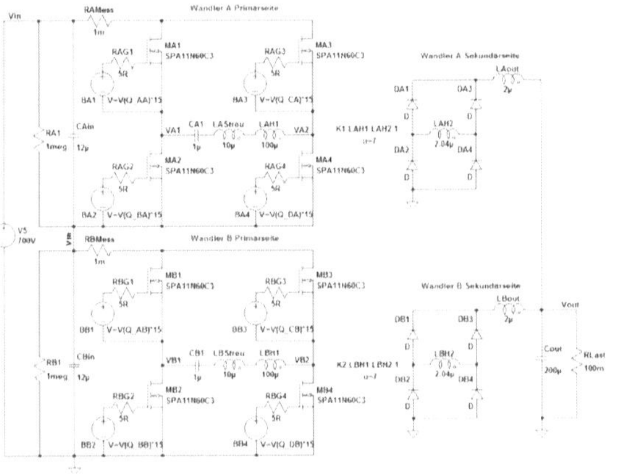

Figure 2.1: Converter power stage in the switched model

The primary side comprises the input capacities, a resistor divider and the MOSFET full bridges. The transformers are realised with coupled inductors at the primary and secondary side. The leakage inductors and the balancing capacitors are connected in series. To save simulation time, the rectifiers on the secondary side were implemented as diode full bridges. In reality, MOSFETs full bridges are used to enable synchronous rectifying. Both phases are connected in parallel via the output inductors and share a common output capacitor.

2.2 Linear Model

The linear model is based on transfer equations. Due to the missing switching, the simulation time is much shorter. This is why thermal-electrical models of the primary and secondary side MOSFETs could be additionally implemented. The consideration of temperature effects is of great importance with respect to system stability.
If, for example, one converter phase takes a higher output current, the losses, the temperature and the temperature dependent on-state resistance of the secondary MOSFETs rise. The degenerative feedback causes a balancing of the phase output currents. With the linear model an unstable closed loop can be detected easily. Otherwise stable closed loops have to be tested additionally in the switched model, due to higher damping requirements.

In Figure 2.2 the power stage of the converter, using transfer equations, is shown.

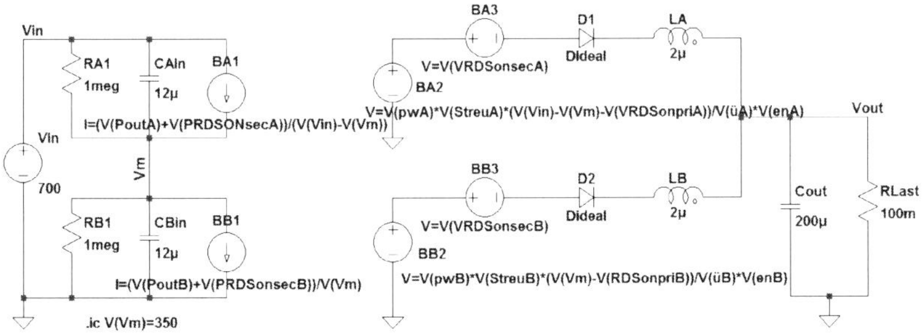

Figure 2.2: Converter power stage using a linear model

The primary side comprises the input capacities, a resistor divider, and two input current sinks. The sinks BA1 and BA2 are basically calculated by the available output power divided by the input voltage. Additionally, the temperature dependent power losses of the secondary side MOSFETs are considered. The transformed output voltage sources BA2 and BB2 are basically calculated using the phase pulse width multiplied with the input voltage divided by the transformer ratio. The temperature dependent voltage drop on the primary side MOSFETs and the reduced magnetisation voltage, caused by the serial stray inductance, are considered by a multiplicative term. With the voltage sources BA3 and BB3 the temperature dependent forward voltage of the secondary MOSFETs are calculated. Ideal diodes were added to avoid simulation failures. The output inductors connect both phases to the common output capacitor.

2.3 Comparison and Characterisation of Control Strategies

Starting with basic considerations multiple control strategies to control primary side serial and secondary side parallel connected converters are compared below.

2.3.1 Basic Considerations

Due to the parallel connection at the output, the phases share the same output voltage. Different voltages at the transformers secondary sides lead to different currents through the output inductors. The input voltages of the serial connected phases at the primary side influence each other. In the case of a deactivated converter, the resistance divider balances the input voltages at the half supply voltage. In the case of an activated converter, the input currents are by orders of magnitudes higher as the currents through the 2 MΩ resistance divider. If one phase has a higher input power demand, its input voltage decreases and the input voltage of the other phase increases. This can lead to an over voltage damage. Because of the small phase input capacities with each 12 µF, the simulations showed that critical voltages can be reached within 300 µs.

2.3.2 Balancing with Identical Pulse Widths

In this case, both phases are controlled with identical pulse widths. Assuming the input voltage of the more efficient phase increases and the input voltage of the less efficient phase decreases: The more efficient phase will, due to the larger voltage-time area, convert more energy and the input voltage is stabilized. Simulations with different tolerances and disturbances showed that the input voltages can differ up to 20 V. The resulting output currents can differ up to 10 %. In principal it is a functional solution but the differences implicate many disadvantages: First both phases have a different thermal load. Compared with balanced phases the absolute maximum temperature is higher and the life time of the whole converter decreases. Secondly, the different current ripples result in harmonic waves which increase the filter effort. Third, the safety margin to the MOSFETs blocking voltages decreases. Because there is no active balancing, this strategy is not really applicable.

2.3.3 Balancing with Identical Output Currents

At identical output currents the phase with less efficiency has a higher input current. Its input voltage decreases until the output voltage multiplied by the turn ratio is reached. The input voltage of the other phase could reach critical values. This balancing strategy is therefore not applicable.

2.3.4 Balancing with Identical Input Currents

With identical phase input voltages at the beginning and identically regulated input currents the input voltages should not differ during operation. Because differences cannot be regulated infinitely fast the integration of the currents and their regulation is necessary. Even small differences like offset failures in measurement lead to a drift in the phase input voltages. This balancing strategy is therefore not really applicable too.

2.3.5 Balancing with Identical Input Voltages

In order to achieve a stable and safe operating point, the input voltages have to be regulated to the half supply voltage. The voltage balance is indirectly controllable via the phase input powers, using the pulse widths as the manipulated variables. If the input voltage of one phase is higher than the half supply voltage its pulse width is minimally increased. This causes a higher phase input power so that the respective input voltage decreases. The input voltages are balanced this way. Simulations with different imperfections showed that the input voltage difference can always be regulated to values below 1 V. The output currents differ only up to 2 %. To ensure the balancing also during load jumps, the input voltage controller has to be faster than the output voltage and current controller. Simulations with both models led to a positive characteristic regarding dynamic and stability. Other researches to this topic came to similar conclusions [2]. The control strategy is excellently applicable for implementation.

3 Controller

Beginning with basic considerations multiple control structures are compared and the implemented controllers are described in detail below.

3.1 Basic Considerations

To ensure maximum flexibility, a fully digital control was chosen for realization. Due to the high dynamic demands a Field Programmable Gate Array, short FPGA, is used for real time control. Different control strategies can be easily implemented and characterized this way without any hardware adaptations.

3.2 Output voltage and current controller

In the following, three control structures for the output voltage and current controller are compared and the most suited is selected.

3.2.1 Cascaded Control structure

First, a cascaded control structure was implemented. Regarding the system time constants, the input voltage balancing controller is overlaid by the output current controller, which is again overlaid by the output voltage controller. One common known stability criteria is that each cascade should be at least ten times slower than the overlaid one. That causes a very slow output voltage regulation, although the functionality was generally complied.

3.2.2 Parallel Control Structure

To improve the output voltage regulation a parallel control structure was implemented, as shown in Figure 3.1.

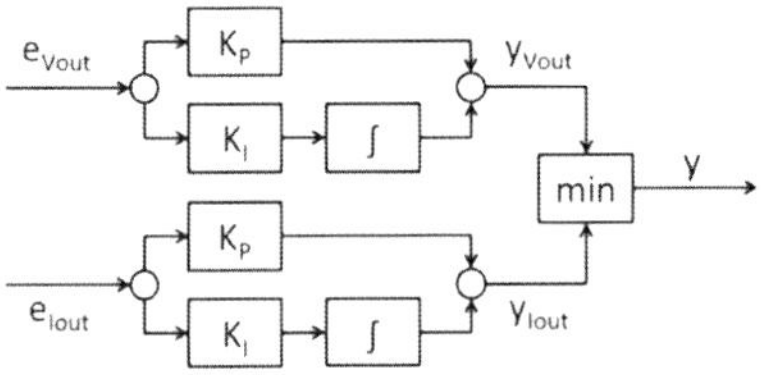

Figure 3.1: Parallel control structure

In this case, the achievable time constants of the output voltage control and the current control are basically the same. The measurements showed that the possible settling times of the output voltage control are much faster. One major problem of this structure is the integrator windup if the other one is limiting. Common know approaches to solve this problem are to stop the integrator, to clear the integrator or to use an additional error feedback [3]. Anyway, a smooth alternation between the controllers cannot be guaranteed under all circumstances.

3.2.3 Improved Parallel Control Structure without Windup

The only variable that can be manipulated to control the output voltage or the current is the pulse width of the phase. This is why only one integrator should be directly proportional to the actual pulse width. The integrator limits should represent 0 % and 100 % pulse width so that also no output limitation exists. If these criteria are fulfilled any integrator windup problems are excluded per definition.

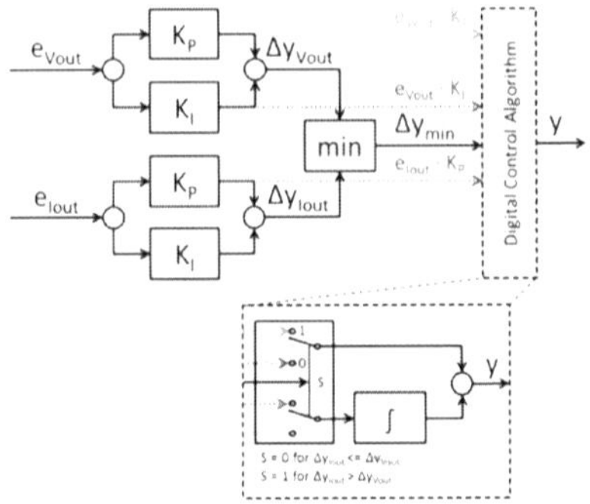

Figure 3.2: Improved parallel control structure for smooth transitions without windup

The main idea is to shift the decision of the active controller, which requests the smaller pulse width, to an earlier point. In contrast to the parallel control structure not the absolute values but the relative changes of the values are compared. The result is absolutely identical as in the parallel control structure under the proposition that an ideal error feedback is established and both integrators are at the same value.
Only the proportional and integral terms corresponding to minimum decision, i.e. that one with the absolute smaller Δy, are used for the further calculations. According to a single PI controller, the term K_I multiplied by e is integrated. The result is added with the term K_P multiplied by e and generates the output value of the PI controller.
Another advantage is that much fewer FPGA resources are needed. The second integrator and the anti-windup circuits aren't required. About 40 % of the logic cells could be saved in the FPGA implementation. The proposed control structure is easily extendable. To ensure that the phase current limit isn't exceeded, separate output current controller for phase A and B were implemented.

3.3 Input Voltage Balancing

Simulations showed that the input voltage control has to run faster than the output voltage or current control. This requirement is fulfilled by the parameterization of the implemented PI controller. Normally a master-slave-concept is operating. The requested pulse width of the output voltage and current controller, short pw, is directly routed to the phase A pulse generation unit. The phase B pulse generation unit gets the same requested pulse pw width overlain by a signed delta pulse width, short Δpw. It is generated by the input voltage balancing controller.
A balancing is possible until the maximum pulse width is reached. If, e.g., the phase A has a lower efficiency as the phase B and operates at 100 % pulse width, phase B cannot be regulated to over 100 % pulse width. This is why the master slave concept is disused. The phase A gets the pulse width pw minus one half Δpw and the phase B gets the pulse width pw plus one half Δpw. Advantages of this strategy is the improved stability in normal operation and the ensured balancing in output limitation scenarios.

4 DC/DC Converter

The developed 5 kW DC/DC converter is shown in Figure 4.1. It consists of two identical phase shift converters with synchronous rectifiers. The water or water-glycol mixture cooled power stage is designed to operate up to 85 °C coolant temperature. The used D^2PAK or D^2PAK-7 MOSFETs are soldered on aluminum oxide substrates to achieve a total thermal resistance below 2 K/W. Piled ceramic capacitors with mechanical stress absorbing metal caps are used for input and output capacitors. All magnetic components are based on ferrite cores. An additional output filter is integrated to improve the electromagnetic compatibility. As mentioned, the whole real time control is realized within a FPGA. Furthermore, an 8-Bit microcontroller is used for lower priority tasks. Examples are the CAN communication, setpoint selection including derating, and temperature measurements.

An overview on the data of the realized prototype is given in Table 4.1.

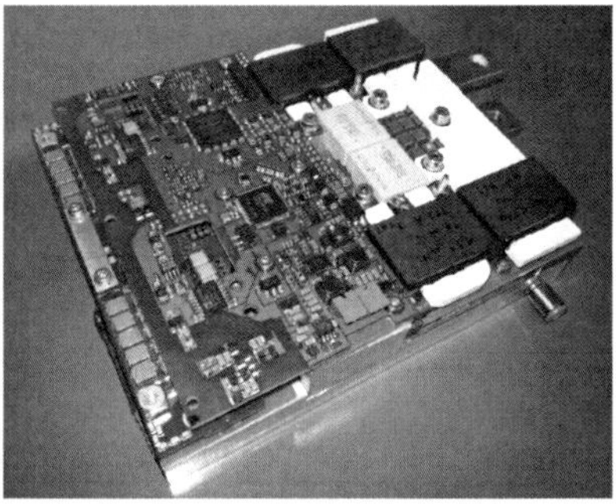

Figure 4.1: 5 kW DC/DC converter

Input Configuration	Serial	Parallel
Converter Rating	5 kW	
Input Voltage	550 V to 800 V	225 V to 400 V
Output Voltage	16 V to 32 V	
Output Current	up to 200 A	
Max. Coolant Temperature	85 °C	
Switching Frequency	100 kHz	
Dimension	140 x 170 x 42 mm^3	
Weight	2250 g	
Power Density	5 kW/dm^3	
Efficiency	up to 95.7 %	

Table 4.1: Technical data of the realized 5 kW DC/DC converter

5 Characterisation

To characterise the control performance extensive measurements were performed. Exemplary, a load step is shown in Figure 5.1.

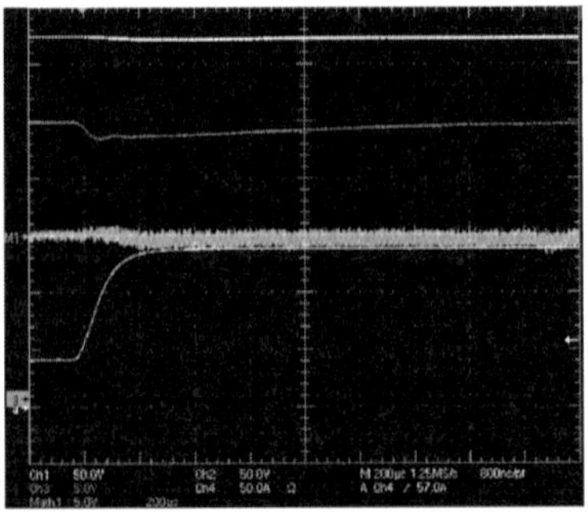

Figure 5.1: Load step of the output current (channel 4, green) from 50 A to 150 A. Output voltage (channel 3, magenta), phase input voltages (channel 1 and 2) and the calculated difference of the phase input voltages (trace: math 1)

A load step from 50 A to 150 A in 300 µs causes a 1.5 V output voltage drop, which can be regulated within 2 ms without overshooting. The user customisable proportional and integral parameters of the digital controllers would allow an even more aggressive regulation. The absolute difference of the phase input voltages is always below 1 V. Thereby the overlaid oscillation due to time shifted current draw of the phases has to be considered. On the other hand the 180° phase shift at the secondary side minimizes the output filter effort.
When the input voltage difference is considered in detail, one can see that it is stable regulated, but a small offset keeps after a load jump. This is caused by measurements errors of the input voltages and could be improved with an optimized signal filtering. But there is no influence on the functionality. Further measurements showed that the balancing of the converter is ensured under all operating conditions. The Figures 5.2 or 5.3 show the converter efficiencies in serial or parallel input configuration. All auxiliary supply losses are included due to the output self-supply. The measurements were performed at 25 °C coolant temp.

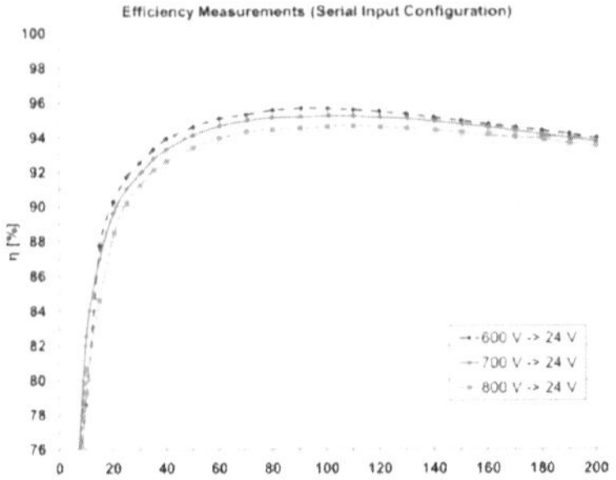

Figure 5.3: Efficiency measurements in serial input configuration

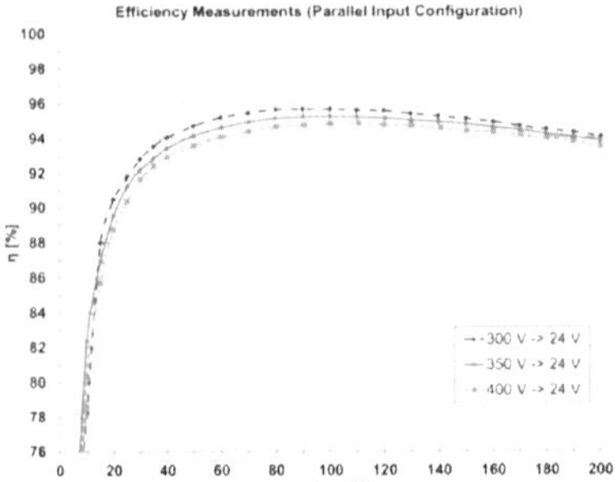

Figure 5.2: Efficiency measurements in parallel input configuration

As expected, the two efficiency measurements shows no dependence respective the input configuration. The small differences can be traced back to the actual temperature of the magnetic components. The DC/DC converter reaches excellent efficiencies, especially under part load conditions. The components enable an early transition in zero voltage switching. This is extremely important for the whole system efficiency. Application load profiles of auxiliary power supplies show that they operate nearly always under part load conditions. Actual further improvements of the part load operation are under investigation. For this asymmetrical power ratings of the phases are used in the case of parallel inputs and outputs [4].

6 Conclusion

A controll strategy to balance serial input connected and parallel output connected phases was developed, implemented and sucessfully tested. The new parallel control structure avoids windup and notably reduces the necessary resources. The realized DC/DC converter has an exellent power density of 5 kW/dm³ and a high efficiency of up to 95.7 %.

7 Acknowledgment

This work was funded by the „Bundesminesterium für Bildung und Forschung" (BMBF) as part of the „Fraunhofer Systemforschung Elektromobilität" (FSEM) program.

8 References

[1] Jordan Popov: "Bordnetz-Spannungswandler für Nutzfahrzeuge", Leistungselektronisches Kolloquium, Fraunhofer IISB Erlangen, 26.09.2011

[2] Kasemsan Siri, Michael A. Willhoff, Kenneth A. Conner, Tran, Duc Q. Tran: "High-Voltage-Input, Low-Voltage-Output, Series-Connected Converters with Uniform Voltage Distribution", Aerospace conference IEEE, Pages 1-9, 2009

[3] A. Scottedward Hodel, Charles E. Hall, "Variable-structure PID control to prevent integrator windup", IEEE Trans. Ind. Electron., Vol. 48, Pages 442 –451, Apr. 2001

[4] Jordan Popov, Bernd Eckardt: "Isolierender 14 V Spannungswandler mit zwei „unsymmetrischen" Kanälen (0,5 kW / 2,5 kW)", Leistungselektronisches Kolloquium, Fraunhofer IISB Erlangen, 16.07.2012

11B Komfortladen der Zukunft

Karl-Josef Kuhn, Kerstin Häse

Abstract

The inductive charging known from the consumer area offers with its contactless energy transfer a very comfortable solution to charge electric cars. Differently than with wired charging the principle "Park and Charge" provides more often a connection between the electrical car and the charging infrastructure. By this the battery will be charged more often. This offers a reasonable contribution to prevent the range anxiety.

In wired charging one differentiates between AC and DC charging, varying charging power, different connectors and communication protocols to control the charging process and to enable the commissioning process. With inductive charging the question about AC or DC charging diminishes, but one gets new question like geometry of magnetic field, positioning, air gap supervision and efficiency of the energy transfer. This paper will discuss this questions and presents first results about the efficiency of inductive charging solutions.

Kurzfassung

Das bisher aus dem Consumer- Bereich bekannte induktive Laden bietet mit seiner kontaktlosen Energieübertragung eine sehr komfortable Lösung zum Laden von Elektrofahrzeugen. Anders als beim kabelgebundenen Laden kommt mit dem Prinzip „Park and Charge" eine häufigere Verbindung zwischen Fahrzeug und Ladeinfrastruktur zustande, so dass die Batterie öfter nach- oder aufgeladen wird. Damit wird ein wertvoller Beitrag geleistet, der Reichweitenangst zu begegnen.

Beim kabelgebundenen Laden unterscheidet man heute zwischen AC- und DC-Ladung, verschiedenen Ladeleistungen, Steckerlösungen und Kommunikationsprotokollen zwischen Fahrzeug und Infrastruktur, um den Lade- und Abrechnungsprozess zu steuern. Beim induktiven Laden von Fahrzeugen entfällt zwar die Frage nach AC oder DC und kompatiblen Steckerlösungen, aber es kommen additive Fragestellungen nach Spulengeometrien, Ladesteuerung, Positionierung, Luftspaltüberwachung und Effizienz der Energieübertragung hinzu, die in diesem Beitrag diskutiert werden.

1. Einleitung

In der letzten Zeit wird oft diskutiert, dass der Hype der Elektromobilität vorbei sei. Tatsache ist jedoch, dass die Absatzzahlen von Elektrofahrzeugen weltweit und auch in Deutschland steigen. Die Bundesregierung, vertreten durch die Kanzlerin und 3 Bundesminister, hat im Mai dieses Jahres während der internationalen Konferenz zur Elektromobilität ihr Ziel, eine Million elektrische Fahrzeuge in 2020 auf der Straße zu haben, bekräftigt. Ebenso haben während der Konferenz hochrangige Vertreter der Automobilhersteller dieses Ziel und dessen Erreichbarkeit bestätigt. Bis zum Jahr 2014 werden die deutschen Automobilbauer insgesamt 14 Elektrofahrzeuge[1] auf den Markt [1] gebracht haben. Durch eine höhere Auswahl an Modellen lassen sich entsprechend größere Käufergruppen ansprechen.
Auf europäischer Ebene hat die europäische Kommission schon 2011 in Ihrem White Paper als erstes ihrer zehn Ziele eine erhebliche Reduktion von Fahrzeugen mit Verbrennungsmotor im innerstädtischen Bereich gefordert. „Halve the use of 'conventionally fuelled' cars in urban transport by 2030; phase them out in cities by 2050; achieve essentially CO2-free city logistics in major urban centres by 2030" [2].
Der politische Wille zu einem technischen Wechsel in der individuellen Mobilität wird damit deutlich unterstrichen. Die industrielle und technische Machbarkeit scheint sich ebenfalls zu bestätigen. So kommt eine auf Umfragen basierende Studie von Horvath und Partners [3] vom Anfang des Jahres zu der Erkenntnis, dass bis 2020 etwa 1,8 Millionen Elektrofahrzeuge auf deutsche Straßen gebracht werden können. Damit scheint klar zu sein, dass elektrische Fahrzeuge unsere Mobilität in naher Zukunft maßgeblich prägen werden.
Mit elektrisch angetriebenen Fahrzeugen kommen Mobilitätseinheiten in unseren Alltag, die neue Verhaltensweisen erzeugen werden. Die Reichweite der meisten elektrischen Fahrzeuge ist geringer als die der Verbrennungsmotorischen und die Nutzer müssen ihre Fahrzeuge öfter betanken bzw. elektrisch laden. Welche Lösungen wird es dafür geben?
Induktive Energieübertragung und induktives Laden ist in vielen Bereichen des täglichen Lebens selbstverständlich geworden. Niemand denkt mehr daran, dass diese Technologie bei den meisten elektrischen Zahnbürsten zum Einsatz kommt. Kochplatten übertragen die Energie zum Topf nicht mehr als Wärme, sondern die Wärme im Topfboden wird durch elektrische Wechselfelder erzeugen. Der Komfort dieser Form der Energieübertragung ist unbestritten und die mittlerweile hohe Effizienz dieser Systeme erlaubte eine weite Verbreitung. Wie dieser Komfort ins Auto gebracht werden kann, wird in diesem Artikel diskutiert.

2. Ladeverfahren für elektrische Fahrzeuge

Die zum Fahren und Betreiben eines Fahrzeugs benötigte elektrische Energie kann diesem auf mehrere Arten zu geführt werden. Es ist einerseits zu unterscheiden zwischen der Energiezuführung während der Fahrt, einer dynamischen Zuführung, oder der Zuführung der Energie während das Fahrzeug steht, einer statischen. Anderer-

[1] Unter Elektrofahrzeugen werden verstanden: Batterieelektrische Fahrzeuge, Plug-in Hybride, Plug-in Hybride mit Range-Extender

seits ist die Form der Kontaktierung mittels elektrischer oder magnetischer Kopplung zu unterscheiden. In der folgenden Tabelle sind dazu Beispiele genannt.

	Statisch (Fahrzeug steht)	Dynamisch (während der Fahrt)
Elektrischer Kontakt	Kabel mit Stecker (heutige Elektrofahrzeuge)	Fahrdraht (Bahn, Straßenbahn)
Magnetischer Kontakt	Zirkulares Spulensystem	Lineargeneratoren (Transrapid) Lineare Spulen (OLEV System)

Fahrdrähte zu spannen ist für den PKW- Verkehr eher nicht vorstellbar. Selbst für Straßenbahnen werden mittlerweile Systeme diskutiert, um die Verlegung von Oberleitungen zu minimieren, indem die Bahnen von Station zu Station nur mit Hilfe einer Batterie fahren, die dann an den Stationen wieder aufgeladen wird.
Lineargeneratoren, wie sie beim Transrapid zum Einsatz kommen, sind erst ab bestimmten Mindestgeschwindigkeiten sinnvoll zu betreiben. Von den dynamischen Systemen befindet sich das OLEV System in Korea in der Stadt Gumi mit zwei Bussen seit August 2013 im Einsatz. Das System soll eine Energieübertragungseffizienz von ca. 72% mit einem Maximum bei 85% und einer maximalen Übertragungsleistung von 100kW haben [6].
Investitionen in die Infrastruktur, wie sie für die dynamischen Systeme benötigt werden, sind jedoch nur dann zu rechtfertigen, wenn sie einem öffentlichen Interesse dienen oder wenn sich daraus für die Privatwirtschaft tragfähige Geschäftsmodelle ableiten lassen. Die Diskussion um die Installation von Ladesäulen, und wer die Kosten dafür zu tragen hat, hat gezeigt, dass dies eher schwierig wird.
Heutige Elektrofahrzeuge werden in der Regel per Kabel mit entsprechenden Steckerlösungen geladen. Dabei kommen Ladeverfahren mit AC oder DC, mit 1- oder 3-phasigem Laden mit Ladeleistungen von 1,7kW bis zu 50kW zu Einsatz. Es werden sogar schon Ladeleistungen von 100kW diskutiert. Bei den AC Lösungen muss im Fahrzeug eine Ladeelektronik verbaut sein, die die entsprechende Gleichspannung erzeugt, um die Batterie zu laden. Bei den DC Lösungen verbleibt der größere Anteil der Elektronik in der Ladesäule, der Infrastruktur, und die Batterie kann direkt geladen werden.
Aus Nutzersicht sind zwei Aspekte von besonderer Bedeutung: Erstens, wie schnell wird die Batterie aufgeladen, und zweitens, wie komfortabel gestaltet sich der Vorgang des Aufladens.
Mittlerweile ist bekannt, dass die Reichweitenangst überschätzt wurde. Der größte Anteil der zurückgelegten Fahrten ist weit kürzer, als sie von heutigen Elektrofahrzeugen zurückgelegt werden kann. In Flottenversuchen stellte sich heraus, dass zu Beginn der Versuchsphase die Nutzer fast täglich ihre Fahrzeuge aufluden. Nach einer kurzen Gewöhnungsphase wurden die Fahrzeuge nur noch dann geladen, wenn entsprechend dem Nutzungsverhalten ein Nachladen notwendig war [5]. Das angepasste Ladeverhalten führt zu einem durchschnittlich niedrigeren Ladezustand der Batterie zu Beginn einer Fahrt und beschränkt damit die Reichweite zusätzlich. Die ungeplante Fahrt wird noch schwerer zu realisieren. Darüber hinaus ist der Mehrwertdienst durch ein Elektrofahrzeug als elektrischer Puffer für das Energienetz nur dann darstellbar, wenn das Auto an das Netz angeschlossen ist.

Allgemein kann festgestellt werden, dass weder das Betanken eines Autos mit Verbrennungsmotor noch das Laden eines Elektroautos mit einem Ladekabel als komfortabel eingestuft werden kann. Je seltener dies stattfindet, umso angenehmer wird es für den Nutzer sein.
Eine automatische, nicht vom Nutzer durchzuführende, Energiezufuhr zum Fahrzeug würde die Akzeptanz deutlich erhöhen. Die Zufuhr von Energie könnte und würde häufiger stattfinden, wodurch die durchschnittlich Ladeleistung einer Batterie zu Beginn einer Fahrt und damit die verfügbare Reichweite steigen könnte. Darüber hinaus stände die Batterie des Elektrofahrzeugs dem Energienetz öfter als Puffer zur Verfügung. Den kabelgebundenen Ladevorgang durch eine komfortable Lösung mit Hilfe der induktiven Übertragungstechnik zu ersetzen, haben sich die induktiven Ladesysteme für PKWs zum Ziel gesetzt und werden damit einen wesentlichen Beitrag zur Akzeptanz der Elektromobilität leisten.

3. Induktives Laden – verschiedene Ansätze

Bei der induktiven Energieübertragung wird in einer Primärspule ein magnetisches Wechselfeld durch einen Wechselstrom erzeugt. Die Sekundärseite, die Empfängerseite, enthält ebenfalls eine Spule, die vom Magnetfeld der Primärspule durchdrungen wird und es wird eine Spannung induziert. Bei Anlegen einer Last an die Sekundarspule fließt Strom und es wird Leistung übertragen. Grundsätzlich kann man die Anordnung der Spulen in zwei Varianten unterscheiden. In der Solenoidanordnung befindet sich die Sekundärspule in Magnetflussrichtung seitlich zur Primärspule (vgl. Abbildung 1).

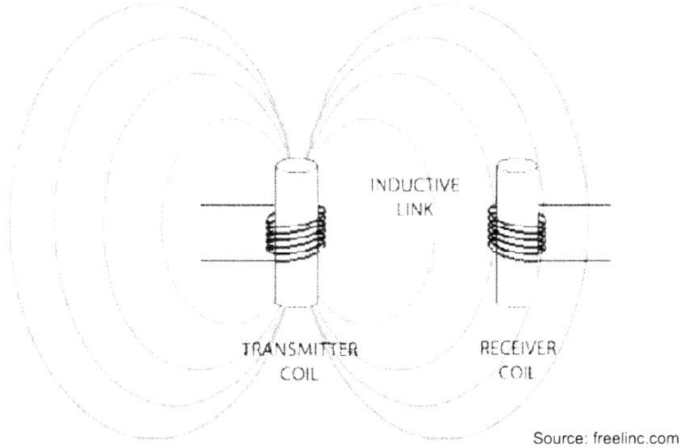

Abbildung 1: Solenoid Spulensystem

Bei der Planaranordnung befindet sich die Sekundarspule in Verlängerung des Feldes der Primärspule vgl. Abbildung 2.

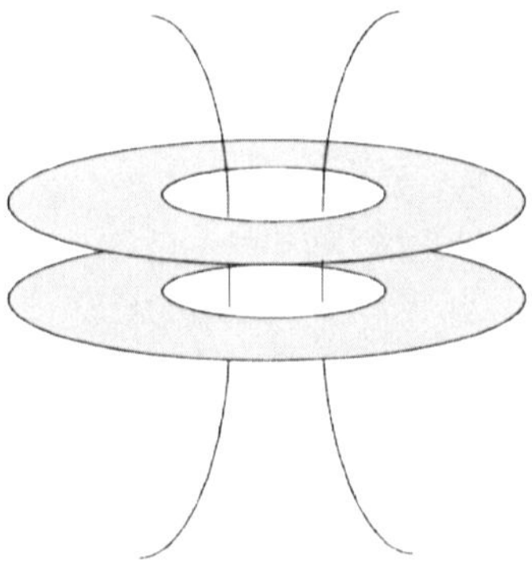

Abbildung 2: Planaranordnung

In den bisher realisierten Prototypen für PKWs sind beide Anordnungsprinzipien zum Einsatz gekommen. Das Solenoidprinzip stellt größere Anforderungen an die Schirmung, da sich höhere Streuungen des Magnetfeldes ergeben, die sich mit bei der planaren Anordnung durch Ferrite besser kontrollieren lassen. Die Solenoidanordnung hingegen scheint bei der Fahrzeugintegration vorteilhafter zu sein, da sie auf den ersten Anschein kleiner gebaut werden kann.
Alle induktiven Ladesysteme haben prinzipiell gleichen Aufbau. Die mit dem öffentlichen Netz verbundene Ladelektronik erzeugt in der Primärspule ein Wechselfeld, mit dessen Hilfe die Energie auf die Sekundärspule im Fahrzeug übertragen wird.

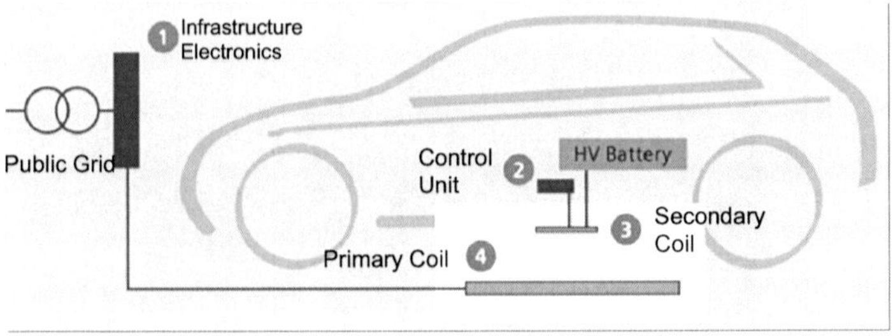

Abbildung 3: Prinzipieller Aufbau von induktiven Ladesystemen

Für die Integration ins Fahrzeug ist es dabei wünschenswert eine möglichst kleine und leichte Sekundärseite zu haben, um die Fahrzeugintegration zu erleichtern. Kleine Spulensysteme erhöhen jedoch die Schwierigkeiten bei der Positionierung, da sie sich bezüglich Positionierungsversatz weniger tolerant verhalten. Darüber hinaus wird durch kleine Spulensysteme die Magnetflussdichte höher und die potentielle Beeinflussung der Umwelt steigt.
Zur Zeit wird mit unterschiedlichen Kombinationen von Spulen und verschiedenen Frequenzen für die Erzeugung der Magnetfelder experimentiert, um die optimale Lösung zu finden. In der Diskussion befinden sich:

Primärseite	Sekundärseite
Planar groß	Planar groß
Planar groß	Planar klein
Solenoid	Solenoid
Doppel Planar	Solenoid

Die gegebene Aufzählung ist nicht vollständig, sondern es lässt sich noch eine Vielzahl von weiteren Kombinationen zum Beispiel mit mehreren Spulen im Fahrzeug oder auf der Infrastrukturseite bilden.
Es soll nicht unerwähnt bleiben, dass sich nicht nur die statische Anordnung von Spulen an der Fahrzeugunterseite in der Experimentierphase befindet, sondern dass auch andere Konfigurationen untersucht werden. Es gibt Systeme, bei denen die Spulen im Bereich des Nummernschildes angeordnet sind. Die Nummernschildsysteme sind in der Regel so ausgelegt, dass ein direkter Kontakt zwischen Infrastrukturkomponente und Fahrzeug hergestellt wird. Viele OEMs haben Bedenken bei diesen Systemen, da der Fahrer gegen etwas fahren müsste. Des weiteren werden Anordnungen diskutiert, in denen sich bewegende Teile befinden und so die Spulen nach dem Stillstand eines Fahrzeugs optimal zueinander platziert werden. Aus unserer Perspektive sind sowohl die Nummernschildsysteme als auch die Systeme mit bewegten Teilen weniger gut geeignet für einen breiten Einsatz, da sie entweder die geforderte Barrierefreiheit nicht bieten oder deutlich wartungsintensiver sind.
Deutlich wird dadurch, dass eine Normierung notwendig werden wird, da sonst sowohl auf der Fahrzeug- als auch auf der Infrastrukturseite Systeme in den Markt kommen werden, die nicht miteinander kombiniert werden können. Nur so läßt sich auf der Infrastrukturseite die notwendige Investitionssicherheit erreichen. Auf der Fahrzeugseite wird dadurch die Kompatibilität über Fahrzeuggenerationen hinweg und zu anderen Herstellern sichergestellt.

4. IndiOn – ein Prototyp mit Straßenzulassung

IndiOn war ein gefördertes Gemeinschaftsprojekt von Siemens und BMW mit der Zielsetzung, durch Entwicklung erster Prototypen von Systemen zum kabellosen Laden die Grundbefähigungen für eine spätere Industrialisierung aufzubauen sowie durch praktische kundennahe Erprobung Erkenntnisse aus Kundensicht für die spätere Produktgestaltung zu gewinnen. Dies diente dem übergeordneten Ziel, die Attraktivität der Elektromobilität durch eine kundengerechte automatisierte Lösungsoption für das Laden zu steigern, damit die Verbreitung der Elektromobilität zu erleichtern und somit die energie- und klimapolitischen Zielsetzungen der Elektromobilität zu unterstützen.

Abbildung 4: Prinzip des Ladens in IndiOn (Quelle: BMW)

Im Projekt wurden ausgehend von einer systematischen Analyse von Kunden use-cases beim Laden Anforderungen aus Kunden- und Infrastruktursicht abgeleitet, die im Folgenden in ein technisches Zielsystem für die Prototypenrealisierung auf Komponenteneben wie auch in der Fahrzeugimplementierung umgesetzt wurden. Die Kernziele waren beschrieben durch eine Implementierung eines Systems mit hohem Kundennutzen, ausgedrückt in einfachem, weitgehend automatischem Ablauf mit für den Kunden sicher beherrschbarer Positionieraufgabe (ausreichende Positioniertoleranz >=+-10cm längs/quer und intuitive Positionierassistenz). Diese Positionierungstoleranz ist vom Fahrer nicht zu erreichen, da er erst Objekte vor sich auf dem Boden identifizieren kann, die einen Abstand von ca. 4m zum Fahrzeug haben. Daher musste eine entsprechende Positionierungshilfe im Fahrzeug bereitgestellt werden. Bei Aktivierung des Ladewunsches wurde im Bildschirm die entsprechende Hilfe eingeblendet (vgl. Abb. 5). Dem Fahrer werden Hinweise gegeben wie er mit Fahrmanövern die Ladestation am besten anfährt. Die Empfehlung für das Fahrmanöver wurde dabei durch eine Fusion des vorhandenen Ultraschallsignals und additiven Messeinrichtungen für die finale Positionierung bereitgestellt. Voraussetzung für die Ladefreigabe, das Einschalten des Ladestroms, war die Überprüfung der Position durch das Messsystem.

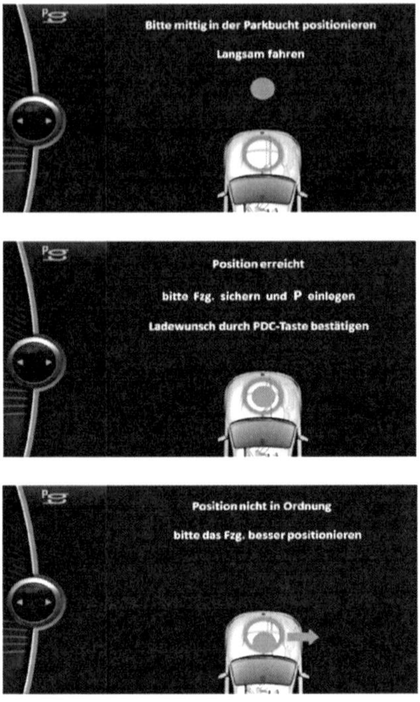

Abbildung 5: Positionierung

Aufgrund der hohen Relevanz des heimischen Ladens wurde für eine erste Umsetzung der Leistungsbereich von 3,6kW als einphasige Anschlussleistung (16A, 230V) gewählt. Als Spulensystem wurde primär- und sekundarseitig eine zirkulare Spule mit einem Durchmesser von 60cm gewählt.

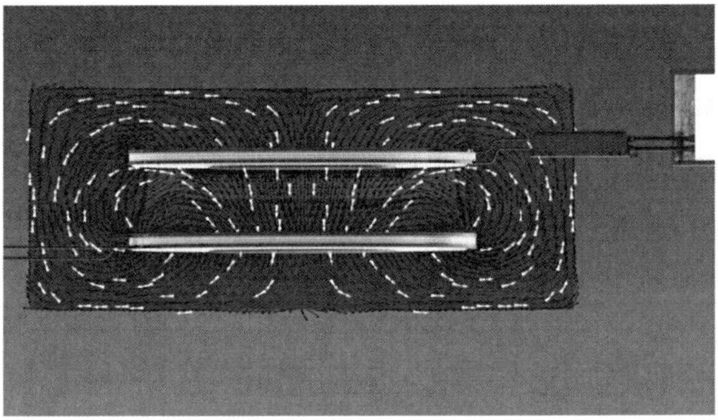

Abbildung 6: IndiOn Spulensystem zur Leistungsübertragung

Auf der Primärseite wurde mit Hilfe eines DCAC Konverters eine Frequenz von ca. 140 Hz eingestellt, wobei sich die Frequenz von unten kommend variabel an die optimale Übertragungsfrequenz annähert. Auf der Sekundärseite wurde durch einen DCDC Konverter die Spannung stabilisiert, um durch eine optimale eingestellte Spannung die Batterie zu laden.

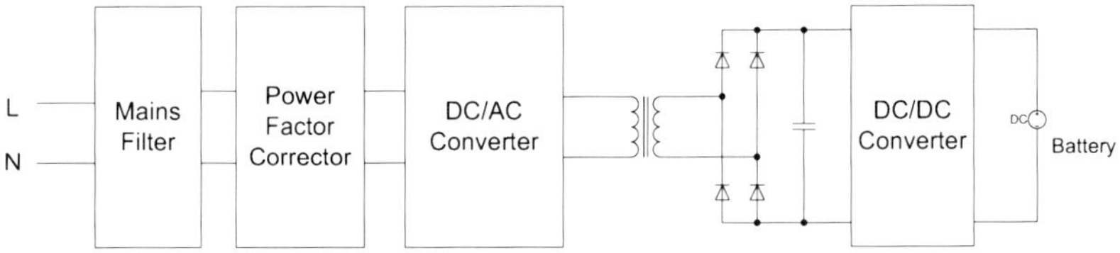

Abbildung 7: Schaltbild der Leistungsübertragung

Besondere Bedeutung wurde zwei Aspekten beigemessen: Erstens der Einhaltung der Grenzwerte für Magnetfelder gemäß der ICNIRP[2] Empfehlungen von <6,5 µT in der sogenannten „walk-in area“ (vgl. Bereich 3 und 4 in Abbildung 8) und im Fahrzeug. Und zweitens dem Erreichen einer hohen Effizienz für die Leistungsübertragung von >90%. Darüber hinaus galt es alle relevanten infrastrukturseitigen sowie fahrzeugseitigen Vorschriften sowie das Erfüllen aller notwendigen Sicherheitsvoraussetzungen für einen Versuchsbetrieb mit Nichtexperten zu erfüllen. Hierzu zählte unter anderem auch die notwendige CE Zertifizierung für das infrastrukturseitige Ladesystem.

[2] International Commission on Non-Ionizing Radiation Protection

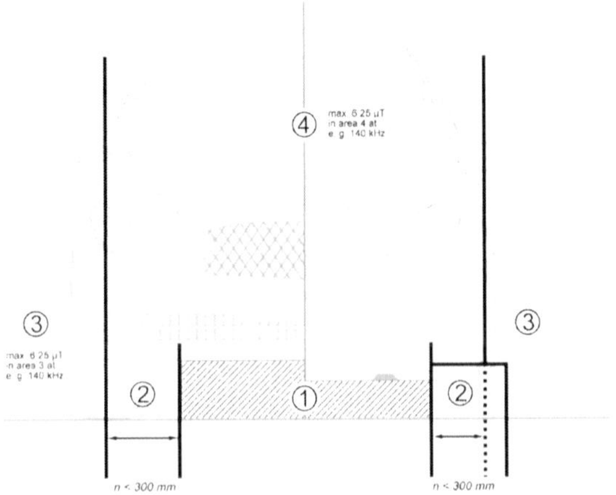

Abbildung 8: Grenzwerte

In der Gesamtfahrzeugintegration konnten alle Funktionen im Zusammenwirken der fahrzeugseitigen Subsysteme erfolgreich realisiert werden. Ebenso das Zusammenwirken des Fahrzeugladesystems mit den parallel entwickelten Ladestationen. Das Erreichen wesentlicher Kriterien wie der geforderten Leistungsübertragung, Positionierungsrobustheit, hoher Wirkungsgrade sowie Einhalten relevanter Feldgrenzwerte konnte dabei demonstriert werden.

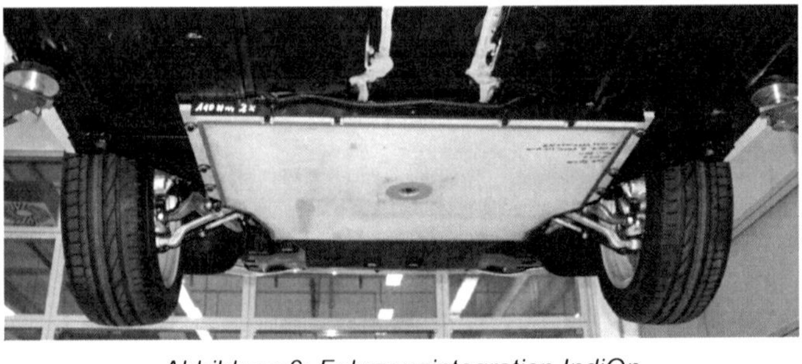

Abbildung 9: Fahrzeugintegration IndiOn

Abbildung 10: IndiOn Ladestationen

Insbesondere die Erzielung eines sehr guten Wirkungsgrades sowie der Funktionsnachweis eines Regelkonzeptes mit variabler Übertragungsfrequenz als konzeptionelle Basis für künftige Interoperabilität bei hoher Effizienz waren wichtige Ergebnisse im Hinblick auf die Projektzielsetzungen. Im IndiOn Projekt konnte eine Übertragungseffizienz von über 92% im gesamten zulässigen Positionierungsbereich erreicht werden. Die erreichten Spitzenwerte lagen über 95%.

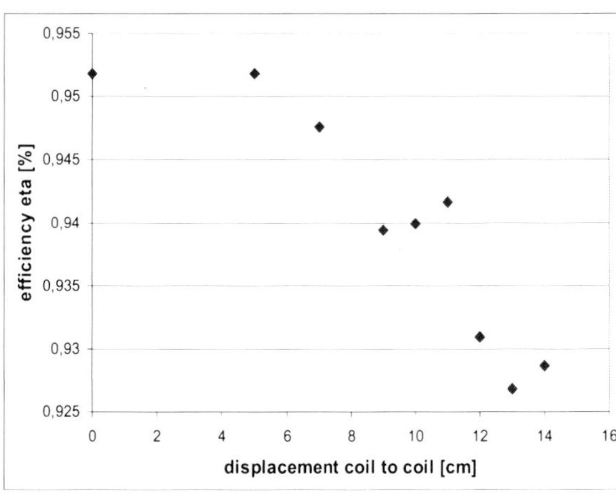

Abbildung 11: Effizienz der Leistungsübertragung bei IndiOn

Der Konzeptnachweis und das Aufzeigen, dass kabelloses Laden eine realistische Perspektive für Anwendungen im PKW hat, wurden somit erreicht.
Der Fokus des IndiOn Projektes lag auf der Erarbeitung der notwendigen Grundlagen für das Induktive Laden. Optimierungsschritte bezüglich Gewicht, Kosten, Ro-

bustheit, die später Voraussetzung für ein erfolgreiches Produkt in der Serie sind, waren nicht Gegenstand des Projektes. IndiOn zeigte auch, dass es einen Bedarf nach Harmonisierung geben wird. Nur durch entsprechende Harmonisierung kann eine Investitionssicherheit erreicht werden, um nicht in eine ähnliche Situation zu geraten, wie sie heute bei Ladesäulen anzutreffen ist.

5. Herausforderungen für die Zukunft

IndiOn legte einerseits die Grundlagen, um erste Produktentwicklungen zu starten und andererseits schaffte IndiOn die notwendigen Voraussetzungen, um über den notwendigen Harmonisierungsbedarf zu diskutieren.
Aus heutiger Sicht gibt es Harmonisierungsbedarf unter anderem für

- Kompatible Spulengeometrien und deren Anordnung
- Frequenz der Leistungsübertragung
- Regelung der Leistungsübertragung
- Fremdkörpererkennung
- Kommunikation zwischen Fahrzeug und Infrastruktur, Ladeablaufsteuerung

Die ersten vier Punkte sind spezifisch für das induktive Laden. Die Kommunikation zwischen Fahrzeug und Infrastruktur soll durch eine Erweiterung der entstehenden Norm 15118 der IEC[3], die die Kommunikation für das Laden von Elektrofahrzeugen regelt, erreicht werden.
Im Rahmen des DKE[4] und auf internationaler Ebene bei der IEC bildeten sich Normierungsgremien, die dem notwendigen Harmonisierungsbedarf Rechnung tragen werden. Begleitet werden diese Bemühungen auf deutscher Seite durch ein vom BMU[5] gefördertes Projekt namens INTEROP.
Ziel von INTEROP, in dem neben Siemens, Vahle, SEW und Conductix als Hersteller induktiver Ladesysteme vertreten sind, ist es, die Grundlagen für diese Normierung nicht nur theoretisch zu erarbeiten, sondern diese gemeinsamen Grundlagen in einem Flottenversuch nachzuweisen. Gegen Ende des Projektes in 2015 sollen Fahrzeuge ausgestattet mit der Ladetechnik von jedem Anwender auf jedem Ladepunkt eines anderen Anbieters laden können.

[3] International Electrotechnical Commission
[4] Deutsche Kommission Elektrotechnik Elektronik Informationstechnik, einem Organ des Deutschen Instituts für Normung (DIN) und des Verbands der Elektrotechnik, Elektronik und Informationstechnik (VDE)
[5] Bundesministerium für Umwelt, Naturschutz und Reaktorsicherheit

Abbildung 12: INTEROP *Quelle: kiefermedia*

Mit den Ergebnissen von INTEROP werden die Grundlagen gelegt sein, induktive Ladeinfrastruktur flächendeckend aufzubauen, die einerseits die Investitionen sichert und darüber hinaus der Forderung der Kommunen bezüglich Barrierefreiheit entgegen kommt. Die gemeinsam implementierten Prinzipien und abgestimmten Schnittstellen, abgesichert durch einen gemeinsamen realitätsbezogenen Flottenversuch, sollen die Normierung nachhaltig beeinflussen.
Einerseits lassen sich Elektroautos mit einer flächendeckenden Installation induktiver Ladesysteme bei vielen Parksituationen mit dem Netz verbinden und somit kann öfter nachgeladen werden. Mit dem dadurch potentiell höheren durchschnittlichen Ladezustand der Batterien der Elektrofahrzeuge kann der Reichweitenangst begegnet werden. Die kontaktlose Ladung erhöht zudem deutlich den Komfort und eliminiert für den Fahrzeugnutzer eine Handhabungsschnittstelle. Damit kann die induktive Ladetechnik einen wesentlichen Beitrag zur höheren Akzeptanz der Elektromobilität leisten. Andererseits eröffnet die häufigere Verfügbarkeit der Elektrofahrzeuge am Netz die Chance, Elektrofahrzeuge als Puffer für das elektrische Netz zu nutzen. Um diesen Punkt zu erfüllen, bedarf es jedoch weitergehender Forschungs- und Entwicklungsarbeiten in Richtung Bidirektionalität und Erhöhung der Leistungsübertragung für die induktive Ladetechnik.

Literatur

[1] Elektrifizierte Fahrzeugmodelle deutscher Hersteller in der Marktvorbereitungsphase der NPE bis Ende 2014; VDA, Juni 2013

[2] White Paper on Transport, European Commission, Directorate-General for Mobility and Transport, 2011

[3] Mobilitäts-Studie 2012/13; Horvath & Partners; 2013

[4] Berührungslose Energieübertragung für den Transrapid; Qinghua Zheng, ThyssenKrupp Transrapid GmbH, 2005

[5] Nutzerverhalten beim Laden von Elektrofahrzeugen; Papendick, Katharina, et al.; Forschung und Innovation–Magdeburg, Kongress: Magdeburger Maschinenbau-Tage, S. Vol. 7. 2011.

[6] Design of On-Line Electric Vehicle (OLEV), N.P. Suh, D.H. Cho, and C.T. Rim, Global Product Development, DOI 10.1007/978-3-642-15973-2_1; Springer-Verlag Berlin Heidelberg 2011

[7] Concept Evaluation of an Inductive Charging System for Electric Vehicles; Barth, Heike, et.al.; 3rd European Conference SmartGrids and E-Mobility, Munich, 2011

[8] Electric Vehicles – Personal transportation for the future; Grant A. Covic, et.al.; EVS25, Shenzen 2010

[9] Layout and Operation of a Non-Contact Charging System for Electric Vehicles; B. Schmuelling, et.al.; 15th International Power Electronics and Motion Control Conference, EPE-PEMC 2012, Novi Sad, Serbia

12B Funktionale Sicherheit bei permanent erregten Synchronmotoren

Hans-Georg Köpken, Tilo Moser, Michael Müller, Andreas Trautmann, Matthias Willig

Abstract

Permanent Magnets Synchronous Motors (PMSM) are the first choice when it comes to performance of an electrical drive system for an electric car. This type of motor is still the best concerning power density, power characteristics and efficiency. However, because of the permanent magnets there is the so called back EMF, which can lead to high induced voltages e.g. in case of an error of the inverter. This in turn can destroy components connected to the DC link and lead to an uncontrolled energy flow into the battery. The energy flow into the battery leads to a braking torque which can be dangerous for the driving dynamics. In this article we show that a smart motor design in combination with a suitable system design and powerful control algorithms avoid such effects without the use of an active short circuit of the motor phases. In addition it will be shown, why it is very difficult to reach ASIL C or D with the state-of-the-art technology for the active short circuit.

1. Einleitung

Der permanent erregte Synchronmotor (PMSM) ist die erste Wahl wenn es auf Performance wie z.B. für einen elektrischen Sportwagen ankommt. Es ist nicht nur die Leistungsdichte, sondern auch die Charakteristik der Drehmoment-Drehzahlkurve, die sowohl eine hohe Beschleunigung als auch eine gute Elastizität des Fahrzeuges ermöglicht. Neben des offensichtlichen Nachteils der teuren Magnete gibt es einen weiteren kritischen Punkt: Die permanente Erregung durch die Magnete führt bei einer drehenden Maschine zur sogenannten Gegen EMK (Elektromotorische Kraft), d.h. zu einer induzierten Spannung. Diese Spannung liegt an den Motorklemmen an, sobald der Umrichter passiv ist. In diesem Fall wirken die Freilaufdioden der Leistungshalbleiter als Gleichrichter. Falls die Spannung zu hoch wird, können der Umrichter oder andere mit dem Zwischenkreis verbundene Komponenten zerstört werden. Ein weiterer Effekt ist sogar noch schwerwiegender: Ist die Batterie mit dem Zwischenkreis verbunden führt die induzierte Spannung zu einer unkontrollierten Rückspeisung in die Batterie und damit zu einem unerwünschten Bremsmoment an der Motorachse. Dieser Zusammenhang kann einerseits zu fahrdynamisch unbeherrschbaren Zuständen führen und andererseits für die Batterie kritisch sein. Damit ist insbesondere die Pulssperre im Umrichter (d.h. kein Takten der IGBT's) kein sicherer Zustand so wie er es im Falle des Asynchronmotors wäre. Generell wird dies üblicherweise dadurch gelöst, dass die drei Motorphasen kurzgeschlossen werden. Dies führt allerdings zu einem höheren Aufwand im Umrichter (SW und HW) und es ist fraglich, inwiefern höhere ASIL Werte (ASIL C oder D) mit vertretbarem Aufwand realisiert werden können. In diesem Artikel wird hingegen gezeigt, dass ein permanent erregter Synchronmotor mit innenliegenden Magneten (IPM Motor) so auslegt werden kann, dass er zwar anspruchsvoll zu regeln ist, aber durch ein hohes Reluktanzmoment eine so geringe Gegen EMK hat, dass durch die Pulssperre im Umrichter ein sicherer Zustand realisiert werden kann.

2. Anforderungen der funktionalen Sicherheit an das Antriebsystem – Stand der Technik

Die Anforderungen der funktionalen Sicherheit an das Antriebssystem sind seit dem Erscheinen der ISO 26262 nun auch normativ festgehalten. Davor gab es keine spezielle automotive Norm für die funktionale Sicherheit, allerdings sind die zu beachtenden Themen natürlich nicht alle neu. Da in den meisten Fällen ein Antrieb drehmomentengeregelt betrieben wird, müssen im wesentlichen zwei Dinge erfüllt sein: Zum einen darf das tatsächlich erzeugte Moment nicht zu stark von dem angeforderten Moment abweichen, zum anderen muss der Antrieb einen sicheren Zustand aufweisen, der im Idealfall durch Moment gleich Null gegeben ist. Was nun beim ersten Punkt die erlaubte Abweichung ist und für welche Dauer diese zulässig ist, muss im Einzelfall festgelegt werden. Ebenso mit welchem ASIL diese zulässige Abweichung eingestuft wird. Hier spielt das gesamte Fahrzeugkonzept die entscheidende Rolle. Beim zweiten Punkt, dem sicheren Zustand, ist natürlich auch entscheidend mit welchem Sicherheitslevel dieser realisiert sein muss und wie weit er vom Idealfall „Moment gleich Null" abweichen darf. Generell kristallisiert sich beim sicheren Zustand je nach Fahrzeug ein maximales Achsmoment von wenigen hundert Nm heraus, das Sicherheitslevel beträgt je nach Antriebstopologie ASIL C (Zentralmotor) bis zu ASIL D bei verteilten Antrieben mit „torque vectoring", vgl. [1]. Nimmt man als typische Getriebeübersetzung 1:9 an (entspricht einer Motordrehzahl von ca. 12000 rpm bei einer Fahrzeuggeschwindigkeit von 150 km/h), müssen also Restmomente von wenigen 10Nm für den Motor realisiert werden. Bei einem ASM ist das gut mit einer Pulssperre der IGBT's zu realisieren, d.h. mit einem „**S**afe **P**ule **O**ff". Wie oben erwähnt ist das bei einem PMSM nicht möglich. Hier hat sich der ASC (Active Short Circuit) oder auch AKS (Aktiver Kurzschluss), d.h. das Kurzschließen der drei Phasen einer elektrischen Drehstrommaschine, etabliert. Mit dem AKS kann das Drehmoment einer elektrischen Maschine in einen definierten Bereich gebracht werden.

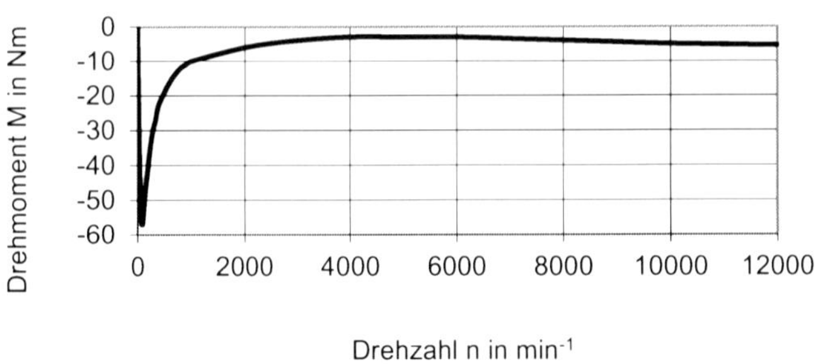

Bild [1]: Bremsmoment in Abhängigkeit der Drehzahl beim AKS

In der Literatur wird generell der AKS der Phasen als sicheren Zustand für die PMSM definiert, vgl. [2, 3, 6, 7, 8]. Eine PMSM zeigt beim AKS ein generell gutmütiges Verhalten mit geringen auftretenden Bremsmomenten und keinen gefährlich hohen Spannungen an den Motorklemmen, vgl. Bild [1]. Bevor darauf eingegangen wird, welche Herausforderungen für das sichere Erreichen (d.h. mit ASIL C oder D) eines AKS zu lösen sind, soll noch mal näher beleuchtet werden, welche Bremsmomente beim PMSM auftreten können.

3. Bremsmomente für den PMSM bei unkontrollierter Rückspeisung

In diesem Kapitel sollen an Hand eines typischen Beispiels gezeigt werden, wie groß das Bremsmoment bei unkontrollierter Rückspeisung sein kann. Als Grundlage soll hier ein PMSM mit außenliegenden Magneten dienen. Die wesentlichen Leistungsdaten des hier angenommenen Beispielmotors sind 225Nm Spitzenmoment bei 400A Phasenstrom, 105 kW Spitzenleistung bei einer maximalen Drehzahl von 12000rpm und einer DC Spannung von 325V. Dieser Motor erzeugt bei 1000 rpm eine Gegen EMK an den Motorklemmen von 37,5 $V_{\_eff}$ und läd damit die Zwischenkreiskapazität auf den Scheitelwert von ca. 53 V pro 1000 rpm auf. Damit ist klar, dass im Fehlerfall je nach Drehzahl die mit dem Zwischenkreis verbundenen Hochvolt-Komponenten zerstört werden können. Das bedeutet, dass der Motor nicht in seinem gesamten Drehzahlbereich verwendet werden kann. Zusätzlich soll nun hier das Bremsmoment analysiert werden. Zu Grunde soll hier eine Lithium-Ionen-

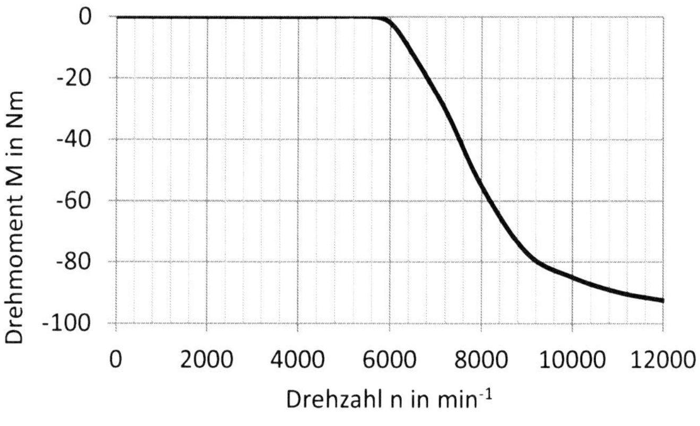

Bild [2]: Bremsmoment im Falle unkontrollierter Rückspeisung in einem typischen System mit einem PMSM mit außenliegenden Magneten (APM)

Batterie mit 100 in Serie geschalteten Zellen betrachtet werden. Generell ist das Bremsmoment am höchsten, wenn die Batteriespannung am niedrigsten ist. Wichtig für die weitere Betrachtung ist deshalb die niedrigste im Betrieb vorkommende Spannung einer unbelasteten Batterie. Diese soll hier mit 325 V und einem Innenwiderstand von 100 mOhm angenommen werden. Mit diesen Randbedingungen kann man nun die Simulation darstellen. Vereinfacht gesprochen simuliert man die Batterie als eine Spannungsquelle mit Innenwiderstand, den Inverter als Brückengleichrichter und den Motor als Spannungsquelle mit den entsprechenden Induktivitäten. Steigt nun die Gegen-EMK über die Batteriespannung beginnt ein Energierückfluss in die Batterie. Die Spannungsdifferenz zwischen Leerlaufspannung der Batterie und dem Scheitelwert der Gegen-EMK fällt dann im Wesentlichen über dem Innenwiderstand der Batterie und den Wechselstromwiderständen der Wicklung ab. Der sich einstellende DC Strom in die Batterie führt zu einer elektrischen Bremsleistung und damit zu einem mechanischen Moment, dargestellt in Bild [2]. Damit liegt man bereits bei 10000 rpm bei einem Moment von ca. 85 Nm, welches bei der angenommenen Übersetzung von 1:9 bereits zu einem Achsmoment von 765 Nm führt. Damit wird man sicherlich für die meisten Fahrzeuge keinen sicheren Zustand realisieren können. Die Validierung des oben simulierten Bremsmomentes erfolgt am besten im gesamten Fahrzeugverbund, da der Batterie eine entscheidende Rolle zukommt und deshalb einem Batteriesimulator vorzuziehen ist. Dazu ist ein Fahrzeugprüfstand notwendig. Simulationen von obiger Form konnten bereits am Fahrzeugprüfstand erfolgreich validiert werden. Der verwendetet Prüfstand der Siemens AG besteht aus 4 direkt an die Radnaben angeflanschten Lastmaschinen und besitzt deshalb eine im Vergleich zu Rollenprüfständen außergewöhnlich hohe Dynamik und bietet damit ganz neue Möglichkeiten bei der Vehicle-in-the-loop (ViL) Validierung, siehe Bild [3].

Bild [3]: Fahrzeugprüfstand der Siemens AG

Bemerkung: Der Innenwiderstand der Batterie ist stark von Ladezustand und Temperatur abhängig. Generell ist der Innwiderstand bei kleinen Ladezuständen höher, was das Bremsmoment verringert. Wo also genau der „Worst Case" über den Betriebsbereich liegt, muss im Einzelfall genauer untersucht werden. Für die prinzipielle Aussage, die hier getroffen werden soll, ist dies aber nicht relevant. Die Effekte von verschiedenen Motortemperaturen werden hier ebenfalls nicht betrachtet.

4. Herausforderung beim aktiven Kurzschluss mit umrichterinternen Komponenten

Um Kosten und Platz einzusparen, wird die üblicherweise bereits im Umrichter bestehende Hardware für die sichere AKS Funktion verwendet und nur um wenige Teile erweitert. Das Blockschaltbild (Bild [4]) wird als Stand der Technik angenommen und für die Betrachtungen herangezogen.

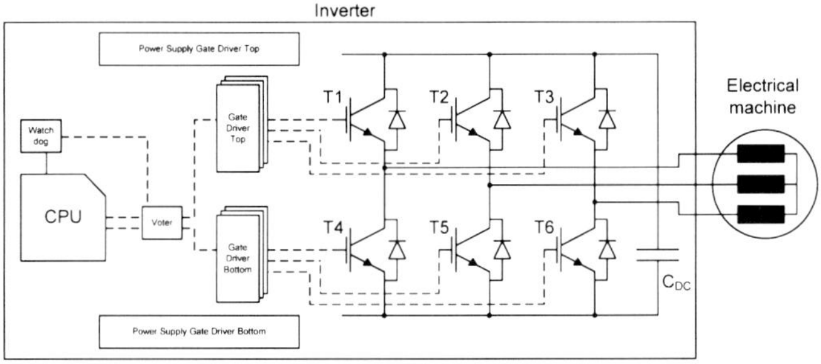

Bild [4]: Typische Systemarchitektur eines elektrischen Antriebes

Der AKS kann über zwei Zustände erreicht werden. Dabei werden entweder alle unteren IGBT's aktiviert (niederohmig) und alle oberen IGBT's deaktiviert (hochohmig) (= AKS Bot) oder alle oberen IGBT's aktiviert (niederohmig) und alle unteren IGBT's deaktiviert (hochohmig) (=AKS Top). Da diese beiden unterschiedlichen Zustände beide zum gewünschten Resultat führen, könnte auf den ersten Blick ein zweikanaliges System angenommen werden. Die beiden Zustände sind jedoch nicht unabhängig voneinander (s.u.) und damit ist kein zweikanaliges System gegeben sondern lediglich ein fehlertolerantes einkanaliges System. Es wird nun auf einzelne Elemente eingegangen, die für einen AKS notwendig sind. Diese Auflistung ist keinesfalls vollständig, sondern enthält nur einige der wichtigsten Themen.

Spannungsversorgung

Unabhängig davon welcher der beiden AKS Zustände aktiviert werden soll, wird Energie benötigt, um die IGBT's einzuschalten. Es muss nach dem geforderten ASIL sichergestellt werden, dass immer und dauerhaft genügend Energie zur Aktivierung eines AKS verfügbar ist. Dafür muss neben der 12 V Versorgung eine redundante Spannungsversorgung für den Umrichter implementiert werden, die z.B. durch einen zweiten DC/DC Wandler, der aus der Hochvoltspannung versorgt wird, realisiert werden kann.

IGBT Ansteuerung (Gate Driver)

Die Gate Driver sind in einem Inverter meist für Top und Bottom gleich ausgeführt. Damit können systematische Fehler entstehen, die zum Ausfall mehrerer Gate Driver zur gleichen Zeit führen. Sowohl die Wahrscheinlichkeit für systematische Fehler als auch die Relevanz von Fehlern auf Grund gemeinsamer Ursache (sog. **C**ommon **C**ause **F**ailures, CCF) steigt damit und muss gesondert untersucht werden.

IGBT Modul
Da die IGBT's und Dioden in einem IGBT Modul sowohl räumlich als auch elektrisch sehr eng gekoppelt sind, ist diese Komponente besonders anfällig für CCF. Unter der Annahme eines Einzelfehlerszenarios können folgende Situationen auftreten.

- IGBT:
  - Hochohmig
  - Kurzgeschlossen
  - On/Off toggling (open Gate)
  - Höhere Flussspannung
- Diode:
  - Hochohmig
  - Kurzgeschlossen
  - Höhere Flussspannung

Bei manchen Fehlern ist keine AKS Reaktion möglich wie z.B. bei einem On/Off toggling IGBT. Bei einem Kurzschlussfehler kann auf der fehlerhaften Seite des IGBT Moduls ein AKS aktiviert werden (z.B. Bottom IGBT kurzgeschlossen ergibt AKS Bot). Doch auch diese Reaktion ist nur bedingt geeignet, wenn bedacht wird, dass dabei ein Bauelement welches sich in einem Fehlerzustand befindet für eine sicherheitsrelevante Reaktion herangezogen wird. Das Verhalten des Bauelements kann nicht oder nur sehr schwer vorhergesagt werden. Ein Beispiel hierfür wäre ein kaskadierender Fehler wobei ein IGBT mit einem gewissen ohmschen Restwiderstand kurzgeschlossen ist. Die induzierten Kurzschlussströme der elektrischen Maschine im AKS würden damit das Leistungsmodul aufheizen wodurch noch weitere IGBTs in einen undefinierten Fehlermode getrieben werden könnten.

Schutzfunktionen
Es kann im Normalbetrieb sein, dass die Hardware (speziell das IGBT Modul) über seine spezifizierten Grenzen hinaus betrieben würde wenn keinerlei Überwachungsmechanismen dies verhindern würden. Ein klassisches Beispiel hierfür wäre die Betriebstemperatur des IGBT Moduls. Meist wird das Modul nur durch eine thermische Überwachungsfunktion vor permanenter Beschädigung geschützt. Da die zu schützende Komponente auch für die AKS Funktion benötigt wird und die thermische Beschädigung nicht auf ein IGBT oder eine Diode beschränkt wäre, muss der Schutzmechanismus mit einer Zuverlässigkeit nach dem geforderten ASIL realisiert werden. In diese Kategorie fallen die Schutzfunktionen gegen CCF, welche im Normalbetrieb auftreten können (Übertemperatur, Überspannung, Überstrom, etc.).

Kühlkreislauf
Nach dem Stand der Technik ist ein Umrichter in einem Elektro- oder Hybridfahrzeug flüssigkeitsgekühlt. Da die Kühlfunktion zur Aufrechterhaltung eines AKS notwendig ist, gehen Fehlerraten aus dem Kühlsystem, welche zum Ausfall der Kühlung führen, als kaskadierende Fehler in die Metriken zur Verletzung des Sicherheitsziels mit ein.

HW Quantifizierung
Unter einer reinen Einzelfehlerbetrachtung kann damit eine HW Quantifizierung erfolgen um zu prüfen, ob die gewählte Architektur die Metriken der ISO 26262 (SPFM,

LFM, PMFH) erfüllt. Die Betrachtung des Problems darf jedoch nicht auf Einzelfehler beschränkt werden. Es gibt zusätzlich noch die kaskadierenden Fehler, die systematischen Fehler und die CCF, die auch genauer untersucht und in die Metriken aufgenommen werden müssen.

Common Cause Failures

Ursachen für CCF sind unter anderem:

- Mechanische Vibration
- Wasser/Feuchtigkeit
- Chemikalien/Gase
- Überspannung HV
- Spannungsversorgung LV
- Über-/Untertemperatur
- Überstrom

Kaskadierende Fehler

Beispiele für kaskadierende Fehler wurden bereits aufgeführt. Diese dürfen nicht als Mehrfachfehler betrachtet werden, sondern fallen direkt in die Metrik für die Erstfehlerrate.

Systematische Fehler

Die systematischen Fehler können durch Verifikationstest identifiziert und durch Maßnahmen in der Entwicklung vermieden werden.
Eine wichtige und komplizierte Analyse betrifft die Lebensdauer des IGBT Moduls. Das Modul ist im Antriebssystem eine der maßgeblichen Komponenten für die Lebensdauererwartung des Systems und gleichzeitig wesentlich an der AKS Funktion beteiligt. Dieser Zustand muss in den Analysen für kaskadierende und CCF beachtet werden.

Probabilistic Metric for random Hardware Failures (PMFH)

Nach der ISO 26262 sind die Sicherheitsziele mit definierten Grenzwerten für sicherheitskritische Ausfälle durch zufällige Hardware Fehler belegt. Dabei hat ein ASIL B und C Sicherheitsziel auf Gesamtfahrzeugsystem den Grenzwert von 100 Failure in time (FIT) und ein ASIL D Sicherheitsziel den Grenzwert von 10 FIT. Dieser Wert wird auf die verschiedenen Fahrzeugkomponenten verteilt, welche zu einer Verletzung des Sicherheitsziels beitragen könnten. Für ein elektrisches Antriebssystem in einem Hybridfahrzeug beispielsweise bleibt damit für die AKS Funktion (welche nur einen Teil eines Sicherheitsziels abbildet) nur etwa 5% des gesamt erlaubten PMFH Werts, was 5 bzw. 0,5 FIT entspricht (dies sind Richtwerte, die aus konkreten Projekten abgeleitet wurden).
Nach der Siemens Norm SN29500 hat ein IGBT Modul bei einer nominalen Temperatur im Betrieb von 100°C ohne Berücksichtigung von Pulsbelastungen eine Ausfallrate von ca. 70 FIT.
Wird die Fehlerrate auf IGBTs und Dioden nach der eingesetzten Halbleiterfläche auf etwa 1/3 für die Dioden und 2/3 für die IGBTs verteilt, dann würden von den 70 FIT 23,3 FIT für die sechs Dioden und 46,7 FIT für die sechs IGBT's abfallen.
Anschließend kann ein Fehlermodell nach IEC TR 62380:2004 angewandt werden, wobei eine Diode die Fehlerverteilung von 20% auf „open mode" und 80% auf „short circuit" hat. Unter der Annahme, dass eine hochohmige Diode durch die entstehende Rückwärtsspannung über den parallel geschalteten IGBT zu einem nicht beherrsch-

baren kaskadierenden Fehler führt, bei welchem kein AKS mehr aktiviert werden kann, müssen 20% der 23,3 FIT als „dangerous undetected" auf den PMFH Wert gerechnet werden, was hier 4,66 FIT entspricht. Damit wäre schon ein relevanter Anteil des erlaubten PMFH Wertes aufgebraucht, nachdem erst ein erster Fehler diskutiert wurde.

Abschließend kann man festhalten: Um in einem Elektro- oder Hybridfahrzeug einen AKS über die bereits im Umrichter vorhandene Hardware nach einem ASIL B-D wie in der ISO 26262 spezifiziert zu realisieren, müssen etliche Sicherheitsfunktionen implementiert und viele aufwendige Untersuchungen angestellt werden. Es verbleibt selbst nach ausführlichen Analysen und hohem Aufwand in Entwicklung und Verifikation ein Unsicherheitsfaktor innerhalb dieser Funktion. Vor allem der erlaubte PMFH Wert stellt eine große Herausforderung für das Erreichen eines ASIL B oder C dar. Das Erreichen eines ASIL D scheint mit den oben genannten zu erreichenden PMFH Werten nicht möglich.

5. Niedrige EMK durch hohes Reluktanzmoment

In diesem Kapitel wird darauf eingegangen, inwiefern ein Motordesign mit niedriger EMK das Bremsmoment verringert und einen AKS überflüssig machen kann.

Die Funktionsweise vom PMSM ist hinlänglich bekannt. Der Rotorfluss durch die Permanentmagneten in Verbindung mit dem Statorfluss erzeugt das gewünschte Drehmoment. Der Rotorfluss kann im Leerlauf als induzierte Spannung (Gegen-EMK oder kurz EMK) an den Statorklemmen gemessen werden. Das Drehmoment ergibt sich zu:

$$M = 3p\frac{EMK}{\omega}I_1 \sin\beta ,$$

mit Polpaarzahl p, Drehfrequenz ω, Effektivwert des Phasenstroms I_1 und dem Stromwinkel β. Ohne feldschwächende Komponente ergibt sich:

$$M = \frac{3}{2}p\psi_M i_q$$

mit

$$\psi_M = \frac{\sqrt{2}EMK}{\omega} \text{ und } i_q = \sqrt{2}I_1 \sin\beta .$$

Die Performance des Motors hängt ausschließlich von der Lorentzkraft ab. Dies bedeutet für einen gegebenen Maximalstrom I_1 kann das Drehmoment lediglich durch eine Variation der EMK verändert werden. Dies geschieht durch Parametervariation der Motorgeometrien oder in der Veränderung der Materialien des elektromagnetischen Kreises.

Wie Asynchronmotoren erzeugen synchrone Reluktanzmotoren (SRM) ohne eine statorseitige Magnetisierung keine elektromotorische Kraft. Das Drehmoment des synchronen Reluktanzmotors wird durch eine gezielte Ausnutzung von magnetischen Leitwerten gebildet. Die „Lufttaschen" im Rotorblechschnitt wirken für den Magnetischen Fluss wie Sperren. Daher spricht man auch von Flussbarrieren. In dieser Richtung sieht der Fluss wenig „Eisen", was zu einer niedrigen Längsinduktivität führt, vgl. Bild [5].

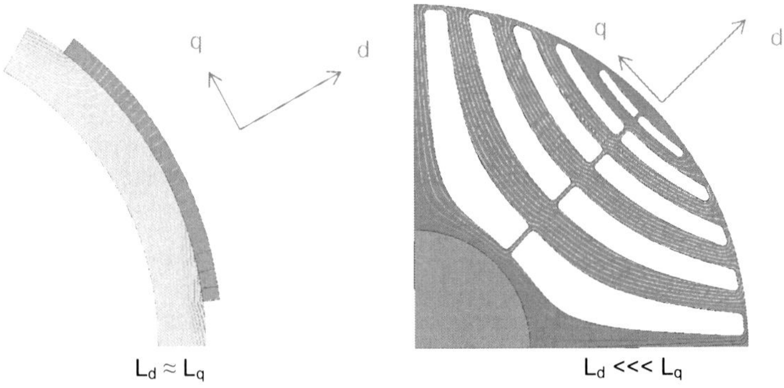

Bild [5]: Links ein Rotor mit außenliegenden Magneten (APM), rechts das Prinzipbild Rotor eines Synchronen Reluktanzmotor (SRM)

Die Drehmomentgleichung für synchrone Reluktanzmotoren, stellt sich folgendermaßen dar:

$$M = \frac{3}{2} p(L_d - L_q) i_d i_q.$$

Der Achenbezug ist hier Analog zur Flussrichtung der Magnete gelegt, wenn gleich die Achsenzuordnung in der klassischen Beschreibung der synchronen Reluktanz maschine genau umgekehrt beschrieben werden.

Durch die gezielte Kombination aus synchronem Reluktanzmotor und permanenterregtem Motor (Bild [6]) bekommt der Entwickler einen zusätzlichen Freiheitsgrad, ohne die induzierte Spannung im Vergleich zur APM zu vergrößern.

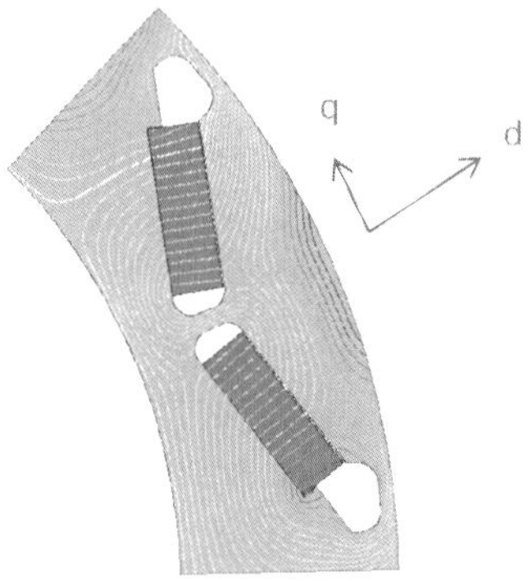

Bild [6]: Rotor mit innenliegenden Magneten (IPM): $L_d < L_q$

Das Drehmoment ergibt sich nun zu:

$$M = \frac{3}{2} p(\psi_M i_q + (L_d - L_q) i_d i_q)$$

mit

$$i_q = \sqrt{2} I_1 \sin\beta \text{ und } i_d = \sqrt{2} I_1 \cos\beta.$$

Als Flussverkettung dargestellt ergibt sich:

$$M = \frac{3}{2} p(\psi_d i_q - \psi_q i_d).$$

Da bei gleichem Magnetmaterialeinsatz ein gewisser Prozentsatz des Magnetflusses als Streuverluste über die Stege um die Magnettaschen kurzgeschlossen wird, ist der typische Drehmomentverlauf M (I_1) im Vergleich zur APM bei kleinem bis mittlerem Statorfluss flacher. Gleichzeitig ist das Moment bei höheren Stromwerten erhöht, vgl. Bild [7].

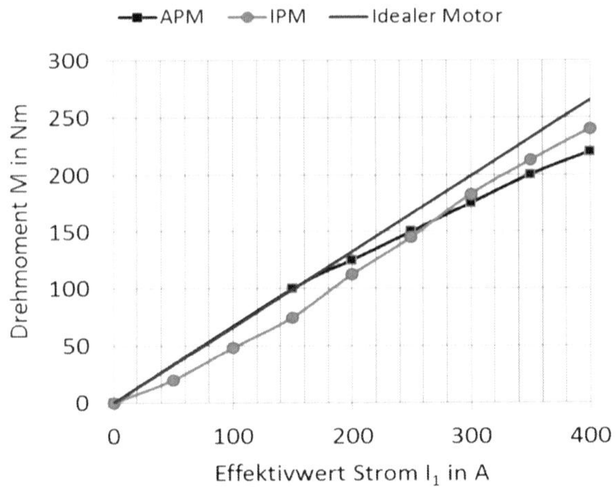

Bild [7]: Drehmomentverlauf M(I_1)

Da das Reluktanzmoment im Allgemeinen mit I^2 steigt, profitiert dieses Motordesign von kurzzeitiger starker Überlast, wie es bei Beschleunigungsvorgängen im Straßenverkehr der Fall ist. Beide Motorvarianten können nicht die Linearität des „perfekten Motor" abbilden. Der Grund hierfür liegt in dem Sättigungsverhalten des Elektroblechs.

Ein Vergleich der Gegen-EMK beider Motoren zeigt deutlich den Vorteil der IPM Topologie, vgl. Bild [8]. Ein typischer Umrichter mit 600 V IGBT Modulen kann dieser Spannung bis zur Maximaldrehzahl standhalten. Mit der niedrigeren EMK ergeben sich nun auch deutliche Vorteile beim Bremsmoment.

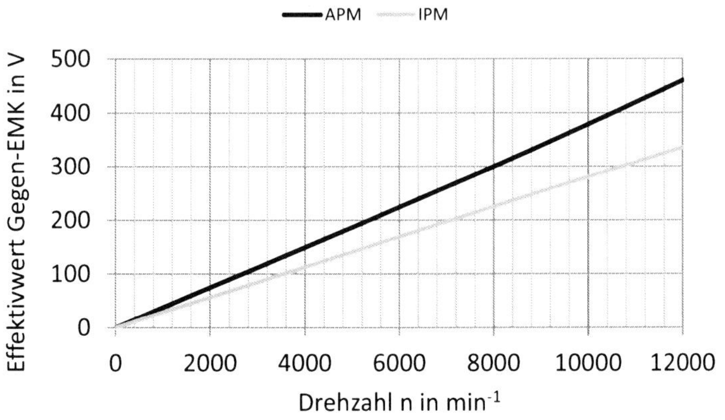

Bild [8]: Vergleich EMK IPM und APM

Unter den gleichen Randbedingungen wie bei dem Referenzdesign mit außenliegenden Magneten ergibt sich nun das Bremsmoment in Bild [9]. Hier liegt man bei einer angenommen Übersetzung von 1:9 und einer Motordrehzahl von 10000 rpm lediglich bei Achsmomenten von ca. 180 Nm. Natürlich kann das Gesamtsystem je nach Anwendungsfall weiter optimiert werden: Veränderung der Spannungslage der Batterie durch andere Zellenzahl, Chemie oder Betriebstrategie, anderer Motorauslegung mit höheren Phasenströmen, Ergänzung des Systems durch einen AKS mit ASIL A etc.

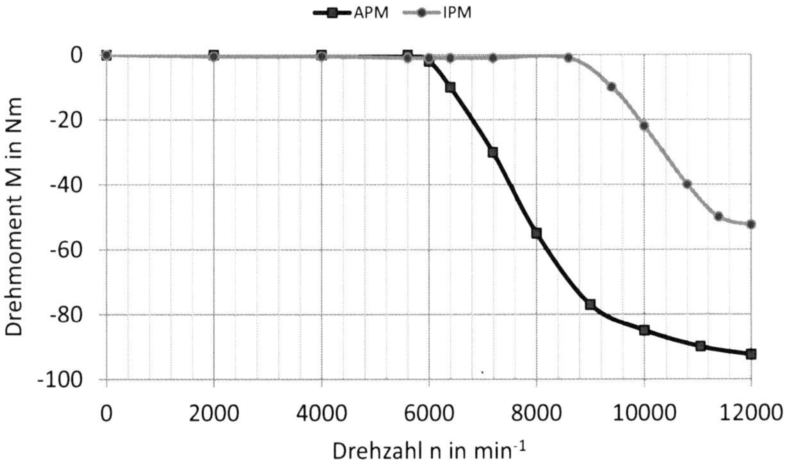

Bild [9]: Bremsmomente im Falle unkontrollierter Rückspeisung in einem typischen System mit einem IPM und APM

Nun soll auf die Regelung einer Maschine mit niedriger EMK eingegangen werden. Dazu zunächst einige vorbereitende Bemerkungen. Da der optimale Lastpunkt des

IPM sehr stark abhängig vom Stromwinkel β ist, müssen in der Auslegung die Flussverkettungen $\psi_d(i_d,i_q)$ und $\psi_q(i_d,i_q)$ bestimmt werden um einen Einblick über das Leistungsvermögen des Motordesigns zu erlangen, siehe Bild [10].

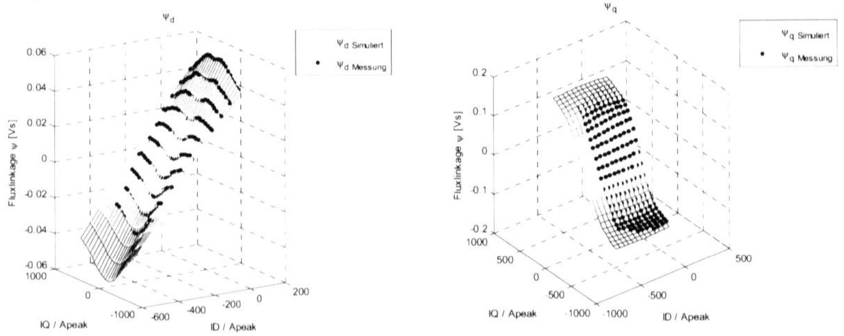

Bild [10]: Flussverkettungskennfelder $\psi_d(i_d,i_q)$ und $\psi_q(i_d,i_q)$

Mittels dieser Daten lässt sich das Betriebskennfeld für den Stromwinkel β in Abhängigkeit von der Zwischenkreisspannung erzeugen.

6. Regelung von Maschinen mit niedriger EMK

Bild [11] gibt einen Überblick über die Struktur der Regelung.

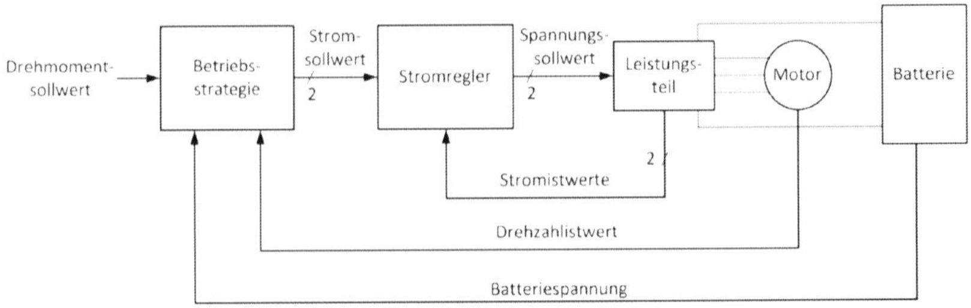

Bild [11]: Struktur der Regelung

Das von der übergeordneten Fahrzeugsteuerung angeforderte Drehmoment geht zunächst als Drehmomentsollwert an den Block „Betriebsstrategie". Bei konventionellen Motoren mit hoher EMK und geringem Reluktanzmoment ist die Betriebsstrategie relativ einfach: Die q-Komponente des Stromsollwertes wird über eine Kennlinie aus dem Drehmomentsollwert bestimmt. Die d-Komponente des Stromsollwertes ergibt sich über eine Feldschwächkennlinie aus Drehzahl und Batteriespannung.
Bei dem auf niedrige EMK optimierten Motor mit hohem Reluktanzmoment muss in jedem Betriebspunkt eine optimale Kombination beider Stromkomponenten eingesetzt werden, so dass sich entsprechend der Gleichung

$$M = \frac{3}{2} p \left[\psi_M - \left(\overline{L}_q(i_d,i_q) - \overline{L}_d(i_d,i_q) \right) i_d \right] i_q$$

das angeforderte Drehmoment ergibt. Dabei hängt das Optimum nicht nur vom angeforderten Drehmoment, sondern auch von der Drehzahl und der Batteriespannung ab. In der Betriebsstrategie werden die im vorigen Abschnitt erwähnten optimalen Stromwinkel realisiert.

Der zweite wesentliche Block der Regelung ist der Stromregler. Dieser muss die Spannung so stellen, dass in allen Betriebspunkten genau der angeforderte Strom fließt und möglichst geringe Oberschwingungen auftreten. Dies erfordert eine Stabilitätsbetrachtung über den gesamten Betriebsbereich.

Für die Stabilität des Stromregelkreises ist das dynamische Verhalten des Motors im Kleinsignalbereich ausschlaggebend. Dieses wird durch folgende Gleichungen beschrieben:

$$u_d = R\,i_d + \tilde{L}_d(i_d,i_q)\frac{d}{dt}i_d + \tilde{L}_{dq}(i_d,i_q)\frac{d}{dt}i_q - \omega\overline{L}_q(i_d,i_q)i_q$$

$$u_q = R\,i_q + \tilde{L}_q(i_d,i_q)\frac{d}{dt}i_q + \tilde{L}_{qd}(i_d,i_q)\frac{d}{dt}i_d + \omega\left(\psi_M(i_q) + \overline{L}_d(i_d,i_q)\,i_d\right)$$

Die Gleichungen enthalten neben den bereits bei der Drehmomenterzeugung betrachteten mittleren Induktivitäten $\overline{L}$ auch die differentiellen Induktivitäten $\tilde{L}$, die sich aus den partiellen Ableitungen des Flusses nach dem Strom ergeben:

$$\tilde{L}_d(i_d,i_q) = \frac{d}{di_d}\psi_d(i_d,i_q)$$

$$\tilde{L}_q(i_d,i_q) = \frac{d}{di_q}\psi_q(i_d,i_q)$$

$$\tilde{L}_{dq}(i_d,i_q) = \frac{d}{di_q}\psi_d(i_d,i_q)$$

$$\tilde{L}_{qd}(i_d,i_q) = \frac{d}{di_d}\psi_q(i_d,i_q)$$

Diese differentiellen Induktivitäten bestimmen, wie schnell der Strom bei einer angelegten Spannung ansteigt. Sie sind somit ausschlaggebend für die Stabilität des Regelkreises. Bild [12] zeigt links $\tilde{L}_d$ und rechts $\tilde{L}_q$ über den gesamten Betriebsbereich.

Die Bilder zeigen, dass sich die differentiellen Induktivitäten über dem Betriebsbereich sehr stark ändern. Insbesondere treten bei hohen Strömen extrem niedrige Induktivitäten auf, d.h. der Strom steigt extrem schnell an. Dies ist insbesondere bei plötzlichen Drehmomentanforderungen kritisch: Um ein dynamisches Fahrverhalten sicherzustellen, muss der Regler den neuen Betriebspunkt mit hohem Strom schnell anfahren. Trotz der dabei steil zurückgehenden Induktivität darf dies nicht zu einem Überschwingen im Strom führen, da sonst eine Abschaltung wegen Überstrom (Schutz des Inverters) auftreten würde.

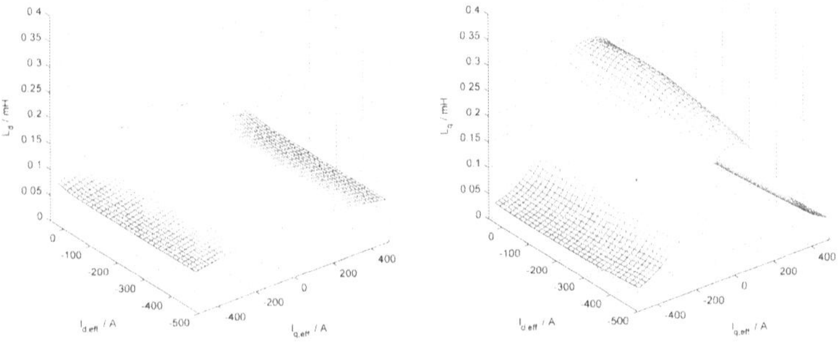

Bild [12]: Betriebspunktabhängigkeit der differentiellen Induktivitäten

Daher muss im Stromregler eine sehr schnelle Adaption der Reglerverstärkungen an den Betriebspunkt realisiert werden, um auch bei hochdynamischen Beschleunigungen einen zuverlässigen Betrieb mit Einhaltung der Stromgrenzen des Inverters sicherzustellen.

Der Regelkreis schließt sich über das Leistungsteil des Inverters, das insbesondere in den Betriebspunkten mit niedriger Induktivität eine besonders verzerrungsarme Spannung realisieren und oberschwingungsfreie Stromistwerte liefern muss.

7. Einbindung der Batterie in das Sicherheitskonzept

Das ungewollte Bremsmoment bei einem PMSM tritt natürlich nur dann auf, wenn ein Energiespeicher die Energie aufnehmen kann. Daher liegt es nahe, die Batterieschütze in das Sicherheitskonzept aufzunehmen und diese zu öffnen um einen sicheren Zustand zu erreichen. Natürlich muss auch hier die Gegen-EMK gewisse Grenzen einhalten, d.h. es dürfen keine mit dem Zwischenkreis verbundenen Komponenten zerstört werden. Für den Fall, dass die Gegen-EMK niedrig genug ist, um keine Komponenten zu zerstören aber zu hoch, um einen sicheren Zustand mit ausreichend niedrigem Bremsmoment zu realisieren, ist das in der Tat eine Möglichkeit. Allerdings erhöht sich dann der Aufwand im Gesamtsystem, weil eine weitere sichere Kommunikation notwendig ist, und die Batterie das Öffnen der Batterieschütze sicher und vor allem schnell genug ausführen können und muss. Dies ist bei Batterieschützen nicht ohne weiteres gegeben, zumal das Öffnen der Schütze unter Last die Lebensdauer der Schütze stark reduzieren kann. Es ist daher aus architekturellen Gründen sicherlich erstrebenswert, den sicheren Zustand schon im Antriebsystem realisieren zu können und nicht erst mit Zusatzaufwand eine Systemebene über dem Antriebssystem.

8. Zusammenfassung

Der permanenterregte Synchronmotor ist nach wie vor die beste Wahl wenn es um Performance geht. Prinzipbedingt ergibt sich aber das Problem der Gegen-EMK, d.h. dass ein sich drehender Motor immer eine Spannung erzeugt, die im Fehlerfall (z.B. bei Ausfall der Regelung) gefährlich werden kann. Einerseits kann diese Spannung bei hohen Drehzahlen die mit der Maschine verbundenen Komponenten zerstören, andererseits kann diese Spannung in Kombination mit einem Energiespeicher zu einem fahrdynamisch kritischen Bremsmoment durch unkontrollierte Rückspeisung in den Energiespeicher kommen. Üblicherweise wird dieses Problem durch einen aktiven Kurzschluss der Motorphasen gelöst. Es wurde aber in diesem Artikel gezeigt, dass es zumindest fragwürdig ist, ob dieser mit den vorhanden IGBT's eines Umrichters mit ASIL C oder sogar ASIL D erreicht werden kann. In diesem Artikel wurde deshalb dargelegt, dass ein geschicktes Systemdesign einen AKS mit so hohem Sicherheitslevel überflüssig macht: Durch die Wahl eines Motors mit niedriger Gegen-EMK und hohem Reluktanzmoment kann auch eine Pulssperre des Inverters einen sicheren Zustand darstellen. Die Regelung einer solchen Maschine ist allerdings schwer zu beherrschen und erfordert eine sehr detailliert ausgearbeitete Regelung mit genauer Beachtung der Induktivitäten des Motors. Wird allerdings die Regelung beherrscht, ist die Realisierung eines sicheren Zustandes mit dem PMSM mit der gleichen Hardware erreichbar wie beim Asynchronmotor. Diese Form der Architektur wurde erfolgreich von der Siemens AG für den Antrieb des Exagon Furtive-eGT entwickelt, vgl. [4, 5].

Literatur

[1] Feustel, J.; Lang, S.; Hand, M.: Der Supersportwagen SLS AMG Electric Drive, ATZ, 01/2013, 115. Jahrgang

[2] Kock, A.: Fehlertolerante Antriebstopologien zur Verbesserung der funktionalen Sicherheit elektrischer Traktionsantriebe. Fachtagung: Funktionale Sicherheit elektrischer Fahrzeugantriebe, Fraunhofer IFAM, März 2013

[3] Krone, T.: Fehlererkennung und Fehlerbehandlung im Leistungsteil. Fachtagung: Funktionale Sicherheit elektrischer Fahrzeugantriebe, Fraunhofer IFAM, März 2013

[4] Marchetti, L.; Moser, T.; Wagner, F.X.: Exagon Furtive – eGT Sportstourer mit E – Antrieb, ATZ, 09/2013, 115. Jahrgang

[5] Moser, T.; Wagner, F.X.; van Riesen, D.: Elektromotorentechnik in einer High – Performance – Anwendung, MTZ, 10/2013, 74. Jahrgang

[6] Oelkers, F.: Fehlererkennung mittels modellbasierter Verfahren. Fachtagung: Funktionale Sicherheit elektrischer Fahrzeugantriebe, Fraunhofer IFAM, März 2013

[7] Paul, S.; Cebulski, B.: Entwurf einer PSM mit gutem Kurzschlussverhalten, in: Schäfer, H.; Brill, U.: Trends in der elektrischen Antriebstechnologie für Hybrid- und Elektrofahrzeuge, Haus der Technik Fachbuch Band 121, 2012

[8] Wagner, B; Haala, O.; März, M.; Hofmann, M.: Die fremderregte Synchronmaschine als Traktionsantrieb. Elektromobilitätsausstellung und Fachtagung zum Thema Elektromobilität, Vorträge der ETG-Fachtagung, September 2012

13B ISO 26262 in der Getriebeentwicklung von Hybrid- und E-Fahrzeugen

Christoph Stifter

Abstract

Since November 2011 the ISO 26262 has come into force for vehicles less than 3.5 tonnes. This new standard has an impact on the system architecture, the hardware and also the software especially for hybrid and electric vehicles.
Specifically the transmission plays an important role in this context because it provides the link between the drive train including combustion engine and the electric drive.
The coupling of the electric motor in the event of a fault has often a high integrity classification (ASIL C - ASIL D) and therefore deserves special attention.
The presentation will give an overview of the ISO 26262 in the transmission development of hybrid and electric vehicles.

Kurzfassung

Seit November 2011 ist für Fahrzeuge unter 3,5 Tonnen die ISO 26262 in Kraft. Dieser neue Standard hat Auswirkungen auf die System-Architektur, die Hardware wie auch die Software besonders von Hybrid- und E-Fahrzeugen.
Speziell das Getriebe nimmt in diesem Zusammenhang eine wichtige Rolle ein, da es das Bindeglied zwischen Antriebsstrang inklusive Verbrennungsmotor und E-Antrieb bildet.
Die Kopplung der E-Maschine im Fehlerfall ist dabei oft mit einer hohen Integrität eingestuft (ASIL C – ASIL D) und verdient daher eine besondere Beachtung.
Der Vortrag soll einen Überblick über die ISO 26262 in der Getriebeentwicklung von Hybrid- und E-Fahrzeugen geben.

1. Einleitung

Der Tagungsbeitrag gibt einen Überblick über die Anwendung der ISO 26262 im Getriebebereich bei Hybrid- und E-Fahrzeugen. Der Fokus liegt dabei auf Kopplungsgetriebe von Hybridfahrzeugen. Auf typische Probleme, welche sich dabei in der Praxis ergeben, wird ebenso hingewiesen.

Als Referenzgetriebe-System wird ein mehrstufiges Klauenschaltgetriebe[1] herangezogen, an dem die einzelnen Aspekte näher erläutert werden.
Nach einer allgemeinen Übersicht über die Norm wird anhand des Referenzsystems die ISO26262-Thematik näher beschrieben.

Zum Abschluss wird anhand eines repräsentativen Beispiels auf die Anwendung im Hybrid- und E-Fahrzeugen näher eingegangen.

2. Die ISO 26262

Seit einigen Jahren ist die ISO 26262, welche die funktionale Sicherheit behandelt, allgegenwärtig.
Seit 14.November 2011 ist die Norm mittlerweile offiziell veröffentlicht und ist somit als aktuellen Stand der Technik anzusehen.
Sie löst damit die alte Norm IEC 61508 ab und bildet eine Unternorm dieses Standards, welche auf die Bedürfnisse der Automobilindustrie näher eingeht.

Der Fokus wird dabei auf die Serienentwicklung von Fahrzeugen unter 3500 kg Gesamtgewicht gelegt und umfasst das ganze E/E-Spektrum.
In diesem Zusammenhang sind natürlich auch Hybrid- und E-Fahrzeuge mit den dazugehörigen Komponenten eingeschlossen.

2.1 ISO 26262 im Vergleich zu üblichen Qualitätsmethoden

Vergleicht man die ISO 26262 mit anderen Standards der Qualitätssicherung in der Produktentstehung, und insbesondere der Softwareerstellung im automobilen Bereich, sind die Parallelen zum herkömmlichen V-Modell schnell offensichtlich. Das Vorgehen, wie es in CMMI oder Automotive SPICE beschrieben wird, unterstützt Firmen seit Jahren dabei, die Risiken in der Entwicklung zu minimieren.
Bei diesen Modellen lässt sich das Risiko, je nach Verwendung der Methoden, nur bis zu einer gewissen Schwelle beherrschen.
An diesem Punkt kommt die funktionale Sicherheit ins Spiel, welche als eigenes V-Modell die Toleranzgrenze weiter senkt. Um dies zu gewährleisten, werden konkrete Methoden empfohlen und vorgeschrieben.
Das folgende Bild (Bild 1) soll erläutern, welchen Stellenwert die ISO 26262 im Vergleich zu anderen Qualitätsmethoden einnimmt.

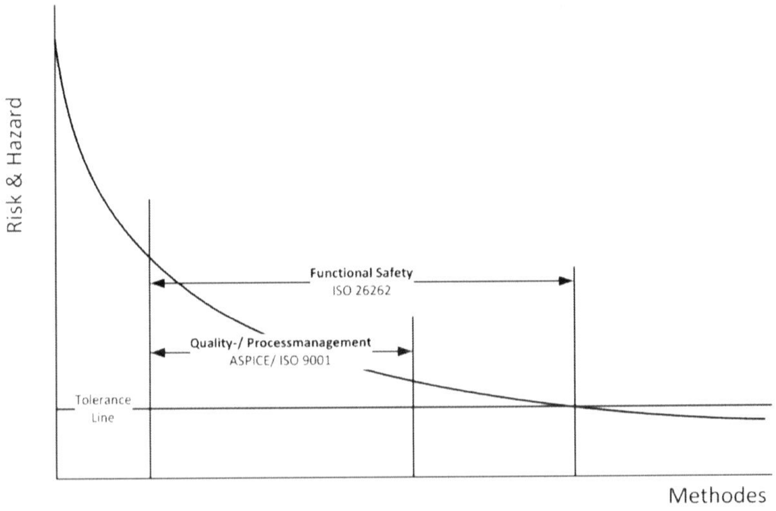

Bild 1: Qualitätsmodelle im Vergleich [2]

Wie schon erwähnt, ist in der oben dargestellten Abbildung das Verhältnis von Risiken und Gefährdung zu den angewandten Methoden dargestellt. Die angestrebte Toleranzlinie gibt das tolerierte Restrisiko an und ist dabei nur durch die ISO26262 zu erreichen, wobei der Unterschied zwischen den üblichen Qualitätsmethoden deutlich wird.

2.2 Überblick über die ISO 26262

In Bild 2 wird der Ablauf eines typischen Sicherheitszyklus näher beschrieben. Die Grafik stellt dabei die einzelnen Prozessschritte in einem üblichen Entwicklungsprozess dar.

Anzumerken ist, dass oft schon in der Initial Phase die Weichen für eine erfolgreiche und reibungslose Umsetzung der funktionalen Sicherheit gestellt werden.
Dabei ist es ratsam die Verantwortlichkeiten wie auch die Zuständigkeiten klar zu definieren. Ebenso erleichtert eine klare Festlegung der Schnittstellen die weitere Arbeit in hohem Maße. Dies umfasst dabei nicht nur technische Anknüpfungspunkte, sondern ebenso Kommunikationsschnittstellen zwischen den Partnern.
Besonders im komplexen Hybrid – und Elektrobereich, wo viele Komponenten aber auch Experten unterschiedlicher Fachrichtungen zusammenspielen, ist eine klare Aufgabenverteilung von Vorteil.

Eine weitere Schwierigkeit ergibt sich auch aus dem Umstand, dass bei innovativen und oft neu entwickelten Technologien zu den hohen Entwicklungsanforderungen, die funktionale Sicherheit noch eine zusätzliche Herausforderung darstellt.
Bei etablierten Systemen sind meist die sicherheitsrelevanten „Knackpunkte" schon bestens bekannt, was die Betrachtung beziehungsweise Umsetzung wesentlich vereinfacht.

Bild 2: ISO 26262 Übersicht

Bewährt hat sich auch die Einbindung der einzelnen Verantwortlichen für die Komponenten in einem frühen Stadium. Damit können von Anfang an möglichst viele Aspekte in die Diskussion, Analysen und Lösungsfindung einfließen. Bei möglichen Problemen oder Änderungen der Anforderungen kann bei einer engen Zusammenarbeit auch rascher reagiert werden.

Wird zum Beispiel der Einbau eines zusätzlichen Sensors notwendig, sind in der Regel weitere Anpassungen in mehreren Bereichen nötig. Da dies automatisch mit zusätzlichem Aufwand und Kosten verbunden ist, sollten solche Themen früh erkannt und gelöst werden.

3 Getriebe im ISO 26262 Umfeld

Bei Hybridfahrzeugen beziehungsweise E-Fahrzeugen bildet oft ein einfaches Getriebe die Schnittstelle zwischen E-Maschine und der Achse und damit die Verbindung zur Straße.

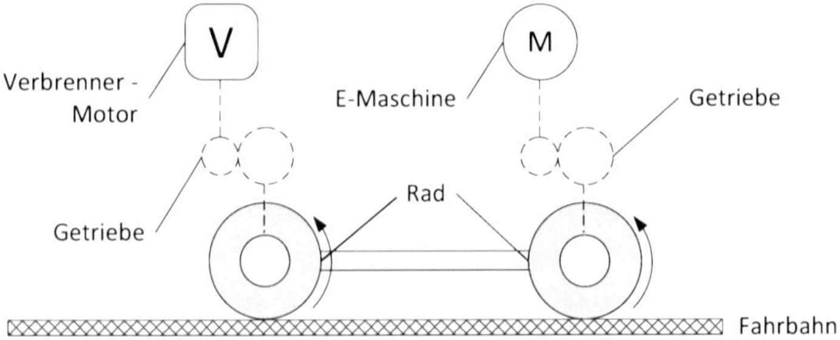

Bild 3: Getriebekonzept

Je nach Antriebskonzept ist es aus sicherheitstechnischer Betrachtung notwendig die E-Maschine abzukoppeln beziehungsweise die Drehzahl am Getriebe zu verringern, um eine Überdrehzahl mit anschließendem Blockieren der E-Maschine zu verhindern.
Dieser Fehlerfall wird, zum Beispiel, durch zu hohe Fliehkräfte am Anker hervorgerufen und verursacht somit einen gefährlichen Zustand der zur plötzlichen Beeinflussung des Fahrverhaltens führen kann. (Blockieren der Räder)

Generell entstehen die hohen Drehzahlen an der E-Maschine durch Konzepte, welche eine zusätzliche Verbrennungsmaschine zum Vortrieb verwenden. Durch diese wird über die angetriebenen Räder die verbundene E-Maschine mit gedreht (Achs-Hybrid).

Deshalb muss besonders der Fahrzeuggeschwindigkeit eine besondere Beachtung geschenkt werden. Aus diesem Aspekt heraus ergibt sich eine der wesentlichen Safety Goals und zwar, dass die Koppelung mit einer E-Maschine bei höheren Fahrzeuggeschwindigkeiten verhindert werden muss.
Auf die Safety Goals, welche die Sicherheitsziele auf höchster Ebene beschreiben, wird im weiteren Verlauf noch eingegangen.

Ein solches System ist meist mit einem konventionellen Getriebe und Motor ausgestattet. Je nach Anforderung und daraus resultierendem Konzept kommt dann oft ein 1- oder 2-gängiges Getriebe zum Einsatz.
Dies ist sowohl abhängig vom benötigten Anfahrmoment, wie auch von der Höchstgeschwindigkeit und vor allem davon, ob die E-Maschine auch bei höheren Drehzahlen beziehungsweise Geschwindigkeiten noch zur Verwendung kommt.

Das Stichwort in diesem Zusammenhang heißt „Boosten“. Darunter versteht man den gezielten Einsatz der E-Maschine zur Leistungserhöhung. In Fahrstrategien wird dies zum Beispiel bei Beschleunigungsvorgängen eingesetzt, um ein Leistungsplus zu generieren.

Das folgende Bild 4 zeigt eine schematische Darstellung eines solchen Systems in dem die einzelnen Komponenten dargestellt werden. Es sind sowohl mechanische wie auch E/E-Komponenten eingezeichnet.

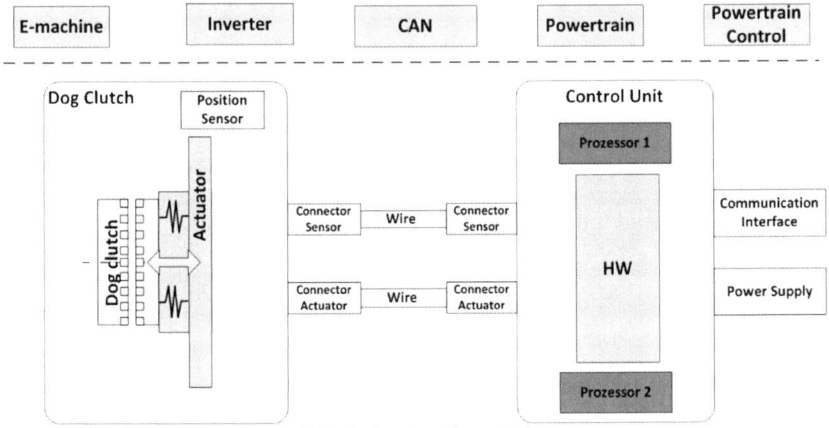

Bild 4: Systemübersicht

Oberhalb der gestrichelten Linie sind die Komponenten eingezeichnet mit denen das System Anknüpfungspunkte aufweist. Diese können sowohl mechanische, wie auch elektrisch sein. Das eigentliche Getriebesystem ist darunter dargestellt, wobei die 2 Prozessoren auf eine höhere ASIL-Vorbereitung hinweisen.
Der „Automotive Safety Integrity Level (ASIL)" ist dabei ein Maß für die Sicherheitsrelevanz einer Fehlfunktion und das Ergebnis einer Risikobewertung.

3.1 Mechanik

Grundsätzlich gibt es unterschiedliche Ausführungen dieser Getriebe, wobei sich dabei eine Verwendung von Klauen zum Schalten bewährt hat.

Eigenschaften der Klaue im Überblick:
Vorteile der Klaue:
- Bei geschlossener Klaue kraftschlüssig
- Bei offener Klaue sehr geringe Schleppmomente
- Kompakte Bauweise

Nachteile der Klaue:
- Nur „digitales" schalten möglich

Der Umstand, dass die Klaue nur digital zu schalten ist hat auch für die funktionale Sicherheit eine große Bedeutung, da das Betätigen nicht zwangsweise in jedem Betriebszustand möglich sein muss. Die Klaue muss zum Schalten unter einer definierten Momentenschwelle sein, was jedoch beim Fehlerfall selten zutreffen wird.
Darum muss auf diesen Umstand beim Entwickeln der Sicherheitsstrategie (Funktionales Sicherheitskonzept) geachtet und in den Überlegungen berücksichtigt werden.

Besonders beim Festlegen des Safe States, welcher den sicheren Zustand des Systems definiert, ist in diesem Zusammenhang immer darauf zu achten, ob das Ein- bzw. Auslegen der Klaue auch möglich ist.
Grundsätzlich umfasst die funktionale Sicherheit alle E/E-Komponenten. Wird jedoch ein mechanisch kritischer Fehler durch E/E-Maßnahmen verhindert, gilt die für diesen Fehlerfall festgelegte ASIL Einstufung.

3.2 E/E-Aufbau

In Bild 4 ist ein typischer E/E-Aufbau eines solchen Getriebes dargestellt.
Besondere Aufmerksamkeit ist dabei auf die Schnittstellen zu legen, die je nach Sicherheitskonzept auch mit höheren Integritätslevel (ASIL) eingestuft, beziehungsweise gefordert sind.
Die Klauenposition beziehungsweise die Ganginformation werden oft mit höherer Integrität zur Verfügung gestellt, da Komponenten wie die Fahrstrategie für die Umsetzung der funktionalen Strategie diese benötigen.
Ein besonders wichtiger Faktor ist dabei auch die Schnittstelle zwischen E-Maschine, Fahrzeuggeschwindigkeit und Getriebe, da diese Informationen direkten Einfluss auf die schon erwähnten Safety Goals haben.

3.2.1 Hardwarekomponenten

Bei den E/E-Hardwarekomponenten, wie auch bei der Festlegung des Steuergeräts (Control Unit) müssen von Anfang an die Anforderungen klar definiert sein. Eine spätere Änderung ist meist mit hohen Kosten verbunden. Das betrifft vor allem den Sprung zwischen C/D – ASIL, der oft zu einem zusätzlichen Prozessor führt.

Eine zielführende und gut überlegte Dekomposition, welche die Aufteilung von einzelnen Einheiten mit hohen ASIL auf kleinere Einheit mit kleineren ASIL darstellt, hilft ebenfalls die ASIL Anforderungen zu erreichen. Oft ist es dann auch mit überschaubarem Aufwand möglich ein bestehendes System diesbezüglich zu erweitern.

3.2.2 Softwarekomponenten

Bei der technischen Umsetzung der Software ist besonders auf die Softwareebenen (Softwarearchitektur) und auf die mögliche Aufteilung auf mehrere Prozessoren zu achten.
Dabei müssen die Prozessoren nicht unbedingt auf einem Steuergerät vorhanden sein sondern können auch auf unterschiedlichen Geräten laufen.
Bewährt hat sich in diesem Zusammenhang das 3-Ebenenkonzept, welches sich als Standard für solche Anwendungen etabliert hat.
Da, wie in Band 6 der ISO 26262 –Norm beschrieben, einige zusätzliche Methoden und Mehraufwand für sicherheitsrelevante Teile gegeben sind, sollte auf eine klare Trennung von „normaler" Funktion und sicherheitsrelevanter Funktion geachtet werden.
Manche Firmen haben dabei noch zusätzliche Anforderungen, welche bis zur Handcodierung anstatt Autocodierung reichen.
Eine weitere Herausforderung ist die Qualifizierung der Software (Band 8-11 der ISO 26262), welche noch teilweise schwer umsetzbar ist, da die Hersteller der Tools noch nicht alle ihre Produkte zertifiziert haben.

4 Anwendung der ISO 26262 bei mehrstufigen Klauenschaltgetrieben

Das nachfolgende Kapitel beschreibt Schritt für Schritt den Ablauf der Konzeptphase eines mehrstufigen Klauenschaltgetriebes.
Auf die technische Realisierung wird jedoch nicht eingegangen, da dies den Rahmen des Beitrags sprengen würde.
Das Sicherheitsmanagement (Band 2 der ISO 26262) wird vorausgesetzt und nicht expliziert behandelt.
Folgende Punkte der ISO26262 werden näher beschrieben:

- Item Definition
- Gefahren- und Risikoanalyse
- Funktionales Sicherheitskonzept

4.1 Betrachtungseinheit (Item) Definition

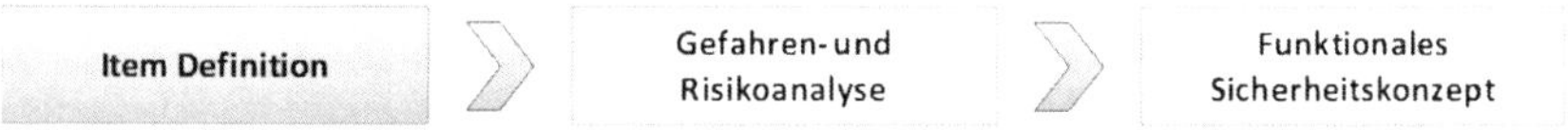

Als erstes wird das System (Betrachtungseinheit/ Item), welches betrachtet werden soll, definiert. Die Abgrenzung zu anderen Systemen muss dabei klar sein. Auch die verwendeten Komponenten, Funktionen und eine Systembeschreibung sind als Eingangsdokumente notwendig. Anhand dieser Informationen kann eine Definition erfolgen.

Das Bild 5 zeigt das System und gibt einen Überblick über das Item. Eine genauere Übersicht, beziehungsweise eine detailliertere Darstellung ist in Bild 4 im Kapitel 3 zu sehen.

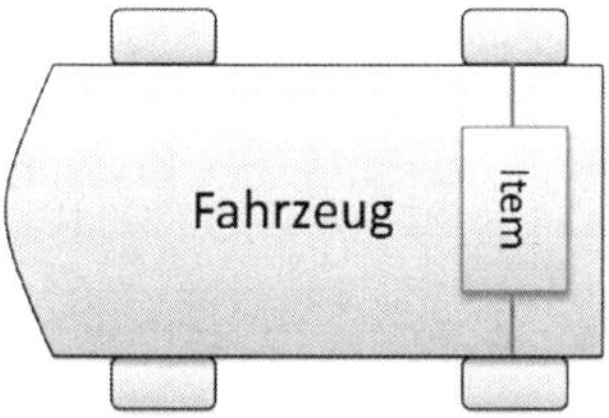

Bild 5: Systemübersicht

- Das Item ist an der Hinterachse
- Das Item bildet die Verbindung zwischen E-Maschine und Hinterachse
- Das Item koppelt/entkoppelt die E-Maschine und die Achse
- Das Item schaltet zwischen Neutral und 1.Gang
    - Neutral entspricht entkoppelt (Klaue offen/ Gang ausgelegt)
    - 1. Gang ist gekoppelt (Klaue geschlossen/ Gang eingelegt)
- Das Item ist elektrisch betätigt
- Das Item kommuniziert über CAN

4.2 Gefahrenanalyse & Risikobewertung

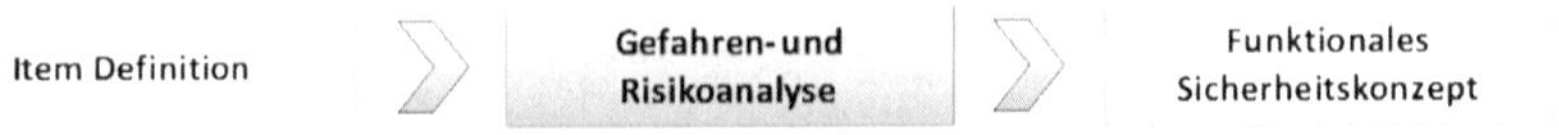

Das Ziel der Gefahrenanalyse und Risikobewertung (Hazard Analysis & Risk Assessment) ist das Erkennen potentieller Gefahren und das Klassifizieren anhand ASIL Levels.
Als Resultat erhält man die Safety Goals, die als Grundlage für die weiteren Schritte nötig sind.
Zu den Eingangsinformationen gehören:

- Die Definition des Anwendungsbereichs
- Liste bereits bekannter Gefährdungen
- Liste mit Betriebsbedingungen (Normalbetrieb, Wartungsbetrieb,etc.)
- Liste mit Einsatzbedingungen (Witterung, Fahrbedingungen, etc.)
- Katalog mit möglichen Fehlbedienungen

Aus den Eingangsdokumenten werden mögliche funktionale Fehler (beispielweise Blockieren von Rädern), ohne Analyse von Ursachen, ermittelt.
Unterstützt wird dieser Schritt durch Methoden wie:

- FMEA
- Checklisten
- Brainstorming

4.2.1 Ergebnis der Gefahrenanalyse

Fahrsituation:

- Fahren mit Geschwindigkeiten größer definierter Geschwindigkeits-Schwelle (Autobahn)

Fehlerursache:

- Fahren mit eingelegtem Gang größer definierter Geschwindigkeits-Schwelle

Fehlerauswirkung und mögliche Gefährdung:

- Überdrehzahl der E-Maschine und mögliches Blockieren

Anhand der Ergebnisse aus den Analysen wird im nächsten Schritt eine Risikobewertung, wie in der ISO 26262-3 beschrieben, durchgeführt.

4.2.2 Risikobewertung und Safety Goals

Class	S0	S1	S2	S3
Description	No injuries	Light and moderate injuries	Severe and life-threatening injuries (survival probable)	Life-threatening injuries (survival uncertain), fatal injuries

Class	E0	E1	E2	E3	E4
Description	Incredible	Very low probability	Low probability	Medium probability	High probability

Class	C0	C1	C2	C3
Description	Controllable in general	Simply controllable	Normally controllable	Difficult to control or uncontrollable

		C1	C2	C3
S1	E1	QM	QM	QM
	E2	QM	QM	QM
	E3	QM	QM	A
	E4	QM	A	B
S2	E1	QM	QM	QM
	E2	QM	QM	A
	E3	QM	A	B
	E4	A	B	C
S3	E1	QM	QM	A
	E2	QM	A	B
	E3	A	B	C
	E4	B	C	D

Bild 6: Risikobewertung [3]

Daraus ergibt sich das Safety Goal mit der ASIL - Einstufung:

Safety Goals	**SG-1:** Überdrehzahl der E-Maschine vermeiden	**ASIL**	C

4.3 Funktionales Sicherheitskonzept

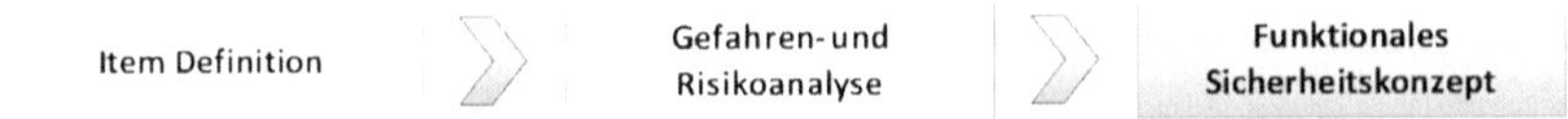

Es gibt unterschiedliche Methoden, die diesen Prozessschritt unterstützen. Eine davon ist die FTA (Fault Tree Analysis), welche in Bild 7 beispielhaft gezeigt wird. Aber auch die FMEA unterstützt diesen Schritt.

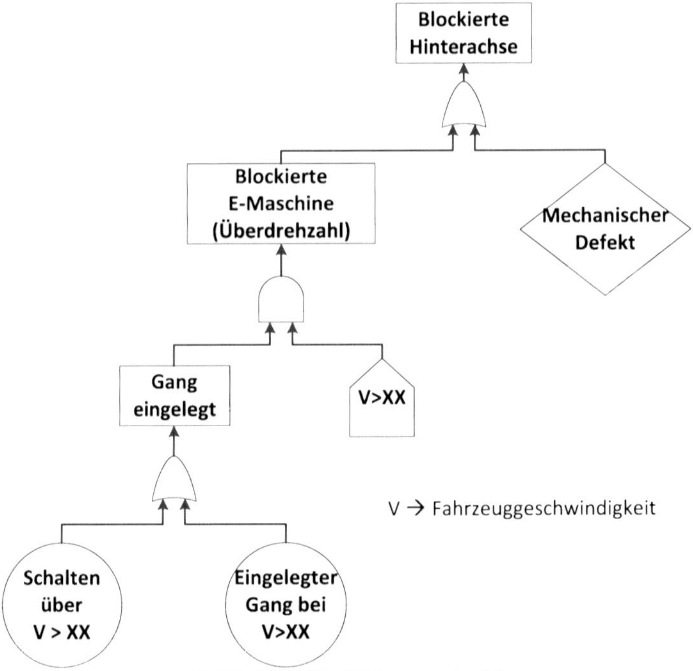

Bild 7: FTA (Fault Tree Analysis)

Wie man aus Bild 7 erkennen kann, besteht die Möglichkeit, dass ab einer definierten Geschwindigkeit des Fahrzeuges und bei eingelegtem Gang die E-Maschine blockiert.
Durch den Fehlerbaum kann man somit die Ursache für die Gefährdung nachvollziehen und dementsprechende Maßnahmen definieren.

Erkannte funktionale Sicherheitsanforderungen sind:

Funktionale Sicherheitsanforderungen	**FSA-1:** Eingelegten Gang, ab einer bestimmten Fahrzeuggeschwindigkeit, vermeiden **FSA-2:** Schalten auf den ersten Gang, ab einer bestimmten Fahrzeuggeschwindigkeit, vermeiden

4.3.1 *Funktionales Sicherheitskonzept und Dekomposition*

Aus den definierten Anforderungen wird nun im nächsten Schritt ein Sicherheitskonzept entwickelt. Auch die sicheren Zustände (Safe States), die für die weitere Bearbeitung ebenfalls wichtig sind, werden analysiert und dargestellt. Wird ein Safety Goal mit einem bestimmten ASIL eingestuft, erhalten die funktionalen Anforderungen dieselbe Klassifizierung. Die in Bild 8 angegebene Schwelle ist ein definierter Grenzwert, der durch Analysen, Simulationen oder Berechnungen bestimmt wird.

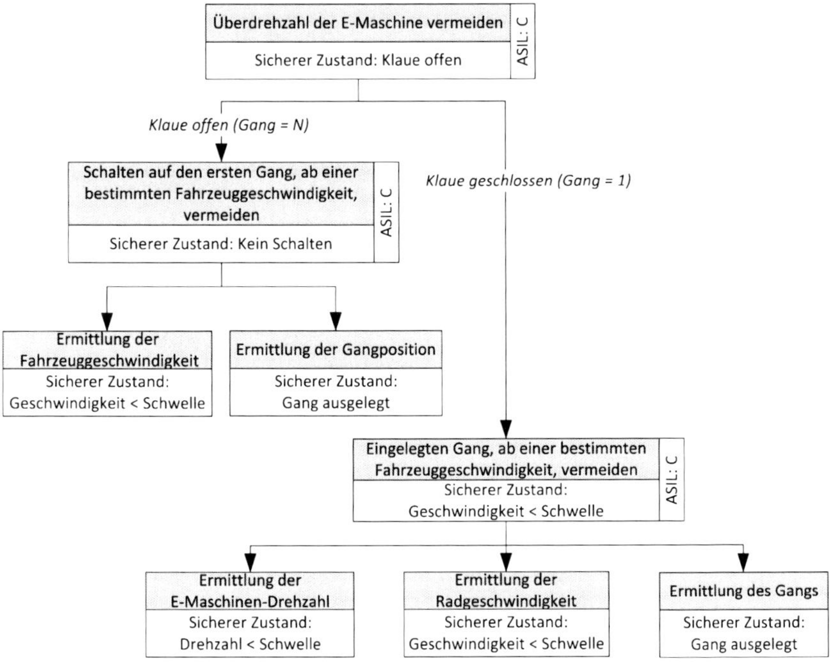

Bild 8: Sicherheitskonzept

Bild 8 zeigt auch die Dekomposition des Sicherheitskonzepts beziehungsweise der definierten funktionalen Sicherheitsanforderungen. Da die nötigen Funktionen nicht nur auf die Betrachtungseinheit (Item) sondern auch auf das übrige System Einfluss haben, macht eine Aufteilung zu diesem Zeitpunkt Sinn.
Da oft andere Items ebenfalls dieselben Funktionen benötigen, ist eine Diskussion auf dieser Ebene zielführend um eine gemeinsame Lösung zu finden.

FSA-1: Eingelegten Gang, ab einer bestimmten Fahrzeuggeschwindigkeit, vermeiden.

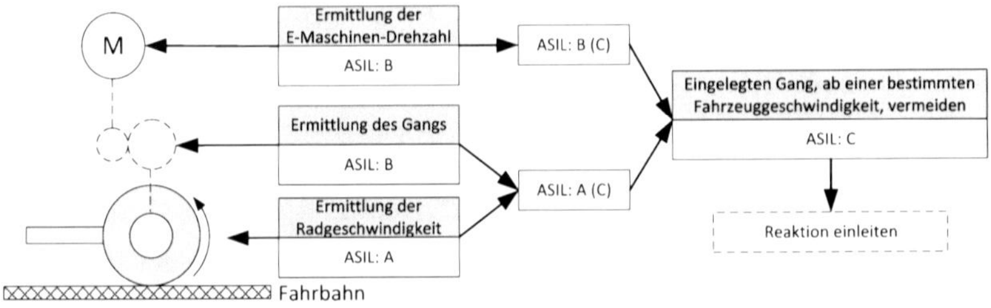

Bild 9: Dekomposition System

Auf der rechten Seite im Bild 9 ist die funktionale Anforderung und die Aufteilung der benötigten Eingangsgrößen auf die Systemelemente abgebildet. Im Item muss danach die Funktion zum Verhindern des gefährlichen Zustands umgesetzt werden.

Mit diesen Informationen wäre nun der nächste Schritt ein technisches Sicherheitskonzept nach ISO 26262 zu generieren, ein System Design zu entwerfen und danach die Lösung in Hardware und Software zu implementieren und zu verifizieren.

Dabei ist immer darauf zu achten, dass die Nachverfolgbarkeit, bis hin zu den Safety Goals, gewährleistet und dokumentiert ist.

Literatur / References

[1] Kern, Martin: Multiple gear dog clutch transmission control optimization using simulation and special control algorithms. Ort: VDI-Kongress „Getriebe in Fahrzeugen" 2013

[2] Hillenbrand, Martin: Funktionale Sicherheit nach ISO 26262
in der Konzeptphase der Entwicklung von Elektrik / Elektronik Architekturen
von Fahrzeugen. Ort: KIT Scientific Publishing 2012. pp. 11

[3] ISO: Road vehicles – Functional safety – concept phase. ISO/DIS 26262-3. Ort: ISO 2009. pp. 8-10

14B Standardisierung der Anforderungen an Hybrid-Antriebsstrang-Prüfstandsläufe zur kombinierten Absicherung der Zuverlässigkeit und der funktionalen Sicherheit – in Anlehnung an die ISO 26262

Detlev Richter, René Nast, Doris Wild

Kurzfassung

Die Hybridisierung des Antriebsstranges ermöglicht einzigartige Fahreigenschaften bei gleichzeitiger signifikanter Reduktion des Verbrauches. Diese Antriebsstrangvariante ist die bevorzugte Option die Emissionsziele für Fahrzeuge mit einer Gesamtmasse >1,2t zu erfüllen. Die Sicherheit eines modularen elektrischen Antriebskonzeptes wird von der Abdeckung der zu erwartenden Sicherheitsziele durch die gewählte Sicherheitsarchitektur bestimmt [1]. Die Auftrittswahrscheinlichkeit von Fehlern und die Belastung von Komponenten durch den temporär eingenommenen Sicheren Zustand von einzelnen Komponenten haben einen Einfluss auf die Auswahl und den Test der gewählten Sicherheitsarchitektur des gesamten Antriebsstranges.

Die Anforderung an die Absicherung der Hybrid-Antriebskonzepte sowohl aus Sicht der Zuverlässigkeit als auch der funktionalen Sicherheit werden mit dem Stand der Technik für Verbrennungskraftmaschinen (VKM) verglichen.

Eine Methodik zur Entwicklung kombinierter Prüfläufe in Anlehnung an die ISO 26262 wird diskutiert. Eine Kosten/Nutzen Analyse der Methodik inklusive der Anforderungen an flexible Hybrid-Antriebsstrang-Prüfzellen wird vorgestellt.

1. Einleitung

Hybridantriebsstränge können sich in ihren Fahreigenschaften deutlich von konventionellen Antriebssträngen unterscheiden. Der elektrische Antrieb kann in jeder Fahrsituation und in nahezu jedem Drehzahlbereich das volle Drehmoment sowohl zum Beschleunigen als auch zum Verzögern bereitstellen. Beide Antriebe können parallel oder wechselweise zum Einsatz kommen. Der elektrische Antrieb wird als Bremse zur Energierückgewinnung genutzt. Die Techniken zur Reduktion der Emissionen Start/Stopp und Segeln im Fahrbetrieb haben eine Vielzahl von neuen Funktionen der einzelnen Komponenten im Antriebsstrang bewirkt.

Die Einführung der Prüf- und Testtechniken „Powertrain-in-the-Loop" (PiL) und „Vehicle-in-the-Loop" (ViL) kombiniert mit Fahrer- und Fahrzeug-Simulationsmodellen ermöglicht eine Beherrschung der Komplexität und eine Verkürzung der Entwicklungszeiten [2]. Die vollumfängliche Validierung dieser Kombination inklusive der Worst Case Umgebungsbedingungen kann heute als Stand der Technik bezeichnet werden [3].

2. Anforderungen an die Absicherung der Antriebsstrang-Prüfungen

Beginnen wir die Untersuchung der unterschiedlichen Anforderungen an die Prüfung mit der Analyse des Vorgehens bei VKM basierten Antriebsstrangprüfungen. Alle Komponenten werden einem Funktionstest und einem auf die spezifischen Anforderungen angepassten Dauerlauf unterzogen. Der komplette Antriebsstrang wird ebenfalls einem Systemintegrationstest und einem Antriebsstrang-Dauerlauf unterzogen.

Der Antriebsstrangprüflauf wurde in der Vergangenheit auf optimierten Fahrzyklen aufgebaut. Diese wurden um Spezifika des jeweiligen Antriebskonzeptes erweitert. Diese Vorgehensweise ermöglicht eine genaue Abstimmung der Anforderungen der funktionalen Sicherheit mit den Anforderungen an die Prüfung der Dauerfestigkeit der mechanischen Komponenten. Der iterative Prozess der Komponenten-Dauerläufe auf Sub- und Komponentenebene bestätigt durch den Antriebsstrang-Dauerlauf führt zur erwarteten Testabdeckung und zur Validierung der Anforderungen der Funktionalen Sicherheit.

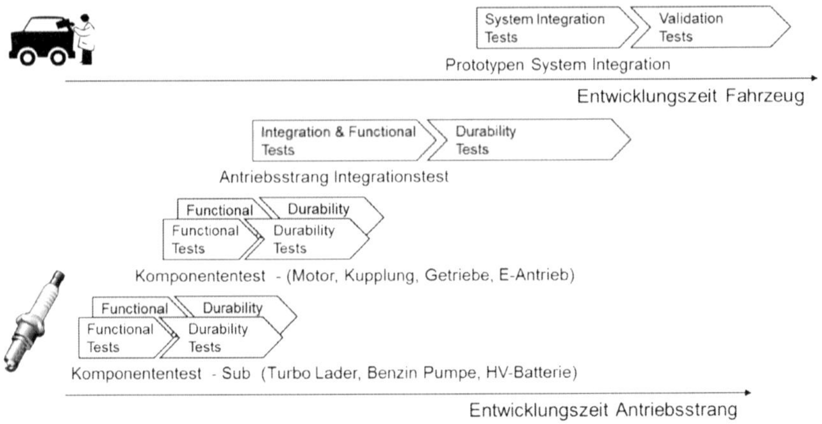

Bild 1: Zeitliche Abläufe der Antriebsstrangentwicklung

Die Komplexität des Hybridantriebsstranges, modulare Antriebsstrangbaukästen und zeitlich verschachtelte Entwicklungszyklen erfordern eine komplette Absicherung der Dauerhaltbarkeit auf Komponenten-Ebene. Die Systemintegration kann auf Powertrain-in-the-Loop und Vehicle-in-the-Loop Prüfständen durchgeführt werden [2]. Die simulationsbasierte Testmethodik stellt Antriebsstrangdauerläufe bereit, die auf Basis von Umwelt-, Fahrer- und Fahrzeug- und Fahrbahn-Modellen beruhen. Diese erlauben einen auf die realen Zuverlässigkeits-Anforderungen abgestimmten Testumfang.

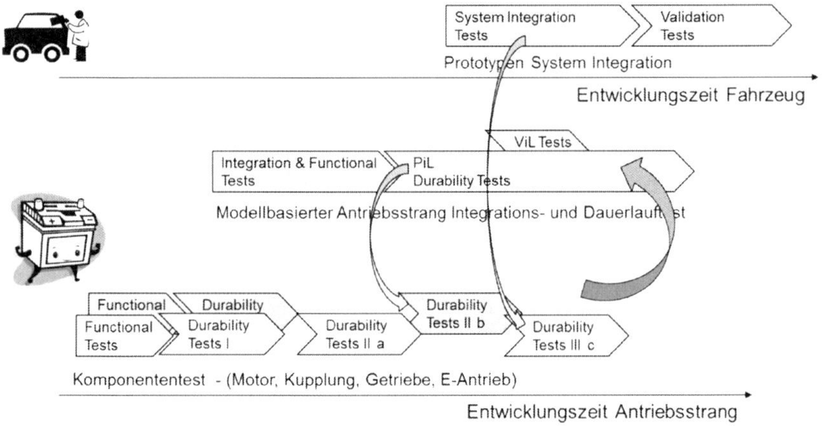

Bild 2: Zeitliche Abläufe der modellbasierten Hybrid-Antriebsstrangentwicklung

Die modellbasierten PiL-Dauerläufe beinhalten in ihren Modellannahmen das Know How für den im Dauerlauf definierten Stress des gesamten Antriebsstranges und der Einzelkomponenten. Die iterative Abstimmung zwischen Resultaten aus dem Antriebsstrangtest (modellbasiert) und den Anforderungen an die Einzelkomponenten erreicht auf Anforderungsebene eine zusätzliche Komplexität durch die typischerweise verteilte Komponentenentwicklung (jede Komponente wird von einem anderen Hersteller entwickelt).

Umfassende Testszenarien abgeleitet aus den Anforderungen an die Zuverlässigkeit der Baugruppen und an die Funktionale Sicherheit (über Zuliefergrenzen hinweg) werden benötigt für den

- Nachweis der erforderlichen Betriebsfestigkeit und für den
- Nachweis über das korrekte Zusammenspiel der Systeme bei einfachem oder mehrfachem Auslösen des Sicheren Zustandes der einzelnen Systeme unter Berücksichtigung der gegenseitigen Abhängigkeiten.

3. Sicherheitsanforderungen und Definition der Kriterien für Test und Validierung

Betrachten wir die Anforderungen an die Prüfungen des Antriebsstranges auf Basis einer VKM. Bild 3 zeigt die Komponenten eines klassischen Antriebsstranges. Das Sicherheitsziel „fehlerhaftes Drehmoment (in Richtung und in Moment) vermeiden" kann einfach umgesetzt und für alle Fehlerarten durch eindeutig definierte Tests abgesichert werden. Der sichere Zustand wird als momentenfrei (Kupplung geöffnet) angenommen.

Die Steuerungsgröße (Fahrerwunsch) bezieht sich bei einem Antriebsstrang nur mit VKM auf die Beschleunigung in Fahrtrichtung.

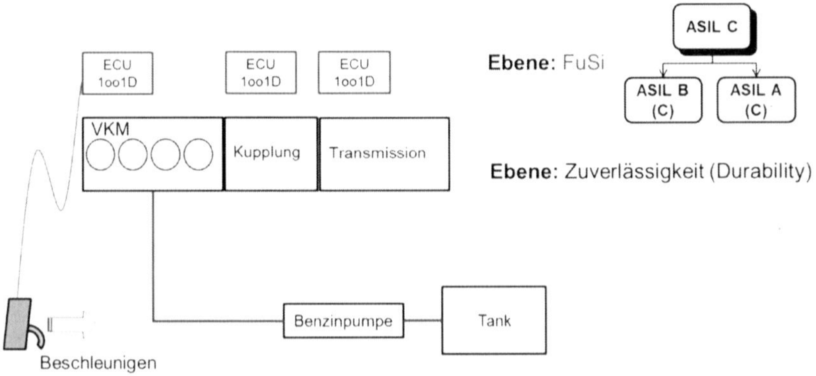

Bild 3: Schematische Sicherheitsarchitektur VKM-Antriebsstrang

Betrachten wir nun die Anforderungen an die Prüfungen des Hybrid-Antriebsstranges in Anlehnung an E-Antriebe [1]. Bild 4 zeigt beispielhaft die Komponenten eines Hybrid-Antriebsstranges. Das Sicherheitsziel „fehlerhaftes Drehmoment (in Richtung und in Moment) vermeiden" umfasst nun eine Vielzahl von Kombinationen der neu hinzugekommenen Komponenten [4]. Die nutzbaren Fahrfunktionen (nur VKM, nur E-Motor, VKM und E-Motor, Segeln und Rekuperieren) erfordern eine abgestimmte Sicherheitsstrategie, welche in der Antriebsstrang-Integrationsphase abgeprüft wird. Unterschiedliche Fahrsituationen kombiniert mit der gewählten Fahrfunktion (Segeln, Rekuperieren, ..) beeinflussen die Sicherheitsstrategie – stufenweise Umsetzung von Sicheren Zuständen für die jeweils am höchsten priorisierten Sicherheitsziele.

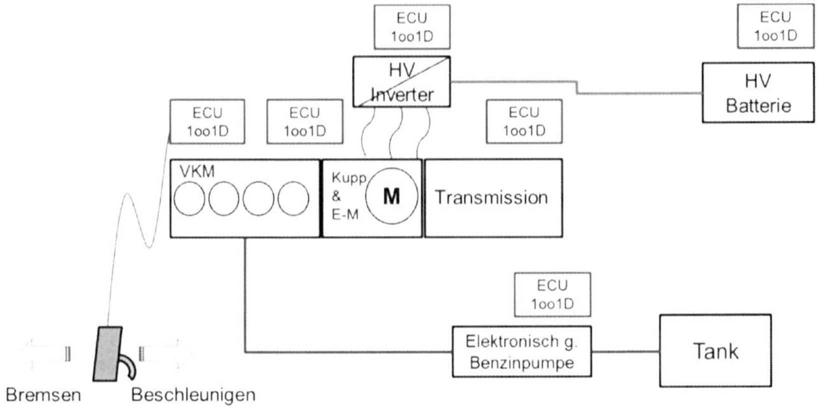

Bild 4: Schematische Sicherheitsarchitektur Hybrid-Antriebsstrang

Die Validierung der Sicherheitsarchitektur bezüglich aller Fehlerarten und deren Kombination kann nur auf der Antriebsstrangebene erfolgen. Auf dem Antriebsstrangprüfstand muss der Nachweis über die Wirksamkeit und Dauerhaltbarkeit der gewählten Architektur einschließlich aller Komponenten erbracht werden.

Die Kombination aus mehrschichtig überlagerten Anforderungen an die funktionale Sicherheit der einzelnen Systeme und die Auswirkung des Sicheren Zustandes dieser Systeme auf die Belastung und damit die erforderliche Zuverlässigkeit der anderen Systemkomponenten erfordert nach der Entwicklungsmethodik ein schrittweises Vorgehen und iteratives Verstehen und Verbessern gemäß Bild 1.

Die Integration und Absicherung erfolgt heute jedoch zunehmend auf modellbasierter Basis (Bild 2). Ein großer Teil der verwendeten Modelle darf als geschütztes Know-How des OEM oder Systemlieferanten angesehen werden. Diese modellbasierten Integrationstests haben das Entwicklungsziel relevante Stressparameter korrekt abzubilden (Relevanz getriebener Ansatz).

Die Funktionale Sicherheit betrachtet das System von der Häufigkeit einer Fahrsituation kommend und lässt nun einfach alle Fehlerkombinationen zu. Auch die vermeintlich nicht relevanten können in einer bestimmten zeitlichen Abfolge oder in Kombination mit Fehlfunktionen anderer Systeme eine Auswirkung zeigen.

Nach welcher Systematik werden diese Fehlerkombinationen und deren Auswirkung auf die Zuverlässigkeit anderer Systemkomponenten untersucht?

Zwei Sicherheitsziele SZ1 und SZ2, deren sichere Zustände Z1 und Z2 sich widersprechen sind in Bild 5 dargestellt. SZs werden realisiert durch Sicherheitsanforderungen, die evtl. weiterverfeinert den einzelnen Subkomponenten zugeordnet werden (Beispiel: SZ1 wird durch Anforderungen, die der Komponente ECU1 und ECU2 zugeordnet wurden, realisiert und SZ2 durch Anforderungen, die Komponente ECU1 und ECU3 zugeordnet wurden).

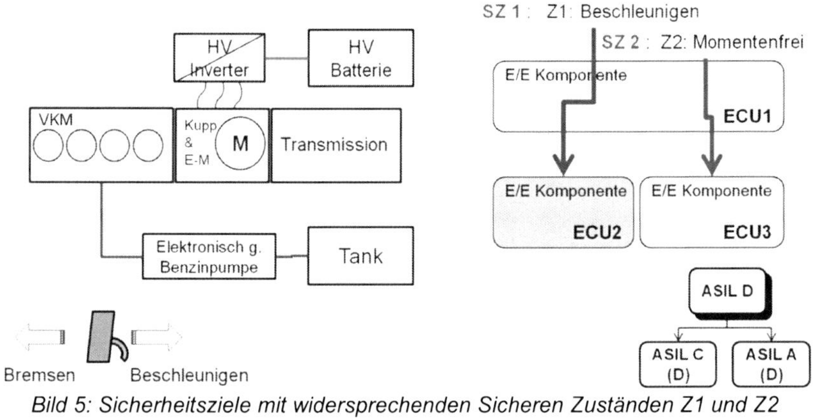

Bild 5: Sicherheitsziele mit widersprechenden Sicheren Zuständen Z1 und Z2

Die sich widersprechenden sicheren Zustände werden normalerweise erkannt und eine „Auflösungsstrategie für diesen Widerspruch" wird definiert und als Anforderungen den einzelnen Komponenten zugeordnet.

Die Testfälle der einzelnen Komponenten ECU1, ECU2 und ECU3 beziehen sich auf die ihnen zugeordneten Anforderungen. Jede dieser Komponenten wird ausführlich mit MiL/SiL/HiLTests getestet.

In der Automotive Domain werden Komponenten jeweils von unterschiedlichen Zulieferern hergestellt, die zwar die einzelnen Sicherheitsanforderungen, die den jeweiligen Komponenten zugeordnet werden, kennen, aber nicht das Zusammenspiel aller Komponenten um die Sicherheitsziele zu erreichen. Dieses Wissen hat nur der Systemintegrator bzw. OEM.

Da dieses OEM-Wissen normalerweise nicht vollumfänglich zugänglich ist, die Komponentenhersteller sich aber auch selbst versichern müssen, dass sie gerade in den Sicherheitsanforderungen keine Fehler in der Umsetzung haben, bietet es sich hier an, die Testfallkombinationen und damit eine Validierungsstrategie aus einer White-Box Sicht zu generieren.

Die zu berücksichtigenden Parameter sind hier mögliche Fahrsituationen, Fahrerwunsch innerhalb dieser Fahrsituationen, nach außen sichtbarem Zustand des Antriebsstrangs und die Ausfallmöglichkeiten der einzelnen Komponenten.

Umgebung (Beispiele):

- Autobahnfahrt
- Fahrt auf glatter Fahrbahn
- Kurvenfahrt in den Bergen

Fahrerwunsch:

- Beschleunigen
- Bremsen
- Stehen/Parken
- Fahren ohne Geschwindigkeitsveränderung

Zustand des Antriebsstrangs:

- Nur VKM
- Nur E-Motor
- VKM + E-Motor
- Segeln
- Rekuperieren

Fehlermöglichkeiten der einzelnen Komponenten:

- Komplettausfall
- Fehlerhafte Ausgaben
- Sicherer Zustand bzw. Zustand je nach Degradierungskonzept

Die Parameter sind nicht unabhängig voneinander, z.B. hängt der Antriebsstrangzustand zum Teil von der Umgebung und dem Fahrerwunsch ab, z.B. bei einer Autobahnfahrt und Fahren ohne Geschwindigkeitsveränderung ist anzunehmen, dass sich der Antriebsstrang mit großer Wahrscheinlichkeit im Zustand Segeln befindet.

Für eine Validierungsstrategie gilt es nun, aus den Wahrscheinlichkeiten dieser Parameter Testfälle zu entwickeln, die in ihrer Summe aussagekräftig genug sind, um einen belastbaren Nachweis der Funktionalen Sicherheit zu haben.

4. Standardisierung der Anforderungen zur kombinierten Absicherung der Zuverlässigkeit und der funktionalen Sicherheit

4.1 Definition eines Testkataloges

Die kombinierte Absicherung der Zuverlässigkeit von komplexen elektromechanischen Systemen unter Einbeziehung der Sicherheitsarchitektur der einzelnen Systeme erfordert ein standardisiertes Vorgehen. Die Tabellen zur Häufigkeit von Fahrsituationen in der ISO 26262 oder der Einstufung von E/E-Systemen in der ISO 15299 zeigen einen Weg zur Standardisierung auf.

Für die Absicherung von Antriebssträngen müssen darüber hinaus noch Veränderungen der typischen Dauerlaufbedingungen – Anpassung an typische Fahrsituationen – aufgenommen werden. Wir bezeichnen dies als reale Stressbedingungen zum Beispiel für die Fahrsituation Stadtverkehr:
- zu wenig Öl
- zu hohe Umgebungstemperaturen
- falscher Luftdruck auf einem Reifen

Der Antriebsstrangtest wird nun für ein Sicherheitsziel „fehlerhaftes Drehmoment (in Richtung und in Moment) vermeiden" definiert. Ein Vorschlag für die Standardisierung des Testkatalogs wäre hier:
- Die Anzahl und die Qualität der realen Stressbedingungen wird nach Vorgaben abhängig vom ASIL-Level der Systeme variiert.
- Alle Sicheren Zustände der im Antriebsstrang verbauten E/E-System werden mit einer vordefinierten Häufigkeit ausgelöst (Einstreuen von in Kapitel 3 beschriebener Fehler)

Dieser Testkatalog prüft die Auswirkungen auf den Antrieb. Die Belastung aller Komponenten muss unterhalb der spezifizierten Vorgaben für eine kurzfristige Überlastung liegen. Dies wird parallel zu den typischen Dauerlaufmessgrößen ermittelt.

4.2 Flexibles Allrad-Hybrid-Antriebsstrang-Prüfstandkonzept

Die diskutierten Sicherheitsziele [1, 3] definieren Mindestanforderungen an einen Hybrid-Antriebsstrang-Prüfstand. Im TÜV SÜD Antriebsstrangprüfzentrum wurde ein flexibles Allrad-Antriebsstrang-Prüfstands-Konzept entwickelt. Bild 6 zeigt exemplarisch eine Prüfzelle.

Der flexible Allrad-Antriebsstrang-Prüfstand mit Batteriesimulation ist für Dauerlaufprüfungen ausgelegt. Ein klassischer Aufbau mit vier asynchronen E-Maschinen, der Zuführung aller Arten von fossilen Kraftstoffen, der Temperaturbeeinflussung für die medienführenden Aggregate und der Möglichkeit des Einbringens von einfachen Fehlfunktionen stellt das Grundkonzept dar.

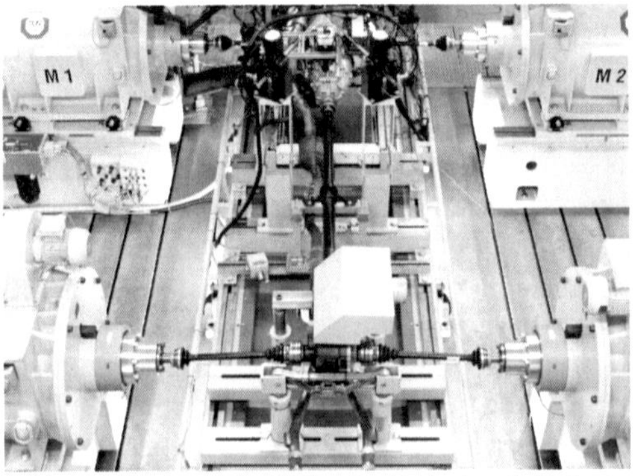

Bild 6: Hybridantriebsstrang-Prüfstand mit Hochvolt-Batteriesimulation

Die Regelungsarten werden um definierte Reaktionen auf die injizierten Fehlerarten erweitert, um den Standard-Testkatalog inklusive Auslösen von Sicheren Zuständen abfahren zu können (Hardware: z.B. Benzinpumpe abschalten, Software: z.B. CAN-Signale verfälschen).

4.3 Einführung der Methodik unter vereinfachten Annahmen

Die Methodik zur Entwicklung kombinierter Prüfläufe setzt auf die Gefahren- und Risikoanalyse (H&R) nach ISO 26262 auf. Die Fahrsituationen und die kritischen Fehlfunktionen der einzelnen Funktionalitäten sowie Fehlfunktionen beim Zusammenwirken sollten umfassend in der H&R analysiert und dokumentiert sein.

Für den Antriebsstrangprüflauf stehen somit Fahrsituationen und Fehlfunktionen bereit. Die Fragen, nach welcher Systematik die Fahrsituationen für diesen Dauerlauf ausgewählt und nach welcher Häufigkeit Fehler injiziert werden, müssen nun beantwortet werden.

Unsere Methodik definiert die Häufigkeit der Fahrsituation nach ISO 26262 und injiziert die Fehler gemäß ihrer Wahrscheinlichkeiten (je nach ASIL). Die relative Häufigkeit der erzwungenen Sicheren Zustände von ASIL C Systemen ist eine Größenordnung höher im Vergleich zu ASIL D. Der Fokus der Prüfung liegt auf sich widersprechenden Sicherheitszielen. Reale Annahmen des Zustandes der Aggregate – in Kapitel 4.1. beschrieben – werden zusätzlich mit den jeweiligen Fahrsituationen kombiniert.

Der Fokus der Methodik liegt auf einer unabhängigen Sicherheitsvalidierung für Komponentenentwickler. Diese können nun den Nachweis für die Validierung der korrekten Implementierung der Sicherheitsziele unter Nutzung des Standard-Katalogs erbringen.

4.4 Kosten/Nutzen Analyse

Die Komplexität des Hybridantriebes führt im Allgemeinen zu komplexeren Testszenarien. Diese erfüllen aber nicht immer den Anspruch, ein eindeutiges Feedback an die Komponentenentwicklung zurückzuspielen. Eine Standardisierung der Anforderungen zur kombinierten Absicherung der Zuverlässigkeit und der funktionalen Sicherheit kann zu einer gezielten Reduktion des Aufwandes führen.

Der vollumfängliche Test aller für die Absicherung notwendigen Szenarien wird von uns höher gewichtet, als die weitere Optimierung eines einzelnen Testszenarios.

Ein zusätzlicher zeitlich verkürzter Dauerlauf, der eine vordefinierte Anzahl von Sicheren Zuständen der Einzelsysteme in zufälliger Reihenfolge schadlos überstehen muss, erhöht die Testabdeckung und ist Bestandteil der Sicherheitsvalidierung.

5. Zusammenfassung und Ausblick

Die steigende Komplexität im Hybrid-Antriebsstrang kombiniert mit proprietären modellbasierten Powertrain-in-the-Loop Tests erhöht das Risiko von Testlücken und erschwert die Nachweisführung im Rahmen der FuSi Gesamtprojektprüfung. Die hier vorgestellte Methodik kann dieses Risiko durch eine Standardisierung reduzieren.

Die Anwendung der ISO 26262 Methodik auf das Gesamtsystem Hybrid-Antriebsstrang auch außerhalb der elektrisch/elektronisch programmierbaren Steuerungen ermöglicht neue Vorgehensweisen zur Erhöhung der Testabdeckung und zur Reduktion der Prüfkosten.

Die konsequente Anwendung vereinfachter Modelle (aus TÜV SÜD Fahrversuchen) gemeinsam mit Komponentenherstellern ermöglicht die oben beschriebene Prüfstrategie auch ohne das tiefe Wissen der Systemintegratoren.

Literatur

[1] Richter D., Köhnen A., „Sicherheitsziele für zukünftige Elektro-Fahrzeuge – Sicherheitsarchitektur für den elektrischen Antrieb basierend auf den Anforderungen der ISO 26262.", HdT, Elektrische Antriebstechnologie, Nov. 2011.

[2] Illmeier Ferry, Pfister Felix, „Der Fahrversuch am Antriebsstrang-Prüfstand oder manöverbasiertes Testen.", Internationaler VDI-Kongress Getriebe in Fahrzeugen, VDI-Berichte 2081, Jun. 2010.

[3] Ott, Martin W., Holtkötter C., Rossegger W., „Durchgängige Entwicklungsmethodik mittels innovativem Prüfstandssystem für die vollumfängliche Validierung von alternativen Antriebssystemen.", 34th Wiener Motoren Symposium, April 2013.

[4] Palm H., Holzmann J., Schneider S.-A., Koegeler H.-M, „Die Zukunft im Fahrzeugentwurf Systems-Engineering-Basierte Optimierung.", ATZ 06/2013.

[5] Zweiter Bericht der Nationalen Plattform Elektromobilität, NPE, Berlin, Mai 2011

15 Herausforderungen bei der Entwicklung eines E-Motor Modulbaukastens für die Elektromobilität

Steffen Hahlbeck, Sascha Klett

Abstract

When developing an E-Motor module kit it is the goal to create a design and appropriate manufacturing technologies for a wide application profile. This affects next to the typical topics like mechanical interfaces also subjects like mission profile, operational area, electrical boundary conditions, cooling and production planning.
In preparation of defining a module kit its boundaries need to be defined. Due to the required modularity compromises for certain design parameters need to be found. The paper shows the conflict of goals between modularity and requirements for selected examples and introduces approaches for solving the problem.

Kurzfassung

Bei der Entwicklung eines E-Motor Modulbaukastens ist es das Ziel ein E-Motor Design und die dazugehörigen Fertigungstechnologien für ein breites Anwendungsspektrum verfügbar zu machen. Das betrifft neben den klassischen Themen wie mechanische Schnittstellen auch Themen wie Einsatzszenario, Betriebsbereich, elektrische Randbedingungen, Kühlung und Fertigungsplanung.
Im Vorfeld zu einer Baukastenentwicklung sind dessen Grenzen zu definieren. Dabei werden aufgrund der geforderten Modularität zwangsweise Kompromisse bei einigen Designmerkmalen notwendig. Der Beitrag zeigt den Zielkonflikt zwischen Modularität und Anforderungen an ausgewählten Beispielen auf und stellt Lösungsansätze vor.

1. E-Motor Modulbaukasten

Nach dem heutigen Stand nehmen die Stückzahlen der europäischen Automobilhersteller für Hybrid- und Elektrofahrzeuge einen geringen Anteil am Gesamtmarkt ein [1]. Diese Tatsache wirkt sich deutlich auf die Entwicklung und Fertigung von E-Motoren für diese Fahrzeugantriebe aus. Die Zulieferer von Elektromotoren sind gezwungen die Volumina verschiedener OEMs mit Kundenapplikationen eines Modulbaukastens zu bedienen und dabei einen möglichst großen Bereich bzgl. Performance, Integration und elektrischen Randbedingungen abzudecken. Diese Produktvarianz wird aufgrund der geringen Stückzahlen in der Regel auf nur einer Fertigungslinie produziert.

Unter dieser Maßgabe werden sogenannte E-Motor Modulbaukästen entwickelt, welche nach Möglichkeit eine Vielzahl von Kundenanforderungen bedienen können. Bei der Definition eines Baukastens sind zu Anfang folgende Fixgrößen zu definieren:

- Blechschnitt und max. aktive Länge
- Elektroblechdicke
- Wickeltechnologie und Verschaltungsvarianten
- Fertigungstechnologien allgemein
- Kühlung
- Ströme und Spannungen
- Drehzahlbereich

Mit Hilfe dieser Prämissen kann dann die jeweilige Produktapplikation abgeleitet werden. Diese unterscheiden sich in aller Regel in den elektrischen Randbedingungen und den Leistungsanforderungen. Dementsprechend wird das Design in Länge, Windungszahl, ggf. der Verschaltung der Spulen oder sogar den eingesetzten Elektroblech- und Magnetgüten variiert.
Die Applikation der mechanischen Schnittstellen in ihrer Position und Ausführung (Flanschbild, elektr. Verbindungen, Rotorwelle) ist dabei selbstverständlich (vgl. Bild 1).

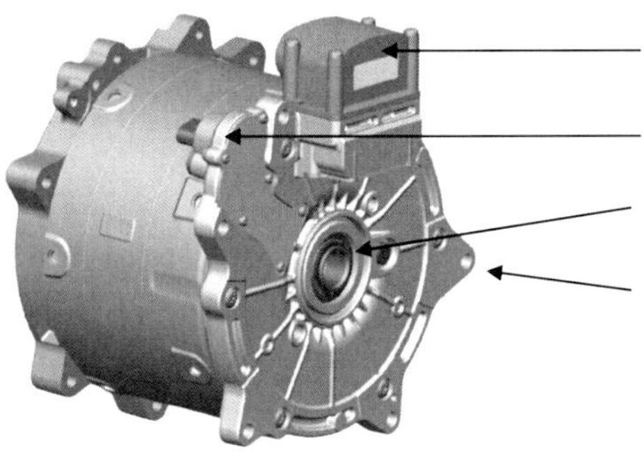

Bild 1: Typische Schnittstellen E-Motor

Bleibt man mit der Applikation im Kern des vorgegebenen Lösungsraums für welchen der Modulbaukasten ausgelegt wurde, ist die technische Lösung und Fertigung ohne Sondermaßnahmen umsetzbar. Sobald die Produktapplikation bzgl. eines oder mehrerer Eigenschaften in den Randbereich oder sogar darüber hinaus definiert ist, entstehen Sonderlösungen, die zu zusätzlichen Kosten in den Einzelkomponenten des E-Motors und / oder dem Fertigungsprozess führen.
Ein weiterer Aspekt ist die Ausnutzung des Modulbaukastens. Die vollständige Ausnutzung des gegebenen Lösungsraums ist durch eine Produktapplikation praktisch nie gegeben. Dies führt dazu, dass das Leistungsoptimum keine kostenoptimale Lösung dargestellt und umgekehrt.
Bild 2 zeigt zwei mögliche Applikationen, welche jeweils innerhalb des Modulbaukastens liegen, sich in ihrem Anforderungsprofil jedoch deutlich unterscheiden. Die Extrema der Applikation 2 zwischen den elektrischen Randbedingungen und der geforderten Leistung bei ungünstigen Kühlungsrandbedingungen weisen schon vor der Auslegung der Applikation darauf hin, dass eine Lösung unter Umständen nur mit Sondermaßnahmen erzielbar ist.

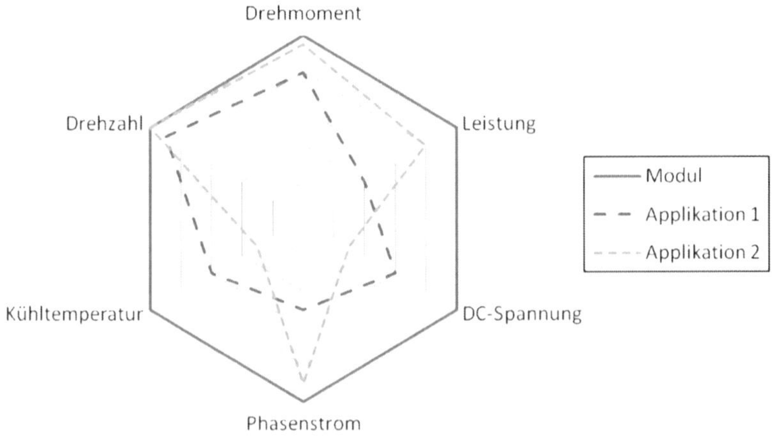

Bild 2: Lösungsraum Modulbaukasten mit Beispielen

2. Kupferfüllfaktor vs. Modularität der Wicklung

Ein Hauptziel bei der Auslegung elektrischer Maschinen ist ein hoher Wirkungsgrad. Dies kann unter anderem mit einem hohen Kupferfüllfaktor realisiert werden. Ein hoher Kupferfüllfaktor bedeutet die Optimierung der Standardwickelverfahren oder den Einsatz spezieller Wickelverfahren. Eine weitere Option ist die Verwendung von Rechteckdrähten anstelle von Runddrähten (vgl. Bild 3).

Besonders beim Einsatz einer verteilten Wicklung wird häufig die Hair Pin oder Steckwicklung in Erwägung gezogen, da hier mit der klassischen Einzugstechnik in automatisierten Verfahren die Füllfaktoren in der Regel unter 50 % liegen. Durch die Hair Pin Technik sind Kupferfüllfaktoren bis zu 70 % erzielbar.

Bei der Dimensionierung einer verteilten Wicklung mit Hair Pin und Rechteckdraht wird die Nutform exakt an den gewählten Draht angepasst. Die Verschaltung einer solchen Wicklung erfolgt in der Regel als Wellenwicklung, da dadurch die Verbindungen zwischen den einzelnen Leitern im Wickelkopf kürzer ausfallen, einfacher zu verbinden sind und somit einen geringer Bauraum benötigen als es bei klassischen konzentrischen Spulen der Fall ist. Aus dieser Art der Verschaltung sowie der Anpassung der Nutform resultiert eine festgelegte Windungszahl und Reihen-Parallelschaltung der Spulen einer Phase, da sich die Anzahl der Leiter pro Nut in der Regel nicht variieren lässt.

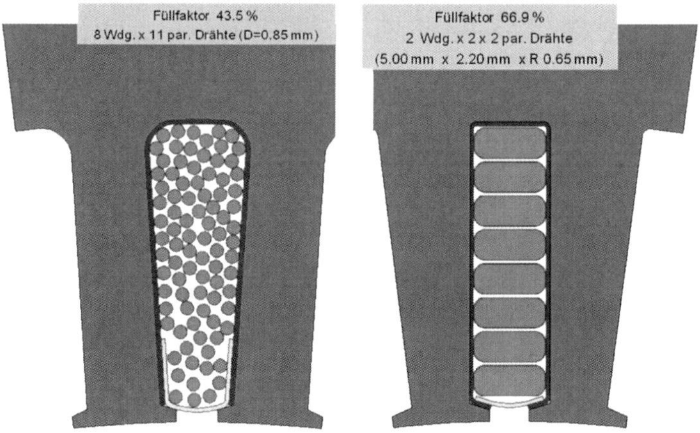

Bild 3: Verteilte Wicklung mit Runddraht und Rechteckdraht

Mit der Realisierung einer solchen Wicklung sind die folgenden Parameter fest definiert:

- Statorblechschnitt
- Drahtabmessungen
- Verschaltung (Reihen- Parallelschaltung der Spulen)
- Windungszahl

Bis auf den Blechschnitt sind dies alles Größen, die bei einer klassischen Einzugswicklung variabel sind und auf der gleichen Linie ohne größere Sonderaufwände gefertigt werden können. Insbesondere die Anpassung an unterschiedliche Spannungslevel (z.B. U_{DC}=48V..400V) wird dadurch deutlich eingeschränkt. Eine Skalierung der elektrischen Maschine ist nur noch über die aktive Länge und die Materialauswahl für Elektroblech und Magnete möglich.
Der Vorteil von einem bis zu 20 % höheren Kupferfüllfaktor wird demzufolge mit einem starken Flexibilitätsverlust bei der Applikation der elektrischen Maschine auf verschiedene Anwendungen erkauft. Mit anderen Worten der Einsatz von Wickelverfahren wie Hair-Pin in Kombination mit Rechteckdraht verkleinert das Anwendungsfeld des Modulbaukastens um diese Flexibilität.
Der Zugewinn an Maschineneffizienz durch den Einsatz dieser Technologien kann sowohl in eine Erhöhung der Abgabeleistung, insbesondere bei kleinen bis mittleren Drehzahlen, oder in die Reduzierung der Paketlänge investiert werden. Dies gilt allerdings nur für den Bereich kleiner Drehzahlen und hoher Drehmomente. Ob die Erhöhung des Kupferfüllfaktors im Einzelfall tatsächlich Vorteile mit sich bringt, ist in jedem Fall durch Fahrzyklussimulationen nachzuvollziehen.

3. Drahtkonfigurationen vs. Fertigungsprozess

Wie in Kapitel 2 beschrieben bedingt ein hohes Maß an Flexibilität für die Applikation eines E-Maschinen Modulbaukastens den Einsatz einer klassischen Einzugswicklung für die Herstellung einer verteilten Wicklung. Hierfür werden konzentrische Spulen mit der entsprechenden Spulenweite für jede der drei Phasen gewickelt und eingezogen. Zwischen den Einziehvorgängen für jede Phase erfolgt sofern erforderlich das Einlegen von Phasentrennern und ein Zwischenformen. Es ergibt sich ein Prozessablauf entsprechend Bild 4.

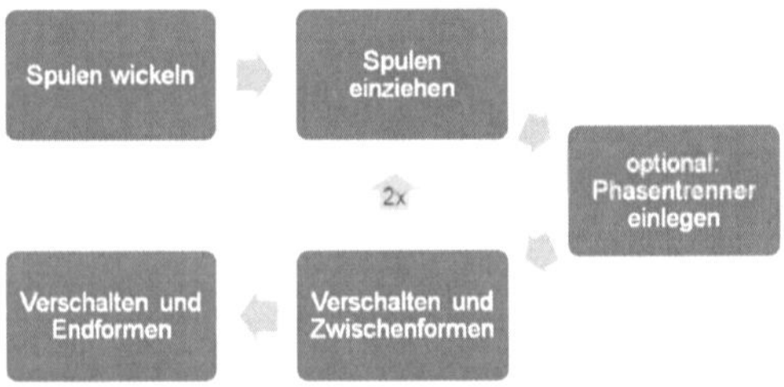

Bild 4: Prozessablauf Wickeln verteilte Wicklung

Im Falle der Fertigung von Statortypen mit identischen Drahtdurchmessern und Anzahl von Drähten läuft dieser Prozess kontinuierlich ab. Obwohl sich eine hohe Verweildauer des einzelnen Stators durch die drei Umläufe in der Wickelanlage ergibt, ist die eigentliche Taktzeit nur so hoch wie der langsamste Einzelprozess.
Produktionsunterbrechungen ergeben sich dann, wenn die Anlage auf eine andere Drahtkonfiguration (Drahtdurchmesser, Anzahl paralleler Drähte) umgerüstet werden soll. Dazu muss zunächst die Anlage leer gefahren werden. Erst danach kann der Wickler umgerüstet werden und ein erneutes Anfahren der Anlage mit dem neuen Statortyp startet. Die Produktionsunterbrechung setzt sich aus den Zeiten für das Leerfahren des ersten Linienteils, der Rüstdauer für den Wickler und der Anlaufdauer im ersten Linienteil zusammen.
Bei häufigem Umrüsten sinkt durch diese Linienflexibilität der Nutzungsgrad der Statorlinie. Als Lösungswege für die Reduzierung der Rüstunterbrechung ergeben sich 3 Szenarien:

1) Optimierung der Abläufe
2) Vereinheitlichung der Drahtdurchmesser zwischen den EM-Typen
3) Einziehen aller Phasen mit einem Einzug

Zu 1)
Für die Verkürzung der Rüstzeiten können z.B. Störungen oder Wartungsschichten genutzt werden, bei welchen die Linie sowieso leer gefahren werden muss. Zusätzlich kann mit dem Umrüsten bereits während dem Leerfahren der Linie begonnen werden. Dadurch lässt sich die Unterbrechung um einen großen Teil der Zeit für das Leerfahren verkürzen. Zusätzlich kann die Zeit bis der erste Stator nach dem Rüsten wieder die Kette durchlaufen hat durch gezielte Steuerung der Werkstückträger verkürzt werden.

Zu 2)
Die Vereinheitlichung der Drahtdurchmesser ist in der Regel nicht möglich, da dies in der Applikationsauslegung zu prüfen ist. Für den Fall einer Änderung sind entsprechende Requalifizierungsprüfungen mit der neuen Konfiguration erforderlich. Mit diesem Szenario würde die Rüstunterbrechung weiter verkürzt, da nur die Anzahl paralleler Drähte umgerüstet wird.

Zu 3)
Das Einziehen aller Phasen mit einem Einzug ist nur dann möglich, wenn keine Phasentrenner erforderlich sind. Dies ist zunächst für alle Applikationen zu qualifizieren. Durch Anpassung der Werkzeuge kann dann der Stator mit einem Einzug den Wickler durchlaufen. Es entfällt die Zeit für das Leerfahren der Linie und zusätzlich wird die Anlaufdauer nach dem Rüsten deutlich verkürzt, da sich die Durchlaufzeit für einen Stator im ersten Linienteil etwa halbiert.

Diese Szenarien können anhand der technischen Möglichkeiten (z.B. Entfall Phasentrenner) und der wirtschaftlichen Auswirkungen wie Werkzeugänderungskosten, Kosten für Requalifizierung und verkürzte Rüstpausen quantifiziert werden.
Dabei kann sich ein Gesamtszenario nach Tabelle 1 ausbilden. Die Szenarien 2 und 3 sind dabei jeweils auf Szenario 1 bezogen.

	Status quo	Szenario 1	Szenario 2	Szenario 3
Rüstlücke [%]	100	36	27	22
Amortisationszeit [a]	-	sofort	> 10	> 5

Tabelle 1: Vergleich der Szenarien zur Optimierung des Wickelprozess

Wie aus der Übersicht zu erkennen ist, lohnt sich nur die Einführung von Szenario 1. Die Amortisationszeiten für Szenario 2 und 3 liegen im Bereich oder über der typischen Produktionsdauer für ein Produkt. Dieses Beispiel zeigt, dass während der Applikationsentwicklung die Berücksichtigung der Linienintegration bei der elektromagnetischen Auslegung die Produktionskosten deutlich senken kann. Eine spätere Erschließung dieser Potentiale ist auf Grund der hohen Änderungskosten (Werkzeuge, Erprobung, usw.) oft nicht mehr wirtschaftlich.
An Szenario 1 wird deutlich, welche Potentiale sich erschließen, wenn die Prozessabläufe im Werk den Produktionsrandbedingungen optimal angepasst werden können.

4. Ölkühlung vs. Trockenläufer

Die Kühlung elektrischer Maschinen ist nach der elektromagnetischen Auslegung ein wesentlicher Faktor für die Leistungsdichte und damit für die Kosten. Insbesondere bei getriebeintegrierten Applikationen liegt es nahe die elektrische Maschine ebenfalls mit Öl zu kühlen, und damit die Wärme dort abzuführen wo diese entsteht. Die Entwicklung eines E-Motor Modulbaukastens für solche Applikationen setzt als

Randbedingung, dass die Aktivteile im Rotor und die Statorwicklungen direkt mit Öl gekühlt werden.
Für eine konsequente Lösung sind dazu die Durchflussmengen und Vorlauftemperaturen am Rotor und Stator zu definieren. Nur damit lassen sich die gesamten Kostenpotentiale heben, vgl. Tabelle 2.
Die hier angegebenen Magnetkosten basieren auf dem aktuellen Stand der Rohstoffpreise [2]. Mit steigenden Rohstoffkosten verstärkt sich der Effekt der Kühlung auf das Kostenpotential, da die Magnet-Fertigungskosten an Bedeutung verlieren.

	Wassermantel-kühlung	undefinierte Ölkühlung	definierte Ölkühlung
T_{max} Rotor [°C]	180	160	140
Magnetkosten [%]	100	84	78

Tabelle 2: Einfluss der Kühlungsart auf die Magnetkosten

Vor dem Hintergrund, dass eine zukünftige Generation des E-Motor Modulbaukastens für getriebeintegrierte E-Maschinen immer von einer definierten Ölkühlung ausgeht, d.h. das Öl wird gezielt zum Rotorblechpaket geführt, wird es immer schwieriger aus einem solchen Baukasten eine Applikation zu bedienen, welche eine Wassermantelkühlung bedingt. Ursache dafür sind nicht nur die Magnetkosten, sondern auch die elektromagnetische und thermische Auslegung der Maschine. Im Falle einer Ölkühlung unterscheiden sich die Wärmeströme innerhalb der Maschine deutlich von der Variante mit Wasserkühlung (vgl. Bild 5).

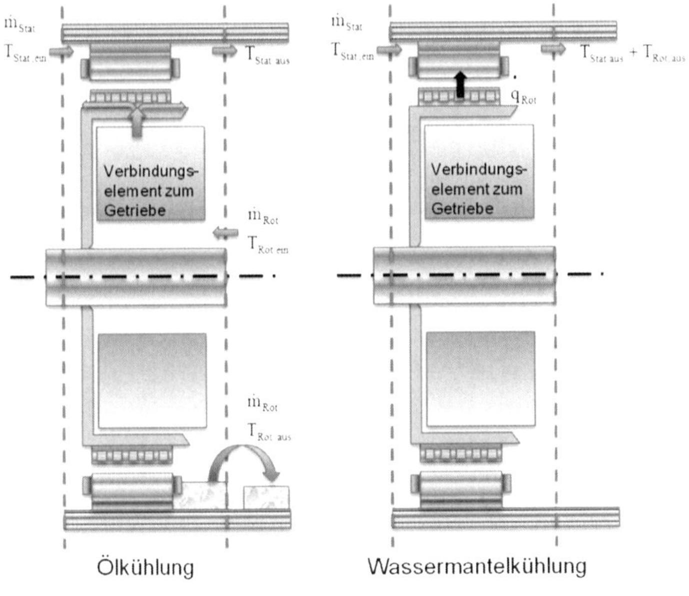

Bild 5: Vergleich Ölkühlung mit Wassermantelkühlung

Die Wärme des Rotors wird im Falle der Ölkühlung durch einen eigenen Kühlkreislauf abgeführt. Im Fall der Wassermantelkühlung kommt es durch die Wärme die aus dem Getriebe am Rotor noch zugeführt wird zu einer Wärmeabfuhr in Richtung Stator, bzw. wenn die Aktivteile des Rotors Temperaturen >140°C erreichen auch in Richtung Getriebe. Da es sich dabei aber bereits um die angestrebte Maximaltemperatur für den Magnet handelt ist dieser Wärmestrom nicht zweckmäßig. Vielmehr wird der Stator in den entsprechenden Betriebspunkten durch den Rotor zusätzlich erwärmt.

Um nun eine Applikation des Modulbaukastens mit Wassermantelkühlung dennoch umzusetzen ergeben sich die folgenden Möglichkeiten:

1. Überarbeitung der elektromagnetischen Auslegung zur Minimierung der Rotorverluste und damit Verlassen des Modulbaukastens

2. Einsatz von Magneten mit entsprechend höherem Dy-Anteil für die erforderliche Temperaturstabilität

3. Erschließung zusätzlicher Wärmesenken für den Rotor

Variante 1 kann aufgrund des Verlassens des Modulbaukastens ausgeschlossen werden. Die 3. Alternative ist nur umsetzbar, wenn in der direkten Umgebung der E-Maschine tatsächlich Wärmesenken verfügbar sind. Auch bei Erschließung zusätzlicher Wärmesenken, z.B. über gezielte Konvektion, kann ein anderes Magnetmaterial erforderlich werden. So dass am Ende immer eine Verteuerung der E-Maschine aufgrund der geänderten Kühlungsrandbedingungen erhalten bleibt.

5. Zusammenfassung

Es wurde gezeigt, dass die Auslegung eines Modulbaukastens für elektrische Maschinen stets unter bestimmten technologischen und wirtschaftlichen Prämissen erfolgen muss. Dabei kann es erforderlich sein wie im Beispiel 1 eine ungünstigere technische Lösung hier in Form des Kupferfüllfaktors in Kauf zu nehmen um die Modularität größtmöglich zu behalten im Sinne von Anpassung der Windungszahl und des Drahtdurchmessers.
Im Beispiel 2 wurde aufgezeigt, welchen Einfluss diese gewonnene Modularität in der Fertigung als Konsequenz haben kann und die Lösungsmöglichkeiten, um Fertigungsabläufe trotz hoher Modularität effizient zu gestalten. Dabei wurde auch deutlich, dass die Fertigungsintegration bei der Entwicklung von neuen Applikationen zu beachten ist, da technische Anpassungen am Produkt nach dem Produktionsstart oft nicht amortisiert werden können.
In Kapitel 4 wurden schließlich die Auswirkungen skizziert, wenn Applikationen außerhalb des Modulbaukastens mit dem Modulbaukasten bedient werden sollen. Dies wurde am Beispiel der Kühlung von getriebeintegrierten E-Maschinen dargestellt.

Es ist somit möglich einen Modulbaukasten für elektrische Maschinen zu gestalten der den volatilen Märten in dieser frühen Phase der Einführung der Elektromobilität Rechnung trägt, die Anforderungen an die Wirtschaftlichkeit erfüllt und die Kundenanforderungen zufrieden stellt.

Literatur / References

[1] Bratzel, Stefan: „Eine Analyse des Markt-, Innovations- und Finanzerfolgs der 16 globalen Automobilhersteller", Center of Automotive Management, 08/2013

[2] Metal Pages, http://www.metal-pages.com, 12.10.2013

16 Synchronmaschine mit Reluktanzmomentnutzung

Wolfgang Thaler, Stefan Heinz

Kurzfassung

Der vorliegende Artikel soll einen Einblick in die Möglichkeiten der Reluktanzmomentnutzung bei Synchronmaschinen gewähren. Die elektrische Maschine muss zunehmend den spezifischen Anforderungen des Kunden angepasst werden. Diese Anforderungen gelten für alle Topologien von elektrischen Maschinen. Insbesondere steigt die Anforderung an hohe Drehmomente im unteren Drehzahlbereich kombiniert mit kleineren Drehmomenten im oberen Drehzahlbereich. Um die Anforderungen an die Leistungselektronik (Ströme und Zwischenkreisspannungen) zu begrenzen, müssen damit verbunden geeignete Motortopologien entwickelt werden, die einen großen Feldstellbereich aufweisen. Betrachtet man die einfache Oberflächenpermanentmagnet Synchronmaschine, so lässt diese Anordnung praktisch nur begrenzt diese Anforderungen realisieren. Asynchronmaschinen fallen im Feldschwächstellbereich stark in Drehmoment und Leistung ab. Kombiniert man die Eigenschaften der permanenterregten Synchronmaschine mit eingebetteten Magneten mit der Reluktanzmomentnutzung, so lassen sich je nach Gewichtung von PM- und Reluktanzdrehmoment zielorientierte Designs erarbeiten. Im Prinzip kann man sich von maximaler PM- Lastigkeit bis zur reinen Reluktanzlastigkeit viele Varianten vorstellen. Elementar für den Betrieb ist jedoch die Verwendung von geeigneten Leistungselektroniken.

1. Grundlagen der Reluktanzmomentnutzung

Wie in der Einleitung schon beschrieben gibt es unterschiedlichste Topologien, die das Reluktanzmoment zu nutzen. Die Bilder 1 bis 4 sollen solche Beispiele darstellen.

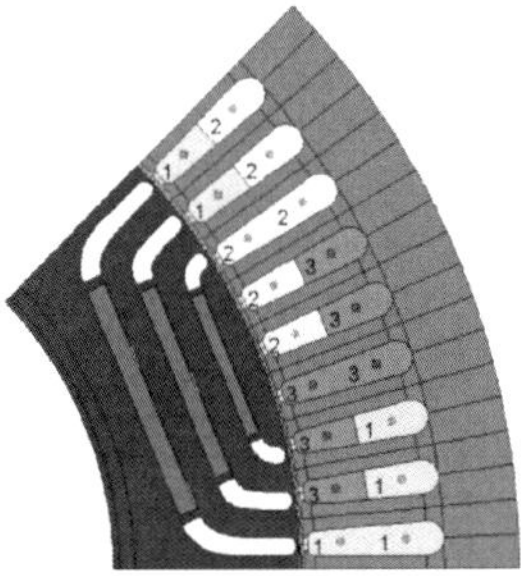

Bild 1: Typische Anordnung einer PM-Synchronmaschine mit NdFeB Magneten und Reluktanzmomentnutzung

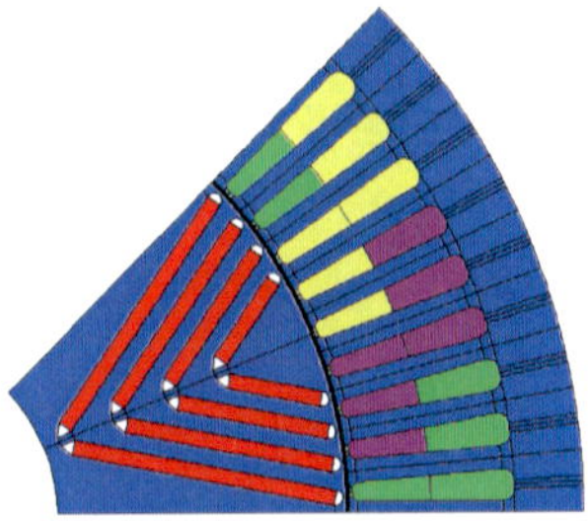

Bild 2: Anordnung mit niederremanten Magneten (z.B. Ferrite) in einer Art ausgeprägten Flusskonzentration und mit Reluktanzmomentnutzung

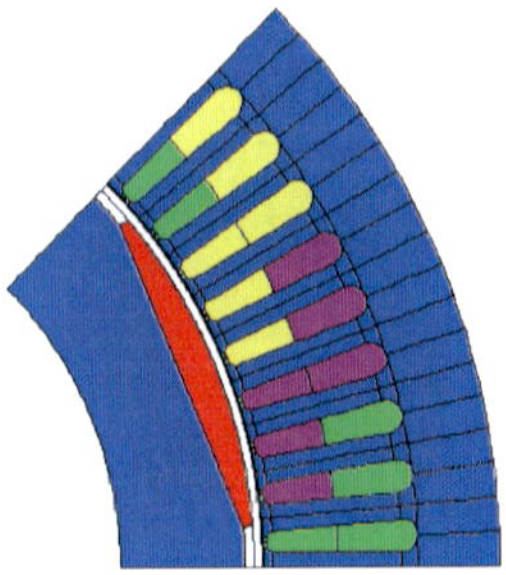

Bild 3: Oberflächenmagnetsystem mit leichten Asymmetrien und geringer Reluktanzmomentnutzung

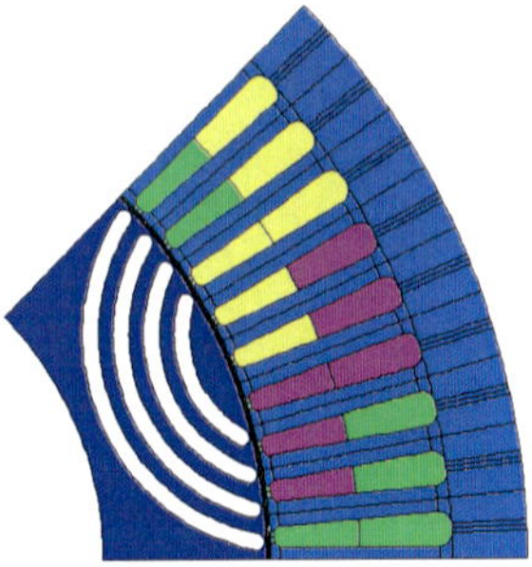

Bild 4: Reines Reluktanzsystem (ohne Permanentmagnete)

Wie man erkennen kann, sind alle oben dargestellten Topologien mit verteilten Wicklungssystemen und als sogenannte Grundwellenmaschinen ausgeführt. Einzelzahnbewickelte oder sogenannte konzentrierte Wicklungsanordnungen lassen eine Reluktanzmomentnutzung praktisch nicht bzw. nur begrenzt zu. Deswegen werden in diesem Beitrag solche Wicklungsanordnungen nicht betrachtet. Die einzige Einzelzahnanordnung, mit einem eventuell sinnvoll nutzbaren Potenzial der Reluktanzmomentnutzung, ist die Grundwellenmaschine (3-phasig) mit einer Nutzahl von 3 und einer Polzahl von 2 sowie Vielfachen davon. Die folgende Gleichung verdeutlicht sehr anschaulich die Drehmomentbildung bzw. das Betriebsverhalten der permanent erregten Synchronmaschine mit Reluktanzmomentnutzung.

$$M = \frac{m}{2} p \, (\underbrace{\Psi_m \, i_q}_{\text{PM}} + \underbrace{(L_d - L_q) \, i_d \, i_q}_{\text{RL}})$$

Gleichung 1: Drehmomentgleichung bei einer permanenterregten Synchronmaschine mit Reluktanzmomentnutzung

Der „PM"- Anteil in Gleichung 1 stellt das Drehmoment, das durch die magnetische Flussverkettung, maßgeblich durch den Permanentmagnet und den Q-Strom Anteil erzeugt wird. Dazu addiert wird die das Reluktanzdrehmoment „RL". Dieser Anteil setzt sich aus der Differenz der Längs- und Querinduktivität (Ld und Lq) sowie dem Produkt zu der Quer- und Längsstromanteil zusammen. Um eine gute Reluktanzmomentnutzung zu erreichen, ist es folglich notwendig, bei der Entwicklung des Blechschnittes darauf zu achten, dass eine hohe Differenz zwischen Ld und Lq erreicht wird. Die Verfolgung dieses Zieles schwächt erfahrungsgemäß den „PM"- Anteil.

Bei der Betrachtung der Induktivitäten in d- und q- Achse muss man zwischen der Reluktanzmaschine mit Permanenterregung und der reinen Reluktanzmaschine unterscheiden. Die folgenden 2 Bilder zeigen diese Betrachtungsweise:

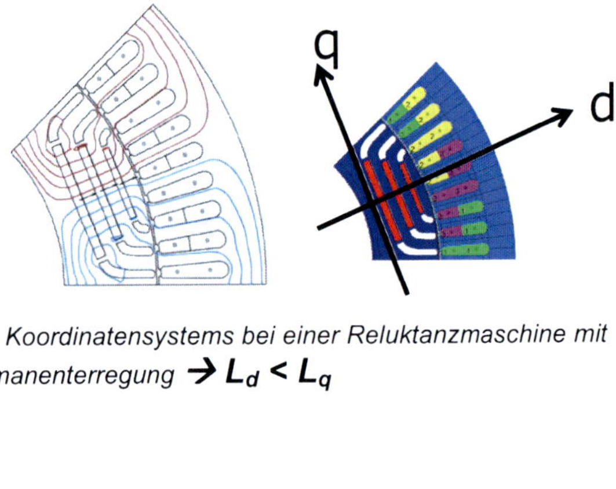

Bild 5: Bestimmung des d-/q- Koordinatensystems bei einer Reluktanzmaschine mit Permanenterregung **→ $L_d < L_q$**

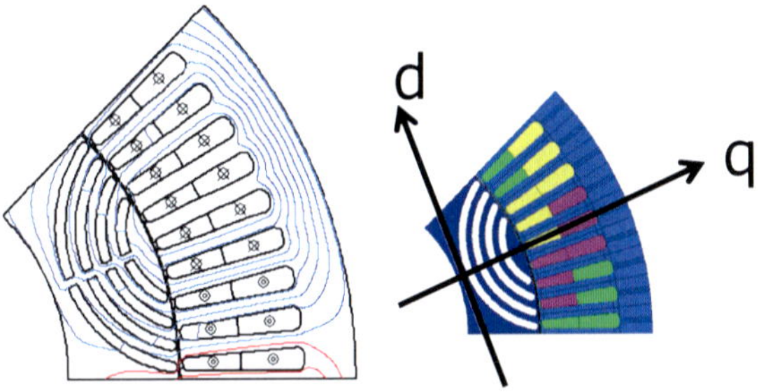

Bild 6: Bestimmung des d-/q- Koordinatensystems bei einer reinen Reluktanzmaschine (ohne Permanenterregung) **→ $L_d > L_q$**

Das d- und q- Achsensystem wird praktisch vertauscht. Bei der Maschine mit permanenter Erregung gibt die Magnetisierungsachse der permanenten Erregung die d-Achse vor. Bei der reinen Reluktanzmaschine gibt die Achse mit dem geringsten magnetischen Widerstand die d- Achse vor.
Bei gut gestalteten reinen Reluktanzmaschinen lassen sich Induktivitätsdifferenzen von 6…8 erreichen.

Somit unterscheiden sich auch die Drehmomentgleichungen für die beiden Anordnungen gemäß Bild 5 und Bild 6. Die folgenden Bilder zeigen die jeweiligen Drehmomentgleichungen sowie die Zeigerdiagramme:

$$M = \frac{m}{2}\, p\, (\Psi_m\, i_q + (L_d - L_q)\, i_d\, i_q)$$

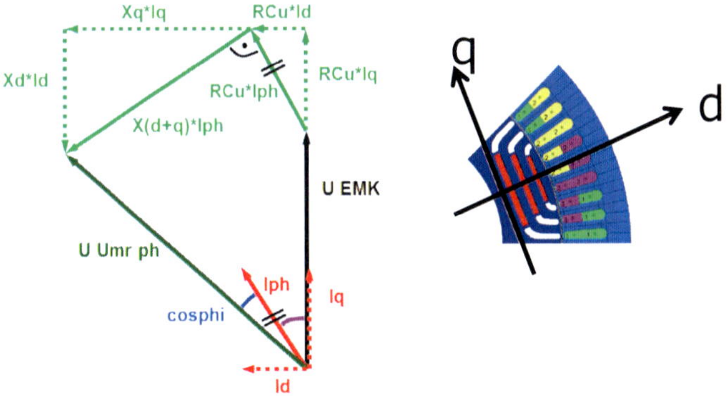

Bild 7: Die Drehmomentgleichung und das Zeigerdiagramm für die permanenterregte Reluktanzmaschine (L_d-L_q ist negativ. Da i_d auch negativ ist, ergibt sich ein positives Reluktanzmoment)

$$M = \frac{m}{2} p(L_d - L_q) i_d i_q)$$

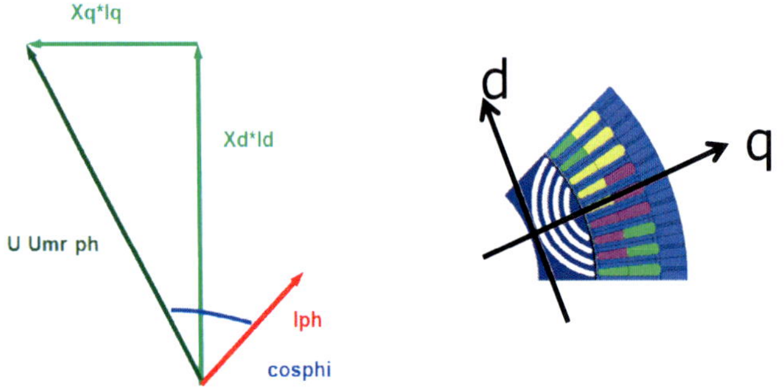

Bild 8: Die Drehmomentgleichung und das Zeigerdiagramm für die reine Reluktanzmaschine (L_d-L_q ist positiv. Da i_d auch positiv ist, ergibt sich ein positives Reluktanzmoment)

Das Reluktanzmoment muss analog den oben gezeigten Formeln mit einer d- Strom-Komponente „erzeugt“ werden. Deswegen ist es notwendig einen Phasenwinkel zwischen der inneren Spannung der Maschine (Polradspannung U_P) und dem Phasenstrom einzuprägen. Diesen Winkel nennt man üblicherweise Polradwinkel. In Abhängigkeit dieses Winkels und natürlich des Phasenstromes stellt sich das nutzbare Drehmoment ein. Folgende Bilder (Bild 9) zeigen die Zusammenhänge im Vergleich:

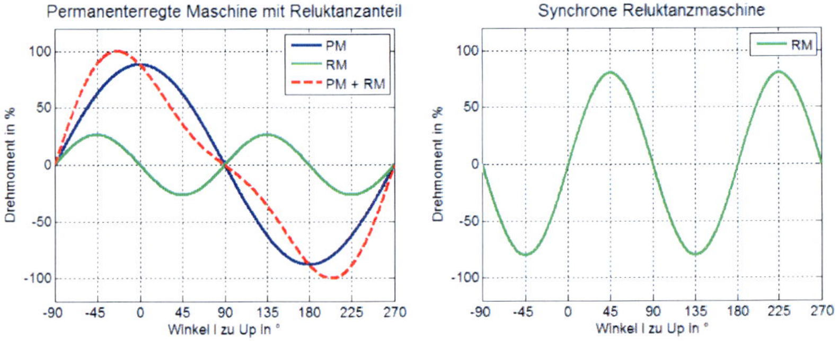

Bild 9: Drehmomentbildung in Abhängigkeit des Polradwinkels bei der permanent erregten Reluktanzmaschine im Vergleich zu der „reinen“ Reluktanzmaschine

Die Ersatzschaltbilddaten, wie die Induktivitäten und die Flussverkettung, hängen, wie schon erwähnt, maßgeblich von dem Polradwinkel ab und sind demnach ziemlich nicht linear. Deswegen kann man die Reluktanzmaschine bei richtiger Betriebsstrategie nicht auf eindimensionale Ersatzschaltbilddaten reduzieren. Um die Maschine je nach Leistungs-, Drehmoment- bzw. Drehzahlanforderungen im optimalen Betriebspunkt zu betreiben, ist es notwendig, die Umrichter Parametrierung analog den Simulationsergebnissen intelligent anzupassen. Deswegen werden die Simulationsergebnisse der Motorberechnung in einen mehrdimensionalen Parametersatz für den Frequenzumrichter bzw. die Leistungselektronik transferiert.

Damit lassen sich auch unterschiedliche Betriebsstrategien darstellen. Zum einen kann zum Beispiel eine Strom optimierte Ansteuerung des Motors erfolgen. Zum anderen lassen sich auch Verlust optimierte Varianten für die Motorseite realisieren. Folgende Tabelle in Bild 10 zeigt beispielhaft diese Nichtlinearitäten einer Reluktanzmaschine. Wie man erkennen kann, werden die Phasenströme sowie Polradwinkel variiert und die dementsprechenden Ersatzschaltbilddaten ermittelt. Die weitere Verarbeitung für die Transformation erfolgt in weiteren analytischen Berechnungstools.

Curr [A]	Angle [°]	Ld [H]	Lq [H]	Psi_mag [Vs]	Torque [Nm]
20.20	.000	.5433E-06	.8427E-06	.8572E-04	.3117
20.20	-25.00	.5918E-06	.8754E-06	.8572E-04	.2905
20.20	-50.00	.6403E-06	.9027E-06	.8572E-04	.2099
40.41	.000	.5090E-06	.7920E-06	.8380E-04	.6095
40.41	-25.00	.5932E-06	.8436E-06	.8380E-04	.5806
40.41	-50.00	.6774E-06	.8810E-06	.8380E-04	.4212
60.61	.000	.4711E-06	.7441E-06	.8107E-04	.8844
60.61	-25.00	.5767E-06	.8131E-06	.8107E-04	.8614
60.61	-50.00	.6824E-06	.8465E-06	.8107E-04	.6219
80.81	.000	.4413E-06	.6980E-06	.7774E-04	1.131
80.81	-25.00	.5544E-06	.7800E-06	.7774E-04	1.126
80.81	-50.00	.6675E-06	.8152E-06	.7774E-04	.8124
101.0	.000	.4270E-06	.6552E-06	.7412E-04	1.348
101.0	-25.00	.5370E-06	.7452E-06	.7412E-04	1.368
101.0	-50.00	.6470E-06	.7889E-06	.7412E-04	.9946
121.2	.000	.4203E-06	.6156E-06	.7048E-04	1.538
121.2	-25.00	.5231E-06	.7093E-06	.7048E-04	1.582
121.2	-50.00	.6260E-06	.7669E-06	.7048E-04	1.172
141.4	.000	.4185E-06	.5788E-06	.6688E-04	1.702
141.4	-25.00	.5119E-06	.6716E-06	.6688E-04	1.763
141.4	-50.00	.6052E-06	.7447E-06	.6688E-04	1.34

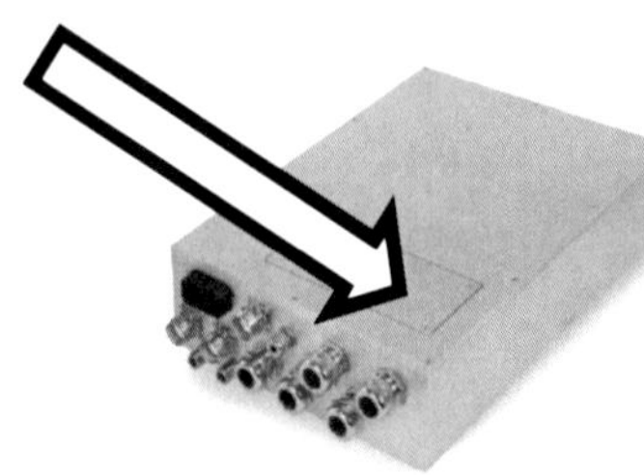

Bild 10: Simulationsergebnisse in Abhängigkeit des Phasenstromes und des Polradwinkels

2. Berechnungstechnische Vergleiche und messtechnische Untersuchungen

Um die unterschiedlichen Motortopologien vergleichen zu können, wurden bei ATE mehrere Ausführungen simuliert, als Prüfmotoren aufgebaut und auf dem Prüfstand getestet. Folgende maßgeblichen Rahmendaten liegen der Benchmark Untersuchung zugrunde:

- Polzahl der Maschine: 8
- Aktiver Maschinendurchmesser: 250mm
- Kühlung: Wasser
- Maximal mögliche Drehzahl der Prüfstandmotoren: 8.000min^{-1}
- Maximaler Phasenstrom des Umrichters: 200A_{eff}
- Leistungseckpunkt: 2...2.500min^{-1}

Verglichen wurden folgende Topologien:

ATE DC- Variante mit Oberflächenmagneten / Betrieb mit Vorschaltdrossel

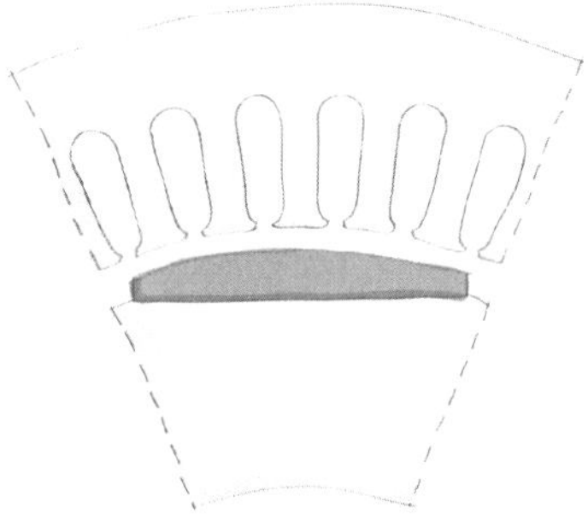

Bild 11: ATE DC- Variante mit Oberflächenmagneten

Einige grundlegende positive Eigenschaften:

- ➔ Hohe Drehmomentdichte
- ➔ Großer Wellendurchmesser (Wellensteifigkeit)
- ➔ Geringe Massenträgheit
- ➔ Massiver Magnetträger möglich
- ➔ Hoher Leistungsfaktor

ATE FS- Variante mit eingebetteten Magneten und Reluktanzmomennutzung

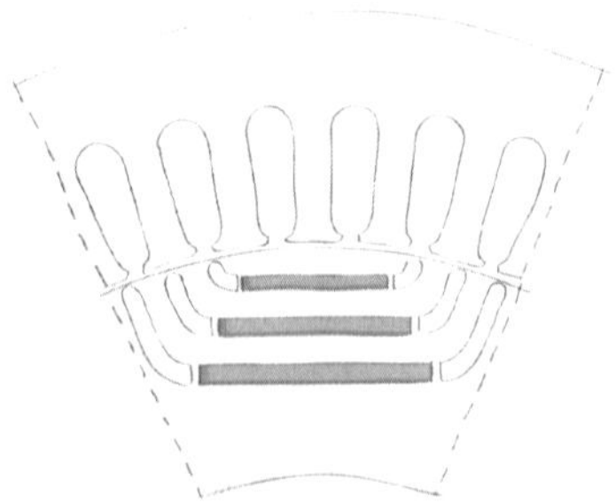

Bild 12: ATE FS- Variante mit eingebetteten Magneten und Reluktanzmomentnutzung

Einige grundlegende positive Eigenschaften:

- ➔ Keine Vorschaltdrossel erforderlich
- ➔ Großer Feldschwächestellbereich
- ➔ Hohe Induktivität
- ➔ Großer Stellbereich mit konstanter Leistung
- ➔ Geringe Rotorverluste
- ➔ Wirkungsgradoptimierte Parametrierung der Leistungselektronik möglich
- ➔ Hoher Leistungsfaktor

ATE RL- Variante ohne Magnete / nur Reluktanzmomentnutzung

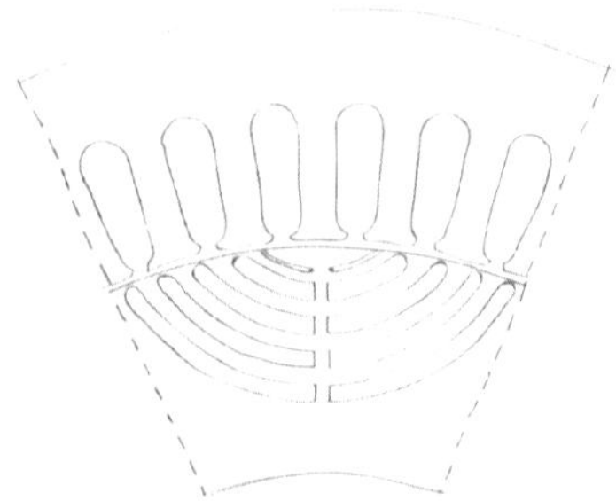

Bild 13: ATE RL- Variante / Reluktanz

Einige grundlegende positive Eigenschaften:

- ➔ Keine Permanentmagnete erforderlich
- ➔ Kostengünstiger Aufbau
- ➔ Reduzierung des magnetischen Flusses über die Statorbestromung
- ➔ Hohe Induktivität

- ➔ Geringe Rotorverluste
- ➔ Kein VPM (Volt Protection Modul) erforderlich
- ➔ Keine Schleppverluste

ATE AC- Variante als Asynchronmaschine

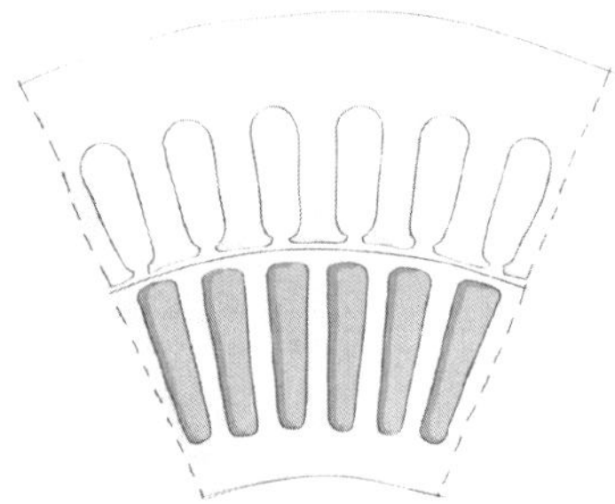

Bild 14: ATE AC- Variante / Asynchron

Einige grundlegende positive Eigenschaften:

- ➔ Geringe Rotorverluste durch Cu- Käfig
- ➔ Keine Permanentmagnete erforderlich
- ➔ Kein VPM (Volt Protection Modul) erforderlich
- ➔ Reduzierung des magnetischen Flusses über die Statorbestromung
- ➔ Keine Schleppverluste

Die folgenden Diagramme zeigen die Ergebnisse des Vergleichstest:

Bild 15: S1- Drehmoment im unteren Drehzahlbereich (gleicher Strombelag im Stator vorausgesetzt)

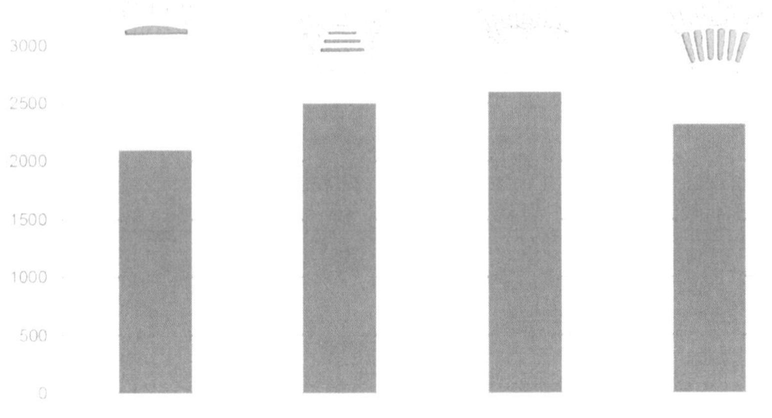

Bild 16: Einsetzdrehzahl Feldschwächung bzw. Reduktion des magnetischen Flusses

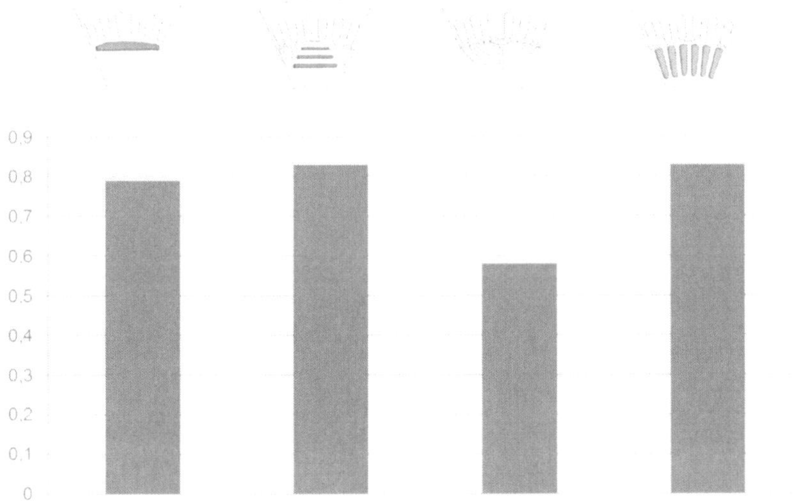

Bild 17: Cosphi im Nennarbeitspunkt

Bild 18: Rotorverluste im Nennarbeitspunkt

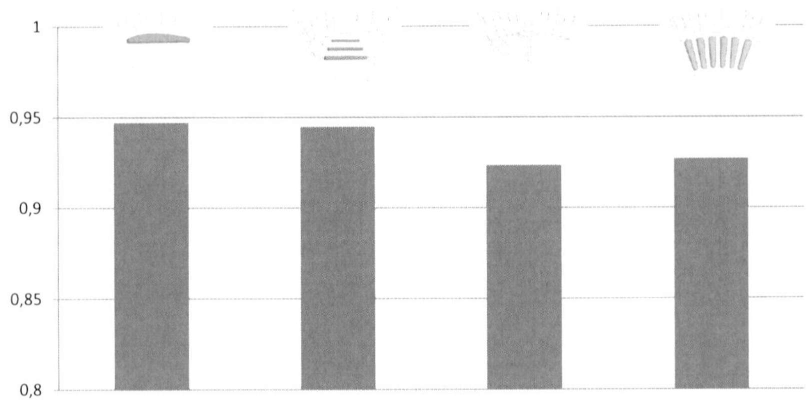

Bild 19: Wirkungsgrad im Nennarbeitspunkt

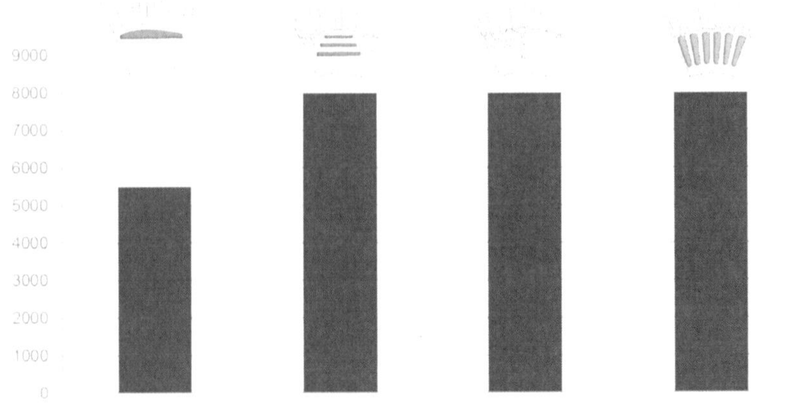

Bild 20: Maximale Drehzahl

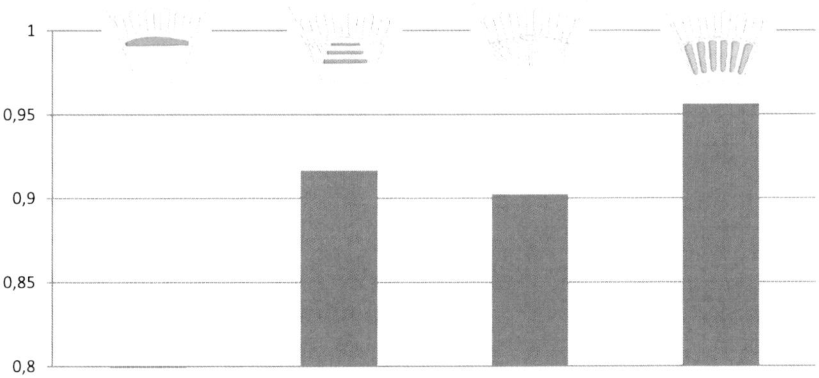

Bild 21: Wirkungsgrad bei maximaler Drehzahl (RL weist etwa nur die Hälfte des vergleichbaren Drehmomentes auf!)

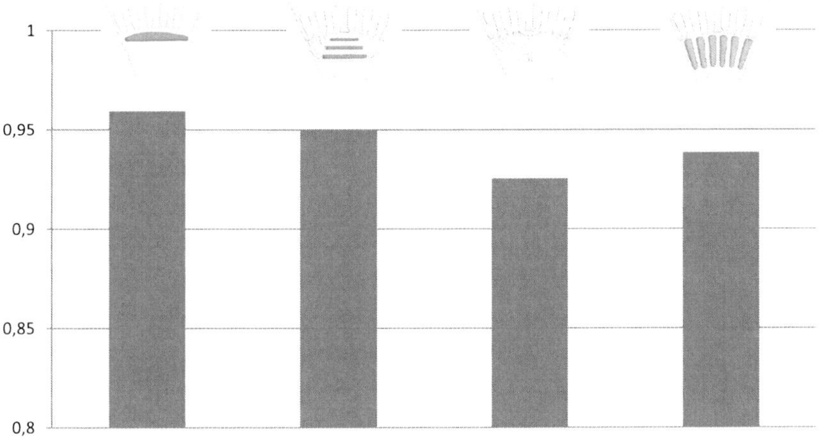

Bild 22: Wirkungsgrad bei halber Nennlast im Nenndrehzahlpunkt

Weitere **Detailuntersuchungen an der RL- Variante** ergaben einen aktzeptablen Wirkungsgrad im Teillastbetrieb. Dies hängt vor allem von der Möglichkeit der Flusssteuerung ab. Folgende Bild 23 zeigt den Wirkungsgradverlauf in Abhängigkeit der Belastung und bei 2 Drehzahlen.

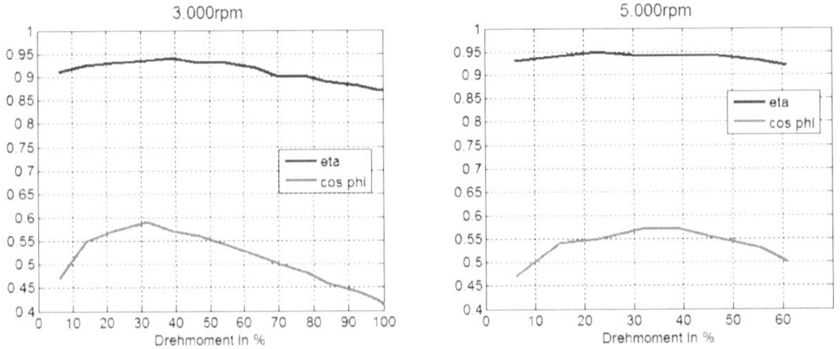

Bild 23: Wirkungsgradverlauf und cos phi bei der RL- Variante (Reluktanz)

Da insbesondere die getestete RL- Variante für Wasserkühlung ausgelegt wurde, liegt der Nennpunkt schon nahe an der Überlastfähigkeit dieser Anordnung. Außerdem ist die Überlastfähigkeit aufgrund der dann notwendigen hohen magnetischen Sättigung sehr begrenzt. Folglich ist die „reine" Reluktanzmaschine gut für Maschinen geeignet, die maßgeblich im Teillastbetrieb laufen und eine moderate Überlastfähigkeit benötigen. Auch für Luft gekühlte Ausführungen zeigt die RL- Variante gute Potenziale.

Eine ideale Ansteuerung der Reluktanzmaschine mit optimalem Wirkungsgrad, lässt die Maschine im Prinzip bei hohen Drehmomenten knapp an der Kippgrenze bzw. an der Regelgrenze (keine Überlastfähigkeit mehr vorhanden) laufen. Deswegen kann es bei voller Ausnützung bzw. Betrieb der Maschine an der Überlastgrenze schon bei kleinen Laststößen zum „Wegkippen" kommen.

Grundsätzlich benötigt die RL- Maschine aufgrund Ihres niedrigen cos phi, ausgehend von der gleichen Leistungsfähigkeit an der Welle im Vergleich zu den anderen vorgestellten Varianten, immer eine höhere Scheinleistung bzw. Strom an den Motorklemmen. Dies erfordert immer ein leistungsfähigeres Umrichtermodul und hat höhere Wicklungsverluste zur Folge.

Eine weitere Erkenntnis ist, dass man zur Simulation der RL- Maschine und auch der FS- Maschine eine exakte Kenntnis über die BH- und Verlustkennlinien der eingesetzten Elektrobleche haben muss. Dies gilt insbesondere für die Werte im Sättigungsbereich, also zum Beispiel für Werte >1,8T. Erfahrungsgemäß reichen für die Simulation hier nicht mehr die Kennlinien von den Elektroblechherstellern aus, sondern man muss diese Materialkenndaten und geometrischen Anordnungen im Detail genau untersuchen. Insbesondere befinden sich die Streustege auf der Rotorseite in bestimmten Betriebszuständen in Sättigung. Das Bild 24 zeigt eine typische B-H Kennlinie gekennzeichnet mit dem kritischen Kennlinienbereich der „magnetischen Sättigung".

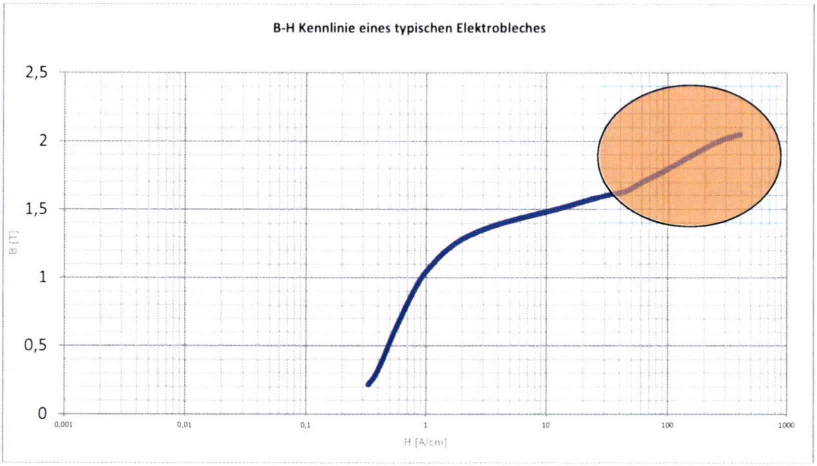

Bild 24: B-H Kennlinie eines typischen Elektrobleches. Markiert ist die kritische Sättigungsbereich.

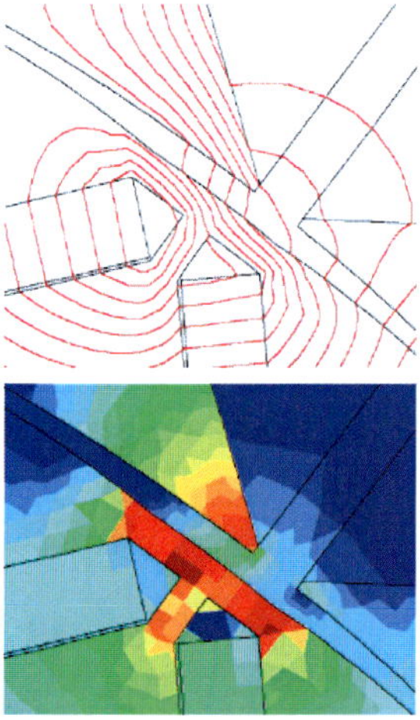

Bild 25: Simulationstechnisch kritisch Sättigungszonen im Querschnitt einer RL- oder FS- Maschine

Aufgrund der oben beschriebenen Problematik konnten wir Abweichungen von Simulation zu Messergebnissen feststellen. Bild 26 zeigt die Größenordnung der Abweichung von der initialen Simulation zu den Messergebnissen.

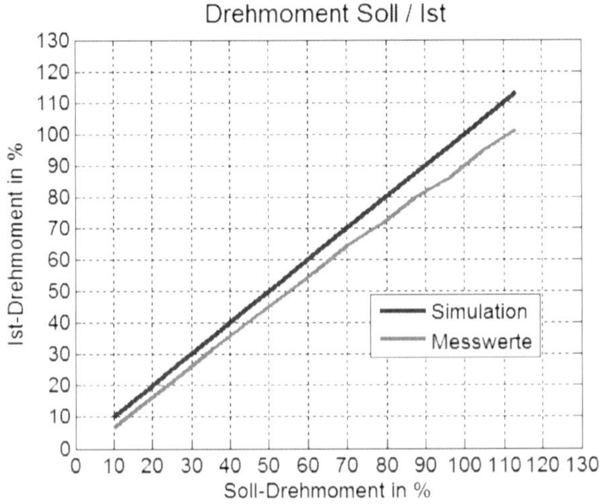

Bild 26: Abweichung initiale Simulation zu Messergebnissen

3. Zusammenfassung und Schlussfolgerung

Die Reluktanzmomentnutzung bei Synchronmaschinen, permanent erregt oder rein Reluktanz, ermöglicht dem Entwickler von elektrischen Maschinen, eine auf die spezifischen Anforderungen zugeschnittene Synchronmaschine auszulegen. Des Weiteren lässt sich durch Nutzung des Reluktanzmomentes der Einsatz von Selten Erde Magnet Werkstoffen deutlich reduzieren bzw. sogar komplett vermeiden. Auch Kombinationen mit günstigen Ferritmagneten sind denkbar. Damit ist man nicht der bekannten Material- und Kostenabhängigkeit dieser Selten Erde Werkstoffe ausgesetzt. Weiter erreicht man durch die gute Feldstellbarkeit der „reinen" Reluktanzmaschine zum einen ein großes nutzbares Drehzahlband und zum anderen sehr gute Wirkungsgrad, zumindest im Teillastbereich. Die Überlastfähigkeit und der hochausgenützte Betrieb, zum Beispiel bei Wasserkühlung, der „reinen" Reluktanzmaschine sind im Vergleich zu anderen Topologien eher beschränkt. Weiter ist zu beachten, dass bedingt durch den niedrigen cos phi, die „reine" Reluktanzmaschine größere leistungsfähigere Umrichtermodule bei vorgegebener Wellenleistung benötigt und natürlich höhere Wicklungskupferverluste aufweist. Eine optimierte Nutzung des Reluktanzmomentes ist aufgrund der Nichtlinearitäten solcher geeigneter Topologien nur mit entsprechend parametrierfähigen Umrichtern möglich. Die Synchronmaschine mit Reluktanzmomentnutzung wird weiter eine zentrale Rolle in der elektrischen Antriebstechnik spielen. Um jedoch die Anforderungen an die Antriebsaufgabe zu erfüllen, werden die Varianten zunehmen.

Die Firma ATE Antriebstechnik und Entwicklungs GmbH mit in Leutkirch, bewertet die Anforderung an Ihre Antriebsaufgabe im Detail und entwickelt und fertigt dann die geeignete oder die geeigneten Motortopologien für Sie. (www.ate-system.de)

Literatur

[1] Diverse Veröffentlichungen und Seminarunterlagen von Herrn Prof. Dr. Reichert / ETH-Zürich

[2] Handbuch Elektrische Kleinantriebe von Herrn Prof. Dr. Stölting / Hanser Verlag

[3] Buch Elektrische Maschinen von Herrn Prof. Dr. Fischer / Hanser Verlag

17 Permanentmagneterregter Traktionsantrieb für ein Elektrofahrzeug: Bauraum, Wirkungsgrad und Kosten – das Auslegungsdreieck

Marco Hombitzer, David Franck, Georg von Pfingsten und Kay Hameyer

Abstract

The basic demands of an electric drive-train are a high efficiency, a small installation space and low costs. When designing the drive-train they cannot be regarded without affecting each other. The fundamental relationships between these demands are shown. A design methodology for permanent excited synchronous machines is presented to solve this conflict.

Kurzfassung

Die grundlegenden Anforderungen an einen elektrischen Antriebsstrang sowie dessen Komponenten sind ein hoher Wirkungsgrad, ein geringer Bauraumbedarf sowie geringe Kosten. Eine voneinander getrennte Betrachtung dieser Aspekte bei der Auslegung kann nicht erfolgen, da sie sich gegenseitig beeinflussen. Am Beispiel einer permanentmagneterregten Synchronmaschine wird eine Entwurfsmethodik zur Lösung dieses Konflikts vorgestellt.

1. Einleitung

Durch wachsendes Verkehrsaufkommen nehmen die Belastungen für Mensch und Umwelt durch Lärm- und Schadstoffemissionen weiter zu. Steigendes Umweltbewusstsein und die Ressourcenknappheit fossiler Brennstoffe rücken alternativ angetriebene Fahrzeuge zusehends in den Mittelpunkt von Politik, Forschung und Entwicklung. Da eine Reduzierung des Verkehrsaufkommens nur eingeschränkt realisierbar ist, müssen andere Wege gefunden werden diese Problematik zu lösen. So müssen effizientere Fahrzeuge entwickelt werden, die sich durch geringere Schadstoffemissionen im Vergleich zu konventionell angetriebenen Fahrzeugen auszeichnen, ohne dass deren gewohnter Komfort und Fahrspaß verloren gehen.
Elektrofahrzeuge stellen eine aussichtsreiche Möglichkeit dar dieser Problematik zu begegnen. Ein Thema, das der breiten Akzeptanz von Elektrofahrzeugen derzeit noch im Wege steht, ist die im Vergleich zu konventionell angetriebenen Fahrzeugen deutlich reduzierte Reichweite. Um die Reichweite zu erhöhen und den Energiebedarf des Fahrzeugs zu senken, werden vielfältige Ansprüche an die Komponenten des elektrischen Antriebsstrangs gestellt. Es reicht jedoch nicht aus die Einzelkomponenten des Antriebsstrangs zu optimieren, da dies nicht zwangsläufig zu einem

vorteilhaften Verhalten des Gesamtsystems führt. Somit muss der Fokus bei der Entwicklung stets auf dem gesamten Antriebsstrang liegen.
Die Anforderungen an den Antriebsstrang sind vielfältig und unterscheiden sich je nach Fahrzeug und dessen Anforderungsprofil. Das Ziel bei der Antriebsauslegung ist die Erfüllung möglichst aller an ihn gestellten Anforderungen. Diese können im Rahmen der Auslegung jedoch nicht separat voneinander betrachtet werden, da sie unter gegenseitiger Beeinflussung stehen. Hierdurch entsteht ein Zielkonflikt, den es zu lösen gilt. Im Folgenden werden die hauptsächlichen Anforderungen an einen elektrischen Traktionsmotor erläutert. Ihre grundlegen Zusammenhänge und Abhängigkeiten zu weiteren Antriebsstrangkomponenten wie Batterie, Leistungselektronik, Kühlung und Getriebe werden dargestellt und der Konflikt bei der Auslegung verdeutlicht. Anschließend wird am Beispiel einer permanentmagneterregten Synchronmaschine (PMSM) eines elektrischen Sportwagenantriebs, die im Rahmen des vom Bundesministerium für Bildung und Forschung geförderten Forschungsprojektes „e-generation“ entwickelt wurde, eine Auslegungsmethodik zur Lösung dieses Konfliktes vorgestellt.

2. Hauptanforderungen an einen Traktionsantrieb

An die Traktionsmaschine eines elektrischen Antriebsstrangs werden umfangreiche Anforderungen gestellt. Um eine hohe Reichweite des Fahrzeugs zu erreichen, muss die Antriebsmaschine leicht sein und möglichst kompakte Abmessungen besitzen. Zudem ist der im Fahrzeug zur Verfügung stehende Bauraum limitiert. Dies führt somit insgesamt zur Forderung einer hohen Leistungsdichte. Die Leistungsdichte einer elektrischen Maschine kann jedoch nicht beliebig gesteigert werden, da mit zunehmender Leistungsdichte auch die Verlustleistungsdichte ansteigt. Damit führt die maximal abführbare Verlustleistung zu einer thermischen Auslegungsgrenze.
Zur Reduzierung der Verlustleistung und der effizienten Verwendung der in den Batterien gespeicherten elektrischen Energie muss die Maschine einen sehr hohen Wirkungsgrad besitzen. Elektrische Maschinen in Traktionsantrieben werden im Vergleich zu vielen industriellen Einsätzen nicht nur in einem Arbeitspunkt betrieben. Daher ist für die Traktionsmaschine nicht der maximal erreichbare Wirkungsgrad entscheidend, sondern der gemittelte Wirkungsgrad über eine typische Fahrt.
Derzeit sind aus Kundenperspektive Elektrofahrzeuge noch deutlich teurer als konventionell angetriebene Fahrzeuge, was ein weiterer Aspekt ist, der dem Durchbruch der Elektromobilität aktuell noch im Wege steht. Die Kosten für die elektrische Traktionsmaschine an den Gesamtkosten eines elektrischen Antriebsstrangs inklusive Batterie liegen bei 5 % bis 20 %. Somit ist die Reduzierung der Kosten der Maschine ein lohnenswerter Ansatz auf dem Weg die Gesamtkosten des Antriebsstrangs weiter zu senken [1]. Dabei müssen sowohl Materialkosten als auch Fertigungskosten betrachtet werden.

3. Das Auslegungsdreieck

Die in Bild 1 dargestellten wesentlichen Anforderungen gelten für den gesamten Antriebsstrang sowie dessen Einzelkomponenten und werden anhand der elektrischen Maschine detailliert betrachtet.

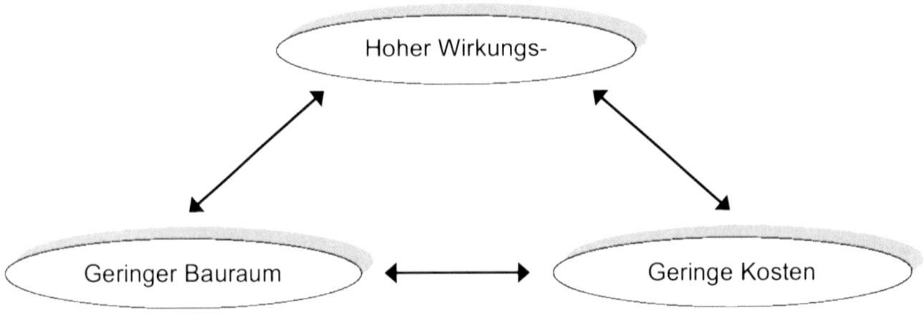

Bild 1: Bauraum, Wirkungsgrad und Kosten – das Auslegungsdreieck.

Das Ziel bei der Auslegung einer elektrischen Maschine für einen Traktionsantrieb ist die Entwicklung einer Maschine, welche die gestellte Leistungsanforderung unter Beachtung der Anforderungen der drei Aspekte des Auslegungsdreiecks erreicht. Die grundlegenden Zusammenhänge dieser drei Aspekte werden im Folgenden am Beispiel einer permanentmagneterregten Synchronmaschine erläutert. Als Ausgangspunkt wird dabei das Ziel gewählt, einen möglichst hohen Wirkungsgrad der Maschine zu erreichen. Um den Wirkungsgrad zu erhöhen, müssen die auftretenden Verluste reduziert werden. Betrachtet werden Ohm'sche Verluste in der Statorwicklung, Eisenverluste in Stator- und Rotorblech sowie Wirbelstromverluste in den Permanentmagneten des Rotors.

3.1 Ohm'sche Verluste

Die Verluste in der Statorwicklung steigen mit dem Wicklungswiderstand sowie dem Quadrat des Leiterstroms. Somit bilden Strom und Widerstand Ansatzpunkte die Kupferverluste zu reduzieren.

3.1.1 Leiterstrom

Es gibt verschiedene Möglichkeiten den Strombedarf der Maschine zu beeinflussen. So ist die Höhe des Stroms zum einen von der ausgewählten Spannungsebene abhängig. Eine davon ist die Ausführung der Statorwicklung. Für die Drehmomentbildung ist vor allem die Grundwelle der von der Wicklung erzeugten Drehdurchflutung von Nutzen. Daher sollte die Wicklung eine hohe Grundwelle erzeugen und möglichst geringe Oberwellen. Um die für ein bestimmtes Drehmoment benötigte Grundwelle der Durchflutung möglichst verlustarm und somit mit möglichst geringem Strom zu erzeugen, muss eine Wicklung mit hohem Wicklungsfaktor der Grundwelle gewählt werden. Eine Einschränkung der Auswahlmöglichkeit der Wicklung ergibt sich zum einen durch eine bereits festgelegte Polpaarzahl. Zum anderen kann bei einem bestimmten Statordurchmesser aus geometrischen Gründen nur eine gewisse maximale Anzahl an Statorzähnen sinnvoll umgesetzt werden, so dass auch hierdurch die zur Auswahl stehenden Kombinationen aus Polpaarzahl und Lochzahl begrenzt werden.

Um die Maschine optimal auszunutzen ist darauf zu achten, dass im späteren Betrieb im Grunddrehzahlbereich mit einer Regelung auf maximales Moment pro Ampere betrieben wird [2]. Das heißt das angeforderte Drehmoment wird mit dem kleinsten Strom gestellt, mit dem dieses Drehmoment erreicht werden kann. Andernfalls würden unnötige Wicklungsverluste erzeugt oder die Maschine müsste unter Einhaltung einer maximalen Stromgrenze überdimensioniert werden. Dies würde zu einem erhöhten Bauraum und einer verringerten Leistungsdichte führen.

3.1.2 Wicklungswiderstand

Maßnahmen zur Verkleinerung des Wicklungswiderstands können ebenfalls zur Reduzierung der Ohm'schen Verluste beitragen. Der Wicklungswiderstand hängt ab von dem spezifischen Widerstand des Leitermaterials, der mittleren Windungslänge sowie der Querschnittsfläche des Leiters.
Aus einer gezielten Materialauswahl ergibt sich der spezifische elektrische Widerstand. Bei der Auswahl eines geeigneten Materials muss ein Kompromiss hinsichtlich spezifischem Widerstand, Dichte und Rohstoffpreis getroffen werden. So könnte durch die Auswahl einer Silberwicklung der Widerstand im Vergleich zu einer Kupferwicklung zwar um 5,7 % reduziert werden, allerdings stehen dem die immensen Mehrkosten von Silber entgegen. Typischerweise wird in Statorwicklungen elektrischer Maschinen Kupfer eingesetzt.
Ein weiterer Ansatzpunkt ist die Reduzierung der mittleren Windungslänge. Die mittlere Windungslänge setzt sich zusammen aus der Wicklungslänge in der Statornut, die der Länge der Aktivteile entspricht, sowie der Länge der Leiter im Wickelkopf der Maschine. Der Anteil des Kupfers im Wickelkopf trägt nicht zur Drehmomentbildung bei, sondern steigert die Ohm'schen Verluste. Die Wickelköpfe einer Einzelzahnwicklung sind kleiner als die einer verteilten Wicklung, siehe Bild 2. Somit fällt bei Verwendung einer Einzelzahnwicklung bei konstanter aktiver Länge die Gesamtlänge der Maschine kleiner aus und die Ohm'schen Verluste werden verringert. Bei gleichbleibender Gesamtlänge der Maschine kann bei gleichem Volumen eine größere aktive Länge verbaut werden. In beiden Fällen wird die Leistungsdichte der Maschine gesteigert. Zudem wird die Wickelkopflänge kleiner bei steigender Polpaarzahl, so dass hierdurch ebenfalls eine Erhöhung der Leistungsdichte erreicht werden kann. Durch hohe Polpaarzahlen können höhere Drehmomente erreicht werden, jedoch steigen Eisen- und Magnetverluste überproportional mit der Polpaarzahl.
Vergrößert man den Leiterquerschnitt, wird der Wicklungswiderstand reduziert. Somit wird mehr Platz für die Wicklung im Stator benötigt, der Nutquerschnitt muss steigen und somit auch der Gesamtquerschnitt des Stators. Durch diese Maßnahme wird nicht nur die Leistungsdichte der Maschine reduziert, sondern durch den erhöhten Materialaufwand für Kupfer und Elektroblech auch die Kosten gesteigert. Zudem werden die magnetischen Pfade im Stator länger, was zu einer Erhöhung der Eisenverluste führt. Aus thermischer Sicht wird bei Vergrößerung des Nutquerschnitts die Abfuhr der Verluste durch die größere Kontaktfläche von Wicklung und Statorblech verbessert. Zudem steigt die Kontaktfläche an der Außenseite des Stators zum Kühlmantel.

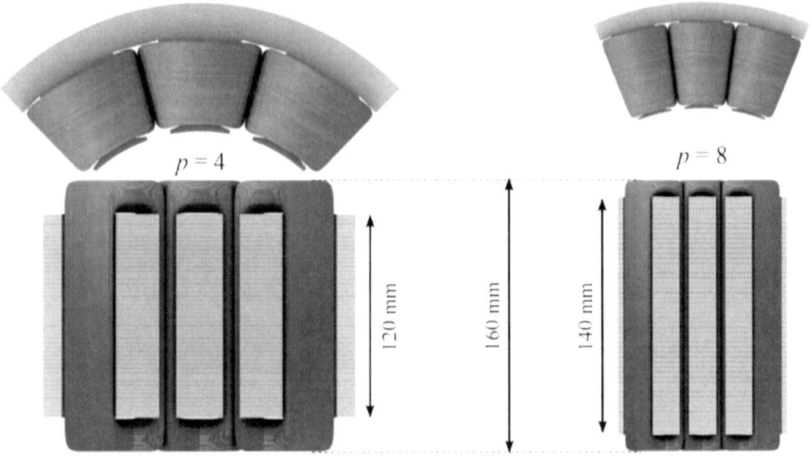

a) Einzelzahnwicklung

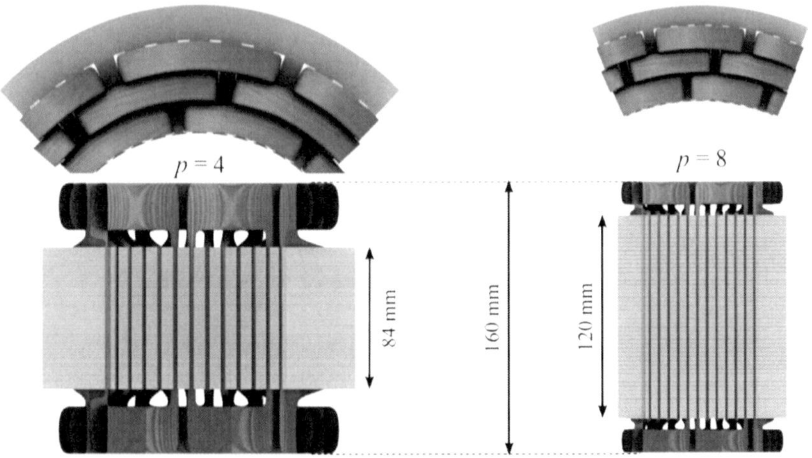

b) Verteilte Wicklung

Bild 2: Einfluss der Polpaarzahl und Wicklungsart auf die Wickelkopflänge.

3.2 Eisenverluste

Die Eisenverluste bilden abhängig vom Betriebspunkt einen signifikanten Anteil an den Gesamtverlusten. Sie setzen sich zusammen aus Hystereseverlusten, Wirbelstromverlusten und Zusatzverlusten [3, 4, 5].

Beeinflusst werden sie durch die auftretenden elektrischen Frequenzen, Materialeigenschaften des ausgewählten Elektroblechs sowie der geometrischen Gestaltung des Eisenkreises.

3.2.1 Elektrische Frequenz

Eisenverluste steigen überproportional mit der elektrischen Frequenz und somit dem Produkt aus Drehzahl und Polpaarzahl: $f_{el} = n \cdot p$.
Die Maschinendrehzahl hat maßgeblichen Einfluss auf den Bauraum der Maschine. Wenn die geforderte Leistung mittels hohen Drehzahlen erzielt wird, sinkt dementsprechend das dafür benötigte Drehmoment und somit das Volumen der Maschine. Demzufolge steigt der Bauraumbedarf, wenn die Drehzahl gering ist und die geforderte Leistung über ein hohes Drehmoment erreicht werden muss.
Mit kleiner werdender Polpaarzahl ergeben sich Nachteile in Rotor und Stator. Sinkt die Polpaarzahl, so wachsen bei unveränderter Polbedeckung die Abmessungen der einzelnen Magnete. Aufgrund der damit einhergehenden gestiegenen Magnetmasse steigt die Fliehkraftbelastung und die Eisenstege im Rotor müssen dicker ausgeführt werden um die mechanische Festigkeit weiterhin zu gewährleisten. Durch die dickeren Stege erhöht sich der Streufluss der Magnete und es steht weniger Nutzfluss im Luftspalt zur Drehmomentbildung zur Verfügung. Die Ausnutzung des in den Rotor eingebrachten Magnetmaterials sinkt und die Leistungsdichte der Maschine wird reduziert. Um dem entgegenzuwirken und den Nutzfluss wieder anzuheben, müsste mehr Magnetmaterial in der Maschine verbaut werden, was eine Zunahme der Materialkosten bedeuten würde. Im Stator sorgt eine kleiner werdende Polpaarzahl, wie beschrieben, für größere Wickelköpfe und höhere Ohm'sche Verluste in der Statorwicklung.

3.2.2 Materialauswahl

Durch eine gezielte Auswahl der weichmagnetischen Materialien für Stator und Rotor können die auftretenden Eisenverluste beeinflusst werden. Durch unterschiedliche Legierungszusammensetzungen können verschiedene Blechqualitäten hergestellt werden, die sich in der Höhe der spezifischen Eisenverluste sowie ihrem Magnetisierungsverhalten in verschiedenen Frequenzbereichen voneinander unterscheiden. Neben der Zusammensetzung der Legierung haben auch die Blechdicke durch ihren Einfluss auf die Verringerung der Wirbelstromverluste sowie die Blechverarbeitung eine große Bedeutung. Mit verlustarmen Blechen geringer Dicke, wie beispielsweise NO10, kann der Wirkungsgrad elektrischer Maschinen signifikant gesteigert werden. Jedoch sind deutliche Preisunterschiede zu Standardblechen, zum Beispiel M270-35A, festzustellen. Des Weiteren erfordert die geringe Blechdicke eine deutlich höhere Anzahl an Einzelblechen, um eine identische Paketlänge zu erreichen. Im Angegebenen Beispiel sind beim Einsatz von NO10 um den Faktor 3,5 mehr Einzelbleche notwendig. Die Sensitivere Handhabung der Bleche führt zu einem teureren Fertigungsverfahren. Der erhöhte Fertigungsaufwand bei der Paketierung der Aktivteile schlägt sich zusätzlich negativ auf die Kosten nieder.

3.2.3 *Geometrie des Eisenkreises*

Auch die Geometrie des Eisenkreises beeinflusst die Höhe der auftretenden Eisenverluste. Um den magnetischen Widerstand zu verringern, sollten die magnetischen Weglängen möglichst kurz sein. Eine mögliche Maßnahme die magnetische Weglänge im Stator zu verkleinern wäre eine Verringerung der Höhe der Statorzähne. Dies hätte einen sinkenden Statoraußendurchmesser und eine kleinere Querschnittsfläche der Nut zur Folge. Die Stromdichte in der Nut und somit in den Leitern würde dementsprechend steigen. In Folge dessen würde der Wicklungswiderstand und somit die Ohm'schen Verluste wachsen. Insgesamt würde also eine Verlagerung der Verluste aus dem Statorblech in die Wicklung erfolgen. Die thermische Belastung der Nut würde sich erhöhen, da neben den größeren Verlusten zudem eine kleinere Kontaktfläche zwischen Nut und Statorblech zur Abfuhr der Verlustwärme zur Verfügung stehen würde.
Neben der Länge des magnetischen Pfades hat auch der Querschnitt, in dem der magnetische Fluss geführt wird, einen Effekt auf die Höhe der erzeugten Eisenverluste. Bei geringerem Querschnitt steigt die Flussdichte und sorgt für höhere Eisenverluste, denn diese hängen überproportional von der Flussdichte ab. In der Literatur finden sich Richtlinien für maximale Flussdichten in den einzelnen Gebieten, die erfahrungsgemäß nicht überschritten werden sollten [6].

3.3 Permanentmagnetverluste

Die Wirbelstromverluste in den Permanentmagneten werden hervorgerufen durch Flussdichteschwankungen innerhalb der Magnete. Ursachen sind die Rückwirkung des Statorfeldes sowie durch die Statorzähne hervorgerufene periodische Reluktanzschwankungen während der Drehung. Die Verluste steigen mit dem Laststrom der Maschine und quadratisch mit der Änderungsfrequenz der magnetischen Flussdichte.
Um die Ausbreitung der Wirbelströme zu erschweren und die Verluste zu reduzieren, können, analog zu der Blechung der Aktivteile, die Magnete in gegeneinander isolierte Magnetstücke unterteilt werden. Die Segmentierung kann in diesem Fall sowohl in tangentialer als in radialer Richtung erfolgen. Bild 3 zeigt beispielhaft die Verteilung der Wirbelstromdichte in Abhängigkeit der Segmentanzahl in axialer Richtung. Es gilt jedoch zu beachten, dass die aufgrund der Segmentierung angestiegene Anzahl an Einzelmagneten einen erhöhten Fertigungsaufwand und somit gesteigerte Fertigungskosten mit sich bringt.
Eine Auswirkung auf die Höhe der Wirbelstromverluste in den Permanentmagneten hat auch die Auswahl der Rotortopologie. So hat sich gezeigt, dass für Rotortopologien mit Magneten auf der Oberfläche deutlich höhere Magnetverluste entstehen als in Topologien, in denen die Magnete im Rotor vergraben angeordnet sind. Der Grund hierfür liegt in der besseren Abschirmung der Magnete vor den Rückwirkungen des Statorfeldes, wenn die Magnete im Rotorblech vergraben sind.
Auch die Auswahl der Wicklung hat Auswirkungen auf die Höhe der Wirbelstromverluste in den Magneten. Die periodische Flussdichteänderung in den Magneten hängt stark von der Anzahl der Ständernuten ab. Mit steigender Nutzahl erhöht sich die Frequenz der Flussdichteschwankungen, ihre Amplitude verringert sich jedoch. Das bedeutet der Effekt der Abschirmung der Magnete überwiegt und die Wirbelstromverluste nehmen ab. Daher bewirkt eine verteilte Wicklung, aufgrund ihrer höheren

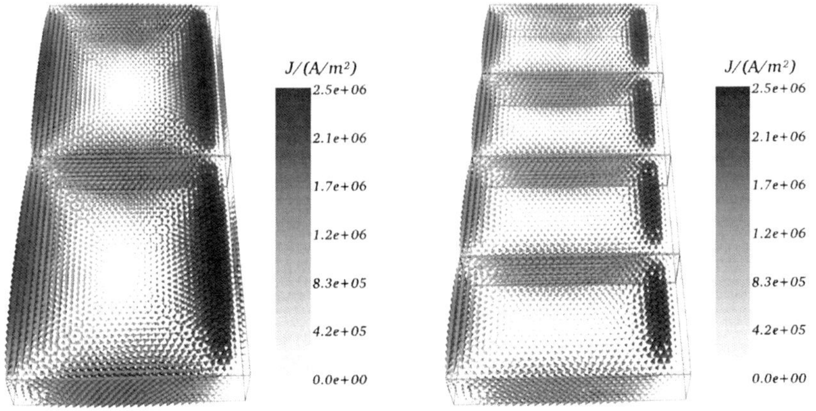

2 Segmente *4 Segmente*

Bild 3: Einfluss der Segmentierung auf die Wirbelströme

Statorzahnzahl, geringere Wirbelstromverluste in den Magneten als eine Einzelzahnwicklung. Mit der Polpaarzahl steigt in der Regel auch die Anzahl an Statorzähnen. Steigende Wirbelstromverluste in den Magneten wären die Folge. Entgegen dieser Erwartung ist jedoch mit steigender Polpaarzahl kein deutlicher Einfluss auf die Magnetverluste zu beobachten. Die Ursache hierfür liegt in der Tatsache begründet, dass bei steigender Polpaarzahl die einzelnen Pole und somit auch die verbauten Magnete kleiner werden. Dies wirkt wie eine weitere Segmentierung der Magnete und trägt zur Reduzierung der Verluste bei.

4. Methodik zum Entwurf einer Traktionsmaschine

Die Betrachtung der grundlegenden Zusammenhänge und Abhängigkeiten der drei Aspekte des Auslegungsdreiecks hat gezeigt, dass die separate Berücksichtigung dieser Aspekte während der Auslegung ein hohes Konfliktpotential mit sich bringt und somit nicht zielführend ist. Im Rahmen des öffentlich geförderten Forschungsprojektes „e-generation" wurde eine Methodik zur Lösung des Auslegungskonfliktes entwickelt und eine permanentmagneterregten Synchronmaschine (PMSM) eines elektrischen Sportwagenantriebs ausgelegt. Um eine hohe Leistungsdichte zu erzielen, den Bauraum sowie die Kosten zu reduzieren, wurde im vorliegenden Beispiel die maximale Maschinendrehzahl auf 18.000 min^{-1} festgelegt.
Der Ablauf der Auslegung ist in Bild 4 veranschaulicht. Die wesentlichen Schritte dieser Entwurfsmethodik werden im Folgenden erläutert. Eine detaillierte Vorstellung ist in [7] zu finden.

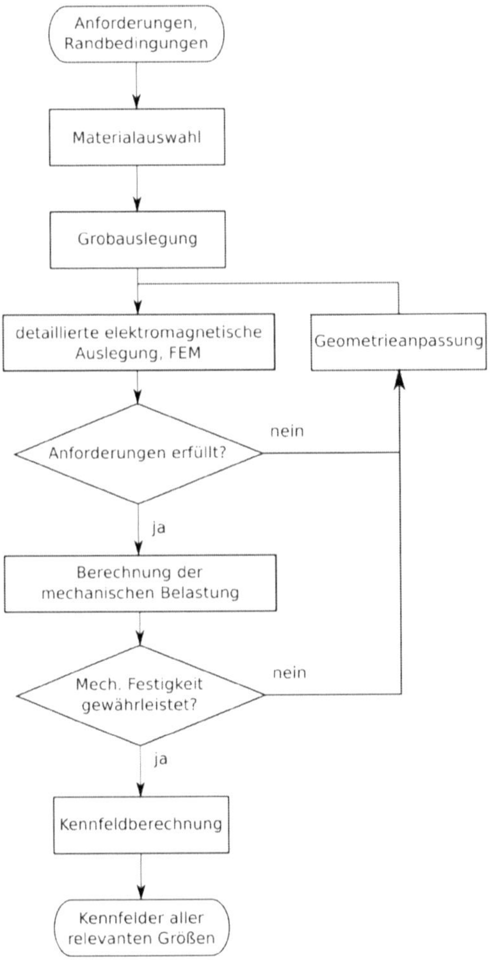

Bild 4: Ablaufdiagramm zur Auslegung einer Hochdrehzahl-PMSM.

4.1 Randbedingungen und Einschränkungen

Durch die Einbausituation im Fahrzeug sowie den weiteren Komponenten des Antriebsstrangs ergeben sich weitere Randbedingungen und Einschränkungen, die vor Beginn der Auslegung zu klären sind. So ist der Bauraum im Fahrzeug limitiert und es ergibt sich ein maximal zu Verfügung stehendes Volumen für die elektrische Maschine. Dies kann dazu führen, dass das Längen- zu Durchmesser-Verhältnis der Maschine nicht frei wählbar ist oder von einem optimalen Verhältnis aus Bohrungsdurchmesser zu Außendurchmesser abgewichen werden muss.

In Abstimmung mit den Getriebekonstrukteuren wird die maximale Maschinendrehzahl festgelegt, denn mittels der Getriebeübersetzung kann die Bauraumaufteilung zwischen Getriebe und Maschine sowie deren Bauformen beeinflusst werden.
Weitere Einschränkungen ergeben sich durch den Aufbau des Hochvolt-Bordnetzes des Fahrzeugs, wodurch beispielsweise die maximale Zwischenkreisspannung und Klemmenspannung vorgegeben ist. Aufgrund der Schaltfrequenz der Leistungselektronik ist die maximale elektrische Frequenz beschränkt, denn es muss eine ausreichende Anzahl an Schaltpulsen pro elektrischer Periode zur Verfügung stehen. Dadurch ist die Auswahl der Polpaarzahl eingeschränkt. Die Leistungselektronik limitiert zudem den maximal möglichen Strangstrom der Maschine.
Da die Leistungsfähigkeit der Maschine im späteren Betrieb maßgeblich durch ihr thermisches Verhalten geprägt ist, sind die Spezifikationen der Kühlung der Maschine ebenfalls im Vorfeld der Auslegung zu klären.

4.2 Verlustberechnung

Um bereits während des Auslegungsprozesses den Wirkungsgrad der Maschine in jedem Betriebspunkt vorhersagen zu können, ist eine zuverlässige Vorhersage der auftretenden Verluste notwendig. Betrachtet werden mechanische Verluste durch Luft- und Lagerreibung, Ohm'sche Verluste in der Statorwicklung, Wirbelstromverluste in den Permanentmagneten sowie Eisenverluste in Stator und Rotor.
Aufgrund der hohen Drehzahl und den damit verbundenen hohen elektrischen Frequenzen verursachen Eisenverluste einen signifikanten Anteil an den Gesamtverlusten. Mit Hilfe des IEM-5-Parameter-Ansatzes können diese auch für in modernen Traktionsantrieben üblicherweise auftretende Frequenzen und Flussdichten bestimmt werden [5].

4.3 Materialauswahl

Die Auswahl der weichmagnetischen Materialien ist ein wichtiger Aspekt um der Anforderung nach einer hohen Fahrzeugeffizienz gerecht zu werden. Durch den Betrieb bei hohen Drehzahlen und den damit verbundenen hohen Fliehkraftbelastungen des Rotors sind neben den elektromechanischen Eigenschaften zudem die mechanischen Materialeigenschaften von wichtiger Bedeutung. Messungen der Eisenverluste und Magnetisierbarkeit bei unterschiedlichen Frequenzen am Eppsteinrahmen bilden die Grundlage für die Materialauswahl. Zudem können aus diesen Messungen die Verlustparameter für die IEM-5-Parameter-Formel bestimmt werden. In [7] wurden beispielhaft die Messergebnisse der Blechsorten M250-35A und 280-30 AP vorgestellt. Die 0,2 %-Dehngrenze $R_{p0,2}$ von 280-30 AP liegt etwa 30 % bis 40 % höher als bei Standard-Elektrobleche und ist somit besonders für die Verwendung in Rotoren von Hochdrehzahlmaschinen von Interesse. Mit Blechen erhöhter Festigkeit können gezielt die Stege im Rotor verkleinert werden um Streuflüsse zu reduzieren und die Ausnutzung des eingebrachten Magnetmaterials zu erhöhen. Im Stator dagegen liegt der Fokus auf der Auswahl einer verlustarmen Blechsorte, da im Stator der Großteil der Eisenverluste erzeugt wird.

4.4 Auslegung

Nach der Klärung der Randbedingungen und der Auswahl der weichmagnetischen Materialien folgt die eigentliche Auslegung der Maschine. Diese gliedert sich in die Grobauslegung, die Detailauslegung sowie die mechanische Auslegung des Rotors.

4.4.1 Grobauslegung

Vor der Bestimmung der ersten groben Abmessungen wird im Rahmen der Grobauslegung die Auswahl einer Rotortopologie getroffen. Die Anordnung der Magnete im Rotor der Maschine hat Einfluss auf die Höhe der Wirbelstromverluste in den Magneten, die Leistungsdichte der Maschine sowie auf ihr Betriebsverhalten. Um eine hohe Leistungsdichte zu erzielen fällt die Wahl im vorliegenden Beispiel auf einen Rotor, in dem die Magnete V-förmig vergraben angeordnet sind [8, 9]. Bild 5 zeigt einen Ausschnitt der gewählten Rotortopologie. Diese weist eine hohe magnetische Ausnutzung auf und benötigt somit verhältnismäßig wenig Permanentmagnetmaterial, was den Kosten der Maschine zugutekommt.

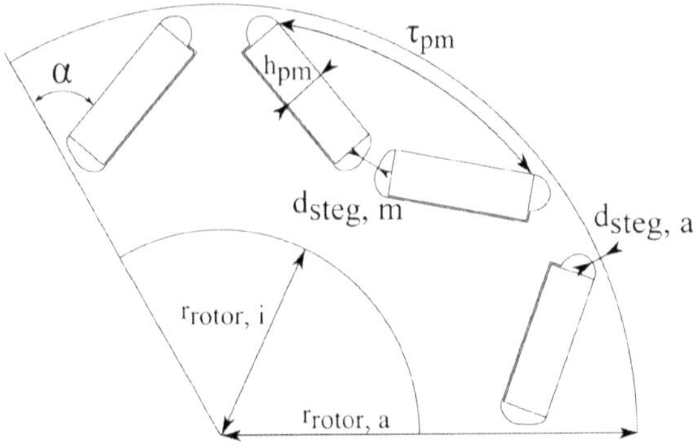

Bild 5: Ausschnitt eines Rotors mit V-förmig vergrabener Magnetanordnung und Kennzeichnung relevanter Parameter.

Eine Einzelzahnwicklung mit $q = ½$, die sehr kompakte Wickelköpfe aufweist, besitzt aufgrund der sehr großen Einzelzähne einen erhöhten Streuflussanteil, wodurch sie im vorliegenden Fall nicht geeignet ist. Stattdessen wird eine verteilte Wicklung mit einer Lochzahl von $q = 2$ ausgewählt. Ein Ausschnitt des Stators ist in Bild 6 dargestellt. Vor der Bestimmung der ersten groben Abmessungen muss die Polpaarzahl der Maschine festgelegt werden. Bedingt durch die Schaltfrequenz des Umrichters sind die elektrischen Grundfrequenzen im vorliegenden Fall auf ca. 1 kHz begrenzt. Somit ergibt sich für eine maximale Drehzahl von 18.000 min^{-1} eine maximale Polpaarzahl von $p = 3$. Da bei kleinerer Polpaarzahl die Abmessungen der einzelnen Pole, die Magnetgröße und daher auch die Dicke der Eisenstege im Blech zunimmt, was zu erhöhtem Streufluss führt, wird die Polpaarzahl auf $p = 3$ festgelegt. So wird eine möglichst hohe Ausnutzung der Magnete erzielt.

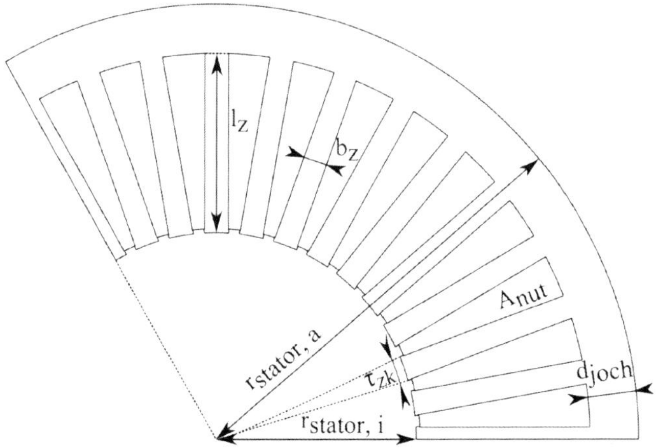

Bild 6: Ausschnitt eines Stators mit verteilter Wicklung mit q = 2 und Kennzeichnung relevanter Parameter.

Die groben Abmessungen der Aktivteile können, wie in [6, 10] beschrieben, analytisch ermittelt werden. Dabei muss die Limitierung des Bauraums beachtet werden und gegebenenfalls das Verhältnis aus Länge zu Durchmesser des Entwurfs angepasst werden.

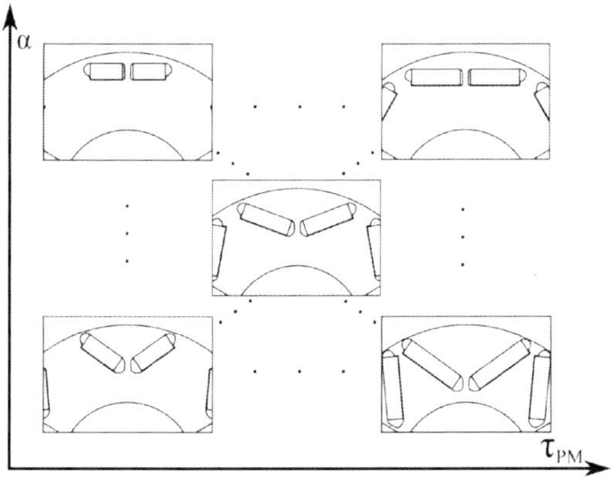

Bild 7: Exemplarische Rotorvariation.

4.4.2 Detailauslegung

Nachdem die Grobabmessungen ermittelt wurden, schließt sich eine detaillierte elektromagnetische Auslegung an. Um Einflüsse durch Sättigung und Streuflüsse be-

rücksichtigen zu können, werden numerische Berechnungsverfahren eingesetzt. In [8] werden die einzelnen numerischen Simulationen beschrieben.
Mit Hilfe von Variationsrechnungen wird die Geometrie iterativ verfeinert. Dabei können einzelne Parameter als auch Parameterkombinationen variiert werden um so optimale Parameterkombinationen zu ermitteln. Bild 7 zeigt für den Rotor beispielhaft den aufgespannten Parameterraum über den Öffnungswinkel der V-Anordnung α und die Polbedeckung τ_{PM}. Gut zu erkennen ist die Abhängigkeit der im Rotor verbauten Magnetmasse von diesen beiden Parametern.
Bewertungskriterien können zum Beispiel die Höhe des erreichten Drehmomentes, die Höhe der Drehmomentschwankung, der Verlauf der Klemmenspannung unter Last und im Leerlauf, die auftretenden Verluste sowie das Verhältnis aus erreichtem Drehmoment und dazu benötigtem Materialmengen sein. Als Beispiel für die Bewertung ist in Bild 8 als Maß für die Verzerrung die Total Harmonic Distortion (THD) der induzierten Spannung in Abhängigkeit von Zahnkopfradius r_{zk} und Zahnkopfbedeckung τ_{zk} zu sehen. Der variierte Parameterraum ist in Bild 9 veranschaulicht.

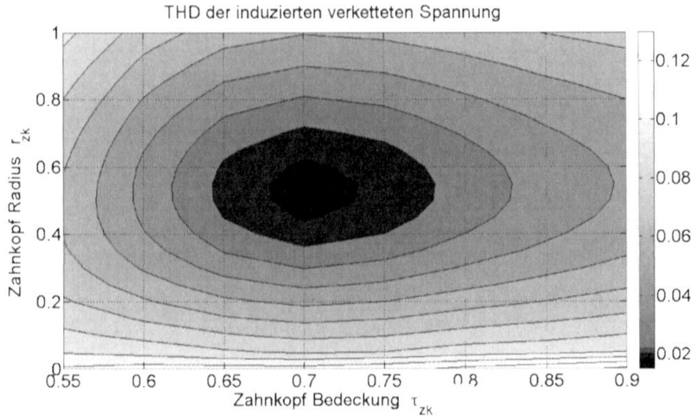

Bild 8: THD der verketteten Leerlaufspannung am Beispiel einer Einzelzahnwicklung bei Variation von Zahnkopfbedeckung und Zahnkopfradius.

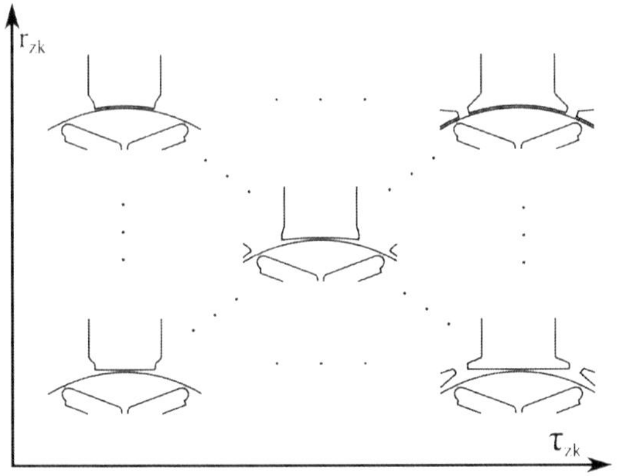

Bild 9: Exemplarische Statorvariation.

4.4.3 Mechanische Auslegung

Die bei Rotation auf den Rotor wirkenden Fliehkräfte steigen quadratisch mit der Drehzahl. Daher ist er vor allem bei hohen Drehzahlen sehr hohen Belastungen ausgesetzt. Die höchsten Belastungen treten in den äußeren Stegen der V-förmigen Anordnung auf sowie am mittleren Steg zwischen den beiden Magneten innerhalb einer V-Anordnung. Die Stege müssen einerseits ausreichend dimensioniert sein um die mechanische Festigkeit jederzeit zu gewährleisten, andererseits jedoch so dünn wie möglich ausgeführt werden um Streuflüsse im Rotor zu vermeiden.
Dementsprechend muss für jede Parametervariation, bei der die Rotorgeometrie geändert wird, eine Anpassung der Stegbreiten erfolgen. Somit ergibt sich während der Detailauslegung ein iterativer Auslegungsprozess, bis die zu anfangs gestellten Anforderungen erfüllt sind und gleichzeitig die mechanische Festigkeit gewährleistet ist.

4.5 Kennfeldberechnung

Im Anschluss an die Auslegung können alle relevanten elektrischen Größen und Verluste in Abhängigkeit von Drehmoment und Drehzahl bestimmt und in Form von dreidimensionalen Kennfeldern dargestellt werden. Dies ermöglicht die Beschreibung des Verhaltens der Maschine über den gesamten Betriebsbereich. Die Kennfelder können beispielsweise in weiterführende Systemsimulationen des gesamten Antriebsstrangs einfließen.

5. Zusammenfassung

An den Antriebsstrang eines Elektrofahrzeugs und die einzelnen Komponenten werden vielfältige Anforderungen gestellt, die sowohl von der Art des Fahrzeugs als von dessen Anforderungsprofil abhängig sind. Die wesentlichen Anforderungen sind ein hoher Wirkungsgrad, geringer Bauraumbedarf sowie geringe Material- und Fertigungskosten. Das Ziel der Auslegung ist es alle Anforderungen dieses Auslegungsdreiecks möglichst gut zu erfüllen. Da sich die Aspekte jedoch gegenseitig beeinflussen, können sie nicht unabhängig voneinander betrachtet werden.
Die Beschreibung der grundlegenden Zusammenhänge dieser Aspekte verdeutlicht den Zielkonflikt bei der Auslegung. Am Beispiel einer permanentmagneterregten Synchronmaschine wurde eine Entwurfsmethodik entwickelt, mit der dieser Konflikt gelöst werden kann.

6. Danksagung

Diese Veröffentlichung entstand im Rahmen des Verbundprojektes „e-generation", das mit Mitteln des Bundesministeriums für Bildung und Forschung unter dem Förderkennzeichen 13N11867 gefördert wurde.

Literatur

[1] A. Kampker, P. Burggraf, and C. Nee, “Costs, quality and scalability: Impact on the value chain of electric engine production,” in *Electric Drives Production Conference (EDPC), 2012 2nd International*, 2012, pp. 1–6.

[2] D. Schröder, *Elektrische Antriebe - Regelung von Antriebssystemen*. Berlin; Heidelberg: Springer-Verlag, 2009.

[3] G. Bertotti: General properties of power losses in soft ferromagnetic materials, IEEE Transactions on Magnetics 24 (1988), Januar, Nr. 1, S. 621 –630.

[4] G. Bertotti: Hysteresis in Magnetism: For Physicists, Materials Scientists, and Engineers (Electromagnetism), Academic Press, 1998.

[5] D. Eggers, S. Steentjes, K. Hameyer: Advanced Iron-Loss Estimation for Nonlinear Material Behavior, IEEE Transactions on Magnetics 48 (2012), November, Nr. 11, S. 3021 –3024. – ISSN 0018–9464.

[6] K. Vogt: *Berechnung Elektrischer Maschinen*, Wiley-VCH Verlag GmbH, 1996.

[7] M. Hombitzer, G. von Pfingsten, D. Franck und K. Hameyer, „Entwurfsmethodik für eine PMSM als Traktionsantrieb für ein elektrisches Sportfahrzeug“, *ETG Kongress 2013, Fachtagung Forschung und Entwicklung für die Elektromobilität, Berlin, November 2013*

[8] T. Finken, M. Hafner, M. Felden, K. Hameyer: Design rules for energy efficient IPM motors in HEV applications, Electromotion, Vol. 17, No. 3, July 2010, pp. 143-154.

[9] T. Finken, M. Hombitzer, and K. Hameyer, “Study and comparison of several permanent-magnet excited rotor types regarding their applicability in electric vehicles,” in *Emobility - Electrical Power Train, 2010*, 2010, pp. 1–7.

[10] J. Pyrhonen, T. Jokinen, and V. Hrabovcov: Design of rotating electrical machines, Wiley: Chichester, 2008.

19 Vorteile in der Motorenauslegung durch neue hochfeste Elektrobandsorten und ihre Validierung im E-Mobility Center Drives (EMCD) der ThyssenKrupp Steel Europe AG

Marco Tietz, Peter Stachow, Florian Herget, Karl Telger

Abstract

Bauraumrestriktionen sowie das Streben nach maximalem Wirkungsgrad bzw. maximaler Leistungsdichte stellen gesteigerte Anforderungen an nichtkornorientiertes Elektroband (NGO) dar. Zur Verringerung der Eisenverluste wurden im Hause ThyssenKrupp Steel Europe NGO Sorten mit optimierter chemischer Analyse und Blechdicken ≤ 0,30 mm entwickelt. Durch sie können sowohl die Hysterese,- als auch Wirbelstromverluste signifikant verringert werden.
Durch den Einsatz von neuentwickeltem hochfestem Elektroband, d.h. geringste Verluste bei einer garantierten Streckgrenze von > 400 MPa (bei Raumtemperatur und in Längsrichtung), ergeben sich für die Maschinenausleger weitere Freiheitsgrade.
Im Rahmen des Vortrags werden basierend auf den neuen Anforderungen an NGO Elektroband, die Vorteile der Neuentwicklungen von ThyssenKrupp Steel Europe aufgezeigt. Abschließend wird das Konzept des E-Mobility Center Drives (EMCD) vorgestellt. Dieser Bereich ermöglicht ThyssenKrupp Steel Europe eine Verifizierung neu gewonnener Materialerkenntnisse an Funktionsmustern am eigenen Motorenprüfstand sowie die Bereitstellung erweiterter Materialdaten an Kunden. Die gewonnen Erkenntnisse führen zur gezielten Neuentwicklung von anwendungsspezifischen Sorten im Vorfeld neuer Entwicklungstrends und damit zur Entwicklungszeitverkürzung bei der Motorauslegung.

Limited constructed size as well as the quest for maximum efficiency and highest power density, yield to stronger requirements on non grain oriented (NGO) electrical steel. Our new developed application-specific grades with optimized chemical composition and sheet thicknesses ≤ 0.30 mm yield to significant lower quasi-static hysteresis losses as well as decreased classic eddy-current losses. High-strength grades with guaranteed mechanical properties ≥ 400 MPa and guaranteed magnetic values enable machine designers a large degree of freedom. Other advantages of these new grades will be reviewed, too. In response to these new customer requirements, ThyssenKrupp Steel Europe has launched its E-Mobility Center Drives (EMCD). The EMCD is our answer to the stronger requirements of all kinds of applications. It is based on three columns: application-specific material development, FEM calculations and prototyping of electric drives. This allows the characterization of electrical steel within the application to give the most sufficient customer advisory on material selection and use. The EMCD is our way of supporting our customers and end-users to shorten their R&D time and raise their motor efficiency.

1. Definition und Einordnung von Elektroband

Elektroband gehört zur Gruppe der weichmagnetischen Werkstoffe, die durch ihre ferromagnetischen Eigenschaften definiert sind. Neben Eisen gehören ebenfalls Nickel, Kobalt sowie das für die Praxis bedeutungslose Gadolinium (Curietemperatur 16 °C) hierzu [1]. Sie besitzen als Kennzeichen leichte Magnetisierbarkeit und geringer Hystereseverluste [2]. Ferromagnetische Werkstoffe werden abhängig von Ihrer Koerzitivfeldstärke H_C als weich- oder hartmagnetisch bezeichnet. Weichmagnetische Werkstoffe sind durch eine Koerzitivfeldstärke (Bild 2 rechts) von $H_C < 1$ kA/m [1] und hartmagnetische Werkstoffe (Magnete) sind durch $H_C > 1$ kA/m charakterisiert [3]. Die magnetischen Eigenschaften eines Materials hängen von dessen Elektronenkonfiguration und Kristallaufbau ab. Über die Elektronenkonfiguration stellt sich, ein ob ein Element para- oder diamagnetisch ist. Entscheidend sind die Bahn- und Spinmomente des Elements. Man unterscheidet zwischen der Hauptquantenzahl (n), der Nebenquantenzahl (l), der magnetischen Quantenzahl (m) und der Spinquantenzahl (s). Entscheidend für das Verhalten eines Elements in einem magnetischen Feld ist die Spin- und die magnetische Quantenzahl. Aus ihnen bildet sich das magnetische Moment eines Elektrons. Kompensieren sich alle magnetischen Momente in einem Atom, so ist es diamagnetisch. Existiert ein Restmoment, so ist das Atom paramagnetisch. Das magnetische Moment des Atoms ergibt sich aus der Spin-Bahn-Kopplung der einzelnen Elektronen. An dieser Stelle betrachten wir ausschließlich die Russel-Saunders-Kopplung oder auch LS-Kopplung[4]. Zunächst koppeln alle Spins (S) der Elektronen eines Atoms,

$$S = \sum s_i \quad (1)$$

sowie alle Bahndrehimpulse bzw. magnetischen Quantenzahlen (L).

$$L = \sum l_i \quad (2)$$

Anschließend der gesamte Spin und der gesamte Bahndrehimpuls zum magnetischen Moment J.

$$J = L + S \quad (3)$$

1.1 Ferromagnetismus

Ferromagnetische Stoffe zählen zu den paramagnetischen Stoffen. Sie grenzen sich dadurch ab, dass ihre magnetischen Momente außerhalb eines Magnetfeldes unterhalb einer bestimmten Temperatur T_C (Curie Temperatur) nicht regellos verteilt, sondern parallel ausgerichtet sind. Infolge einer Polarisation wirken nach außen magnetische Momente. Dieser Effekt ist durch ihren Kristallaufbau begründet. Ferromagnetische Stoffe besitzen ein definiertes Verhältnis von Radius des magnetisch aktiven Orbitals (r) zum halben Atomabstand (R), welches als kristalliner Faktor bezeichnet wird. Der Ferromagnetismus ist keine atomare Erscheinung wie der Dia- oder Paramagnetismus, sondern eine kristalline Erscheinung.

antiferromagnetisch $3{,}2 < R/r > 6{,}2$ paramagnetisch [7]

Der kristalline Faktor hängt mit der Austauschenergie der Atome zusammen und erklärt anschaulich die kristallinen Bedingungen für den Fall des Ferromagnetismus. Diese Wechselwirkung ist der Grund für die parallele Ausrichtung der magnetischen Momente der einzelnen Elektronen. Sind die Atome zu weit entfernt und der Radius des magnetisch aktiven Orbitals zu gering R/r < 6,2 [7], so ist die Wechselwirkung sehr gering und die thermische Energie im Kristall überwiegt. Die magnetischen Momente verteilen sich wieder regellos und der Stoff wird paramagnetisch. Ist R/r > 3,2 [7] so ergibt sich eine günstigere, antiparallele Ausrichtung der magnetischen Momente. In einem solchen Fall spricht man vom Antiferromagnetismus. Hierauf wird allerdings nicht weiter eingegangen. Bereiche im Kristall in denen sich die magnetischen Momente parallel zueinander ausrichten nennt man Weißsche Bezirke oder auch Domänen. Diese Bezirke sind jeweils bis zur Sättigung magnetisiert. Das magnetische Moment eines Weißschen Bezirks um das 10^{15} [6] fache höher als das magnetische Moment eines einzelnen Elektrons geschätzt.
Elektroband besteht hauptsächlich aus einer hochreinen Eisen-Silizium-Aluminium-Legierung und ist somit ferromagnetisch. Im Festkörper ordnen sich die Eisenatome zu einem polykristallinen kubisch raumzentrierten Kristall (Bild 1 rechts) an.

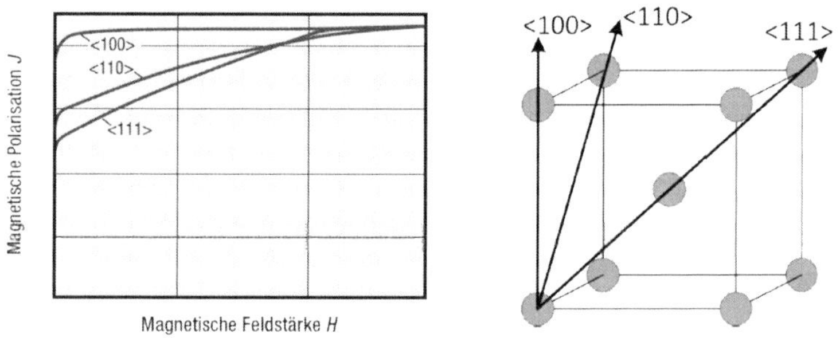

Bild 1: Magnetische Vorzugsrichtungen in kubischer Struktur mit Millerindizes [3].

Je nach Richtung unterscheiden sich die Atomabstände, wodurch das kristalline Verhältnis beeinflusst wird. Demnach ist die Stärke der Austauschwechselwirkung im Kristall richtungsabhängig. <100> repräsentiert die Vorzugsrichtung entlang der Würfelkante, da in dieser die Austauschwechselwirkung am Größten ist. Die Richtung der Würfeldiagonalen <111> liegt am Ungünstigsten und die Richtung der Flächendiagonalen <110> stellt einen Mittelwert dar. Bild 1 links verdeutlicht dieses nochmals anhand der bei angelegtem Feld erreichbaren Polarisation.

1.2 Die Hysterese

Die unterschiedlichen Vorgänge beim Ausrichten der magnetischen Momente eines ferromagnetischen Materials sind noch nicht im Detail beschrieben. Ein Modell, das die Vorgänge während einer Magnetisierung beschreibt ist die Bereichstheorie [5]. Anschaulich lässt sich dies über die sogenannte Neukurve Bild 2 links beschreiben. Sie beschreibt den Verlauf der Polarisation eines Materials in Abhängigkeit der angelegten Feldstärke. Abbildung 2 links zeigt eine Hystereseschleife für den ersten und zweiten Quadranten inklusiver der Neukurve im ersten Quadranten. Dabei werden einzelne Abschnitte der Kurve $\mu_r = J/H$ bestimmten Vorgängen im Festkörper zugeordnet. Allgemein ist eine derartige Näherung nicht zulässig, da sich diese Vorgänge überlappen. Hieraus lässt sich die Nichtlinearität von μ_r beschreiben, da H ≠ J ist. Im Folgenden wird auf die einzelnen Prozesse genauer eingegangen.

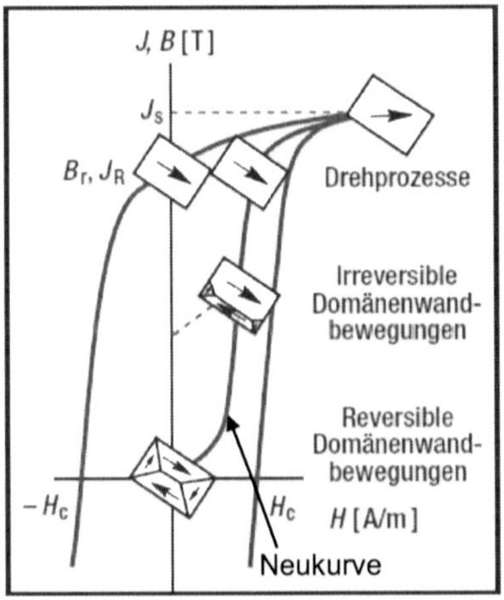

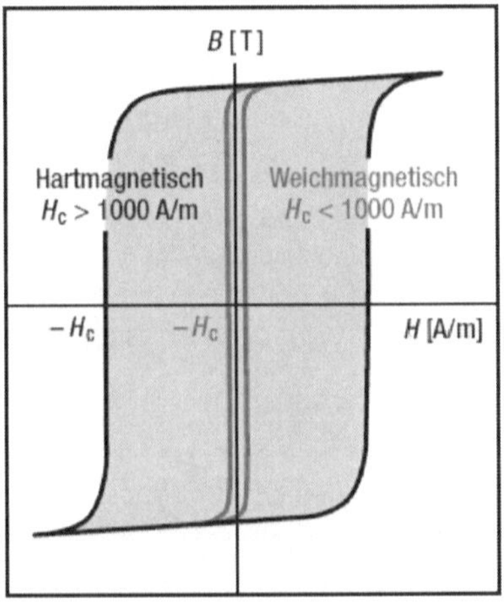

Bild 2: Hystereseschleife ferromagnetischer Werkstoffe [3].

a) Unmagnetisierter Bereich H = 0 A/m

Die in der Sättigung befindlichen Weißschen Bezirke kompensieren sich.

b) Reversible Domänenwandverschiebung $H << H_{max}$

Durch eine Ausrichtung der Spinmomente in den Blochwänden, dehnen sich die Weißschen Bezirke, die in Richtung des äußeren Feldes magnetisiert sind, auf Kosten der benachbarten Domänen aus.

c) Irreversible Domänenwandverschiebung, irreversible Drehprozesse $H < H_{max}$
Störstellen im Material richten sich nach dem Feldstärkevektor aus. Die sprunghafte Vergrößerung der bevorzugten Weißschen Bezirke wird als Barkhausensprünge bezeichnet. Dieser Prozess beschreibt den steilsten Anstieg der Neukurve.

d) Reversible Drehprozesse $H < H_{max}$

Die bevorzugten Magnetisierungsvektoren richten sich reversibel nach dem äußeren Feldstärkevektor aus.

e) Sättigung $H = H_{max}$

Die Domänen haben sich parallel zu dem Feldstärkevektor $\vec{H}$ ausgerichtet.

In der Realität überlagern sich diese Prozesse. Wird ein in der Sättigung befindliches Material aus einem Magnetfeld genommen, so fällt die Polarisation bis zur sogenannten Remanenzflussdichte B_r ab. Dies begründet sich durch die reversiblen Drehprozesse. Der Magnetisierungsvektor dreht sich nach dem Verschwinden des äußeren Feldes wieder in seinen Urzustand zurück. Die irreversiblen Drehprozesse und Blechwandvorschiebungen bleiben erhalten, so dass eine Restpolarisation zurück bleibt.

Allgemein wird bei Elektroband zwischen nicht kornorientierten und kornorientierten unterschieden. Nichtkornorientiertes (NGO) Elektroband ist in Bild 3 im linken Teil und kornorientiertes (GO) im rechten Teil des Bilds dargestellt. Aufgrund seines polykristallinen Gefüges und der reglos ausgerichtet Kristallite in der Blecheben [3] besitzt NGO Elektroband innerhalb der Blechebene isotropes magnetisches Verhalten, wobei die magnetischen Anisotropen sortenabhängig in den relevanten Normen (z.B. DIN EN 10106) definiert sind. Ein NGO Gefüge ist nur durch lichtmikroskopische Vergrößerung zu erkennen. Aufgrund seiner isotropen magnetischen Eigenschaften wird es primär für rotierende elektrische Maschinen, d.h. zur Umwandlung von elektrischer in mechanische Energie oder umgekehrt eingesetzt.
Kornorientiertes Elektroband besitzt eine einheitliche Orientierung der Kristallite [3] in der Blechebene, woraus ein anisotropes Verhalten existiert. Diese kristallographische Textur bewirkt in Walzrichtung im Vergleich zu NGO Elektroband geringere Verluste. Aufgrund von Kosten, schwierigerer Stanzbarkeit und großer Anistropie (> 200 %) zwischen der Walzrichtung und anderen Richtungen, wird es fast ausschließlich für Transformatoren verwendet. Dort können die Vorteile der geringsten Verluste in Walzrichtung und deutlich höheren Permeabilität ausgenutzt werden.

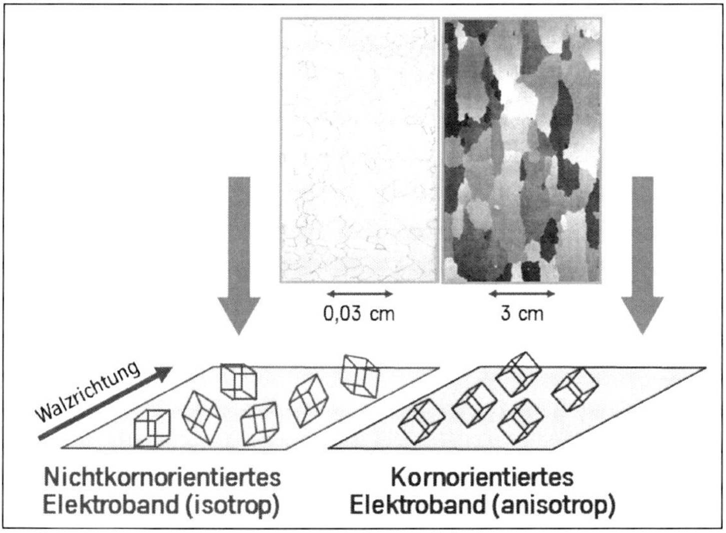

Bild 3: Abgrenzung zwischen NGO- und GO-Elektroband Eisens [9].

Nichtkornorientiertes Elektroband findet in elektrischen Maschinen in Rotor und Stator Anwendung und muss als Blechpaket ausgeführt werden, wenn zeitlich veränderliche Induktionen auftreten. Herrscht ein zeitlich konstantes Feld, ist eine massive Ausführung möglich (gleichstromgespeiste Erregerwicklung) [8]. Bild 4 liefert einen

Überblick über die große Anzahl unterschiedlicher Einsatzmöglichkeiten von NGO Elektroband. Der Vorteil der höherpermeablen AP Sorten, höhere Polarisationen bei identischen Verlusten, ist ebenfalls sichtbar. Ergänzend besitzen AP Sorten gegenüber den Standardsorten eine höhere Wärmeleitfähigkeit, wodurch die Wärme besser aus den Motoren abfließen kann.

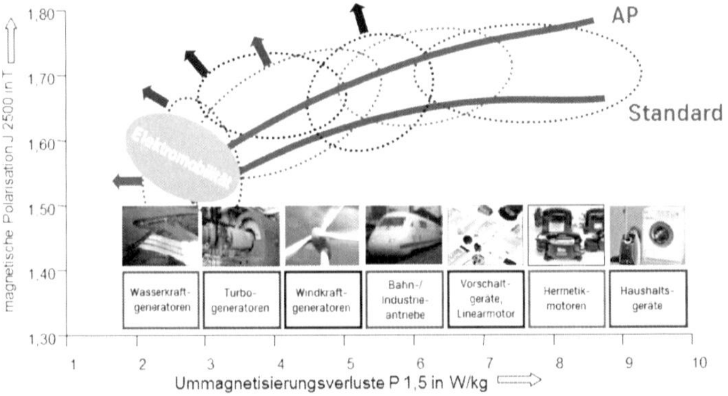

Bild 4: Typische Anwendungen von NGO Elektroband [9].

2. Herstellung von hochwertigem NGO Elektroband

Zur Herstellung von hochwertigem NGO Elektroband, werden sehr saubere Stahlwerksschmelzen mit geringsten Gehalten an Kohlenstoff, Schwefel und Stickstoff (siehe Bild 5) benötigt. Ein zu hoher Gehalt, dieser unerwünschten Begleitelemente führt zu magnetischer Alterung als auch zu ungewünscht hohen Verlusten.

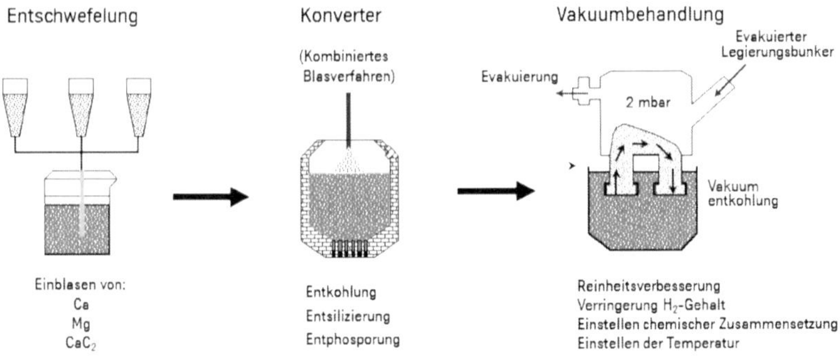

Typischer Analysenbereich von konventionellem NGO-Elektroband (Ma %):

Si	Al	Mn	P	C	S
0,1-3,5	0-2	0-1	0-0,3	0,001-0,004	0,001-0,005

Bild 5: Herstellung von hochwertigem NGO Elektroband Teil 1 [9].

Nach der Stahlerzeugung (Bild 5) werden, in Abhängigkeit der gewünschten magnetischen- und mechanischen Eigenschaften analog Bild 6 über die Gießwalzanlage bzw. über eine konventionelle Stranggussanlage 17 – 24 t schwere Brammen erzeugt. Diese werden in der jeweiligen Prozessabfolge zu so genannten Warmbandcoils gewalzt. Durch das Warmwalzen werden neben den geometrischen Eigenschaften ebenfalls die Textur und weichmagnetischen Eigenschaften erstmalig eingestellt.

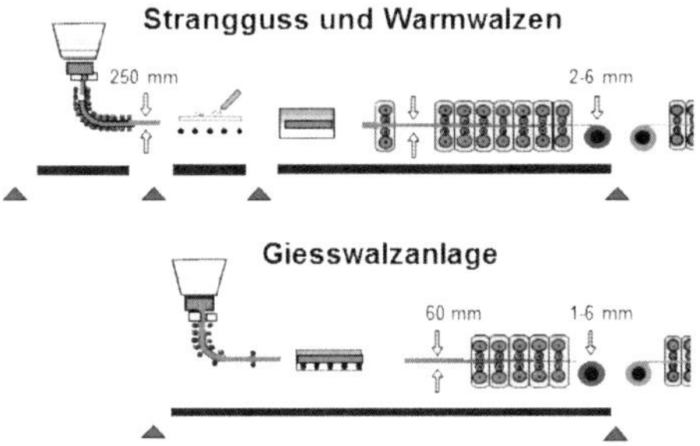

Kontrolle und Einstellung von:

- Dicke
- Breite
- Geometrie
- Korngröße
- Ausscheidungen
- Textur
- ...

Bild 6: Herstellung von hochwertigem NGO Elektroband Teil 2 [9].

Im Anschluss wird das Warmband im Bochum (Bild 7) zu hochwertigem NGO Elektroband veredelt. Bei NGO Elektroband existieren zwei Arten, das schlussgeglühte (ff) und das nicht schlussgeglühte (sf) Elektroband. Schlussgeglühtes Elektroband besitzt als Kaltband die garantierten magnetischen Eigenschaften, nicht schlussgeglühtes Elektroband muss nach dem Stanzen einer genormten Stanzteilglühung unterzogen werden. Bei NGO Elektroband wird im Hause ThyssenKrupp Steel Europe zwischen folgenden Arten unterschieden: Schlussgeglühtes Elektroband (A-Sorten) nach DIN EN 10106 im Dickenbereich 0,35 – 1,00 mm, nicht genormtes anwendungsoptimiertes AP, höherfestes Elektroband und NO 20 Elektroband nach EN 10303 sowie nicht schlussgeglühtes Elektroband (K-Sorten) im Dickenbereich 0,50 – 0,65 mm nach EN 10341 als auch PP-Sorten mit gegenüber den K-Sorten erhöhten Polarisationen, welche auch in Dicken < 0,50 mm erhältlich sind. Die Fertigung von kaltgewalztem Elektroband beginnt mit dem Beizen des Warmbands, im Anschluss folgt das Walzen auf einem Reversierwalzgerüst. Hochpermeable Sorten erhalten vor dem Kaltwalzen eine zusätzliche Warmbandglühung zur erneuten Einstellung einer spezifischen Textur. Beim Kaltwalzen werden die Vorteile der variablen Dicken- und Profileinstellung eines Reviersierwalzgerüsts ausgenutzt. Die Dicken liegen zwischen 0,18 und 1,0 mm. ThyssenKrupp Steel Europe trägt die gesteigerten Anforderungen der Elektromobilität mit unterschiedlichen Sorten in Dicken 0,25, 0,27, 0,30 mm, wobei ebenfalls abweichende, kundenspezifische Dicken möglich sind.

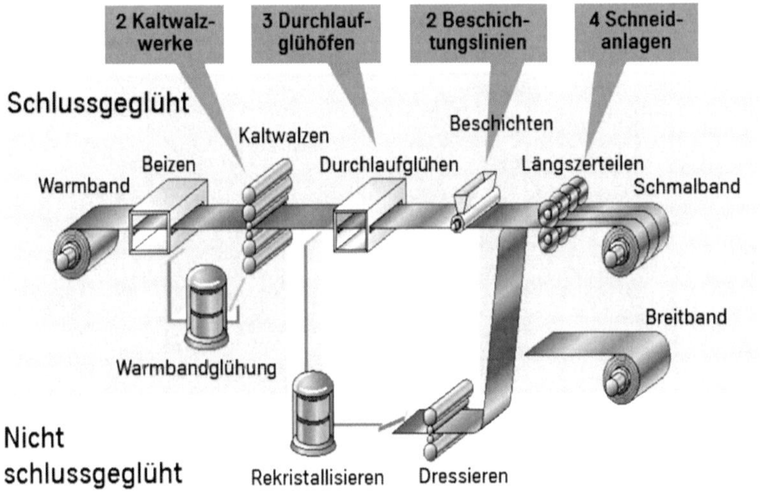

Bild 7: Herstellung von hochwertigem NGO Elektroband Teil 3 [9].

Das auf Enddicke gewalzte Kaltband wird in einem der Durchlaufglühöfen rekristallisierend geglüht und besitzt am Ofenende die garantierten magnetischen Eigenschaften. Abhängig vom Kundenwunsch werden unterschiedliche Lacke in unterschiedlichen Dicken an zwei unterschiedlichen Beschichtungslinien aufgetragen. Je nach Endanwendung werden die Lacke aufgrund ihres spezifischen Oberflächenwiderstands, schmierenden Wirkung beim Stanzen, Schweißbarkeit von Blechpaketen oder maximalen Temperaturbeständigkeit ausgewählt. Selbstklebender Backlack, der insbesondere beim Prototypenbau Vorteile bietet, wird in unterschiedlichen Dicken aufgetragen. Im letzten Fertigungsschritt wird an den Schneidanlagen die Ringbreite abhängig vom Kundenwunsch eingestellt.
Die nicht schlussgeglühten Sorten werden nach der rekristallisierenden Glühung nachgewalzt. Dieser Schritt kann zur Erzeugung einer rauhen Oberfläche, die ein Zusammenkleben der gestanzten Lamellen verhindert, genutzt werden. Ebenfalls werden hierdurch Spannungen ins Blech eingebracht, welche als Energieträger zum Kornwachstum für die spätere Stanzteilglühung nach EN 10341 benötigt wird. Demgegenüber besitzt schlussgeglühtes Elektroband eine glatte Oberfläche und soll frei von Spannungen sein.

3. Neue, gesteigerte Anforderungen der Elektromobilität

Beschränkter Bauraum im Fahrzeug, geringes Gewicht des Motors, ein definiertes Drehmoment und hohe Leistungsdichten sind die Hauptanforderungen an Traktionsantriebe für Fahrzeuge. Bild 8 liefert einen Überblick über daraus resultierende Veränderungen und über den Einsatz von Frequenzumrichtern.

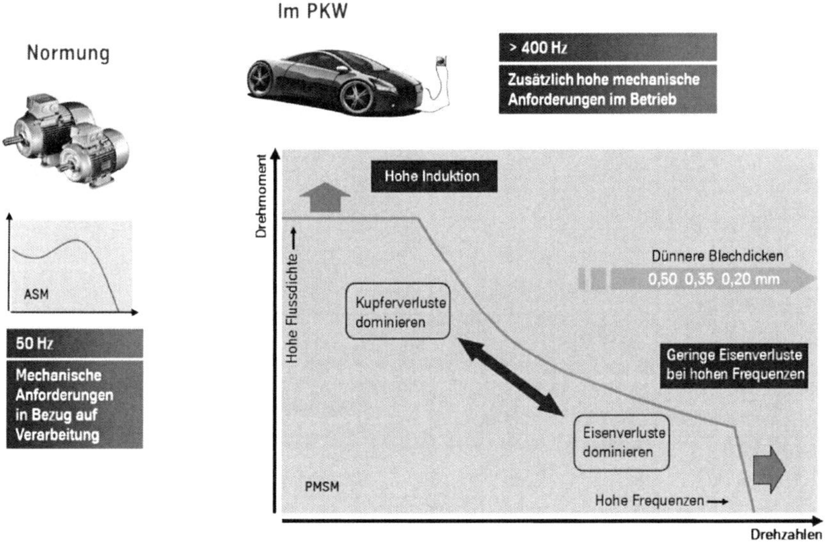

Bild 8: Anforderungen an NGO Elektroband im Vergleich Normung und Automobil [9].

Die Normen EN 10106 und EN 10341 beziehen sich auf elektrische Maschinen, die am Stromnetz betrieben werden. Das Hauptaugenmerk liegt auf Anwendungen, die bei einer Frequenz von f = 50 Hz betrieben werden. Sie beschreiben primär die Auslieferungsbedingungen wie z.B. Toleranzen, Messverfahren und die Oberflächenbeschaffenheit des Elektrobands. Mechanische Eigenschaften sind aufgrund der bei 50 Hz existierenden geringeren Drehzahlen nicht relevant; mechanische Toleranzen sind bei diesen Anwendungen primär fürs Stanzen von Interesse. In heutigen KFZ Traktionsantrieben kommen sehr häufig Frequenzumrichter gespeiste Synchronmaschinen mit Permanentmagneterregung (PMSM) zum Einsatz. Diese Maschinen weisen den Vorteil höherer Leistungsdichte und eines höheren Wirkungsgrades gegenüber den Asynchronmaschinen (ASM) auf. Ferner besitzen sie aufgrund ihrer hohen Drehzahlen, insbesondere bei eingebetteten Magneten, gesteigerte Anforderungen an die mechanische Festigkeit von Elektroband. Diese Anwendungen erfordern Elektroband mit geringeren Hysterese- und Wirbelstromverlusten und zusätzlich hohen mechanischen Festigkeiten. Auf die Möglichkeit zur Beeinflussung dieser Eigenschaften wird im nachfolgenden Kapitel eingegangen.

4. Das E-Mobility-Center Drives (EMCD) und die Anforderungen der Elektromobilität

4.1 Das Konzept des EMCD

Um die Kompetenz der Werkstoffentwicklung mit den neuen, gesteigerten Marktanforderungen besser zu verknüpfen, d.h. näher auf die Endkunden zugehen zu können und früher potentielle Entwicklungsthemen zu erkennen, wurde das E-Mobility

Center Drives (EMCD) im Jahr 2012/2013 aufgebaut. Dieses besteht aus den in Bild 9 dargestellten drei Säulen: der anwendungsoptimierten Materialentwicklung, der Simulation elektrischer Antriebe und dem Aufbau von Funktionsmustern, die eine Charakterisierung des Elektrobands in der Endanwendung ermöglichen.

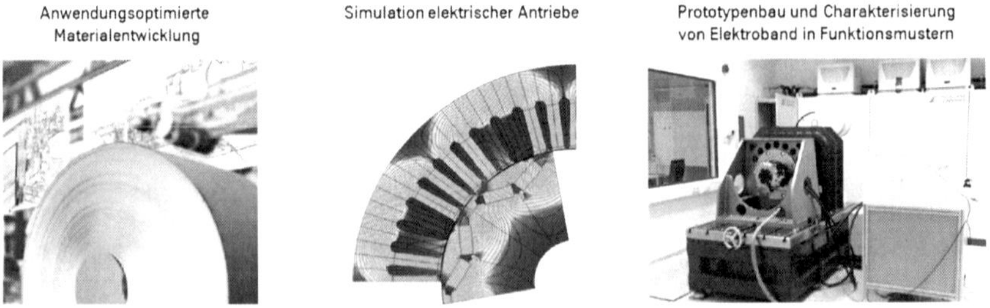

Bild 9: Die drei Säulen des EMCDs.

Die hieraus gewonnen Erkenntnisse sollen zur gezielten Neuentwicklung von anwendungsspezifischen Sorten im Vorfeld neuer Entwicklungstrends und damit zur Entwicklungszeitverkürzung bei der Motorauslegung genutzt werden. Ein weiter Vorteil besteht in einem verbesserten Verständnis der Kundenforderungen, da die Anwendungstechnik bzw. das Team des EMCDs sich intensiv mit der Auswirkung von nichtkornorientiertem Elektroband auf das Verhalten von elektrischen Maschinen beschäftigt. Dadurch besitzt ThyssenKrupp Steel Europe neben Forschung und Entwicklung und der technischen Kundenberatung eine zusätzliche Kompetenz, die Endkunden bei elektrotechnischen Fragestellungen unterstützten kann.

4.1.1 Anwendungsoptimierte Werkstoffentwicklung

Basierend auf bestehenden Kundenprojekten, unter Beachtung der Marktentwicklung, incl. neuer normativer Vorgaben, werden im Hause ThyssenKrupp Steel Europe neue Entwicklungsziele abgeleitet. Beim Thema Elektromobilität (siehe Abbildung 7) handelt es sich hierbei primär um neue Anforderungen, die durch Bauraumrestriktionen getrieben sind. Eine hohe Leistungsdichte bedeutet, eine kleinere, nicht so kostenintensive Batterie. Auf das Elektroband bezogen bedeutet dieses: Entwicklung dünner Sorten < 0,35 mm zur Reduzierung der Wirbelstromverluste, Entwicklung von Sorten mit geringsten Hysterese- als auch geringsten Verlusten bei hohen Frequenzen durch Erhöhung des spezifischen elektrischen Widerstands, Entwicklung von Sorten mit hoher Festigkeit d.h. garantierten Streckgrenze > 420 MPa als auch Entwicklung von Sorten mit geringer Verschlechterung der magnetischen Eigenschaften durch den der Elektrobandfertigung nachgestellten Fertigungsprozess. Diese Sorten werden im Hause ThyssenKrupp Steel Europe bisher unter der Sortenbezeichung AP geführt, da es sich hierbei um nicht genormte Sorten handelt.

Bild 10 liefert einen Überblick über die Auswirkungen von Legierungsgehalt, Blechdicke und Frequenz auf die magnetischen Eigenschaften von NGO Elektroband. Ein höherer Anteil an Silizium (Si) verringert die Hystereseschleife, deren Flächeninhalt die Verluste repräsentiert. Aufgrund physikalischer Gesetzmäßigkeiten verringern sich ebenfalls die Wärmeleitfähigkeit (WLF) und die Polarisation (J). Eine Reduzierung der Blechdicke verringert insbesondere bei hohen Frequenzen die Wirbelstromverluste. Diese Reduzierung ist in der Mitte von Abbildung 9 ebenfalls durch eine kleinere Hystereseschleife dargestellt.

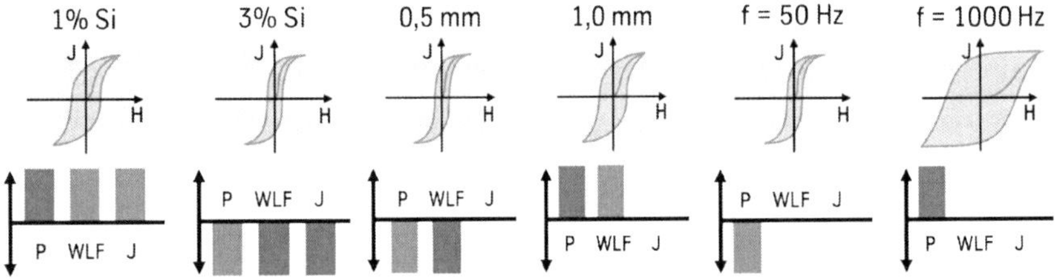

Bild 10: Auswirkungen von Legierungsgehalt, Blechdicke und Frequenz auf die magnetischen Eigenschaften von NGO Elektroband.

Die Blechdicke besitzt keinen unmittelbaren Einfluss auf die Polarisation, allerdings auf die WLF. Diese verringert sich, da bei dünnerem Blech zwischen den isolierten Lamellen aufgrund der höheren Anzahl an Blechen, ein schlechterer Wärmeübergang erfolgen kann. Im linken Teil von Bild 10 ist der starke Verlustanstieg bei hohen Frequenzen dargestellt.

Um auf spezielle Anforderungen an das Elektroband eingehen zu können, existiert bei ThyssenKrupp Steel Europe eine anwendungsoptimierte Produktentwicklung. Dies bedeutet, dass ein möglichst früher Kontakt mit den Endkunden erfolgt, um Anforderungen an magnetischen und mechanischen Eigenschaften gemeinsam abzustimmen. Dies ist vor allem erforderlich, da Magnetik und Mechanik aufgrund werkstoffwissenschaftlicher bzw. physikalischer Effekte miteinander verknüpft sind.
Eine Erhöhung des Gehalts an Silizium oder Aluminium besitzt den positiven Einfluss auf die Ummagnetisierungsverluste und die mechanischen Eigenschaften. Aufgrund der beschriebenen Effekte verringert sich ebenfalls die Polarisation, was negative Auswirkungen in der E- Maschine haben kann, wenn begrenzter Bauraum vorhanden ist.

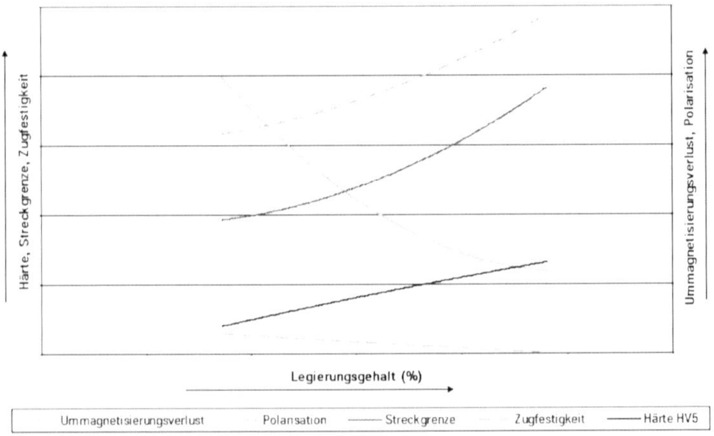

Bild 11: Zusammenhang von magnetischen und mechanischen Eigenschaften von NGO Elektroband.

Im Rahmen der anwendungsoptimierten Sortenentwicklung wurden in direkter Zusammenarbeit mit den Automobilkunden diverse Sorten im Dickenbereich ≤ 0,35 mm entwickelt. Besonderes Augenmerk lag auf geringsten Verlusten bei hohen Frequenzen > 400 Hz sowie auf einer verbesserten Stanzbarkeit. Die Textur der Sorten ist derart optimiert, dass diese Sorten eine möglichst geringe Verschlechterung der magnetischen Eigenschaften durchs Stanzen oder Laserschneiden erfahren.

	Sorte nach EN 10303	Standardsorten nach EN 10106			
Sorte	**NO 20**	**M 235-35 A**	**M 250-35 A**	**M 270-35 A**	**M 330-35 A**
Nenndicke (mm)	0,2	0,35	0,35	0,35	0,35
P1,0 50 Hz (W/kg)	0,9	1,0	1,0	1,0	1,2
P1,5 50 Hz (W/kg)	2,4	2,3	2,4	2,4	2,7
P1,0 400 Hz (W/kg)	11,7	16,6	18,6	18,4	20,9
P1,0 1000 HZ (W/kg)	43,0	70	82,0	80,0	91
Rp0,2 typisch [Mpa]	360	425	370	360	330
Rp0,2 garantiert [Mpa]	**-**	**> 390**	**> 350**	**> 350**	**> 300**
Rm [Mpa]	450	525	480	500	450
HV5	190	220	200	200	165

	Anwendungsoptimierte NGO Sorten			Hochfeste NGO Sorten		Extra hochfeste NGO Sorten
Sorte	**330-30 AP**	*** 270-27AP**	**280-30AP Var. 1**	**280-30AP Var. 2**	*** xxx-35AP Var.2**	**** Extra high-strength NGO**
Nenndicke (mm)	0,30	0,27	0,30	0,30	0,35	0,35
P1,0 50 Hz (W/kg)	1,2	1,1	1,1	1,1	1,1	Auf Nachfrage
P1,5 50 Hz (W/kg)	2,8	2,6	2,5	2,5	3,0	Auf Nachfrage
P1,0 400 Hz (W/kg)	18,0	15,0	16,0	16,0	22,0	< 40
P1,0 1000 HZ (W/kg)	75,0	59,0	65,0	62,0	80,0	Auf Nachfrage
Rp0,2 typisch [Mpa]	330	390	410	440	450	520-620
Rp0,2 garantiert [Mpa]	**> 300**	**> 350**	**> 370**	**> 420**	**> 420**	**> 500**
Rm [Mpa]	450	510	530	550	560	670-800
HV5	168	180	190	200	200	200

Typische Werte für Standardsorten und indikative Werte für anwendungsoptimierte Sorten. Mechanische Kennwerte gemessen bei Raumtemperatur für Walzrichtung.
Rp0,2 Garantie für Raumtemperatur in Walzrichtung. * Neuer Versuch ** Verschiedene Sorten in der Entwicklung

Bild 12: Anwendungsoptimierte AP Sorten für die Elektromobilität.

Mechanische Garantien für Raumtemperatur in Walzrichtung sind grundsätzlich möglich und in Abbildung 11 in den Zeilen Rp0,2 garantiert dargestellt. Zusätzlich zu den bereits heute erhältlichen hochfesten Sorten mit einer garantierten Streckgrenze von mindestens 420 MPa und geringsten Verlusten, werden werkstoffseitig extrahochfeste Sorten mit einer garantierten Streckgrenze > 500 MPa und moderaten Verlusten entwickelt. Im Hause ThyssenKrupp Steel Europe werden zurzeit erste Funktionsmuster mit diesen Sorten aufgebaut, um die neuen Vorteile in der Motorenauslegung durch hochfestes Elektroband aufzuzeigen. Im Rahmen von InCar plus, werden diese Ergebnisse zukünftig der Öffentlichkeit zugänglich gemacht. InCar plus ist aktuell das größte Forschungs- und Entwicklungsprogramm für umweltschonende Innovationen von ThyssenKrupp.

4.1.2 Elektromagnetische Auslegung und Bereitstellung spezifischer Materialdaten

Um aktiv und erfolgreich Werkstoffentwicklung betreiben zu können, ist die Kenntnis über die elektromagnetische Auslegung ebenfalls von großer Bedeutung. Dieses wird als zweite Säule des EMCDs aufgebaut, da es für den Werkstoffhersteller notwendig wird, selbst Erkenntnisse in der Motorauslegung bei der Sortenentwicklung zu besitzen. Dadurch kann besser auf die Wünsche der Motorendesigner nach spezifischen Materialien eingegangen werden und rechtzeitig eine Neuentwicklung von Sorten gestartet werden. Mittels FEM Simulation wird der Werkstoffeinfluss verglichen. Für die Simulation sind ebenfalls die Themen: hohe Frequenzen, Verarbeitungseigenschaften und hochfestes Elektroband von großer Bedeutung.
Bild 13 zeigt im linken Teil die FEM Simulation in smartFEM für eine permanenterregte Synchronmaschine mit vergraben Magneten, im rechten Teil ist die mechanische Simulation der Magnetstegbreiten für zwei anwendungsoptimierte Sorten dargestellt. Der Motor in Bild 13 besitzt folgende Kennwerte: P_N = 30 kW, n_N = 5000 1/min, n_{max} = 9000 1/min, $n_{Überlast}$ = 10 800 1/min, Anzahl Nuten = 18 und 7 Polpaare.

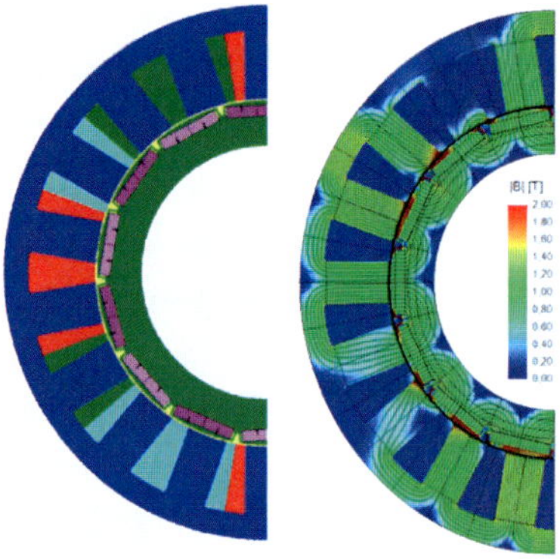

280-30 AP Variante 1	Extra-hochfestes NGO
0,30 mm	0,35 mm
P1,0 (400 Hz) = 16 W/kg	P1,0 (400 Hz) <= 40 W/kg
Rp_{02} = 410 MPa	**Rp_{02} = 570 MPa**

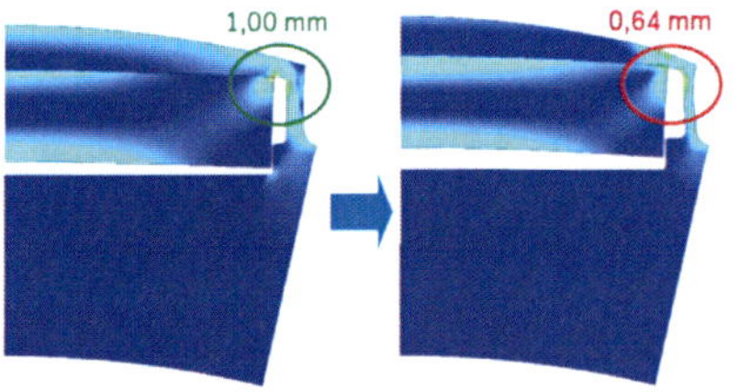

Bild 13: Vorteile von hochfestem Elektroband bei der Motorauslegung [9].

Die mechanische Simulation in Bild 13 rechts zeigt, dass sich bei diesem Motor durch den Einsatz von extra-hochfestem Elektroband die Magnetstegbreite von 1,0 mm auf 0,64 mm reduzieren lässt, wenn als Versagenskriterium die Überlastdrehzahl ausgewählt wird. Bei der mechanischen Simulation wurden als maximale Streckgrenze auf typische mechanische Eigenschaften aus Bild 13 und nicht auf die garantierten Eigenschaften aus Bild 12 zurückgriffen. Bild 14 liefert die Simulationsergebnisse für beide Rotorvarianten bei identischer Eisenlänge. Die induzierte Spannung (BEMF Link) als auch das Nenndrehmoment erhöhen sich jeweils um drei Prozent. Für diesen Motor bedeutet dieses, dass sich aufgrund des Einsatzes von extra-hochfestem Elektroband aufgrund der geringeren Magnetstegbreite eine höhere Luftspaltinduktion einstellt. Hierdurch ist es möglich drei Prozent an Magnetmaterial bei gleicher Motorperformance einzusparen.

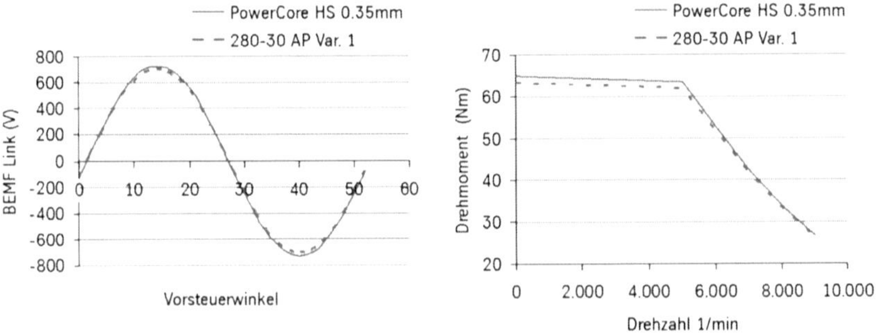

Bild 14: Vorteile von extra-hochfestem Elektroband [9].

Der umgekehrte Weg höhere Leistung ist ebenfalls möglich, wird in der Praxis aufgrund der Anforderungen nach geringstem Bauraum, Gewicht, maximaler Leistungsdichte und geringsten Kosten nur selten vollzogen. Im ersten Teil dieses Abschnitts wurde auf die Vorteile von extra-hochfestem Elektroband bei der Motorauslegung eingegangen. Der zweite Teil widmet sich dem Thema der Bereitstellung spezifischer Materialdaten. Mit dem PowerCore Explorer (Bild 15) bietet Thyssen Krupp seinen Kunden den direkten Zugang zu sortentypischen Materialdaten bis hin zu sehr hohen Frequenzen an.

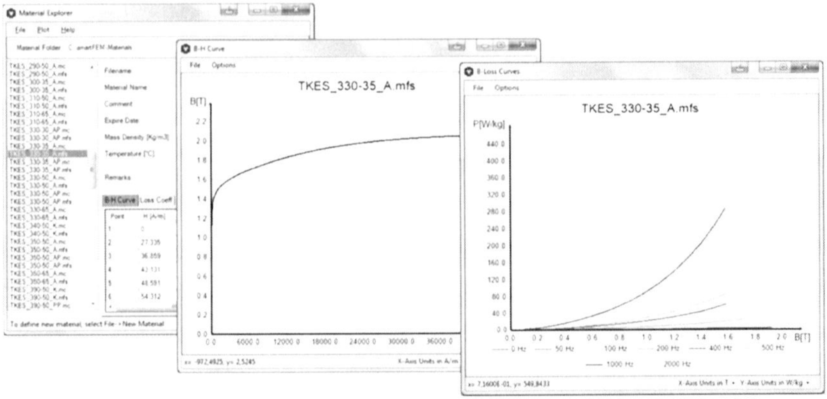

Bild 15: Der PowerCore Explorer von ThyssenKrupp Steel Europe. [12]

Die Kunden sparen hierdurch Zeit, da Sie die Materialkennwerte in gängige Simulationsprogramme; direkt in FEMAG und smartFEM und zukünftig auch in Maxwell einlesen können. Für nicht genannte Programme, können die magnetischen Materialdaten mithilfe einer Textdatei eingelesen werden. Hierdurch vereinfacht sich der Prozess der Materialdatenverfügbarkeit signifikant für unsere Kunden. Der PowerCore

Explorer liefert hierbei ebenfalls die Möglichkeit die magnetischen Daten unterschiedlicher Sorten direkt visuell zu vergleichen. Neben sortentypischen magnetischen Informationen sind auf Nachfrage ebenfalls sortentypische Informationen zu Mechanik und berechnete Kennwerte für Wärmeleitfähigkeit und spezifischen elektrischen Widerstand sowie weitere Kennwerte verfügbar.

4.1.3 Elektroband in Funktionsmustern auf eigenem Motorenprüfstand

Die dritte Säule des EMCDs, die Charakterisierung von Elektroband in Funktionsmustern auf dem eigenem Motorenprüfstand, ermöglicht die Verifizierung der Ergebnisse der Werkstoffentwicklung und der Simulation und liefert zusätzliche Impulse für Werkstoffentwicklung und Bereitstellung materialspezifischer Daten. Im Rahmen des EMCDs stehen zur Charakterisierung eine CO_2-Laserschneidmaschine, eine magnetischer Messplatz, eine Ringkernwickelmaschine als auch ein eigener Motorenprüfstand zur Verfügung. Mit diesen Geräten ist es möglichen, die relevanten Prozessschritte einer in Bild 16 dargestellten Elektromotorenfertigung abzubilden.

Bild 16: Übersicht Herstellungsprozess magnetischer Komponenten [10].

Die dargestellten Prozessschritte beeinflussen bzw. verschlechtern die magnetischen Eigenschaften unterschiedlich. Erste Erkenntnisse aus Schneidversuchen mit einem Laser sind in Bild 17 dargestellt. Hierzu wurden quadratische Single Sheet Bleche mit Ausgangsmassen von 500 mm x 500 mm magnetisch charakterisiert, um die Materialhomogenität unterschiedlicher Tafeln zu gewährleisten. Diese wurden im Anschluss auf 120 mm x 120 mm große Tafeln zerschnitten und magnetisch vermessen. Im nächsten Schritt wurde analog Bild 17 die Gesamtbreite in Einzelstreifen unterschiedlicher Breite aufgeteilt. 4 mm in Bild 17 bedeuten 30 gelaserte Streifen in einer Breite von 4 mm und einer Länge von 120 mm; 15 mm repräsentieren acht gelaserte Streifen mit einer Einzelstreifenbreite von 15 mm und Länge 120 mm. Als Magnetic Field Factor wird hierbei die Erhöhung der Verluste von n gelaserten Streifen in x mm Breite bezogen auf die Ursprungstafel von 120 mm x 120 mm bezeichnet. Es ist ersichtlich, dass Eine Erhöhung des Schnittkantenanteils signifikanten Einfluss auf den Magnetic Field Factor besitzt.

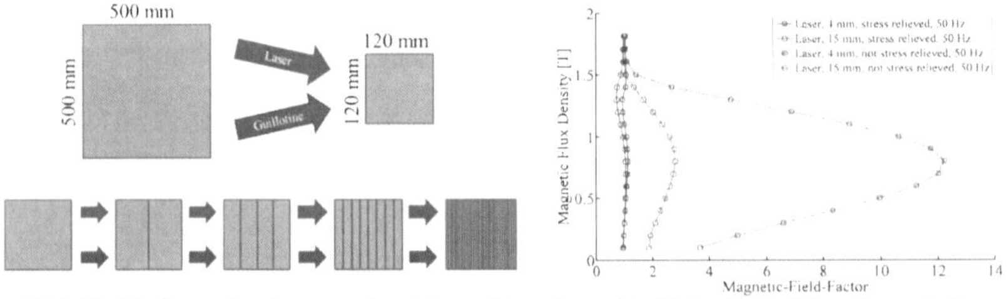

Bild 17: Einfluss des Laserschneidens für unterschiedliche Schnittkantenanteile mit und ohne nachgeschalteter Glühung [11].

Durch eine nachgelagerte Streifenglühung nach EN 10341 lassen sich potentielle Spannungen aus dem Schneidprozess signifikant verringern. Insbesondere bei geringen Flussdichten < 1,0 T zeugt, sich eins starke Beeinflussung, was mit der großen Steigung der Permeabilität (siehe 1.1 Die Hysterese) bei geringen Feldstärken zusammenhängt. Die Untersuchungen umfassen unterschiedliche Sorten, Laserschneidanlagen und ebenfalls das Simulieren des Stanzprozesses mittels unterschiedlicher Blechscheren. Die Untersuchungen werden fortgesetzt und zu einem späteren Zeitpunkt veröffentlicht.

Durch den Aufbau von Funktionsmustern wird versucht den Zusammenhang zwischen den in Bild 16 beschriebenen Prozessen der E-Maschinenfertigung und den magnetischer Messung nach Norm am Elektroband als auch der FEM Simulation herzustellen. Hierfür steht ein flexibler E-Maschinenprüfstand mit P_{max} = 140 kW, n_{max} = 18000 1/min und M_{max} = 230 Nm zur Verfügung. Bild 18 zeigt eine Auswertung für den Grunddrehzahlbereich des Funktionsmusters KAT-1.

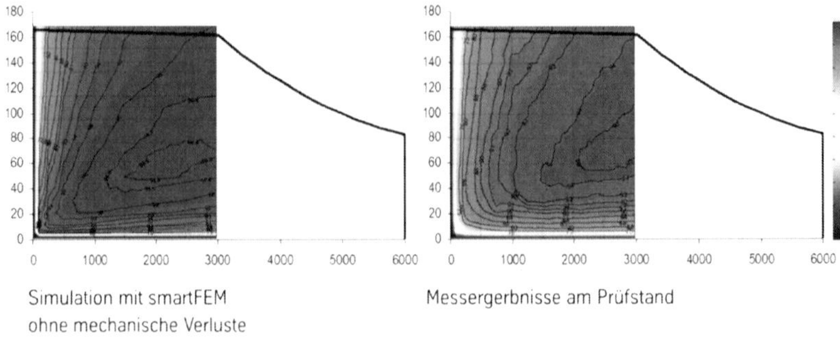

Bild 18: Vergleich von Prüfstandsmessung und FEM Simulation [12].

Erste Prüfstandsergebnisse zeigen eine gute Übereinstimmung zwischen FEM Simulation und Prototyp für den Grunddrehzahlbereich. Die Vergleiche werden für weitere Motoren als auch insbesondere für den Feldschwächebereich fortgesetzt.

4. Zusammenfassung und Ausblick

Ausgehend von einer Einordung des weichmagnetischen Werkstoffs NGO Elektroband, wurde der Magnetisierungsprozess und die Fertigung von hochwertigem NGO Elektroband im Hause ThyssenKrupp Steel Europe beschrieben. Auf die neuen, gesteigerten Anforderungen an NGO Elektroband ausgehend von Traktionsmaschinen von PKWs: geringes Gewicht, hoher Wirkungsgrad und hohe Leistungsdichte bei minimalem Bauraumbedarf, wurde ebenfalls eingegangen. Die Vorteile in der Motorenauslegung durch anwendungsoptimierte Sorten, insbesondere durch den Einsatz von hochfesten Elektrobandsorten und ihre Validierung im E-Mobility Center Drives (EMCD) von ThyssenKrupp Steel Europe, wurde ebenfalls eingegangen. Mit hochfestem Elektroband lassen sich aufgrund einer höheren Luftspaltinduktion die Größe der Magnete bei gleicher Motorperformance verringern. Alternativ ist eine Bauraumverringerung durch eine kürzere Eisenlänge oder eine Verbesserung der Performance erzielen. Aus Kostengründen stellt der dritte Fall eine theoretische Möglichkeit dar. Der E-Mobility Center Drives, mit seinen beschriebenen Möglichkeiten, ergänzt die technische Kundenberatung hinsichtlich Know-how zur Auslegung von elektrischen Maschinen inklusive erweiterter Materialdaten und der Charakterisierung von Elektroband in Funktionsmustern und schafft Mehrwert für unsere Kunden. Frühzeitiges Erkennen zukünftiger Entwicklungsgrade und die Verkürzung der Entwicklungszeit bei der Motorenauslegung lautet die Prämisse.

Literatur / References

[1] Plaßmann, W.; Schulz, D.; Handbuch Elektrotechnik; 5. korrigierte Auflage 2009; Vieweg + Teubner S. 238

[2] Reinboth, H.; Technologie und Anwendung magnetischer Werkstoffe; 3.Auflage 1970; VEB Verlag Technik Berlin S.43,

[3] Merkblatt 401; Elektroband und –blech; ISSN 0175-2006; S. 20; 2005

[4] Bergmann; Schäfer, Lehrbuch der Experimentalphysik Band 6 Festkörper, Walter de Gruyter, 2005, S. 405

[5] Schoppa P, Einfluss der Be- und Verarbeitung auf die magnetischen Eigenschaften von schlussgeglühtem, nichtkornorientierten Elektroband, Dissertation, RWTH Aachen, 2001, S. 5

[6] Reinboth, H.; Technologie und Anwendung magnetischer Werkstoffe; 3.Auflage 1970; VEB Verlag Technik Berlin S. 18

[7] Reinboth, H.; Technologie und Anwendung magnetischer Werkstoffe; 3.Auflage 1970; VEB Verlag Technik Berlin S. 19

[8] Müller, G.; Ponick, B.; Grundlagen elektrischer Maschinen; WILEY-VCH; Auflage 9, S. 219; 2006

[9] Tietz, M.; Jansen, A.; Telger, K.; Anwendungsspezifische Entwicklung von NGO-Elektroband für Antriebsmotoren von Hybrid- und Elektrofahrzeugen; Expertenforum „Elektrische Fahrzeugantriebe“ Aachen; 2011

[10] Telger, K.; Biele,P.; Tietz; M.; Nichtkornorientiertes Elektroband; 20. Kleinmaschinenkolloquium, Technische Universität Ilmenau, 2012

[11] Tietz, M.; Herget, F.; von Pfingsten, G.; Steentjess, S.; Telger, K.; Hameyer, K.; Effects and advantages of high-strength non grain oriented (NGO) electrical steel for traction drives, Electric Drive Production Conference Nürnberg, 2013

[12] Tietz, M.; Herget, F.; Telger, K.; The E-Mobility Center Drives; Coilwinding Conference Berlin, 2013

21 Parasitäre Erscheinungen bei elektrischen Traktionsmaschinen für Straßenfahrzeuge

Harald Neudorfer

Abstract

Requirements on electric traction drives for road vehicles concerning power density, efficiency, noise emission and reliability are continuously increasing. At the same time the interaction between the electric converter and the electric machine becomes more important. The feeding of electric machines by modern power converters also causes some parasitic phenomena which work against the previously mentioned goals. These effects are basically torque pulsations, magnetically generated noise and vibrations, converter-caused additional losses and capacitive high-frequency currents in the bearings. Some of these effects can have such a negative impact on the highly utilised traction drive that they cause a fatal damage of the electric machine in the worst case.

In this paper several reasons for the mentioned effects are described and analyzed. The roots of the effects become more visible by the use of modern calculation and measuring methods. The parasitic effects and their consequences are illustrated by examples from different applications in traction drives. Primary and secondary actions to prevent from these parasitic effects are presented. Also the technical consequences of these measures are mentioned.

Kurzfassung

Bei modernen elektrischen Traktionsantrieben für Straßenfahrzeuge werden die Anforderungen bezüglich Leistungsdichte, Wirkungsgrad, Geräuschemissionen und Betriebssicherheit immer höher. Dabei kommt dem Zusammenspiel zwischen elektrischen Umrichter und Maschinen steigende Bedeutung zu. Die Anspeisung mit modernen Umrichtern verursacht in den elektrischen Maschinen jedoch einige parasitäre Erscheinungen, die den oben genannten Anforderungen entgegenwirken. Diese störenden Effekte sind im Wesentlichen Drehmomentpulsationen, magnetisch erregte Geräusche und Schwingungen, wechselrichterbedingte Zusatzverluste und kapazitive Hochfrequenz-Lagerströme. Einige dieser Erscheinungen können so negative Folgen bei den hoch ausgenutzten Antrieben haben, dass diese im Extremfall zum Totalschaden der elektrischen Maschine führen.

In der vorliegenden Veröffentlichung werden die Ursachen einiger der oben genannten Effekte aufgezeigt und analysiert. Durch moderne Rechen – und Messmethoden wird die Ursache der Erscheinungen besser erkennbar. Die Parasitäreffekte und deren Folgen werden an Hand von Beispielen aus der Praxis von Antriebssystemen aus dem Traktionsbereich erläutert. Primär- und Sekundärmaßnahmen gegen diese parasitären Effekte werden vorgestellt. Die damit verbundenen technischen Konsequenzen werden kurz angegeben.

1. Einleitung

1.1 Allgemeine Auslegungskriterien elektrischer Maschinen

Elektrische Traktionsmaschinen für Straßenfahrzeuge zeichnen sich durch extrem hohe Leistungs- und Momentendichte aus. Dies ist durch den beengten Bauraum im Fahrzeug gegeben. Bei Hybridfahrzeugen wird in vielen Fällen die elektrische Maschine im Antriebsstrang der Verbrennungskraftmaschine (VKM) eingebaut. Dabei kommen Motoren mit relativ großen Bohrungsdurchmessern D_1, jedoch geringer Eisenlänge l_{Fe} zum Einsatz. Einen üblichen Wert der Ausnutzung stellt die Esson'sche Leistunszahl C dar.
Mit dieser Ausnutzungszahl kann einerseits die Größe der Maschine abgeschätzt werden (siehe Gleichung 1) und andererseits können verschiedene Maschinen verglichen werden (siehe Gleichung 2). In dieser Gleichung sind ξ_1 der Wicklungsfaktor vom Stator, A der sogenannte Strombelag in A/m und B_1 die Induktion in T. In der Leistungsgleichung (1) ist n die Drehzahl in min^{-1}, sodass sich für die Leistungszahl die nicht SI-gerechte Einheit von kVA min/m^3 ergibt. In Tabelle 1 sind Unterschiede zwischen üblichen Industriemaschinen und Maschinen im automotiven Einsatz angegeben.
Weitere Auslegungskriterien für die Ausnutzung der Maschine sind Wärmeabfuhr bzw. Kühlungsart, maximal zulässige Fliehkraftbelastung, die thermische Klasse der Statorwicklung, Stöße und Vibrationen aus dem Fahrzeug und natürlich Umweltbedingungen und Einsatzdauer.
Um die variable Drehzahl eines Traktionsmotors zu ermöglichen, werden diese Motoren im Allgemeinen mit einem Spannungs-Zwischenkreis-Wechselrichter angesteuert. Dieser liefert nicht nur eine Sinusgrundschwingung, die für das Drehmoment verantwortlich ist, sondern je nach Pulsverfahren auch jede Menge von Oberschwingungen an den Motor. Diese Oberschwingungen im Motorstrom und in der Motorspannung erzeugen die parasitären Effekte wie in Bild 1 dargestellt.

Innere Scheinleistung
$$S_N = D_i^2 \cdot l_{Fe} \cdot n \cdot \frac{\pi^2}{\sqrt{2}} \cdot \xi_1 \cdot A \cdot B_1 \quad (1)$$

Esson'sche Leistungszahl
$$C = \frac{\pi^2}{\sqrt{2}} \cdot \xi_1 \cdot A \cdot B_1 \quad (2)$$

Drehmoment
$$M \sim D_i^2 \cdot l_{Fe} \cdot C \sim V_{Rotor} \cdot C \quad (3)$$

Tabelle 1: Vergleich Ausnutzung von Industrie- und Traktionsantrieben

		Industrieantriebe	Traktionsantriebe
Esson´sche Leistungszahl	kVAmin/m³	2 bis 5*	3 bis 10*
Thermische Klasse	EN 60034/60085	B, F, H	200, (C), (220)
Einsatztemperatur	°C	- 20 bis 40	- 40 bis 60
Spannungsversorgung		Sinus bzw. WR	Wechselrichter WR

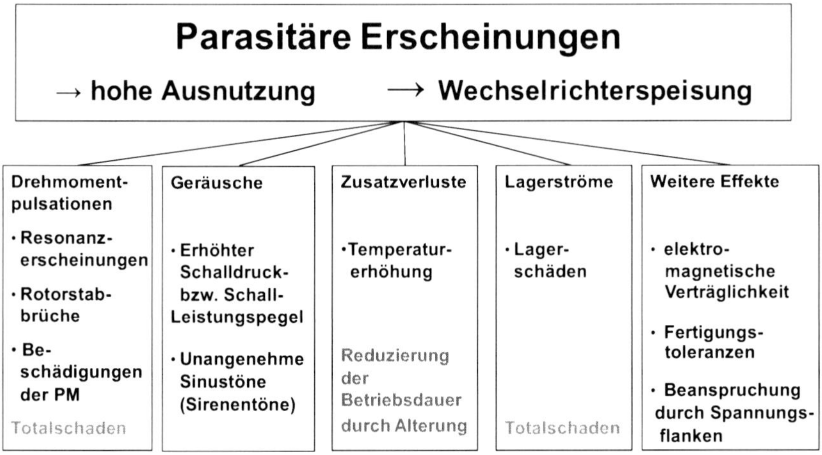

Bild 1: Parasitäre Erscheinungen bei umrichtergespeisten Maschinen [1]

Die Effekte können je nach Intensität von Reduzierung der Einsatzdauer zu Nichteinhaltung der Spezifikation bezüglich schwingungsbedingter Geräuschemission bis hin zum Totalschaden der Maschine führen.

2. Wechselrichterspeisung

Bild 2 zeigt die Grundschaltung eines wechselrichtergesteuerten Traktionsmotors. Als Antriebsmaschinentype werden hauptsächlich PSM verwendet. Aus wirtschaftlichen Gründen (hohe Preise der Selten-Erd Materialien) kommen jedoch auch andere Maschinentypen wie die ASM, die SRM oder die elektrisch erregte Synchronmaschine zum Einsatz.

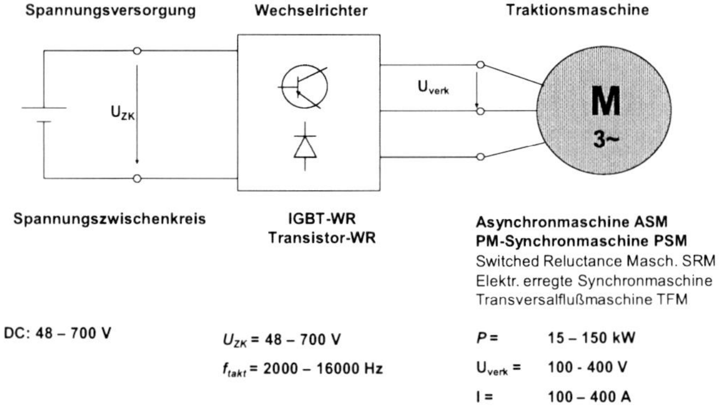

Bild 2: Wechselrichterspeisung bei Traktionsmaschinen [1]

Der gemessene Spannungs- und Stromverlauf an einer Asynchron-Traktionsmaschine ist in Bild 3 dargestellt. Durch den 2-Punkt Wechselrichter mit einer Taktfrequenz von 2,5 kHz entstehen in der dargestellten Phasenspannung die entsprechenden Spannungsblöcke. Dabei ist der Grundschwingungsverlauf mit einer Frequenz von ca. 100 Hz erkennbar. Auch im Stromverlauf ist neben einer Vielzahl von Oberschwingungen die Grundschwingung sichtbar. Bei der Messung der Signale wurde eine Abtastrate von 125 kHz verwendet. Damit ist sichergestellt, dass auch hochfrequente Anteile im Signal erfasst werden.

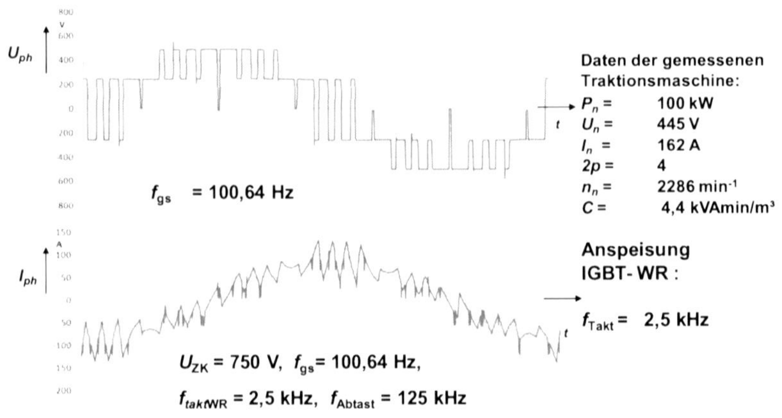

Bild 3: Gemessener Spannungs- und Stromverlauf bei Speisung einer Traktionsmaschine (Phasenspannung) [6]

Für die weitere Berechnung wird das gemessene Spannungssignal nach Fourier (siehe Gleichung 4) in das Grundschwingungssignal und in die Oberschwingung bis zur 100. Harmonischen zerlegt. Dabei ist zu erkennen, dass die Synthese der errechneten Spannungsschwingungen dem Verlauf des gemessenen Signals sehr gut entspricht (Bild 4).

$$U = \sum_{n=1}^{100} U_n \cdot \sin(n \cdot \omega t + \varphi_n) \qquad (4)$$

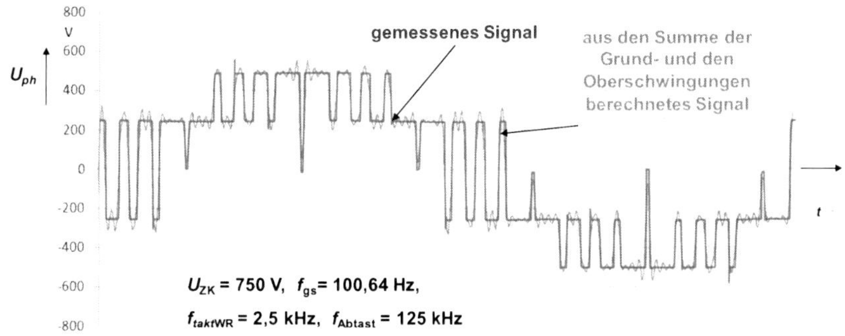

Bild 4: Synthese des Spannungssignals [6]

Eine andere anschauliche Darstellung der Grundschwingungs- und Oberschwingungsspannungen ist in Bild 5 dargestellt. Dabei ist in der z-Achse die Amplitude der Spannung, in der x-Achse die Ordnungszahl der Harmonischen und in der y-Richtung die Grundschwingungsfrequenz zu erkennen. Weiters ist der Bereich der asynchronen Taktung – die Taktfrequenz ist unabhängig der Grundschwingungen und die synchrone Taktung – Taktfrequenz ist ein Vielfaches der Grundschwingungen eingetragen. Durch die verwendete Sternschaltung in der Maschine entfallen alle durch drei teilbaren Oberschwingungsspannungen.

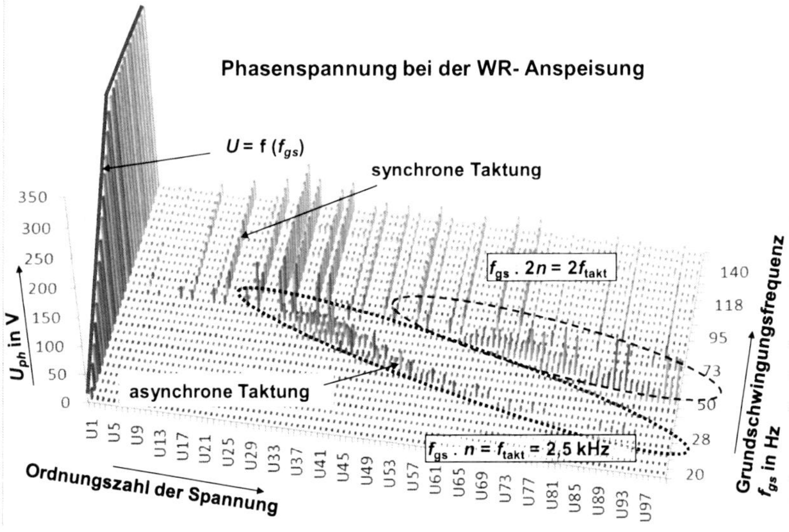

Bild 5: Anteil der Spannungsgrund- und Oberschwingungen [6]

3. Drehmomentenpulsation

Für die Berechnung von der Momentenpulsation wird die Methode aus dem Ankerstrombelag A und der Induktion B im Luftspalt verwendet (siehe Formel 5 – 9) [3]. Dabei müssen für das Drehmoment die Grundschwingungen multipliziert werden. Jedoch verursachen die jeweiligen Oberschwingungen ebenfalls Drehmomente, sogenannte Rippelmomente, die zum mittleren Drehmoment addiert werden müssen.

$$M_{i_{k,k'}}(t) = \frac{p \cdot \tau_p \cdot l_{Fe}}{\pi} \cdot \int_0^{2p\tau_p} A_{k,\nu}(x,t) \cdot B_{k',\nu'}(x,t)dx \tag{5}$$

$$A_{k,\nu}(x,t) = \sqrt{2} \cdot \frac{m_1}{p} \cdot w_1 \cdot \frac{\xi_{w\nu}}{\tau_p} \cdot I_k \cdot \sin\left(\frac{\nu\pi x}{\tau_p} - k \cdot \omega_1 \cdot t\right) \tag{6}$$

$$B_{k',\nu'}(x,t) = \frac{\mu_0}{\delta} \cdot \frac{\sqrt{2}}{\pi} \cdot \frac{m_1}{p} \cdot w_1 \cdot \frac{\xi_{w\nu'}}{\nu'} \cdot I_k \cdot \cos\left(\frac{\nu'\pi x}{\tau_p} - k' \cdot \omega_1 \cdot t\right) \tag{7}$$

$$M_{i_{k,k'}}(t) = 0, \quad \nu \neq \nu' \tag{8}$$

$$M_{i_{k,k'}}(t) = \frac{\mu_0}{\delta} \cdot 2 \cdot \tau_p \cdot l_{Fe} \cdot \frac{m_1^2}{\pi^2} \cdot \frac{\xi_{w\nu}^2 \cdot w_1^2}{\nu} \cdot I_k \cdot I_{k'} \cdot \sin\left(\left(k'-k\right) \cdot \omega_1 \cdot t\right), \quad \nu = \nu' \tag{9}$$

$$\text{dominant}: k' = 1, \nu = 1. \text{ergibt } f_{puls} = (1-k)f_1 = 6g \cdot f_1 \text{ (Y-Schaltung) bzw. } 3g \cdot f_1 \text{ (D-Schaltung)}$$

Der vom Wechselrichter eingeprägte Statorstrom und das daraus berechnete Drehmoment sind in Bild 6 dargestellt.
Diese Drehmomentpulsationen können nun im gesamten Antriebsstrang wirksam werden. Sollte es zu einer Übereinstimmung der anregenden Frequenz mit einer Torsionseigenfrequenz von Bauteilen kommen, entsteht die Resonanzkatastrophe. Diese hat zum Beispiel bei ausgeführten Maschinen zum Bruch von Kurzschlussringsystemen bei PSM zur Zerrüttung der vergrabenen Magnete geführt.

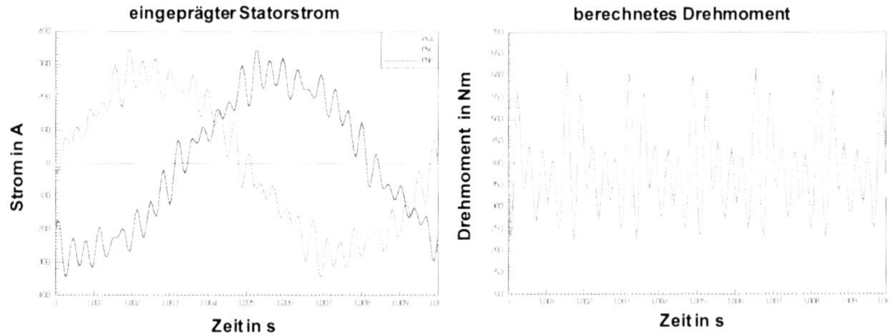

Fourieranalyse Statorstrom (aus Messung)

Harmonische	Strom in A
1	192
5	11,5
19	17,1
25	16,3
29	28,6

Fourieranalyse Drehmoment (aus Rechnung)

Frequenz	Moment in Nm
0	386,5
600	28,2
1200	1,5
1800	38,3
2400	41,5
3000	65,1

Traktionsmotor in Sternschaltung f_1 =100 Hz, 2p =4

Bild 6: Eingeprägter Statorstrom und berechnetes Drehmoment [6]

Folgende Maßnahmen zur Minimierung der Drehmomentenpulsation stehen unter anderem bei der Auslegung der Maschine und bei der Ansteuerung durch den Wechselrichter zur Verfügung.

Tabelle 2: Maßnahmen zur Minimierung der Drehmomentenpulsation

• **Primärmaßnahmen**	**Konsequenzen**
• Vergrößerung des Luftspaltes	Vergrößerung des Magnetisierungsstromes
• Erhöhung der Taktfrequenz	Vergrößerung der Verluste im WR
• Sehnung der Wicklung	Vermeidung bestimmter Harmonischer
• Schrägung der Nuten, PM	Rotorquerströme, Vergrößerung der Verluste
• **Sekundärmaßnahmen**	
• Spezielle Konstruktion des Kurzschlusskäfigs (Fachwerkbildung)	
• Vermeidung von Resonanzerscheinungen im Antriebssystem z.B. Getriebe	
• Entkopplung und Dämpfung schwingungsfähiger Bauteile	

4. Geräusche

Der Minimierung der Geräuschemission von elektrischen Antriebssystemen kommt bei vielen automotiven Anwendungen hohe Priorität zu. Dabei wirken oft die elektrische Maschine oder die Anschlussleitungen als Schallquelle. Der eigentliche Verursacher ist jedoch der Wechselrichter, der wie in Abschnitt 2 beschrieben, neben der

Grundschwingungen von Strom und Spannung auch jede Menge von Oberschwingungen im hörbaren Bereich von 16 Hz bis 16 kHz abgibt.
Diese Oberschwingungen verursachen jetzt radiale Kraftzugquellen, die in den Gleichungen (10) bis (13) [3] mathematisch beschrieben werden. Je nach Addition oder Subtraktion von den Faktoren ν und μ ergeben sich die Modenformen mit 2n Knoten (n natürliche Zahl inkl. 0) (Bild 8).

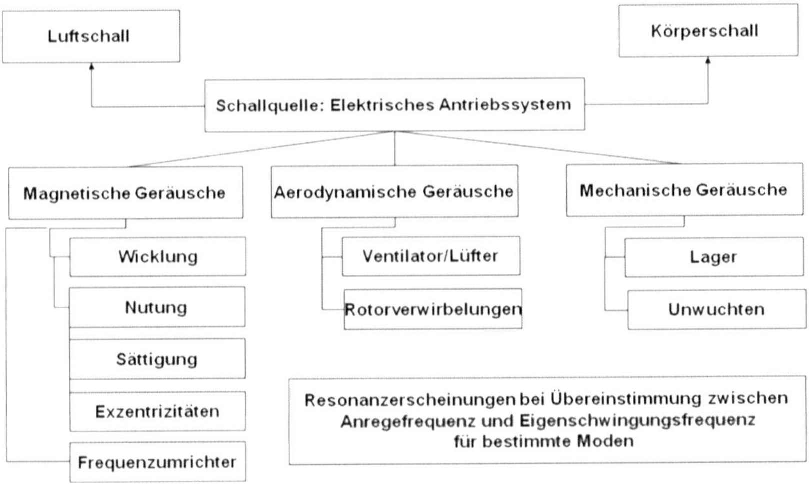

Bild 7: Ursache von Geräuschen [1]

Statorfeldwelle

$$B_\nu(x_1,t) = \hat{B}_\nu \cdot \cos\left(\frac{\nu\pi x_1}{\tau_p} - 2\pi f t\right), \quad \nu = 1 + 2m_1 g, \quad g = 0, \pm1, \pm2, \ldots \tag{10}$$

Rotorfeldwelle

$$B_\mu(x_2,t) = \hat{B}_\mu \cdot \cos\left(\frac{\nu\pi x_2}{\tau_p} - 2\pi \cdot s \cdot f t\right), \quad \mu = 1 + g \cdot \frac{N_2}{p}, \quad g = 0, \pm1, \pm2, \ldots \tag{11}$$

MAXWELL'scher Radialzug

$$\sigma(x,t) = \frac{B^2(x,t)}{2\mu_0} \sim \left(\sum_\nu B_\nu + \sum_\mu B_\mu\right)^2 \Rightarrow \sigma_{\mu\nu} \sim B_\nu^{\,2} + 2B_\nu B_\mu + B_\mu^{\,2} \tag{12}$$

Radialkraftzugwellen

$$\sigma_{\nu\mu}(x_1,t) = \frac{\hat{B}_\nu \hat{B}_\mu}{2\mu_0} \cdot \cos\left(2r \cdot \frac{\pi x_1}{2p\tau_p} - 2\pi f_{Ton} t\right) \tag{13}$$

Anzahl der Kraftwellenknoten am Maschinenumfang

$$2r = 2p \cdot |\nu \pm \mu| \tag{14}$$

Anregende Tonfrequenz

$$f_{Ton} = f \cdot |(\mu - 1) \cdot (1 - s) + 2| \tag{15}$$

$$f_{Ton} = f \cdot |(\mu - 1) \cdot (1 - s) - 0| \tag{16}$$

Die elektromagnetische Kraft ist durch die Formel

$$F = \frac{A.B^2}{2\mu_0} \tag{17}$$

bekannt. Dabei ist A die Fläche in m², B die Induktion in T und μ_0 die Permeabilitätskonstante in Vs/Am.
Durch Division der Kraft F durch die Fläche A erhält man eine Spannung τ.
Da die Induktion quadratisch eingeht, erhält man bei zum Beispiel sinusförmigem Induktionsverlauf

$$B = \hat{B}.\sin wt \tag{18}$$

einen Kraftzug mit doppelter Frequenz als

$$B^2 = \hat{B}^2.\sin^2 wt \tag{19}$$

Als Beispiel einer Geräuschanregung ist ein Traktionsmotor mit Rippenkühlung angeführt. Durch Übereinstimmung der Taktfrequenzen bzw. derer Vielfachen mit Eigenfrequenzen von Rippen oder sonstigen Bauteilen wurde in diesem Fall bei einer Taktfrequenz von 2290 Hz ein Schalldruckpegel von bis zu 107 dB(A) gemessen. Im Bild 10 sind die auftretenden Schallfrequenzen vor allem bei 4580 Hz – also doppelter Taktfrequenz – eindeutig als dominantes Geräusch erkennbar. Durch eine entsprechende Maßnahme mit vier kleinen Gummielementen wurde eine Reduzierung des Schalldruckpegels von 15 dB(A) auf 92 dB(A) bei identer Belastung erreicht.

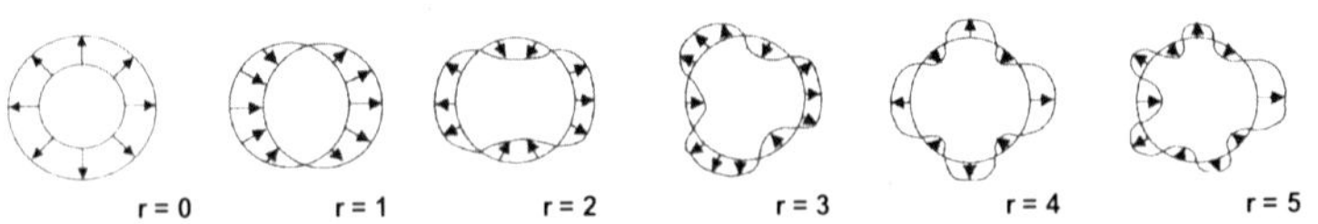

Bild 8: Unterschiedliche Modenformen vom Statorblechpaket durch radiale Kraftzugwellen

Bild 9a: Beschleunigungsaufnehmer auf einer Rippe eines Motorgehäuses [6]

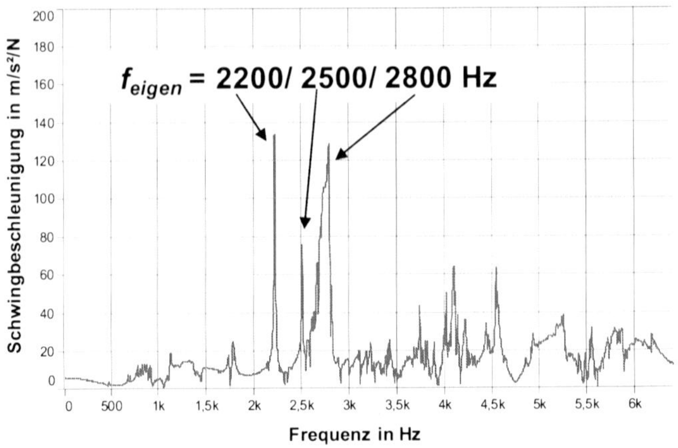

Bild 9b: Schwingungsspektrum im Frequenzbereich bis 6 kHz einer Rippe [6]

Eine mögliche, rechnerische und messtechnische Vorgangsweise ist in den Gleichungen (20) bis (28) dargelegt.
Einerseits kann mit Hilfe der Gleichungen die Biegeeigenfrequenz einer Rippe (gerader Stab) errechnet werden. Eine messtechnische Untersuchung mit einem ein-, zwei- oder dreiachsigen Beschleunigungsaufnehmer mit einem Impulshammer mit Kraftmessdose ermöglicht die „exakte" Bestimmung der Eigenfrequenzen.
Bild 9b zeigt die Eigenfrequenzen im Frequenzbereich bis etwa 6 kHz.

Biegeschwingungen einer Rippe (gerader Stab) [8]

$$c^2 \frac{\partial^4 \omega}{\partial x^4} + \frac{\partial^2 \omega}{\partial t^2} = 0 \tag{20}$$

$$c^2 = \frac{E \cdot J}{\sigma \cdot A} \tag{21}$$

$$\gamma^2 = \frac{\omega}{c} \tag{22}$$

für konstanten Querschnitt

$$f(x) = A \sin \gamma x + B \cos \gamma x + C \sinh \gamma x + D \cosh \gamma x \tag{23}$$

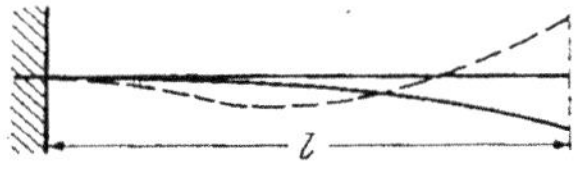

$$1 + \cos \gamma l \cosh \gamma l = 0 \tag{24}$$

$$\omega = \gamma^2 \cdot \sqrt{\frac{E \cdot J}{\rho \cdot A}} \tag{25}$$

$$\gamma_1 l = 1{,}875 \tag{26}$$

$$\gamma_2 l = 4{,}694 \tag{27}$$

$$\gamma_3 l = 7{,}85 \tag{28}$$

l = 80 mm	f_1 = 2388 Hz
b = 6 mm	f_2 = 17535 Hz
E = 70000 N/mm²	f_3 = 48968 Hz
γ = 2700 kg/m³	

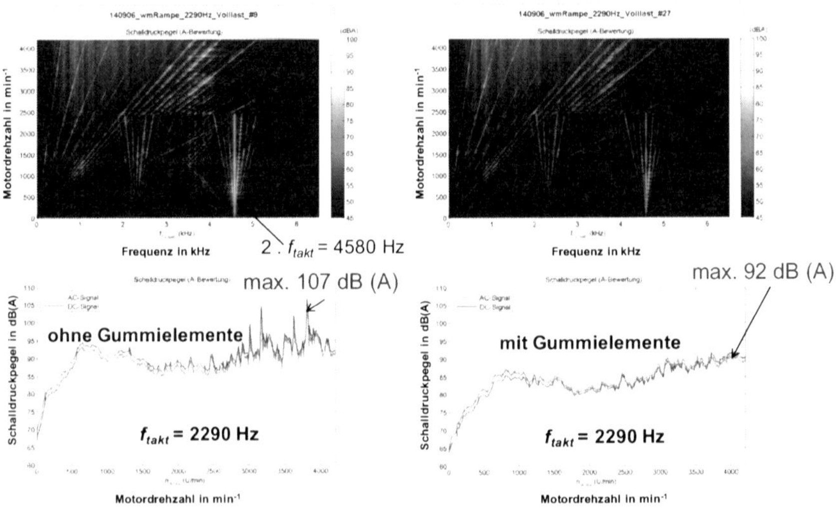

Bild 10: Schalldruckpegel in Abhängigkeit der Motordrehzahl ohne bzw. mit Gummielementen [6]

Folgende Maßnahmen zur Minimierung der Geräuschbildung stehen unter anderem bei der Auslegung der Maschine und der Ansteuerung durch den Wechselrichter zur Verfügung.

Tabelle 3: Maßnahmen zur Minimierung der Geräusche

• **Primärmaßnahmen**	**Konsequenz**
• Vergrößerung der Luftspaltes	Vergrößerung d. Magnetisierungsstromes bzw. Magnetisierungsbedarfes
• Vermeidung kritischer Nutenzahlenkombinationen auch schon bei Sinusspannung)	
• Vergrößerung der Statorjochhöhe (Steigerung der Statorsteifigkeit)	Vergrößerung des Motordurchmessers
• Veränderung der Taktfrequenz	mehr/weniger Verluste im Motor/WR
• Sehnung der Wicklung	nur für tiefe Frequenzen wirksam
• Verminderung des Statorflusses bei konst. Moment Steigerung d. Stromes	
• **Sekundärmaßnahmen**	
• Vermeidung von Resonanzerscheinungen z. B. von Gehäuseteilen	
• Entkopplung und Dämpfung schwingungsfähiger Bauteile	

5. Wechselrichterbedingte Zusatzverluste

Unter wechselrichterbedingten Zusatzverlusten in der Traktionsmaschine versteht man jene Verluste, die die Oberschwingungen der Spannung und des Stromes unabhängig von den Grundschwingungsverlusten verursachen. In Bild 11 ist eine Übersicht der Verluste bei Sinusspeisung (Grundschwingung) links und bei Wechselrichterspeisung rechts dargestellt.

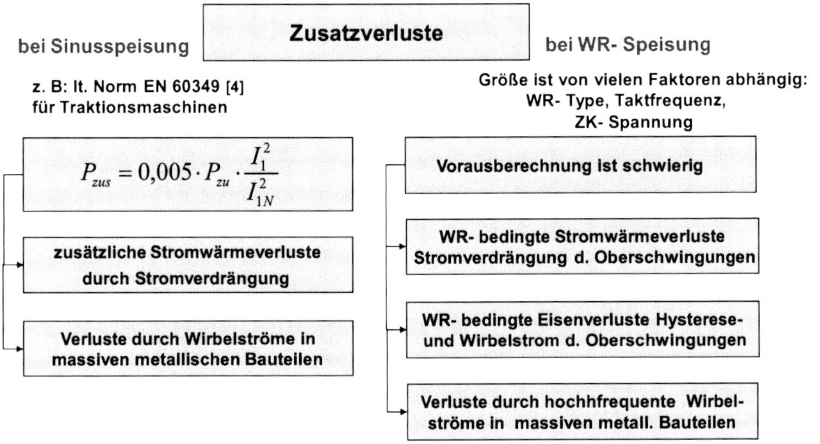

Bild 11: Wechselrichterbedingte Zusatzverluste [1]

Die wechselrichterbedingten Zusatzverluste in der Traktionsmaschine sind vor allem von der Taktfrequenz f_T, der Zwischenkreisspannung U_{ZK} und dem Pulsmuster abhängig. Bild 12 zeigt auf der linken Seite diese Verluste in Abhängigkeit von f_T und U_{ZK}.

Bei einer Grundschwingungsfrequenz von ca. 50 Hz werden bei diesem Traktionsmotor mit einer Dauerleistung von P = 125 kW und einer Taktfrequenz von f_T = 1000 Hz mit einer U_{ZK} = 750 V zusätzlich ca. 2100 W Verluste generiert. Bei einer f_T = 2,5 kHz und einer U_{ZK} = 600 V reduziert sich der Wert auf ca. 700 W, also um ca. 70 %.

Durch die wesentliche Vergrößerung der Verluste bei Wechselrichterspeisung gegenüber der Sinusspeisung (siehe Bild 12 rechts) steigen die Temperaturen in der Maschine. Diese Erhöhung kann je nach Wechselrichter und Maschine in der Statorwicklung 10 K bis zu 30 K erreichen.

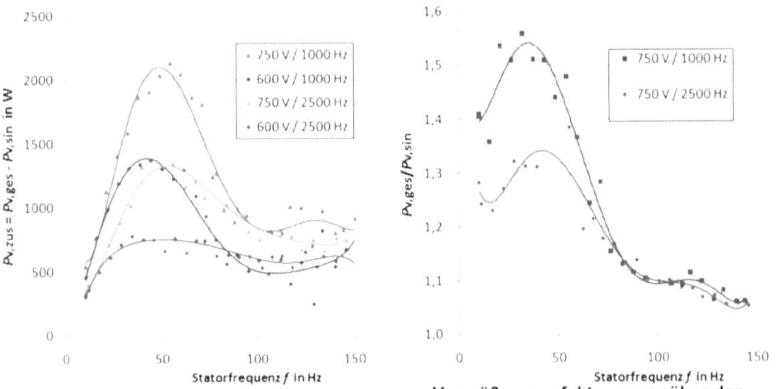

Traktionsmaschine P = 125 kW bei einer WR-Taktfrequenz von 1000 Hz bzw. 2500 Hz und einer Zwischenkreisspannung von 600 V bzw. 750 V

Vergrößerungsfaktor gegenüber den Verluste im Sinusbetrieb bei einer WR-Taktfrequenz von 1000 Hz bzw. 2500 Hz und einer Zwischenkreisspannung von 750 V

Bild 12: Messung der wechselrichterbedingten Zusatzverluste [6]

Somit können diese Verluste die Alterung der Maschine vor allem des Wicklungssystems beschleunigen.

Die Berechnung der wechselrichterbedingten Stromwärmeverluste erfolgt über die bekannte Joul'sche Verlustformel

$$P = J^2.R(f) \tag{29}$$

Dabei ist jedoch zu berücksichtigen, dass der Ohm'sche Widerstand der Statorwicklung einer Traktionsmaschine frequenzabhängig ist. Durch die Stromverdrängung im Leiter steigt mit zunehmender Frequenz der Widerstand (Gleichungen 31 – 33). Dies ist auch unter dem Begriff Skineffekt bekannt.

Ähnlich wie beim Spannungsverlauf, kann auch das Stromsignal sowohl in eine Sinusgrundschwingung als auch in Oberschwingungen zerlegt werden. Diese Gleichung nach Fourier zeigt die Addition aus Grundschwingung n=1 und den Oberschwingungen (siehe Bild 13).

Analog zum Spannungsverlauf in Bild 5 können nun auch die Amplituden des Phasenstromes dreidimensional dargestellt werden (Bild 14).

$$I = \sum_{n=1}^{100} I_n \cdot \sin(n \cdot \omega t + \varphi_n) \tag{30}$$

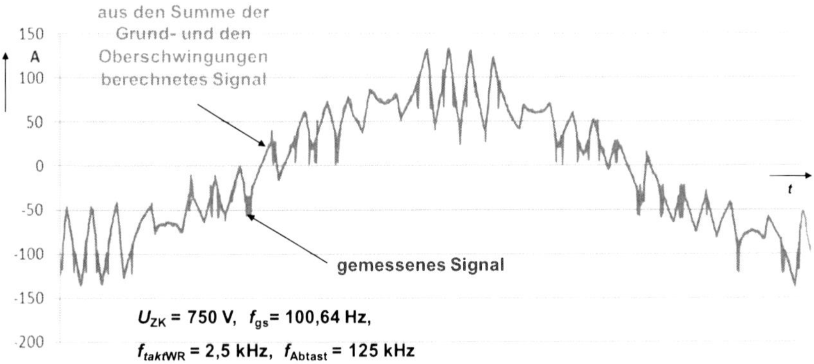

Bild 13: Synthese des Stromsignals [6]

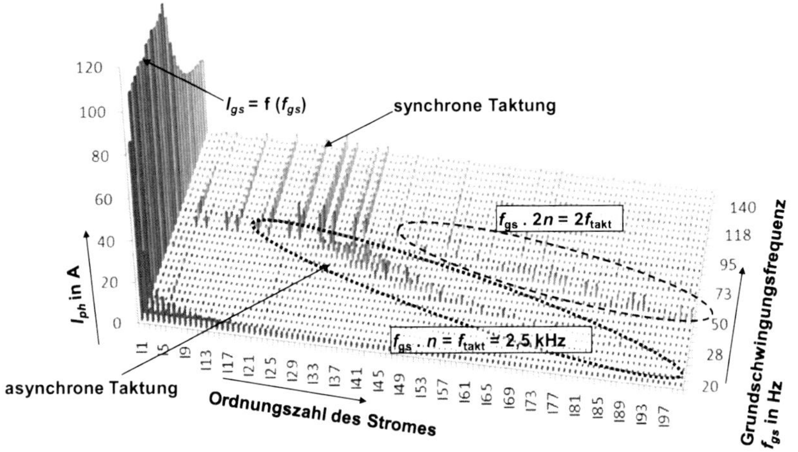

Bild 14: Anteil der Grundschwingung und der Oberschwingung des Phasenstromes bei der Wechselrichter-Anspeisung [6]

Die Gleichung (30) ergibt dann durch die Berechnung des Oberschwingungsstromes und dem Ohm'schen Widerstand für diese Oberschwingungsfrequenz die Stromwärmeverluste bei dieser Oberschwingungsfrequenz. In Bild 15 ist der Frequenzverlauf des Ohm'schen Widerstandes R, des induktiven Widerstandes X_L und der Streuinduktivität $L\tau$ bis 10 kHz dargestellt. Zu erkennen ist, dass der Ohm'sche Widerstand bei Frequenzerhöhung steigt, die Induktivität eine fallende Charakteristik hat.

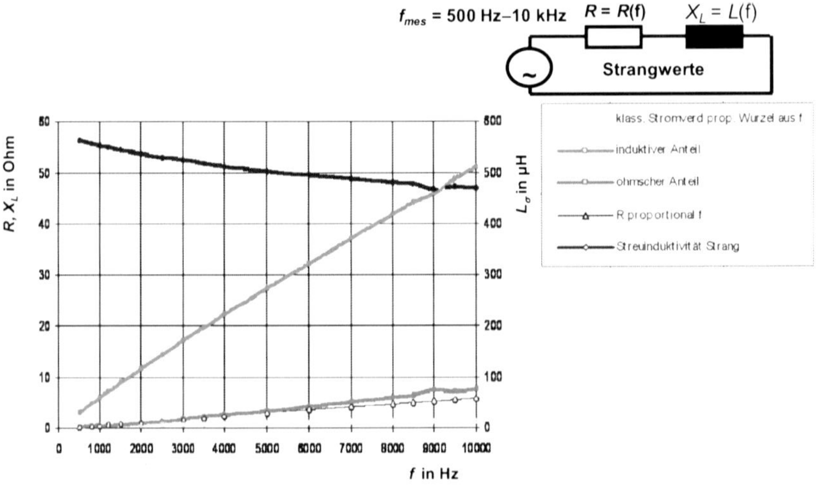

Bild 15: Messung der Impedanz in Abhängigkeit der Frequenz [6]

Stromverdrängung:

$$\xi = h_{Stab}\sqrt{\pi f_r \mu \kappa \frac{b_{Stab}}{b_r}} \tag{31}$$

ξ = reduzierte Leiterhöhe

$$k_R = \xi \frac{\sinh(2\xi) + \sin(2\xi)}{\cosh(2\xi) - \cos(2\xi)} \tag{32}$$

$$R_{Stab\sim} = k_R R_{Stab=} > R_{Stab=} \tag{33}$$

In Bild 16 sind die einzelnen Oberschwingungsverlustanteile dargestellt. In diesem Fall ist die Summe der Stromoberschwingungsverluste sogar größer als die der Grundschwingungsverluste

$$P_{V,OS} = \sum_{n=2}^{100} I_n^{\,2} \cdot R(f) \tag{34}$$

R(f) aus gemessener Frequenzgangkurve

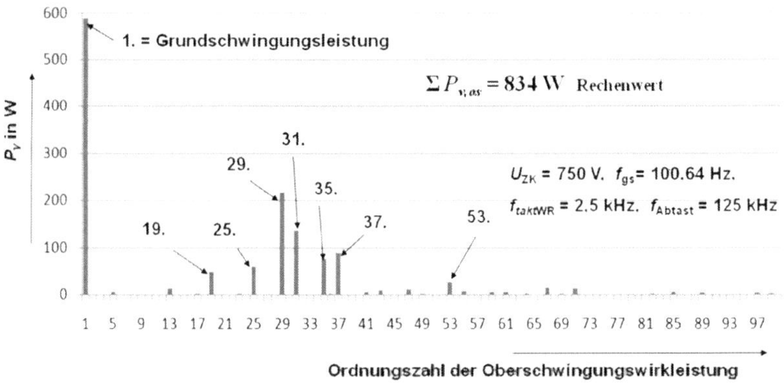

Bild 16: Berechnung der Oberschwingungsverluste aus den Messwerten [6]

Folgende Maßnahmen zur Minimierung der wechselrichterbedingten Zusatzverluste stehen unter anderem bei der Auslegung und der Ansteuerung durch den Wechselrichter zur Verfügung.

Tabelle 4: Maßnahmen zur Minimierung der wechselrichterbedingten Zusatzverluste

• **Primärmaßnahmen**	**Konsequenzen**
• Erhöhung der Taktfrequenz	Vergrößerung der Verluste im WR
• Einsatz einer Motorvordrossel	Kosten, Masse, Verluste, Verringerung des Kippmomentes
• Erhöhung der Streuinduktivität der Maschine	Verringerung des Kippmomentes (bei n_{max})
• Verminderung d. Zwischenkreisspannung	gesteuerter Gleichrichter
• Einsatz von stromverdrängungsarmen Rotorstäben (kein Keilstab oder Nutschrägung)	Drehmomentpulsationen
• Unterteilte Leiter in radialer Richtung Verminderung des Skineffektes	höherer Fertigungsaufwand, Verminderung des Kupferfüllfaktors
• **Sekundärmaßnahmen**	
• Bessere Kühlung der Maschine (insbesonders des Rotors)	
• Reduzierung der Leistungsabgabe	

6. Lagerströme durch Wechselrichterspeisung

Durch die hohe Taktfrequenz und durch die hohe Spannungssteilheit du/dt treten bei elektrischen Maschinen vermehrt Stromschäden auf. Bild 17 zeigt eine Übersicht aller möglichen Lagerströme

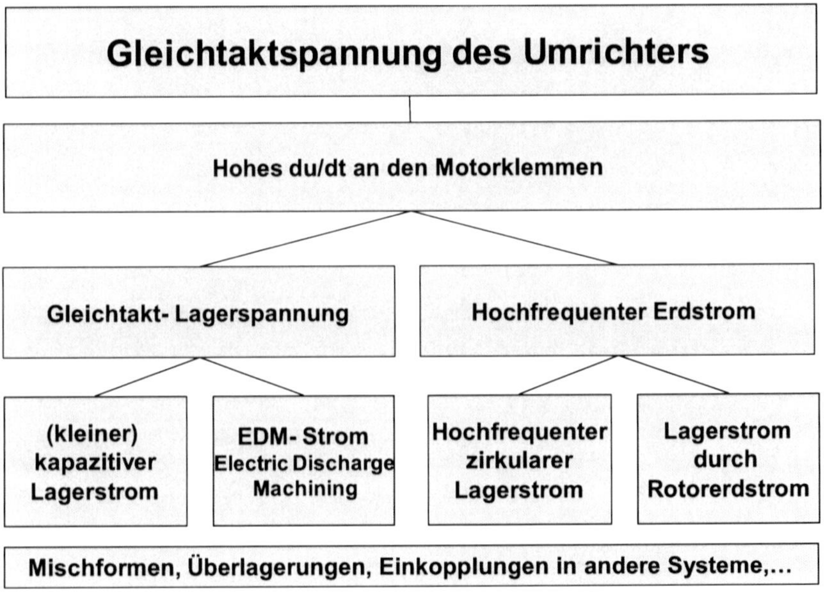

Bild 17: Mögliche Lagerströme durch Wechselrichterspeisung [1][2]

Der Auslöser dieser sogenannten EDM-Ströme (Electric Discharge Machining) ist die Gleichtaktspannung des Wechselrichters. Die Spannungssteilheit beträgt bei den modernen IGBT-Wechselrichtern (Isolated Gate Bipolar Transistor) bis zu 10 kV/µs. Dadurch werden in der gesamten Maschine hochfrequente kapazitive Ströme generiert. Dabei kann für diese hochfrequenten Verläufe die elektrische Maschine durch ein kapazitives Ersatzschaltbild ersetzt werden. [2]

Bild 18 zeigt diese Kapazitäten zwischen den Bauteilen, Gehäuse, Statorwicklung, Rotorwicklung und Lager. Aufgrund der üblichen Kapazitätsaufteilung der Maschinen stellt sich wie in Bild 19 dargestellt kapazitiver Spannungsteiler ein. Daraus erfolgt wie in Gleichung (35) und (36) [2] dargestellt, dass die Lagerspannung ca. 5 – 10 % der Nullspannung der Statorwicklung beträgt.

$$BVR = \frac{u_L}{u_0} = \text{Bearing Voltage Ratio} = 5 \text{ bis } 10\ \% \qquad (35)$$

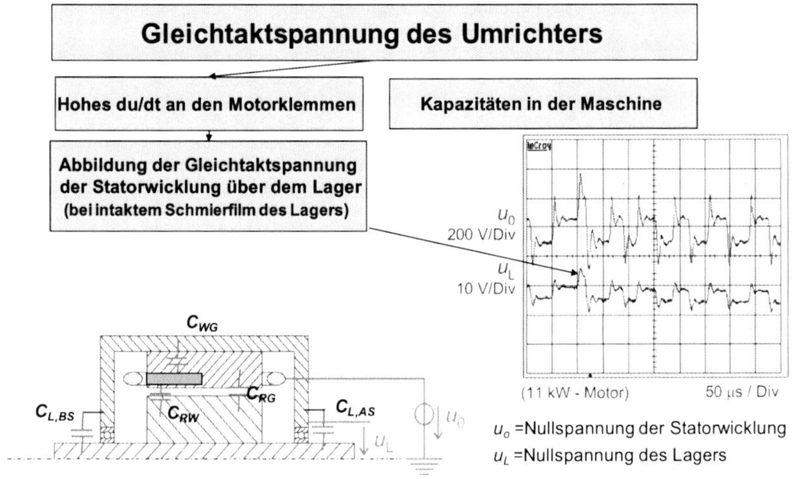

Bild 18: Ersatzschaltbild einer Traktionsmaschine und Spannungsverlauf zwischen Gleichrichterspannung U_0 und Lagerspannung U_L [1] [2]

$$BRV = \frac{u_L}{u_o} = \frac{C_{RW}}{C_{RW} + C_{RG} + 2C_L} \qquad (36)$$

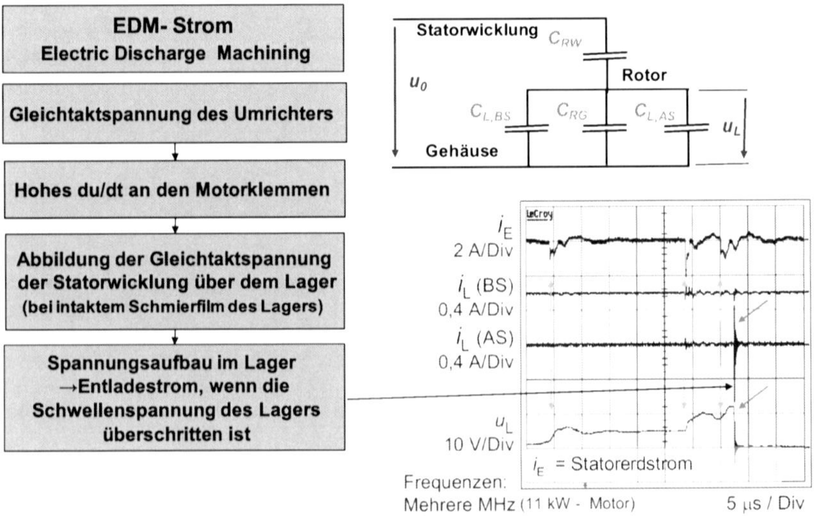

Bild 19: Kapazitives Ersatzschaltbild, Ableitstrom und Zusammenbruch der Lagerspannung bei Durchschlag [1] [2]

Das Lager selbst stellt eine Kapazität mit begrenzter Spannungsfestigkeit dar. Der Schmierfilm zwischen Außenring und Wälzkörper bzw. Wälzkörper und Innenring ist je nach Größe und Bauform des Lagers bis zu etwa 10 – 30 V isolierend. Sollte die Lagerspannung diesen Wert überschreiten, erfolgt eine Entladung in Form eines kleinen Lichtbogens. Dieser hat zwei Auswirkungen, die die Lagerlebensdauer negativ beeinflussen.

A) Pittingbildung an den Laufflächen bzw. Wälzkörpern
B) Vorzeitige Alterung des Lagerfettes oder Öls durch Verkokung.

Die Auswirkung von Schädigung A (Bild 22) sind Riffelbildungen an den Außen- und Innenringen der Lager. Diese führen nach entsprechender Laufzeit zu Geräuschbildung und zum Totalschaden des Lagers.
Die Schädigung B (Bild 22) setzt die Fettgebrauchsdauer wesentlich herab. Zu erkennen ist dies an der „Schwarzfärbung“ des Lagerfettes vor allem im Bereich des Käfigs. Diese frühzeitige Alterung des Fettes kann durch eine vermehrte Nachfettung der Lager etwas hinausgeschoben werden.

Die Maßnahmen dieses Systemproblems sind in Tabelle 5 zusammengefasst. Durch ein richtig ausgeführtes Erdungs- und Schirmungskonzept können diese Common Mode Ströme so minimiert werden, dass es in der üblichen Einsatzdauer der elektrischen Antriebe von 10 Jahren zu keinen Problemen kommt. Der Motorhersteller hat die Möglichkeit, durch den Einbau einer Erdungsbürste die Wellenspannung auf sehr niedrigem Niveau zu halten.

Das Lager wirkt als ein zylindrischer Kondensator mit folgender Kapazität:

$$C = 2\pi\varepsilon_0\varepsilon_r \frac{l}{\ln(R_2 / R_1)} \qquad (37)$$

Reaktanz (Wechselstromwiderstand):

$$X_C = \frac{1}{\omega \cdot C} = \frac{1}{2\pi f \cdot C} \qquad (38)$$

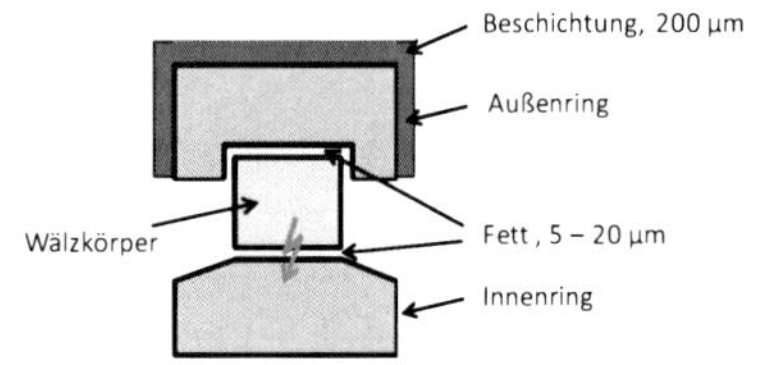

Oberflächenbeschichtete Lager sind nur für niederfrequente Lagerströme geeignet (Zirkularströme), aber nicht für hochfrequente Lagerströme, die durch den Wechselrichter hervorgerufen werden.

Bild 20: Kapazitive Eigenschaften eines Wälzlagers

In Bild 21 ist eine Anordnung Motor mit leitender Kupplung und Ritzelwelle im Getriebe dargestellt. In diesem Fall ist auf der Nichtantriebsseite des Motors ein Hybridlager mit keramischen Wälzkörpern. Diese verhindern durch die große Kapazität auch im höchsten Frequenzbereich den Stromdurchgang. Somit sind aber die anderen Lager ohne keramische Wälzkörper gefährdet. Der Spannungsverlauf mit und ohne Kohlefasererdungsbürste ist im zeitlichen Verlauf in Bild 21 dargestellt.
Die Spannung ohne Erdungsbürste wird in diesem Fall bis ca. 30 V aufgebaut und bricht dann mit einem Lichtbogen auf 0 V zusammen.
Mit Erdungsbürste ist die Wellenspannung nahezu 0 V, das heißt, die Common Mode Ströme werden durch die Bürste abgeleitet. Es sei aber ausdrücklich darauf hingewiesen, dass Abhilfe mit der Erdungsbürste nur zu einer Minimierung der Lagerströme führt. Eine gänzliche Verhinderung ist durch diese Maßnahme nicht möglich und somit besteht ein gewisses Restrisiko.

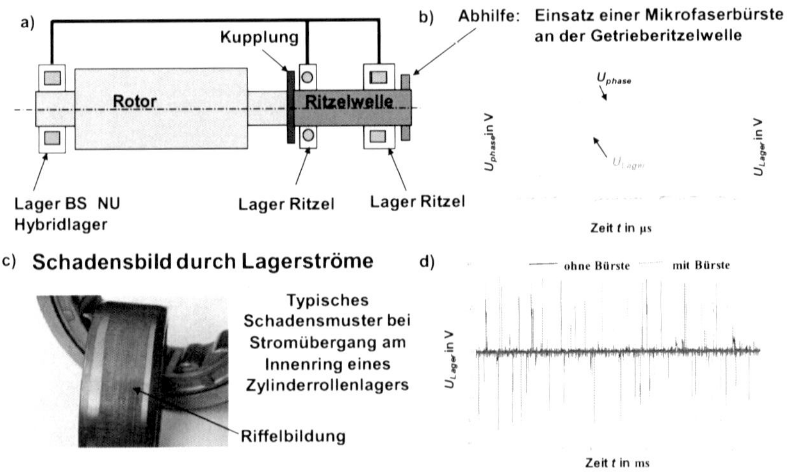

Bild 21 a: Lageranordnung eines Antriebssystems mit Motorette und [1] [6]
Bild 21 b: Getriebeeingangswelle, Spannungsverlauf am Lager (Zeitmaßstab in µs) [1] [6]
Bild 21 c: Innenring eines Zylinderrollenlagers mit Riffelbildung [1] [6]
Bild 21 d: Spannungsverlauf der Welle (Zeitmaßstab in ms) [1] [6]

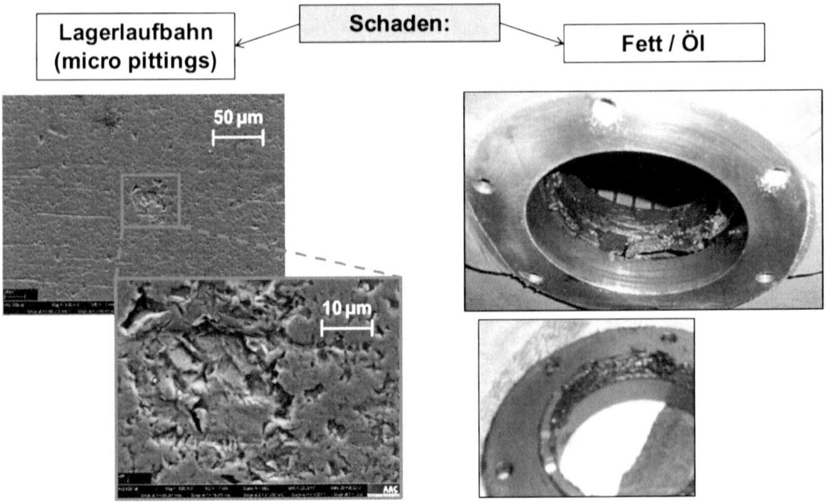

Bild 22: Lagerschäden, verursacht durch Lagerströme [6]
links: Schädigung A, rechts: Schädigung B

Tabelle 5: Maßnahmen zur Minimierung der Lagerströme

Maßnahme	Minimierung von
• Einbau eines Filters oder du/dt – Drossel	EDM - Ströme, Zirkularströme
• Modulationsverfahren welches die Nullspannung reduziert	EDM - Ströme
• Bürsten oder Mikrofaserbürsten	EDM - Ströme
• Leitfähiges Lagerfett	EDM - Ströme
• Reduzierung der Schaltfrequenz	EDM - Ströme
• ein oder zwei isolierte Lager	Zirkular-, Rotorerdströme
• ein oder zwei Hybridlager	Zirkular-, Rotorerdströme
• geschirmtes Kabel (beidseitige Kontaktierung)	Rotorerdströme
Konsequenzen: Kosten der Maschine, Erhöhung der Verluste in der Maschine,	

7. Weitere Effekte

Auf die weiteren Effekte nach Bild 1 kann im Rahmen dieser Veröffentlichung nur stichwortartig hingewiesen werden.

Diese Effekte wären:

7.1. Elektromagnetische Verträglichkeit
Magnetisches Induktionsfeld B im Außenraum der Maschine auch mit Wechselrichterspeisung [7]

7.2. Hohe Beanspruchung der Wicklungs- und Windungsisolation durch die hohe Spannungssteilheit der Wechselrichterspeisung von bis zu 10 kV/µs

7.3. Fertigungstechnische Toleranzen, vor allem Unsymmetrie im magnetisch wirksamen Luftspalt.

8. Zusammenfassung

Die parasitären Erscheinungen bei hochausgenutzten Traktionsmaschinen müssen bei der Dimensionierung des Antriebsstranges mit berücksichtigt werden. Dabei liegt die Verantwortung nicht nur beim Maschinenhersteller, sondern auch bei den Lieferanten aller Komponenten wie z.B.: Wechselrichter und Getriebe.
Für die jeweiligen Problemfelder können Abhilfemaßnahmen zu Minimierung vorgeschlagen werden. Leider ergeben sich bei einigen Maßnahmen Zielkonflikte, die die Situation für einen Effekt verbessern, jedoch einen anderen Effekt verschlechtern.
In Tabelle 6 werden einige Maßnahmen vorgeschlagen und bezüglich der Auswirkungen der Effekte bewertet.
Leider gibt es keine Maßnahme, die alle Effekte minimiert bzw. sich auch nicht negativ auf die Kostenstruktur des Antriebssystems niederschlägt.

Das effektive Auftreten dieser parasitären Erscheinungen ist je nach Antriebssystem zu untersuchen und zu bewerten. Der Entwicklungsingenieur soll durch diese Effekte nicht verunsichert, jedoch sensibilisiert werden.

Tabelle 6: Problematik der Maßnahmen zur Reduzierung parasitärer Erscheinungen

+ : überwiegend positive Auswirkung - : überwiegend negative Auswirkung 0 :neutral, keine Auswirkung x : abhängig von Faktoren bzw. der Maßnahme ( ) : geringer Einfluß	Drehmoment pulsationen	Geräusche	Zusatzverluste	Lagerströme	Weitere Effekte
Erhöhung der Taktfrequenz	+	x	+	-	(-)
Verminderung der Taktfrequenz bzw. der Spannungssteilheit	(-)	x	-	+	0
Vergrößerung des Luftspaltes	+	+	+	0	+
Erhöhung der Streuinduktivität	+	+	+	0	0
Einsatz von isolierten Lagern bzw. Hybridlagern	0	(-)	0	+	0
Reduzierung der mag. Ausnützung bzw. der Zahnsättigung	+	+	+	0	+
Einsatz von Motorvordrossel, Filter bzw. du/dt - Drossel	+	+	+	+	0
Schirmung der Maschine bzw. der Anschlussleitungen	0	x	0	0	+

Literatur

[1] Neudorfer, H.; Habilitationsvortrag, Technische Universität Darmstadt, 2.7.2009

[2] Mütze, A.; Bearing Currents in Inverter-Fed AC-Motors, Shaker Verlag, Aachen 2004

[3] Binder, A.; Elektrische Maschinen und Antriebe, Grundlagen, Betriebsverhalten, Springer Verlag, Berlin, Heidelberg 2012

[4] IEC International Standard: Electric traction – Rotating electrical machines for rail and road vehicles – Part 1 – Part 4: Machines other than electronic converter-fed alternating current motors

[5] Neudorfer, H.; Schmidt, E.; Müllner, F.; Analytische Berechnung und messtechnischer Vergleich von Zusatzverlusten stromrichtergespeister Asynchron-Traktionsmaschinen, Elektrotechnik & Informationstechnik, Springer Verlag, Mai 2011

[6] Traktionssysteme Austria GmbH; firmeninterne Unterlagen, Messprotokolle

[7] Lauber, G.; Neudorfer, H.; Schrödl, M.; Magnetfeldemissionen von Traktionsmaschinen, Elektrotechnik & Informationstechnik, Springer Verlag, April 2009

[8] Parkus, H.; Mechanik der festen Körper, Springer Verlag, Wien, New York, 1988

22 Comparison of the Performance Capabilities and Impacts on Production of different E-traction Motors: Synchronous Machine, PM Machine, Induction Machine and Reluctance Machine

Wilhelm Hackmann, Mario Weseler, Nurdin Pitarevic, Ralf Schmid

Abstract

Three-phase electrical machines in traction applications are operated in inverter-fed operation over wide speed ranges. With a highly dynamic e-machine control and the operation at inverter switching frequencies up to 10 kHz high performance requirements (short time and continuous) can be achieved, furthermore also including high drive dynamics, optimum operating points (⇒ system efficiency optimizations), satisfying torque accuracies, low parasitic effects (as e. g. current ripple, harmonic losses, pulsating torques and magnetic noise) and safe behaviour in vehicle hazard situations.
Based on an existing series synchronous e-drive, alternative rotor types were designed and investigated for the identical three-phase stator, as a PM rotor, an induction rotor and a reluctance rotor. Comparable performance measurements show the main differences. Furthermore important system aspects and selected impacts on series production are discussed.

Kurzfassung

Dreisträngige Elektromotoren werden in Traktionsanwendungen über weite Drehzahlbereiche am Umrichter betrieben. Mit einer hochdynamischen Motorregelung und dem Betrieb mit Umrichterschaltfrequenzen bis zu 10kHz können hohe Performanceanforderungen (kurzzeitig und dauernd) erreicht werden; darüberhinaus aber auch eine hohe Antriebsdynamik, optimale Betriebspunkte (⇒ Systemwirkungsgradoptimierung), befriedigende Drehmomentgenauigkeiten, niedrige parasitäre Effekte (wie z. B. Stromwelligkeiten, Oberschwingungsverluste, Pendeldrehmomente und magnetische Geräusche) und ein sichereres Verhalten im Fehlerfall auf dem Fahrzeug.
Basierend auf einem vorhandenen Serien-Synchron-Elektroantrieb wurden alternative Rotortypen entwickelt und untersucht – unter Verwendung des identischen, dreisträngigen Stators –, wie ein Permanent Magnet Rotor, ein Asynchronrotor und ein Reluktanzrotor. Vergleichbare Performancemessungen zeigen die wesentlichen Unterschiede. Darüber hinaus werden wichtige Systemaspekte und ausgewählte Auswirkungen auf die Serienproduktion diskutiert.

1. Introduction

Electrical traction drive systems for passenger cars have to fulfill extremely high requirements regarding performances and costs. In order to achieve the optimum cost-benefit ratio the drive systems have to be realized in regards to the right performance levels (just needed for the vehicle operation to avoid over engineering), with good harmonized single components, which are designed with technical standard solutions. These standard solutions should be capable for an automotive series production. The series production has to be scalable and also flexible for application. Different e-machine types with different properties can be used for such drive systems, having the focus always on the optimum cost-benefit ratio.

1.1 Traction Drive Applications

Traction drive systems care for the power conversion from an electrical power supply into the mechanical power of a vehicle and consist of the components 'DC/AC-inverter' and 'electrical machine', including the respective control software. Traction drives are typically speed variable and highly dynamic applications with a necessarily high torque (power) density due to limited overall volumes on the vehicles. They are exposed to tough ambient conditions in vehicle operation (temperatures, vibrations, contaminations, etc.) and have to fulfill sharp life time expectations. The projecting of traction drive systems has essentially to consider cost aspects.
The e-machine types induction machine, permanent magnet machine or externally excited synchronous machine are applied. Also synchronous reluctance machines are imaginable. In any case the e-machine control software has to ensure a reliable, accurate and safe operation under strongly varying vehicle conditions.
In regards to the electrical operation the e-machine control has to ensure the below listed requirements. (In order to achieve these, the satisfying identification of important e-machine parameters is mandatory.)

- Optimum operating points at short time and continuous operation (system efficiency optimization)
- High drive dynamics (fast tracking of the torque set values and active oscillation damping)
- Satisfying torque accuracy (set value / actual value)
- Minimized parasitic effects (current ripple, torque ripple, noise, vibration, EMC, etc.)
- Derating functions (power reductions) to avoid overheating of the components
- Functional safety (ensure a defined safe operating state in case of system and vehicle hazards)
- Ensure life time of all single components

1.2 Requirements for Traction Drives / Valuation Criteria

The technical requirements for traction drives can be generally clustered into three groups (in addition the commercial aspects have to be considered). Finally a design compromise has to be found, which respects partly contradictory requests.

- Vehicle performance (short time and continuous operation, load cycles, etc.)
- Packaging (drive concept, overall volume, vehicle constraints)
- Power supply (battery voltages and currents, inverter current limits, etc.)

The valuation criteria for traction drives for the comparison of different technical solutions refer to the following items:

- Performance (high torque / power density of the single components)
- System aspects (component harmonization / transient operation)
- Vehicle operation (robustness)
- Series production costs (material costs / manufacturing costs)

The investigations regarding requested torque-speed characteristics can be beneficially done with normalized values (p.u. values). As base reference values can be chosen the maximum torque, the base stator angular frequency and the maximum phase voltage at the e-machine terminals:

$$T_{ref} = T_{max} \tag{1.1}$$
$$\omega_{ref} = \Omega_{base} \cdot p = 2\pi \cdot f_{s,1,ref}$$
$$U_{ref} = U_{ph,max}$$

The further reference values can be then be derived subsequently (here: the mechanical power, the apparent power, the phase current, the interlinked flux and the inductances):

$$P_{me,ref} = \omega_{ref}/p \cdot T_{ref} \tag{1.2}$$
$$S_{ref} = P_{me,ref} = 3 \cdot U_{ref} \cdot I_{ref}$$
$$I_{ref} = \frac{\omega_{ref} \cdot T_{ref}}{3 \cdot p \cdot U_{ref}}$$
$$\Psi_{ref} = \frac{U_{ref}}{\omega_{ref}}$$
$$L_{ref} = \frac{3 \cdot p \cdot U_{ref}^2}{T_{ref} \cdot \omega_{ref}^2}$$

The p.u. values can due to (1) and (2) be defined as follows, e.g.

$$tmot = T/T_{ref} \tag{1.3}$$
$$omeg = \omega/\omega_{ref}$$
$$pme = P_{me}/P_{me,ref}$$
$$psir = \Psi_r/\Psi_{ref}$$

Figure 1 shows the performance characteristics for the p.u. values *tmot* and *pme*, with a constant torque and a constant power range. With the definitions above the maximum phase current to fulfill these characteristics cannot fall below a value of 1. The general target is to achieve a phase current characteristic with not much differing minimum and maximum values, as close as possible to the value 1 over the whole frequency range.

Furthermore known equations for synchronous machines can be written with p.u. values, as the torque equation:

$$tmot = psir \cdot iq + (ld - lq) \cdot id \cdot iq \tag{1.4}$$

and the voltage equations (w/o considering the ohmic resistances):

$$ud = -omeg \cdot lq \cdot iq \tag{1.5}$$

$$uq = omeg \cdot ld \cdot id + omeg \cdot psir \tag{1.6}$$

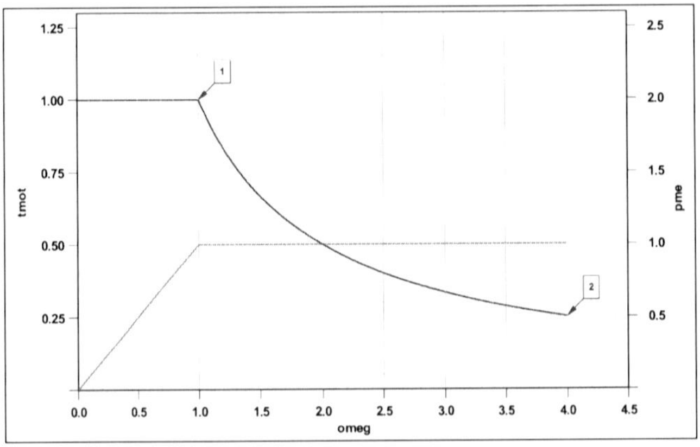

***Figure 1**: Performance characteristics tmot and pme (p.u. values) (Operating points 1(max. torque at base speed) and 2 (max. speed))*

1.3 Impact of a switchable Gear

The e-machine performance characteristic according to ***Figure 1*** means for the maximum output values by using a gear (with a fixed ratio of *i*) an increase of the output torque and a decrease of the output speed. Taking this as a reference the comparison of the impact of a direct drive and a 2speed gear configuration (under the same system limitations) on the maximum e-machine torque and speed request can be investigated:

- Direct drive — $T_{max} \cdot i$ and ω_{max} / i
- 1speed gear (with *i*) — reference with T_{max} and ω_{max}
- 2speed gear (with *i* and (e.g.) $2 \cdot i$) $T_{max} / 2$ and ω_{max}

According to this direct drives require a comparable high use of active e-machine material; drives with 2speed gears a respectively lower use, but here the impact on the system costs has to be considered.

1.4 Impact of a switchable Stator Winding

For the stator winding different winding configurations are possible. A switch between these configurations can be used for an optimized e-machine operation over wide speed ranges. The realization can be done by e. g. alternative inverter topologies, but here the impact on the system costs has to be considered. The following options can be described (beneficial for low … high speeds):

- Y- / Series- connection — of the stator coil groups
- Δ- / Series- connection — of the stator coil groups
- Y- / Parallel- connection — of the stator coil groups
- Δ- / Parallel- connection — of the stator coil groups

The positive impact of the switch from a series to a parallel connection of the stator coil groups, which means a reduction of the effective number of stator turns from w_1 to $w_1/2$, is exemplary shown in ***Figure 4*** for the operation of an induction machine.

1.5 Data of the E-Machines

Base for the following investigations is an externally excited synchronous machine, with a three-phase rotating field winding (one layer) in the stator and wound salient poles in the rotor. For both stator and rotor winding the insulation class H with temperature limits of 180°C is realized. The 8pole e-machine is operated up to the maximum speed of 12000rpm, meaning a maximum fundamental stator frequency of 800Hz. The stator is water jacket cooled. The main data and performance data are summarized in ***Table 1a/b***.
As the stator winding is carried out as a distributed winding, all three-phase rotating field machines can be realized only by exchanging the respective rotor, using the identical inactive e-machine parts, incl. the necessary sensors. The realized air gaps are 1mm for the synchronous machine and the PM machine and 0.5mm for the induction machine and the synchronous reluctance machine. All e-machine types are tested under the same conditions (voltage and current limits, cooling conditions). (Remark: the number of stator turns is not optimum for IM and synRM).

Number of Poles $2p$	-	8
Stator Stack Outer Diameter $d_{a,s}$	mm	210
Stack Length l_{Fe}	mm	175
Air Gap Width	mm	1.0
Total Active Mass (E-Motor)	kg	36
Total Drive Mass (incl. Gear)	kg	78
Rotor Inertia	kg m²	0.04

Maximum Speed	rpm	12000
Maximum Excitation Current	A	20
DC-Voltage (nominal)	V	300
Max. Torque ($I_{ph,max}$ = 300A)	Nm	225
Max. Mechanical Power ($I_{ph,max}$ = 300A)	kW	70
Max. Torque ($I_{ph,max}$ = 350A)	Nm	245
Max. Mechanical Power ($I_{ph,max}$ = 350A)	kW	90

***Table 1a/b**: Main data / Performance data of the synchronous machine*

2. E-Machine Design / Performance

For a proper performance comparison of e-machines the Esson coefficient can be defined. It shows the dimension of a volume related torque, respectively of an energy density, and is limited by the temperature limit of the copper windings (limitation of the electric loading A_1) and the magnetic saturation of the iron paths (limitation of the air gap induction $B_{\delta,1}$):

$$C = \frac{P_{me,N}}{n_{syn} \cdot d_{i,s}^2 \cdot l_{fe}} = \pi^2/\sqrt{2} \cdot k_{w,1} \cdot A_1 \cdot \hat{B}_{\delta,1} \tag{2.1}$$

A higher power density can be achieved by an increase of the machine speed, which finds then it's limitation in the higher mechanical load on the rotor. The tangential force describes the area related force on the surface of the rotor and can be derived from the Esson coefficient by

$$\sigma = \frac{2 \cdot T}{\pi \cdot d_{i,s}^2 \cdot l_{fe}} = C \cdot \frac{1}{\pi^2} \tag{2.2}$$

For traction drives the following guide values can be given (at S1 operation at nominal cooling conditions with thermal stabilization, low speeds)

$$C = 3 - 3.5 \ ... \ 4 - 5 \ ... > 10 \ kW \cdot min/m^3 \tag{2.3}$$
$$\sigma = 1.9 - 2.2 \ ... \ 2.5 - 3.2 \ ... > 6.4 \ N/cm^2$$

(values for passenger cars (T < 300Nm / U_{dc} < 430V) ... light rail vehicles (T < 1500Nm / U_{dc} < 1500V) ... locomotives (T > 8000Nm / U_{dc} > 2400V))

2.1 (externally excited) Synchronous Machine (SM)

The stator winding of this three-phase rotating field machine can be carried out both with concentrated or distributed windings. Here a distributed wire winding (one layer) is applied, in order to be able to realize also traction drive systems with an induction machine and an identical stator. A standard solution for the distributed winding is the pull-in winding, which is very flexible in the application of different numbers of stator turns. For a compact design the stator is water jacket cooled.
The magnetic rotor field is generated by an electrical current, fed via a slip ring system, in wound rotor salient poles. The supply of the excitation winding in the rotor occurs via a slip ring system by a step down chopper, which is operated at the high battery voltage, in order to limit the excitation currents. In order to guarantee the speed stability, the wound rotor stack is moulded with a two component epoxy resin. As this excitation current can be reduced down to zero, the low load losses can be kept low even at high speeds. Field weakening can be achieved by reduced excitation currents and the applying of negative d-currents and has in any case no limitation. Draw backs of this machine type are the additional needed axial length for the slip ring system and the costs of the additional power supply for the rotor excitation. The achievable efficiencies are over all operation ranges high and averaged over realistic drive cycles better than the values of PM machines. Also the drive dynamics can fulfill high requirements with a respectively designed rotor circuit. Promising applications are here axle drives with high performance requirements.
The topology of this machine means for a low and medium saturation a saliency with $L_d > L_q$, which causes negative reluctance torques at motor operation with additional negative d-currents. Using the normalized motor equations (1.4), (1.5) and (1.6) the typical lines of constant torques and voltages per frequency can be generated dependent on the normalized currents *id* and *iq* (here with *psir* =0.80 and the normalized inductances *ld* = 0.66, *lq* = 0.44). ***Figure 2*** shows the respective curves. With a maximum stator current of *iphmax* = 1.25 the operating points 1 and 2 (acc. to **Figure 1**) can be achieved. Remark: ***Figure 2*** is valid only for constant parameters, which is in practice due to saturation and cross coupling effects not the case.

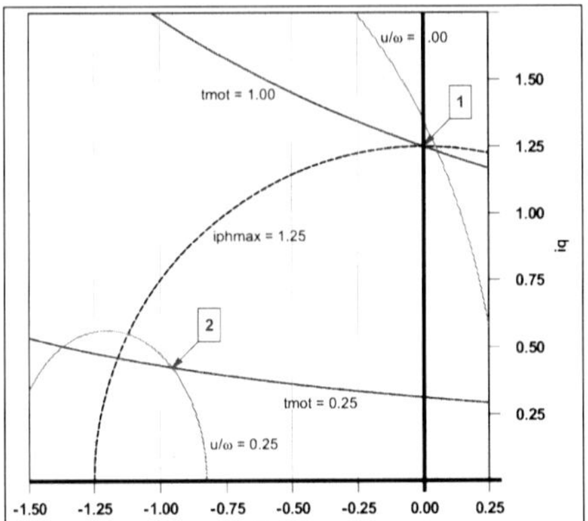

Figure 2*: Lines of constant torques and voltages per frequency (p.u. values) dependent on i_d and i_q (SM with $L_d > L_q$; here for I_f = const.)*

2.2 Permanent Magnet Synchronous Machine (PSM)

For this e-machine type – besides the distributed stator winding – a concentrated stator winding (single tooth winding) with extremely short winding heads can be realized, which is advantageous for applications with sharp restrictions in axial length. The essentially higher amount of air gap field harmonics at this winding type has to be considered however in regards to parasitic effects as vibrations and additional stray losses.
The rotor can be carried out with surface magnets (no saliency, $L_d = L_q$) or alternatively with buried magnets (saliency with $L_d < L_q$); the last one with resulting positive reluctance torques at motor operation with additional negative d-currents can be used for a wide field weakening range. The operating points of the PSM are essentially dependent on the permanent magnet temperatures. The magnetic e-machine design has to ensure, that the magnets cannot be demagnetized at limit temperatures and maximum negative d-currents.
Highest torque densities at low speeds can be realized with this machine type, which is linked to high motor efficiencies in this operation range. At high speeds essential no load losses have to be expected, as the full magnetic flux cannot be switched off. Crankshaft mounted E-Machine applications are most promising for this machine type. Since beginning of the year 2011 the permanent magnet price has increased (and later decreased) dramatically, so that cost effective solutions cannot be ensured over project lifetimes of about 5 years and more (see also **Chapter 3.1.1**).
The topology of this machine means for a low and medium saturation a saliency with $L_d < L_q$, which causes reluctance torques as described above. Using the normalized motor equations (1.4), (1.5) and (1.6) the typical lines of constant torques and voltages per frequency can be generated dependent on the normalized currents *id* and *iq* (here with *psir* =0.80 and the normalized inductances *ld* = 0.66, *lq* = 1.00). ***Figure 3*** shows the respective curves. With a maximum stator current of *iphmax* = 1.25 the operating points 1 and 2 (acc. to **Figure 1**) can be achieved. Remark: ***Figure 3*** is valid only for constant parameters, which is in practice due to saturation and cross coupling effects not the case.

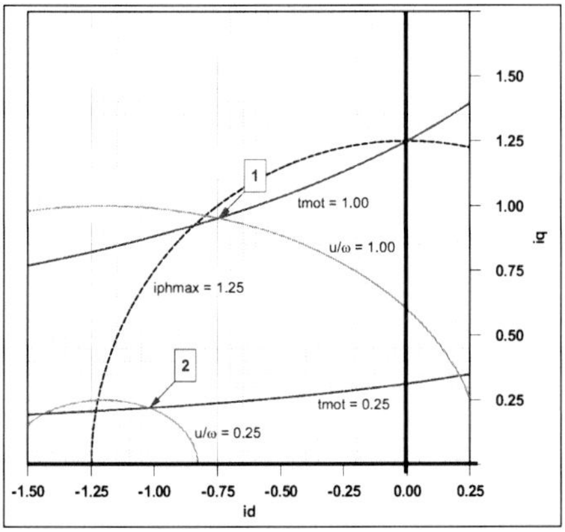

***Figure 3**: Lines of constant torques and voltages per frequency (p.u. values) dependent on i_d and i_q (PSM with $L_d < L_q$)*

2.3 Induction Machine (IM)

The induction machine can only be carried out with a distributed stator winding. This winding type can be flexibly realized with a round wire pull-in winding, but also less flexible variants like hair needle winding are imaginable for higher copper filling factors, shorter winding heads and lower stator heights.
The rotors are realized as cost effective aluminum die cast squirrel cage rotors. Copper die cast variants for improved efficiencies can also be drawn into account.
With this machine type robust and cost effective designs can be realized. It is especially proper for high speed applications with limited performance requirements. Over the whole speed range satisfying low load losses can be achieved. At high load the efficiency is rather poor compared to the other motor types. Induction machines are promising mainly in belt driven starter generator applications, but also in other hybrid applications with the focus on the performance at low speeds.
In traction applications induction machines are designed within limited overall volumes for wide speed ranges. In order to achieve high torques at low speeds, the number of stator turns according to (2.4) (here for a one layer winding, with number of pole pairs *p*, number of slots per pole and phase *q*, number of turns per coil N_c and number of parallel circuits *a*) has to be chosen to comparable high values, which has subsequently an impact on the motor inductances ($L_s \sim w_1^2$).

$$w_1 = \frac{p \cdot q \cdot N_C}{a} \tag{2.4}$$

At high speeds the induction machine has then to be operated near to the pull out torque, with the respective dependencies

$$T_{po} \sim \frac{U^2}{L_S(\sim w_1^2) \cdot \omega_{S,1}^2} \tag{2.5}$$

In ***Figure 4*** the torque characteristics (p.u. values) of a base design (with w_1) and a modification (with $w_1/2$, realized e. g. by changing the series connection of the stator coils into a solution with two parallel circuits ($a = 2$)) are compared.

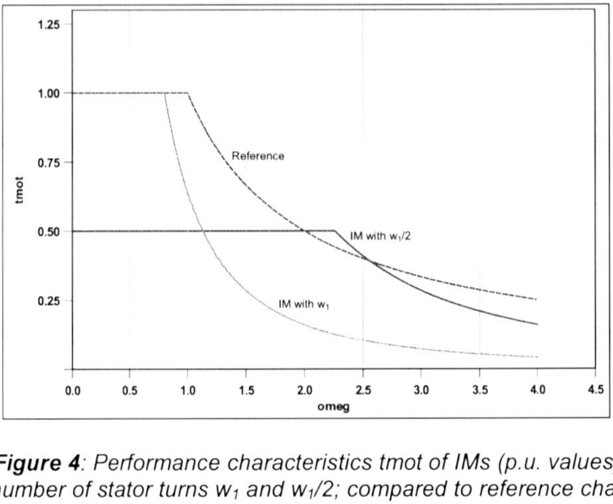

***Figure 4**: Performance characteristics tmot of IMs (p.u. values)*
(IMs with number of stator turns w_1 and $w_1/2$; compared to reference characteristic)

2.4 (synchronous) Reluctance Machine (synRM)

This e-machine type is also a three-phase rotating field machine with a concentrated or a distributed stator winding. The above mentioned remarks on the stator winding types are valid also here.
The shape of the rotor stack is designed with so called flux barriers, in order to achieve a high proportion L_d / L_q, which is the precondition for the generation of a relevant reluctance torque. Here a shape with three flux barriers according to ***Figure 6*** is realized, the air gap is chosen to 0.5mm. The number, the size and the special shape of these flux barriers have to be fixed not only in regards to the maximization of the reluctance torque values, but also in regards to the minimization of the pulsating torques. In inverter-fed motor operation the motor control has to ensure d- and q-currents, which are both positive and of nearly the same value, in order to generate the highest torque values per phase current. This is well illustrated in ***Figure 5***. The expected torque density of this e-machine type is much lower compared to the other synchronous machine types, but due to the extremely simple set-up of the rotors the cost-benefit ratio might be interesting for low performance applications.
The efficiencies of the synchronous reluctance machine can reach values of up to 90% for low and medium load operating points; the power factors are lower than those of comparable induction machines. The operation over wide speed ranges has the same limitations, which are valid also for the induction machines.

The topology of this machine means for a low and medium saturation a saliency with $L_d >> L_q$, which causes reluctance torques as described above. Using the normalized motor equations (1.4), (1.5) and (1.6) the typical lines of constant torques and voltages per frequency can be generated dependent on the normalized currents *id* and *iq* (here with *psir* = 0.00 and the normalized inductances *ld* = 1.00, *lq* = 0.25). ***Figure 5*** shows the respective curves. With a maximum stator current of *iphmax* = 1.25 the operating points 1 and 2 (acc. to **Figure 1**) cannot be achieved. Remark: ***Figure 5*** is valid only for constant parameters, which is in practice due to saturation and cross coupling effects not the case.

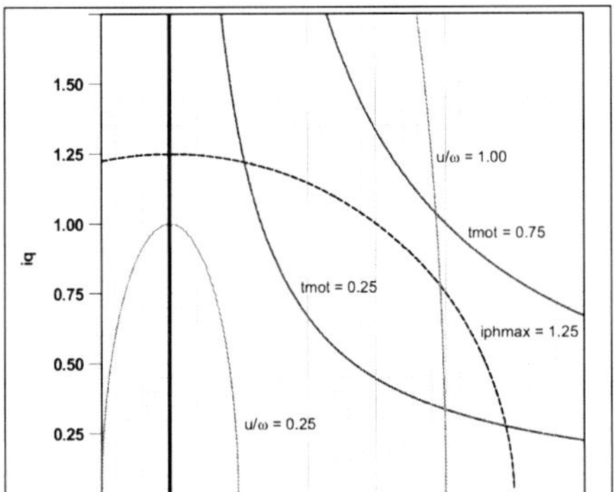

***Figure 5**: Lines of constant torques and voltages per frequency (p.u. values) dependent on i_d and i_q (synRM with $L_d >> L_q$)*

2.5 E-Machine Performance Comparison

The above described e-machine types were designed on the base of an existing series (externally excited) synchronous machine, by using the same stator and all passive machine parts and exchanging only the rotor. The sketches of the cross sections of the investigated rotor types are shown in ***Figure 6***. The e-machine prototypes were operated at the same inverter with the same system limitations. The motor control software had to be adapted respectively for each e-machine type.

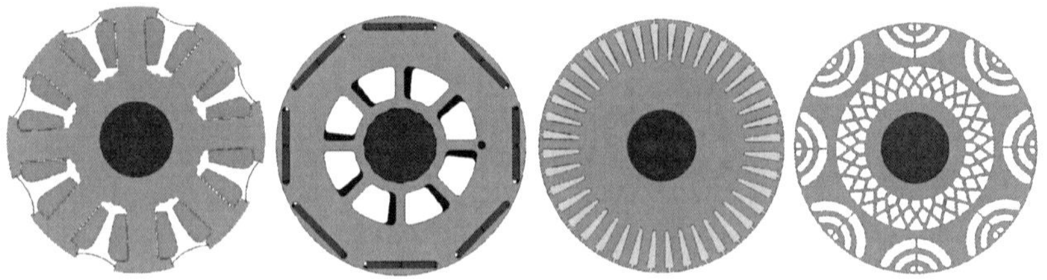

***Figure 6**: Different realized rotor types (salient pole rotor (SM) / PM rotor (PSM) / Al squirrel cage rotor (IM) / reluctance rotor (synRM))*

Table 1 summarizes all aspects regarding rotor design and system topics. As described above the most simple and cost-effective set-up can be achieved with the synchronous reluctance machine. The material costs of the permanent magnets are crucial, as they are actually not projectable over a long period. For externally excited synchronous machines an additional rotor supply is needed.
The highest system performances can be achieved with SM and PSM. The PSM cannot be switched off in failure mode, whilst the other machine types can guarantee a torque and current free status within 100ms. The IM shows the highest peak torques at a sudden short circuit, which might impact the mechanical system.

		SM	PSM	IM	synRM
1.1	Rotor Type	wound salient poles	burried magnets	Al die cast cage	three flux barriers
1.2	Lamination Stack Mass / kg	9,4	11,8	11,8	10,9
1.3	(magn.) rotor inner diam. / mm	38	82	70	88
1.4	Rotor skewing	necessary	necessary (step sk.)	not necessary	necessary
1.5	Rotor Inertia / kgm²	0.039	0,036	0,037	0,029
1.6	Copper / PM / Alu Mass / kg	3.8 (Cu)	1.3 (PM)	2.8 (Al)	-
1.7	Material cost per kg / €	6 ... 7€	**100 ... 400€**	**2 ... 3€**	-
1.8	Air gap width / mm	1.0	1.0	0.5	0.5
1.9	Sensor Type	rotor position sensor	rotor position sensor	**speed sensor**	rotor position sensor
2.1	System performance	high	high	medium	low
2.2	Motor Switch off	possible	**not possible**	possible	possible
2.3	Active short circuit	(not necessary)	necessary	not necessary	not necessary
2.4	Rotor Temperature Limit / °C	180	140 ... 180	(250)	(250)
2.5	Irreversible demagnetization	not applicable	possible	not applicable	not applicable
2.6	Drag losses @ max. Speed	low	**high**	low	low
2.7	Start current derating @ 0rpm	necessary	necessary	**not necessary**	necessary
2.8	Peak torque at short circuit	medium	low	**high**	low
2.9	Additional rotor supply	**needed**	not needed	not needed	not needed

***Table 1**: Comparison of rotor design (1.x) and system aspects (2.x)*

In ***Figure 7*** the comparable short time performances of the different e-machine types are shown. With the SM and the PSM a maximum torque of 225Nm and a maximum mechanical power of 70kW up to the maximum speed of 12000rpm can be achieved. The respective values for the IM and the synRM are essentially lower, but here the used number of stator turns is not optimum. With an adapted value of w_1 the IM can also provide a maximum torque of 225Nm, the synRM 150Nm. Included are also the measured motor efficiencies in different operation ranges.
According to ***Figure 8*** the measured drag losses dependent on rotor speed show essential differences between the different e-machine types. IM and synRM with a smooth rotor surface have the lowest values, the values for the PSM are here more than three times higher.

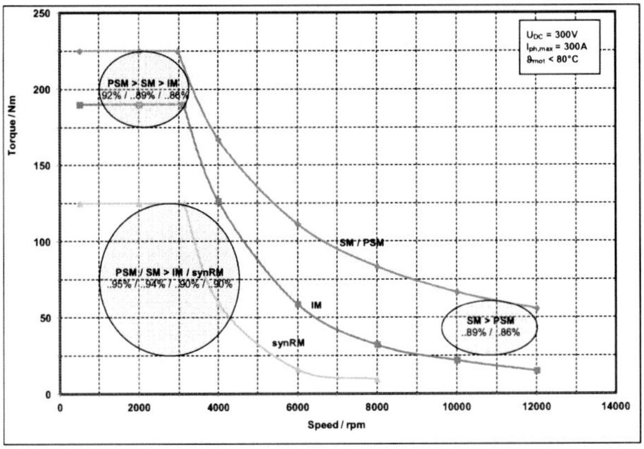

***Figure 7**: Comparison of measured motor efficiencies (SM / PSM / IM / synRM) (Remark: IM and synRM not realized with the optimum number of stator turns!)*

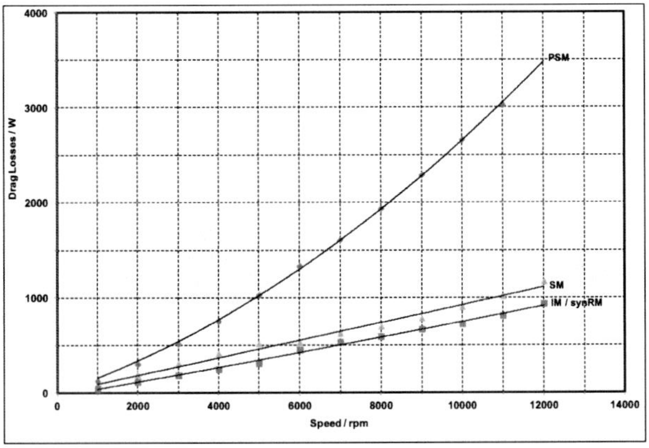

***Figure 8**: Comparison of measured drag losses (SM / PSM / IM (synRM))*

3. Production Aspects

Especially the application of e-machines in series vehicles demands the highest requirements for single products or whole modules, as well as for their manufacturing processes. Besides compromises between, interface variance, lightweight concept by maximum power output, resistance against environmental influences and negligible maintenance efforts the module has also to be reproducible and payable. Besides the efforts in development, controlled and efficient processes are needed to reach these goals. These efforts respectively challenges for manufacturing processes will be shown in the following.

3.1 Challenges of an Automotive Series Production

The automotive products (e. g. traction e-machines) are produced on special designed manufacturing lines for all variants and all customers. The below listed challenges have to be managed, in order to establish a safe and profitable series production.

- Start of industrialization already about 2 years before final design freeze based on tight customer schedules
- Upcoming design changes required new manufacturing processes
- New functional features from customers required additional design and process changes
- Increased number of variants within the planning period
- Certain material suppliers were not automotive certified for components that have not been used for automotive solutions before
- Introduction of new manufacturing processes within processing plants (e.g. laser/US welding, hard soldering) based on high power requirements within compact designs.
- New safety requirements (high voltage tests > 400V, current-tests > 1200A)
- 100% traceability required
- Life time of the equipment > 8 ... 10 years, product lifecycle: about 4 years
- Required flexibility based on changing volume scenarios
- Individual quality assurance (audits) by several OEMs on the same manufacturing line with high quality performance level.
- No production standard available for backend assembly & test
- No standard test equipment available

The main task is now to fulfill - under the above mentioned circumstances - the main KPIs (key performance indicators) of the production/factory, which is defined as the profit of the factory, already measured immediately after the SOP.

Therefore it is important for the traction e-machine manufacturer (Tier 1 & Tier 2 automotive supplier), the material- and equipment suppliers to understand the challenges of this special market and to provide solutions, that improves the overall factory effectiveness, and to ensure a fast, stable and profitable product launch in the production at the beginning and also the flexibility over lifetime. The focus has to be set on the following single aspects and methods in order to achieve the main KPIs:

- Early involvement of the manufacturing planner in the R&D activities (DfM - Design for manufacturing)
- Simulation of influences to the production based on any changes (virtual risk management)
- Simultaneous manufacturing planning & engineering
- Flexibility of production capacity for variants and volume changes
- Flexibility on design changes after SOP
- Launch cockpit with the identification of FPY, R&R, c_{pk} / c_{mk}-values, manufacturing readiness check (base for customer audits) to control the launch
- Modular concepts of manufacturing equipment and cells in terms of their hardware and software
- Standardized machine interfaces
- Location independent setup must be possible for the equipment
- Realization of short change over times or family setups
- Standardization of manufacturing processes for traction e-machines
- Connection to ERP/MES-systems
- Full capability for traceability
- Training of process engineers and operators in advance (e.g. by virtual models & simulated machines)
- Capability to realize a „one piece flow"
- Following the lean aspects (elimination of waste), starting with 5S, Kaikaku, KAIZEN, ...
- Continuous value stream mappings & designs
- Setting, controlling and reporting of measureable KPIs for individual segments (machine/process, line, factory)
- Implementation of „closed" loop systems with short reaction times for immediate process control
- Definition of a test strategy based on a reliable test coverage analysis

3.1.1 Process Capabilities

In procedural view the applications and manufacturing methods are nearly the same as in conventional industrial e-machine manufacturing lines. Although, the requirements of automotive branches are stricter regarding accuracy, cleanliness and examination conditions to ensure, that the e-machine is reliable, power constant and maintenance free over the whole lifecycle of series vehicles.

Focused on these strict requirements especially in automotive branches specialized process chains are designed, established and validated for every single product. In this context process development is according to the standards and specifications of VDA and TS16949, so reviews of machine capability of every single workstation in process chain are done (machine capability index c_{mk} at least 1.67).

Additionally every single measurement tool or system is strictly examined according to MSA-Methods (Measurement System Analysis) to locate systematic and casual errors and compensate them in common. To ensure consistent quality measurements, respective reviews according to 6σ-Methods are performed (Process Capability Index c_{pk} at least 1.67 on the long-term).

3.1.2 *Material Costs*

The Advanced Purchasing (AP) department shall maximize the profit of products by aligning BU demands with procurement strategy by integrating preferred suppliers early into the development process and by managing the purchasing content of any complex project from acquisition phase to start of production.
The challenge in a project is to manage the risk of supplier exclusive materials, the costs and the availability of raw materials and foreign exchanges (FX) rates over the product life cycle.
Exemplary the raw materials for NdFeB magnets showed in the last 3 years a high fluctuation in pricing. 95% of the world wide neodymium and dysprosium mining capacity is hold in China. NdFeB magnets contain approximately ~30% neodymium, ~5% dysprosium, ~65% steel and further materials (dependent on magnetic performance and temperature class). Prices are therefore no real market prices but more politically motivated. ***Figure 9*** shows the respective world market prices from 06/2010 up to 09/2013. The Chinese government is also able to stop / limit the export volume at any time (for export to support own magnet industries). In 2012 the US and Japan claimed a legal dispute at the WTO about export restrictions. A hedging of these materials is not directly possible.
As a result of a risk assessment for projects with a lifetime of ~6 years a supply and price commitment cannot be guaranteed. Only the price risk can be mitigated by a raw material and FX index clause, as it is usually done for other raw materials like copper and aluminum.

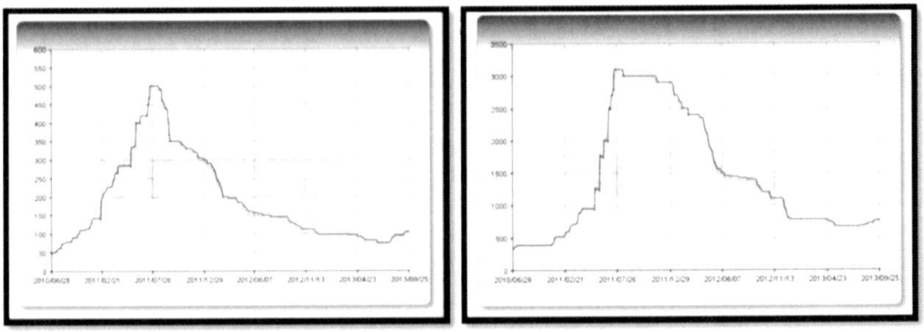

Figure 9*: world market prices (06/2010 – 09/2013)*
(Neodym / Dysprosium Metal 99%min FOB China USD/kg)

3.2 Stator Winding Types

As already mentioned in **Chapter 2** different stator winding types can be applied in three-phase rotating field machines. Distributed windings can be carried out as e. g. a round wire pull-in winding or a hair pin winding, concentrated windings – which are not feasible for induction machines – as a single tooth winding. ***Figure 10*** shows respective examples of traction e-machines. The production technologies of the pull-in and hair pin winding are described below. Main design criteria are high copper filling factors, short winding heads and a satisfying heat transfer from the stator copper into the stator stack, in addition to the further criteria of an automotive series production.

Figure 10: *Different stator winding types*
(Round wire pull-in winding / Hair pin Winding / Single Tooth winding)

3.2.1 Round Wire Pull-in Winding

This winding technology operates in a first step the winding of round wire coils into an insertion-tool. During the second step all coils (here 8 coil in parallel) are simultaneously inserted into the isolated stator slots. ***Figure 11*** shows a respective series production device.
Distinguishing benefit of this process are short cycle times due to the high amount of parallel processed winding bodies as well as the use of simple "state of the art" machines. At the same time it allows a flexible design of the winding in regards to the customer's needs (number of turns per coil, parallel round wires).
However, after the insertion an additional post processing of phases and neutral connection points is necessary, as well as a manually reshaping of the winding heads. The latter is due to high mechanical stress on wires whilst insertion. Affording these the wires are longer than regular and this over length has to be processed into higher winding heads.
Achievable copper filling factors are here in the range of 40 ... 45%; a satisfying heat transfer from copper into stack can be reached by the also necessary stator impregnation.

Figure 11: *Round wire pull-in winding (series production)*

3.2.2 Hair Pin Winding

Besides well known manufacturing applications for round wire pull-in winding, robust winding bodies gain more and more interest in automotive sector. So hair pin winding – a technology that got not much attraction for many years – is on improve due to the best fit for the extreme requirements of automotive branches.
Hair pin windings mostly consist of bended rectangular solid wires, inserted in the slots of the lamination stack. In fact producing this kind of stator is very time consuming. Besides three dimensional bending of isolated wires and insertion into with isolation paper filled slots, every single pair of pins had to be interconnected by the use of specialized welding processes. Furthermore the winding heads had to be flattened using twist applications.
Uprising aspects of these buildup is, that highest filling factors are reached (here in the range of 60 ...70%), the process itself is clearly definable and stabilizable as well as hugely easy to handle. Systematic and casual errors – such as damaged wires due to layup on sharp edges - are nearly or completely visualized and can be solved in common.

3.3 Rotor Types

Figure 12 shows the built up rotors of the prototype e-machines described in ***Chapter 2***. The key process steps in a series production are described in the following chapters.

Figure 12: *Different rotor types*
(PM rotor with buried magnets / induction rotor / reluctance rotor)

3.3.1 Wound Salient Pole Rotor

Key production process steps are here the winding of the salient poles, which is realized by a round wire needle winding, the application of spacers, slot wedges and the slip rings and the final over moulding of the rotor with a two component epoxy resin, which is necessary for the fixing the round wires in this high speed application. ***Figure 13*** shows the series production device for the needle winding with 8 winding processes in parallel. Further important production steps are the machining of the slip rings, the rotor balancing and the final quality check. As the rotor is not magnetized, no special device for the assembly of the rotor into the stator bore is necessary.

***Figure 13**: Needle winding for salient pole rotors (series production)*

3.3.2 Permanent Magnet Rotor

The main production steps are here the assembly and gluing of the magnets into the rotor stack, the realization of the needed step skewing of the rotor, the rotor magnetizing, the rotor balancing and the final quality check. There are different options for the sequence of these steps with different cost impacts. The handling of the magnetized parts in the further e-machine production steps has to be considered. For the insertion of the rotor into the stator bore a special device is needed, in order to be able to control the high magnetic forces.

3.3.3 Al Die Cast Rotor

The Aluminum die cast rotor is the most profitable variant and offers highest robustness. Merely only few steps are needed to produce it. The aluminum cage (rotors bars and short circuit rings) can be produced with short cycle times (variants with copper die cast are possible). After the next steps of pressing the shaft and balancing the system the basic rotor is finished. Unfortunately due to the dependency on an exact air gap between stator and rotor, it is necessary to machine the rotor. Due to the simple design and less needed process steps, automation of manufacturing already reached 80% and made it also possible to establish LEAN manufacturing cells.

3.3.4 Reluctance Rotor

From the series production view the reluctance rotor can be handled similarly to the Al die cast rotor, as only Al die cast process is omitted.

4. Summary / Outlook

The comparison of the capability of different e-machine types for different traction applications has to consider the aspects of system performance, special e-machine properties, material costs and series production efforts. The final target is an optimized cost-benefit ratio for a concrete customer system application, including mechanical transmission and power electronics. An optimum e-machine type for <u>all</u> traction applications (in regards to technical <u>and</u> commercial aspects) cannot be specified.

The future work should focus on the following items:

- Traction drive projecting with focus on requested functions and load profiles in vehicle operation (avoidance of over engineering)
- Definition of a beneficial system configuration, considering also options regarding mechanical transmission and inverter topologies
- Harmonization of the single components of the traction drive system (e. g. minimization of the current limits of the power electronics)
- Cost optimization of the single components (material and production costs)

The presented investigations with the measured and evaluated e-machine properties and the evaluated impacts on a series production are a good base for this future work.

References

[1] W. Hackmann, M. Märgner, O. Kugland: „Fremderregte Synchronmaschinen als Achsantriebe: Auslegung, Performance, dynamisches Verhalten"; Praxis der elektrischen Antriebe für Hybrid- und Elektrofahrzeuge / Haus der Technik, 03/2009, München

[2] H. Neudorfer: „Weiterentwicklung von elektrischen Antriebssystemen für Elektro- und Hybridstraßenfahrzeuge"; Habilitationsschrift TU Darmstadt, 2008

[3] W. Hackmann: „Systemvergleich unterschiedlicher Radnabenantriebe für den Schienennahverkehr: Asynchronmaschine, permanenterregte Synchronmaschine, Transversalflussmaschine"; Dissertation TU Darmstadt, 2003

[4] N. Lewkowicz: „Simulationsgestützte Untersuchung verschiedener Umrichtertopologien im mechatronischen Verbund hybridelektrischer Straßenfahrzeugantriebe"; Dissertation TU Berlin, 2010

[5] E. Nipp: „Permanent Magnet Motor Drives with Switched Stator Windings": PhD Thesis KTH Stockholm, 1999

[6] K. Greubel, A. Storath: „Torquemotoren versus Getriebemotoren – ein technischer Vergleich hinsichtlich Beschleunigung und Energieeffizienz"; ETG-Kongress Karlsruhe, 2007

[7] M. Doppelbauer: „Direktantrieb oder Getriebemotor - Eine systematische Analyse der Vor- und Nachteile beider Konzepte"; Technische Notiz VDE, 2007

[8] W. Schuisky: „Berechnung elektrischer Maschinen"; Springer Verlag, 1960

[9] W. L. Soong, N. Ertugrul: „Field Weakening Performance of Interior Permanent Magnet Motors"; IEEE Transactions of Industry Applications, 2002

23A New 30-Teeth / 14-Poles Concentrated Winding For Use in Induction Machines

Oleg Moros, Dieter Gerling

Abstract

In this paper, a new stator winding topology with concentrated coils is presented. With the three-phase wye-delta combination, the harmonic order number seven is used as the operating harmonic. Using a stator with 30 slots and single-tooth winding the subharmonics of the ordinal number one and five are strongly suppressed or even reduced to zero. The objective of this development was to improve the characteristics of the new machine, compared with the 18-teeth/10-Poles winding topology, without departing from the single tooth winding.

Kurzfassung

In diesem Beitrag wird eine neue Wicklungstopologie mit konzentrierten Spulen präsentiert. Mit Hilfe der dreiphasigen Stern-Dreieck-Kombination wird die Harmonische der Ordnungszahl sieben als Arbeitswelle genutzt. Diese wird mit der Einzelzahnwicklung auf dreißig Statornuten so erzeugt, dass die Subharmonischen der Ordnungszahl eins und fünf stark reduziert oder sogar komplett unterdrückt werden. Das Ziel der vorliegenden Entwicklung war es, die Eigenschaften der neuen Maschine, verglichen mit der 18-Zahn/10-Pole Wicklungstopologie zu verbessern ohne von der Einzelzahnwicklung abzuweichen.

1. Introduction

Unlike PM machines, induction machines with concentrated coils are not yet used. The rotor of a synchronous motor has a fixed number of poles coming either through the separate excitation or by permanent magnets. Here the torque is developed by the interaction of the working stator harmonic with the rotor field caused by the constant number of poles in the rotor. The number of poles in the cage rotor of an induction machine is directly dependent on the MMF-spectrum of the stator winding. Each containing harmonic induces currents in the rotor bars. The torque is developed by the interaction of the stator working harmonic with the field in rotor, which is induced by the working harmonics, but also by a high amount of the space harmonics. This disturbed interaction leads to an increased loss of the machine and undesired additional torque components. Therefore, concentrated coils are not used in induction machines.

A widely used 12-teeth winding configuration with concentrated coils for the PM machines is shown in the next chapter in Figure 2 a). Considering the magnetomotive force (MMF) of this winding plotted in Figure 1 a), both the 5th and the 7th harmonics can be used as operating harmonic. With the invention of 18-10 winding topology [1, 2], the content of the sub- and high MMF harmonics has been greatly reduced, leading to a significant improvement of the machine behavior, even allowing its use in induction machines. The comparison of these two windings and their MMFs is illustrated in Figures 1 and 2.

The objective of this paper is to show the characteristics of the new 30-teeth/14-poles winding topology with improved MMF. The increased number of stator slots per pole and phase of the machine, as well as shifting the disturbing high harmonics to higher ordinal numbers, leads to a reduced influence on the machine behavior. Also, the greater number of the stator teeth makes this topology especially suitable for machines with a large diameter.

Finally, the simulated designs of the 18-teeth/10-poles and the 30-teeth/14-poles machines will be compared based on predetermined geometric and electric constrains.

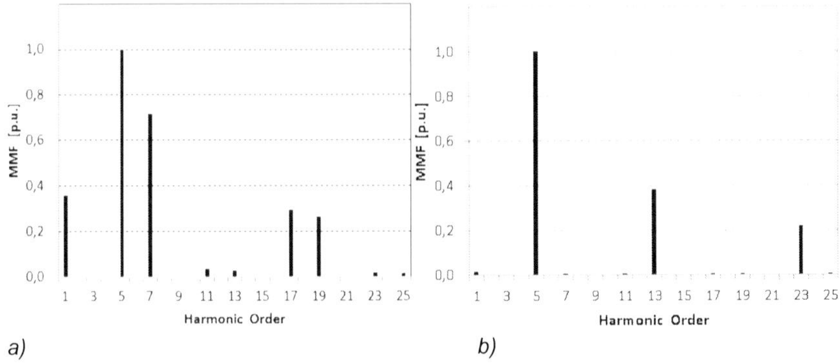

Figure 1: MMF space harmonics
a) The conventional 12-teeth winding for PM machines
b) New 18-teeth/10-poles winding

2. New 30-Teeth / 14-Poles Winding

As a basis for the investigation the concentrated stator configuration with 12 teeth and 10 poles double layer winding was used. The method for reducing simultaneously the sub- and the high MMF-harmonics of the fractional slot concentrated windings is proposed in [2]. In the first step the number of teeth is increased by six, which coils can be supplied either from a separate three-phase power supply device, or with a Wye-Delta winding combination. Thus we obtain as an intermediate result the already known 18-teeth/10-poles winding topology [2]. For the second step another two winding systems with 6 stator teeth each are added. The proposed technique is illustrated in Figures 2 and 3. For case of simplicity, only one phase is presented. The new winding consists of two winding systems which can be supplied either from two independent three-phase power supply devices or from one three-phase power supply device with the combined wye-delta winding. The initial 12-teeth/10-poles winding, which is executed with the delta winding, is now labeled with A2, B2 and C2. The new Wye-winding system, which was inserted in two steps, is now labeled with A1, B1 and C1. This, in the Figure 4 illustrated combined wye-delta winding is used in both the 18-teeth/10-poles and 30-teeth/14-poles machines.

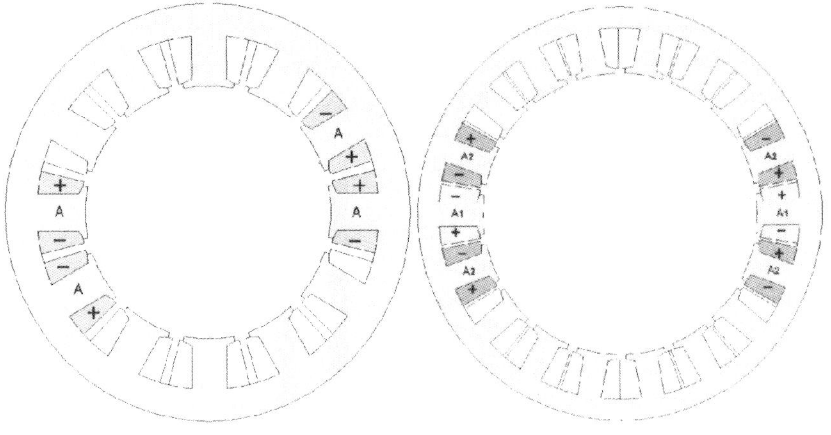

a) *b)*

Figure2: a) The conventional 12-teeth winding for PM machines
b) New 18-teeth/10-poles winding

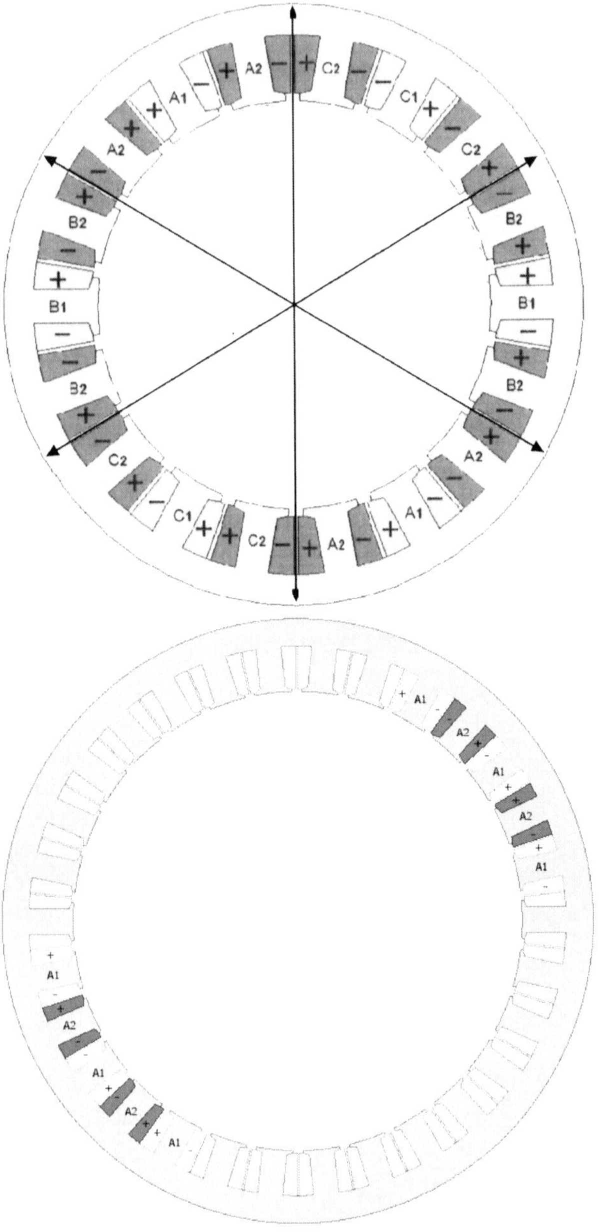

Figure 3: Further development of the 18-teeth/10-poles winding to the new 30-teeth/14-poles winding

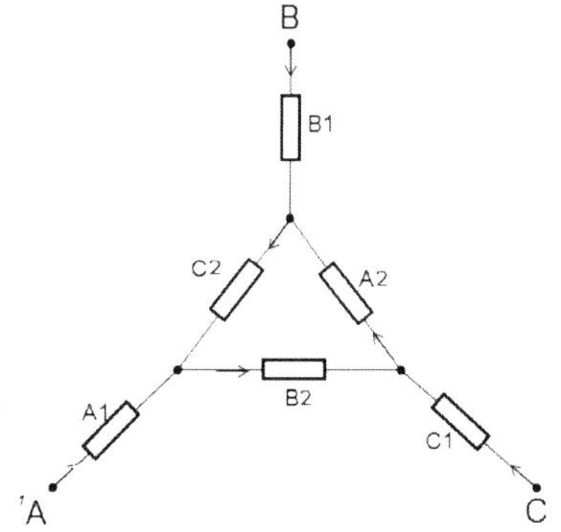

Figure 4: The Wye-Delta connection used in the 18-teeth/10-poles and the 30-teeth/14-poles windings

Number of turns per coil for different winding systems is unequal. The number of turns per coil side in one winding system may also be chosen different. With a well-chosen combination of turns, the content of the sub- and high MMF harmonics can be greatly reduced. The MMF distribution of the new winding is presented in Figure 5, which also compares the MMF spectra of the 18-teeth/10-poles winding with the new 30-teeth/14-poles winding. As already mentioned, due to the greater number of stator slots per phase and number of poles (0.6 for 18-teth/10-poles and 0.71 for the 30-teeth/14-poles winding systems), the high MMF harmonics are shifted to the higher ordinal numbers. The 13th harmonic is shifted to the ordinal number 23, the 23th harmonic to number 37, the 31th harmonic to 53 etc. The content of 13th and 17th harmonics is very low (below the 10%) and can be further reduced for example with method proposed in [3].

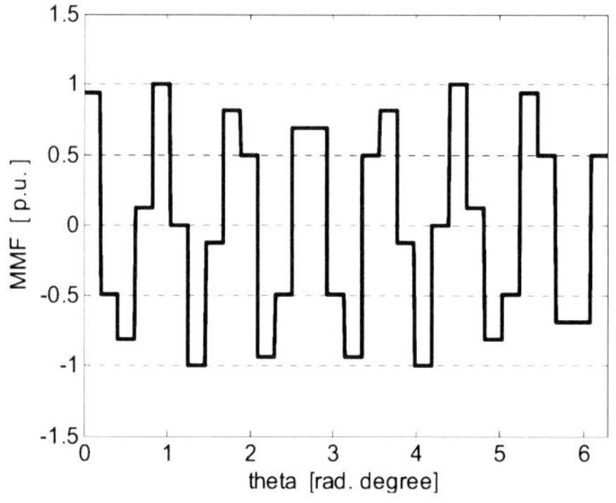

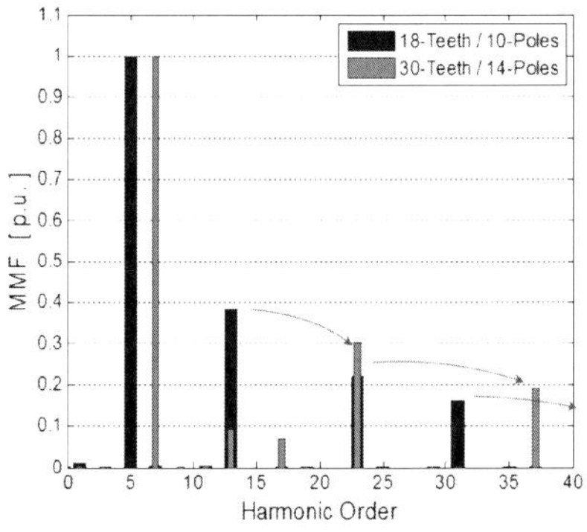

a) *b)*

Figure 5: MMF winding characteristics for the new winding;

a) MMF distribution, b) comparison of the MMF space harmonics

Due to a greater number of coils per phase, we are not dependent on a certain number of turns per coil in a certain winding system and have more degrees of freedom to achieve the *required* number of turns without using the parallel paths.

Considering the formula for magnetic flux (1) we can also determine and compare the influence of the coupling factor (2) and the rotor skew (3) on the machine behavior. While the coupling factor and the skew factor of the operating wave should be as close as possible to 1, the space harmonics with the ordinal harmonic number $\nu = 13$, 23 and 37 must be strongly suppressed.

$$\Phi_\nu = \hat{B}_\nu \frac{2\pi r l}{N_2} \cdot si\left(\frac{\nu p \pi}{N_2}\right) \cdot si\left(\frac{\nu p \alpha_S}{2}\right) \tag{1}$$

B	*Magnetic flux density*	p	*Number of pole pairs of the fundamental wave*
r	*Stator inner radius*	N_2	*Number of rotor bars*
l	*Active length of the machine*	α_S	*Skew angle*

[4]

For the coupling factor $\xi_{C,\nu}$ of a squirrel-cage rotor, the number of rotor bars is decisive. The 18-teeth/10-poles machine was designed with 60 rotor bars. Assuming the same number of rotor bars for the new 30-teeth/14-poles machine, we calculate a much smaller influence of the high space harmonics on the machine behaviour (Figure 6). But 60 rotor bars is exactly twice the number of the stator teeth in the new 14-poles machine. This proportion would lead to a high cogging torque. In order to achieve a smooth torque curve, the number of rotor bars is slightly varied. For a fair comparison, the cross-sectional area of each rotor bar is changed so that the total amount of aluminum in the rotor remains constant.

$$\xi_{C,\nu} = si\left(\frac{\nu p \pi}{N_2}\right) \tag{2}$$

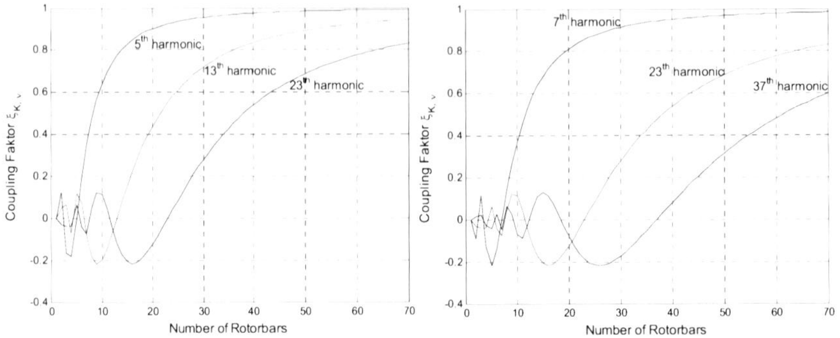

a) *b)*

Figure 6: Comparison of coupling factors of the operating and high space harmonics; a) 18-teeth/10-poles winding, b) 30-teeth/14-poles winding

Also the skew factor $\xi_{S,v}$ is an important issue in the formula (1). The same skew effect can be achieved with a smaller skew, so the side effects as inter-bar currents in cast rotor could be kept smaller.

$$\xi_{S,v} = si\left(\frac{v p \alpha_S}{2}\right) \tag{3}$$

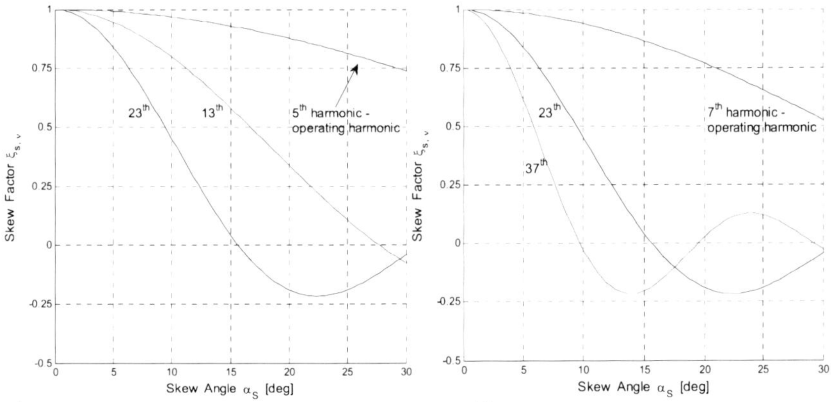

a) b)

Figure 7: Comparison of skew factors of the operating and high space harmonics; a) 18-teeth/10-poles winding, b) 30-teeth/14-poles winding

A greater number of stator slots on the same circumference provides a smaller turn length of a single coil. As the lamination stack length remains constant, the amount of the end winding in the total coil is reduced. Both, the bigger number of stator teeth and the smaller length of the end winding contributes to the reduction of the end winding leakage inductance.

$$L_W = \frac{4m}{Q} q N_1^2 \mu_0 l_W \lambda_W \tag{4}$$

L_W *End winding leakage inductance*
m *Number of phases*
Q *Number of stator slots*
q *number of slots per pole and phase*
N_1 *Number of turns in a winding*
μ_0 *permeability of vacuum*
l_W *length of the end winding*
λ_W *permeance factor* [5]

3. Simulations

As a reference machine for comparing the 18-teeth/10-poles induction machine is used. The main limitations of the design space are limited to the lamination stack length of 60mm, the stator outer diameter of 300mm and the air gap of 0.7mm. In this space two main operating points must be achieved, maximum short time torque 300Nm at 1000rpm and 40Nm at 7000rpm with the maximum DC-voltage U_{DC}=240V. Then, the power losses of these two machines are to be compared. The calculated geometries of these two investigated machines are illustrated in Figure 8. The presented simulation results in following are obtained using the finite element method.

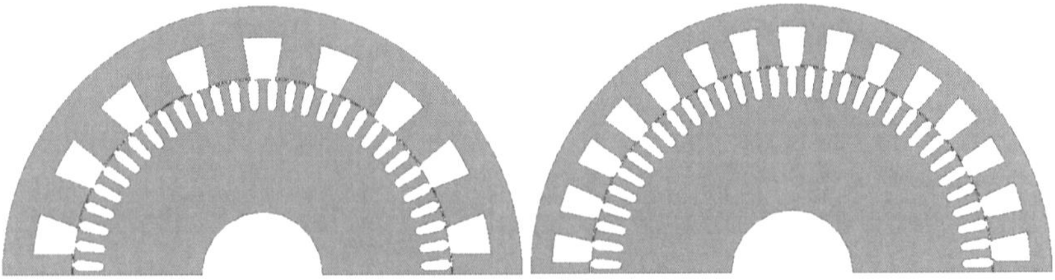

a) b)

Figure 8: Geometries of the investigated machines;

a) 18-teeth/10-poles, b) 30-teeth/14-poles

	T_{max} @ 1000 rpm	T_{max} @ 7000 rpm	I_{AC} @ *298Nm*	m(Cu)
18-teeth/10-poles	298 Nm @ U_{AC} =50V	39 Nm @ U_{AC} =91,2V	548 A	3.9 kg
30-teeth/14-poles	313 Nm @ U_{AC} =48V	40.5 Nm @ U_{AC} =91,2V	543 A	3.75 kg

Table1: Achieved design conditions

In the Table 1 the achieved results are listed. It is remarkable that the new 30-teeth/14-poles machine delivers better results in both operating points. At the same time, copper can be saved. Furthermore, the operating point at 1000rpm is achieved with less voltage and current. As result a higher mechanical power can be achieved with the same power supply. Unfortunately the 18-teeth/10-poles machine doesn't reach the required torque in any of the specified operating points. The breakdown torque is only 298Nm at 1000rpm and 39Nm at 7000rpm. We take these values as the reference for comparison of currents and power losses, Table 1, Figure 9.

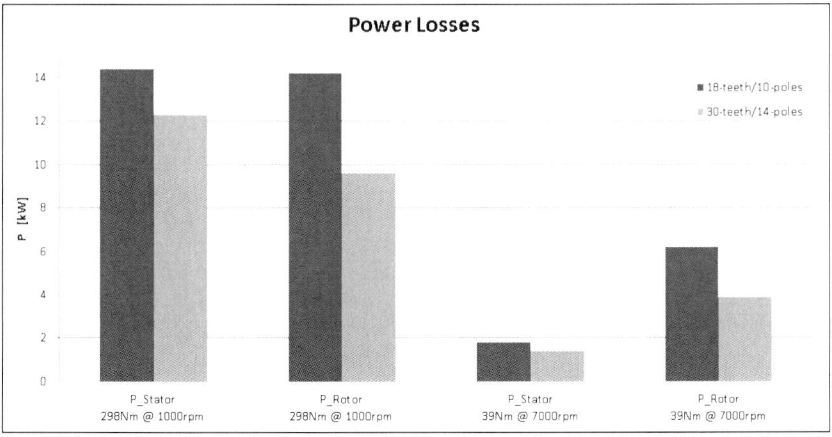

Figure 9: Comparison of power losses at operating points 298Nm @ 1000rpm and 39Nm @ 7000rpm

Comparisons of power losses under the same load conditions show a huge improvement on the machine losses using the new winding. The copper losses were reduced by about 15%-20%. However, as result of reduction of high MMF harmonics, the resistive rotor losses were reduced by 32% at 1000rpm and by 36% at 7000rpm. Thus using the new winding type the machine efficiency is increased by about 6% at both required operating points.

4. Conclusion

This paper presents a new 30-teeth/14-poles concentrated winding with low MMF harmonics content. This winding topology uses the wye-delta combination known from the 18-teeth/10-poles machine [1]. Number of turns per coil for different winding systems and the number of turns per coil side in one winding system may be different. With a well-chosen combination, the content of the sub- and high MMF harmonics were greatly reduced, so the use in induction machines becomes possible. The higher number of stator slots in this winding topology compared with the 18-teeth/10-poles machine make it more suitable especially for machines with a large diameter like the example in chapter 3. Both machines are investigated under the same electrical and geometrical constrains. The simulation results show the higher performance for the new 30-teeth/14-poles machine design. The new model has lower power losses in both the stator and the rotor. At the same time, the expensive conductor material can be saved.

Literatur / References

[1] G. Dajaku, D. Gerling: “A Novel Tooth Concentrated Winding with Low Space Harmonic Contents”, IEEE International Electric Machines and Drives Conference (IEMDC-2013)

[2] G. Dajaku: “Electric Machine”, international patent, WO 2012/107035 A2

[3] G. Dajaku, D. Gerling: “A Novel 24-Slots/10-Poles Winding Topology for Electric Machines“, International Electric Machines and Drives Conference (IEMDC-2011), Niagara Falls (Ontario), Canada, May 15-18, 2011

[4] D. Gerling: “Electrical Machines and Drives”, lecture script (in German), University of Federal Defence Munich, 2012

[5] J. Pyrhönen, T. Jokinen, V. Hrabovcová: “Design of Rotating Electrical Machines”, John Wiley & Sons Ltd, 2008

24A Novel Winding Topologies for Synchronous and Asynchronous Machines

Gurakuq Dajaku, Dieter Gerling

Abstract

This paper presents different new techniques and novel solutions for improving the winding performances of fractional slot concentrated windings (FSCW). Using these methods the unwanted space winding harmonics (sub- and high harmonics) can be reduced or completely cancelled. According to these methods different high efficiency and low costs winding topologies are developed and they are considered through this work during the design and analysis of different synchronous and asynchronous machines. The obtained results are compared with the actual conventional electric machine designs under the same electrical and geometrical constrains. Considering the main machine parameters such as, the electromagnetic torque, losses, field weakening capability, and also the noise and vibrations characteristics, the obtained results show significant advantages for the new machines over the conventional designs.

1. Introduction

Recently, electric machines and especially permanent magnet (PM) synchronous machines with fractional slot concentrated windings (FSCW) are widely used in many industrial applications. The use of concentrated windings offers several advantages, such as the short and less complex end-winding, high slot filling factor, low cogging torque, greater fault tolerance, and low manufacturing costs. On the other side, the concentrated windings are characterized with more space harmonics, including subharmonics, which leads to undesirable effects in the machine and in many cases they limits the usefulness of this winding type in specific applications. The eddy current loss in the magnets, additional iron losses in rotor and stator core, additional saturation, and the noise and vibrations are the main parasitic effects [1 to 9]. To overcome these disadvantages, several methods and techniques are developed in the past for reducing or complete cancelling the unwanted space harmonics [10 to 20]. References [10, 16] show different efficiency methods for the reduction of winding sub-harmonics such as using magnetic flux barriers in the specific stator core locations [10, 11], using multi-layer tooth concentrated windings [12 to 15], or using winding coils with different turns per coil-side [16]. However, for reducing simultaneously the sub- and high MMF harmonics of the FSCW two alternative solutions are presented in [17 to 19]. Moreover, different form these method which deals with the reduction of unwanted FSCW space harmonics, in [20] a new self-excited synchronous machine concept is presented which use the MMF high harmonics to excite the rotor field winding. The work presented throughout this paper deals with the investigation and analysis of different electric machine types designed according to new winding topologies and techniques developed in [10 to 20]. Several simulations and measurements results are presented, and also comparisons with the corresponding conventional designs are given.

2. Conventional 12-Teeth/10-Poles Concentrated Winding

A widely used tooth concentrated winding for the PM machines is illustrated in Fig. 1(a). Its stator winding differs from that of conventional PM machines in that the coils which belong to each phase are concentrated and wound on adjacent teeth, so that the phase windings do not overlap. Each phase winding consists of four coils which are distributed in two coil-groups positioned in the opposite. The winding coils in one group are connected in series, however, the both coil-groups can be connected in series or parallel. For this winding type, the MMF space harmonics are shown in Fig. 1(b). Using Fourier series function the MMF distribution can be described using the following eq. (1).

$$\Theta(x,t)=\sum_{\nu}\frac{m}{2}\cdot\frac{2\cdot N_w\cdot{}^{\nu}\xi_w}{\pi\nu}\cdot\hat{i}\cdot\cos(\omega t-\nu\theta_s+\delta) \tag{1}$$

with

$${}^{\nu}\xi_w=\cos\left(\nu\frac{5}{12}\pi\right)\cdot\sin\left(\nu\frac{\pi}{12}\right) \tag{2}$$

where, *m* is number of phases ${}^{\nu}\xi_w$ is the winding factor of the *v*-th MMF space harmonic, $\hat{i}$ is the phase current amplitude, δ is the current load angle, ω is the angular frequency, N_w is the number of turns per phase, and ν is the space harmonic.

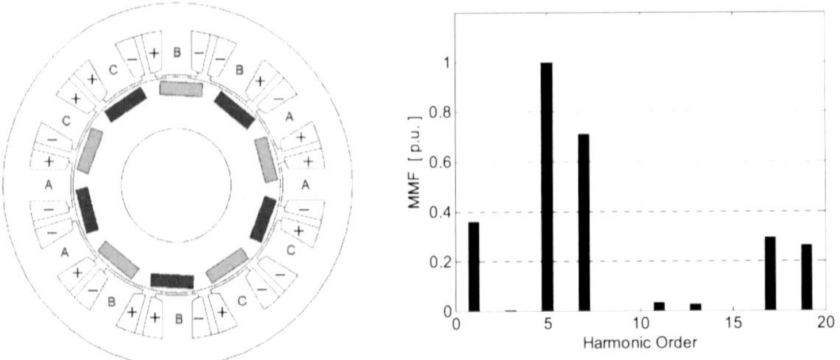

a) b)

Fig. 1: a). The conventional 12-teeth /10-poles winding, b). MMF space harmonics.

Fig. 1(b) shows the normalized MMF space harmonics produced by the considered 12-teeth winding. As can be seen here, the 1st, 5th, 7th, 17th and 19th are the dominant space harmonics. The winding factors for the 5th and 7th harmonics are the highest (about 93%), therefore both of them can be used as working harmonics. For the 10-pole machine, the 5th stator space harmonic is used as working (fundamental) harmonic which interacts with the field of the permanent magnets to produce continuous torque. For this case the electric machine is called as 12-teeth/10-poles PM machine. It is important to point out that the other MMF space harmonics, in particular the 1st, 7th, 17th, etc., which have relatively large magnitudes and rotate with different speed and also in different direction referred to the rotor, produce undesirable effects in the machine and in some cases they limit the usefulness of this winding type in different specific applications.

3. Reduction of MMF Winding Sub-Harmonics using Coils with Different Turns per Coil-Side

A simple method for reducing the sub-harmonics for the tooth concentrated windings by using winding coils with different number of turns per coil side is presented in [16]. Fig. 2(a) shows the basic idea for reduction of sub-harmonics using concentrated coils with different turns per coil side, the winding layout is illustrated in Fig. 2(b), Fig. 3(a) shows the MMF distribution of one phase, however, the comparison of the MMF harmonics for the conventional and the new 12-teeth/10-poles winding is presented in Fig. 3(b). With n_1 and n_2 is denoted the number of turns per coil sides of one winding coil. In the new winding, the relation between n_1 and n_2 is:

$$n_1 = n_2 - 1, \qquad \text{and} \quad 50\% \le n_1 / n_2 < 100\% \tag{3}$$

According to (16), the analytical function for the MMF of the 12-teeth/10-poles new winding can be described as

$$\Theta(x,t) = \sum_{\nu} \frac{m}{2} \cdot \frac{2 \cdot N_w \cdot {}^{\nu}\xi_{w,new}}{\pi \nu} \cdot \hat{i} \cdot \cos\left(\omega t - \nu \frac{\pi}{\tau_p} x + \delta\right) \tag{4}$$

where, the winding factor for the new concentrated winding with different turns per coil side is

$${}^{\nu}\xi_{w,new} = \frac{2n_1}{n_2 + n_1} \cos\left(\nu \frac{5}{12} \pi\right) \cdot \sin\left(\nu \frac{\pi}{12}\right) + \frac{n_1 - n_2}{n_2 + n_1} \sin\left(\nu \frac{\pi}{3}\right) \tag{5}$$

Investigations on the winding factors for the MMF harmonics according to (5) show that for the n_1/n_2 relation between 80% and 90%, e.g. n_1/n_2 =6/7, 7/8, 8/9, and so on, the 1st sub-harmonic of the considered winding type can be reduced more than 90%, however, the working (5th) harmonic remains quasi un-effected (less than 0.45%).

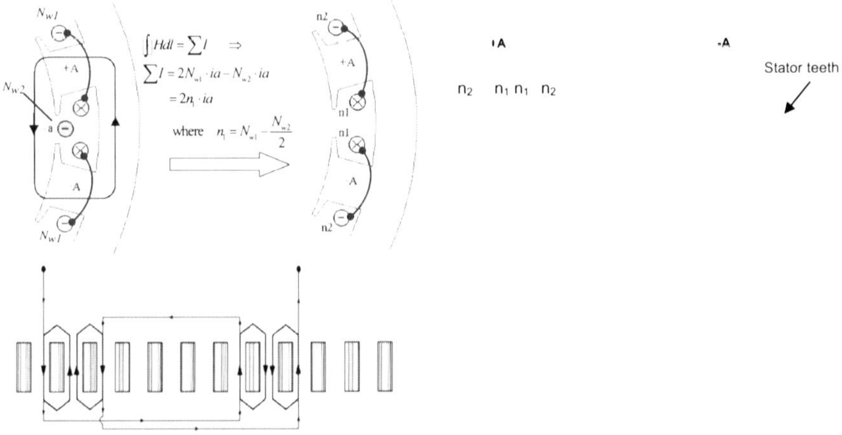

a) b)

Fig. 2: a). Realization of the new 12-teeth /10-poles winding, b). Winding layout of phase-A.

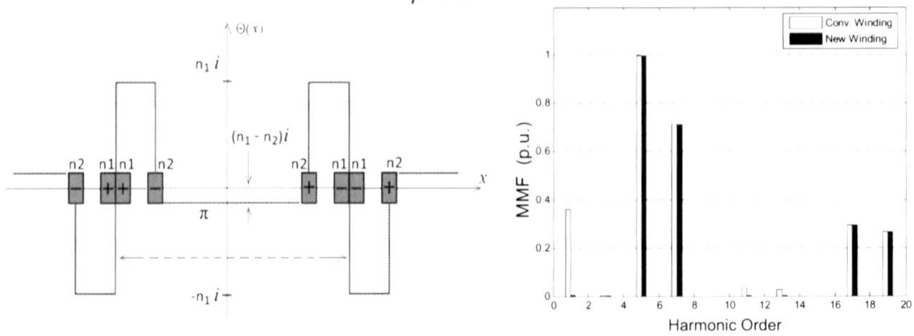

a) b)

Fig. 3: a). MMF distribution for the new winding (phase-A), b). Comparison of MMF space harmonics.

Fig. 4(a) compares the eddy current losses in rotor magnets for a PM machine with the conventional and the new 12-teeth/10-poles winding and also for two different rotor types (surface magnet rotor – SPM, and inset magnet rotor – IPM). The investigated machines are designed for automotive application and are characterized with an outer diameter of 76 mm, axial length of 25 mm and maximal power of 600 W. Further, finite element methods (FEM) are used to derive the magnet losses, and for all considered machine cases the simulations are performed under the same load conditions (torque and speed). As can be seen here, depending on the rotor type the rotor magnet losses are different, however, using the new winding topology the magnet losses can be reduced more than 50%. Further, the magnet loss distributions for the SPM machine type are presented in Figs. 4(b) and 4(c). From the obtained results it can be concluded that for the conventional winding type as results of the first winding sub-harmonic the magnet losses are induced over the complete magnet region, however, using the new winding the magnet losses are distributed only on the magnet surface. These losses are induced mostly from the air-gap flux density high harmonics.

a) b) c)

Fig. 4: a). Comparison of rotor losses in magnets, b). Magnet loss distribution for the convnentional winding, b). Magnet loss distribution for the new winding.

4. The 18-Teeth/10-Poles Winding

A novel method for reducing simultaneously the sub- and the high MMF-harmonics of the FSCW is presented in [17] where the well know 12-teeth/10-poles winding is considered during the optimization of its MMF characteristics. The reduction of unwanted harmonics is performed by increasing the number of stator slots and by using two different winding systems which are shifted in space and time. Fig. 5 shows the new winding topology designed according to this technique. For the case of simplicity, only the phase-A is presented. The index 1 and 2 are used for the first and the second winding system, respectively. The first winding system is similar with the 12-teeth/10-poles single-layer winding (yellow winding), and the second winding system is similar with the 12-teeth/10-poles double-layer winding, however with unwounded teeth lying in-between coils (blue winding). Analogous to (1), the MMF functions for the first and the second winding systems are

$$\Theta_1(x,t) = \sum_{\nu} \frac{m}{2} \cdot \frac{2N_{w1} \cdot \hat{i}}{\pi\nu} \cdot {}^{\nu}\xi_{w1} \cdot \cos\left(\omega t - \nu\theta_s + \delta_1\right) \tag{6}$$

$$\Theta_2(x,t) = \sum_{\nu} \frac{m}{2} \cdot \frac{2N_{w2} \cdot \hat{i}}{\pi\nu} \cdot {}^{\nu}\xi_{w2} \cdot \cos\left(\omega t - \nu\left(\theta_s - \alpha_w\right) + \delta_2\right) \tag{7}$$

with the corresponding winding factors,

$${}^{\nu}\xi_{w1} = \sin\left(\nu\frac{\pi}{18}\right), \quad \text{and} \quad {}^{\nu}\xi_{w2} = \cos\left(\nu\frac{7}{18}\pi\right) \cdot \sin\left(\nu\frac{1}{18}\pi\right) \tag{8}$$

where, α_w is the shifting angle between winding systems, N_{w1} and N_{w2} is the number of turns per phase for the first and the second winding systems, respectively.

Using the winding distribution illustrated in Fig. 5(a) and for a proper relation between N_{w1} and $N_{w2,}$ and for $\delta_1 = 0$, $\delta_2 = 90°$, the specific MMF harmonics such as the 1st, 7th, 17th, and 19th can be reduced or completely canceled. Fig. 5(b) compares the MMF winding harmonics for the conventional 12-teeth/10-poles and the new 18-teeth/10-poles winding. As well is shown from the MMF spectrum, with the new winding the most sub- and high MMF harmonics are canceled.

To show the capability and the performances of the new winding, in following it is considered during the design and analysis of a PM machine for hybrid electric vehicle (HEV) or battery electric vehicle (BEV) applications and its results are compared with a conventional 12-teeth/10-poles machine. As typical requirements for the automotive traction drive application, the following data are used: maximum DC-voltage U_{DC}=600V, maximum short-time torque T_{max}=300Nm @ 3500min^{-1}, maximum speed n_{max}=12000 rpm, low torque ripple T_{ripple}<5% (at low speed), and low noise and vibrations. To make a fair comparison, for the both machine designs the same electrical and geometrical constrains are taken (voltage, current and volume). Further, the same rotor design is considered for the both examples; the only difference on the machine geometries is the stator core. The simulation results for the electromagnetic torque and power losses presented in the following Fig. 6 are performed for I_{eff} = 150A and δ = 20° load condition. As well is shown here, the average torque is the same for the both machine designs, however the torque ripple for the new machine are lower compared with the conventional design. On the other site, the comparisons of power losses under the given load condition and for 3000 rpm rotor speed presented in Fig. 6(b) show a huge improvement on the machine losses with the new winding. As results of sub- and high harmonic reduction, the stator and rotor iron losses are reduced for about 30%, however, the magnet losses are reduced for about 80%. Moreover, the new machine design show significant advantages also on the improvement of field weakening capability and on the reduction of radial force modes of low order which are mostly responsible for noise and vibration problems, Fig. 7.

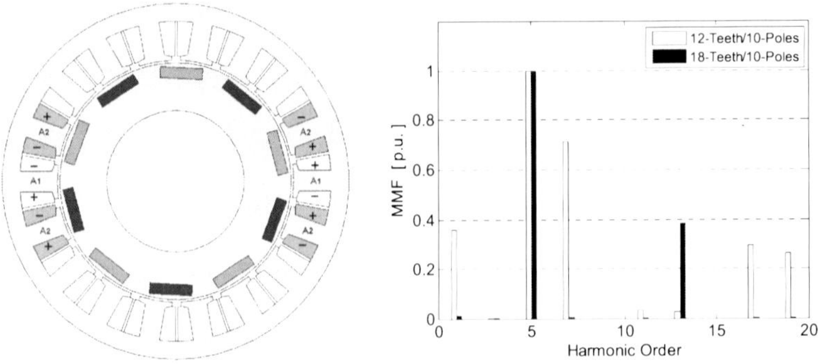

a) b)

Fig. 5: a). New 18-teeth/10-poles winding, b). Comparison of MMF space harmonics.

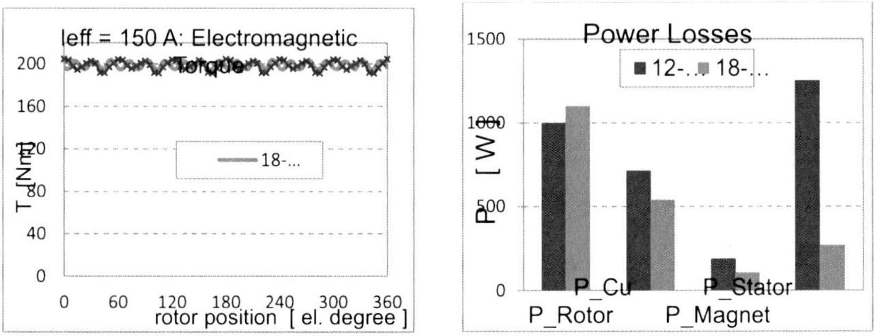

a) b)

Fig. 6: a). Electromagnetic torque, b). Corresponding machine losses at 3000 rpm.

According to the new machine design, a PM machine with the new 18-teeth/10-poles winding and inset rotor topology is build and its performances has been measured. Fig. 8(a) shows the experimental setup for the prototype machine, however, the first experimental results for the no-load induced voltage, torque and also the machine efficiency are given in the Fig. 8(b) and Fig. 9. The experimental results on prototype machine and also the good agreements with the FEM data demonstrate the applicability of the new winding topology.

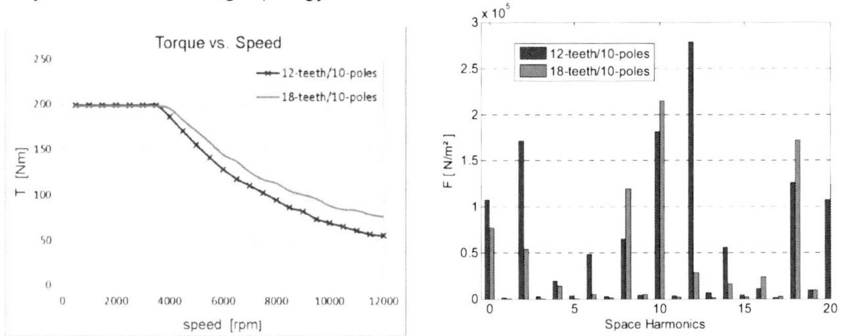

a) b)

Fig. 7: a). Electromagnetic torque, b). Magnetic radial forces (modes).

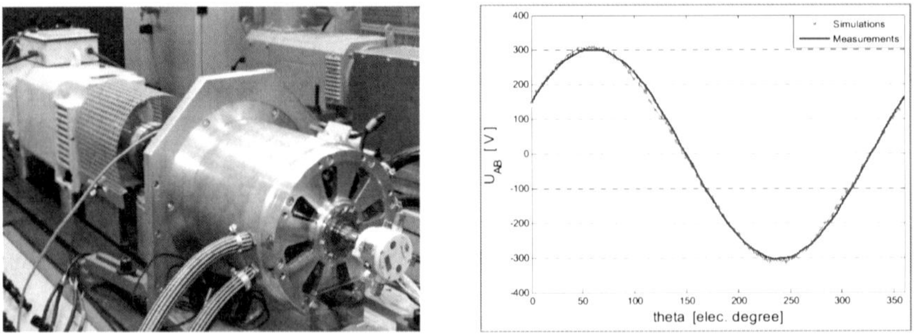

a) b)

Fig. 8: a). Prototype machine (experimental set-up), b). Comparison of results for the no-load voltage at 3000 rpm.

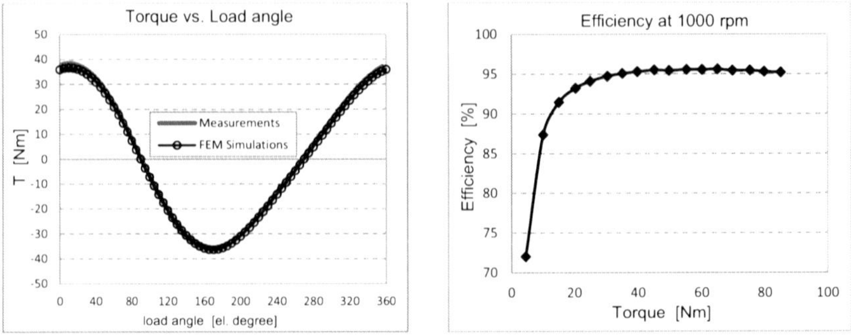

a) b)

Fig. 9: a). Comparison of torque results, b). Experimental results for the machine efficiency.

5. The 24-Teeth/10-Poles Winding

Analogous to the above method, the optimization of the MMF characteristics for the 12-teeth/10-poles winding according to an alternative method presented in [18] is performed by doubling the number of stator teeth and using two identical winding systems which are shifted in space to each other for a specific angle. Fig. 10 shows the winding layout for the new 24-teeth/10-poles winding designed according to this technique. Different from the 18-teeth/10-poles winding described previously, it is characterized with the coil-span equal to two slot-pitch because the number of slot is doubled, but it has the same mechanical angle of 30 degrees similar to the original considered 12-teeth/10-poles design. Therefore, the end winding length and construction is clearly shorter and simply compared with the conventional distributed winding.
According to [18], the MMF distribution for the new winding can be describe as

$$\Theta(x,t) = \sum_{\nu} \frac{m}{2} {}^{\nu}\xi_Z \cdot {}^{\nu}\Theta_m \cdot \cos\left(\omega t - \nu\left(\frac{\pi}{\tau_p}x - \frac{\alpha_w}{2}\right) + \delta\right) \quad (9)$$

where, with ${}^{\nu}\xi_Z$ is denoted the distribution factor,

$${}^{\nu}\xi_Z = \cos\left(\nu \cdot \frac{\alpha_w}{2}\right) = \cos\left(\nu \cdot \frac{2\pi}{Q_S} \cdot k_Q\right) \quad (10)$$

$$k_Q = 1, 2, 3, \ldots, Q_S \quad (Q_S - \text{is the number of stator slots})$$

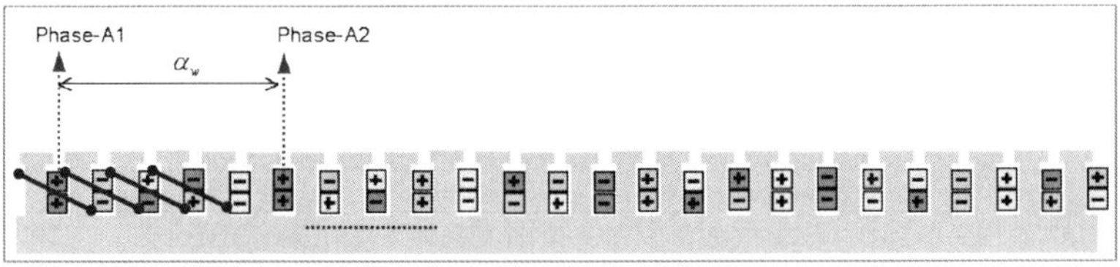

Fig. 10: Winding layout for the new 24-teeth/10-poles winding.

The distribution factor for the 1st, 5th and the 7th space harmonics for different stator slot shifting angles are shown in the following Fig. 11(a). It can be seen here that, for an shifting angle equal to five slot-pitch the 7th space harmonics is completely reduced, however the 1st sub-harmonics is reduced about 20%. Of course, also the 1st sub-harmonic completely can be reduced using additionally the method proposed in section-II (coils with different turns per coil-side), or using different turns per coil for the neighbouring phase coils [18]. Fig. 11(b) compares the MMF winding harmonics for the conventional 12-teeth/10-poles and the new 24-teeth/10-poles optimized new winding which show that using the proposed techniques the sub- and high MMF harmonics are mostly reduced down to zero.

Using this new winding type, an ASM machine is designed and the prototype machine is built and measured. The main geometrical data are as follows: 230mm stator outer diameter, 149mm rotor outer diameter, and 150mm active length. Fig. 12(a) show the prototype machine, however, Fig. 12(b) presents the first measurement results for the machine efficiency.

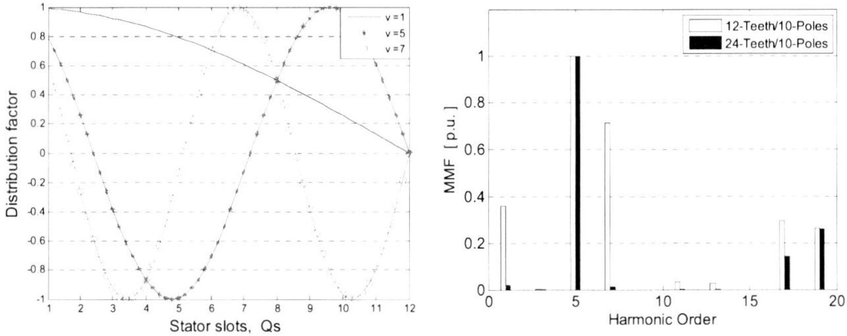

a) b)

Fig. 11: a). Distribution factor vs. shifting angle, b). Comparison of MMF harmonics.

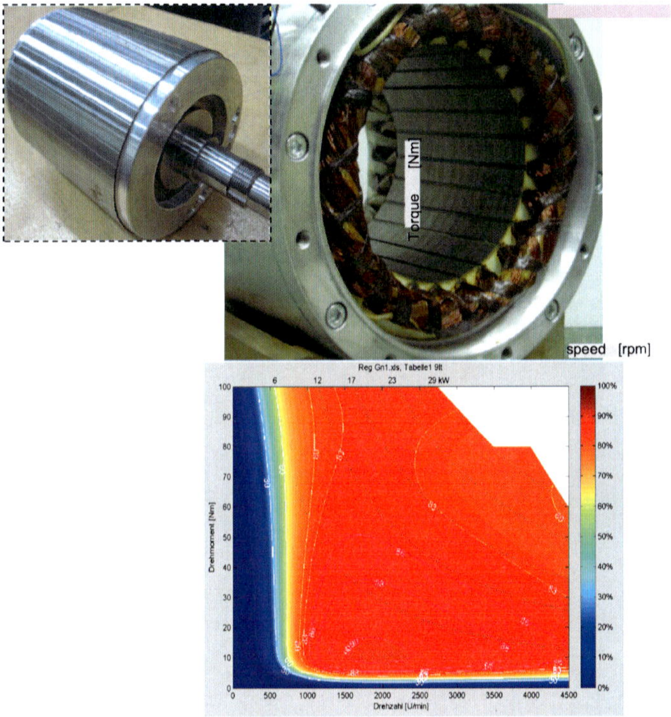

a) b)

Fig. 12: a). Prototype ASM, b). Measurements results for the efficiency map.

6. Novel 36-Teeth/10-Poles Winding with Low MMF Harmonic Contents

Referring to the previously presented optimization techniques and also with few additional modifications, a novel fractional slot 36-teeth/10-poles winding with low MMF harmonics contents for asynchronous machine applications is developed in [19]. Figs. 13(a) and (b) show the winding layout and the MMF winding space harmonics for the new winding. Analogous to the 24-teeth/10-poles winding design, the coil-span for this winding type is two slot-pitches, however with the coil-span angle 20 degrees (2x360/36). Comparing with an analogous 10-poles distributed winding which has the coils-span angle 36 degree (360/10), the new winding is characterized with a shorter end winding length (about 45%), non-overlapping, and simple manufacturing.

The following Fig. 14 show the flux density distribution of two investigated ASMs for the automotive traction drive application which are designed under the same electrical and geometrial constrains; maximum DC-voltage $U_{DC}=200V$, maximum current $I_{max} = 240Arms$ maximum short-time torque $T_{max}=200Nm$ @ $1300rpm$, and the available machine volume: D_{Out}=300mm, L_{Stack}=85mm. The first machine is designed using the convnetional distributed winding with q=3 (q-is number of slots per pole per phase), however, the second machine is designed using the new 36-teeth/10-poles winding. During this study the considered machines are designed and optimized for two different conditions: efficiency improvements and the costs and volume reduction. The obtained results from this analysis show that with new ASM design the machine efficiency is improved up to 3% compared to the convnetional design, however, if the machines are designed for the same efficiency condition, a weight reduction for the copper material up to 16%, and the total machine length reduction up to 5% is reached with the new design.

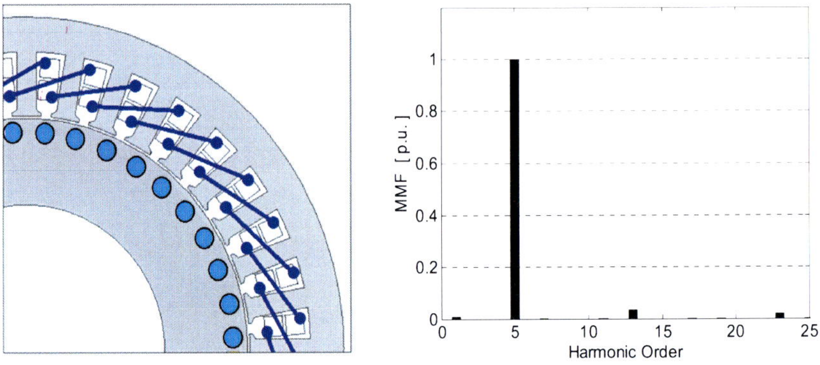

a) b)

Fig. 13: New 36-teeth/10-poles winding; a). Winding layout, b). MMF space harmonics.

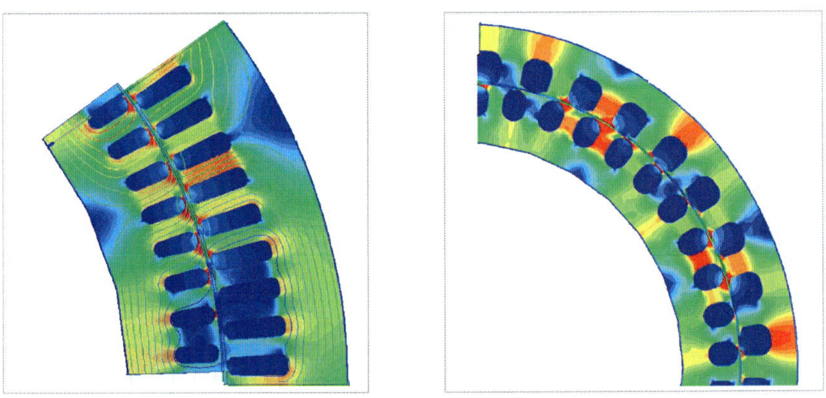

a) b)

Fig. 14: a). Conventional 10-poles ASM with distributed winding with 90-teeth and 10-rotor poles, b).New 36-teeth/10-poles ASM.

7. New Self-Excited Synchronous Machine with Tooth Concnetrated Winding

By the conventional brushless current excitation synchronous machines, the stator contains two winding systems; the main three-phase winding which is generally a distributed overlapped winding, and an additional winding (auxiliary or field winding) to generate high harmonics in the air-gap. Since the both stator windings are located in the same stator core, they require a large stator volume for making place for the both winding systems. These winding must be good insolated to each other which leads to further decreasing of the copper filling factor and increasing also the stator manufacturing costs. Further, the stator field winding requires an additionally power supply device or rectifier bridge. On other side, the rotor consists also of two complex winding systems that in general increase the total costs of these machine types.
To overcome the drawbacks of the conventional self-excited synchronous machine, in [20] a novel brushless synchronous machine concept is presented. Figure 15 show the basic block circuit diagram for the new machine concept and also an 18-teeth/10-poles synchronous machine built according to this technique. The new machine design is characterized with simple tooth concentrated windings for the both stator and the rotor, and it doesn't need any additional axially winding in the stator and their corresponding power supply and control unit. The three phases **ABC** stator winding generate simultaneously the main working air-gap harmonic which is responsible for the electromagnetic torque, and also a specific high harmonic which is used for excitation of the rotor winding. The rotor consists of two windings; the excitation winding **E** and the field winding **F**. When the rotor rotates, in the rotor excitation windings **E1** to **E5** there are induced electromagnetic forces, the magnitude of which depends on the magnetic field of the air-gap high harmonics. The induced electromagnetic forces in the rotor excitation winding after are rectified by the diode bridge circuit, so that a direct current I_f flows in the field winding **F**. To avoid the high harmonics effect on the field winding, a special connection for the winding coils for the field winding is chosen.

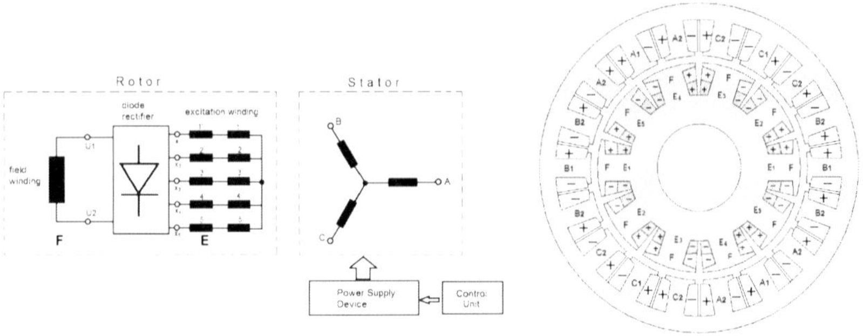

a) b)

Fig. 15: a). Block circuit diagram for the new self-excited synchronous machine, b). New 18-teeth/10-poles self-excited synchronous machine.

To show the applicability of the new machine concept, an 18-teeth/10-poles self-excited synchronous machine for electric vehicle application is designed and analyzed. As typical requirements for the automotive traction drive application, the following data are used: maximum DC-voltage U_{DC}=*400V*, maximum current I_{max} = *600Arms* maximum short-time torque T_{max}=*300Nm @ 3500rpm*, and the available machine volume: D_{Out}=*230mm*, L_{Stack}=*150mm*. Figure 16 presents the simulation results for the rotor field current and the electromagnetic torque under *500Arms* stator current and *3500rpm* rotor speed. Under the given operation load condition the steady-state results for the electromagnetic torque show that the new machine concept is available to generate the required maximal torque.

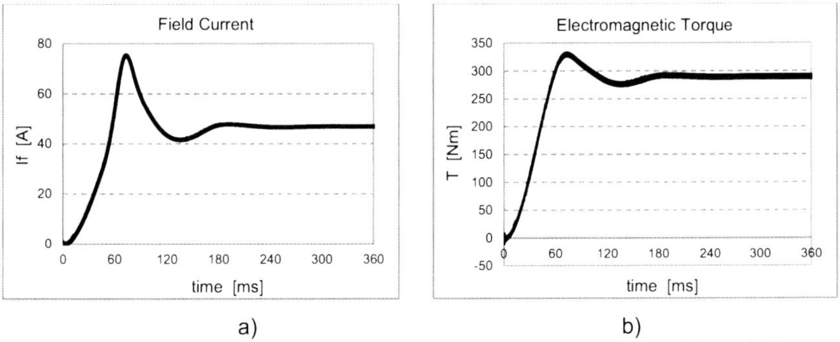

Fig. 16: Simulation results for I = 500Arms and 3500rpm load condition: a). Rotor field current, b).Electromagnetic torque.

8. Conclusions

This paper gives an overview and analysis of different novel solutions and new techniques developed by the FEAAM GmbH (*Research Center for Electric Machines and Actuators Munich*) for improwing the performances of electric machines with concentrated windings. According to these methods different high efficiency and low costs winding topologies are developed and they are considered through this work during the design and analysis of different synchronous and asynchronous machines. For the reduction of the FSCW sub-harmonics, a simple solution using coils with different turns per coil-side is presented. However, for simultaneously reduction of the MMF winding sub- and high harmonics several new methods are shown. These methods are based on the increasing the number of stator teeth, using two winding systems shifted in space for a specific angle, and using different number of turns per winding coils. Moreover, different form these method which deals with the reduction of unwanted FSCW space harmonics, a new self-excited synchronous machine concept is presented which use the MMF high harmonics to excite the rotor field winding. Further, several new machine types are designed according to these new methods, and their results are compared with the actual conventional electric machine designs under the same electrical and geometrical constrains. Considering the main machine parameters such as, the electromagnetic torque, losses, field weakening capability, and also the noise and vibrations characteristics, the obtained results show significant advantages over the conventional designs, such as reduction of the sub- and high MMF harmonics more than 60%, reduction of radial force modes of low order and also reduction of the machine losses (magnet losses, iron losses and so on).

References

[1] F. Magnussen, Ch. Sadarangani: "Winding factors and Joule losses of permanent magnet machines with concentrated windings", *2003 IEEE International Electric Machines & Drives Conference* (IEMDC 2003), 01-04.06 Madison Wisconsin, USA.

[2] J. Li, D. W. Choi, D. H. Son, Y. H. Cho: "Effects of MMF Harmonics on Rotor Eddy-Current Losses for Inner-Rotor Fractional Slot Axial Flux Permanent Magnet Synchronous Machines", *IEEE Transactions on Magnetics*, Vol. 48, No. 2, pp. 839-842, February 2012.

[3] N. Bianchi, E. Fornasiero: "Index of rotor losses in three-phase fractional slot permanent magnet machines". *Electric Power Applications, IET*, vol. 3, No. 5, September 2009.

[4] M. Nakano, H. Kometani: "A study on eddy-current losses in rotors of surface permanent magnet synchronous machines". *IEEE Transactions on Industry Application*, vol. 42, No. 2, March/April 2006.

[5] G. Dajaku, D. Gerling: "Magnetic Radial Force Density of the PM Machine with 12-teeth/10-poles Winding Topology", *IEEE International Electric Machines and Drives Conference*, IEMDC2009, pp.157-164, Florida USA, May 3-6, 2009.

[6] J. Wang, Zh. P. Xia, D. Howe, S. A. Long : "Vibration Characteristics of Modular Permanent Magnet Brushless AC Machines". *IEEE IAS Annual Meeting, 2006, Tampa, Florida, USA.*

[7] J. Krotsch, B. Piepenbreier: "Radial Forces in External Rotor Permanent Magnet Synchronous Motors with Non-Overlapping Windings ", *IEEE Transactions on Industrial Electronics*, Vol. 59, No. 5, pp. 2267-2276, May 2012.

[8] Z. Q .Zhu, Z.P. Xia, L. J. Wu, and G.W. Jewell: "Influence of slot and pole number combination on radial force and vibration modes in fractional slot PM brushless machines having single- and double-layer windings," *Energy Conversion Congress and Exposition 2009,* ECCE 2009, 20-24 Sept. 2009, San Jose, California, USA.

[9] F. Magnussen, H. Lendenmann: "Parasitic effects in PM machines with concentrated windings ," *IEEE Transactions on Magnetics,* vol. 42, no. 10, pp. 3395-3397,October 2006.

[10] G. Dajaku, D. Gerling: "A Novel 12-Teeth/10-Poles PM Machine with Flux Barriers in Stator Yoke", *20-th International Conference on Electrical Machines* (ICEM'2012), 02.-05. September 2012, Marseille, France.

[11] G. Dajaku, D. Gerling: "Low Costs and High-Efficiency Electric Machines", *2nd International Electric Drives Production Conference 2012* (EDPC-2012), 16.-17. October 2012, Erlangen-Nürnberg, Germany.

[12] H. Kometani, Y. Asao, K. Adachi: "Dynamo-electric Machine", US Patent 6,166,471, Dec. 26, 2000.

[13] M. V. Cistelecan, F. J. T. E. Ferreira: "Three phase tooth-concentrated multiple-layer fractional windings with low space harmonic content", *IEEE on Energy Conversion Congress and Exposition* (ECCE) 2010.

[14] E. Farnasiero, L. Alberti, N. Bianchi and S. Bolognani: "Considerations on selecting fractional–slot windings", *Energy Conversion Congress and Exposition (ECCE),* 2010 IEEE, pp. 1376-1383, 12-16 Sept. 2010.

[15] K. Ito, K. Naka, M. Nakano, and M. Kobayashi, "Electric machine," US Patent US7 605 514, 20 Oct 2009.

[16] G. Dajaku, D. Gerling: *"Eddy Current Loss Minimization in Rotor Magnets of PM Machines using High-Efficiency 12-teeth/10-poles Winding Topology", International Conference on Electrical Machines and Systems* (ICEMS-2011), 20.-23. August 2011, Beijing, China.

[17] G. Dajaku, D. Gerling: "A Novel Tooth Concentrated Winding with low Space Harmonic Content", *International Electric Machines and Drives Conference* (IEMDC-2013), Chicago, IL, USA, May 12-15, 2013.

[18] G. Dajaku, D. Gerling: *"A Novel 24-Slots/10-Poles Winding Topology for Electric Machines", International Electric Machines and Drives Conference* (IEMDC-2011), Niagara Falls (Ontario), Kanada, May 15-18, 2011, pp. 65-70.

[19] G. Dajaku: "Elektrische Maschine", German patent application No. DE 102013 103665.1.

[20] G. Dajaku, D. Gerling: "New Self-Excited Synchronous Machine with Tooth Concnetrated Winding", *3rd International Electric Drives Production Conference 2013* (EDPC-2013), 29.-30. October 2013, Erlangen-Nürnberg, Germany.

25A Flexible Automatisierungstechnologien für die Produktion elektrischer Traktionsantriebe

Jörg Franke, Florian Risch

Abstract

The increasing electrification of the drive train leads to a significant change in the value chains of the automotive industry in the medium to long term while sales figures are still uncertain. Innovations in the factory environment are essential for a competitive local value creation. Ambitious cost and quality targets for innovative electric powertrain components must be achieved in a close combination of measures between optimization of product properties and optimization of production processes. Furthermore, energy- and resource-efficient production technologies will increasingly come into the focus. Thus, additional demanding requirements for the associated production processes arise.

In this context, the Institute for Factory Automation and Production Systems (FAPS) of the Friedrich-Alexander-University Erlangen-Nuremberg (FAU) established the Bavarian Technology Center for Electric Drives (E|Drive-Center) as a research group to develop innovative production technologies for sophisticated electrical drive concepts. The key activities of the E|Drive-Center are the analysis and optimization of the production-oriented construction and the production process design of components and systems for electrical drives e.g. resource- and energy-efficient manufacturing processes, recycling processes for high-value high-coercivity magnetic materials, and CAD-CAM-chains for robotic-based winding systems.

Kurzfassung

Die zunehmende Elektrifizierung des Antriebsstrangs führt mittel- bis langfristig zu einer deutlichen Veränderung der Wertschöpfungsstrukturen in der Automobilindustrie, bei zunächst noch unsicheren Absatzzahlen. Innovationen im Fabrikumfeld sind für eine nachhaltige Sicherung der Marktposition und lokalen Wertschöpfungsstrukturen unabdingbar. Dabei müssen die Kosten- und Qualitätsziele für Komponenten innovativer elektrischer Antriebsstränge in einer engen Maßnahmenkombination zwischen Funktions- und Prozessoptimierung erreicht werden. In den letzten Jahren werden zudem verstärkt energie- und ressourcen-effiziente Produktionstechnologien in den Fokus gerückt. Die Anforderungen an die dazugehörigen Produktionsprozesse steigen somit zusätzlich.

In diesem Kontext wurde am Lehrstuhl für Fertigungsautomatisierung und Produktionssystematik (FAPS) der Friedrich-Alexander-Universität Erlangen-Nürnberg (FAU) mit dem Bayerischen Technologiezentrum für elektrische Antriebstechnik (E|Drive-Center) eine Forschungsgruppe gegründet, welche Systemlösungen für den Aufbau durchgängiger Prozessketten für die Produktion elektrischer Antriebstechnik entwickelt, in prototypische Demonstratoranlagen überführt und in praktischen Versuchsreihen optimiert. In der Forschungsfabrik des E|Drive-Centers werden somit Prozessinnovationen für den Elektromaschinenbau erforscht, um nachhaltig (ressourcen- und energie-effiziente Fertigungsprozesse, Recyclingprozesse für werthaltige hoch-koerzitive Magnetmaterialien) und flexibel (CAD-CAM-Ketten für roboterbasierte Wickelsysteme) die Wertschöpfung für innovative elektrische Antriebssysteme am Standort Deutschland zu sichern.

1. Elektromaschinenbau im Wandel

Intensiver globaler Wettbewerb setzt Deutschland als Standort für die Fertigung von konventionellen Standardelektromotoren stark unter Druck. Für die Branche entstehen jedoch an anderer Stelle durch die steigende Nachfrage nach neuen innovativen elektrischen Antriebskonzepten vielfältige neue Absatzpotentiale. Ein besonderer Fokus liegt dabei derzeit auf der voranschreitenden Elektrifizierung des Antriebsstrangs von Fahrzeugen. Für den Einsatz im Fahrzeug müssen leistungsfähige Elektromotorenkonzepte realisiert werden, die den Anforderungen der Automobilindustrie in Bezug auf Kosten, Qualität, Umgebungsbedingungen, Zuverlässigkeit und Betriebssicherheit im besonderen Maße erfüllen. Weitere Entwicklungsziele für elektrische Fahrantriebe sind die Minimierung des Bauraums und des Gewichtes sowie die Reduzierung der Geräuschemissionen. Dabei sind die Reduzierung des Energieverbrauchs, die Erhöhung der Leistungsdichte (deutlich über 2,5 kW/kg), und die Verbesserung der Regelbarkeit von besonderer Bedeutung. Fortschritte in der Werkstofftechnik und Leistungselektronik fördern zusätzlich die Entwicklung leistungsfähiger und hocheffizienter Elektromotoren über weite Drehzahl- und Drehmomentbereiche mit einer kompakten Bauweise und hohen Eigensicherheit [1].
Gleichzeitig führen diese weiterentwickelten Antriebskonzepte auch zu einer Vielzahl neuer Anforderungen an die dazugehörigen Produktionsprozesse. Zur nachhaltigen Sicherung der Marktpositionen sind daher die Kosten- und Qualitätsziele nur in einer engen Maßnahmenkombination zwischen Funktionsoptimierung und Optimierung der Produktionsprozesse zu erreichen. Diese sind in höheren Leistungsklassen, bedingt durch die zum Teil noch geringen Stückzahlen und die komplexe Handhabung der erforderlichen Materialien, häufig noch manuell geprägt. Aufgrund des geringen Automatisierungsgrades in der Produktion sind somit die Kosten noch deutlich zu hoch, was die Bedeutung automatisierter Montage- und Fertigungstechnologien für Elektromotoren zur Erschließung von Rationalisierungspotenzialen stärker in den Fokus rückt. Neuartige Produktionsverfahren und Materialien ermöglichen zudem eine weitere Steigerung der Leistungsfähigkeit von Elektromotoren und lassen sich oft im Produkt-Benchmark nicht eindeutig ohne tiefes Prozess- und Materialverständnis nachbilden. Die Kombination aus innovativen Fertigungsprozessen und Motorenkonzepten erlaubt somit eine weitere Differenzierung im globalen Wettbewerb.
Für sukzessive steigende Stückzahlen sind dabei stückzahlflexible Produktionssysteme und Automatisierungskonzepte zur Minimierung der Investitionskosten erforderlich, vor allem durch die hohe Unsicherheit und Dynamik des Marktes für Elektrofahrzeuge. Stückzahlflexibilität in der Elektromotorenfertigung lässt sich zum Großteil durch die logistische Verkettung zwischen den Prozessschritten erreichen und durch die geeignete Wahl der Wertschöpfungstiefe in den jeweiligen Stückzahlszenarien. Je höher die Stückzahlen, desto kürzere Durchlaufzeiten sind erforderlich und damit kürzere Distanzen zwischen den einzelnen Wertschöpfungsstufen. Kürzere Distanzen erlauben schnellere Reaktionszeiten auf potentielle Störungen in der Lieferkette, bspw. durch eine lokale Verarbeitung von Elektroblechen (Zuschneiden, Stapeln und Paketieren) im Vergleich zu einer Anlieferung der fertigen Elektroblechpakete vom Zulieferer. Flexible Automatisierungslösungen erlauben zudem im Prototypenbau die

schnelle Entwicklung von neuen Motorenkonzepten, ideal bereits mit seriennahen Fertigungsabläufen [2].
Im Rahmen des Bayerischen Technologiezentrums für die elektrische Antriebstechnik (E|Drive-Center) des Lehrstuhls für Fertigungsautomatisierung und Produktionssystematik (FAPS) der Friedrich-Alexander-Universität Erlangen-Nürnberg (FAU) wird daher speziell an Prozessen zur flexiblen und kosteneffizienten Fertigung von innovativen Hochleistungsmotoren gearbeitet. Die einzelnen im E|Drive-Center adressierten aktuellen Produktionsverfahren werden im Folgenden zusammen mit den darüber hinausgehenden Forschungsansätzen zur Entwicklung neuartiger Anlagentechnik dargestellt.

2. Herausforderungen und Lösungsansätze in den jeweiligen Teilprozessschritten der Elektromotorenfertigung

2.1 Herstellung von Elektroblechpaketen

Zur Herstellung gegenseitig isolierter und gestapelter Elektroblechpakete für Stator und Rotor existieren verschiedene mögliche Verfahrensketten. Grundsätzlich sind dabei zunächst die gegenseitig isolierten Elektrobleche aus dem vom Materiallieferanten gelieferten Blech-Coil herauszutrennen. Prozessalternativen im klassischen Elektromaschinenbau sind dabei das Laserschneiden für Prototypen und kleine Stückzahlen und das Stanzen der Elektrobleche in der Großserienfertigung. Dabei sind das Laserschneiden und das Stanzen jeweils im Wechselspiel mit den eingesetzten Elektroblechmaterialien und realisierten Designalternativen in Abhängigkeit zu Kosten, Stückzahlen und Wirkung auf das Verlustverhalten des Elektromotors abzuwägen. Die Flexibilität des Laserschneidens eröffnet gegenüber dem Stanzen Potenziale für neuartige Motorenkonzepte wie bspw. die flexible Formgebung durch variable Blechschnitte im Bereich des Wickelkopfes. Abgeflachte Übergänge vom Nutgrund in den Wickelkopf für eine drahtschonendere Bewicklung oder gewölbte Nutzähne für eine bessere Entwärmung durch eine optimierte Drahtablage am Nutgrund können so realisiert werden. Auch die Integration von entlang der Blechpakethöhe variierenden Funktionskanälen in das Blech oder doppel-konische Rotor-Ausführungen für lagerlose Synchronmotoren bspw. für Blutpumpen sind denkbar. Mit derzeit neu entwickelten Verfahren wie dem Remote-Laserschneiden (Bewegung eines fokussierten Laserstrahls mit Hilfe schnell bewegter Spiegel) werden erhebliche Produktivitätssteigerungen durch die höheren erreichbaren Verfahrgeschwindigkeiten auch für kompliziert zu schneidende Konturen angestrebt. Zusätzlich wird die Komplexität des Gesamtsystems durch den Wegfall teurer Bewegungssysteme für die Schneiddüsen reduziert [3]. Weitere Ansätze zur Realisierung von Elektroblechpaketen gehen bis hin zu generativen Fertigungsverfahren mittels Siebdruck [1].
Durch zusätzliche neuartige im E|Drive-Center entwickelte Verfahren, wie dem Rotationsschneiden von Elektroblechen soll die Lücke zwischen unflexiblen aber hochproduktiven Stanzprozessen und dem Laserschneiden weiter geschlossen werden (Bild 1). Das Rotationsschneiden ist dabei ein kontinuierlicher Schneidprozess bei dem das Elektroblech durch zwei, auf dem Blechstreifen abrollende Walzen mit entsprechender Oberflächenkontur verarbeitet werden [4].

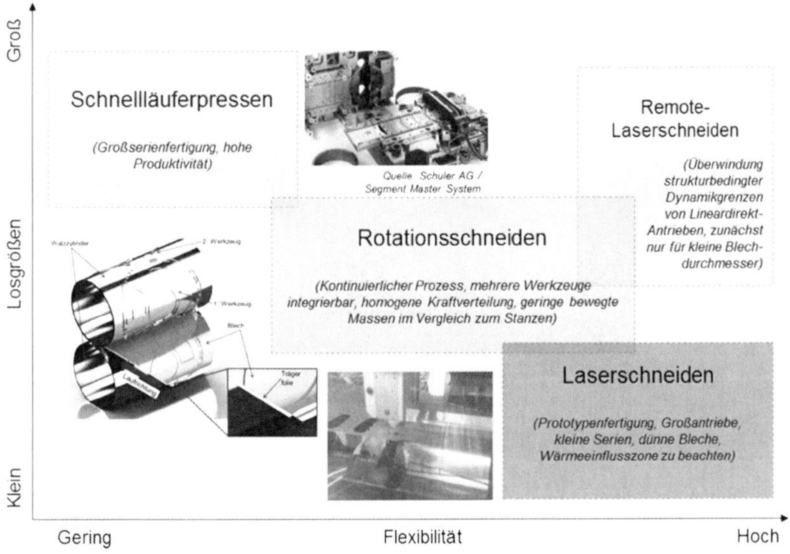

Bild 1: Für kundenspezifische Motoren sind neue Technologien zur flexiblen Herstellung von Elektroblechen erforderlich.

Neuartige Motorenkonzepte werden häufig mit montierbaren segmentierten Stator- und Rotorvarianten aufgebaut. Dies ist vor allem in Einsatzbereichen interessant, wo unterschiedliche Blechqualitäten für Stator und Rotor verwendet werden. Durch die Segmentierung des Stators und den damit erreichbaren kleineren Werkstücken können einfachere Werkzeuggeometrien genutzt werden. Eine geschickte Anordnung der Segmente im Ausgangscoil führt zudem zu einer höheren Materialausnutzung als bei einer geschlossenen Ausführung [5] [6]. Neue Herausforderungen entstehen dabei jedoch durch die damit erforderliche nachgelagerte Verbindungstechnik zwischen den Segmenten. Hierfür werden vor allem auf Rotorseite durch die geforderte Drehzahlfestigkeit des Blechpakets zuverlässige Verbindungen benötigt.
Des Weiteren ist ein Trend zu dünneren Elektroblechen mit deutlich geringeren Blechstärken erkennbar. Bei Industriemotoren sind in der Regel Blechstärken von 0,35 bis 1,00 mm im Einsatz. Durch den Einsatz von derzeit diskutierten Blechstärken von kleiner 0,35 mm bis zu 0,05 mm lassen sich Wirbelstromverluste weiter reduzieren [3]. Aufgrund der geringen Blechstärke reduziert sich die Biegesteifigkeit jedoch stark. Dies führt dazu, dass neben der deutlich aufwendigeren Herstellung des Ausgangscoils auch die Materialhandhabung angepasst werden muss [3]. Herausforderungen bei der abschließenden Paketierung der Elektrobleche entstehen in Bezug auf Parameter wie erreichbare Stapelqualität und Maßhaltigkeit, mechanische Festigkeit, erreichbare Packungsdichte des Blechpakets, sowie Vermeidung eines Auffederns des Blechpakets. Neben traditionellen Paketiertechniken für Elektrobleche wie Stanzpaketieren, Klammern, Nieten, Backlack, WIG-, Plasma- oder Laser-Schweißen [7] werden zunehmend auch alternative Paketierungstechnologien wie partielle (Glulock®) oder flächige Klebeschichten (etwa durch Plasmabeschichtun-

gen) sowie Siebdruck, Kunststoff-Umspritzen oder Elkuklam-Kunststoffklammern [8] zur Reduktion der Wirbelstromverluste [9] [10] untersucht.
Durch diese Bestrebungen und entsprechende Verfahrensentwicklungen, inkl. Versuchsreihen mit den entsprechenden Parameter- und Materialvariationen, ist es das Ziel im E|Drive-Center zusammen mit der Industrie neuartige, flexible und leistungsfähige Verfahrensketten für die Herstellung von Elektroblechpaketen zu etablieren.

2.2 Isolationssysteme elektrischer Maschinen

An die elektrische und mechanische Isolation werden insbesondere durch die rauen Bedingungen beim Einsatz in Traktionsmotoren hohe Ansprüche gestellt. Das Isolationssystem eines Elektromotors besteht aus der Isolation des Nutgrunds (bspw. durch Nomex®-Isolierungspapier, Pulverbeschichtung, Einsatz von Steckspulen oder Kunststoffumspritzung bzw. Verbundisolierungen) und der Nutöffnung (konventionell über Deckschieber), der Drahtmaterialien (Lacküberzug aus z.B. Polyester) bzw. des kompletten bewickelten Stators bzw. Rotors durch Imprägnierverfahren wie Träufel- oder Tauchverfahren. Durch das Imprägnieren wird die mechanische Festigkeit erhöht, auftretende Fehlstellen in der Lackisolierung versiegelt und die Entwärmung verbessert. Herausforderungen sind dabei die hohen Zeitkonstanten, die Gewährleistung der Isolierwirkung über den gesamten Produktlebenszyklus und eine möglichst hohe Wärmeabführung aus der Drahtwicklung. Für flexible Fertigungslinien sind beim Verguss Verfahren wie Träufeln oder Rollieren zu bevorzugen, da mit reduziertem Aufwand für unterschiedliche Statorgeometrien anwendbar.
Alternative Verfahren sind bspw. der Einsatz von Träufelverfahren mit Infrarotlicht, wodurch die Aushärtung des Vergusses nicht nur an der Oberfläche angeliert, sondern mit Hotspot im Nutgrund in wenigen Minuten komplett durchhärtet. Eine weitere Möglichkeit ist das Imprägnieren des Stators mit Hilfe eines Induktors. Der Stator wird dabei vor und nach dem Tauchprozess über die Erwärmung des Blechpakets komplett durchgehärtet. Auch hier entstehen Hotspots direkt im Nutgrund, wodurch Abtropfverluste gesenkt und der Harzfüllgrad signifikant gesteigert werden können. Im Rahmen der Aktivitäten zur Etablierung energieeffizienter Fertigungsprozesse (Technologieverbund „Green Factory Bavaria") werden dazu im E|Drive-Center zur Prozessqualifizierung unterschiedliche Vergussvarianten hinsichtlich Vergussqualität, Wärmeeintrag und Energieverbrauch erprobt.

2.3 Wickeltechnik

Das Einbringen der Leitermaterialien gilt als wettbewerbsentscheidender, kritischer Prozess bei der Elektromotorenfertigung. Gerade das Erreichen eines möglichst hohen Nutfüllfaktors der Spulen (Verhältnis von elektromagnetisch aktivem Material, bspw. Kupfer oder Aluminium, zum vorhandenen Nutvolumen) ist Maß für die Kompaktheit bzw. den Reifegrad eines elektrischen Antriebs.
Zur Erfüllung dieser Anforderungen werden unterschiedliche Prozesse und Leitermaterialen wie gegossene Spulen [11] oder die Verarbeitung alternativer Drahtmaterialformen diskutiert [7]. Für die Fertigung von induktiven Ladesystemen mit komplexeren Spulenstrukturen und unterschiedlichen Radien, Übergängen und Windungsabständen werden zudem Verarbeitungsmöglichkeiten für HF-Litzen untersucht [12] [13] [14].

Durch die Segmentierung der Statorzähne ergeben sich weitere Vorteile. Diese eignen sich um bewickelte Statorzähne mit dem Linearwickel- oder Nadelwickelverfahren hochproduktiv und orthozyklisch mit perfekter Lagenorientierung [15], geringen Taktzeiten und mit hohem Nutfüllfaktor herzustellen. Um alternative Prozessketten zu erarbeiten, die neben einem angepassten Design auch eine mögliche Prozessintegration oder sogar neuartige Elektromotoren-Typen erlauben, ist gerade bei der Entwicklung neuer Wickelverfahren stets frühzeitig auf ein fertigungsgerechtes Design zu achten [16] [17] [18]. Dieses ist unabdingbar und erlaubt effizientere Verfahrensschritte inkl. Effizienz- und Leistungssteigerung. Zur möglichst serienflexiblen Herstellung von Statoren werden im E|Drive-Center Nürnberg daher roboterbasierte Verfahren zur Verarbeitung von Drahtmaterialein entwickelt, um hohe produktspezifische Werkzeugkosten zu minimieren [19] [20] [21] [22] [23] [24]. Dabei stehen die Substitution manueller Einziehtechniken [25] [26] [27] [28] sowie Nadelwickelverfahren [18] [19] [20] [22] [24] im Vordergrund (Bild 2).

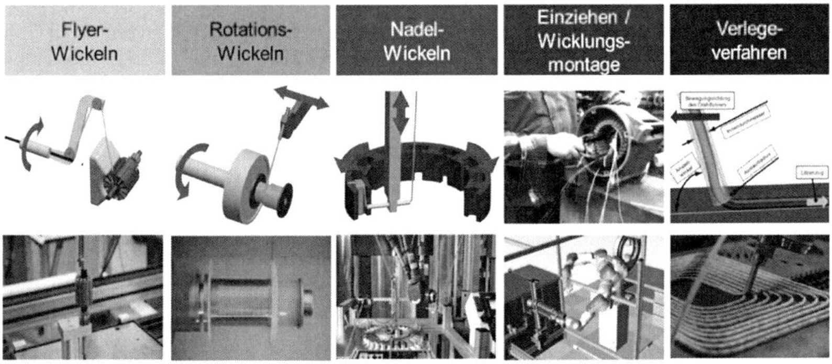

Bild 2: Realisierung innovativer Prozessketten durch den Einsatz von Industrierobotern in der Wickeltechnik

Ziel der Forschungsarbeiten im E|Drive-Center ist es somit, komplexe Wicklungsstrukturen für neuartige Motorenkonzepte (innovative Wicklungsschemata mit alternativen Drahtmaterialien, alternative Drahtformen, bis hin zu alternierenden Drahtgeometrien) zur Erreichung eines hohen Füllfaktors möglichst flexibel verarbeiten zu können. Die Bewegungsprofile werden hierfür über CAD-CAM-Ketten auf die Kinematiken aufgespielt. Ziel ist es in Zukunft den Wicklungsvorgang durch geeignete Simulationsprogramme vorab virtuell abzusichern. Hierfür ist es erforderlich den Einfluss des Materialverhaltens der biegeschlaffen Materialien auf die Bewegungsprofile der Wickelwerkzeuge realitätsnah abbilden zu können [21] [22]. Die Simulationen müssen daher parallel durch reale Versuchsaufbauten hinsichtlich möglicher Einflussparameter (Fertigungstechnische Parameter, Umgebungsparameter, etc.) verifiziert und geprüft werden. Dies ermöglicht das tiefgreifende Verständnis der technologischen Zusammenhänge der Wickeldrahtverarbeitung, wodurch Rückschlüsse auf die idealen Parameter des jeweiligen Wickelprozesses gezogen werden können. Hierunter nimmt u.a. die Drahtzugkraft einen bedeutenden Stellenwert ein, so dass verschiedene Technologien von Drahtzugregelsystemen analysiert und gegebenenfalls optimiert werden müssen, um ein ideales Wickelbild herstellen zu können [23].

2.4 Kontaktierungstechnik

Die Kontaktierungstechnik für Elektromotoren hat gerade in Bezug auf die Lebensdauerstabilität eine qualitativ zentrale Rolle. Besondere Herausforderungen entstehen durch die Vielzahl möglicher Prozessketten- und Parametervariationen und des dabei zur Qualifizierung der Prozesse erforderlichen Aufwands für die jeweiligen Anwendungsfelder und dabei eingesetzten Materialien. Klassische Varianten sind dabei die Kontaktierung über Löten oder Heißcrimpen [13]. Zudem laufen Untersuchungen zur Befähigung von Verfahren wie dem Laserstrahl- und dem Ultraschallschweißprozess. Im Rahmen der Forschungstätigkeit des Lehrstuhls werden somit unterschiedliche Prozessketten erprobt und hinsichtlich ihrer Serienfähigkeit sowie ihres energetischen Aufwands für unterschiedliche Einsatzfelder evaluiert. Zudem werden die Prozessketten dabei hinsichtlich der möglichen Ablauf-Varianten betrachtet und variiert. Beispiele hierfür sind Technologien mit integrierten Prozessschritten (Abisolierung und mechanische Verbindung in einem Prozessschritt) wie US-Schweißen und Heißcrimpen oder sequenzielle Prozesstechnologien (Abisolierung und mechanische Verbindung getrennt in zwei aufeinanderfolgenden Prozessschritten) wie induktives Abisolieren und eine anschließende mechanische Verbindung über Kaltcrimpen.

2.5 Verarbeitung von Magnetmaterialien

Im Bereich der Rotorfertigung bestehen je nach Motorentyp unterschiedliche Herausforderungen. Bei permanentmagneterregten Synchronrotoren liegen diese, neben der bereits in Kapitel 2.1 erwähnten Maßnahmen zur besseren Ausnutzung des Elektroblechmaterials durch Segmentierung, in der Handhabung der hoch-koerzitiven Magnetmaterialen, speziell den präzisen Positionier- und Klebeprozessen. Die auftretenden Magnetkräfte erschweren eine einfache Magnetbereitstellung, -montage und -fixierung [29]. Im E|Drive-Center werden verschiedene logistische Magnetbereitstellungskonzepte erprobt, Magnetmontageanlagen mit unterschiedlichen Automatisierungsgraden konzipiert und realisiert [30] [31]. Ein besonderer Schwerpunkt liegt auch auf der Evaluierung unterschiedlicher Verguss- und Fixiertechniken der Permanentmagnete in den Rotorkavitäten bei vergrabenen Magneten (wie bspw. Kleben, Klemmen oder Verstemmen von Magneten) [32] [33] bzw. Klebe- und Bandagiertechniken bei oberflächenbestückten Magneten auf dem Rotor [33] [34]. Diese werden in verschiedenen Versuchsreihen durch den Vergleich unterschiedlicher Reinigungs-, Beschichtungs- und Klebevarianten hinsichtlich ihrer Langzeitstabilität evaluiert. Aufgrund der begrenzten Verfügbarkeit und des hohen Wertes vieler Materialien (insb. Seltene Erden, Bunt- und Schwermetalle), die in elektrischen Antrieben vor allem in Rotoren verarbeitet werden und deren Bedarf durch die in unterschiedlichsten Anwendungsfeldern erwarteten erhöhten Stückzahlen von PM-Motoren ansteigen wird, werden zudem Verfahren zur Demontage entwickelt [35] [36].
Darüber hinaus werden im E|Drive-Center Verfahren zur „In-Line" Qualitätssicherung von permanentmagneterregten Synchronrotoren entwickelt und erprobt. Hierfür werden Hall-Sensor-Arrays [24] [37] eingesetzt um automatisierte Prüfverfahren zu ermöglichen die gezielt Fehler im Magnetmaterial detektieren können [38]. Darüber hinaus werden über die Erfassung der magnetischen Feldverteilung auch die Einflussgrößen auf die Feldhomogenität ermittelt [39] [40] [41]. Dabei gilt es geeignete Beurteilungskriterien der elektromagnetischen Eigenschaften festzulegen um diese Verfahren zum Messen und Prüfen der einzelnen Komponenten unmittelbar „In-Line" in den Prozess integrieren zu können.

Ziel der Forschung im E|Drive-Center ist es somit, Montagezellen zur Verarbeitung von hochkoerzitiven Magnetmaterialien zu entwickeln, die den Anforderungen an Effizienz (Magnethandhabungsvorrichtungen, hochintegrierte Prozessabfolgen mit integrierter aktiver bzw. passiver Magnetisierungstechnik), Flexibilität (roboter-basierte Systeme) und Qualität (In-Line Prüfkonzepte) entsprechen.

2.6 Werkzeuge der digitalen Fabrikplanung im Elektromaschinenbau

Zur Beherrschung der hohen Unsicherheiten hinsichtlich der Absatzzahlen und zur schnellen Definition der am besten geeigneten Fertigungstechnologien bzw. des am besten geeigneten Automatisierungsgrades sollten die Montage- und Produktionsprozesse rechnergestützt durch Methoden der Digitalen Fabrik vorab abgesichert werden (Bild 3).

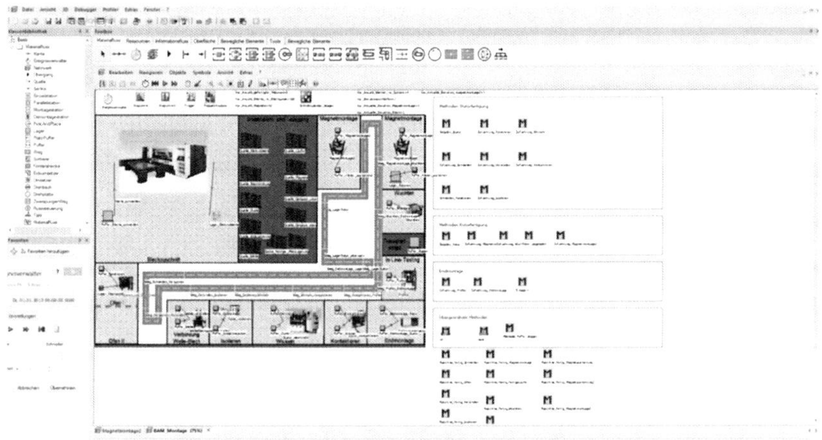

Bild 3: Prozessabsicherung und wirtschaftliche Bewertung unterschiedlicher Schneidverfahren von Elektroblechen mit Plant Simulation

Werkzeuge der Digitalen Fabrik wie bspw. die Ablaufsimulation mit Plant Simulation erlauben die Abbildung von Ramp-up Szenarien. Hierbei lassen sich die jeweils möglichen Automatisierungsgrade hinsichtlich ihrer Wirtschaftlichkeit gegenüberstellen. Plant Simulation eignet sich zur Unterstützung von Investitionsentscheidungen vor allem bei komplexeren und vernetzten Anlagenstrukturen. Eine höhere Transparenz und stabilere Planungsgrundlage kann durch das Durchspielen von Hochlaufszenarien für Entscheidungen zur Anlagenbeschaffung und der Ableitung geeigneter Automatisierungsgrade erreicht werden. Herausforderungen sind dabei jeweils die sorgfältige Abstimmung der getroffenen Annahmen im Simulationsmodell, sowie die sinnvolle Implementierung und Pflege der Simulationsmodelle [42].
In weiteren Schritten ist es zudem das Ziel die Methoden der Digitalen Fabrik für die Etablierung intelligenter und energieeffizienter Fabrikstrukturen für die Elektromotorenfertigung weiterzuentwickeln. Um einzelne Fertigungsprozesse hinsichtlich ihres Energieverbrauches zu bewerten und in den Kontext der kompletten Fertigungslinie

zu stellen, wurde am Lehrstuhl FAPS die klassische Materialflusssimulation um energetische Aspekte erweitert [43]. Sie unterstützt die Entwicklung von gleichermaßen energie- wie auch materialschonenden Prozessabläufen. Durch die objektorientierte Programmierung eines Energiebausteins können somit sowohl einzelne Anlagen, als auch ganze Fabriken analysiert werden, sowie geeignete Abhilfemaßnahmen abgeleitet werden [44].

3. Zusammenfassung und Ausblick

Die derzeit laufenden Forschungsprojekte zeigen den bestehenden Entwicklungsbedarf im Elektromaschinenbau auf, um die stetig steigenden Anforderungen an Effizienz, Gewicht und Kosten zu erfüllen. Die (Teil-)Elektrifizierung des Antriebsstranges mit einer steigenden Anzahl von Fahrzeugvarianten führt zu immer komplexeren Produktionsanlagen entlang der automobilen Wertschöpfungsketten. Die Produktions- und Montageprozesse für neue, teils noch gar nicht bekannte Komponenten müssen kurzfristig von den bewährten Industrieanwendungen auf automobile Anforderungen übertragen werden. Mittelfristig sind diese jedoch neu zu konzipieren und zu entwickeln, um in dem zu erwartenden internationalen Wettlauf eine führende Rolle einnehmen zu können. Zur Umsetzung dieser weitreichenden Innovation kann das E|Drive-Center umfangreiche Forschungsarbeiten durchführen, insbesondere bei Themen zur Reduzierung der Kosten bzw. Themen zur Differenzierung durch nur schwer ohne tiefes Prozess-Know-How nachbildbare Eigenschaften über innovative Produktionstechnologien.

Der elektrische Antrieb muss dabei jedoch stets zusätzlich im Zusammenwirken mit weiteren zentralen Elementen des elektrischen Antriebsstrangs wie Bordnetz, Leistungselektronik, Energiespeicher und Ladeschnittstelle betrachtet werden. Zur Minimierung des Bauraums, Reduzierung der Leitungsverluste, Verringerung der Material- und Montagekosten, Optimierung des Wärmemanagements sowie zur Erhöhung der Sicherheit steigt konsequenterweise auch die Nachfrage nach baulich integrierten Systemen von Elektromotor und Leistungselektronik. Bei hoch-integrierten Antriebssystemen sind Getriebe und Leistungselektronik mit dem Motorgehäuse verbunden, unter Wahrung der Anforderungen an Baukastenprinzipien und Modularisierung. Die Forschungsarbeiten am E|Drive-Center werden daher um die komplementären Arbeitsgebiete zur Produktion der Leistungselektronik, der automobilen Bordnetze und kontaktloser Ladetechnologien ergänzt.

Durch den Ansatz des E|Drive-Centers werden dabei die Marktchancen für attraktive Fahrzeuge und leistungsfähige Komponenten sowie für innovative Produktionslösungen des deutschen Maschinen- und Anlagenbaus gefördert. Unternehmen werden zudem in Netzwerken zusammengeführt, um auf die zukünftigen Anforderungen auf OEM- und Lieferantenebene schnell und unternehmensübergreifend reagieren zu können, bspw. im Rahmen des vom E|Drive-Center etablierten internationalen Kongresses zur Produktion elektrischer Antriebe (E|DPC – Electric Drives Production Conference) in Nürnberg.

Literatur

[1] Peter, M.; Sell-Le Blanc, F.; Fleischer, J.: Trends im Elektromaschinenbau: Herausforderungen und aktuelle Entwicklungen der Produktionstechnik. In: Zeitschrift für wirtschaftlichen Fabrikbetrieb (ZWF) 108 (2013), Nr. 6, S.435-439.

[2] Risch, F.; Tremel, J.; Klier, T.; Franke, J.: Flexible Automation for the Production of Stators and Rotors of Electric Vehicles. In: Tagungsband zum 2. WGP-Jahreskongress, Berlin, 2012.

[3] Franke, J.; Schmidt, M.; Hubert, M.; Risch, F.; Tremel, J.; Hofmann, B.: Laserschneiden in der Elektroblechfertigung: Flexible und produktive Produktion dünner Elektrobleche für elektrische Traktionsmotoren in Elektrofahrzeugen. In: Zeitschrift für wirtschaftlichen Fabrikbetrieb (ZWF) 107 (2012), Nr. 9, S.642-646.

[4] Tremel, J.; Thoms, V.; Hackert, J.; Franke, J.: Rotational cutting of lamination sheets for electrical machines. In: 2nd International Electric Drives Production IEEE Conference (E|DPC), Nürnberg, 2012.

[5] Albrecht, T.; Gürsel, C.; Lamprecht, E.; Klier, T.: Joining Techniques of the Rotor Segmentation of PM-Synchronous Machines for Hybrid Drives. In: 2nd International Electric Drives Production IEEE Conference (E|DPC), Nürnberg, 2012.

[6] Albrecht, T.; Hubert, M.; Franke, J.; König, W.: Segmentierte Rotoren in leistungsstarken Hybridantrieben, ant Journal 2 2013, S.30-34.

[7] Jordan, W.: Technologie kleiner Elektromaschinen, Teil 1, ISBN 978-3-00-039888-9.

[8] Tremel, J.; Dobroschke, A.: Verfahren zur Herstellung eines Blechpakets, Offenlegungsschrift, DE102011015761A1, 2012.

[9] Lamprecht, E.; Graf, R.: Fundamental Investigations of Eddy Current Losses in Laminated Stator Cores Created Through the Impact of Manufacturing Processes, In: 1st International Electric Drives Production IEEE Conference (E|DPC), Nürnberg, 2011, S.29-35.

[10] Lamprecht, E.; Homme, M.; Albrecht, T.: Investigations of Eddy Current Losses in Laminated Cores Due to the Impact of Various Stacking Processes, In: 2nd International Electric Drives Production IEEE Conference (E|DPC), Nürnberg, 2012.

[11] Horch, F.; Koch, A.; Pleteit, H.; Schmidt, D.; Wöstmann, F.-J.; Elektrotechnische Spule in Gusstechnik, Herstellungsverfahren für eine solche Spule und Elektromaschinen verwendend solche Spulen, Patent, EP2387135A2 , 2011.

[12] Tremel, J.; Risch, F.: Verfahren und Vorrichtung zum Herstellen von Flachspulen, Patent, WO2013026531A2, 2013.

[13] Risch, F.; Günther, S.; Franke, J.: Production Concepts for Inductive Power Transfer Systems for Electric Vehicles. 1st International Energy Transfer for Electric Vehicles IEEE Conference (E|TEV), Nürnberg, 2012.

[14] Risch, F.; Günther, S.; Bickel, B.; Franke, J.: Flexible Automation for the Production of Contactless Power Transfer Systems for Electric Vehicles, 1st International Energy Transfer for Electric Vehicles IEEE Conference (E|TEV), Nürnberg, 2012.

[15] Feldmann, K.; Dobroschke, A.: Closed-Loop Process for Perfect Layer Winding. In: CWIEME Ltd. (Hrsg.): Inductica - Conference Proceedings, 2009.

[16] Albrecht, T.; König, W.; Bickel, B.: Proceedings for wiring integrated winding of segmented stators of electric machines. 1st International Electric Drives Production IEEE Conference (E|DPC), Nürnberg, 2011, S. 180-185.

[17] Bickel, B.; Franke, J.; Albrecht, T.: Manufacturing Cell for Winding and Assembling a Segmented Stator of PM-Synchronous Machines for Hybrid Vehicles. 2nd International Electric Drives Production IEEE Conference (E|DPC), Nürnberg, 2012, S. 156-160.

[18] Albrecht, T.; Bickel, B.; Dobroschke, A.; Franke, J.; König, W.; Schleemilch, M.: Montagevorrichtung für eine elektrische Maschine und Verfahren zur Montage einer elektrischen Maschine, Offenlegungsschrift, DE102011120983A1, 2013.

[19] Franke, J.; Dobroschke, A.: Robot-Based Winding-Process for Flexible Coil Production. In: EMCWA (Hrsg.): EMCWA Conference, Imperial Beach, Kalifornien, 2009.

[20] Weller, W.; Dobroschke, A.: Verfahren und Vorrichtungen zum Erzeugen von Spulenwickeln, Patent, DE102007048254A1, 2009.

[21] Wenger, U.: Prozessoptimierung in der Wickeltechnik durch innovative maschinenbauliche und regelungstechnische Ansätze, Dissertation, Erlangen, Meisenbach Verlag Bamberg, 2004.

[22] Dobroschke, A.: Flexible Automatisierungslösungen für die Fertigung wickeltechnischer Produkte, Dissertation, Erlangen, Meisenbach Verlag Bamberg, 2011.

[23] Feldmann, K.; Dobroschke, A.; Junker, S.: Alternative Montagekonzepte für antriebstechnische Produkte. In: Maschinenbau in Bayern (2005), Nr. 1, S.48-54.

[24] Tremel, J.; Franke, J.; Dobroschke, A.; Kühl, A.: Innovative Processes and Systems for the Automated Manufacture, Assembly and Test of Magnetic Components for Electrical Machines, 1st International Electric Drives Production IEEE Conference (E|DPC), Nürnberg, 2011, S.228–234.

[25] Franke, J.; Buschhaus, A.; Dobroschke, A.: Optimierung der Industrieroboter-Geschicklichkeit durch Zwei-Arm-Kinematik, PMD Sensorüberwachung und aufgabenorientierte Programmierung für die flexibel automatisierte Komplettmontage von Elektromotoren. In: Industrielle Robotik. Düsseldorf: VDI Wissensforum, 2011.

[26] Kühl, A.; Franke, J.: Robotergestützte Montage von Wicklungen in Elektromotor-Statoren, Forschungsbericht, bayme vbm, Februar 2013.

[27] Kühl, A.; Guenther, S.; Franke, J.; Robot-Based Assembly of Stator-Windings, In: EMCWA (Hrsg.): EMCWA Conference, Milwaukee, Wisconsin, 2013.

[28] Kühl, A.; Franke, J.: Robot-Based Assembly of Stators, 3rd International Electric Drives Production IEEE Conference (E|DPC), Nürnberg, 2013.

[29] Junker, S.: Technologien und Systemlösungen für die flexibel automatisierte Bestückung permanent erregter Läufer mit oberflächenmontierten Dauermagneten, Dissertation, Erlangen, Meisenbach Verlag Bamberg, 2007.

[30] Tremel, J.; Franke, J.: Flexible Semi-Automated-Workplace for Placing Permanent Magnets, CWIEME, Berlin, 2012.

[31] Joseph, E.; Tremel, J.; Hofmann, B.; Meyer, A.; Franke, J.; Eschrich, S.: Automated Magnet Assembly for large PM Synchronous Machines with Integrated Permanent Magnets, 3rd International Electric Drives Production IEEE Conference (E|DPC), Nürnberg, 2013.

[32] Albrecht, T.; Risch, F.; Franke, J.; Tremel, J.: Recyclinggerechte Montagetechnik für permanent erregte Synchronmotoren. In: ATZ produktion 03 (2012), S. 146-151.

[33] Tremel, J.; Hofmann, B.; Risch, F.: Handling and fixation of permanent magnets, WGP-Jahreskongress, Erlangen, 2013.

[34] Tremel, J.; Kühl, A.; Franke, J.: Innovative Developments for Automated Magnet Handling and Bonding of Rare Earth Magnets, ISAM IEEE Conference, Tampere, Finland, 2011.

[35] Klier, T.; Risch, F.; Franke, J.: Disassembly, Recycling, and Reuse of Magnet Material of Electric Drives, ISAM IEEE Conference, Xi'an, China 2013.

[36] Klier, T.; Risch, F.; Franke, J.: Disassembly strategies for recovering valuable magnet material of electric drives, 3rd International Electric Drives Production IEEE Conference (E|DPC), Nürnberg, 2013.

[37] Tremel, J.; Franke, J.: Hall sensor line array for magnetic field inline measurements of PM-exited rotors, 2nd International Electric Drives Production IEEE Conference (E|DPC), Nürnberg, 2012.

[38] Brela, M.; Michalski, M.; Gebhardt, H. J.; Franke, J.: Hall Measurement Method for the Detection of Material Defects in Plastics-Embedded Permanent Magnets of Rotors, IECON IEEE Conference, Vienna, Austria, 2013.

[39] Brela, M.; Gebhardt, H. J.: Numerical Analysis of the Manufacturing Impact on Magnetic Stray Fields at Electromagnetic Actuators, WGP-Jahreskongress, Erlangen, 2013 S.27-32.

[40] Brela, M.; Kassim, N.; Franke, J.; Characterization of Magnetic Actuators by Measuring of Magnetic Stray Fields with GMR-sensors, 3rd International Electric Drives Production IEEE Conference (E|DPC), Nürnberg, 2013.

[41] Franke, J.; Brela, M.; Pellkofer, U.: Measurement System for the Characterization of Magnetic Actuators on the base of Magnetic Stray Fields, AMA Conference, Nürnberg, 2013.

[42] Tremel, J.; Kreitlein, S.; Franke, J.: Production planning scenarios for manufacturing of electric drives, 2nd International Electric Drives Production IEEE Conference (E|DPC), Nürnberg, 2012.

[43] Franke, J.; Kreitlein, S.; Risch, F.; Günther, S.: Energy-Efficient Production Strategies and Technologies for Electric Drives, ICIT IEEE Conference, Cape Town, South Africa, 2013, S.1898 - 1903.

[44] Spreng, S.; Kohl, J.; Franke, J.: Automatisierte Erweiterung bestehender Materialflusssimulationen durch Energieaspekte. In: Zeitschrift für wirtschaftlichen Fabrikbetrieb (ZWF) 108 (2013), Nr. 9.

26A Kostenoptimierter, luftgekühlter Radnabenmotor mit innovativer Fertigungstechnik und verbesserter funktionaler Sicherheit

Alexander Kock, Michael Gröninger, Felix Horch, Eva-Maria Hirtz, Hermann Pleteit, Hubert Rauh, Franz-Josef Wöstmann

Abstract

In this paper, a cost efficient, air cooled wheel hub drive with innovative manufacturing technologies and advanced fault tolerance, developed by the Fraunhofer-Gesellschaft, is presented. The use of casted aluminium coils with slot fill factors up to 90 % allows the reduction of weight and costs and increases the cooling efficiency. A fault tolerant inverter topology reduces the influence of electrical errors. Occuring braking torques can be compensated by a customized control strategy in case of errors.

Kurzfassung

Im Beitrag wird ein von der Fraunhofer-Gesellschaft entwickelter, luftgekühlter Radnabenmotor mit innovativer Fertigungstechnik und gesteigerter Fehlertoleranz vorgestellt. Die Verwendung gießtechnisch hergestellter Aluminiumspulen mit Füllfaktoren bis zu 90% ermöglicht die Senkung von Gewicht und Kosten. Durch eine elektrische Topologie des Antriebs mit einem aus H-Brücken aufgebauten Antriebsumrichter werden die Auswirkungen von Fehlern durch Bauteilausfälle oder Kurzschlüsse minimiert. Im Fehlerfall auftretende Bremsmomente können durch eine angepasste Regelstrategie kompensiert werden.

1. Einleitung

Radnabenmotoren bieten die Möglichkeit, Kosten und Energieverbrauch von Elektrofahrzeugen durch den Wegfall des mechanischen Antriebsstranges zu senken. Gleichzeitig ermöglichen Sie die Erhöhung des Platzangebots im Fahrzeug und die Realisierung aktiver Fahrsicherheitskonzepte durch die unabhängige Drehmomenteinstellung. Die hohen Drehmomentanforderungen von Radnabenmotoren bedingen jedoch einen gegenüber Zentralantrieben erhöhten Einsatz kostenintensiver Rohstoffe wie Kupfer und NdFeB-Magnete und erfordern i.d.R. eine Wasserkühlung mit entsprechend hohem Aufwand seitens der Fahrzeuginfrastruktur. Außerdem ergeben sich durch die Möglichkeit der unabhängigen Drehmomenteinstellung hohe Anforderungen bzgl. der funktionalen Sicherheit.

Im hier vorgestellten Projekt haben sich die drei Fraunhofer Institute IISB, IFAM und LBF zum Ziel gesetzt, einen luftgekühlten Radnabenmotor mit Aluminiumwicklung und einem innovativen Sicherheitskonzept zu entwickeln. Die Motoren sollen für den Antrieb eines Stadtfahrzeugs an allen vier Rädern eingesetzt werden und so die Umsetzung innovativer Fahrzeugkonzepte ermöglichen. Die Verwendung der Luftkühlung reduziert hierbei zusätzlich den Aufwand für die Fahrzeuginfrastruktur und vergrößert die Flexibilität.

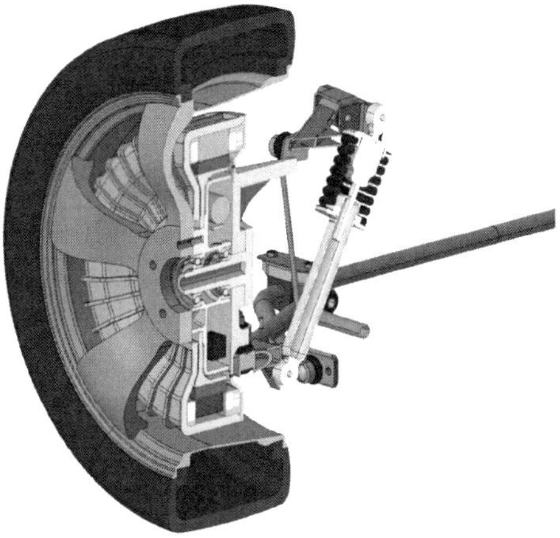

Abbildung 1: *Luftgekühlter Radnabenmotor mit Fahrwerk und Felge*

Die gewählte Spannungslage der Zwischenkreisspannung beträgt 120 V bei einer angestrebten Motorleistung von ca. 15 kW. Die vergleichsweise niedrige Spannung ermöglicht die Verwendung von MOSFETs in allen leistungselektronischen Wandlern, was den Wirkungsgrad insbesondere im Teillastbereich steigert. In einem Begleitprojekt wird ein Multilevel-DC/DC-Wandler entwickelt, der die ladezustandsabhängige Batteriespannung auf eine konstante Zwischenkreisspannung anhebt. Hierdurch werden der Chipflächenbedarf und die Verluste im Antriebsumrichter gesenkt. Der Umrichter wird als ebenfalls luftgekühltes System in den Bauraum des Radnabenmotors integriert.

Für die Fertigung der Wicklung wird ein am IFAM entwickeltes, gießtechnisches Fertigungsverfahren angewendet [1], dass die Realisierung von Füllfaktoren über 80 % erlaubt und dabei gleichzeitig die Entwärmung verbessert. So ist es möglich, trotz der Luftkühlung und des Aluminiums als Leitermaterial vergleichbare Stromdichten wie bei einer herkömmlichen, wassergekühlten Maschine zu erreichen.

1.1 Anforderungen

Durch den Wegfall des Getriebes im Antriebsstrang müssen die im Alltagsbetrieb eines Elektrofahrzeugs notwendigen Radmomente vollständig von der elektrischen Maschine bereitgestellt werden. In Tabelle 1 sind die Drehmoment- und Leistungsanforderungen für ein Stadtfahrzeug (m=1500 kg, $c_w A$=0,55) für verschiedene Fahrsituationen zusammengefasst. Die größten Drehmomente müssen hierbei für die Überwindung von Steigungen und zum Beschleunigen aufgebracht werden. Die Überwindung des Luftwiderstandes bei der vorgesehenen Höchstgeschwindigkeit von 120 km/h stellt nur eine sehr geringe Drehmomentanforderung dar.

Tabelle 1: *Drehmomentanforderungen an Radnabenmotoren (Fahrzeugmasse 1500 kg, $c_w A$=0,55, μ_{roll}=0,011)*

Anforderung	**Achsmomentbedarf gesamt**	**Drehmoment pro RNM**	**Drehzahlbereich**	**Leistung**
Steigung 6 % bei 60 km/h (Autobahn)	292 Nm	73 Nm	0 – 600 min^{-1}	16,2 kW
Steigung 15 % bei 50 km/h (Passfahrt)	674 Nm	168,5 Nm	0 – 500 min^{-1}	31,2 kW
Steigung 30 % (Garagenausfahrt)	1270 Nm	317,5 Nm	0 – 100 min^{-1}	-
Beschleunigung (2,5 m/s²)	1235 Nm	308,75 Nm	0 – 800 min^{-1}	<120 kW
Höchstgeschwindigkeit (120 km/h)	110 Nm	27,5 Nm	1000 min^{-1}	12,2 kW

Im Drehzahl-Drehmoment-Kennfeld ergibt sich die in Abbildung 2 dargestellte Verteilung der Drehmomentanforderungen. Der für eine luftgekühlte Maschine thermisch anspruchsvollste Lastfall ist dabei die Passfahrt aufgrund der hohen Drehmomentanforderungen bei vergleichsweise niedrigen Geschwindigkeiten. Die Spitzenmomentanforderungen beim Rangieren an steilen Garagenausfahrten oder beim Beschleunigen stellen i.d.R. kurzzeitige Belastungen dar und können durch die Überlastfähigkeit des Antriebs bereitgestellt werden.

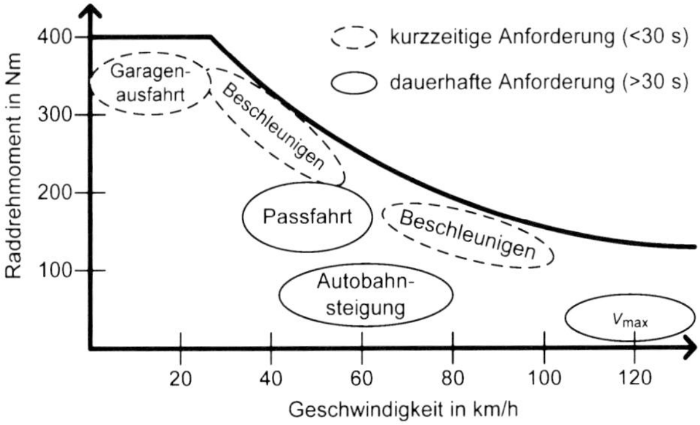

Abbildung 2: *Geschwindigkeits-Radmoment-Kennfeld mit Anforderungen bei vier Radnabenmotoren*

Eine weitere wichtige Anforderung an Radnabenmotoren stellt die Gewährleistung der funktionalen Sicherheit des elektrischen Antriebes auch bei Auftreten elektrischer Fehler dar, da fehlerhafte Drehmomente immer auch die Fahrzeugstabilität gefährden können. Es wird im Antrieb deswegen ein innovatives Sicherheitskonzept auf Basis eines aus H-Brücken aufgebauten Umrichters umgesetzt. Hierdurch wird das Auftreten von unerwünschten Bremsmomenten oder unsymmetrischen Drehmomentverteilungen unter allen Betriebsbedingungen zuverlässig vermieden.

2. Gießtechnische Herstellung der Aluminiumwicklung

Das Gewicht, die Verluste und das thermische Verhalten des Antriebs werden maßgeblich durch den erzielbaren Füllfaktor und die thermische Anbindung der Wicklung beeinflusst. Dies gilt insbesondere dann, wenn mit einer Luftkühlung vergleichbare Drehmomentdichten wie bei einer wassergekühlten Maschine erreicht werden sollen. Die gießtechnische Herstellung der Spulen erlaubt eine weitgehend freie Gestaltung der Leitergeometrie und ermöglicht damit die Realisierung von Nutfüllfaktoren bis zu 90 %. Dies wird durch die in Abbildung 3 dargestellte Gestaltung der Spule mit einer variierenden Querschnittsgeometrie für jede Leiterebene in der Nut erreicht. Durch die flache, einschichtige Leiteranordnung werden außerdem Stromverdrängungseffekte minimiert und die thermische Anbindung an das Ständerblechpaket verbessert.

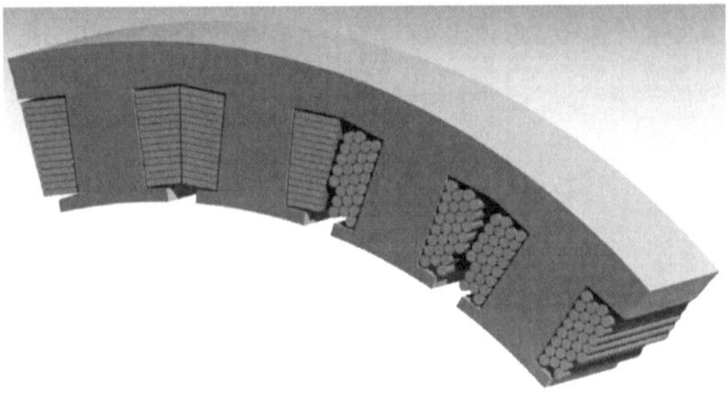

Abbildung 3: Gussspulen im Vergleich mit gewickelten Spulen

Zur Reduzierung von Motorgewicht und Rohstoffkosten werden die Spulen aus Aluminium gefertigt. Aluminium weist als Leiterwerkstoff auf die Leiterfläche bezogen zwar eine um etwa 37 % schlechtere Leitfähigkeit als Kupfer auf. Aufgrund der wesentlich geringeren Dichte von Aluminium ist die gewichtsbezogene Leitfähigkeit jedoch ca. 50 % höher als beim Kupfer. Für eine Wicklung mit identischem elektrischem Widerstand betragen die Rohstoffkosten von Aluminium damit nur ca. 16 % der Kosten von Kupfer. Eine elektrisch äquivalente Wicklung ist also gegenüber einer Kupferwicklung um etwa 84 % kostengünstiger und dabei 50 % leichter. Durch den höheren Füllfaktor der gießtechnisch hergestellten Spulen gelingt es, eine zur Kupferwicklung elektrisch äquivalente Aluminiumwicklung ohne Vergrößerung des Bauraumes zu realisieren.

Tabelle 2: *Materialkennwerte von Kupfer und Aluminium im Vergleich*

	Kupfer	**Aluminium**
elektrische Leitfähigkeit	58 MS/m	37 MS/m
Dichte	8,9 g/cm³	2,8 g/cm³
Rohstoffkosten (Stand 10/2013)	5,20 €/kg	1,66 €/kg
Wicklungskosten bei gleichem elektrischen Widerstand	100 %	16 %
Wicklungsgewicht bei gleichem elektrischen Widerstand	100 %	47,5 %

3. Entwärmungskonzept

Der größte Anteil der Verluste entsteht in der Wicklung der elektrischen Maschine. In den thermisch kritischen Fahrsituationen mit hoher Drehmomentanforderung bei geringer Geschwindigkeit sind die Verluste in Blechpaket und Permanentmagneten demgegenüber vernachlässigbar. Aufgrund der äußeren Einflüsse wie bspw. Feuchtigkeit, Schmutz oder Salzeinwirkung im Rad muss die Maschine gegen die Umgebung abgedichtet sein, sodass eine direkte Anströmung der Wicklung mit Kühlluft nicht möglich ist. Die Entwärmung der Wicklung muss indirekt über das Außengehäuse erfolgen. Der Radnabenmotor wird daher im Unterschied zu anderen vorgestellten Konzepten (z.B. [5], [2]) als Innenläufer aufgebaut. Dies bringt den Vorteil mit sich, dass das von einem Aluminiumgehäuse aufgenommene Statorblechpaket durch den Fahrtwind ausreichend gekühlt werden kann. Unterstützt wird der Wärmeabtrag an die Umgebungsluft durch eine vergrößerte Gehäuseoberfläche und durch die Verwendung einer vom Fraunhofer LBF entwickelten Felge mit optimierter Kühlluftführung. Der abgeschätzte Wärmeübergangskoeffizient α bewegt sich im Bereich von 15 W/m²K im Stillstand und ca. 100 W/m²K bei der Höchstgeschwindigkeit von 120 km/h. Bei einer fertigungstechnisch gut realisierbaren Außenfläche des Gehäuses von etwa 0,5 m² ergeben sich die in Tabelle 3 aufgeführten, geschwindigkeitsabhängigen Wärmeübergangswiderstände.

Tabelle 3: Wärmeübergangskoeffizienten und Wärmeübergangswiderstände für verschiedene Fahrzeuggeschwindigkeiten

	α	$R_{th,\alpha}$
V=0 km/h	15 W/m²K	0,133 K/W
V=60 km/h	50 W/m²K	0,04 K/W
V=120 km/h	100 W/m²K	0,02 K/W

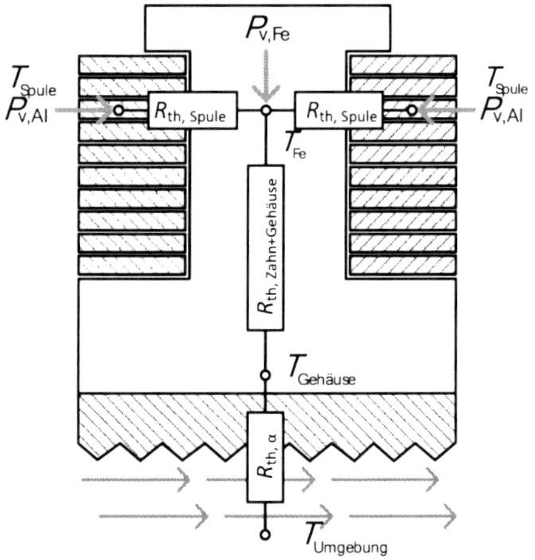

***Abbildung 4:** Vereinfachtes thermisches Modell*

Ein vereinfachtes thermisches Ersatzschaltbild der Anordnung ist in Abbildung 4 dargestellt. Die dominierenden Wärmeübergangswiderstände sind der Übergang von der Spule an das Blechpaket und der Übergang an die Umgebungsluft. Durch die Luftkühlung ist der Temperaturhub zwischen Umgebungsluft und Gehäuse sehr groß. Da die Maximaltemperatur der Spulen begrenzt ist, folgt hieraus die Notwendigkeit einer sehr gutenthermischen Anbindung der Spulen an das Blechpaket, um den Temperaturhub zwischen Wicklung und Außengehäuse möglichst gering zu halten. Diesbezüglich bieten die eingesetzten Gussspulen durch die flache Leiteranordnung bedeutende Vorteile gegenüber gewickelten Spulen. Um diesen Effekt zu quantifizieren und eine Bemessungsstromdichte für die Motorauslegung zu bestimmen, wurde mit einem Versuchsaufbau der Wärmewiderstand zwischen Spule und Blechpaket ermittelt. Hierfür ist eine Referenzspule aus gewickeltem Profildraht sowie eine gegossene Spule auf einer Ersatzanordnung unter konstanten Kühlungsrandbedingungen mit Gleichstrom beaufschlagt worden. Aus dem Temperaturhub zwischen der jeweils heißesten Stelle der Spule und dem Blechpaket, sowie der ermittelten Verlustleistung wurde ein resultierender Wärmeübergangswiderstand ermittelt (Tabelle 4).

Tabelle 4: *Experimentell ermittelte Wärmeübergangswiderstände und realisierbare Dauerstromdichten bei 60 km/h*

	Gegossene Aluminiumspule luftgekühlt	**Gegossene Kupferspule luftgekühlt**	**Gewickelte Kupferspule luftgekühlt**
Resultierender Wärmewiderstand einer Spule zum Blechpaket	0,88 K/W	0,88 K/W	5,25 K/W
Füllfaktor k_n	80 %	80 %	50 %
Widerstand $R_{dc,180°C}$	6,1 mΩ	3,7 mΩ	6,6 mΩ
Realisierbare Leiter-stromdichte luftgekühlt (v=60 km/h)	6,6 A/mm²	8,5 A/mm²	6,9 A/mm²
Realisierbare Stromdichte im Nutfenster (v=60 km/h)	5,3 A/mm²	6,8 A/mm²	3,5 A/mm²

Mit dem thermischen Ersatzschaltbild aus Abbildung 4 lässt sich so eine Dauerstromdichte berechnen, die bei einer gegebenen Geschwindigkeit und einer gegebenen Umgebungstemperatur erzielbar ist:

$$J_{\max} = \frac{1}{A_{\text{leiter}}} \sqrt{\frac{T_{\max} - T_{\text{U}}}{R_{dc}(R_{\text{th,außen}} + R_{\text{th,gehäuse}} + R_{\text{th,spule}})}} \quad (1)$$

Die erzielbaren Stromdichten für eine Leitertemperatur von 180 °C bei 20 °C Umgebungstemperatur und 60 km/h Fahrzeuggeschwindigkeit sind in Tabelle 4 dargestellt. Der verringerte Wärmeübergangswiderstand einer gegossenen Spule und der zugleich erhöhte Füllfaktor ermöglichen die Realisierung vergleichbarer Stromdichten wie in einer wassergekühlten Maschine mit gewickelter Spule (k_r 50 %; Leiterstromdichte 12 A/mm²). Entscheidend ist hier die effektive Stromdichte in der Nut, die für eine gegebene Nutgeometrie den erzielbaren Strombelag bestimmt und sich aus dem Produkt aus Füllfaktor und Stromdichte im Leiter ergibt. Trotz der Verwendung von Aluminium als Leitermaterial können hier mit etwa 5,3 A/mm² höhere Stromdichten als bei gewickeltem Kupferdraht und damit ausreichend hohe Drehmomentdichten für einen Radnabenmotor erzielt werden.

4. Motorauslegung

Die Verwendung der gegossenen Spulen bringt aufgrund der geometrischen Gestaltung einige Besonderheiten mit sich, die im Rahmen der elektromagnetischen Auslegung beachtet werden müssen. Die gießtechnische Fertigung setzt eine Zahnspulenwicklung voraus, da eine nachträgliche Montage der ganzen Spule durch Aufstecken möglich sein muss. Durch den Wegfall notwendiger Biegeradien der Spulen kann die axiale Länge des Wickelkopfes und der gesamten Maschine so auf ein Minimum reduziert werden. Aufgrund der eingesetzten gegossenen Aluminiumspulen beträgt das Gewicht des Aktivteils so weniger als 14 kg. Um unverhältnismäßig hohe Zusatzverluste durch Stromverdrängungseffekte in den Leitern zu vermeiden, muss die max. Betriebsfrequenz für den jeweiligen Anwendungsfall der Spulen spezifisch bestimmt werden. Als Pol-Nut-Kombination wurde 36N15p gewählt. Die gewählte Kombination bietet neben einer geringen Drehmomentwelligkeit (Schrägung nicht notwendig) auch den Vorteil einer fast vollständigen magnetischen Entkopplung der Einzelstränge voneinander, was für das Verhalten des Motors im Fehlerfall von Bedeutung ist.

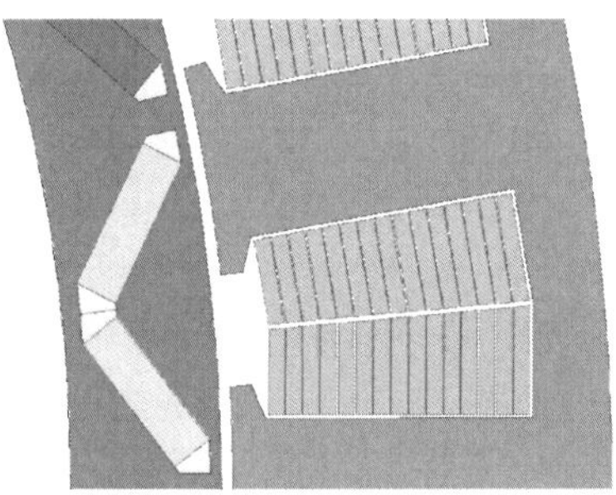

Motordaten	
Strangzahl	3
Nut-Pol-Kombination	36N15p
Füllfaktor	80 %
Bemessungsdrehmoment	350 Nm
Spitzendrehmoment	500 Nm
Bemessungsleistung	15 kW
Spitzenleistung	18 kW
axiale Blechpaketlänge	40 mm
Innenradius Rotor	150 mm
Außenradius Stator	200 mm
Bohrungsradius	165 mm

Abbildung 5: *Ausschnitt des Motordesigns, berechnete Motordaten*

Abbildung 5 zeigt einen Schnitt durch die ausgelegte Motorgeometrie und die rechnerisch ermittelten Motordaten. Mit der dargestellten Spulengeometrie wird ein auf das gesamte Nutfenster bezogener Füllfaktor von 80 % erreicht. Um die Windungszahl und damit die Leiterhöhe in einem für Gussspulen sinnvollen Bereich zu halten, werden im Motor alle Spulen in Reihe geschaltet. Hierdurch wird zudem die Ausbildung von Kreisströmen vermieden und die Verschaltung der Spulen vereinfacht.

Die flache Leiteranordnung der Spulen minimiert zwar die Zusatzverluste durch die einseitige Stromverdrängung zur Nutöffnung hin, führt aber wie eingangs erwähnt gleichzeitig auch zu Zusatzverlusten durch seitliche Stromverdrängungseffekte. Diese resultieren zum einen aus dem lastabhängigen Nutenlängsfeld und zum anderen aus von außen in den Nutenraum am Luftspalt einstreuenden, drehzahlabhängigen Wechselfeldern. Ursache dafür ist das Magnetfeld der Permanentmagnete des drehenden Rotors in Kombination mit dem stark variierenden magnetischen Luftspaltleitwert am Umfang infolge der Nutung. Die sich hierdurch ergebende Stromdichteverteilung (Effektivwert über eine Periode) ist in Abbildung 6 exemplarisch dargestellt. Das gewählte Rotordesign mit vergrabenen Magneten und die Verwendung von Zahnköpfen tragen dazu bei, diese parasitären Effekte zu reduzieren.

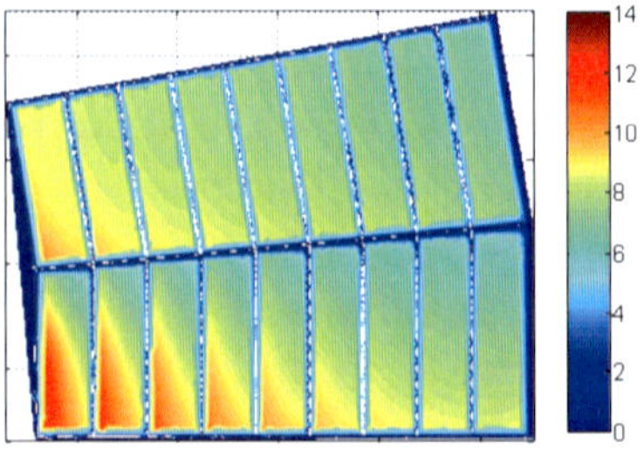

Abbildung 6: *Effektive Stromdichteverteilung bei Bemessungsstrom in den Leitern einer Nut*

In Abbildung 7 sind die resultierenden Gesamtverluste in der Wicklung bei Bemessungsstrom über die Drehzahl aufgetragen. Es ist zu erkennen, dass die Wicklungsverluste bei Maximaldrehzahl um ca. 30 % zunehmen. Da mit steigender Geschwindigkeit die Entwärmung der Wicklung deutlich verbessert wird (s.o.), stellt der moderate Anstieg der Verluste über die Drehzahl aus thermischer Sicht kein Problem dar.

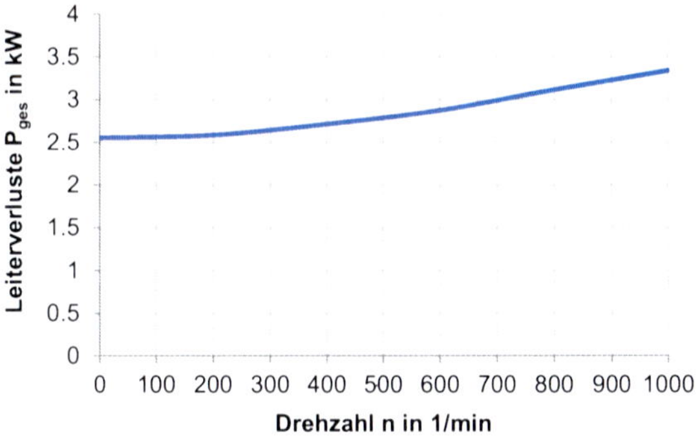

Abbildung 7: *Gesamte Wicklungsverluste bei Bemessungsstrom über der Drehzahl*

5. Sicherheitskonzept

Da bei Einzelradantrieben durch die unabhängige Drehmomenteinstellung an jedem Rad ein Giermoment um die Fahrzeughochachse erzeugt werden kann, muss durch ein geeignetes Sicherheitskonzept die Entstehung fehlerhafter Drehmomente in jedem Betriebszustand vermieden werden. Gleichzeitig muss das Auftreten zu hoher Spannungen an den Maschinenklemmen vermieden werden, was insbesondere bei permanentmagneterregten Synchronmaschinen herausfordernd ist. Da die elektrische Maschine auch im Feldschwächbereich betrieben wird, müssen die Wicklungsstränge im Fehlerfall kurzgeschlossen werden, um den Wegfall des feldschwächenden Stromes in der d-Achse zu kompensieren. Aufgrund des breiten Feldschwächbereichs des hier vorgestellten Antriebs muss der Kurzschluss bereits bei niedrigen Drehzahlen eingeleitet werden, wodurch am Rad ein vergleichsweise hohes Bremsmoment von über 100 Nm entsteht. Unter ungünstigen Fahrbahnbedingungen oder bei fahrdynamisch anspruchsvollen Fahrmanövern (schnelle Kurvenfahrt etc.) kann das Auftreten eines solchen, nicht abschaltbaren Bremsmomentes die Fahrstabilität gefährden.

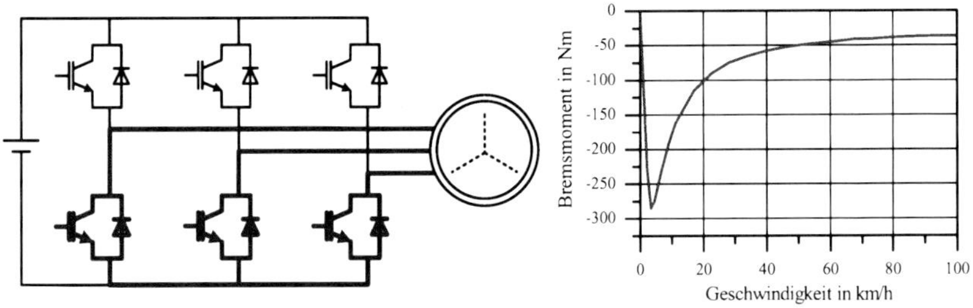

Abbildung 8: *Aktiver Kurzschluss bei Traktionsantrieben, entstehendes Bremsmoment am Rad*

Um die im Kurzschlussfall auftretenden Bremsmomente kompensieren zu können, wurde für den Antrieb eine fehlertolerante Topologie gewählt, die im Fehlerfall eine Redundanz bzgl. der Drehmomenterzeugung bietet. Die einzelnen Wicklungsstränge der dreisträngigen Maschine werden hierfür aus separaten H-Brücken gespeist. Die Antriebstopologie ist in Abbildung 9 dargestellt.

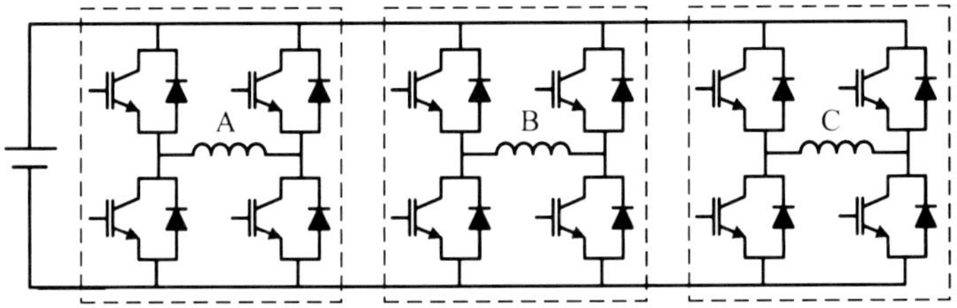

Abbildung 9: *Antriebstopologie mit H-Brücken-Umrichter („3H-Topologie")*

Bei einem Fehler wie z.B. dem Ausfall eines Bauteils erlaubt die Topologie die Anpassung der Stromverläufe in den intakten Strängen und damit die Bereitstellung eines konstanten Drehmoments auch im Fehlerfall. In Abbildung 10 ist dies für den Fehlerfall „offener Strang" exemplarisch dargestellt. Der Ausfall eines Stranges nach etwa 0,5 s führt zum Wegfall des Stromes und zu einem stark pendelnden Drehmoment. Durch Anpassung der Phasenlage der Ströme kann die Drehmomentpendelung kompensiert werden und der Antrieb kann ein konstantes Drehmoment bereitstellen. Für die Ermittlung der Stromkurvenform wurde die in [3] beschriebene Berechnungsvorschrift verwendet.

Gegenüber einer Halbrückenschaltung verdoppelt sich zunächst die Anzahl notwendiger Leistungsschalter und es werden drei separate Stromsensoren benötigt. Es steht allerdings die volle Zwischenkreisspannung als Strangspannung zur Verfügung.

Die notwendigen Ströme reduzieren sich bei entsprechend angepasster Windungszahl hierdurch um den Faktor $\sqrt{3}$, womit der Mehrbedarf an kostentreibender Chipfläche gegenüber einer Halbbrückenanordnung nur bei etwa 15 % liegt.

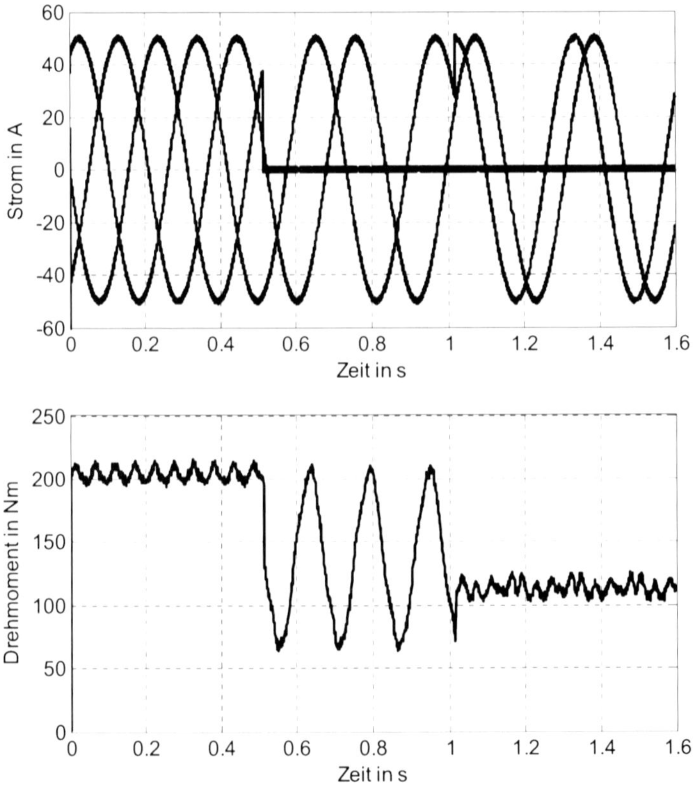

Abbildung 10: *Ströme und Drehmoment ohne Fehler (0 – 0,5 s), bei offenem Strang (0,5 – 1 s) und mit angepasster Stromkurvenform (1 – 1,5 s)*

Dem Mehraufwand bei Bauteilanzahl und Chipfläche stehen neben der erhöhten Fehlertoleranz einige weitere Vorteile im Vergleich zu Halbbrückenanordnungen gegenüber. Die verkleinerte Chipfläche der einzelnen Schalter und das geringere Stromniveau auf der Drehstromseite vereinfachen es zunächst, den Umrichter seriennah mit einem Leiterplattenaufbau zu realisieren. Ein weiterer großer Vorteil besteht in der Möglichkeit der thermischen Entlastung einzelner Halbleiter bei sehr niedriger Drehzahl und im Stillstand. In diesen Betriebspunkten liegt bei ungünstiger Phasenlage des Stromes die volle Stromamplitude auf nur einem Halbleiter (bzw. auf zwei Halbleitern in H-Brücken), was zu einer Verdreifachung der Verluste gegenüber dem Normalbetrieb führt [4]. Bereits nach wenigen Sekunden muss der Strom abgesenkt werden, um die Halbleiter vor thermischer Zerstörung zu schützen. Ein Rangieren an Steigungen oder ein Überfahren einer Bordsteinkante ist dann ggf. nicht mehr möglich. In der 3H-Topologie kann in solchen Betriebspunkten durch Einprägen eines Nullstromes die Stromamplitude im jeweils am stärksten belasteten Halbleiter gesenkt werden, um auch im Stillstand eine symmetrische Verlustverteilung zu erzielen. Das hierfür notwendige Strom-Nullsystem lässt sich zu jedem Zeitpunkt anhand folgender Berechnungsvorschrift bestimmen:

$$I_0 = -\frac{\max(i_a, i_b, i_c) + \min(i_a, i_b, i_c)}{2} \qquad (2)$$

Durch die Addition des Nullsystems erfolgt (analog zur Raumzeigermodulation bei herkömmlichen Pulswechselrichtern) eine Symmetrierung der beiden jeweils größten Stromamplituden. Die maximale Strombelastung des Halbleiters lässt sich hierdurch auf das 0,866-fache begrenzen. Die jeweiligen Verluste im maximal belasteten Strang in diesem Betriebspunkt sinken dadurch um bis zu 25 %. Da die über eine Periode gemittelten Gesamtverluste durch das Verfahren etwas ansteigen, wird im höheren Drehzahlbereich wieder zur Speisung mit sinusförmigen Strömen übergegangen.

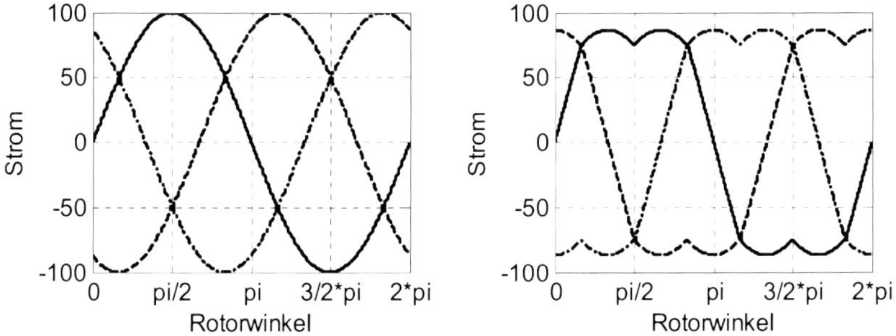

Abbildung 11: *Strangströme im Normalbetrieb (links), Strangströme bei Addition des Nullsystems*

6. Zusammenfassung und Ausblick

Im hier vorgestellten Antriebskonzept werden die Potenziale innovativer Fertigungstechnik und alternativer elektrischer Topologien aufgezeigt, um einen kostengünstigen, effizienten und sicheren Radnabenmotor zu realisieren. Die Verwendung gießtechnisch hergestellter Aluminiumspulen mit Füllfaktoren bis zu 90 % ermöglicht die Senkung von Gewicht und Kosten. Durch den gesteigerten Wirkungsgrad und die verbesserte Entwärmung der Gussspulen kann auf eine Wasserkühlung mit ihrer komplexen Fahrzeuginfrastruktur verzichtet werden. Durch eine innovative elektrische Topologie des Antriebs mit einem aus H-Brücken aufgebauten Antriebsumrichter werden die Auswirkungen von Fehlern durch Bauteilausfälle oder Kurzschlüsse minimiert. Der erhöhte Bauteilaufwand für die 3H-Topologie kann durch die Nutzung funktionaler Vorteile bei niedrigen Drehzahlen kompensiert werden.

In weiteren Entwicklungsschritten wird das Sicherheitskonzept vervollständigt, wobei insbesondere die Implementierung einer zuverlässigen Fehlererkennung und Diagnose wichtig ist. Bei der gießtechnischen Herstellung von Spulen kann durch die Optimierung des Isolationsprozesses und der Fertigungstoleranzen der Füllgrad von ca. 80 % in der aktuellen Geometrie auf ca. 90% gesteigert werden, wodurch auch die thermische Anbindung an das Blechpaket weiter verbessert wird. Abschließend erfolgen der Aufbau eines Prototyps und die Erprobung in einem Elektrofahrzeug.

Literatur

[1] Gröninger, M., Horch, F., Kock, A., Pleteit, H., Schmidt, D., Wöstmann, F.-J.: Casting Production of Coils for Electrical Machines, EDPC, Nürnberg, 2011

[2] Gröninger, M., Horch, F., Kock, A., Pleteit, H.: Elektrischer Radnabenmotor, ATZelektronik, 2012-01, Seite 46-5

[3] J-P. Martin, F. Meibody-Tabar, B. Davat: Multiple-phase Permanent Magnet Synchronous Machine Supplied By VSIs, Working Under Fault Conditions, Industry Applications Conference, Nancy, 2000

[4] Blasko, V., Lukaszewski, R., Sladky, R.: On Line Thermal Model and Thermal Management Strategy of a Three Phase Voltage Source Inverter, IEEE Industry Applications, Phoenix, 1999

[5] C.J. Ifedi et al.:Fault Tolerant In-Wheel Motor Topologies for High Performance Electric Vehicles, IEEE International Electric Machines & Drives Conf, 2011.

27A 800 Volt: Eine applikationsgerechte Spannungslage für "alltagstaugliche" Elektrofahrzeuge?

Wolfgang Schelter, Mathias Deiml, Armin Engstle

Abstract

The AVL prototype electric vehicle Coup-e 800 employs a powerful powertrain with an 800 Volt tractive power grid (1200 Volt IGBT technology) and direct rear-axle drive. The Coup-e 800 has passed the first round of tests consisting of 8,000 km of road use, a variety of test bed tests and intensive calibration work with flying colours. This is reason enough to report on the suitability of this electric vehicle for everyday use and to examine where there is room for improvement, above all in comparison with conventional vehicles.

Kurzfassung

Das AVL-Prototypenelektrofahrzeug Coup-e 800 besitzt einen leistungsstarken Antriebsstrang mit 800 Volt Traktionsbordnetz (1200-Volt-IGBT-Technologie) und direktem Hinterachsantrieb. Nach über 8.000 km Straßenerfahrung, vielfältigen Prüfstandstests und intensiver Applikationsarbeit hat das Coup-e 800 die ersten Runden im Praxistest erfolgreich bestanden. Grund genug um ein (Zwischen-) Resümee zu ziehen wie es um die Alltagstauglichkeit dieses Elektrofahrzeugs bestellt ist und wo noch Verbesserungsbedarf vor allem im Vergleich zu konventionellen Fahrzeugen existiert.

1. Einleitung

„Ob und wann das Elektroauto den Durchbruch schafft, entscheidet vor allem der Kunde. Für ihn ist der Batterieantrieb nur dann eine Alternative, wenn er nicht viel teurer und dabei genauso sicher und alltagstauglich ist, wie der herkömmliche Verbrennungsmotor." [1] Auch nach dem Markteintritt der ersten Serien-Elektrofahrzeuge in 2011 / 2012 scheint diese Aussage nach wie vor Gültigkeit zu besitzen und es sieht so aus, als wären die angesprochenen Kriterien (v.a. ähnlicher Preis und Alltagstauglichkeit bzw. Kosten-Nutzen-Verhältnis) nicht in vollem Umfang erreicht worden.

Obwohl alternative Ansätze existieren die versuchen das Thema Elektromobilität in einer etwas anderen – weniger am konventionellen Fahrzeug orientierten – Art und Weise zu interpretieren (vgl. Renault Twizy [2]), besteht das „größte Problem" von Elektrofahrzeugen darin, dass sie mit einem Produkt konkurrieren und verglichen werden, welches seit über 100 Jahren auf dem Markt ist und seither kontinuierlich optimiert wurde. Der Kunde hat dadurch klare Vorstellungen was er von dem Produkt

„Fahrzeug" erwartet und was für ihn Gründe sind, die eine Kaufentscheidung verhindern.

Abbildung 1: Coup-e 800

Mit welchen Attributen konventionell angetriebener Fahrzeuge muss sich das E-Fahrzeug nun vergleichen (lassen) und was bedeutet die geforderte „Alltagstauglichkeit" [3] für die Antriebsentwicklung und damit die Fahrleistungen von Elektrofahrzeugen?
Aufgrund der Drehmoment-Drehzahlcharakteristik des Elektromotors wird die Fahrleistung von Elektrofahrzeugen im Bereich geringer Drehzahlen / Geschwindigkeiten meist als sehr flott und dynamisch bewertet (Stadtverkehr), im „höheren" Geschwindigkeitsbereich ab 100 / 120 km/h (Überland / Autobahnverkehr) wird die Beschleunigung dagegen häufig als „zäh" [4] empfunden. Hinzu kommt, dass die angegebene, maximale Antriebsleistung bei E-Fahrzeugen nicht zeitinvariant (wie beim Verbrennungsmotor) zur Verfügung steht, sondern in der Regel eine der Antriebskomponenten des e-Antriebs (Inverter, E-Motor oder HV-Batterie) aufgrund der, aus der Verlustleistung resultierenden thermischen Belastung nach einer gewissen Zeit leistungsbegrenzend wird. Vor diesem Hintergrund ist neben der reinen Leistungsangabe auch die Fragestellung der Reproduzierbarkeit bei E-Fahrzeugen elementar.

2. Untersuchung des Prototyps Coup-e 800

Um die Alltagstauglichkeit von Elektrofahrzeugen besser untersuchen zu können, hat AVL ein Prototypen-Elektrofahrzeug auf Basis eines Mercedes-Benz CL Sportcoupé aufgesetzt [5] (vgl. Abbildung 1). Zum besseren Systemverständnis bzw. zur Einordnung der in den folgenden Kapiteln dargestellten Messergebnisse werden zunächst die grundlegenden technischen Kennzahlen des Fahrzeugs sowie die Antriebs- und Bordnetzkonfiguration (vgl. Abbildung 2) eingeführt.

E-Motor:

- S1-Leistung: 140 kW / S3-Leistung: 210 kW;
- Abmessungen: Ø 245 x 390 mm;
- Gewicht: 104 kg

Inverter:

- DC-Spannung: 250 – 800 V;
- S1-Leistung: 250 kW (S1-Power);
- Abmessungen: 472 x 280 x 137 mm

HV-Batterie:

- Nominalspannung: 675 V;
- Konfiguration: 180s1p;
- Energieinhalt: 27,6 kWh (brutto);
- Gewicht: 255 kg

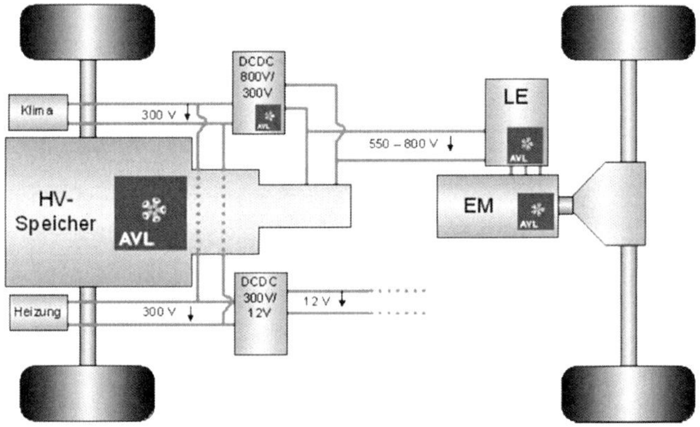

Abbildung 2: Antriebs- und Bordnetzkonfiguration Coup-e 800

Abbildung 2 stellt die nötigen, mechanischen Antriebsleistungen zum Erreichen einer definierten Beschleunigung bei gegebener Geschwindigkeit für das Coup-e 800 [5] dar. Als Grundlage dieser Kurve wurden die aus einem offiziellen EPA-Homologationstest abgeleiteten Fahrwiderstände (A, B, C-Werten) eines konventionellen CL203 Sport Coupés verwendet. In der Grafik nicht berücksichtigt ist die Antriebsleistung zur Überwindung des u. U. vorhandenen Steigungswiderstands ebenso wie ein u. U. erhöhter aerodynamischer Widerstand (Windverhältnissen). Für die „Berechnung" der elektrischen Leistung ist zusätzlich die Bordnetzleistung (Heizung / Klimatisierung) sowie der Wirkungsgrad der elektrisch-mechanischen Energiewandlung einzuschließen.

Wenngleich die analytische Herleitung einer definierten Leistungsgrenze für den Übergang zur 1200-Volt-IGBT-Technologie aufgrund der vielfältigen Abhängigkeiten (Fahrzeugparameter, Kühlsystem, Energieeffizienz der Komponenten) pauschal kaum möglich ist, so erscheint für das Coup-e 800 eine maximale mechanische Leistung von 80 kW (knapp 100 kW elektrisch) durchaus sinnvoll. Aufgrund des Spannungseinbruchs der HV-Batterie auf 650 Volt (vgl. Abbildung 3) ergeben sich für diesen Betriebspunkt bereits Ströme von 150 A im Gleichspannungspfad. Bei Verwendung von 600-Volt IGBT-Technologie würde der DC-Strom bereits 300 A betragen. Die mit dieser Leistung darstellbare Beschleunigung liegt für 150 km/h bei gerade einmal 0,5 m/s² und für 115 km/h bei 1,0 m/s². Um nun eine objektive Bewertung des entwickelten 800-Volt Systems sowie der Hauptantriebskomponenten zu ermöglichen, werden in den folgenden Kapiteln 3 aussagekräftige Fahrzeugmessreihen präsentiert, die eine Einschätzung des Leistungsvermögens, des Antriebswirkungsgrades sowie des thermischen System- und Komponentenverhaltens zulassen.

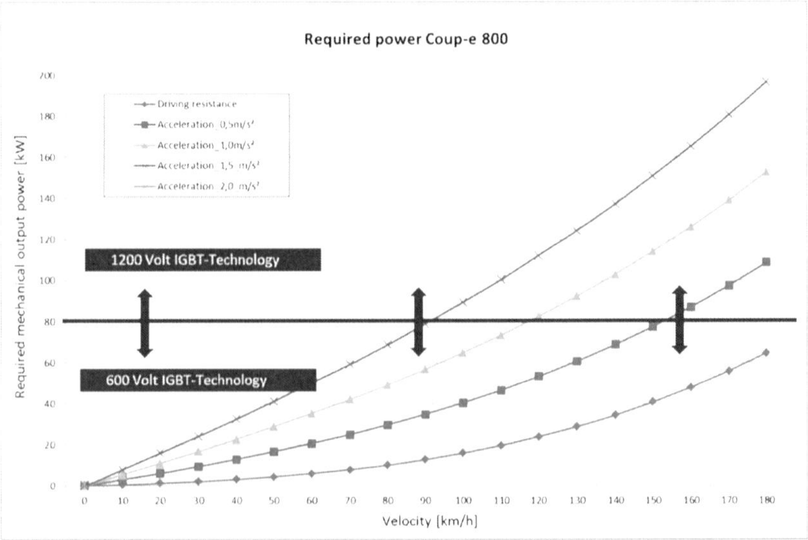

Abbildung 3: Mechanischer Leistungsbedarf Coup-e 800 bei unterschiedlichen Beschleunigungen

Während Leistungsmessungen auf der Straße durchgeführt wurden erfolgten die Messungen zum Energieverbrauch und zur „Maximalleistung" auf dem Rollenprüfstand.

3. Fahrleistung Coup-e 800

Abbildung 4 beschreibt ein Beschleunigungsmaneuver von 0 – 100 km/h sowie eine Elastiziätsmessung von 100 – 140 km/h. Die folgenden Erkenntnisse können aus den Messergebnissen abgeleitet werden:

- *Fahrzeugleistung*: Die Beschleunigung von 0 – 100 km/h erledigt das Fahrzeug in 6,1 Sekunden, die Elastizität 100 – 140 km/h kann mit 4,2 Sekunden angegeben werden. Zeitliche Verzögerungen aufgrund von Schaltvorgängen oder der Notwendigkeit von Maßnahmen zur Lastschlagdämpfung treten aufgrund der direkten Einkopplung des E-Motor-Moments auf das Hinterachsgetriebe nicht auf.

- *Leistungsverhalten E-Motor*: Bis zur Nominaldrehzahl von 2400 U/min stellt der Elektromotor ein maximales Moment von 670 Nm zur Verfügung. Ab einer Geschwindigkeit von 73 km/h wird der Elektromotor im Feldschwächbereich betrieben und die mechanische Ausgangsleistung beträgt annähernd konstant 183 kW.

- *Leistungsverhalten HV-Batterie:* Die auf dem zentralen Fahrzeugsteuergerät implementierte Applikations-Software (konkret das Software-Modul „Energiemanagement") gewährleistet eine exakte Einhaltung der (aktuellen) Batteriestromgrenze von 300 Amperè und regelt die Momentenanforderung des Elektromotors entsprechend aus. Bei einer minimalen Batteriespannung von 650 Volt kann die elektrische Ausgangsleistung der HV-Batterie mit 195 kW angegeben werden, was bedeutet, dass für die Kombination E-Motor und Inverter ein Wirkungsgrad von knapp 94% in diesem Betriebspunkt angegeben werden kann. Der Beschleunigungsvorgang wurde bei einer Batteriespannung von 708 Volt gestartet. Aufgrund des Batteriestroms von 300 Amperè bricht die Batteriespannung anfänglich um 58 Volt ein. Da der Strom bis zum Erreichen der Eckdrehzahl kontinuierlich erhöht wird, erfolgt auch der beschriebene Spannungseinbruch kontinuierlich. Am Ende der Messung, wenn der Strom schlagartig zurückgenommen wird beschreibt der Spannungsverlauf das typische R + RC-Verhalten eines elektrochemischen Energiespeichers. Der Innenwiderstand des gesamten Batteriepacks kann auf Basis dieser Messung mit etwa 0,15 Ohm angegeben werden.

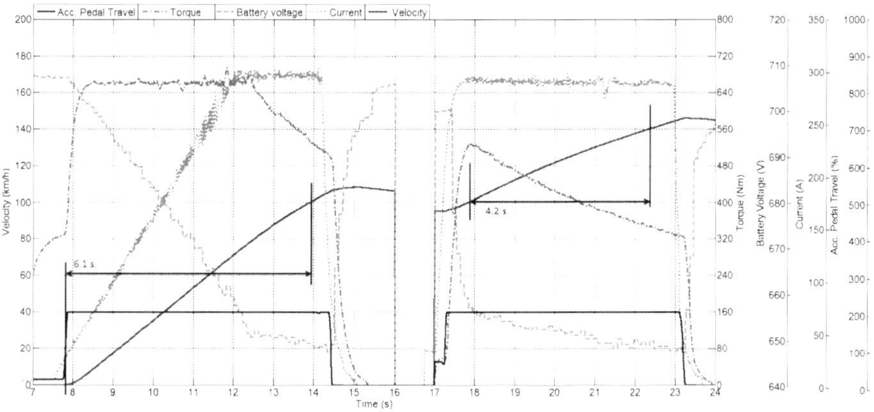

Abbildung 4: Beschleunigung 0 - 100 km/h und Elastizitätsmessung 100 – 140 km/h

4. Energieverbrauch Coup-e 800

Zur Bewertung des Energieverbrauchs des Coup-e 800 wurden unterschiedliche gesetzliche Prüfzyklen durchfahren darunter der Neue Europäische Fahrzyklus (NEFZ) ebenso wie der in den USA gültige FTP-75 / Highway-Zyklus. Der in Abbildung 5 dargestellte NEFZ wurde bei einem initialen SOC von 76% respektive einer HV-Batterie-Spannung von 725 Volt gestartet und endete bei einem SOC von 67% bzw. 713 Volt. Die während des gesamten Zyklus von der HV-Batterie bereitzustellende Leistungsversorgung im 12-V Bordnetz beträgt 330 Watt wovon knapp 80 Watt auf die elektro-hydraulischen Lenkunterstützungspumpe entfallen. Wenngleich eine elek-

tromechanische Lenkunterstützung aus energetischer Sicht sicherlich sinnvoller gewesen wäre, wurde ein elektro-hydraulisches System aufgrund des geringeren Entwicklungsaufwandes bevorzugt (ursprüngliche Lenkung im W-203: mechanisch-hydraulisch!).
Die Hauptergebnisse des „europäischen Homologationstests" lassen sich wie folgt zusammenfassen (vgl. Abbildung 5):

- Der gesamte *Energieverbrauch* im NEFZ akkumuliert sich zu 1,6 kWh. Unter Berücksichtigung der zurückgelegten Strecke von knapp 11 km ergibt sich ein Verbrauch von 14,5 kWh / 100 km.

- Durch *Rekuperation* wird eine Energiemenge von 0,23 kWh im Zyklus. Dies entspricht der Hälfte der zur Beschleunigung aufgebrachten Energie. Unter Berücksichtigung eines generatorischen Wirkungsgrades von knapp 85% im Rekuperationsbetrieb werden etwa 0,16 kWh in den mechanischen Bremsen „verheizt". An dieser Stelle ergibt sich weiteres signifikantes Optimierungspotenzial im Zusammenspiel zwischen Bremssystem und generatorischem Elektromotorbetrieb.

- Obwohl der elektrische Triebstrang des Coup-e 800 hauptsächlich für höhere Antriebsleistung als die im NEFZ geforderten ausgelegt wurde, ist der *durchschnittliche* Wirkungsgrad des gesamten Antriebsstrangs (Inverter, E-Motor, Hinterachsgetriebe, Radlager, etc.) mit 86% bemerkenswert hoch. Vor allem bei „höheren" Geschwindigkeiten wie 100 km/h und 120 km/h (zweiter Teil des NEFZ = Extra Urban Driving Cycle) liegt der Wirkungsgrad des Antriebsstrangs durchgängig über 90%.

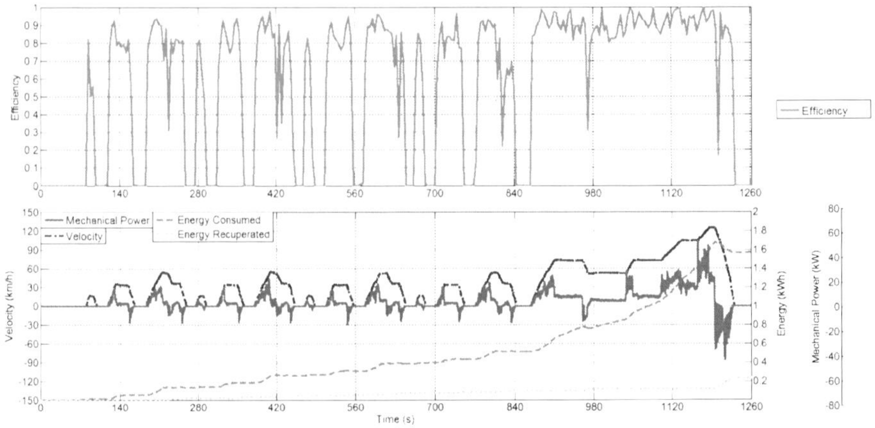

Abbildung 5: Wirkungsgrad und mechanische Leistungsabgabe von E-Motor + Inverter im NEFZ

- Da die *Inverterverluste während Fahrzeugstillstand* aufgrund der eingeschalteten Pulsweitenmodulation mit 270 Watt energetisch nicht vernachlässigbar waren, wurde die eigens entwickelte AVL-Inverter-Software in dem Sinne modifiziert, dass der Zustandsautomat (Softwaremodul „State Control") während Fahrzeugstillstand die PWM-Generierung abschaltet.

5. Maximale Antriebsleistung – Thermisches Systemverhalten

Zur Bewertung des thermischen Systemverhaltens aller Antriebskomponenten wurde ein Leistungstest durchgeführt bei welchem über einen Zeitraum von knapp 30 Sekunden eine elektrische Leistung von konstant 160 kW respektive ein Strom von 240 Amperé aus der HV-Batterie entnommen wurde. Abbildung 6 zeigt die Messreihe, welche bei einem initialen SOC von 93,25% gestartet wurde (End-SOC 89,25%). Folgende Aussagen können aus den Ergebnissen in Abbildung 6 abgeleitet werden:

- *HV-Batterie:* Die Ableiterkühlung der 180 in Serie geschalteten Einzelzellen "erlaubt" ein Temperaturdelta von 4°C zwischen der Zelle mit der höchsten Temperatur und der entsprechenden Zelle mit der geringsten Temperatur. Trotz der beachtlichen Belastung von 6C (Zellkapazität: 41 Ah) bleiben alle Zelltemperaturen während der gesamten Leistungsmessung (30 s) unkritisch. Der Temperaturanstieg kann mit 2°C angegeben werden, was die Leistungsfähigkeit der entwickelten Ableiterkühlung unterstreicht (Außentemperatur 16°C).

- *Inverter:* Die IGBT "Substrat-Temperatur" steigt innerhalb der ersten 7 Sekunden der Messung von 25°C auf 45°C und verbleibt für die restliche Zeit auf diesem Temperaturniveau. Unter der berechtigten Annahme, dass die „Junction-Temperatur" – welche im Sinne des *Komponentenschutzes* die kritische Größe darstellt – sich mit einer deutlich geringeren Zeitkonstante (< 1s) auf einem (etwas höheren) konstanten Temperaturniveau einpendelt ist der gewählte Betriebspunkt für den Inverter unbedenklich. Da die thermische Masse des Elektromotors signifikant größer ist als die des Inverters schafft auch der Antriebsmotor diesen Betriebspunkt „spielend". Die aus Gründen der Übersichtlichkeit nicht dargestellte Wicklungstemperatur des E-Motors liegt im eingeschwungenen Zustand bei 52 °C.
- Zusammenfassend lässt sich festhalten: Obwohl das Leistungsvermögen des Coup-e 800 im vorliegenden Leistungstest mit einem HV-Batteriestrom von 240 Ampere nicht vollkommen ausgeschöpft wurden (maximaler Batteriestrom für 10 Sekunden: aktuell 300 Ampere) ist das thermische Verhalten aller neu entwickelten Antriebskomponenten mit *„unauffällig"* und „gutmütig" zu bewerten. Dieser Umstand ist neben den innovativen Kühlkonzepten für den E-Motor (Direktwicklungskühlung der Statorwicklung) und der HV-Batterie (Ableiterkühlung) zweifellos der höheren Spannungslage im gesamten Antriebssystem geschuldet wodurch die verlustbildenden Ströme auf einem „handhabbaren" Niveau verbleiben.

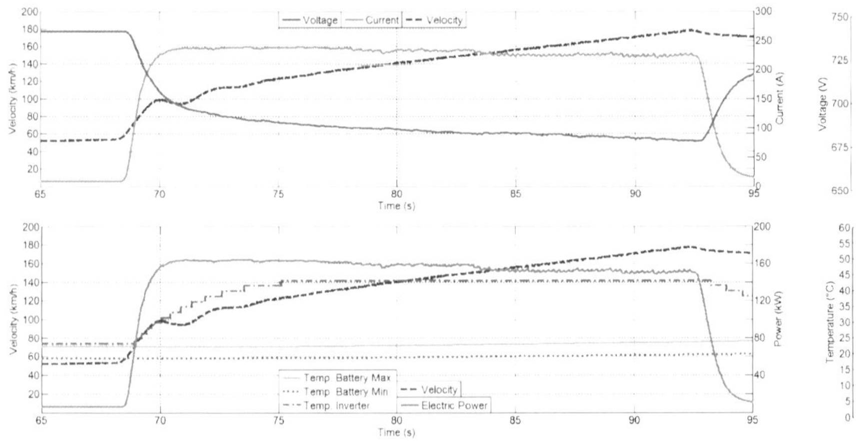

Abbildung 6: Thermisches Systemverhalten bei konstanter elektrischer Leistung von 160 kW (DC)

6. Zusammenfassung

Mit der Entwicklung des Coup-e 800 hat AVL den ersten vollständig elektrischen „6-Zylinder-Antrieb" in das Herz eines Mercedes Sport Coupés integriert. Der elektrische Antriebsstrang liefert reproduzierbare Fahrleistungen, welche vom durchschnittlichen Automobilkunden, der konventionelle Fahrzeuge gewohnt ist erwartet werden. Vor allem im Premiumsegment müssen Elektrofahrzeuge die Kundenansprüche an Sportlichkeit auch bei Geschwindigkeiten über 100 km/h erfüllen. Mit der Anhebung des Spannungsniveaus im Antriebsstrang des Coup-e 800 hat die AVL eine fundierte Basis entwickelt auf der Fahrzeugkonzepte dieser Art umgesetzt werden können. Offenkundig muss die eingeschlagene Entwicklungsrichtung von Fahrzeugmaßnahmen wie einer signifikanten Reduzierung des cw-Wertes sowie des Fahrzeuggewichts begleitet werden, um die entsprechende elektrische Reichweite auch bei „hohen" Geschwindigkeiten (120 km/h – 180 km/h) gewährleisten zu können. Da die höhere Systemspannung von 800 Volt in den, für diese Geschwindigkeiten notwendigen Leistungen Wirkungsgradvorteile gegenüber den konventionellen 400 Volt aufweist, hilft die Spannungslage dabei Energie in Fahrsituationen zu sparen, in welchen die Reichweite in der Regel rapide abnimmt.

Literatur / References

[1] Matthias Wissmann: Fortschrittsbericht der Nationalen Plattform Elektromobilität (Dritter Bericht), 2012; S. 37

[2] Auto Bild: Renaults e-Voluzzer im Härtetest; Twizy, was kannst Du wirklich?, 05/2012; Auto Bild 19/2012; S. 1ff

[3] Konrad Götz: Attraktivität und Akzeptanz von Elektroautos; Institut für sozial-ökologische Forschung; 10/2011; S.8

[4] M. Ruhdorfer: Nissan Leaf; ADAC Autotest; 02/2012; S. 6

[5] Armin Engstle, Mathias Deiml, Martin Schlecker, Anton Angermaier: Coup-è 800: Antriebstrang und Bordnetzentwicklung eines heckgetriebenen 800 V Elektro-fahrzeugs; ATZ 07-08/2012; S. 607 ff

23B Simulation des thermischen Verhaltens von Li-Ionen-Batterien und modellbasiertes Testen am eDrive- und Hybridprüfstand

Volker Schulz, Magdalena Gottfried, Klaus Burgard, Jürgen Geisler

Abstract

Nowadays, including a battery model for function testing on an eDrive or a hybrid test bench is state of the art. The battery model simulates the state of charge and the current-voltage characteristic of the vehicle battery. Thus, the DC-DC converter used on the test bench gives computed but realistic values of battery voltage and state of charge.
From the spectrum of different battery models, the equivalent circuit models can be seen as a standard in this context. The equivalent circuit models require little computation time and therefore can be incorporated into the real-time control of the test bench. How this integration in the test bench can be done from a practical point of view is shown in this paper.
The parameters of the equivalent circuit model, which describe resistors and capacitors, must be determined from measured data of the battery. In this paper, this approach is shown for a $LiFePO_4$ battery with 15 Ah. Here, we have particularly the focus on the uncertainties associated with the inverse parameter estimation. The extension of the equivalent circuit model in order to calculate the current-voltage characteristic at different temperatures is demanding due to the systematic uncertainties of the approach. Nevertheless, in this paper the first evidence for thermal behavior are given.

Kurzfassung

Bei der Funktionserprobung an eDrive- und Hybridprüfständen ist der Einsatz eines Batteriemodells, mit dem Ladezustand und Strom-Spannungscharakteristik der Fahrzeugbatterie simuliert werden, Stand der Technik. Damit kann der am Prüfstand verwendete Gleichstromsteller als „Ersatzbatterie" verwendet werden, so dass den Steuergeräten zwar berechnete, aber realistische Werte der Batteriespannung und des Ladezustands zur Verfügung stehen. Als Batteriemodell haben sich hierzu in den letzten Jahren sogenannte Klemmspannungsmodelle, die auf Ersatzschaltbildern beruhen, durchgesetzt, da diese nur geringe Rechenzeiten benötigen und damit in die Echtzeitregelung des Funktionsprüfstand eingebaut werden können. Die Prüfstandseinbindung wird in diesem Beitrag in zwei unterschiedlichen Varianten gezeigt.
Die im Klemmspannungsmodell auftretenden Parameter, wie Widerstände und Kapazitäten, müssen aus Messdaten der Batterie bestimmt werden. In diesem Beitrag wird dieses Vorgehen am Beispiel einer $LiFEPO_4$ Batterie mit 15 Ah gezeigt. Hierbei wird insbesondere auf die Unsicherheiten eingegangen, die mit dieser inversen

Parameterbestimmung verbunden sind. Die Erweiterung des Klemmspannungsmodells, so dass auch das Strom-Spannungsverhalten bei unterschiedlichen Temperaturen korrekt abgebildet wird, ist auf Grund der systematischen Unsicherheiten schwierig. Dennoch werden in diesem Beitrag erste Hinweise zum thermischen Verhalten gegeben.

1. Einleitung

Die Aufgaben und Funktionen der Steuergeräte in Fahrzeugen haben in den vergangenen Jahren stetig zugenommen. Mit der Entwicklung alternativer Antriebe für Elektro- und Hybridfahrzeuge dürfte diesen Trend sogar noch beschleunigen. Insbesondere beim Hybridantrieb kommen zum „klassischen" Verbrennungsmotorsteuergerät noch Funktionen des elektrischen Antriebs hinzu. Dazu zählen die Regelung des Elektromotors, das Batterie- und Thermomanagement sowie das gemeinsame Antriebsmanagement.
Diese Komplexität führt dazu, dass eine Funktionserprobung an eDrive- und Hybridprüfständen zwangsläufig mit der im Steuergerät implementierten Betriebsstrategie verbunden ist. Andererseits wird an Antriebsstrangprüfständen in der Regel an Stelle der Fahrzeugbatterie eine hochdynamische Gleichstromquelle verwendet, mit der das Strom-Spannungsverhalten der realen Batterie nachgebildet wird [1].
Aufbauend auf frühere Arbeiten [2,3] wird in diesem Beitrag auf die Temperaturabhängigkeit des Strom-Spannungsverhaltens der Lithium-Ionen Batterie eingegangen. Daran anschließend werden zwei Konfigurationen gezeigt, wie eine Batteriesimulation in einen Funktionsprüfstand integriert werden kann. Hier sind vor allem das Zusammenspiel mit den übrigen Komponenten und die Einbindung der Restbussimulation von Bedeutung.

2. Modellierung der Batterie auf verschiedenen Skalen

Die Modellierung des Batterieverhaltens in vereinfachten Modellen besitzt ein großes Anwendungsspektrum. Neben dem bereits erwähnten Einsatz solcher Modelle am Funktionsprüfstand kommen diese auch in Steuergeräten bei Algorithmen zur Betriebsstrategie zum Einsatz. Die Modellparameter werden hierbei in einem Fit an Messdaten ermittelt. Dieses Verfahren wird weiter unten beschrieben.
Für die beschriebenen praktischen Anwendungen genügt ein validiertes Klemmspannungsmodell, mit dem die Batterie in Echtzeit nachgebildet werden kann. Allerdings lässt sich mit diesem Modell kein Zusammenhang zu den elektrochemischen Prozessen in der Batterie herstellen. Damit muss das Klemmspannungsmodell für jede Batterie oder jeden Batterietyp neu angepasst werden. Daher wird – begleitend zu den hier vorgestellten Ergebnissen – in einer Zusammenarbeit mit dem Fraunhofer-Institut für Techno und Wirtschaftsmathematik an einer sogenannten mesoskalischen Modellierung der Batterie gearbeitet. Dies bedeutet, dass die Elektroden als effektive poröse Materialien behandelt werden, die über einen Elektrolyt getränkten porösen Separator verbunden sind. Der Transport der Ladungsträger in der Zelle erfolgt durch Diffusion und Migration von Ionen im Elektrolyten sowie Diffusion von Ionen und Leitung von Elektronen in den Festpartikeln der Elektroden. Diese Art der Modellierung erlaubt es, die effektiven Eigenschaften der Batterie - ausgehend von

den elektrochemischen Prozessen - zu bestimmen, womit eine Übertragbarkeit auf andere Lithium-Ionen Systeme möglich wird [4].

3. Untersuchte Batterie

Die in diesem Beitrag vorgestellten Messdaten wurden am Modell 40152S der Firma Headway (siehe Bild 1) ermittelt.

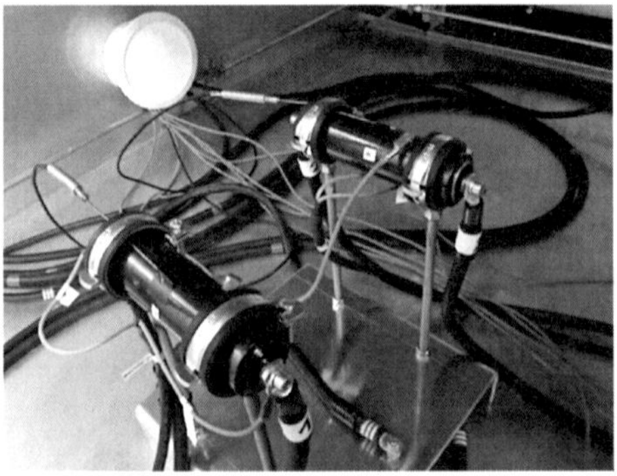

Bild 1: Untersuchte Lithium-Ionen Zellen (Headway 40152S) in der Klimakammer des Batterieprüfstands.

Dabei handelt es sich um eine gewickelte $LiFePO_4$-Zelle mit einer Kapazität von 15 Ah, die in vielen Anwendungen, von Elektrofahrrädern über stationäre Speicher bis hin zu Hybridfahrzeugen, zum Einsatz kommt. Insbesondere ist dieses Modell mit Entladeraten von bis zu 10 C (im Dauerbetrieb 4 C) für den Einsatz von hohen Strömen geeignet. Weitere technische Spezifikationen der untersuchten Batterie sind in Tabelle 1 aufgeführt.

Tabelle 1: Spezifikation der Li-Ionen Batterie Headway 40152S [5].

Nennkapazität	15 Ah
Nennspannung	3,2 V
Innenwiderstand	<8 mΩ
Maximaler Ladestrom	2 C (30 A)
Maximale Ladespannung	3,65 V
Maximaler Entladestrom	10 C (150 A)
Abschaltspannung bei Entladung	2 V
Gewicht	480 g
Abmessungen	40 mm Durchmesser 152 mm Höhe
Arbeitstemperatur	-10°C bis 45°C (Laden) -20°C bis 60°C (Entladen)

4. Klemmspannungsmodell der untersuchten Batterie

4.1 Auswahl des Klemmspannungsmodells

Mit Klemmspannungsmodellen wird das effektive Verhalten der Lithium-Ionen Batterien beschrieben. Dabei handelt es sich um Ersatzschaltbilder aus mehreren elektronischen Bauteilen, wie Induktivitäten und Kapazitäten. Je nach Batterietyp finden sich in der Literatur verschiedene Modellvorschläge [6]. Die im Rahmen dieser Arbeit untersuchten $LiFePO_4$-Zellen lassen sich mit ausreichender Genauigkeit mit dem in Bild 2 gezeigten Ersatzschaltbild beschreiben.

Dieses besteht neben dem Innenwiderstand R_S aus zwei RC-Gliedern, die den zeitlichen Verlauf der Spannung auf kurzen („Transient-Short") und langen („Transient-Long") Zeitskalen wiederspiegeln. Hinzu kommt ein nicht-lineares Verhalten der Leerlaufspannung („open-circuit voltage") als Funktion des Ladezustands.

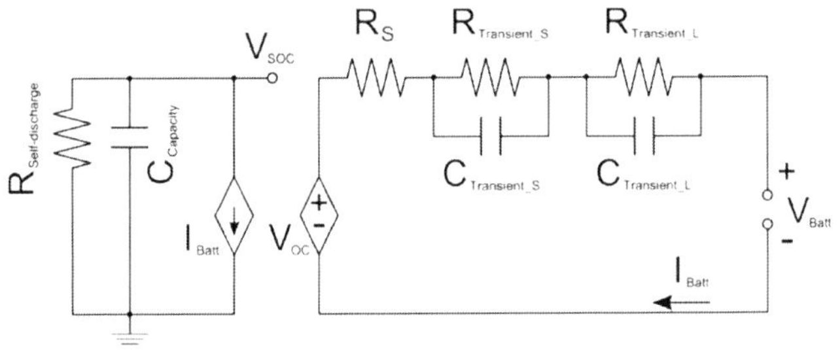

Bild 2: Verwendetes Klemmspannungsmodell nach [7].

Das in Bild 2 gezeigte Klemmspannungsmodell entspricht einem Differentialgleichungssystem der Form [8]:

$$\begin{pmatrix} \dot{V}_{CAP} \\ \dot{V}_{TS} \\ \dot{V}_{TL} \end{pmatrix} = \begin{bmatrix} 0 & 0 & 0 \\ 0 & -\frac{1}{R_{TS} \cdot C_{TS}} & 0 \\ 0 & 0 & -\frac{1}{R_{TL} \cdot C_{TL}} \end{bmatrix} \begin{pmatrix} V_{CAP} \\ V_{TS} \\ V_{TL} \end{pmatrix} - \begin{pmatrix} \frac{1}{C_{CAP}} \\ \frac{1}{C_{TS}} \\ \frac{1}{C_{TL}} \end{pmatrix} \mathrm{I}_{\mathrm{Batt}} \qquad (1)$$

$$U_{Batt} = V_{OC}(SOC) + V_{TS} + V_{TL} + R \cdot I \qquad (2)$$

Hierbei sind die Spannungen (V) jeweils über den entsprechenden Elementen zu sehen. Eingangsgröße ist der Batteriestrom.
Dieses Differentialgleichungssystem ist nicht-linear, da die Leerlaufspannung in Gleichung 2 nicht-linear vom Ladezustand (SOC = state of charge) abhängt.

4.2 Bestimmung der Parameter des Klemmspannungsmodells

Betrachtet man die Lösung des Differentialgleichungssystem (Gleichungen 1 und 2) einer Sprungantwort, beispielsweise einer Änderung des Batteriestroms von einem konstanten Wert auf null, dann lassen sich die Zeitkonstanten der beiden RC-Glieder durch einen Fit mit Exponentialfunktionen bestimmen [8]. Der hierbei erforderliche Fit der Messdaten wurde im Rahmen dieser Arbeit mit einem nicht-linearer Least-Squares-Verfahren durchgeführt, der die wahrscheinlichsten Parameterwerte berechnet [9].

Die nach dem Verfahren von [8] bestimmten Klemmspannungsparameter sind aber stark fehlerbehaftet, wobei vor allem die Dauer der Messzeit in die Güte der Parameterschätzung eingeht. Um dies zu zeigen, wurde systematisch das Zeitintervall von 300s bis 1200s variiert. Wie aus den Bildern 3 und 4, sowie den Werten in Tabelle 2 ersichtlich wird, benötigt man eine Messdauer von mindestens 20 Minuten bis alle Parameter des Klemmspannungsmodell bestimmt werden können. Dies liegt an dem langsamen Zeitverhalten der Batteriespannung und wirkt sich auch auf den Wert, der für die Leerlaufspannung für den entsprechenden Ladezustand bestimmt wird, aus.

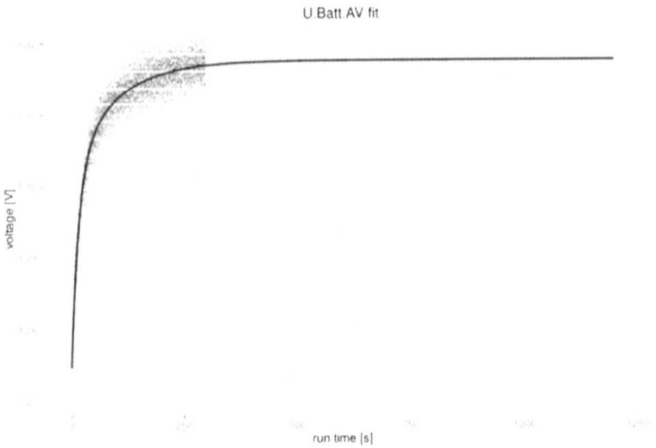

Bild 3: Messdaten der Batteriespannung nach einer Belastung mit einem konstanten Strom. Ab dem Zeitpunkt t=0 ist der Batteriestrom null und die Spannung steigt auf den Wert der Leerlaufspannung. Gezeigt ist ein Fit der Messdaten über einen Zeitbereich von 300s.

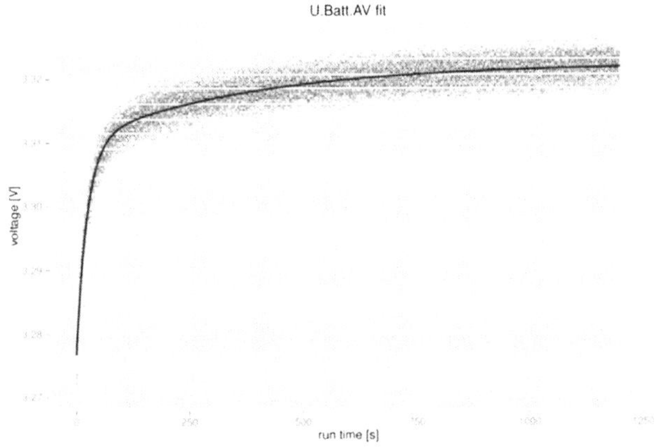

Bild 4: Die Messdaten aus Bild 3 wurden hier über den gesamten Messbereich von 1200s gefittet.

Tabelle 2: Schätzung der Parameter aus den Messdaten bei unterschiedlichem Zeitbereich.

t [s]	R_{TS} [mΩ]	C_{TS} [F]	R_{TL} [mΩ]	C_{TL} [F]	V_{OC} [V]
300	185	9029	102	9558	3,318
600	213	9779	85	23604	3,320
900	222	10470	82	37277	3,321
1200	225	10893	81	46146	3,322

Insgesamt ist festzuhalten, dass erst mit längeren Messzeiten die Modellparameter mit ausreichender Genauigkeit bestimmt werden können.
Die Zeitauflösung bei der Parameterbestimmung erfolgte hier auf der Basis von 1 Hz-Daten. Untersucht wurde auch, inwieweit eine Erhöhung der Abtastfrequenz zu einer Verbesserung der Parameterbestimmung führt. Bei einer Abtastrate von 10 Hertz ergaben sich jedoch die gleichen Werte, so dass eine Messung mit 1 Hertz grundsätzlich ausreichend ist.

4.3 Temperaturabhängigkeit der Parameter des Klemmspannungsmodells

Mit dem im vorigen Abschnitt beschriebenen Verfahren wurde weiterhin untersucht, welchen Einfluss die Temperatur auf die im Klemmspannungsmodell verwendeten Parameter hat. Dazu wurde das oben beschriebene Messverfahren eines „pulse-discharge" (Rechtecksignal des Batteriestroms) bei unterschiedlichen Temperaturen durchgeführt. Die Konditionierung der Batterie erfolgte dabei in einer Klimakammer.
Als Ergebnis dieser Messungen und dem entsprechenden Fit der Modellparameter wurde die Leerlaufspannung (V_{OC}) als Funktion des Ladezustands bei den Temperaturen 0°C, 10°C, 20°C, 30° und 40° bestimmt. In Bild 5 ist zu erkennen, dass es zu einem systematischen Spannungsanstieg bei höheren Temperaturen kommt. Allerdings zeigen die relativ großen Schwankungen der Leerlaufspannung die Unsicherheiten, mit denen das Verfahren zur Parameterbestimmung verbunden ist.

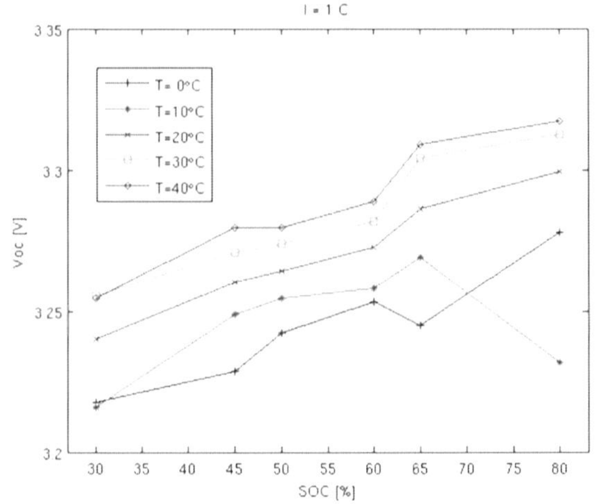

Bild 5: Leerlaufspannung als Funktion des Ladezustands bei unterschiedlichen Temperaturen. Die Werte sind aus Daten einer „pulse discharge" Messung mit 1C Entladerate bestimmt.

Das beobachtete Verhalten einer höheren Leerlauf- und damit auch einer höheren Batteriespannung mit zunehmender Temperatur wird auch in anderen Veröffentlichungen bestätigt [10].
Inwieweit die Temperatur auch einen Einfluss auf die weiteren Modellparameter hat, konnte mit dem beschriebenen Verfahren nicht eindeutig geklärt werden. Dies liegt daran, dass die Parameterschätzung nach [8] nur eine geringe Güte hat und hier zunächst robustere Verfahren entwickelt werden müssen. Zusätzlich ist davon auszugehen, dass – insbesondere bei großen Strömen – die Stromstärke durch Selbsterwärmung der Batterie einen Einfluss auf die Modellparameter haben wird. Auch diese Abhängigkeit ist nur mit einem robusten Schätzverfahren der Parameter möglich und eine Aufgabe für weitere Untersuchungen.

5. Möglichkeiten der Einbindungen des Batteriemodells in die Prüfstandsumgebung

Die Einbindung des oben beschriebenen Batteriemodells in die Prüfstandsumgebung ist vor dem Hintergrund immer komplexer werdender Fahrzeugkomponenten zu sehen. Dies liegt unter anderem an der Zunahme der Steuergeräte, vor allem bei einer Hybridisierung des Antriebsstrangs. Dennoch soll die Einbindung der Prüflinge in die Prüfstandsumgebung mit hoher Flexibilität und Effizienz erfolgen. Dazu haben Automobilhersteller und Zulieferer unterschiedliche Strategien entwickelt, um durch Standardisierungen im Bereich Modelle und Schnittstellen die Inbetriebnahmezeiten der Prüflinge zu reduzieren. Um die jeweiligen Standards der Kunden im eigenen Umfeld implementieren zu können, ist für unabhängige Dienstleister wie APL eine hohe Flexibilität der eingesetzten Automatisierungsplattform essentiell.

Aktuell praktizierte Varianten der Integration von Batteriemodellen sind in den Bildern 6 und 7 zu sehen. Im einfachsten Fall werden Batteriemodell und Restbussimulation direkt im GE HPCi Echtzeitsystem implementiert. Die Programmierung erfolgt über eine grafische, auf Funktionsblöcken basierende Software. Modelle, wie das Klemmspannungsmodell der Batterie, lassen sich damit direkt abbilden. Liegen bereits fertige, umfangreichere Matlab/Simulink-Modelle vor, können diese über die Erzeugung von C-Code für die HPCi-Plattform als kompilierter Baustein eingebunden werden. Die Modelle sind dann als Funktionsblöcke in der Parametriersoftware nutzbar.

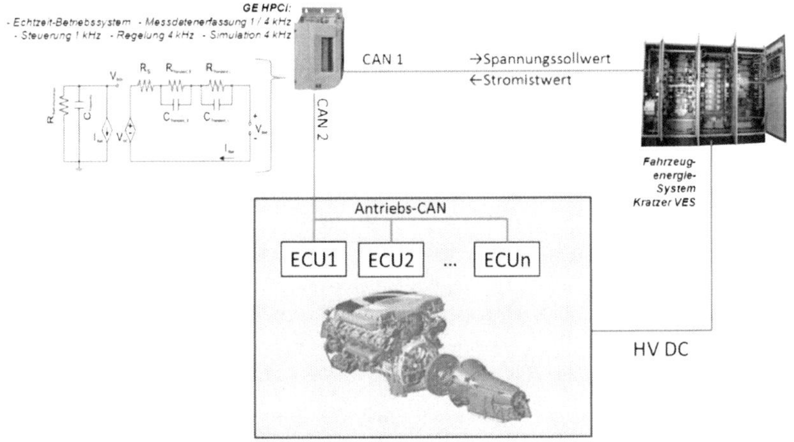

Bild 6: Einbindung der Batteriesimulation in die Echtzeitregelung des Funktionsprüfstands.

Im dargestellten Fall (Bild 6) liefert das Fahrzeugenergiesystem den aktuellen HV-Strom und erhält aus dem Batteriemodell den Spannungssollwert. Die Restbussimulation wird komplett im HPCi-System abgebildet.

Eine alternative Variante integriert die Batteriesimulation in die Regelung des DC-Stellers. Bei APL ist dies für eine DC-Quelle der Fa. Kratzer (‚Fahrzeugenergiesystem") realisiert. Das Batteriemodell ist in die Automatisierungssoftware PAtools[11] eingebunden. In der PAtools-Parametrierung ist in diesem Fall nicht nur das Klemmspannungsmodell, sondern auch die Restbussimulation des Batteriemanagementsystem (BMS) integriert, wie in Bild 7 zu sehen ist.

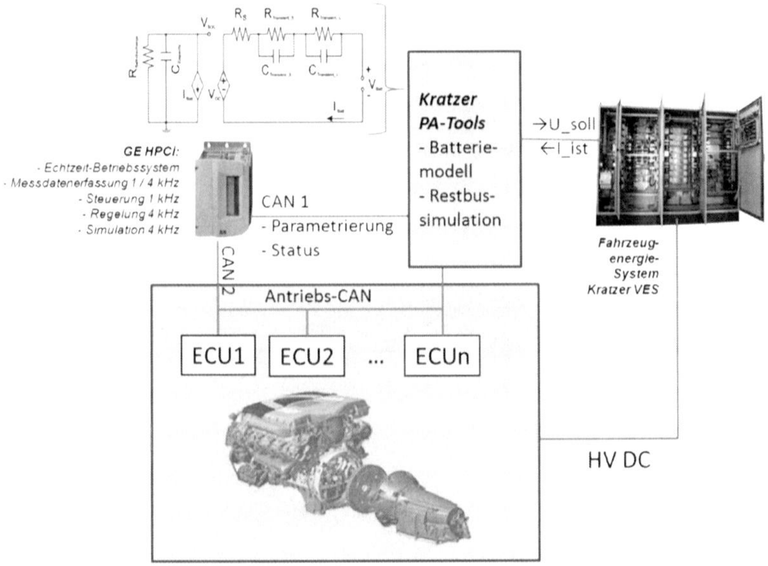

Bild 7 : Einbindung der Batteriesimulation in den Regelkreis des DC-Stellers.

Das übergeordnete HPCi-System übernimmt hier lediglich die Parametrierung und die Steuerung des Batteriemodells. Beide System, HPCi und PA-Tools, kommunizieren mit dem Antriebs-CAN, wobei PAtools die BMS-relevanten Botschaften bearbeiten, während das HPCi-System die Restbussimulation des restlichen Antriebsstrangs übernimmt.

6 Ausblick

Die hier beschriebene Bestimmung der Klemmspannungsparameter aus der gemessenen Strom-Spannungscharakteristik hat deutliche Grenzen für die Güte der Parameterschätzung gezeigt. Durch den großen Fehler in der Parameterbestimmung lässt sich bisher der Einfluss der Temperatur auf die Modellparameter untersuchen. In weiterführenden Untersuchungen soll daher vor allem die Bestimmung der Modellparameter verbessert werden.

Literatur / References

[1] Böhm, M.; Stegmaier, N.; Baumann, G.; Reuss, H-Ch.: Der Neue Antriebsstrang und Hybrid-Prüfstand der Universität Stuttgart. In: MTZ - Motortechnische Zeitschrift, Volume 72, Issue 9, pp. 698-701, 2011

[2] Burgard, K.; Schulz, V.: Einsatz von Echtzeitmodellen in Leistungsprüfständen für elektrische Antriebskomponenten. In: Haus der Technik Fachbuch 121, pp.220-231, 2011

[3] Schulz, V.; Burgard, K.: Echtzeitmodelle von Fahrzeug und Lithium-Ionen-Batterie: Schlüsselkomponenten für den Test von Hybrid-, Elektro- und Brennstoffzellenfahrzeugen. In: 15. VDI-Tagung Erprobung und Simulation in der Fahrzeugentwicklung: Mess- und Versuchstechnik; Baden-Baden, 16. Und 17. November 2010 / VDI, Fahrzeug- und Verkehrstechnik, VDI-Verlag Düsseldorf, pp 31-42, 2010

[4] Fell, S.; Steiner, K.; Latz, A.; Zausch, J.; Less, G. B.; Seo, J.H.; Han, S.; Sastry, A.M.: Porous materials of electrochemical cells in the CAE design process. In: VDI-Berichte 2107, Fahrzeug- und Verkehrstechnik, SIMVEC Berechnung und Simulation im Fahrzeugbau 2010, VDI-Verlag Düsseldorf, ISBN 978-3-18-092107-5, pp. 549 – 568, 2010

[5] http://headway-headquarters.com/40152s/

[6] Hu, X.; Li, S.; Peng, H.: A comparative study of equivalent circuit models for Li-ion batteries. In: Journal of Power Sources 198, pp. 359–367, 2012

[7] Chen, M.; Rincon-Mora, G. A.: Accurate Electrical Battery Model Capable of Predicting Runtime and I–V Performance. In: IEEE TRANSACTIONS ON ENERGY CONVERSION, Vol. 21, No. 2, pp. 504-511, 2006

[8] Knauff, M.; McLaughlin, J.; Dafis, C.; Niebur, D.; Kwatny, H.; Nwankpa, C.; Metzer, J.: Simulink Model of a Lithium-Ion Battery for the Hybrid Power System Testbed. In: Proceedings of the ASNE Intelligent Ships Symposium, Philadelphia, PA, USA, May 2007

[9] Nocedal, J.; Wright, S.: Numerical Optimization, Springer, 2006

[10] Erdinc, O.; Vural, B.; Uzunoglu, M.: A dynamic lithium-ion battery model considering the effects of temperature and capacity fading, 2009 International Conference on Clean Electric Power, Capri, Italy, 9-11 June, 2009

[11] http://www.kratzer-automation.com/fileadmin/fotodatenbank/prospekte /test_systems/DE/PAtools_4Seiter_DE.pdf

24B Elektromagnetische Verträglichkeit (EMV) in der Kfz-Technik EMV-Messtechnik für Hochvoltsysteme

Jakob Mooser

Abstract

Electric drives in the automotive technology need a substantially higher operating voltage than conventional automotive electronics. Conventional automotive electronics works with 12 V operating voltage (24 V at utility vehicles). Electric drives are operated usually with voltages of approx. 300 V presently. In the future the operating voltage will rise up to max. 1000 V. Accordingly higher are also the EMC disturbances which can be expected. New phenomena like transients, superimposed alternating voltage, disturbances on the motor shaft and interconnection between the high voltage range and the low voltage range are to be considered.

Kurzfassung

Elektroantriebe in der Kfz-Technik benötigen eine wesentlich höhere Betriebsspannung als herkömmliche Kfz-Elektronik. Die herkömmliche Kfz-Elektronik arbeitet mit 12 V Betriebsspannung (24 V bei Nutzfahrzeugen). Elektroantriebe werden zurzeit meist mit Spannungen von ca. 300 V betrieben. In der Zukunft wird die Betriebsspannung steigen bis max. 1000 V. Entsprechend höher sind auch die zu erwartenden EMV-Störungen. Neue Phänomene wie Transienten, Restwechselspannungen, Störungen auf der Motorwelle und die Verkopplung zwischen dem Hochvoltbereich und dem Niedervoltbereich sind zu beachten.

1. Einleitung

Wie bei allen neuen Produkten folgt auch bei der EMV von Hochvoltsystemen im Kfz die Normung dem Produkt. Die Deutsche Kfz-Industrie hat hier sehr schnell die Initiative ergriffen. Aktuell gibt es zurzeit zwei Normenpapiere. Diese sind noch nicht als offizielle Norm verabschiedet, man kann sie aber durchaus verwenden.

- CISPR 25 für HF-Störaussendungen
- ISO 7637-4 für Transienten.

Diese neue Antriebstechnologie im Kfz erfordert auch die Entwicklung von

- Neuen Messverfahren
- Neuen Hilfsmitteln
- Neuem Testequipment
- Neuen Testeinrichtungen.

2. Anforderungen an die EMV

Die Systemanforderungen an die EMV von Hochvoltkomponenten sind identisch mit den Anforderungen an herkömmliche Kfz-Komponenten. Im Bereich der Störaussendung ist das CISPR 25, meist Class 4 oder 5. *Bild 1* zeigt die Anforderung von Class 5 im Vergleich zum Eingangsrauschen eines herkömmlichen Messempfängers. Es macht deutlich, dass die zulässigen Störwerte nahe an der Messgrenze liegen. Nur so kann ein störungsfreier Funk-, Rundfunk- und TV-Empfang in einem Kfz gewährleistet werden.

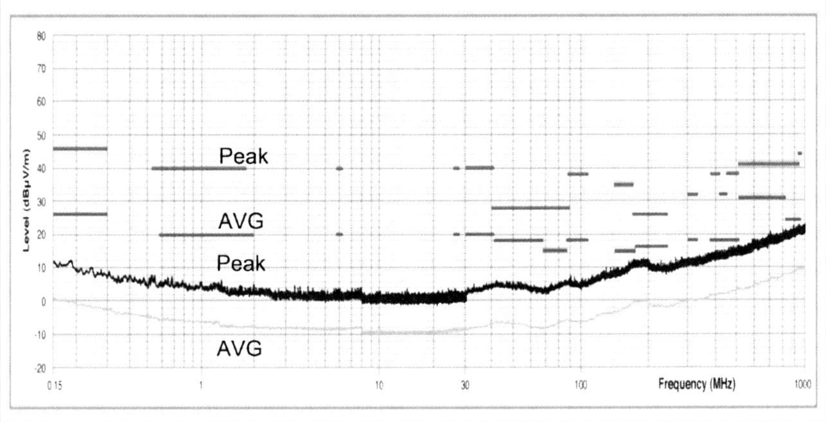

Bild 1 Vergleich CISPR Class 5 zu Empfängerrauschen

Die Anforderungen an die Störfestigkeit der Komponenten sind in *Bild 2* beispielhaft dargestellt.

Störfestigkeit

1. Komponentenmessungen nach oder in Anlehnung an ISO 11452-...

   Die Anforderungen können je nach Fahrzeughersteller etwas differieren.

   Richtwerte:

   0,15 – 200 MHz (400 MHz)
   100 mA – 300 mA

   200 MHz (400 MHz) – 3,2 GHz
   100 V/m – 200 V/m (z.T. höher)

Bild 2 Komponentengrenzwerte für Messverfahren nach ISO 11452-...

3. Grundsätzlicher Aufbau eines Hochvoltantriebssystems

In *Bild 3* ist der grundsätzliche Aufbau eines HV-Antriebes dargestellt. Zurzeit sind die HV-Systeme (HV-Bereiche) noch geschirmt. Mit der Weiterentwicklung von Filtermaterialien werden mittelfristig der Bereich der Traktionsleitungen und die damit verbundenen Nebenaggregate, nicht mehr in den geschirmten Bereich fallen. Für diesen Bereich, bzw. diese Geräte, entfallen dann Probleme wie die HV-LV Störentkopplung. (HV = High Voltage, LV = Low Voltage)

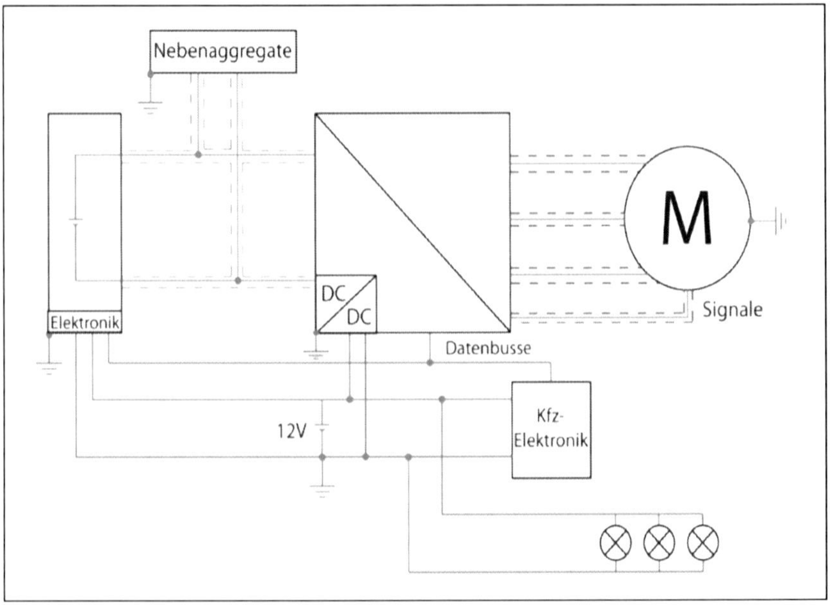

Bild 3: Grundsätzlicher Aufbau eines HV-Antriebes

4. Messeinrichtungen

Für den realen Betrieb eines E-Antriebes ist eine Absorberkabine mit speziellen Aufbauten, Versorgungs- und Lasteinheiten und speziellen Hilfsmitteln nötig. Für aussagefähige Messergebnisse müssen die Prüflinge bei allen möglichen Betriebs-und Lastzuständen gemessen werden können, wie fahren, rekuperieren, unterschiedliche Geschwindigkeiten und unterschiedliche Lastmomente. *Bild 4* und *Bild 5* zeigen den prinzipiellen Aufbau einer solchen Absorberkabine.

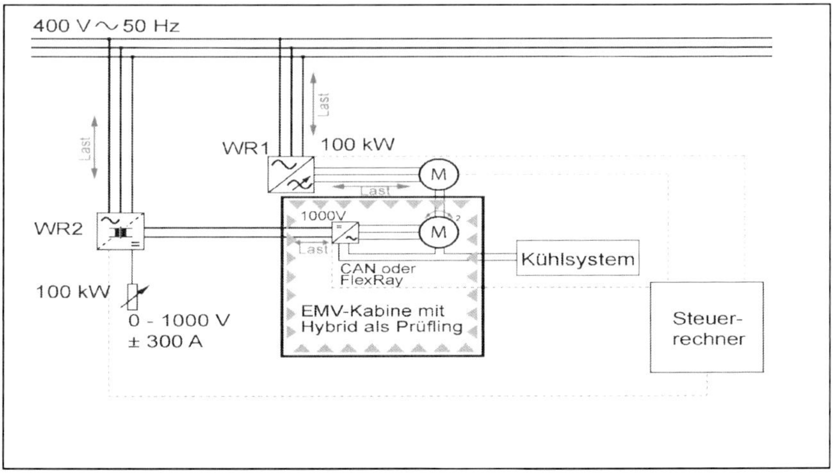

Bild 4 Prinzipaufbau einer Absorberkabine für E-Antriebe

Bild 5 Blick in die Absorberkammer mit Prüflingen (verfremdet), Peripherie und Hilfseinrichtungen

5. Messergebnisse

Wie eingangs erwähnt, sind die Störpegel bei HV-Antrieben entsprechend der hohen Betriebsspannung sehr hoch. Daraus resultieren verschiedene zusätzliche Probleme:

- Direktabstrahlung durch die hohen Pegel
- Störungen durch Verkopplung HV-LV und Abstrahlung über LV
- Störungen/Abstrahlung über Nebenaggregate
- Störungen/Abstrahlung über die Motorwelle.

5.1 Störpegel auf Traktions- und Phasenleitungen

Bild 6 zeigt typische Störpegel von Traktionsleitungen
Bild 7 zeigt typische Störpegel von Phasenleitungen

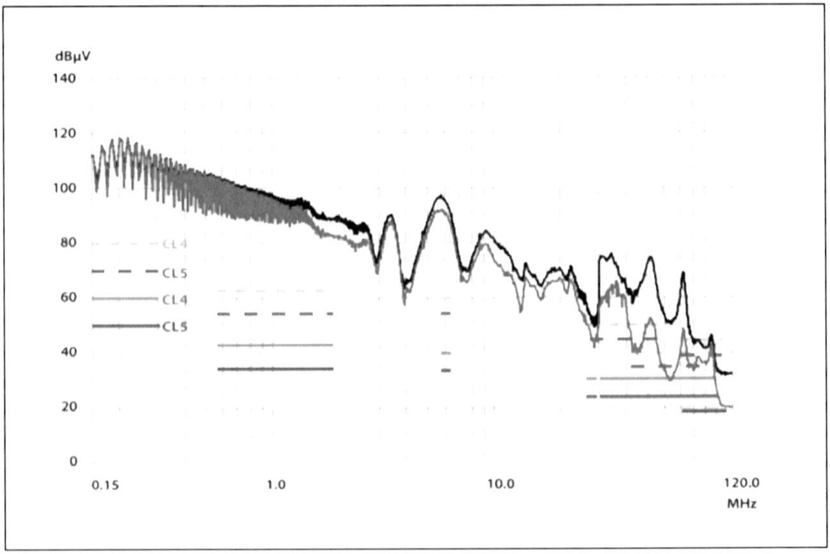

Bild 6 Störungen auf Traktionsleitungen

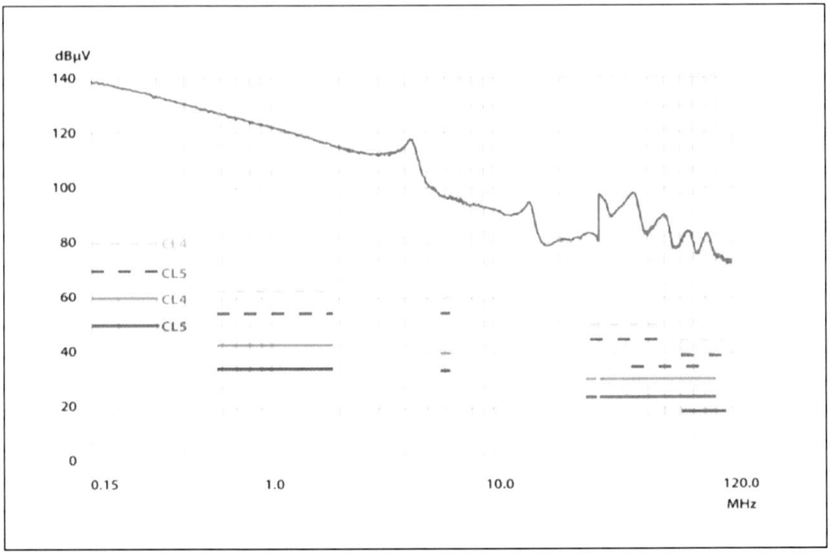

Bild 7 Störungen auf Phasenleitungen

5.2 Störpegel auf der Motorwelle

Durch induktive und kapazitive Kopplung sind auf der Motorwelle hohe Störpegel zu finden. Diese können durch das Getriebe durchkoppeln und über die Kardan- oder Gelenkwellen abgestrahlt werden. *Bild 8* zeigt ein Beispiel für solche Wellenstörungen.

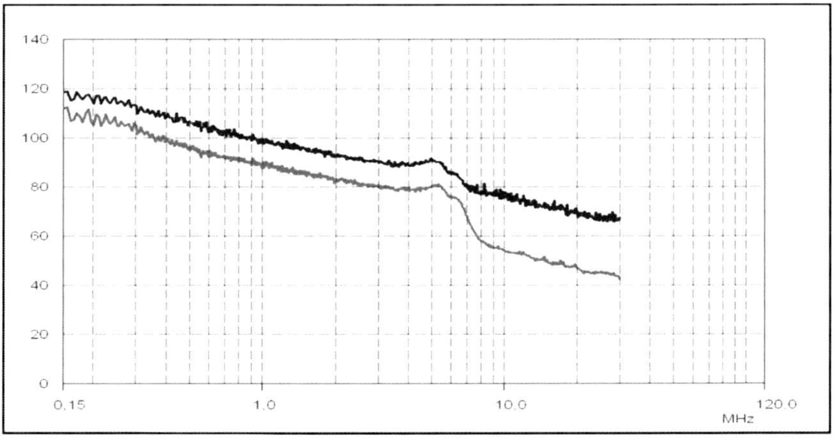

Bild 8 Beispiel für Wellenstörungen

5.3 EMV-Messungen bei unterschiedlichen Last- und Betriebszuständen

Für aussagefähige Qualifikationsergebnisse müssen bei Komponentenmessungen die Antriebe bei unterschiedlichen Last- und Betriebszuständen gemessen werden. *Bild 9* zeigt Messergebnisse (Störaussendungen) von unterschiedlichen Last- und Betriebszuständen.

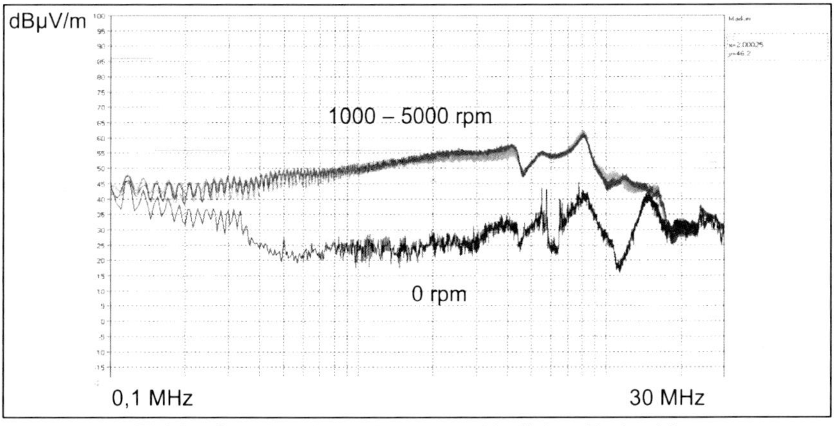

Bild 9 Störabstrahlung bei unterschiedlichen Drehzahlen

6. Verkopplung zwischen HV- und LV-Bereich

In den derzeitigen Systemen (Schirmsysteme) kann die Verkopplung zwischen HV- und LV-Bereich bei allen Komponenten, die im HV-System arbeiten, zu unerwünschten Abstrahlungen über das LV-System führen. *Bild 10* zeigt das grundsätzliche Problem. In *Bild 11* sind beispielhafte Messwerte, die zu Störungen des Rundfunkempfanges geführt haben.

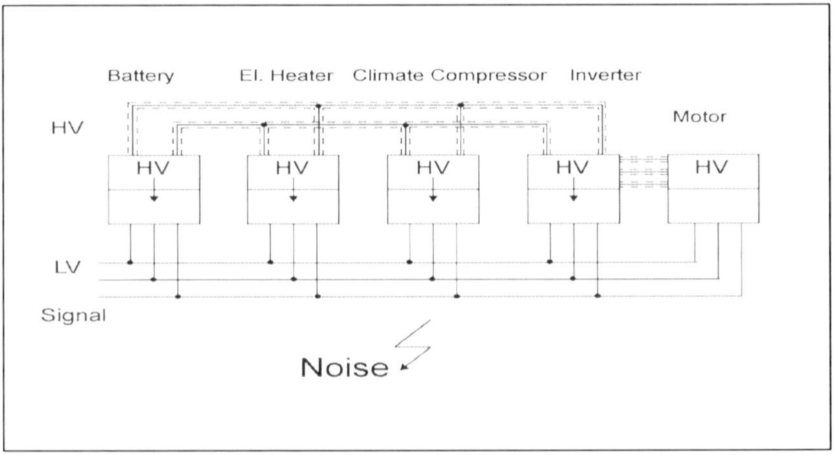

Bild 10 Verkopplung HV in alle anderen Komponenten des HV-Netzes

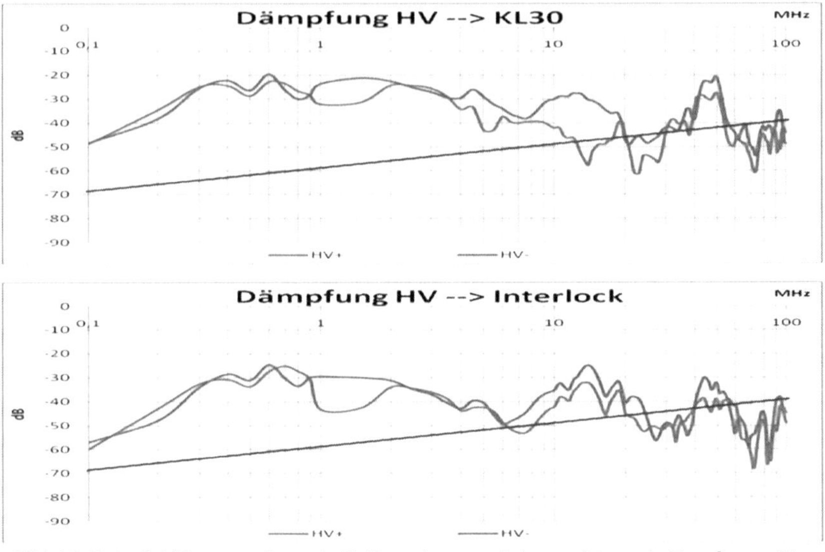

Bild 11 Beispiel für ungenügende Entkopplung und darausfolgende Empfangsstörungen

7. Massekonzept

Jedes System ist so gut wie sein Massekonzept

- Das Massekonzept hat einen wesentlichen Einfluss auf die HF-Eigenschaften eines Systems.
- Das Massekonzept hat auch einen wesentlichen Einfluss auf die Vergleichbarkeit der Ergebnisse zwischen Komponenten-/Systemmessungen und Fahrzeugmessungen. Die *Bilder 12* und *13* zeigen diesen Einfluss.

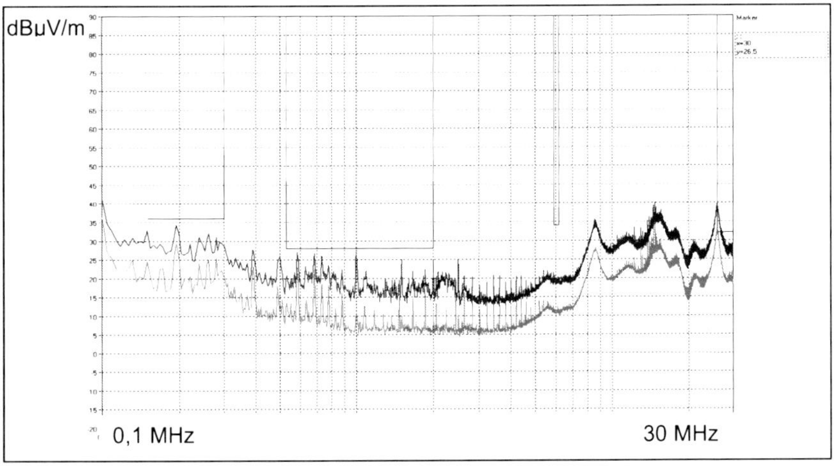

Bild 12 Gutes Massekonzept

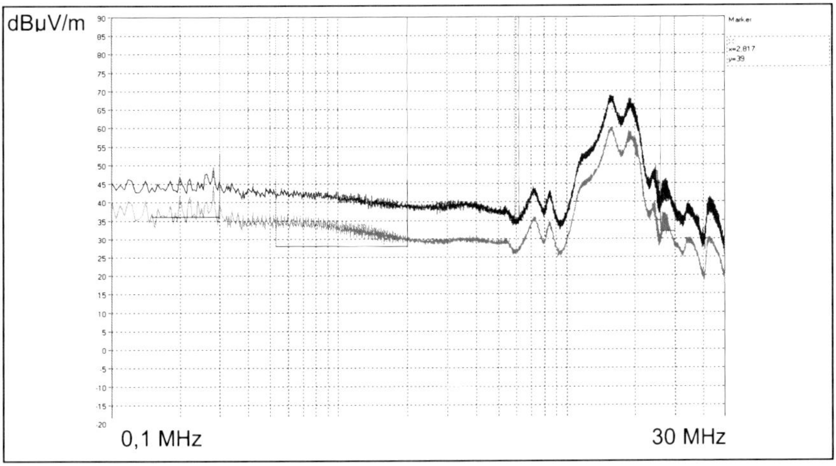

Bild 13 Schlechtes Massekonzept

8. Impulse und Störungen im Hochvolt- Traktions- und Phasennetz

Eine Reihe von neuen Störphänomenen ist im Impulsbereich zu beachten. Zum einen entstehen durch die internen Schaltvorgänge (IGBT, Sicherheitsabschaltung) hohe Transienten. Gleichzeitig entstehen auf den Traktionsleitungen Störungen durch Restwechselspannungen. Die haben oft unangenehme Rückwirkungen auf andere Komponenten. Während die Batterie geladen wird, besteht die Gefahr der Einkopplung von Burst- und Surge-Impulsen auf das HV-Netz (über interne oder externe Ladegeräte). Die entsprechenden Komponenten müssen geschützt werden, bzw. störfest sein.

9. Komponentenmessungen, ökonomische Gründe

Wie bei allen Kfz-Komponenten sind auch bei HV-Komponenten aus zeitlichen und wirtschaftlichen Gründen EMV-Messungen auf Komponentenebene notwendig. Ein Grund ist die Zeitschiene. EMV-Messungen im fertigen Fahrzeug sind in der Regel erst kurz vor SOP (Start of Production) möglich. Bei einem zu erwartenden n.i.O. ist keine Zeit mehr für Nachentwicklungen. Der zweite Grund ist ökonomischer Art. Bei Entwicklungen muss der Prüfling leicht zugänglich auf dem Messtisch sein. Muss der Prüfling für jede Massnahme aus dem Auto aus- und wieder eingebaut werden, ist das ein riesiger Zeitaufwand und unwirtschaftlich. *Bild 14* und *15* verdeutlichen das.

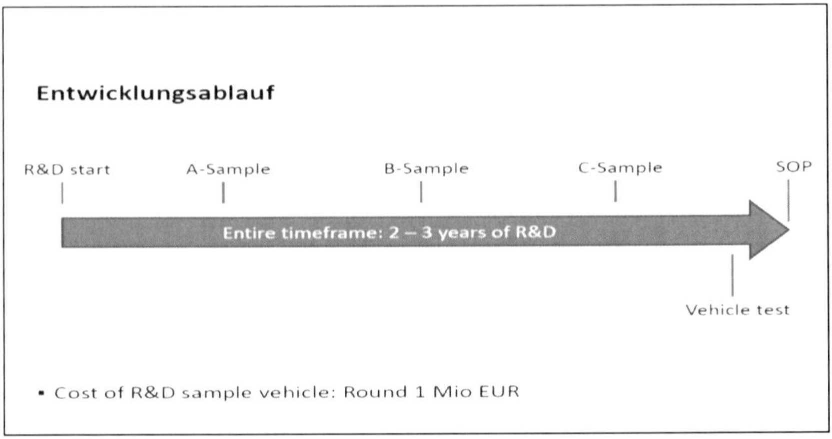

Bild 14 Zeitschiene einer Entwicklung

Kosten der Komponententests

Cost breakdown Comparison VEHICLE - COMPONENTS			
	Test [unit factor]	Time [unit factor]	Engineer & Labor [unit factor]
Vehicle testing	1	5 - 10	3 - 5
Component testing	0.3 - 0.5	1	1 - 2

Bild 15 Kostenvergleich Komponenten-/Fahrzeugmessung

10. Zusammenfassung

Die elektrische Hochvolt-Antriebstechnik im Kfz hat eine Reihe von neuen Störphänomenen gebracht. Neue Messverfahren und neue Messgeräte müssen entwickelt werden. Die Normung ist zu erweitern. Die Technologie (Schirmung, Filterung) wird weiter entwickelt und bietet immer neue Möglichkeiten zur Sicherstellung der EMV im Kfz.

25B Umrichter in Hybridstruktur als Entwicklungswerkzeug und Prüfsystem für elektrische Antriebe

Ansgar Ackva, Bernd Dreßel, Julian Endres

Abstract

The development, application and testing of power electronic converters and traction inverters usually requires a huge amount of testing facilities such as motor test rigs with respective load machines, power supplies, cooling circuits, space etc. In addition each power level requires a different test stand.
This paper presents a new approach to simplify the development, application and testing of power electronic converters by realizing a vitual motor. It's using a novel hybrid power electronic topology combined with a high-dynamic current control scheme. The system is presently a research subject at our university FHWS.

Kurzfassung

Die Entwicklung, Applikation und der Test von Wechselrichtern, insbesondere für Traktionsantriebe, ist mit einem hohen Aufwand für die Bereitstellung einer passenden Testumgebung verbunden. Für gewöhnlich werden diese Tests in der Entwicklung als auch in der Fertigung mit Hilfe von Motor-Generator Prüfständen durchgeführt, die wiederum für unterschiedliche Leistungsklassen vorgehalten werden müssen.
In diesem Beitrag wird eine neuartige hochdynamische Umrichtertopologie vorgestellt, die als universelles Entwicklungs-, Applikations- und Prüfsystem für Umrichter eingesetzt werden kann. Derzeit wird dieser Umrichter in Hybridstruktur im Rahmen eines Forschungsprojektes an der FHWS realisiert.

1. Einleitung

Die Aufgabe leistungselektronischer Geräte besteht in der Regel darin, angeschlossene Lasten mit möglichst idealen Strömen und Spannungen zu speisen, die im Weiteren auch als Nutzsignale bezeichnet sind. In der industriellen und automobilspezifischen Praxis werden die dabei eingesetzten Leistungshalbleiter aus Verlustgründen nur als Schalter (Ein - Aus) und nicht im linearen Verstärkerbetrieb verwendet. Aufgrund dieser schaltenden Betriebsweise können keine rein idealen Nutzsignale erzeugt werden. Es entstehen zusätzlich Oberschwingungen, die durch geeignete Maßnahmen so weit wie für die Anwendung nötig (Normen, Verluste/Wirkungsgrad, Oberschwingungsspektrum, Geräusche, ...) reduziert werden müssen. In der Regel wird versucht, die gewünschten Nutzsignale mit einer technisch und wirtschaftlich günstigen Kombination aus verschiedenen Einzelmaßnahmen einzustellen. Dazu gehören z.B.

- der Einsatz jeweils geeigneter Halbleiter (z.B. IGBTs, MOSFETs, SiC Dioden, neue Typen),
- optimierte Treiberschaltungen (zur Beeinflussung der Spannungs- und Stromflanken, EMV),
- passive Bauteile (Induktivitäten, Kapazitäten, Aufbaugeometrie),
- geeignete Schaltungstopologien (z.B. Wechselrichter, Multilevel-Umrichter, Matrixumrichter, PFC),
- günstige Schaltfrequenzen (möglichst hoch und dennoch thermisch akzeptabel),
- aktive und passive Filterschaltungen und Abschirmungen (Gehäuse, Motorleitungen).

Die genannten und notwendigen Zusatzaufwände lassen die Produktkosten steigen, vergrößern Bauvolumina und erhöhen das Gewicht der Baugruppe. Sie bestimmen somit maßgeblich die Marktfähigkeit eines Produkts über Bauraum, Kosten und Gewicht. Neben den aufgelisteten Hardwarekomponenten spielen bei der Entwicklung solcher Geräte auch die Regelung und Ansteuerverfahren für die Umrichter eine entscheidende Rolle, da hierüber die Oberschwingungsanteile im Strom stark beeinflusst werden können. Die Geschichte der Leistungselektronik ist geprägt von der Suche nach jeweils optimalen Lösungen für das geschilderte Problem. Daher kann man seit einigen Jahren einen verstärkten technologischen Trend und wirtschaftlichen Zwang beobachten, passive Bauteile, insbesondere Zwischenkreiskondensatoren und Glättungsinduktivitäten, zu verkleinern. Man versucht, durch schnellere Leistungshalbleiter oder durch eine höhere Anzahl von Halbleiterschaltern in aufwendigeren Topologien die Nutzsignale besser der Idealform anzunähern. In Folge dessen können passive Bauteile kleiner ausgeführt werden. Man kann von einem Trend „weg von passiven und hin zu aktiven Bauteilen" sprechen. Ursache sind Forderungen nach kleinem Bauvolumen und niedrigem Gewicht sowie tendenziell stetig steigende Rohstoffkosten für passive Bauteile (z.B. für Kupfer). Auf der anderen Seite werden Leistungshalbleiter bei sinkenden Kosten kontinuierlich verbessert (Durchlass- und Schaltverhalten, Robustheit). Zudem sind selbst für komplexe Topologien (Multilevel-, Matrixumrichter) heute leistungsfähige Ansteuerbausteine z.B. auf FPGA Basis oder als ASIC zu niedrigen Kosten verfügbar.

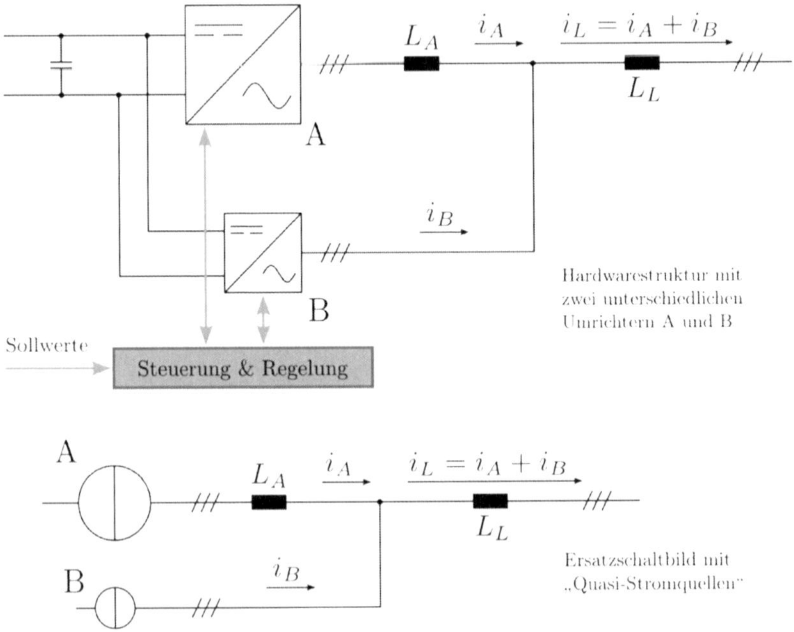

Abbildung 1: Grundstruktur des Umrichters in Hybridstruktur (oben) und dessen Ersatzschaltbild (unten)

2. Umrichter in Hybridstruktur

Ein Entwicklungsvorhaben an der FHWS greift die zuvor genannten Technologietrends auf und zielt auf die Entwicklung eines neuartigen Umrichters in Hybridstruktur gemäß Abbildung 1. Die Topologie des Hybridumrichters besteht im Wesentlichen aus zwei Umrichtern (A und B) in klassischer B6-Anordnung, die im Weiteren als „Quasi-Stromquellen" bezeichnet werden. Sie können für ihre jeweilige Aufgabe individuell ausgelegt und optimiert werden. Aufgrund der Kirchhoff'schen Knotenregel bilden die zwei „Quasi-Stromquellen" i_A und i_B in Summe den Laststrom i_L.

Umrichter A stellt das (dem Stand der Technik entsprechende) nicht-ideale Nutzsignal i_A für die Last bereit und muss für deren maximale Leistung dimensioniert sein. Umrichter B liefert einen Strom i_B, der die Oberschwingungen im Strom i_A derart kompensiert, dass zur Last ein (fast) idealer Nutzstrom i_L fließen kann. Umrichter B muss folglich „nur" für den Oberschwingungsstrom ausgelegt werden, der in der Regel deutlich kleiner ist als der maximale Nutzstrom $\hat{i}_{A,\max}$. Andererseits muss Umrichter B hardwaremäßig und regelungstechnisch in der Lage sein, die Oberschwingungen mit der erforderlichen Dynamik ausregeln zu können.

Die Grundidee dieser hybriden Struktur wirkt auf den ersten Blick trivial, überzeugt aber gerade durch ihre Einfachheit. Damit diese Idee jedoch ihre volle Funktionalität entfalten kann, werden unbedingt hochdynamische Stromquellen benötigt. Diese Quasi-Stromquellen müssen in der Lage sein, die Nutz- und Oberschwingungssignale voneinander zu trennen und mit der notwendigen Dynamik in einer gekoppelten Regelung einzustellen.

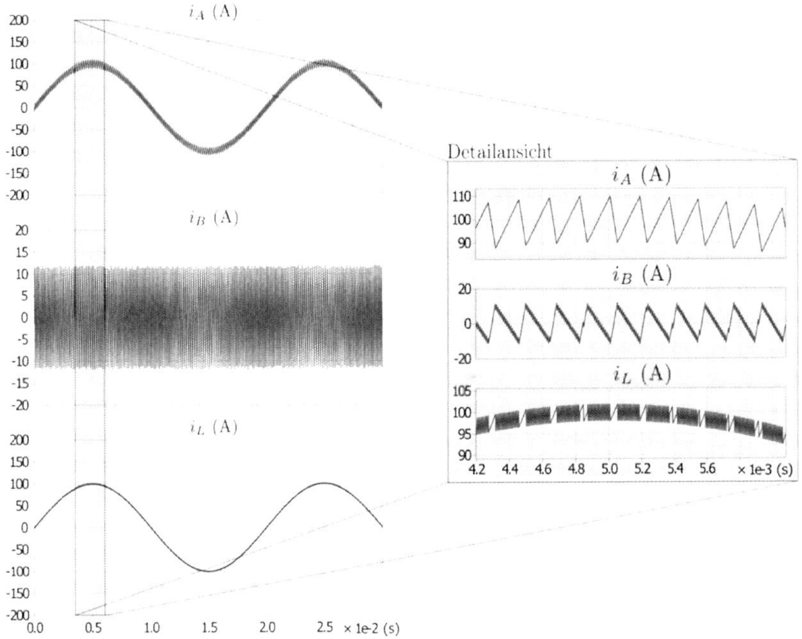

Abbildung 2: Stromverläufe zu Abbildung 1 (einphasiges Modell)

Neben den neuen gekoppelten Regelverfahren werden auch schnell schaltende Bauelemente für Umrichter B benötigt. Wird Umrichter A beispielsweise für 600 V dc und max. 400 A ac ausgelegt, mit IGBTs realisiert und mit z.B. 8 kHz Schaltfrequenz betrieben (übliche Auslegung), so müssen die Halbleiter in Umrichter B z.B. mit 100 kHz schalten. Dazu werden im Vorhaben neue Bauteile auf Silizium-Carbid (SiC) Basis eingesetzt. Sie sind inzwischen in ersten kommerziell verfügbaren Versionen sowie als Sondermuster am Markt erhältlich.

Abbildung 2 zeigt erste informative Simulationsergebnisse an einer einphasigen Anordnung nach Abbildung 1. Hierbei soll beispielsweise ein möglichst sinusförmiger Strom als idealer Nutzstrom erzeugt werden.

Man erkennt im oberen Teil des Bildes den nicht-idealen sinusförmigen Strom i_A ($\hat{i}_A = 110\text{A}$), darunter den kompensierenden Oberschwingungsstrom i_B und unten den Summenstrom i_L. Es ist deutlich zu sehen, dass der „Rippel" des Oberschwingungsstroms um 80% von ca. $\pm 10\text{A}$ auf $\pm 2\text{A}$ reduziert wird. Umrichter B muss dazu – wie erläutert – nur für einen Strom von $\hat{i}_B = 12\text{A}$ ausgelegt sein. Allerdings ist auch ersichtlich, dass er etwa 15-mal schneller taktet als Umrichter A. Es ist anhand Abbildung 2 auch offensichtlich, dass eine derartige hybride Struktur nur dann zufriedenstellend arbeitet, wenn die Stromregelungen in Umrichter A und B so erfolgen, dass man von Quasi-Stromquellen sprechen kann. Andernfalls würden die einzelnen Ströme überschwingen, ggf. instabil werden und Umrichter B müsste einen erheblich größeren Strom führen.

3. Prüfmethode für Entwicklungsmessungen oder Serienprüfung („End of Line" Tests)

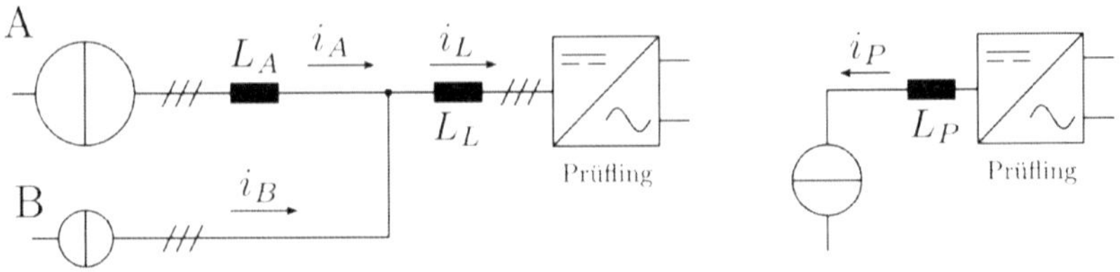

Abbildung 3: Prüfung von Umrichtern am „virtuellen Motor" mit möglichst idealen Strömen – und mit gezielt eingeprägten Oberschwingungen. links: Schaltungstopologie, rechts: Ersatzschaltbild

Abbildung 3 zeigt eine im Vorhaben geplante Anwendung, in der Umrichter-Prüflinge beispielsweise am Ende der Produktionslinie geprüft und einem „Run-In Test" zur Erkennung von Frühausfällen unterzogen werden können. Prüfverfahren mit nur einem Lastumrichter A sind bekannt und bereits im Einsatz. Die Kombination mit Umrichter B zu einer Hybridstruktur mit quasi sinusförmigen oder frei einstellbaren, z.B. bewusst nicht-sinusförmigen Prüfströmen i_L sind hingegen neu. Durch Verwenden dieser Prüfmethode können neben der erheblich größeren Testabdeckung in der Fertigung Platz, Verlustleistung, Geräusche und Prüfzeiten verbessert werden.

Wird der Laststrom i_L derart geregelt, dass sich die Umrichter A und B wie ein virtueller Motor verhalten, dann stellen sie zudem ein ideales Werkzeug für die

Entwicklung von Umrichtern dar. Dessen Algorithmen und Software lassen sich an diesem virtuellen Motor genauso entwickeln wie auch dessen Hardware (Dauerversuche, Lastversuche, dynamische und thermische Untersuchungen etc.). Entwicklungszeiten und Entwicklungskosten lassen sich auf diese Weise reduzieren bei Verbesserung der Entwicklungsbreite und -tiefe. Die Anordnung nach Abbildung 4 arbeitet nahezu verlustlos, weil nur Verluste in Umrichter A und B anfallen.

Eine konsequente Weiterentwicklung der skizzierten Prüfmethode ist der "virtuelle Motor" oder das "virtuelle Netz" nach Abbildung 4. Der Prüfling (rechts) soll statt mit einem realen nun mit einem virtuellen Motor belastet werden. Wenn dies gelingt, können an ihm sämtliche Funktionen des Umrichters (Hardware, Software, Sensorik, insb. auch die Motor- und übergeordnete Regelung) entwickelt, geprüft und validiert werden. Zudem können diese Untersuchungen sowie „Run-In Abläufe", Dauerläufe etc. nahezu verlustfrei durchgeführt werden. Dazu können z.B. die Zwischenkreise gekoppelt werden. So lassen sich z.B. Megawatt-Umrichter bereits mit kleinen Netzeinspeiseleistungen prüfen, weil nur die Verluste im System aus dem Netz bereitgestellt werden müssen. Virtuelle Motoren sind für die Entwicklung und Prüfung von Umrichtern von großer Bedeutung, weil sie Versuche ermöglichen, die andernfalls nur mit einem erheblichen materiellen, finanziellen, energetischen und zeitlichen Aufwand durchführbar sind.

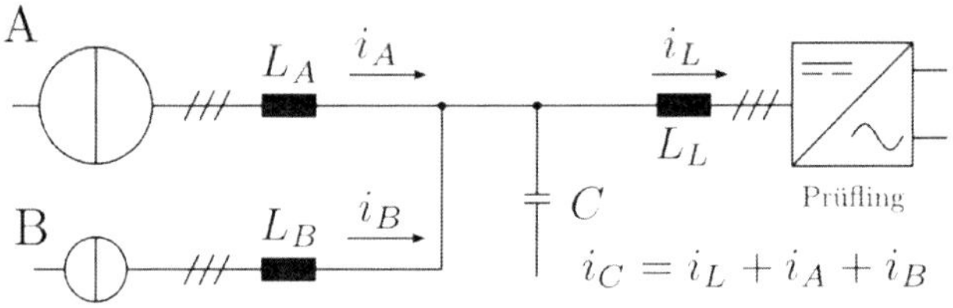

Abbildung 4: Prüfung von Umrichtern am „virtuellen Motor" mit möglichst idealen Strömen. Die Spannung am Kondensator entspricht der EMK des Motors.

Der virtuelle Motor besteht aus einer Induktivität L_L und einer z.B. sinusförmigen Gegenspannung (EMK). Die EMK wird direkt durch den Strom i_C als Führungsgröße festgelegt, der sich nach der Knotenregel aus der Störgröße i_L und den zwei Stromquellen A und B ergibt. Auch dieses Anwendungsbeispiel verdeutlicht die Notwendigkeit, hochdynamische, geregelte Stromquellen (A und B) zu verwenden, die deutlich schneller sind, als der Prüfling selbst. Auch oberschwingungsbehaftete EMK-Formen sind mit der Anordnung darstellbar.

Durch eine eigens entwickelte "Motornachbildung" in einem Motormodell werden für den virtuellen Motor die Sollströme i_A und i_B derart vorgeben, dass der Prüfling nicht merkt, dass nur ein virtueller Motor angeschlossen ist. Es können neben dem stationären Betrieb auch beliebige Beschleunigungs-, Reversier- und Abbremsversuche nachgefahren werden.

4. Stand der Wissenschaft und Technik

Zur Reduzierung der Oberschwingungen am Ausgang eines Umrichters und zur Erhöhung der Dynamik des Umrichters werden bereits unterschiedliche Topologien und Halbleiterschalter eingesetzt. Im Folgenden werden diese vorgestellt:

4.1 Multilevel-Umrichter

Mit Hilfe von Multilevel-Umrichtern können mehr als zwei Spannungsniveaus (bezogen auf den Mittelpunkt der Gleichspannungsseite) am Ausgang des Umrichters erzeugt werden. Je höher dabei die Anzahl der Spannungsstufen ist, desto besser kann die gewünschte Spannungsform nachgebildet werden. Ein Nachteil dieser Topologie ist der deutlich erhöhte Schaltungsaufwand. Es wird nicht nur eine größere Anzahl an Halbleiterschaltern benötigt, sondern auch vermehrt Kapazitäten bzw. Dioden. Dies wiederum verursacht zusätzliche Schalt- und Durchlassverluste, denn bei einem "m-Level Umrichter" sind bei jedem Schaltvorgang mindestens (m-1) Schaltelemente beteiligt. Ein weiteres Defizit des Multilevel-Umrichters ist die unsymmetrische Quellenbelastung. Diese muss durch ein geeignetes Ansteuerverfahren der Halbleiterschalter kompensiert (active balancing) oder mit Hilfe von unabhängigen Gleichspannungsquellen behoben werden. Aus geschilderten Gründen sind hochstufige Multilevel-Umrichter bisher nur im Höchstspannungsbereich bei HGÜ-Anlagen sowie bei Großantrieben im Einsatz.

Nachteil: aufwändige Topologie und Steuerung, Dimensionierung aller Leistungshalbleiter für den Maximalstrom

[1], [2]

4.2 Hybride Topologien

Die Idee, zwei unterschiedliche Technologien von Halbleiterschaltern zu kombinieren, um die Vorteile beider zu nutzen, ist nicht neu. Bereits in [3] wird eine solche hybride Topologie erwähnt, in der ein Umrichter bestehend aus Thyristoren mit einem Umrichter bestehend aus IGBTs zu einem Multilevel Umrichter kombiniert werden. Auch in [4] werden ein IGBT-Umrichter und ein Umrichter, der sich aus GTO's zusammensetzt, miteinander über Transformatoren verknüpft. In beiden Veröffentlichungen wird die Idee aufgegriffen, dass der im Vergleich zu den Thyristoren bzw. GTO's schnell taktende IGBT-Umrichter nicht nur den restlichen Teil der benötigten Spannung erzeugt, sondern zusätzlich die Oberwellen des langsam taktenden Umrichters ausgleicht. Jedoch wird dabei stets ein PWM Verfahren mit einer indirekten Regelung zur Erzeugung der Schaltpulse eingesetzt. Dadurch verliert das System an Dynamik und die Oberschwingungen können bei höheren Frequenzen nicht ausreichend eliminiert werden. Zudem arbeiten die in [3] und [4] vorgestellten Umrichter ausschließlich als Einspeiseumrichter bei einer fest eingestellten Frequenz von 50 bzw. 60 Hz.

Nachteil: Stromregelung zu langsam, dadurch fehlende Dynamik, Auslegung der Halbleiter für den Maximalstrom

[3], [4]

4.3 Interleaved Inverter

Beim Interleaved Inverter werden mehrere (n) Umrichter parallel geschaltet und über Drosseln miteinander gekoppelt. Die Umrichter takten alle mit derselben Schaltfrequenz, jedoch werden sie zueinander phasenversetzt betrieben. Der Laststrom setzt sich aus der Summe der Einzelströme aus den parallel geschalteten Umrichtern zusammen. Diese Topologie hat den Vorteil, dass der n-fache Laststrom fließen kann, ohne dass die einzelnen parallel geschalteten Umrichter für einen höheren Strom ausgelegt werden müssen. Außerdem verringert sich der Stromrippel auf der DC- und auf der AC-Seite, da diese Umrichteranordnung nach außen wie ein Leistungsteil mit n-facher Schaltfrequenz wirkt. Die passiven Filterelemente sind aufgrund des kleineren Rippels kleiner zu dimensionieren. Weiterhin steigt die Leistungsdichte, Dynamik und der Wirkungsgrad des Umrichters.

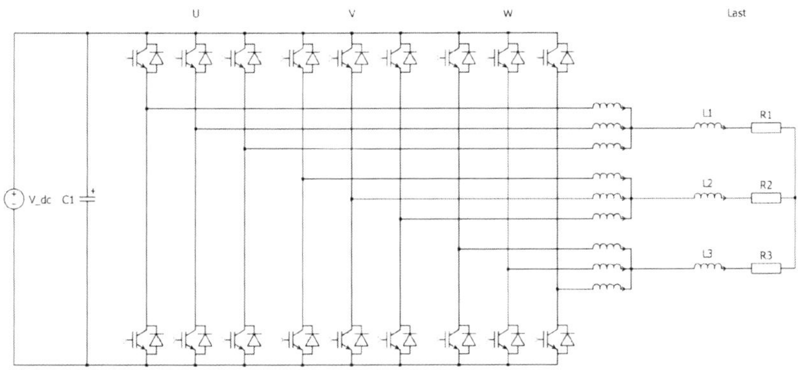

Abbildung 5: Interleaved Inverter mit n=3 parallel geschalteten Umrichtern

Nachteil: komplexer Aufbau, n-fache Anzahl an IGBT-Schaltern, Kosten, passive Filter weiterhin nötig

[5], [6], [7]

4.4 Silizium-Carbid als neuer Werkstoff für Halbleiterschalter

Bereits seit einigen Jahrzehnten wird Silizium-Carbid (SiC) als Werkstoff für die Halbleiterindustrie erforscht. SiC hat gegenüber Silizium einige Vorteile zu bieten wie z.B.

- eine ca. doppelt so große Bandlücke
- die kritische Feldstärke ist ungefähr zehnmal größer
- die thermische Leitfähigkeit ist annähernd zweimal so groß
- die Sättigungsdriftgeschwindigkeit ist ebenfalls nahezu doppelt so groß wie bei Silizium.

Während SiC Leistungsdioden schon seit einiger Zeit am Markt erhältlich sind gibt es zum jetzigen Zeitpunkt lediglich eine Handvoll Hersteller, die Halbleiterschalter (MOSFET, JFET) auf SiC Basis anbieten. Dennoch wird sich diese Technologie in naher Zukunft durchsetzen, da sich aufgrund der genannten Vorteile interessante Eigenschaften für einen Leistungs-Halbleiterschalter ergeben:

- wesentlich geringere Gatekapazität sowie Gateladung→ geringere Schaltverluste
- geringe Abhängigkeit des sehr niedrigen Einschaltwiderstandes von der Temperatur → geringe Verluste im leitenden Zustand
- hohe Drain-Source-Spannung → Einsatz bei industrieüblichen Zwischenkreisspannungen >1kV ohne Serienschaltung mehrerer Schalter möglich
- höhere Betriebstemperatur → geringere Abmessungen der Kühlelemente

In der Literatur sind zahlreiche Publikationen zu Umrichtern mit SiC-Leistungshalbleitern zu finden, welche den großen Nutzen dieser neuen Technologie bestätigen. Die aufgezeigten Eigenschaften machen sie für den geplanten Einsatz als schnelle Schalter im Oberschwingungsumrichter hochinteressant.

Nachteil: Bauteile bisher nur begrenzt verfügbar, hohe Schaltfrequenz fordert sehr schnelle Signalverarbeitung, hohes dU/dt schafft neue Probleme

[8], [9], [10], [11]

5. SDHC Stromregelverfahren

Im Rahmen eines vorangegangenen Forschungsprojektes wurde ein neues hochdynamisches direktes Stromregelverfahren für Zweilevel-Umrichter entwickelt. Es arbeitet auf der Basis eines Hysteresestromreglers, kann universell eingesetzt werden und bildet somit die Basis für den Umrichter in Hybridstruktur. Das Verfahren mit dem Namen „Switched Diamond Hysteresis Control" kurz SDHC verbindet die hohe Dynamik und Robustheit einer direkten Stromregelung mit dem hervorragenden stationären Verhalten eines raumzeigermodulierten Umrichters. Folgende Ziele des Forschungsprojektes wurden mit diesem Regler erreicht und umgesetzt:

- Hohe Dynamik, ohne Instabilität und Überschwingen
- Einfache Parametrierung mit nur wenigen Systemparameteren
- Gleiche, mittlere Schaltfrequenzen in allen Brückenzweigen
- Betrieb auch an nichtlinearen oder unsymmetrischen Lasten ohne Modifikationen möglich
- Mit PWM-Verfahren vergleichbare Verzerrungsanteile im stationären praktischen Einsatz
- Universell für verschiedene Anwendungen einsetzbar
- Implementierung auf einer kostengünstigen FPGA-Plattform

Abbildung 6 zeigt den prinzipiellen Aufbau des SDHC-Reglers. Zur Berücksichtigung der Abhängigkeiten der einzelnen Phasen im Drehstromsystem, verwendet der Regler drei um jeweils 120° gedrehte Koordinatensysteme.

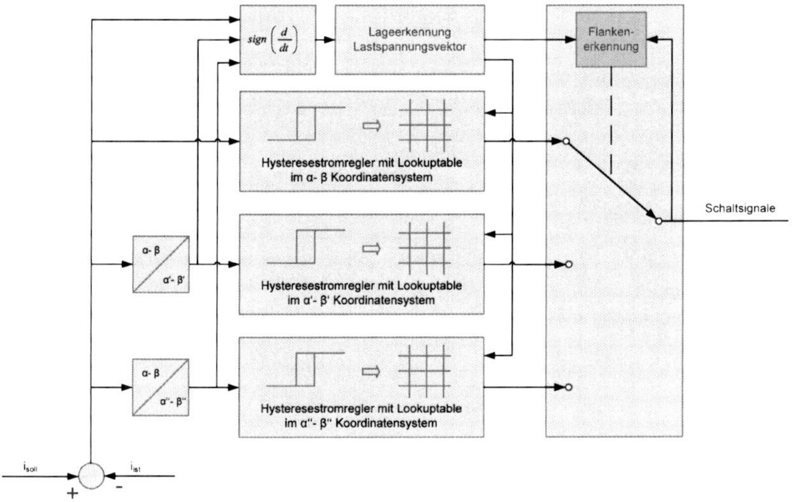

Abbildung 6: Blockschaltbild des SDHC-Stromreglers

Die hohe Dynamik dieses neuen Regelverfahrens ist in Abbildung 7 dargestellt. Nach einem Führungssprung wird die Regeldifferenz der Ströme in den drei Phasen schnellstmöglich kompensiert, während ein herkömmliches Raumzeigermodulations-Verfahren noch lange nach dem Sprung eine deutliche Abweichung aufweist.

Das SDHC-Verfahren ist stets bestrebt, den Stromwert innerhalb des vorgegebenen Hysteresebandes zu halten. Wird nun z.B. ein nicht-idealer Motor an den Umrichter angeschlossen, der aufgrund einer nicht-sinusförmigen EMK Oberschwingungen im Strom erzeugt, werden diese vom SDHC-Regler bestmöglich gedämpft (ausgeregelt). Ein klassisches PWM Verfahren ist aufgrund der Trägheit seiner Stromregelschleife dagegen nicht in der Lage, dieses Defizit auszugleichen. In Abbildung 8 ist in diesem Zusammenhang deutlich zu erkennen, dass das SDHC-Verfahren einen ungefähr 20-fach geringeren Anteil an Oberschwingungen der 5. und 7. Ordnung erreicht.

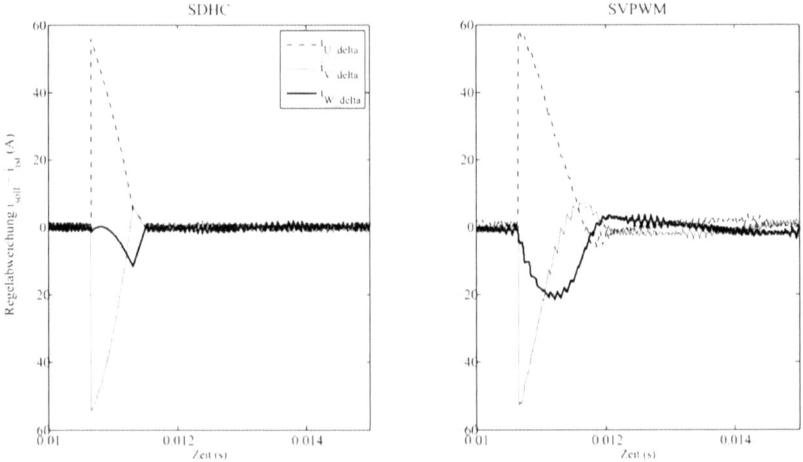

Abbildung 7: Vergleich der Dynamik des SDHC- und des Raumzeigermodulations-Verfahrens

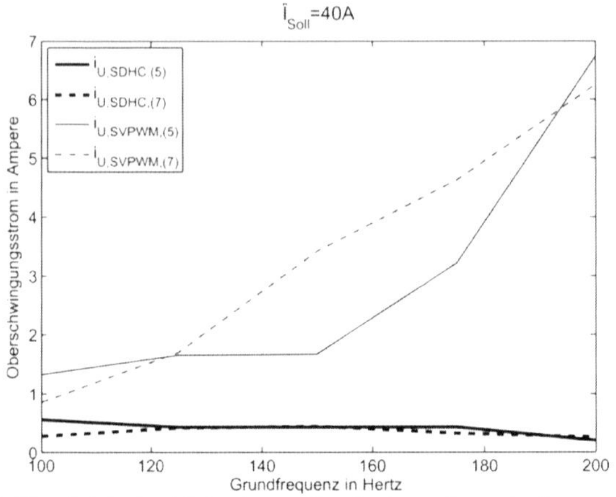

Abbildung 8: Vergleich der Motordynamik mit einer oberschwingungsbehafteten EMK: die 5te und 7te Oberschwingung im Strom wird vom SDHC Regler gut kompensiert, bei PMW nicht mehr

Die Implementierung dieses neuen Stromregelverfahrens erfolgte auf einer ebenfalls im Rahmen dieses Forschungsprojektes entwickelten Steuerung mit Hilfe eines Echtzeitsystems (dSPACE) mit geeigneter FPGA-Board-Erweiterung. Sie enthält alle wichtigen Komponenten zum Betrieb eines Umrichters und kann aufgrund ihrer Flexibilität universell eingesetzt werden. Die zur Realisierung der Regelalgorithmen zur Verfügung stehenden Entwicklungsumgebungen runden dieses System zu einem perfekten Rapid-Prototyping-System im Bereich der Leistungselektronik ab.
In Zusammenarbeit mit einem beteiligten Industriepartner ist es uns bereits gelungen, mit Hilfe dieser Steuerungs-Plattform ein erstes hocheffizientes Testsystem für Umrichtersysteme zu entwickeln.

[12], [13], [14], [15], [16]

6. Zusammenfassung

Der Weg weg von passiven Bauteilen hin zu kleinen aktiven Halbleitern ist ein Schlüssel für zukünftige Umrichtergenerationen. Derzeit werden verschiedene Konzepte dafür entwickelt und im Markt getestet (Multilevel- und Matrixumrichter, Schaltentlastung von IGBTs durch parallele SiC-Halbleiter). Das vorliegende Konzept besticht im Gegensatz zu existierenden Lösungen durch seine Einfachheit, Kompaktheit, Schnelligkeit, Robustheit und seine potenziellen Kostenvorteile, weil Umrichter B nur für den Oberschwingungsstrom ausgelegt werden muss, aber höchstdynamisch regeln kann.
Das Gesamtsystem kann als Emulator für elektrische Maschinen eingesetzt werden, mit dem ein Großteil der anfallenden Tests an Traktionswechselrichtern abgedeckt werden kann.

Literatur

[1] Jih-Sheng Lai; Fang ZhengPeng: Multilevel converters - a new breed of power converters, IEEE Transactions on Industry Applications, Vol. 32, No. 3, 1996, pp. 509 – 517

[2] Krah, J.; Höltgen, M.; Rath, A.; Richter, R.: FPGA-based Control of 3-Level Inverters, PCIM Power Conversion Intelligent Motion, Nürnberg, May 2011, pp. 394 – 400

[3] Manjrekar, M.D.; Steimer, P.; Lipo, T.A.: Hybrid multilevel power conversion system: a competitive solution for high power applications, IEEE Industry Applications Conference, Vol. 3, 1999, pp. 1520 – 1527

[4] Fukuda, S.; Kitano, M.: Control strategy for a three phase series-connected hybrid inverter system, IEEE 32nd Annual Power Electronics Specialists Conference, Vol. 2, 2001, pp. 968 – 973

[5] Di Zhang; Wang, F.; Burgos, R.; Rixin Lai; Boroyevich, D.: DC-Link Ripple Current Reduction for Paralleled Three-Phase Voltage-Source Converters With Interleaving, IEEE Transactions on Power Electronics, Vol. 26, 2011, pp. 1741 – 1753

[6] Abusara, M.A.; Sharkh, S.M.: Design and Control of a Grid-Connected Interleaved Inverter, IEEE Transactions on Power Electronics, Vol. 28, 2013, pp. 748 – 764

[7] Uebener, S.; Böcker, J.: Application of an e-machine emulator for power converter tests in the development of electric drives, European Electric Vehicle Congress (EEVC) Brussels, Belgium, 2012

[8] Schröder, D.: Leistungselektronische Bauelemente, Springer-Verlag, Berlin Heidelberg, 2006

[9] Wintrich, A.; Nicolai, U.; Tursky, W.; Reimann, T.: Applikationshandbuch Leistungshalbleiter, SEMIKRON International GmbH, ISLE Verlag, 2010

[10] Miaosen, S.; Krishnamurthy, S.; Mudholkar, M.: Design and performance of a high frequency silicon carbide inverter, Energy Conversion Congress and Exposition (ECCE), 2011 IEEE, pp. 2044 – 2049

[11] Rocneanu, C.: Are SiC Solutions Really Still More Expensive than Si Solutions Today?, Bodos Power Systems, Vol. 9, 2013, pp. 38 – 40

[12] Baumeister, J.; Ackva, A.; Wießmann, H.; High speed digital direct current controllers, PCIM Europe, Mai 2010

[13] Wießmann, H.; Ackva, A.; Baumeister, J.: Switched diamond hysteresis control, PCIM Europe, Mai 2010

[14] Ackva, A.; Wießmann, H.: Switched diamond hysteresis control – Eine neue Generation von Stromregelverfahren für KFZ-Antriebe mit hoher Materialausnutzung und eingebauten Sicherheitsfunktionen für kostengünstige Antriebe von morgen, VDE Tagung / EMA Aschaffenburg, Oktober 2010

[15] Wießmann, H.; Ackva, A.: Direct Digital Current Control, an Alternative to PWM-Control, ECPE Workshop Electronics around the Power Switch: Gate Drivers, Sensors and Control, 29 – 30 Juni 2011

[16] Ackva, A.; Endres, J.; Hofmann, M.: Novel Line-Side Inverter with Active Filter Option, 4th IEEE International Symposium on Power Electronics for Distributed Generation Systems (PEDG), 2013

26B Hochdynamische Leistungsmessung auf der Basis von Rohdaten im Antriebsstrang von Hybrid- und Elektrofahrzeugen

Johannes Teigelkötter, Alexander Stock, Thomas Kowalski, Stefan Staudt, Klaus Lang, Dirk Eberlein

Abstract

For the design and improvements of hybrid and electrical cars the accurate measuremnent of the electrical quantities is a fundamental responsibility for a successful development process. The power electronic switches in the inverter, are part of the electric drivetrain. Therefor high sample frequencies are required to log the complete raw data correctly. Furthermore the typical load cycles of electrical drives require a high dynamic data aquisition, too. In this contribution different measurement methods and applications of a high dynamic raw data acquisition recorder will be presented. It is suitable for raw data acquisition as well as for calculations and analysis leading from this data, for example power or efficiency calculation, and also the graphical presentation and evaluation of the results. Additionally the acquisition and further processing of mechanical quantities, like torque and speed and also temperature is possible.

Kurzfassung

Für den Entwurf und die Verbesserung von Hybrid- und Elektrofahrzeugen ist die genaue, messtechnische Erfassung der elektrischen Größen eine wichtige Grundvoraussetzung für einen erfolgreichen Entwicklungsprozess. Aufgrund der im elektrischen Antriebsstrang eingesetzten leistungselektronischen Stellglieder bzw. Wechselrichter, sind hohe Abtastraten zur vollständigen Erfassung der Rohdaten nötig. Des Weiteren erfordern die für ein Fahrzeug typischen Lastprofile eine hohe Dynamik. In diesem Beitrag werden Messmethoden und Applikationen mit einem hochdynamischen, frei programmierbaren Rohdatenerfassungsgerät beschrieben. Dieses eignet sich sowohl zur Datenerfassung, als auch für resultierende Analysen, wie Leistungs- und Wirkungsgradbestimmung und deren grafische Aufbereitung und Auswertung. Zusätzlich lassen sich mechanische Größen, wie Drehzahl und Drehmoment, sowie Temperaturen aufzeichnen und weiter verarbeiten.

1. Motivation

Durch den Fortschritt im Bereich der Elektromobilität und die steigende Anzahl von Elektro- bzw. Hybridfahrzeugen wachsen die Anforderungen an leistungsfähige Messtechnik. Die Messgeräte müssen sowohl elektrische als auch mechanische Größen erfassen und verarbeiten können. Die Bandbreite muss auf Grund der eingesetzten Leistungselektronik sehr hoch sein, um alle elektrischen Signale vollständig und fehlerfrei erfassen zu können. Diese exakten Messungen sind wiederum Grundvoraussetzung für die dynamische Leistungsberechnung und eine anschließende Wirkungsgradbestimmung. Diese wird zur quantitativen Bewertung des Antriebskonzepts benötigt. Neben elektrischen und mechanischen Größen ist oftmals auch die Erfassung der Temperatur von Relevanz. Um diesen hohen Anforderungen gerecht zu werden, müssen zunächst die Rohdaten mit einer hohen Abtastrate gespeichert werden und anschließend für weitere Berechnungen zur Verfügung stehen. Die schematische Skizze in Bild 1 zeigt das Rohdatenerfassungsgerät bei der Vermessung des Antriebsstrangs eines Elektrofahrzeugs in der Prüffeldumgebung. Die elektrischen Messgrößen sind die Gleichgrößen zwischen Batterie und Umrichter, sowie die dreiphasigen Drehstromgrößen zwischen Umrichter und Maschine. Zusätzlich werden Drehmoment und Drehzahl an der Antriebswelle erfasst. Zusätzlich werden Temperaturverläufe aufgezeichnet. Das Rohdatenerfassungsgerät wird mithilfe eines PCs gesteuert, überwacht und ausgewertet.

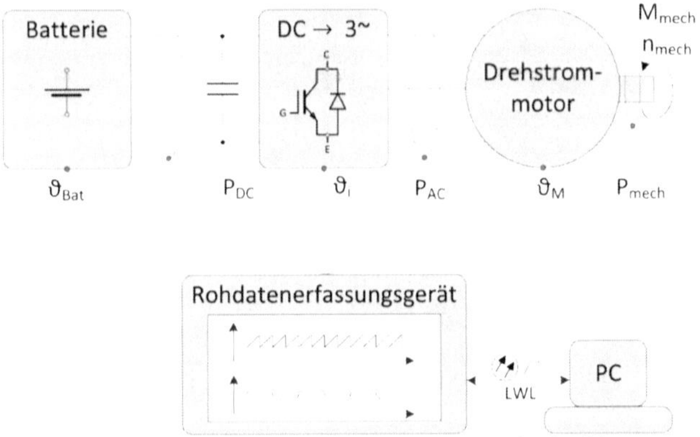

Bild 1: Darstellung des Rohdatenerfassungsgerätes in der Messumgebung

Durch die freie Programmierbarkeit des Rohdatenerfassungsgerätes besteht die Möglichkeit, an die Applikation angepasste Oberflächen zu erstellen und beliebige Rechenoperationen, zur Ermittlung weiterer relevanter Größen aus den Messgrößen, zu implementieren. Ein sehr wichtiges Kriterium zur Qualitätsbewertung eines Elektro- oder Hybridfahrzeugs ist der Wirkungsgrad. Basis für die Wirkungsgradbestimmung ist eine zuverlässige Leistungsmessung im Antriebsstrang des Fahrzeugs. Aus diesem Grund werden im folgenden Kapitel die Grundlagen der Leistungsmessung beschrieben.

2. Leistungsberechnung

2.1 Allgemeine Grundlagen

Elektrische Maschinen sind elektromechanische Energiewandler. Die Wandlung von elektrischer in mechanische Energie wird als motorischer Betrieb bezeichnet. Die Umformung mechanischer Energie in elektrische Energie wird generatorischer Betrieb genannt. Im Antriebsstrang eines Elektrofahrzeugs können beide Betriebsarten auftreten. Die pro Zeiteinheit umgesetzte Energie, welche als Augenblicksleistung $p(t)$ bezeichnet wird, charakterisiert den Leistungsfluss im Antriebsstrang. Die Augenblicksleistung eines Zweileiternetzwerks wird aus dem Produkt des Stroms $i(t)$ und der Spannung $u(t)$ berechnet:

$$p(t) = \frac{dE(t)}{dt} = u(t) \cdot i(t) \tag{1}$$

Hierbei ist $E(t)$ die bis zum Zeitpunkt t umgesetzte Energie. Das zugehörige Zählpfeilsystem ist in Bild 2 dargestellt.

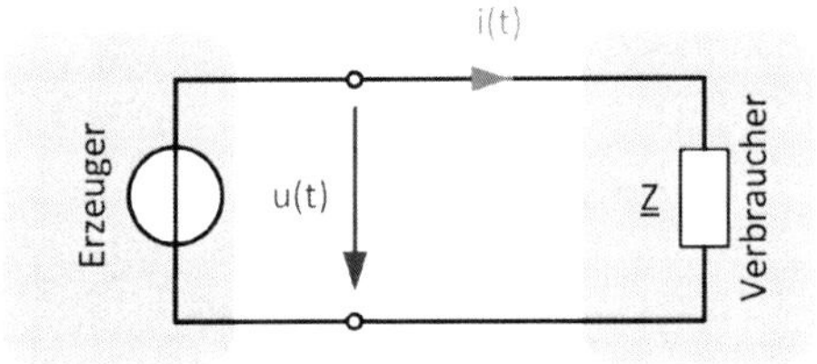

Bild 2: Vereinfachtes Schaltbild von elektrischen Komponenten im Antriebsstrang eines Elektrofahrzeugs

Für $p(t) > 0$ nimmt der Verbraucher Leistung auf, für $p(t) < 0$ gibt der Verbraucher Energie an die Quelle zurück. Handelt es sich bei $u(t)$ und $i(t)$ um periodische Wechselgrößen, so ist die Wirkleistung P als zeitlicher Mittelwert über die Dauer einer Periode T der Augenblicksleistung $p(t)$ definiert:

$$P = \frac{1}{T} \cdot \int_t^{t+T} p(\tau) d\tau \tag{2}$$

Zunächst werden die Leistungsbeziehungen für rein sinus- bzw. cosinusförmige Spannungen und Ströme betrachtet.

2.1.1 Sinusförmige Größen

Unter der Voraussetzung eines linearen Verbrauchers und sinusförmiger Quellenspannung stellt sich in Bild 2 ein sinusförmiger Stromverlauf ein:

$$u(t) = \hat{u} \cdot \sin(\omega t + \varphi_u) \tag{3}$$

$$i(t) = \hat{i} \cdot \sin(\omega t + \varphi_i)$$

Mithilfe von Gleichung (1), den Effektivwerten von Spannung $U = \hat{u} / \sqrt{2}$ und Strom $I = \hat{i} / \sqrt{2}$ bei sinusförmigen Größen und dem Additionstheorem $\sin(x) \cdot \sin(y) = \frac{1}{2} \cdot [\cos(x - y) - \cos(x + y)]$, kann die Augenblicksleistung

$$p(t) = U \cdot I \cdot \cos(\underbrace{\varphi_u - \varphi_i}_{\varphi}) - U \cdot I \cdot \cos(2\omega t + \varphi_u + \varphi_i) = P - S \cdot \cos(2\omega t + \varphi_u + \varphi_i) \tag{4}$$

ermittelt werden. Aus der Definition der Wirkleistung als Mittelwert der Augenblicksleistung, siehe Gleichung (2), wird deutlich, dass der erste konstante Term in Gleichung (4) der Wirkleistung P entspricht. Zusätzlich enthält die Augenblicksleistung einen oszillierenden Anteil. Dessen Amplitude wird als Scheinleistung S bezeichnet. Sie wird aus dem Produkt von Strom- und Spannungseffektivwert gebildet:

$$S = U \cdot I = \frac{\hat{u} \cdot \hat{i}}{2} \tag{5}$$

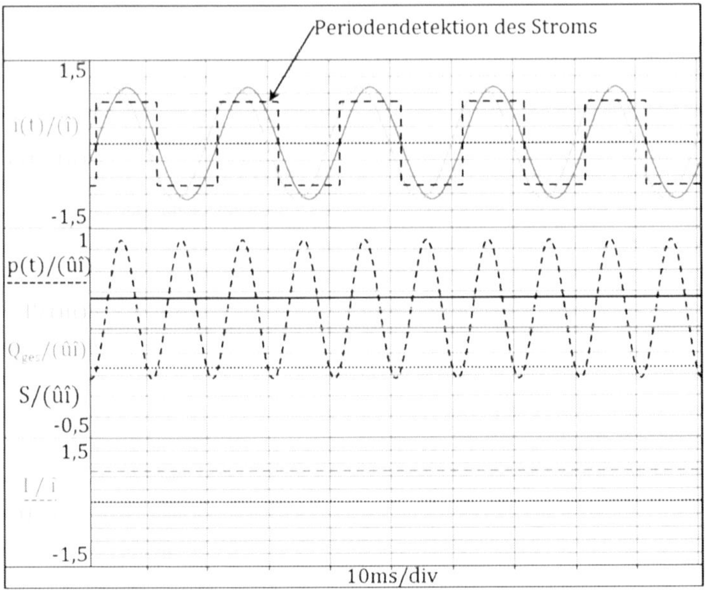

Bild 3: Leistungsgrößen bei linearen Verbrauchern und sinus-förmiger Quellenspannung (Testsignale)

Die Scheinleistung dient als Referenzgröße zur Auslegung elektrischer Energieübertragungseinrichtungen. Aus Scheinleistung und Wirkleistung lässt sich die Blindleistung ermitteln:

$$Q = \sqrt{S^2 - P^2} = U \cdot I \cdot \sin(\varphi) \tag{6}$$

Die Blindleistung liefert keine wandelbare bzw. nutzbare Energie. Durch den auftretenden Blindstrom werden jedoch die Energieübertragungspfade, z.B. Leitungswiderstände, durch zusätzliche Verlustleistung belastet. Bild 3 zeigt die Leistungsverhältnisse bei sinusförmigen Größen. Zur quantitativen Beurteilung wird der Leistungsfaktor λ herangezogen. Bei sinusförmigen Strom- und Spannungsgrößen ergibt sich folgendes Verhältnis von Wirk- zu Scheinleistung:

$$\lambda = \frac{P}{S} = \cos(\varphi) \tag{7}$$

Wird keine Wirkleistung übertragen, so ist auch der Leistungsfaktor gleich Null. Ist der Leistungsfaktor gleich Eins, wird ausschließlich Wirkleistung an den Verbraucher übertragen.

2.1.2 Nicht sinusförmige Größen

Für nicht sinusförmige Größen sind die Leistungsverhältnisse komplizierter. Es existieren unterschiedliche, in der Fachliteratur anerkannte, Interpretationen. Nahezu allen liegt jedoch einheitlich die Definition der Wirkleistung als periodischer Mittelwert der Augenblicksleistung zugrunde (Gleichung (2)). Die DIN 40 110 Teil 1 [4] definiert die Wechselstromgrößen in Zweileitersystemen. Während bei sinusförmigen Spannungen und nicht sinusförmigen Strömen eine Zerlegung der Gesamtblindleistung in Grundschwingungs-Verschiebungs-Blindleistung und Verzerrungs-Blindleistung definiert ist, wird für nicht sinusförmige Spannungen und Ströme keine äquivalente Zerlegung der gesamten Blindleistung angegeben. Zur Erprobung des Messgeräts wird in diesem Unterkapitel auf die Leistungsdefinitionen nach Budeanu zurückgegriffen [5]. Hierbei stimmen die Definitionen von Gesamtwirk-, Gesamtblind- und Gesamtscheinleistung mit der zuvor beschriebenen Norm überein. Es wird jedoch zusätzlich eine Zerlegung der Blindleistung für nichtsinusförmige Spannungen und Ströme angegeben. Die Theorie ist im Frequenzbereich definiert. Nahezu alle in der Elektrotechnik praktisch relevante, periodische Signale lassen sich mithilfe einer Fourierreihe oder der Discrete Fourier Transform (DFT), bzw. eines schnellen DFT-Algorithmus, der Fast Fourier Transform (FFT), in harmonische Anteile zerlegen. Die Summe des Gleichanteils, der Grundschwingung und der einzelnen Harmonischen rekonstruiert das Signal. Mithilfe der Bestimmung der Wirkleistung sinusförmiger Größen aus Gleichung (4) und der Fourierreihendarstellung eines Signals lässt sich die Wirkleistung eines nicht sinusförmigen Signals als Summe aller anteiligen sinusförmigen Wirkleistungen darstellen:

$$P = \sum_{k=0}^{\infty} P_k = U_0 \cdot I_0 + \sum_{k=1}^{\infty} U_k \cdot I_k \cdot \cos(\varphi_k) \tag{8}$$

Die gleiche Argumentation gilt für die Berechnung der Blindleistung aus Gleichung (6):

$$Q = \sum_{k=1}^{\infty} Q_k = \sum_{k=1}^{\infty} U_k \cdot I_k \cdot \sin(\varphi_k) \tag{9}$$

Bei der praktischen Leistungsberechnung werden die zu ermittelnden Leistungen selbstverständlich durch Harmonische ausreichend hoher Ordnungen approximiert. Auch die Scheinleistung wird analog zu Gleichung (5) aus den Effektivwerten von Strom und Spannung bestimmt:

$$\begin{gathered} U = \sqrt{\frac{1}{T} \cdot \int_t^{t+T} (u(\tau))^2 \, d\tau} = \sqrt{\hat{u}_0^2 + \sum_{k=1}^{\infty} \left(\frac{\hat{u}_k}{\sqrt{2}}\right)^2} \\ I = \sqrt{\frac{1}{T} \cdot \int_t^{t+T} (i(\tau))^2 \, d\tau} = \sqrt{\hat{i}_0^2 + \sum_{k=1}^{\infty} \left(\frac{\hat{i}_k}{\sqrt{2}}\right)^2} \\ S = U \cdot I \end{gathered} \tag{10}$$

Die Effektivwerte von Strom und Spannung müssen entweder anhand des nicht sinusförmigen Signals oder aus den Effektivwerten der Grundschwingung und den einzelnen Harmonischen ermittelt werden. Ein eventuell vorhandener Gleichanteil wird mit $\hat{u}_0 = U_0$ bzw. $\hat{i}_0 = I_0$ bezeichnet. Sowohl Wirk-, als auch Blindleistung beinhalten ausschließlich Strom-Spannungsprodukte von Harmonischen gleicher Ordnung. Der bei sinusförmigen Größen gültige Zusammenhang $S = \sqrt{P^2 + Q^2}$ ist bei nicht sinusförmigen Grenzen unter der Berücksichtigung der Definitionen (8) und (9) nicht gültig: $S \neq \sqrt{\left[U_0 \cdot I_0 + \sum_{k=1}^{\infty} U_k \cdot I_k \cdot \cos(\varphi_k)\right]^2 + \left[\sum_{k=1}^{\infty} U_k \cdot I_k \cdot \sin(\varphi_k)\right]^2}$. Durch das Quadrieren der Summen entstehen Mischterme unterschiedlicher Harmonischer, welche in ihrer Gesamtheit als Verzerrungsblindleistung *D* bezeichnet werden.

$$D = \sqrt{S^2 - P^2 - Q^2} \tag{11}$$

Die Scheinleistung lässt sich jedoch, analog zu den sinusförmigen Größen, mittels Wirkleistung und Gesamtblindleistung beschreiben. Die Gesamtblindleistung Q_{ges} beinhaltet die Blindleistung gleicher Spannungs- und Stromharmonischer Q sowie die Verzerrungsblindleistung D mit $Q_{ges} = \sqrt{Q^2 + D^2}$. Bild 4 skizziert die Leistungsverhältnisse im Zeigerdiagramm.

$$S = \sqrt{P^2 + Q^2 + D^2} = \sqrt{P^2 + Q_{ges}^2} \tag{12}$$

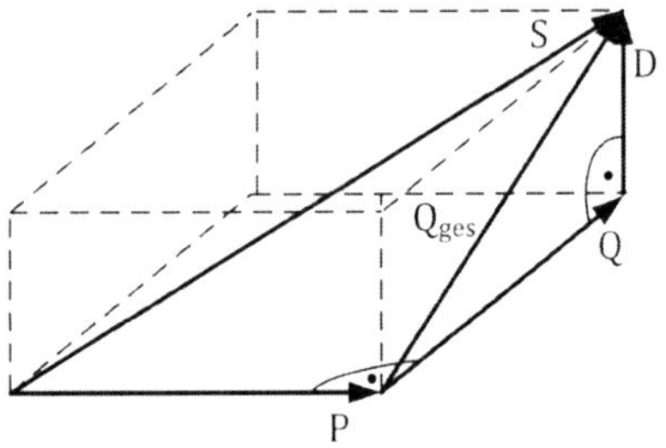

Bild 4: Zeigerdiagramm der Leistungsverhältnisse bei nicht sinusförmigen Größen

Bild 5 zeigt ein Beispiel für eine nicht sinusförmige Spannung und den durch den Verbraucher fließenden nicht sinusförmigen Strom, sowie die zugehörigen Leistungsgrößen und Effektivwerte von Spannung und Strom.

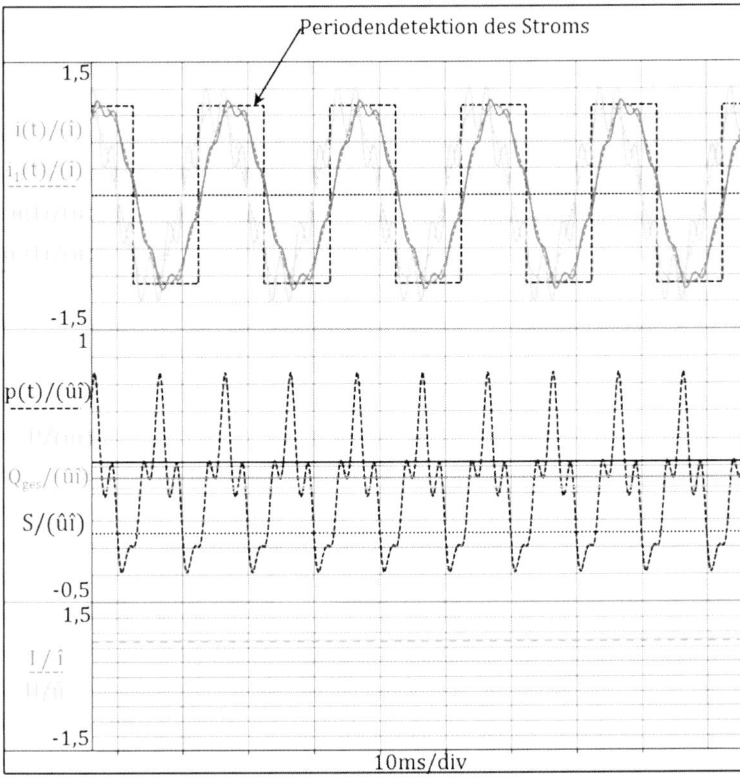

Bild 5: Leistungsgrößen bei nicht sinusförmigen Spannungen und Strömen (Testsignale)

2.2 Raumzeigerleistung

2.2.1 Definition des Raumzeigerbegriffs

Zur Erleichterung der mathematischen Beschreibung von Drehstromsystemen entwickelte Kovacs im Jahr 1959 die Raumzeigertheorie [3]. Diese wird unter anderem bei der Regelung von Drehfeldmaschinen praktisch angewandt. Die elektrischen und magnetischen Größen eines dreiphasigen Drehstromsystems, z.B. einer elektrischen Drehfeldmaschine, lassen sich auf ein zweiphasiges, orthogonales System und ein unter gewissen Umständen vorhandenes Nullsystem abbilden. Das zweiphasige, orthogonale System lässt sich als komplexe Zahl interpretieren, welche als Raumzeiger bezeichnet wird. Ihr Realteil und ihr Imaginärteil entsprechen den Projektionen der, als Zeiger dargestellten, komplexen Zahl auf die Achsen α und β der komplexen Zahlenebene. In Gleichung (13) ist die Berechnungsvorschrift des komplexen Raumzeigers $\underline{x}(t) = x_\alpha + jx_\beta$ aus den drei, jeweils um 120° phasenverschobenen, Drehstromsträngen a, b, c definiert:

$$\underline{x}(t) = \frac{2}{3} \cdot \left(x_a(t) + \underline{a} \cdot x_b(t) + \underline{a}^2 \cdot x_c(t) \right) \tag{13}$$

Hierbei ist $a = e^{j120°}$ ein komplexer Drehoperator. Das zugehörige Nullsystem ist durch

$$\underline{x}(t) = \frac{1}{3} \cdot \left(x_a(t) + x_b(t) + x_c(t) \right) \tag{14}$$

gegeben.

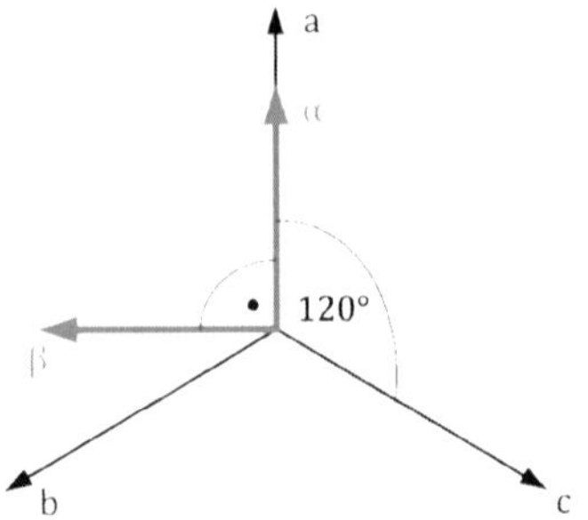

Bild 6: Koordinatenachsen des Drehstrom-, Null- und zugehörigen Raumzeigersystems

Bild 6 zeigt abschließend die Koordinatendarstellung des Dreiphasensystems (a, b, c) gegenüber dem Raumzeigersystem (α, β).

2.2.2 *Leistungen in der Raumzeigertheorie*

Wie in der komplexen Wechselstromtechnik sinusförmiger Größen wird auch in der Raumzeigertheorie die Wirkleistung als Produkt paralleler Strom und Spannungskomponenten gebildet und als Raumzeigeraugenblickswirkleistung $p_{in}(\mathrm{t})$ bezeichnet:

$$p_{in}(t) = \frac{3}{2} \cdot \Re\left[\underline{u} \cdot \underline{i}^*\right] = \frac{3}{2} \cdot \left(u_\alpha \cdot i_\alpha + u_\beta \cdot i_\beta\right) \tag{15}$$

Das Produkt aus Strom-, Spannungsnullsystem und dem Faktor 3 bildet die sogenannte Nullsystemaugenblicksleistung $p_{in0}(\mathrm{t})$:

$$p_{in0}(t) = 3 \cdot u_0 \cdot i_0 \tag{16}$$

Die Summe aus Raumzeigeraugenblickswirkleistung und Nullsystemaugenblicksleistung liefert die gesamte Raumzeigeraugenblicksleistung $p_{in\Sigma}(\mathrm{t})$, welche identisch zur Augenblicksleistung eines Dreiphasensystems $p(t)$ (vgl. Gleichung (1) für eine Phase) ist:

$$p_{in\Sigma}(t) = p_{in}(t) + p_{in0}(t) = u_a(t) \cdot i_a(t) + u_b(t) \cdot i_b(t) + u_c(t) \cdot i_c(t) = p(t) \tag{17}$$

Da bei im Sternpunkt verschalteten Drehfeldmaschinen die Summe der Ströme im Sternpunkt Null ergibt, folgt unter Berücksichtigung der Gleichungen (14) und (16), dass keine Nullsystemleistung auftritt. Nach Gleichung (17) entspricht bei diesen Maschinentypen somit die Raumzeigeraugenblickswirkleistung exakt der dreiphasig ermittelten Augenblicksleistung. Weiterhin lässt sich zeigen, dass im Dreiphasensystem im eingeschwungenen Zustand bei sinusförmigen Größen die Augenblicksleistung und somit auch die Raumzeigeraugenblickswirkleistung ihrem Mittelwert und somit der Wirkleistung entsprechen. Unter der Bedingung, dass kein Stromnullsystem auftritt und alle Strom- und Spannungsgrößen sinusförmig und im eingeschwungenen Zustand sind, folgt für die Wirkleistung:

$$P = p_{in}(t) = \frac{3}{2} \cdot \left(u_\alpha \cdot i_\alpha + u_\beta \cdot i_\beta\right) \tag{18}$$

Die Raumzeigeraugenblicksblindleistung wird analog zur komplexen Wechselstromtechnik sinusförmiger Größen aus orthogonalen Strom- und Spannungskomponenten gebildet:

$$q_{in}(t) = \frac{3}{2} \cdot \Im\left[\underline{u} \cdot \underline{i}^*\right] = \frac{3}{2} \cdot \left(u_\beta \cdot i_\alpha - u_\alpha \cdot i_\beta\right) \tag{18}$$

Auch diese stimmt unter den bereits genannten Vereinfachungen mit der klassischen Leistungstheorie überein. Sind die genannten Bedingungen nicht erfüllt, weichen die Raumzeigerleistungen von den klassischen Definitionen ab. Sie basieren jedoch auf der gemeinsamen Grundlage der Zerlegung des Stroms in spannungsparallele bzw. -orthogonale Komponenten, um die Wirk- bzw. Blindleistung zu ermitteln. Des Weiteren bietet die Raumzeigertheorie den großen Vorteil Augenblickswerte für Wirk- und

Blindleistung zu ermitteln, während die klassische Theorie jeweils nur eine konstante Leistungskenngröße pro Grundschwingungsperiode berechnet.

3. Messungen an einer Asynchronmaschine

Da Asynchronmaschinen einfach und robust aufgebaut sind, werden diese häufig für Traktionsaufgaben verwendet. In Bild 7 ist der Aufbau einer Asynchronmaschine in der Variante als Kurzschlussläufer abgebildet. Im ruhenden Ständer sind drei Wicklungen angeordnet. Der Läufer ist als Kurzschlussläufer ausgeführt, d.h. die Stäbe aus Aluminium oder Kupfer werden an den Stirnseiten mit leitenden Ringen kurzgeschlossen. Werden in den räumlich versetzen Wicklungen drei um 120° zeitlich versetzte Ströme eingeprägt, entsteht ein magnetisches Drehfeld. Das magnetische Feld rotiert mit der synchronen Drehzahl:

$$n_S = \frac{f_S}{p} \tag{19}$$

Wie Gleichung (19) zeigt, ist die synchrone Drehzahl n_S abhängig von der Frequenz f_S der Ständerströme und der so genannten Polpaarzahl p der Asynchronmaschine. Das magnetische Drehfeld bewegt sich über den Käfigläufer hinweg. Dabei werden Spannungen in den Stäben induziert. Aufgrund der Kurzschlussringe an den Stirnseiten des Läufers fließen infolge der induzierten Spannung große Ströme in den Stäben. Entsprechend der Lenz'schen Regel entsteht dabei eine Kraft, die den Läufer in Richtung des Drehfeldes beschleunigt. Dadurch wird die Drehzahldifferenz zwischen dem Läufer und dem Drehfeld verringert. Im Antriebsstrang eines Elektrofahrzeugs bietet die Raumzeigertheorie beispielsweise den Vorteil, während Beschleunigungs- und Abbremsvorgängen eines Elektromotors, kontinuierliche Leistungsgrößen zu ermitteln.

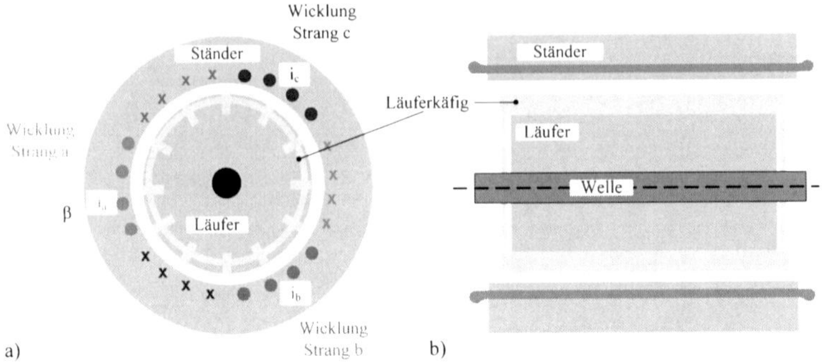

Bild 7: Aufbau einer Asynchronmaschine mit Kurzschlussläufer
a) Querschnitt und b) Längsschnitt durch die Maschine

3.2 Raumzeigerersatzschaltbild der Asynchronmaschine

Das Betriebsverhalten von elektrischen Maschinen wird häufig mit Ersatzschaltbildern beschrieben. In Bild 8 ist das vereinfachte Raumzeigerersatzschaltbild einer Asynchronmaschine dargestellt. Die Ständerspannung, die der Wechselrichter auf die Asynchronmaschine schaltet, wird durch den Raumzeiger $\underline{u}_S(t)$ beschrieben. Der Ständerstrom $\underline{i}_S(t)$ fließt in die Asynchronmaschine. Der Ständerwiderstand wird in der Ersatzschaltung mit R_S gekennzeichnet. Die Induktivität L_μ ist die Magnetisierungsinduktivität der Maschine. Die Streuinduktivitäten der Maschine werden in L_σ zusammengefasst. Der auf die Ständerseite umgerechnete Rotorwiderstand wird mit R_r bezeichnet. Die mechanische Drehzahl n an der Welle der Asynchronmaschine wird im Ersatzschaltbild durch die elektromechanische Kreisfrequenz ω berücksichtig. Diese beiden Größen können über die Polpaarzahl p in einander umgerechnet werden.

$$\omega = 2\pi \cdot p \cdot n \qquad (20)$$

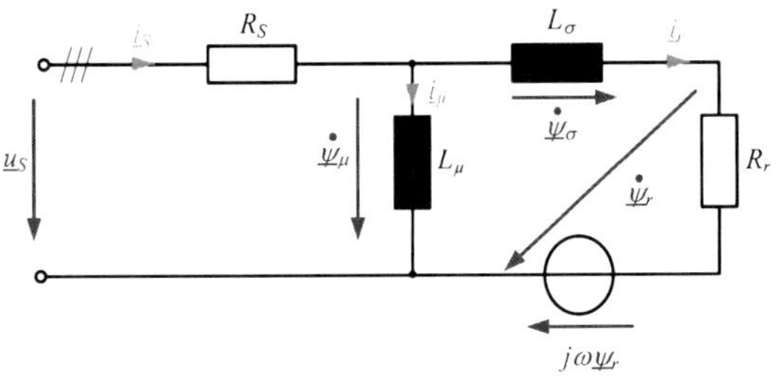

Bild 8: Vereinfachtes Raumzeiger-Ersatzschaltbild einer Asynchronmaschine

Vertiefende Informationen zur Asynchronmaschine sind unter anderem [3] und [6] zu entnehmen.

3.3 Messung der Umrichterspannungen und Ströme

Eine Schwierigkeit bei der Leistungsmessung im Umrichterbetrieb stellt die richtige Erfassung der, in Abhängigkeit von der Schaltfrequenz des Umrichters relativ hochfrequenten, Umrichterspannung dar.

Die Abtastrate von 2 MS/s, des bei diesen Messungen eingesetzten Rohdatenerfassungsgeräts, reicht aus, um die Umrichterspannung bei einer Schaltfrequenz bis 20 kHz ungefiltert erfassen zu können. In Bild 9 sind die vom Umrichterausgang gegen einen künstlichen Sternpunkt gemessenen Umrichterspannungen mit den zugehörigen Strangströmen dargestellt. Des Weiteren wurden die zugehörigen Raumzeigergrößen berechnet.

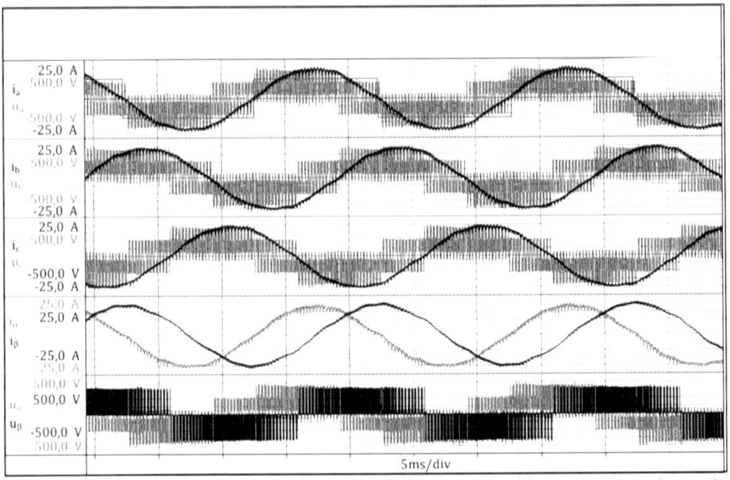

Bild 9: Umrichterspannung und Motorströme einer umrichtergespeisten Asynchronmaschine

3.4 Berechnung des Luftspaltmoments

Bei elektrischen Drehfeldmaschinen besteht die Möglichkeit, das sogenannte innere bzw. Luftspaltmoment aus der Messung der elektrischen Spannungen bzw. Flüsse und Ströme zu berechnen. Je nach Genauigkeit des zugrunde liegenden Berechnungsmodells approximiert das innere Drehmoment das, mithilfe einer Drehmomentmesswelle gemessene, mechanische Drehmoment. Die Berechnung des inneren Drehmoments kann somit als redundante Information genutzt werden, da es zumindest in einer ähnlichen Größenregion des mechanischen Moments liegen sollte. Außerdem lässt sich somit das anteilige Drehmoment eines Elektromotors in Relation zu dem, mit Messwelle gemessenen, Moment des gesamten Antriebsstrangs setzen. Diese Applikation ist beispielsweise bei Hybridfahrzeugen denkbar, da Verbrennungsmotor und Elektromotor auf denselben Antriebsstrang Einfluss nehmen. Aus der Literatur ist bekannt [3], dass für Drehfeldmaschinen das innere Drehmoment aus den Statorströmen und magnetischen Statorflüssen berechnet werden kann:

$$M_i = \frac{3}{2}\cdot p\cdot\left[\Psi_{s\alpha}\cdot i_{s\beta} - \Psi_{s\beta}\cdot i_{s\alpha}\right] \tag{21}$$

Hierbei entspricht p der Polpaarzahl der Drehfeldmaschine. Die Ströme und Flüsse sind durch ihre Raumzeigerkomponenten dargestellt. Den Statorflussraumzeiger erhält man durch die Integration der Differenz von Statorspannung und ohmschen Spannungsabfall am Statorwiderstand der Maschine:

$$\underline{\Psi}_s(t) = \int_0^t \left[\underline{u}_s(\tau) - R_s\cdot\underline{i}_s(\tau)\right]d\tau \tag{22}$$

Bei einigen Maschinen kann, je nach Anforderung an die Genauigkeit, der oftmals geringe Statorwiderstand vernachlässigt werden. Somit vereinfacht sich (22) zu $\underline{\Psi}_s(t) = \int_0^t \underline{u}_s(\tau)d\tau$. Diese Vereinfachung ist jedoch für jede Applikation im Einzelfall zu untersuchen. Bei hohen Genauigkeitsansprüchen muss der Widerstand unter Umständen in Abhängigkeit der Temperatur und Frequenz (Skineffekt) berücksichtigt werden. In Bild 10 sind die Flussraumzeigerkomponenten, 10.a, sowie die Trajektorie des Raumzeigers, 10b, dargestellt.

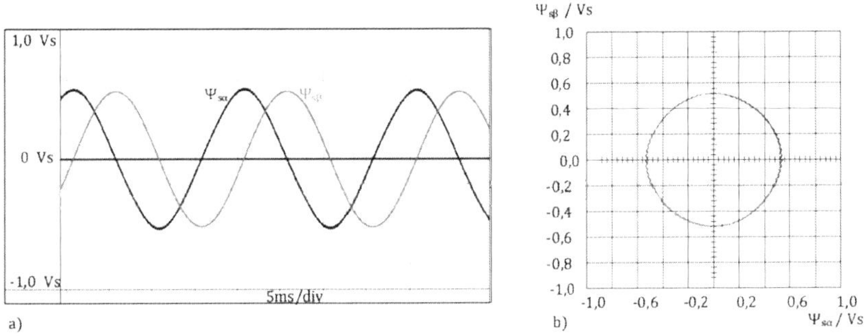

Bild 10: Ständerflussraumzeiger: a) Zeitverlauf des Real- und Imaginärteils; *b) Bahnkurve des Raumzeigers in der komplexen Ebene*

Die erläuterten analytischen Zusammenhänge lassen sich auf dem Rohdatenerfassungsgerät implementieren. Hierzu wurde das Drehmoment gemäß der Gleichung (21) berechnet. Der Fluss wurde mithilfe von (22) ermittelt. Dabei wurde der Statorwiderstand als konstanter Wert aus den Bemessungsdaten der Maschine entnommen.

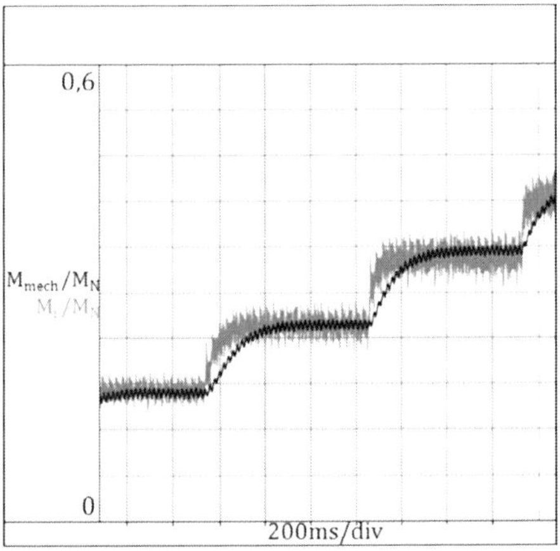

Bild 11: Berechnetes inneres Drehmoment und per Messwelle gemessenes mechanisches Drehmoment

Bild 11 zeigt das, mithilfe einer Drehmomentmesswelle aufgezeichnete, mechanische Drehmoment M_{mech}, sowie das aus den elektrischen Größen Spannung und Strom approximierte innere Drehmoment einer elektrischen Drehfeldmaschine. Die Drehmomentgrößen sind jeweils auf das Maschinennennmoment normiert. Im stationären Zustand stimmen die Momente sehr genau überein. Die Abweichungen in der Dynamik sind auf das stark vereinfachte Berechnungsmodell zurückzuführen. Dieses reicht aus, um durch die redundante Drehmomentinformation Sensorstörungen zu detektieren, jedoch nicht um die Drehmomentmesswelle bei hochgenauen Messungen zu ersetzen.

4. Zusammenfassung und Ausblick

In diesem Beitrag wurden die Vorteile eines breitbandigen frei programmierbaren Rohdatenerfassungsgeräts bei der Leistungsmessung im Antriebsstrang eines Elektro- bzw. Hybridfahrzeugs dargestellt. Zunächst wurden die hierfür benötigten Grundlagen und Definitionen der Leistungsmessung behandelt. Anschließend wurde die Funktionsweise der Asynchronmaschine erläutert, welche als robustes und günstiges Antriebskonzept häufig in Traktionsantrieben eingesetzt wird.
Aufgrund der hohen Dynamik der elektrischen Größen im elektromobilen Einsatz, sind die Ansprüche an Bandbreite und gleichzeitig hoher Messgenauigkeit in den letzten Jahren stark angestiegen. Die in diesem Beitrag vorgestellten Messaufgaben, zeigen die Leistungsfähigkeit des Rohdatenerfassungsgeräts bei typischen Applikationen im elektrischen Antriebsstrang. Einige der hierfür genutzten Implementierungen in der Messgerätsoftware werden im Internet [1] zum Download zur Verfügung gestellt.

Literatur / References

[1] Hottinger Baldwin Messtechnik GmbH: http://www.hbm.com

[2] Eberlein, D.; Lang, K.; Teigelkötter, J.; Kowalski, T.: Elektromobilität auf der Überholspur: Effizienzsteigerung für den Antrieb der Zukunft. In: Tagungsband der 3. Tagung Innovation Messtechnik, 14. Mai 2013. Aachen: Shaker Verlag GmbH, 2013 - ISBN 978-3-8440-1817-2

[3] Teigelkötter, J.: Energieeffiziente elektrische Antriebe – Grundlagen, Leistungselektronik, Betriebsverhalten und Regelung von Drehstrommotoren. Wiesbaden: Springer Vieweg, 2013.

[4] DIN Deutsches Institut für Normung e.V.: Wechselstromgrößen Zweileiter-Stromkreise. DIN 40 110 Teil 1: März 1994

[5] Hirofumi, A.; Watanabe, E. H.; Aredes, M.: Instantaneous power theory and applications to power conditioning. Hoboken and N.J and Piscataway and N.J : Wiley and IEEE Press, 2007. – ISBN 978–0–470–10761–4

[6] Hofmann, W.: Elektrische Maschinen. München [u.a.]: Pearson Verlag, 2013. – ISBN 978-386-89400-9-1

27B Kompensation von Rotorwinkelfehlern – Optimierungspotential bei Permanenterregten Synchronmaschinen

Bastian Racky

Kurzfassung

Mit dem Einzug der Permanenterregten Synchronmaschine (PSM) in den Antriebsstrang des Automobils und den damit verbundenen Stückzahlszenarien steigt der Aufwand um die Anforderungen an Performance, Sicherheit und Effizienz auf der einen Seite und niedrigen Kosten auf der anderen erfüllen zu können. Ein Ansatzpunkt zur Optimierung ist die Kompensation von Rotorwinkelfehlern. Die exakte Rotorlage einer PSM hat einen maßgeblichen Einfluss auf das korrekte Betriebsverhalten. Es werden in diesem Artikel die Ursachen und die Probleme einer falschen Rotorlage beschrieben und Lösungen zur Winkelfehlerkorrektur aufgezeigt, mit denen ein optimierter Betrieb ermöglicht wird.

1. Einleitung

Im Antriebsbereich von Elektro- und Hybridfahrzeugen nimmt die PSM aufgrund ihrer überragenden Drehmoment- und Leistungsdichte eine tragende Rolle ein. Dies gilt insbesondere für hochintegrierte Anwendungen mit starken Bauraumlimitierungen. Typische Systeme sind (Plugin-)Hybridantriebe direkt im Verbrenner-Getriebestrang mit geringer maximal möglicher Motorgesamtlänge oder sehr großen Rotorinnendurchmessern aufgrund von eingelagerten Getriebe- oder Kupplungskomponenten. Für dynamische drehzahlveränderliche Antriebe ist die Grundlage für eine optimale Ausnutzung und den zuverlässigen Betrieb der Maschine die Ansteuerung durch einen pulsweitenmodulierten Wechselrichter mit feldorientierter Regelung. Um eine PSM „feldorientiert“ (d.h. ausgerichtet am Magnetfeld des Rotors) zu betreiben ist zu jedem Zeitpunkt die Information der exakten Magnetflussrichtung des Rotors in Relation zum bestromten Stator notwendig. Üblicherweise wird hierfür ein Rotorlagegeber eingesetzt, der die absolute Rotorposition als Winkelinformation für die Regelung bereitstellt.

2. Auswirkungen eines Winkelfehlers

Ein zeitveränderlicher Winkelfehler (z.B. Gain- oder Offsetabweichung zwischen den Resolverspuren) verursacht über die Regelung einen entsprechenden Drehmoment Ripple. Diese beeinträchtigen den Antrieb durch höhere Geräusche, geringeren Komfort und schlechtere Effizienz. Ein zeitkonstanter Winkelfehler (z.B. Verdrehung des Lagesensors zur Rotor Null Position) bedingt eine schlechtere Effizienz durch suboptimale Ansteuerung und verursacht eine schlechtere Drehmomenttreue. Diese ist besonders für funktionale Aspekte wie ESP Anforderungen oder Torque-vectoring entscheidend.

Wie stark der Einfluss des Winkelfehlers auf das Drehmoment ist, wird aus dem Zusammenhang der PSM im rotorfesten dq-Achsensystem deutlich. Läge bspw. im Extremfall ein Winkelfehler von 90° vor, würde ein vorgegebener reiner drehmomentbildender q-Strom in einen feldbildenden d-Strom gedreht und somit statt Nennmoment kein Drehmoment erzeugt werden. Das von der Regelung erwartete dq-Koordinatensystem entspricht dabei dem um den Fehlwinkel ε gedrehten realen Achsensystem dq*. Damit wird aus einem reinem q-Strom ein Strom mit q-Anteil $i_q^* = \cos(\varepsilon) i_q$ und einem d-Strom Anteil $i_d^* = \sin(\varepsilon) i_q$. Entsprechend lässt sich der Einfluss des Winkelfehlers in der Drehmomentgleichung je nach d- oder q-Strombetrieb darstellen.

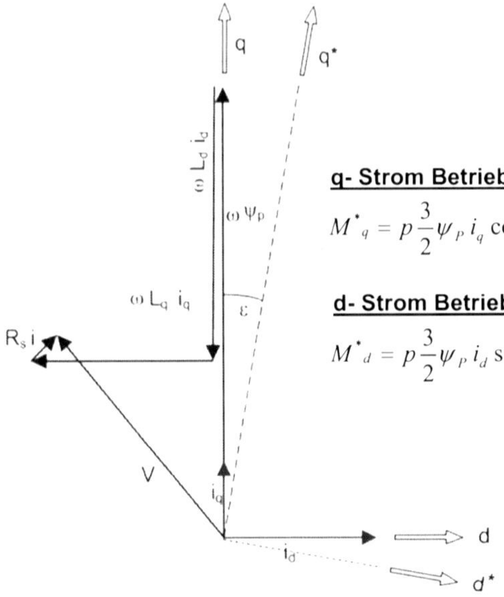

q- Strom Betrieb

$$M^*_q = p\frac{3}{2}\psi_P i_q \cos(\varepsilon) + p\frac{3}{2}(L_d - L_q) i_q^2 \sin(\varepsilon)\cos(\varepsilon)$$

d- Strom Betrieb

$$M^*_d = p\frac{3}{2}\psi_P i_d \sin(\varepsilon) + p\frac{3}{2}(L_d - L_q) i_d^2 \sin(\varepsilon)\cos(\varepsilon)$$

Bild 1: Abhängigkeit des Drehmoments vom Rotorwinkel

Folglich ergibt sich für die Drehmomentabweichung eine starke Sensibilität vom Betriebsbereich des Motors. Im Motorgrundstellbereich, bei hohen q-Strömen ist die Drehmomentabweichung durch einen kleinen Fehlwinkel geringer, da sie proportional zu cos(ε) ist (Bsp. ε =2° ergibt eine Abweichung von 0.04%). Bei hohen Drehzahlen im Feldschwächbereich mit hohen d-Strömen ist die Abweichung größer da sie abhängig von sin(ε) ist (Bsp. ε =2° ergibt eine Abweichung von 3.5%).

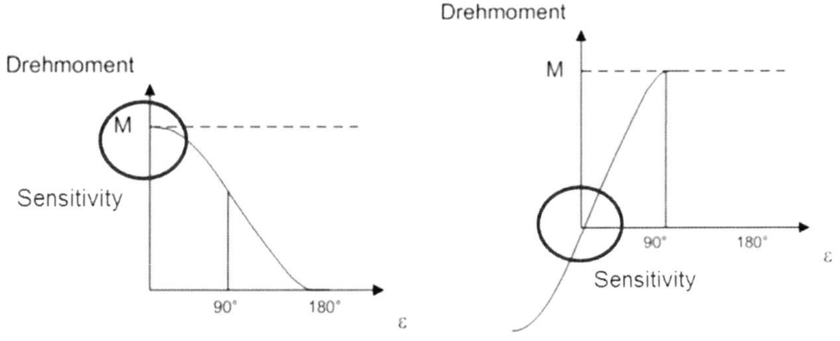

Bild 2: Sensitivität der Momentenabweichung vom Winkelfehler

Dieser einfache Zusammenhang gilt für Vollpolmaschinen ohne Reluktanz, mit $L_d=L_q$. Mit steigendem Reluktanzanteil kommt sowohl für den d-Strombetrieb wie den q-Strombetrieb noch eine weitere Momentenabweichung proportional zu sin(ε)cos(ε) hinzu.

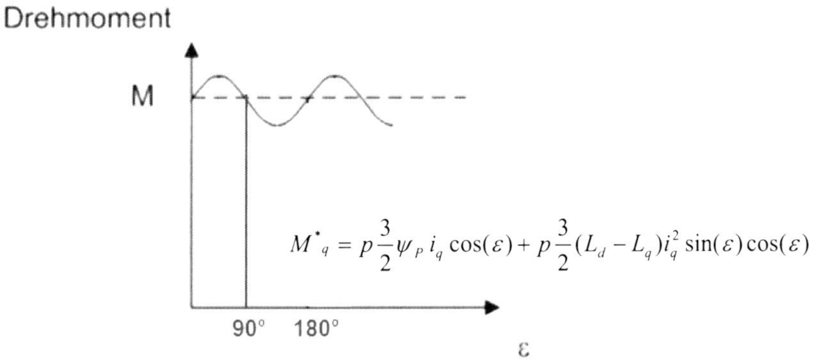

Bild 3: Zusätzliche Winkelabhängigkeit des Drehmoments durch Reluktanzanteil

3. Ursachen eines Fehlwinkels

Grundsätzlich kann in der Antriebstechnik von Synchronmaschinen das zwingend notwendige Rotorlagesignal auf direktem oder indirektem Weg ermittelt werden. Im ersten Fall wird die Lage des Rotors durch einen magnetischen, induktiven oder optischen Sensor gemessen. Im anderen Fall stehen verschiedene „sensorlose“ Regelungsalgorithmen zur Verfügung, die aus bekannten Systemparametern und anderen Messgrößen (Strom, Spannung) auf die Rotorlage zurückrechnen lassen.
Im Automotivbereich sind allerdings die Anforderungen an Sicherheit und damit Redundanz sehr hoch, weshalb in vielen Fällen der Einsatz eines Sensors zur absoluten Rotorlageerfassung praktisch zwingend ist. Im Hinblick auf einen möglichen Winkelfehler muss allerdings die gesamte Toleranzkette bei einer Serienfertigung betrachtet werden.
Einen großen Einfluss haben die mechanischen Toleranzen der Rotorfertigung und Montage des Lagegebers. Abweichungen wirken sich hier multipliziert um den Faktor der Polpaarzahl entsprechend auf die elektrische Lage aus. So ergäbe eine mechanische Toleranz von 1° bei einer 8poligen Maschine einen elektrischen Winkelfehler von 4°. Daraus könnten Drehmomentabweichungen im Feldschwächbereich von 7% entstehen. Das würde einen automatisierten Abgleich des Winkeloffset als Bandendetest am aufgebauten System unumgänglich machen.
Eine weitere Beeinträchtigung des korrekten Offsets zwischen Lagesignal und Rotor bewirken auch die elektrischen Toleranzen des Sensors selbst und der Signalverarbeitung die durch Temperaturdrift, Alterung, Signallaufzeit etc. einen variablen Fehlwinkel bewirken.
Abhängig vom Maschinendesign und vom Arbeitspunkt kann auch eine elektromagnetische Rückwirkung im Betrieb die reale Nulllage zum Sensorsignal beeinflussen. Mit steigenden d-Strömen findet eine Feldverdrängung des Permanentmagnetfeldes statt, sodass eine Feldverzerrung und damit eine Verschiebung der resultierenden Rotorflussachse stattfinden können.

4. Korrekturverfahren

Mechanische Abweichungen zwischen Rotorfluss und Sensornulllage lassen sich mit unterschiedlich aufwändigen Verfahren ausgleichen.
Eine vom Umrichter unabhängige Möglichkeit ist die Gleichstromspeisung der Statorwicklung der ungebremsten Maschine im Stillstand. Je nach Maschinenauslegung, speziell den Statorzahnformen, der Polbedeckung und Nutrastung richtet sich der Rotor in dem angelegten Gleichfeld mit unterschiedlicher Genauigkeit auf die magnetische Nullposition aus und es kann damit der gemessene Winkeloffset kompensiert werden.
Diese Variante der Gleichstromspeisung lässt sich auch mit dem Zielumrichter und der Feldorientierten Regelung umsetzen, indem der Maschine im Stillstand ein stehender Stromzeiger eingeprägt wird, der eine Drehung des Rotors in Feldrichtung bewirkt.
Als genauere Möglichkeit für den Betrieb mit dem Zielumrichter kann die reale Rotornulllage unter Auswertung der Drehmomentgleichung (1) oder Spannungsgleichung (2) des dq-Systems bei drehender Maschine identifiziert werden.

$$M = \frac{3}{2} p I_q (\Psi_P + I_d (L_d - L_q)) \quad (1)$$

$$V_d = R \cdot I_d - \omega_{el} \cdot L_q \cdot I_q = 0$$
$$V_q = R \cdot I_q + \omega_{el} \cdot L_d \cdot I_d + \omega_{el} \cdot \Psi_{PM} = \omega_{el} \cdot \Psi_{PM}$$

(2)

Bei reiner d-Stromspeisung (i_q = 0) darf der Motor gemäß Gleichung (1) nur bei richtiger Rotororientierung kein Drehmoment abgeben. Der Winkeloffset muss entsprechend nachgeführt werden bis die Bedingung erfüllt wird.
Alternativ kann aus den gemessenen oder gerechneten Spannungsgrössen der Rotoroffset bestimmt werden. Beim lastlosen Schleppen der Maschine wird durch die EMK bei richtiger Winkelorientierung nur in der q-Achse eine Spannung induziert.
Im Stillstand der Maschine kann der Offsetfehler durch Einprägen von kurzen Spannungsimpulsen abgeglichen werden. Aus der Höhe der Stromantwort lässt sich die Rotorlage zurückrechnen.
Ursachen für elektrische Winkelfehler wie z.B. Laufzeit- und Frequenzabhängigkeit lassen sich für jeden Antriebssystemtyp gut ermitteln und diese können durch einfache Funktionen in der Regelungssoftware als Onlinekorrektur implementiert werden. Allerdings nimmt mit steigender Drehzahl und zunehmendem Feldschwächbetrieb die Sensibilität auf einen bestehenden Winkelfehler zu, da sich bei d-Strombetrieb die Momentenabweichung proportional zu sin(eps) verhält.
Um die restlichen Effekte vollständig zu kompensieren ist der Einsatz einer im laufenden Betrieb automatischen Offsetnachführung nötig. Dies kann über mehrere Verfahren erreicht werden. Eine mögliche SW-Umsetzung ist ein sogenannter Beobachter (Bild 4). Anhand der bekannten Maschinenparameter wird ein Spannungsmodell parallel zur realen Regelstrecke gerechnet und aus der Abweichung die Winkelkorrektur abgeleitet.

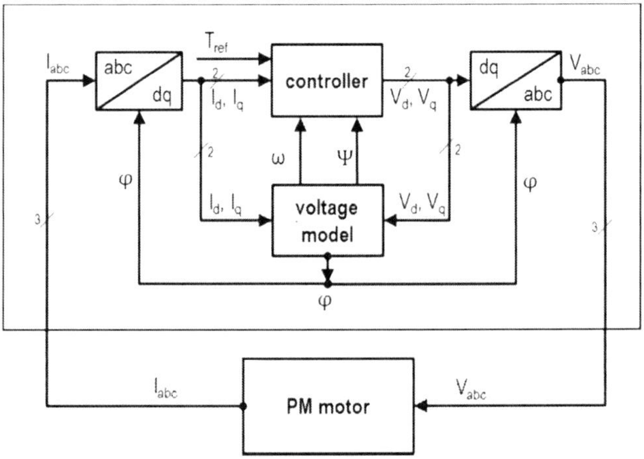

Bild 4: Rotorwinkelberechnung mit Beobachter

Eine andere Möglichkeit besteht darin, aus den Strom- und Spannungsgrößen den elektrischen Winkel nach dem EMK Verfahren zu berechnen oder durch Spannungsintegration mit einem sogenannten Flussschätzermodell (Bild 4) zu arbeiten.

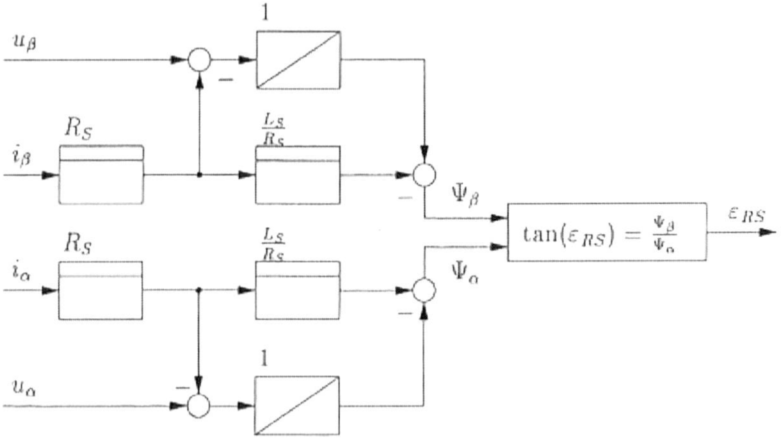

Bild 5: Rotorwinkelberechnung mit Flussschätzermodell

Aufwändigere Verfahren, die aber auch bei kleinen Rotordrehzahlen gut funktionieren, sind beispielweise das INFORM (Indirect Flux Detection by On-line Reactance Measurement) Verfahren nach Prof.Schrödl, der Injektion von Testimpulsen oder kontinuierlicher Testsignalaufschaltung. Bei Maschinen mit ausgeprägten Polen lässt sich aufgrund der Induktivitätsunterschiede in d- und q-Richtung der jeweilige Lagewinkel errechnen.

Auch wenn eine Onlineberechnung des Rotorwinkels über eines der genannten Verfahren mehr SW Aufwand und Prozessorauslastung bedeutet, lässt sich damit die Regelgüte gerade für den hohen Drehzahlbereich, bei dem wegen der Feldschwächung ein Winkelfehler stärker ins Gewicht fällt, erheblich verbessern. Darüber hinaus hilft das Verfahren das gesamte Lagegebersystem kostenoptimal zu minimieren, von beispielsweise einem hochgenauen Resolver auf eine einfachere Hallsensorkonfiguration, deren Lageinformation nur noch zur Plausibilisierung und Überwachung verwendet wird. Zur exakten Drehmomentregelung wird die errechnete Winkelgrösse benutzt.

Literatur

[1] Gao, H.; Hartmann, V.: Position Sensor Offset Calibration: hofer eds - firmenintern, 2013

[2] Hammer, N.: Entwicklung und Test eines Algorithmus zur Erfassung der Rotorlage einer permanenterregten Synchronmaschine für den Automotivebereich: Diplomarbeit, 2013

[3] Perassi, H.: Feldorientierte Regelung der permanenterregten Synchronmaschine ohne Lagegeber für den gesamten Drehzahlbereich bis zum Stillstand: Dissertation, 2006

20 Optimizing the heavy Rare Earth content in Nd-Fe-B Magnets or optimizing the interior orientation of magnets

Michael Weickhmann

Abstract

Recently the market is asking for RE magnets with lower heavy Rare Earth (e.g. Dy) content. In the following presentation, we would like to introduce different ways to full fill this demand. To achieve this goal VAC is able to provide magnets where a small amount of Dy is diffused into the magnet where it is enriched on the surface of the magnet grains. Such magnets show 4 – 6 kOe higer coercivities Hcj compared to conventional magnets without any significant decrease of the remanence Br. Magnet alloys with an optimized ratio of the heavy Rare Earths Dy and Tb will also be presented. In addition magnets with a specific magnetic orientation and their benefit for various motor topologies will be discussed.

1 Overview of soft and hard magnetic materials

Magnetic alloys are typically described by their characteristic properties such as remanence B_r for permanent magnets, or saturation polarization J_s for soft magnetic materials, together with coercivity H_c. Whereas in soft magnetic materials, in order to reduce the hysteresis losses, the coercivity is kept as low as possible, in the range of ~ 0.0001 to ~ 0.1 kA/m, the intrinsic coercivity of permanent magnets may be as high as 2650 kA/m to ensure stability against demagnetization by either high opposing fields or temperatures up to 230 °C, occurring, for example, in rotating electrical machines. Fig. 1 gives an overview of the characteristics of magnetic materials, with the RE (Rare Earth) based permanent magnet materials denoted in blue.

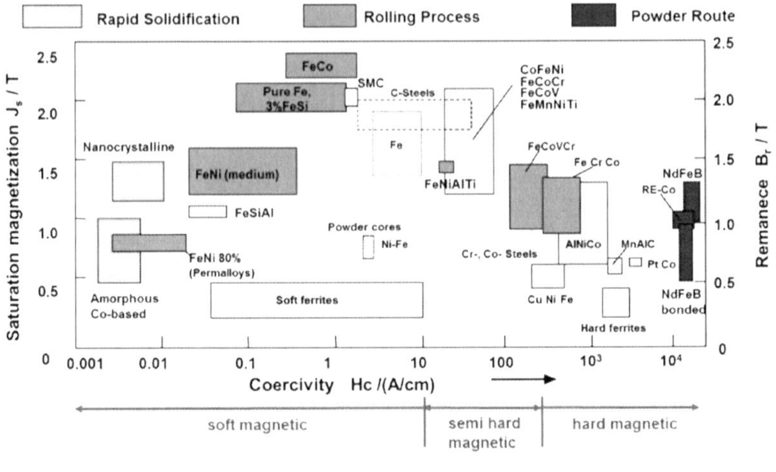

Fig. 1: Overview of magnetic materials and alloys

2 The influence of heavy Rare Earth (RE) elements on the magnetic properties

For RE based permanent magnets, the main focus of R&D over the last decades has been to increase the maximum energy density or energy product $(BH)_{max}$ and the intrinsic coercivity H_{cJ}. The energy product depends on the remanence B_r, the extrinsic coercivity H_{cB} (which is best described as the resistance against demagnetisation), as well as the rectangular shape of the hysteresis curve.
Significant advances have been made to increase the coercivity by adjusting the alloy composition (but not neglecting B_r) and by producing a fine microstructure (since the intrinsic coercivity H_{cJ} is inversely correlated to the grain size).
A high residual induction may be achieved by producing a magnet body in which the small crystallites are perfectly aligned parallel to the orientation direction in order to gain the best anisotropy. By observing various permanent magnetic materials in detail, it may be shown that Rare Earth based sintered magnets possess the highest energy density of ~ 415 kJ/m³ available today, with a remanence B_r of up to 1.45 T and a maximum coercivity H_{cJ} of 2650 kA/m. Knowing that both properties are intrinsically linked, one may only maximize either Br or H_{cJ}, but not both.

Since 2010, the raw material prices of the constituent RE elements have seen increases to almost ten times the level compared to the prices in 2006. They peaked in mid 2011 but have now fallen back to more acceptable levels, see Fig 2. This impact caused magnet prices to dramatically increase by approximately a factor of three or even more, thus forcing magnet manufacturing companies to work to minimize the amount of heavy RE elements (i.e. Dysprosium Dy or Terbium Tb) in their magnets, yet still keeping the typical values of remanence B_r and coercivity H_{cJ}. The addition of Dy or Tb is particularly important where a high coercivity is required for certain applications, for example in electric motors which need to run at relatively high temperatures (up to 200°C or above). The higher the Dy content, the higher the H_{cJ}, but the higher the final magnet material cost.

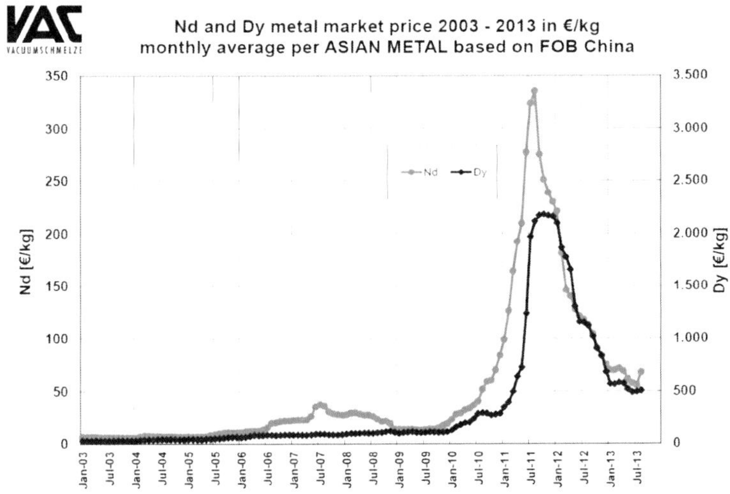

Fig. 2: Overview of Neodymium (Nd) and Dysprosium (Dy) prices since 2003

In order to achieve this goal, an additional diffusion process was adopted to deposit heavy RE onto the surface of each grain of the magnet after the sintering process. This additional process is called "grain boundary diffusion (GBD)", and is the application of heavy RE elements onto the surface of a sintered Nd-Fe-B magnet and exposing it to a temperature of 800°C – 1000°C. During this heat treatment, the heavy RE elements diffuse into the magnet structure and precipitate on the grain surfaces as shown in Fig. 3. The diffusion depth into the magnet block may be in the range of up to 3 mm from each surface side, whereas the diffusion depth on the grain surface may only be in the order of a few nm.

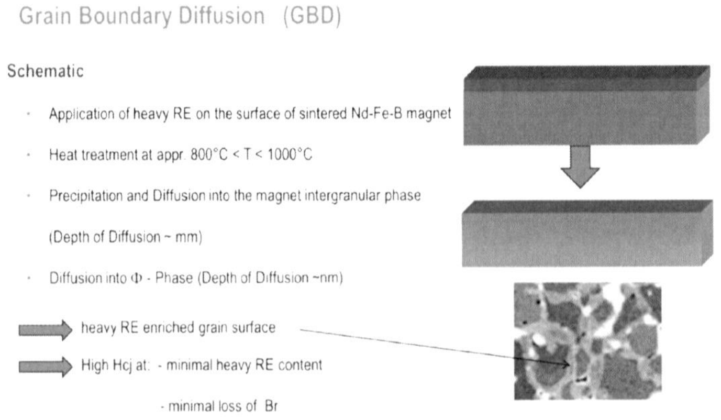

Fig. 3: Overview of the additional processes for GBD as published by K. T. Park et al., Proc. 16th int. Workshop on RE Magnets (2000)

Therefore, by enriching the grain boundary with heavy RE elements, the magnetic reversal is inhibited, thus leading to an efficient way of increasing the overall coercivity. In addition, no increased concentration of the heavy RE element is found in the centre of the magnetic grains and consequently, no significant degradation of remanence can be observed.

A typical example of the magnetic properties after diffusion treatment is given in figure 4, showing that the coercivity may be augmented by ~ 320 kA/m (~ 4.0 kOe) at 150°C, whereas the remanence remains unchanged.

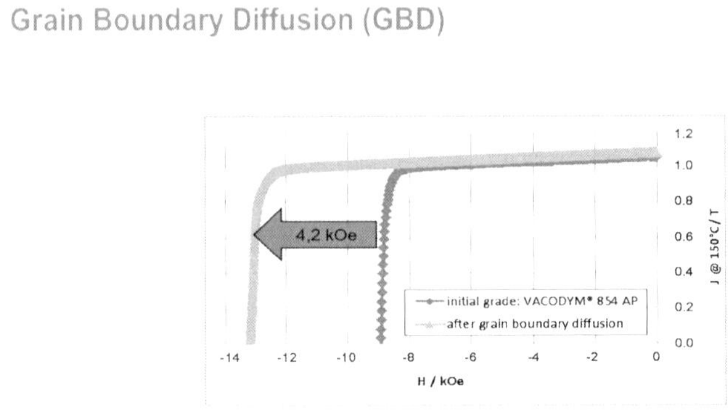

Fig. 4: The increase in magnetic properties with diffusion treatment

By developing new magnet grades using this advanced processing step as discussed here, VACUUMSCHMELZE (VAC) has not only met and fulfilled the demand from the market to reduce the heavy RE content of Nd-Fe-B magnets, but also significantly improved the magnetic properties.

Thus, by reducing the heavy RE content, the security of supply of RE elements may be enhanced. These additional process steps of applying RE elements and exposing the magnet to 800°C - 1000°C do have an influence on the production costs. The overall result may not necessarily be cost neutral, depending of course on the level of the raw material prices. However, such a technique demonstrates that new grades can be tailored to meet specific customer and application demands, either in the form of higher H_{cJ} or B_r values, enabling precise optimisation of the magnet grade to the working conditions of the customer's application.

3 Magnet Grades without heavy rare earth content i.e. Dy or Tb

Further on-going developments at VAC are currently being undertaken to provide magnetic grades without any heavy Rare Earth, such as Dysprosium (Dy). By optimising the material's grain and the composition, one may be able to achieve the following preliminary magnetic properties, as the R&D process has not been competed yet. As an example refer to Fig. 5a and 5b. There will of cause be a limit to H_{cJ} of up to ca. 1500 kA/m as shown.

Charakteristische Eigenschaften (vorläufig) — Characteristic properties (preliminary data)

Werkstoff-Sorte Kennzahl[1]) / Material Code[1])	Remanenz / Remanence		Koerzitivfeldstärke / Coercivity			Energiedichte / Energy density		Temperaturkoeff / temperature coeff 20 - 100°C		20 - 150°C		T_{max}[1])
	B_r typ Tesla kG	B_r min Tesla kG	H_{cB} typ kA/m kOe	H_{cB} min kA/m kOe	H_{cJ} min kA/m kOe	$(BH)_{max}$ typ kJ/m³ MGOe	$(BH)_{max}$ min kJ/m³ MGOe	TK(B_r) typ %/°C	TK(HcJ) typ %/°C	TK(B_r) typ %/°C	TK(HcJ) typ %/°C	T_{max} °C °F
VACODYM 238 TP 335/127,3	1,37 13,7	1,33 13,3	1058 13,3	1008 12,7	1273 16	363 45,6	335 42,1	-0,111	-0,624	-0,120	-0,547	120 250
VACODYM 238 AP 303/135,3	1,31 13,1	1,27 12,7	1002 12,6	953 12,0	1353 17	328 41,3	303 38,0	-0,111	-0,619	-0,120	-0,544	120 250
VACODYM 247 TP 330/143,2	1,36 13,6	1,32 13,2	1051 13,2	1000 12,6	1432 18	357 44,9	330 41,5	-0,111	-0,614	-0,120	-0,541	130 270
VACODYM 247 AP 298/151,2	1,30 13,0	1,26 12,6	995 12,5	946 11,9	1512 19	323 40,6	298 37,4	-0,111	-0,609	-0,120	-0,538	130 270

Korrosionstabilität / corrosion stability (130°C, 95 % rel Feuchte/humidity, 240 h): Gew. Verlust / weight loss: < 1 mg/cm²

[1]) Die angegebenen Richtwerte beziehen sich auf Magnete, die im Arbeitspunkt $B/\mu_0H = -1$ betrieben werden

The approx. values given refer to magnets operating in working points of $B/\mu_0H = -1$

Fig. 5a: Preliminary magnetic properties of Dy – free grades.

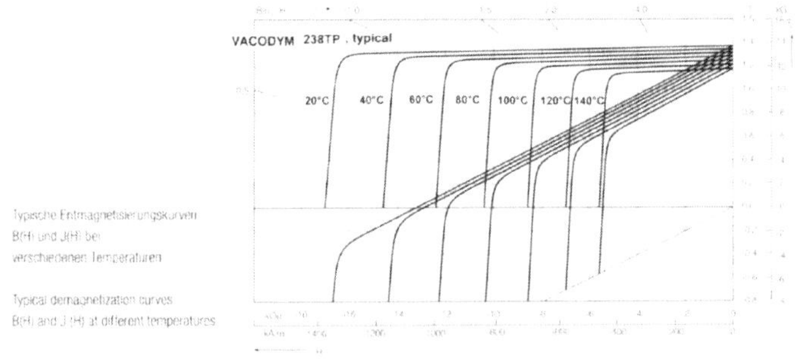

Fig. 5b Preliminary magnetic properties of Dy – free grades e.g. VACODYM 238 TP.

4 Analysis of magnets with special internal orientation

The interior magnetic orientation of a magnet block may be influenced by the pressing technique. An ideal magnet with strictly parallel orientation without any deviation is merely impossible. Thus one needs to consider the real orientation distribution.

Once known how to influence this interior distribution of orientation, one may be able to create a designed distribution, which may best be described as a super positioned ideal magnet with a pseudo Halbach[1(1)] orientation.

Fig 6. shows a schematic influence of distribution of orientation due to the axial pressing technique (AP). Where the upper-punch side is also referred to the ColdSide (divergent flux) and the lower-punch side the HotSide (convergent flux), respectively.

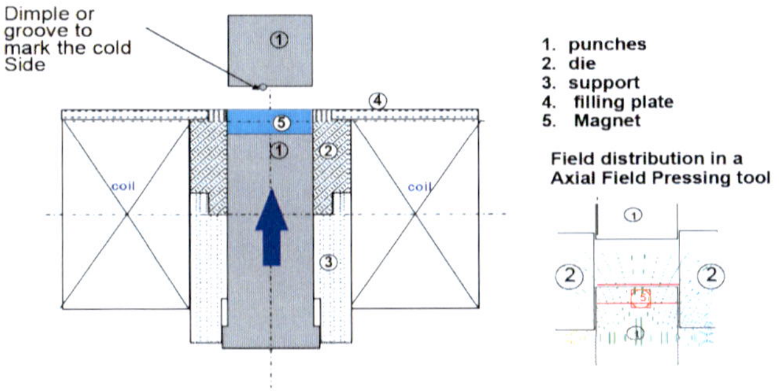

Fig. 6: Schematic set-up of pressing tool and magnetic orientation-coil axial pressing (AP)

We will now try to simulate a magnet-system by subdividing a block into three equal parts, letting their orientation be strictly parallel and idealistically perfect. Fig 7 gives both flux density at a given constant distance from both sides, i.e. Br = 1.0 [T] Magnet-sub-block 5x5x5 mm Flux-density @ 5 mm above pole surface. This would render a maximum flux-density of 69 [mT] on each side.

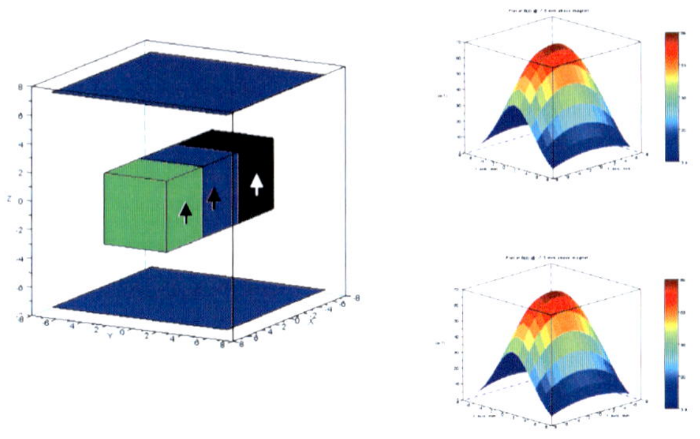

Fig. 7: Flux density of magnets on both sides at a distance with strictly parallel orientation

1 K. Halbach (1980). "Design of permanent multipole magnets with oriented rare earth cobalt material". *Nuclear Instruments and Methods* **169** (1): 1–10.

In contrast to the former orientation, we will now consider a pure linear Halbach arrangement, where its outer left and right sub-block-magnet will have an orientation of +/- 90° perpendicular to the middle one respectively. This arrangement is called a Halbach orientation. i.e. Br = 1.0 [T] Magnet-sub-block 5x5x5 mm Flux-density @ 5 mm above pole surface. This would render a maximum flux-density of 79 [mT] on the top side and 4 [mT] on the bottom. The degree of flux density difference H/C[2(2)] may be expressed in the ration of both flux density, also known as the HotSide / ColdSide Effect as shown in Fig 8. This HotSide / ColdSide effect may best be describe by the following formula:

$$H/C = \frac{2(B_{HotSide} - B_{ColdSide})}{B_{HotSide} + B_{ColdSide}} \quad [\,\%\,] \qquad [1]$$

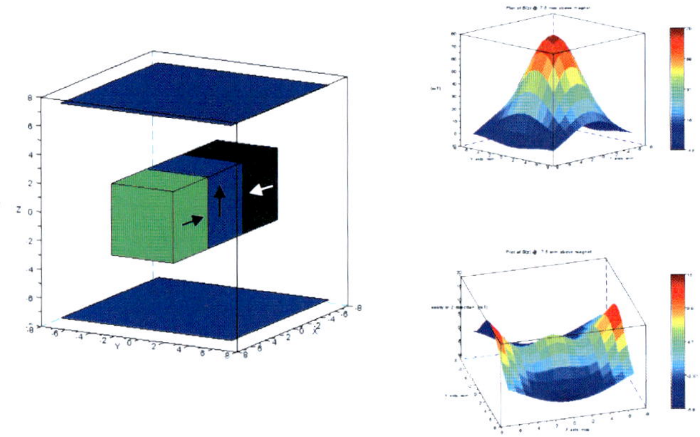

Fig. 8 Flux density of magnets on both sides at a distance with linear Halbach orientation

The two latter theoretical designs may now be super-positioned by varying the angle of orientation of both outer sub-blocks. The resulting flux densities may than be compared with a production magnet in reality, i.e. a block 23x11x4.4 mm subdivided into three blocks, each 7.667 x 11 x 4.4 mm and a remanence Br 1.0 [T]. By using this approach one may be able to simulate a real distribution of orientation and rendering the real HotSide / ColdSide effect.

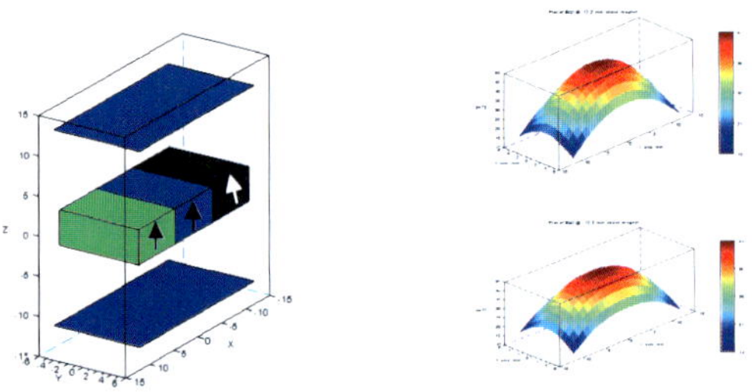

Fig. 9 Flux density of magnets on both sides at a distance of a real magnet with 16 % HotSide/ColdSide effect.

2 The H/C Effect may be noted in German as NS-Effekt (Nord/Süd-Effekt)

This arrangement with an inclined orientation of each side being +/- 15° in the outer left and right block respectively and a Br = 1.0 [T] renders a flux-density @ 10 mm above pole surface at maximum of 50 [mT] on the top side (HotSide) and 39 [mT] on the bottom (ColdSide). The degree of flux density difference H/C-effect being 24.7 [%].

So far we have been looking at magnets under 3D consideration. Most FEM Analysis will be done in 2D, thus the z-component being infinitive. The fore-front and the back-front stray flux in 2D set-ups are at infinity and therefore neglected. In order to render the same results in 3D (3D vs. 2D), one needs to reduce, by compliance, the angle of orientation. This may be done by varying the depth 11 mm to and to 110 mm, the more depth the close it becomes a 2D consideration. Fig. 10 shows the compliance from 3D to 2D.

The red line represents the 3D correlation between angle of orientation and H/C effect.
The blue line represents the 2D correlation between angle of orientation and H/C effect;
e.g. an angle of 10° of orientation in 3D corresponds to an angle of 6.5° giving an H/C effect of 17 [%] or a H/C effect 16 [%] gives an angle of orientation of 9.4° in 3D and 6.3° in 2D.

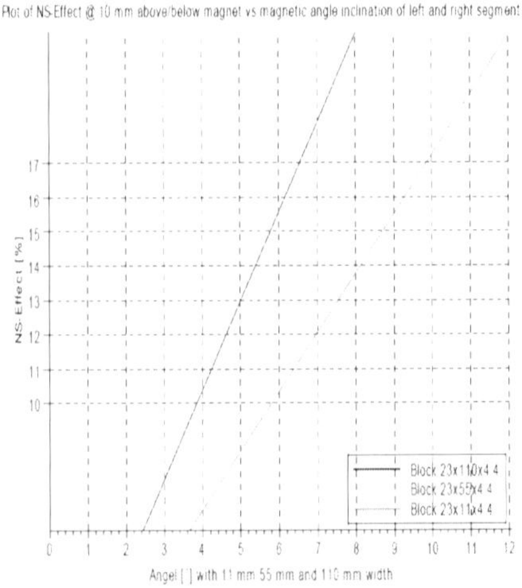

Fig. 10: H/C Effect analytically calculated in 3D (red) vs. 2D (blue)

Consequently one needs to compare theoretical calculation with FEM analysis results and verify this data in reality.

5 Influence of HotSide/ColdSide effect on the flux density in air gap

In order to study the influence on to the flux density in an air gap, we need to build up an artificial abstracted motor with a slot less stator. By doing so, one ignores the carter factor and the interaction with the teeth and slots. This will give a more precise interaction result for this time, otherwise the motor's topology would divert the focus of interest.

The stator now is an outer rim without any slots.
The air gab is 3.3 mm. The flux density is taken with a hall-probe at 1.65 mm mid air gab. The magnets are place into the pockets of the rotor, once HotSide towards the air gab and second ColdSide towards the air gab.
The flux density is plotted over the pole.

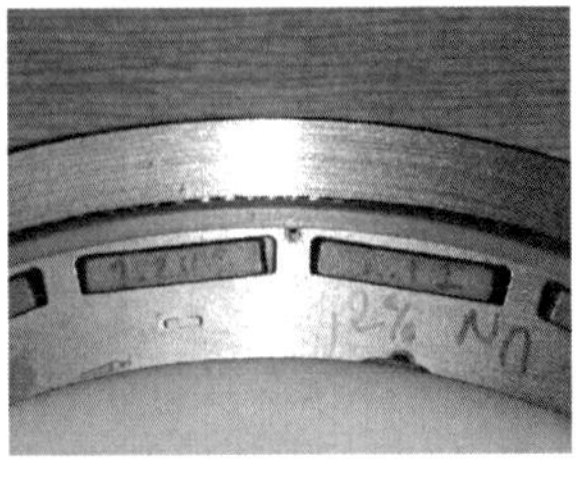

Fig. 11: A typical artificial test devise used to study this effect.

Fig. 12 shows the scanned data in our artificial rotor/stator set-up. The red line representing the simulation HotSide toward the air gap and the blue line representing the ColdSide towards the air gap. The correspondingly the scanned data representing the line the HotSide towards the air gap and the brown line representing the Cold-side towards the air gap. In all four cases the H/C effect was ca. 15%. The simulated data being 0.349 [mT] to 0.332 [mT] where as the scanned date being 0.322 [mT] to 0.312 [mT] respectively.
This may be considered as an expected good fit.

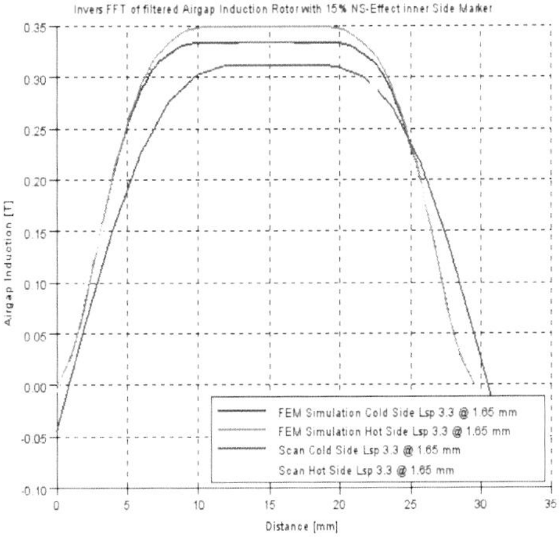

Fig. 12: FEM Data compared with scanned Data N/C effect ca. 15 [%].

6 The Influence of rotor-topology onto air-gap flux density

If one assunmes (taking into account, that the magnets volume may be kept constant), that the air gap flux density is always proportional to the motors torque, than we may also deduce that the arrangement of the magnets within a rotor may influence the air gap flux density.
In order to investigate this assumption, we may have to neglect the reluctance torque for a moment and all interaction with the stator slots and teeth. This may be achieved, by using the artificial stator rotor set-up as discussed previously.

Let us have some closer look into various topologies by simulating a rotor with different arrangements of magnets as shown in Fig.13A -F. By doing so, we kept the total volume of the magnets per rotor, the meshing of the FEM calculation and the dimension of rotor and stator as well as their material, constant. Only in Fig 13F we introduced more so called “flux barriers” (punched wholes) between the poles in order to reduce the stray flux-density.

Considering 6 different arrangements of magnet positioned in the rotor one obtains different flux densities profiles in the air gap.

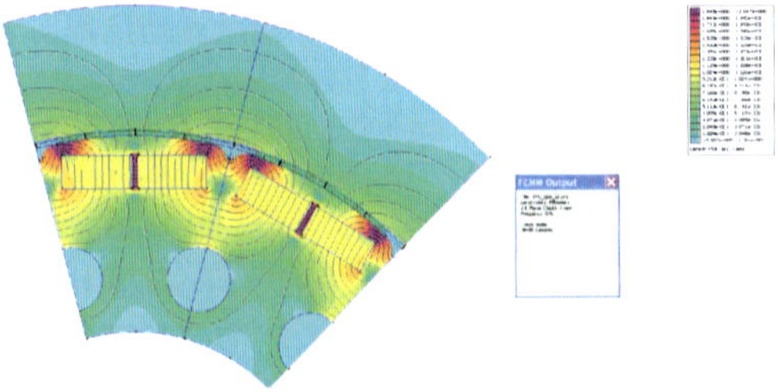

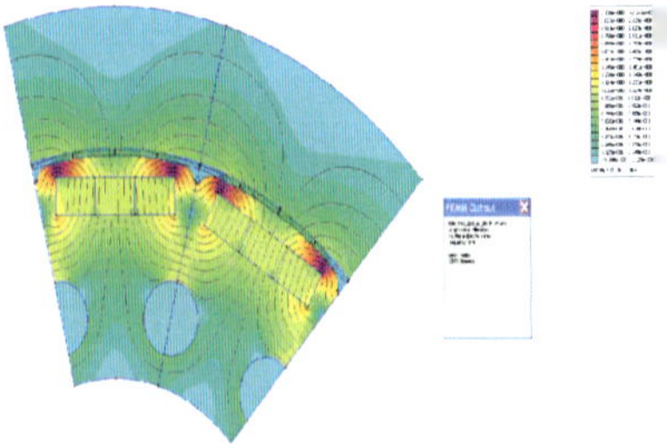

Fig. 13A: Magnet parallel orientation.

Fig. 13B: Magnet with H/C effect AP Grade.

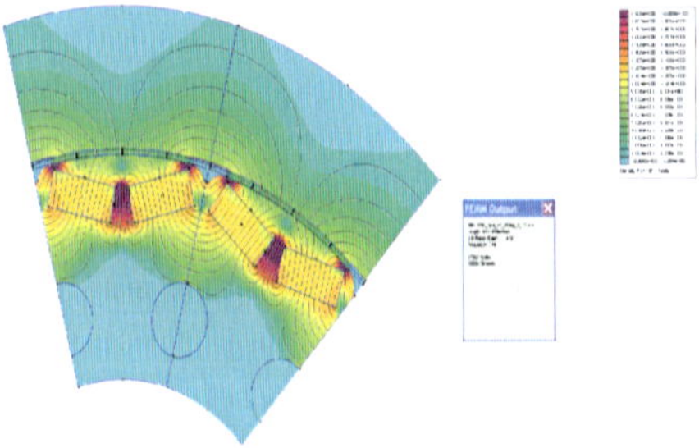

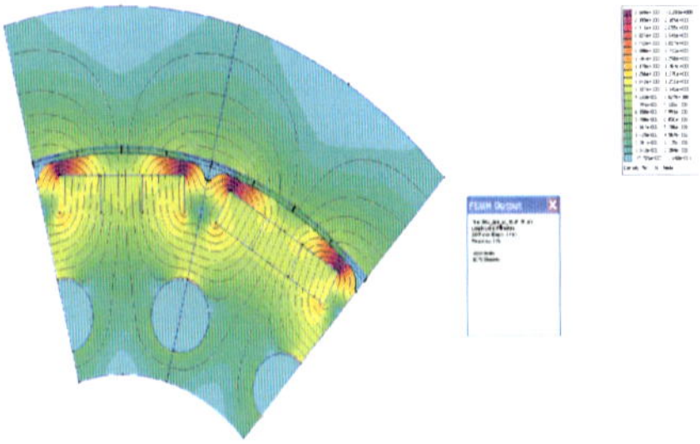

Fig. 13C: Magnet V-Shape arrangement.

Fig. 13D: Magnet with H/C effect TP Grade.

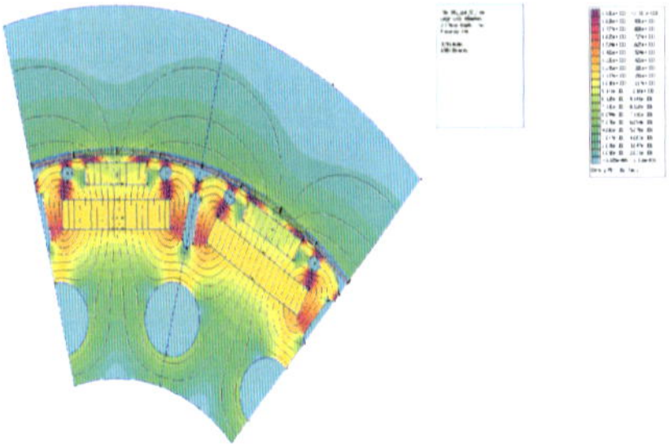

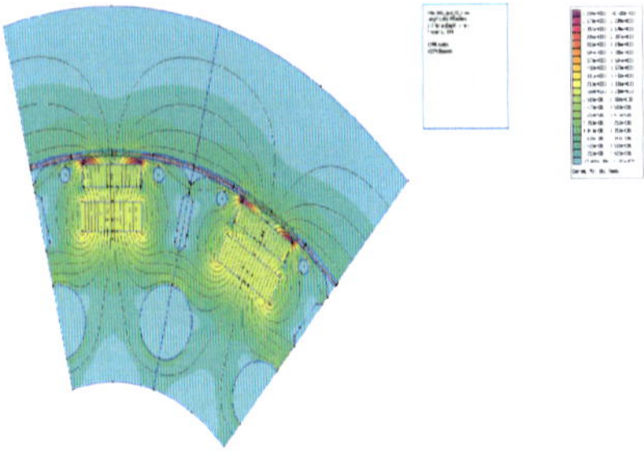

Fig. 13E: Magnet tandem arrangement TP.

Fig. 13F: Magnet tandem and flux barriers TP.

Plotting the flux densities over the pole in the air gap (refer to Fig 14), it becomes obvious, that apart from the the occurrence of the maximum flux density Br_{lsp} the coverage T_p over the pole (the width [mm] of the trapezoidal flux-density shape) needs to be considered as well.

We may derive a magnetic utilisation factor w_r for both 2D and 3D by multiplying the max flux-density Br_{lsp} in the air gap with T_p and dividing it by both the remanence B_r and the cross-section area A_{mag}(2D) or the volume V_{mag} (3D) of the poles magnet, respectively.

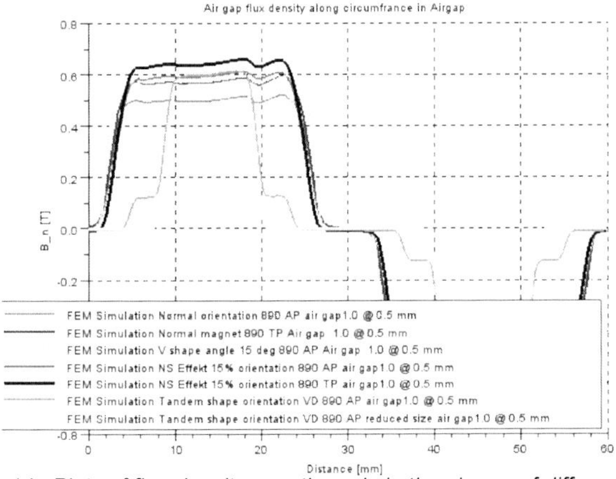

Fig. 14: Plots of flux-density over the pole in the air gap of different topologies.

$$W_{r2D} = \frac{B_{lsp} * T_p}{B_r * A_{mag}} \quad [\text{mm}^{-1}] \tag{2}$$

Tab 1: Evaluation of the utilisation factor w_r for 2D consideration of different topologies.

	Fig 13 A	**Fig 13 B**	**Fig 13 C**	**Fig 13 D**	**Fig 13 E**	**Fig 13 F**
	(Slide 41)	(Slide 42)	(Slide 43)	(Slide 44)	(Slide 46)	(Slide 47)
B_lsp	0,52	0,6	0,58	0,65	0,6	0,55
A_mag	110	110	110	110	110	62
Br (typ)	1,11	1,11	1,19	1,19	1,19	1,19
T_p	23	22	21,5	22	11	10
w_r	0,0980	0,1081	0,0953	0,1092	0,0504	0,0745

$$W_{r3D} = \frac{B_{lsp} * T_p}{B_r * V_{mag}} \quad [\text{mm}^{-2}] \tag{3}$$

Tab 2: Evaluation of the utilisation factor w_r for 3D consideration of different topologies.

	Fig 13 A	**Fig 13 B**	**Fig 13 C**	**Fig 13 D**	**Fig 13 E**	**Fig 13 F**
	(Slide 41)	(Slide 42)	(Slide 43)	(Slide 44)	(Slide 46)	(Slide 47)
B_lsp	0,52	0,6	0,58	0,65	0,6	0,55
V_mag	12650	12650	12650	12650	12650	7130
Br (typ)	1,11	1,11	1,19	1,19	1,19	1,19
T_p	23	22	21,5	22	11	10
w_r	0,000852	0,000940	0,000828	0,000950	0,000438	0,000648

For the 2D consideration Tab1 shows the evaluated utilisation factor w_{r2D} using formula (2) of the various topologies, where arrangement Fig 13 D renders the highest utilisation factor.
In comparison
For the 3D consideration Tab2 shows the evaluated utilisation factor w_{r3D} using formula (3) of the various topologies, where arrangement Fig 13 D renders the highest utilisation factor.

7 Conclusion

In recent years we have observed a significant change in technology regarding the composition and production of rare earth magnets, due to the raw material price situation in the past. The outcome is still open, whether grain boundary diffusion GBD or Dy-free composition will dominate the future's magnet demand. Applications which call for H_{cJ} of up to 2300 kA/m may not be able to be achieved by abandoning the heavy RE (Dy or Tb) completely.
What ever impact these developments will have on the price of magnets may not be foreseen.
The air gap flux density may also be influenced by the topology of the rotor as shown above.
The arrangement shown in Fig 13 D renders the best utilisation factor, thus it produces the highest flux density with the least magnet volume.

Die Autoren

Dr.-Ing. Heinz Schäfer
hofer eds GmbH
Würzburg

Prof. Dr.-Ing. Ansgar Ackva
Hochschule für angewandte Wissenschaften Würzburg-Schweinfurt
Schweinfurt (FHWS)

Jeongki An, M.Sc.
Institut für Elektr. Energiewandlung
TU Darmstadt

Dr.-Ing. Rico Baumgart
Professur für Alternative Fahrzeugantriebe
TU Chemnitz

Prof. Dr.-Ing. habil. Dr. h.c. Andreas Binder
Institut für Elektrische Energiewandlung
Technische Universität Darmstadt

Dipl.-Ing. (FH) Magnus Böh M.Sc.
Institut für Automatisierungstechnik
Fachhochschule Köln

Dipl.-Phys. Klaus Burgard
APL Automobil-Prüftechnik Landau GmbH
Landau

Dr.-Ing. Gurakuq Dajaku
FEAAM GmbH,
Neubiberg.

Dipl.-Ing. Christoph Danzer
Professur für Alternative Fahrzeugantriebe
TU Chemnitz

Dipl.-Ing. Mathias Deiml
AVL Software and Functions GmbH
Regensburg

M. Eng. Bernd Dreßel
Hochschule für angewandte Wissenschaften Würzburg-Schweinfurt
Schweinfurt (FHWS)

Dipl.-Ing. (FH) Dirk Eberlein
Hottinger Baldwin Messtechnik GmbH
Darmstadt

Dr.-Ing. Bernd Eckardt
Fraunhofer IISB
Erlangen

Roland Ehniß
MAN Truck & Bus AG
München

Bernd Peter Elgas
Daimler Buses EvoBus GmbH
Mannheim

M. Eng. Julian Endres
Hochschule für angewandte Wissenschaften Würzburg-Schweinfurt
Schweinfurt (FHWS)

Dr.-Ing. Armin Engstle
AVL Software and Functions GmbH
Regensburg

Dott. Ing. Marco Falco
hofer eds
Würzburg

Dipl.-Ing. David Franck
Institut für Elektrische Maschinen
RWTH Aachen University

Prof. Dr.-Ing. Jörg Franke
Friedrich-Alexander-Universität
Erlangen

Dipl.-Ing. Theodor Gassmann
GKN Driveline R&D-Center
Lohmar

Dipl.-Ing.(FH) Jürgen Geisler
APL Automobil-Prüftechnik Landau GmbH
Landau

Prof. Dr.-Ing. Dieter Gerling
Universität der Bundeswehr München
Neubiberg,

Dipl.-Math. Magdalena Gottfried
Duale Hochschule Baden-Württemberg
Mannheim

Dipl.-Ing. Thomas Götze
Ingenieurbüro Götze
Chemnitz

Dr. rer. nat. Thomas Gregor
hofer pdc GmbH
Stuttgart

Dipl.-Ing. Michael Gröninger
Fraunhofer-Institut für
Fertigungstechnik und Angewandte
Materialforschung
Bremen

Dr.-Ing. Wilhelm Hackmann
Continental AG
Berlin

MSc. Steffen Hahlbeck
EM-motive GmbH
Ludwigsburg

Univ.-Prof. Dr.-Ing. habil. Dr. h.c. Kay Hameyer
Institut für Elektrische Maschinen
RWTH Aachen University

Dipl.-Ing. (FH) Volker Hartmann
hofer eds
Würzburg

Dr. Kerstin Häse
Siemens AG Corporate Technology
München

Dipl.-Ing. (FH) Stefan Heinz
ATE Antriebstechnik
und Entwicklungs GmbH
88299 Leutkirch

Dr.-Ing. Martin Helsper
Siemens AG
Nürnberg

Dipl.-Ing. (FH) Florian Herget
ThyssenKrupp Steel Europe AG
Bochum

Dipl.-Ing. Eva-Maria Hirtz
Fraunhofer-Institut für
Betriebsfestigkeit und
Systemzuverlässigkeit
Darmstadt

Univ.- Prof. Dr.-Ing. Wilfried Hofmann
Lehrstuhl Elektrische Maschinen und
Antriebe
Technische Universität Dresden

Dipl.-Ing. Marco Hombitzer
Institut für Elektrische Maschinen
RWTH Aachen University

Dipl.-Ing. Felix Horch
Fraunhofer-Institut für
Fertigungstechnik und Angewandte
Materialforschung
Bremen

Rudolf Huttary
Department of Mathematics and
Computer Science
FU Berlin

Dipl.-Ing. (FH), M.Eng. Thomas Kowalski
Hochschule Aschaffenburg

Jakob Mooser
Jakob Mooser GmbH,
Egling
Mooser EMC Technik GmbH,
Ludwigsburg

Dr. Ing. Klaus Kalmbach
hofer AG
Nürtingen

Dr. Sascha Klett
EM-motive GmbH
Ludwigsburg

Dipl.-Ing. Alexander Kock
Fraunhofer-Institut für
Fertigungstechnik und Angewandte
Materialforschung
Bremen

Ruben König, M.Sc
Institut für mechatronische Systeme
TU Darmstadt

Dr. Hans-Georg Köpken
Siemens AG
Erlangen

Dipl. Phys. Benno Köppl
Infineon Technologies AG
München

Karl-Josef Kuhn
Siemens AG Corporate Technology
München

Dipl.-Ing. Klaus Lang
Hottinger Baldwin Messtechnik GmbH
Darmstadt

Prof. Dr.-Ing. Andreas Lohner
Institut für Automatisierungstechnik
Fachhochschule Köln

Dipl. Ing. Peter Lück
Volkswagen AG
Wolfsburg

Dr. rer. nat. Mathias Lutz
hofer pdc GmbH
Stuttgart

Prof. Dr. Josef Lutz
Professur für Leistungselektronik
und EMV
Technische Universität Chemnitz

Prof. Dr.-Ing. Martin März
Fraunhofer IISB
Erlangen

M.Sc. Marcus Meyer
Volkswagen AG
Wolfsburg

M. Sc. Oleg Moros
FEAAM GmbH
Neubiberg

Dr. Tilo Moser
Siemens AG
Erlangen

Michael Müller
Siemens AG
Bad Neustadt a.d.S.

Dipl.-Ing. (TU) René Nast
TÜV SÜD Automotive GmbH
Garching bei München

Univ.-Prof. Dr. techn. Dr. phil. habil. Harald Neudorfer
Traktionssysteme Austria GmbH
Wiener Neudorf, Österreich
Technische Universität Darmstadt

Georg von Pfingsten, M.Sc
Institut für Elektrische Maschinen
RWTH Aachen University

Dipl.-Ing. Nurdin Pitarevic
Continental AG
Berlin

Dr. rer. nat. Hermann Pleteit
Fraunhofer-Institut für
Fertigungstechnik und Angewandte
Materialforschung
Bremen

Dipl.-Ing. Jordan Popov
Fraunhofer IISB
Erlangen

Dipl. Ing. Marco Pürschel
Infineon Technologies AG
München

Dipl.-Ing. (FH) Bastian Racky
hofer eds GmbH
Würzburg

Dipl.-Ing. Hubert Rauh
Fraunhofer-Institut für integrierte
Systeme und Bauelementetechnik
Erlangen

Dipl.-Ing. Kersten Reis
Institut für Elektrische
Energiewandlung
Technische Universität Darmstadt

Dr.-Ing. (TU) Detlev Richter
TÜV SÜD Automotive GmbH
Garching bei München

Prof. Dr.-Ing. Stephan Rinderknecht
Institut für mechatronische Systeme
TU Darmstadt

Dipl.-Wirtsch.-Ing. Florian Risch
Friedrich-Alexander-Universität
Nürnberg

Dipl. Ing. Michael Scheffer
Infineon Technologies AG
München

Dr. rer. nat. Wolfgang Schelter
AVL Software and Functions GmbH
Regensburg

Dipl.-Ing. Ralf Schmid
Continental AG
Berlin

Dipl. Ing. Wolfgang Schön,
ZF Friedrichshafen AG
Friedrichshafen

Prof. Dr. Volker Schulz
Duale Hochschule Baden-Württemberg
Mannheim

Dipl.-Ing. Bernd Seliger
Fraunhofer IISB
Erlangen

Dr. Stefan Spannhake
Bosch Engineering GmbH
Abstatt

B. Sc. Peter Stachow
ThyssenKrupp Steel Europe AG
Bochum

Dipl.Ing. (FH) Christoph Stifter
hofer forschungs- und entwicklungs GmbH
Garsten, Österreich

M.Eng. Alexander Stock
Hochschule Aschaffenburg

Prof. Dr.-Ing. Johannes Teigelkötter,
Hochschule Aschaffenburg,

Dipl.-Phys. Dr.-Ing. Karl Telger
ThyssenKrupp Steel Europe AG
Bochum

Dipl.-Ing. (FH) Wolfgang Thaler
ATE Antriebstechnik
Leutkirch

Dr. Markus Thoben
Infineon Technologies AG
Warstein

Dipl.-Ing. Marco Tietz
ThyssenKrupp Steel Europe AG
Bochum

Andreas Trautmann
Siemens AG
Erlangen

Prof. Dr.-Ing. Thomas von Unwerth
Professur für Alternative Fahrzeugantriebe
TU Chemnitz

Jan Michael Weickhmann
Vacuumschmelze GmbH,
Hanau

Dipl.-Ing. Mario Weseler
Continental AG
Berlin

Dipl.-Inf. (TU) Doris Wild
TÜV SÜD Automotive GmbH
Garching bei München

Dr. Matthias Willig
Siemens AG
Erlangen

Dipl.-Ing. Franz-Josef Wöstmann
Fraunhofer-Institut für Fertigungstechnik und Angewandte Materialforschung
Bremen